乐学喵教育 lexuemiao.com

理工社

经济类综合能力

MF · MIB · MI · MV · MT · MAS

U0157788

核心笔记

数学

25个 考点精讲

25个 基础题型

67个 真题题型

34个 延伸题型

126个 方法点拨

595道 题目训练

主编 刘纬宇

北京理工大学出版社
BEIJING INSTITUTE OF TECHNOLOGY PRESS

图书在版编目（CIP）数据

经济类综合能力核心笔记 . 数学 / 刘纬宇主编 . -- 北京：北京理工大学出版社，2024.5

ISBN 978-7-5763-3955-0

Ⅰ. ①经…　Ⅱ. ①刘…　Ⅲ. ①高等数学－研究生－入学考试－自学参考资料　Ⅳ. ①O13

中国国家版本馆 CIP 数据核字（2024）第 100763 号

责任编辑： 陈莉华　　**文案编辑：** 陈莉华
责任校对： 刘亚男　　**责任印制：** 边心超

出版发行 / 北京理工大学出版社有限责任公司
社　　址 / 北京市丰台区四合庄路 6 号
邮　　编 / 100070
电　　话 / （010）68944451（大众售后服务热线）
（010）68912824（大众售后服务热线）
网　　址 / http://www.bitpress.com.cn

印 版 次 / 2024 年 5 月第 1 版第 1 次印刷
印　　刷 / 河北燕山印务有限公司
开　　本 / 787 mm × 1092 mm　1/16
印　　张 / 25.5
字　　数 / 598 千字
定　　价 / 79.80 元

新版《核心笔记》面面观

一、“小蓝书”的问世

396 经济类综合能力首次出现在 2011 年中国人民大学研究生入学考试中，是为了招收“金融硕士”“应用统计硕士”“税务硕士”“国际商务硕士”“保险硕士”及“资产评估硕士”而设置的具有选拔性质的联考科目，替代以往的数学（三）.

当时 396 科目比较新颖，适用的专业有限，招生院校、报考人数也不多，且市面缺少相关参考书．为了帮助 396 考生更好地备考，我们的“小蓝书”——《经济类综合能力核心笔记·数学》(简称《核心笔记》)出现了.

“小蓝书”是编者分析历年真题、结合 396 和数学（三）的区别、在数学（三）的基础上降低了难度，形成的一本有针对性、质量比较高的备考用书，其蓝蓝的封面下收录的是扎实的内容，展现了教研团队的“精纯内力”，在学生中获得了很好的口碑.

二、“小蓝书”的升级

从 2021 年开始，396 考试由教育部考试中心统一命题．经过近些年的发展，已经有不少学校由数学（三）改考 396，截至目前有 200 多所院校.

统一命题后的 396，主要有以下几点变化:

1. 考试大纲的标准化

从 2021 年统一命题开始，经济类综合能力考试按照“数学—逻辑—写作”的科目顺序设置题目，第 1～35 题为数学题，按当前情况推断未来一段时间应该还会采用此种方式.

2. 数学题型和分值的变化

数学基础部分，取消了计算题，将 20 道题目（10 道单项选择题和 10 道计算题）全部改为 35 道单项选择题，且选项均为五选一，总分值为 70 分（35×2=70 分）.

3. 数学题目难度增大

虽然考试的题量增多，考试形式也变得简单，但是从近年真题来看，396 数学的题目难度有所增加，真题中出现了一些新考点和新考法，如“求弧长”“反常积分敛散性判断”等，很多考生因为备考不足而措手不及．不管如何变化，总体来说，目前 396 整体难度还是要低于数学（三）.

为了适应这一考试变化，帮助同学们更好地复习备考，“小蓝书”在参考考纲、396 真题、数学（三）真题和其他相关图书的基础上，做了全新改版升级，具体如下:

1. 紧扣新大纲，预测新考向

基于最新考试大纲及 2021—2024 年真题，《核心笔记》按照知识的逻辑关系，本着由易到难的顺序，对大纲要求的内容展开讲解.

全书分为三大部分共 8 章内容，如图所示：

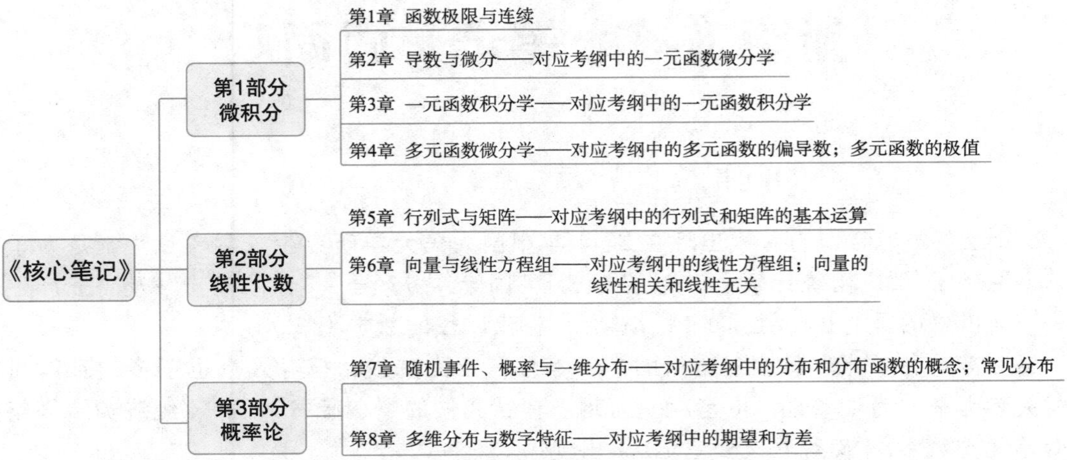

由此可见，大纲中所要求掌握的考点，在本书中均有体现，且一一对应．

需要特别说明的是，第 1 章“函数极限与连续”是微积分的基础，在后面章节的学习中均会涉及．为了帮助同学们更好理解基本知识点，本书将其单列一章进行详细讲解．

2. 知识点：全面详尽透彻

目前市面上的 396 辅导资料存在“针对性不强、考点覆盖不全、讲解不细致”的问题，为了给同学们提供针对性强且全面细致的辅导教材，《核心笔记》以考点和题型为纲，更适合基础薄弱的学生使用．

①“立足考纲”：依据最新考试大纲和历年真题，将所有考试知识点纳入本书，并且从零讲解，全面详尽，语句严谨，基础薄弱的考生也可以学会．

②“合理延伸”：综合考虑 396 考情、知识的逻辑关系，结合数学（三）等相关考题，提炼出可能的命题点（以往真题未明确体现，但未来可能考到的知识点），并进行针对性讲解．

3. 题型：由易到难，分阶学习

根据大纲、历年真题的命题重点以及未来的命题趋势，打破了仅仅将考试题型作总结归纳这种常规思维，按照“基础、已考、可能考”的考试情况，分为“基础题型＋真题题型＋延伸题型”．

①基础题型：学习了基础知识之后需要掌握的题型，相当于知识点的即学即练；

②真题题型：根据历年真题总结归纳的真题已考题型，是所有考生必须会做的题型；

③延伸题型：根据真题，结合数学（三）等相关考题，从知识点的深度和广度作适度延伸形成的题型，立志高分、学有余力的学生可以学习；

④每个题型下配有高度总结的【方法点拨】，是作者根据多年的教学经验总结的解题方法和技巧，适用性强；

⑤选取的例题针对性强，不仅给出【思路】，指点解题的思考过程，然后还给出详细的解题步骤，学生可套用方法、技巧，做到举一反三；

⑥本节习题自测的题目按照“由易到难”设置，根据知识点的重要程度，题量适中；每个题目给出了答案和详细的解题过程，部分题目一题多解，以拓展思路、提升能力.

4. 课程：有书有课，学习更轻松

目前市面上 396 数学含配套课程的书很少，为了做一本既能提升学习效果，又能改善学习体验的书，我们专门为《核心笔记》配套了视频课程讲解.

①领课方式：通过扫描封面二维码听课；

②讲解内容：每章的重难点及相关例题；

③课程总时长：1 200+分钟；

④讲解形式：高清录播课程.

课程不仅能帮助同学理清考试的重难点，使复习更有针对性，也为学习提供了便利，遇到理解不了的重点、难点，可结合课程讲解，再消化，再突破.

三、“小蓝书”的使用

根据最新考试大纲，本书一共包括三大部分 8 章内容，分别为：第 1 部分微积分——函数极限与连续、导数与微分、一元函数积分学、多元函数微分学；第 2 部分线性代数——行列式与矩阵、向量与线性方程组；第 3 部分概率论——随机事件、概率与一维分布、多维分布与数字特征.

每章包括 4 小节：考点精讲、基础题型、真题题型、延伸题型，其中考点精讲是学习后面题型的基础，基础题型和真题题型是学生学习的重点，学生应该将更多的精力放在这两类题型上.

具体学习步骤如下图：

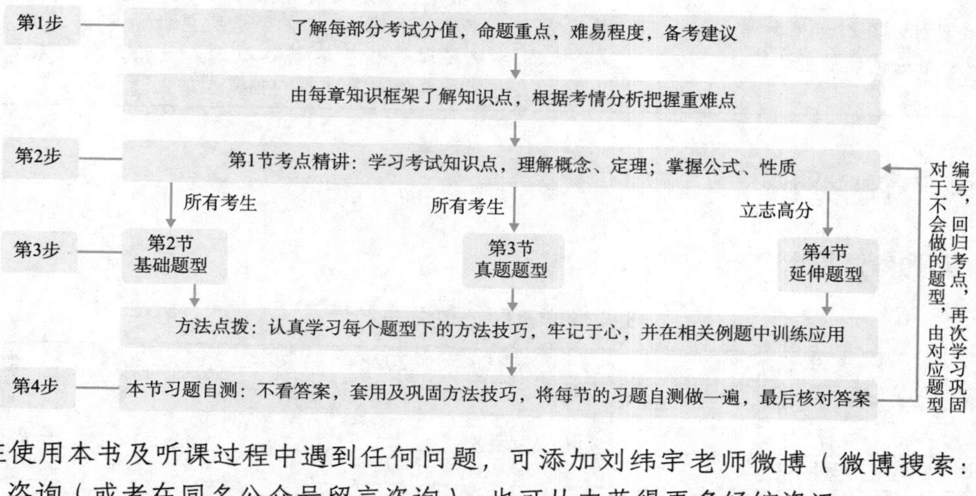

在使用本书及听课过程中遇到任何问题，可添加刘纬宇老师微博（微博搜索：纬宇老师）咨询（或者在同名公众号留言咨询），也可从中获得更多经综资讯.

编　者

396 数学大纲解读及全程备考规划

一、考纲解读

考纲内容	专业解读
1. 试卷满分：150 分．	研招网信息显示，近五年经综国家线在 75 分左右（A 类考生）和 70 分左右（B 类考生）．但多数考生的主要挑战不是过线，而是冲刺高分．
2. 答题方式：闭卷、笔试．不允许使用计算器．	重要结论需熟记，需在平时注意提升计算能力．
3. 试卷结构：数学基础：35 小题，每小题 2 分，共 70 分．	①数学占经综总分的 47%，且内容“硬核”，建议考生将复习经综的一半以上的时间和精力留给数学． ②35 个数学题中，微积分、线性代数、概率论的题量分别为 21∶7∶7. 微积分是重中之重． ③考生应在掌握常规方法的前提下，注重解题技巧的应用，如对于抽象的单选题，通过举反例绕过推理，节约解题时间．
4. 考查范围： ①微积分：一元函数微分学，一元函数积分学；多元函数的偏导数、多元函数的极值． ②概率论：分布和分布函数的概念；常见分布；期望和方差． ③线性代数：线性方程组；向量的线性相关和线性无关；行列式和矩阵的基本运算．	①本书的考点精讲在考纲的考查范围基础上，根据历年真题和知识的逻辑关系增加了可能的命题点． ②注意：按照数学（三）去复习经综不合适．一是数学（三）的很多考点不在经综考纲范围内，如“级数”“二次型”和“数理统计”等；二是数学（三）考纲没有的考点反而出现在了经综真题中，如“参数方程求导”和“弧长”；三是考查目标也有差异，见第 5 条．
5. 考查目标：具有运用数学基础知识、基本方法分析和解决问题的能力．	396 数学的考查目标概括为“两基一能”，而数学（三）为“三基五能”，前者要求明显低于后者．396 数学的考生要理解数学的基本概念、理论，掌握基本方法，并能用其解决具体型和抽象型的问题．

二、真题分析

1. 真题考试特点分析

396 数学真题分值分布统计

本书内容	2021	2022	2023	2024	平均分
第 1 章　函数极限与连续	8	8	4	6	6.5
第 2 章　导数与微分	14	12	14	12	13
第 3 章　一元函数积分学	14	14	14	14	14
第 4 章　多元函数微分学	8	8	10	10	9
第 5 章　行列式与矩阵	8	8	8	8	8
第 6 章　向量与线性方程组	6	6	6	6	6
第 7 章　随机事件、概率与一维分布	6	10	8	8	8
第 8 章　多维分布与数字特征	6	4	6	6	5.5

根据上表的数据，并结合对真题的分析，可以得出 396 数学的考试特点：

（1）内容：考查全面，重点突出

经综数学的 8 章内容都有命题，重点在第 2，3 章．每章每年考查 7 道题左右，考生需在全面复习的基础上有针对性地把握重点．

（2）考法：常规考法为主，新考法为辅

常规考法是指以往真题中出现过的考法（或类似考法），考生需把本书的“**真题题型**”练熟．新考法源自对考纲的“**基础知识、基本方法**”的延伸考查，考生可通过学习“**延伸题型**”，来应对未来考试的变化．

（3）解法：计算为主，特殊值、推理为辅

真题的计算量考查难度多为中低水平，但计算题的数量多，因此考生仍需练熟计算；对于抽象题目，可以首先考虑特殊值法，对于不能有效举出特殊值的，再借助推理解题．

（4）题目难度：中低为主，个别难题

难题大概率会在微积分命题，这类题目的特征是“题目新、概念强、涉及推理”．鉴于 396 数学多数题目的难度处于中低水平，考生应把主要精力放在此类题目上，在此基础上挑战“延伸题型”中的难题．

2. 真题考查重点及题型划分

根据最新考纲、历年真题及未来命题趋势，科学划分“**基础题型、真题题型、延伸题型**”，本着“由易到难、阶梯拔高”的原则，帮助考生更好地应对 396 数学．

396 数学考查内容及对应题型统计

本书内容	命题分析		对应题型数		
	平均考查题数	考查重点	基础题型	真题题型	延伸题型
第 1 章	3	极限计算	4	6	4
第 2 章	7	导数、单调性与极值	4	12	6
第 3 章	7	不定积分和定积分的计算	5	17	3
第 4 章	4	偏导计算	2	5	2
第 5 章	4	行列式、矩阵和可逆矩阵的运算	3	9	5
第 6 章	3	线性方程组解的判定定理与结构定理、向量组的线性相关与表示	3	9	4
第 7 章	4	一般分布与常见分布	3	7	6
第 8 章	3	联合分布律相关计算和期望相关计算	1	2	4

三、备考规划及学习建议

为了帮助同学们高效备考，下表给出了 396 数学全程各阶段的时间分配、学习任务、参考用书等．当然，同学们也可以根据自身情况做出调整，自主安排复习．

阶段	时长	目标	学习任务及资料使用
基础	4个月	学完考点和题型方法	①平均两周学完一章． ②每章内容，先学习“考点精讲”，再按照考点与题型的对应关系(见书中标识)学习对应的题型．学完所有考点和题型后，再做“本节习题自测”．建议做题时先不看解析和答案，完成后再核对．
强化	2个月	复习考点和题型方法	①快速过一遍《核心笔记》的知识点，二刷例题和习题． ②做完一章《核心笔记》，就做《800题》对应章的习题． ③学完《800题》第一部分后(前四周每周一章，第五、六周每周两章)，进行第二部分专题练习(第七周)，最后是第三部分套卷练习(第八周)．
冲刺	2个月	巩固题型方法，吃透真题，模考总结	①二刷《800题》：一周做两章/五个专题的习题．注意提升解题速度和正确率． ②真题模拟卷：严格按照84分钟做真题或者模拟题，做完题再对答案，纠错． ③做总结：先在无提示的情况下按章梳理题型方法，再与《核心笔记》对照，查漏补缺．结合真题总结特殊值、图示等技巧的原理、适用范围及注意点．做之前标注的错题，保持状态，迎接考试．

（1）关于错题本

不必纠结形式，可在资料上标上记号，能找到就行．重要的是养成标记错题的习惯，定期做题巩固．

（2）关于对抗遗忘

对抗遗忘，有效的方法是“定期重复+理解”．考生要多重复自己学过的知识点，强化记忆．此外，理解的内容不容易忘，学习数学应尽量理解，避免死记硬背．

（3）关于避“坑”

①听多看多做题少．“一战”考生极易掉入此坑：听了很多课，看了很多书，但做题少．听懂看懂不代表会做题，会做题也不代表能快速做对．解题这种技能，唯有通过多练习才能熟练．经验表明做题时间不能少于学习时间的一半．

②做题求量不求质．“二战”考生极易掉入此坑：收集了多本习题册，有经综的，也有数学（三）的，做完后仍不踏实，因为还听说有别的习题册……数学题是做不完的，但考生的时间和精力是有限的，所以需要把有限的时间精力投入到数量合理且针对性强的题目上．

③片面投入致失衡．轻视数学的考生不多，但过于重视数学的考生不少．一味在数学上投入会占用其他科目的复习时间，建议均衡投入学习时间．

（4）关于提效

①做减法：根据每章的考情分析，把主要时间放在重点考查的内容上，避免在考的可能性小或难度大的内容上花费大量时间．

②做加法：每做完一道题，要总结其解题思路、解题方法及注意点（易错点），以期举一反三．

（5）关于心态

考研过程中可能有“勇猛精进”的时段，也可能有“想躺平”等不如意的状态，有效的调节法是“接纳行动”：接纳各种不如意，坚持做力所能及的事．用精勤求学减少梦想的随机性，把微小片段积分成考研历程．

目录 CONTENT

第1部分　微积分

第1章　函数极限与连续/2

第1节　考点精讲 /3

第2节　基础题型 /15

第3节　真题题型 /22

第4节　延伸题型 /40

第2章　导数与微分/47

第1节　考点精讲 /48

第2节　基础题型 /55

第3节　真题题型 /64

第4节　延伸题型 /92

第3章　一元函数积分学/104

第1节　考点精讲 /105

第2节　基础题型 /114

第3节　真题题型/123

第4节　延伸题型 /165

第4章　多元函数微分学/174

第1节　考点精讲 /175

第2节　基础题型 /181

第3节　真题题型 /187

第4节　延伸题型 /207

第 2 部分　线性代数

第 5 章　行列式与矩阵/212

第 1 节　考点精讲 /213

第 2 节　基础题型 /222

第 3 节　真题题型 /227

第 4 节　延伸题型 /248

第 6 章　向量与线性方程组/265

第 1 节　考点精讲 /266

第 2 节　基础题型 /273

第 3 节　真题题型 /277

第 4 节　延伸题型 /304

第 3 部分　概率论

第 7 章　随机事件、概率与一维分布/314

第 1 节　考点精讲 /316

第 2 节　基础题型 /326

第 3 节　真题题型 /334

第 4 节　延伸题型 /359

第 8 章　多维分布与数字特征/367

第 1 节　考点精讲 /368

第 2 节　基础题型 /372

第 3 节　真题题型 /378

第 4 节　延伸题型 /389

第1部分 微积分

命题重点及难易程度

◎ **考试占比**：60%

◎ **考试分值**：42分

◎ **命题重点**：①在微积分的4章中，统一命题后的4年（2021—2024）各章考查平均分为6.5，13，14，9. 从中看出，考查重点为第2、3章，每章约考查7道题，相当于线性代数或概率论一个部分的题量.

②本部分侧重考查的内容及平均分为：极限（5），导数的应用（5.5），定积分（8.5），多元微分计算（5）.

◎ **难易程度**：①三个部分难度由高到低为：微积分、线性代数和概率论.

②难度中低的题型占考试的大头，考法常规，以计算为主，广泛分布在微积分的各章，如函数极限计算，各类函数求导与求微分，不定积分和定积分计算，多元函数求偏导数或全微分.

③难度较高的题型主要表现为题目新颖、概念性强，涉及推理，如极限的定义与性质的相关问题、对中值定理的考查、反常积分敛散性判断、对多元微分概念的考查.

◎ **备考建议**：①全面复习的基础上，在重点章节及内容上多下功夫.

②先用“基础题型”和“真题题型”熟悉常规考法，结合相应习题练熟微积分的三大基本计算——求极限、求导数、求积分，多体会难题的破解思路与方法. 再用“延伸题型”锻炼应对新考法的能力.

③在积分计算中，避免过于追求技巧和难度.

第 1 章　函数极限与连续

知识框架

- **函数极限与连续**
  - **函数**
    - 定义
    - 运算：四则运算、复合函数、反函数
    - 性质：单调性、奇偶性、周期性、有界性
    - 分类：基本初等函数、初等函数、分段函数、幂指函数、隐函数、由参数方程确定的函数、极限函数、变限积分函数
  - **极限**
    - 定义：函数极限、数列极限、无穷小与无穷大、两个重要极限
    - 性质：唯一性、有界性、保号性、两种关系
    - 计算：四则运算法则、等价无穷小替换、洛必达法则、对数恒等式、单侧极限、夹逼准则、单调有界准则
  - **连续**
    - 连续：定义、性质
    - 间断点：定义、分类
    - 闭区间上连续函数的性质：有界性定理、最值定理、介值定理、零点定理

考情分析

(1)本章的重点是极限计算，难点是极限的定义与性质．

(2)本章的命题体现在三个方面：

①概念题，主要围绕极限的定义与性质以及收敛性展开；

②计算题，主要考查极限计算；

③极限的应用，以极限计算为基础考查无穷小比阶、连续与间断．

考生需要熟悉基本初等函数的图形和性质，熟练掌握极限计算的各种方法．

备考建议

(1)对于基本初等函数的图形和性质，首先要过一遍做到心中有数，后续学习如有遗忘要及时复习．对于极限计算，要多练以求熟练．

(2)对于无穷小比阶、连续与间断，要通过定义做好与极限的“翻译转化”．

(3)对于极限的定义与性质这个难点，要通过多体会定义和典型例题加以突破．

考点—题型对照表

考点精讲	对应题型	平均分
一、函数	基础题型 1～4，延伸题型 11	0
二、极限	真题题型 5～8，延伸题型 12～13	5
三、连续	真题题型 9～10，延伸题型 14	1.5

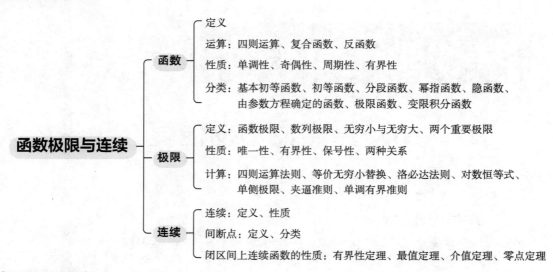

第1节 考点精讲

一、函数

对应基础题型 1~4，延伸题型 11

（一）函数的定义

设有实数集 $\mathbf{R}$ 的非空子集 D，若对于 D 中每个实数 x，按照某种对应法则 f，变量 y 总有唯一确定的值与之对应，则称 y 是变量 x 的**函数**，记为 $y=f(x)$，$x\in D$，或简记为 $f(x)$（默认 D 为有意义的 x 的取值范围）.

其中 x，y，f，D 分别称为该函数的自变量、因变量、对应法则和定义域，y 的取值称为函数值，所有函数值构成的集合称为该函数的值域，记为 $f(D)$.

符号化翻译 上述定义可以概括为 $y=f(x)$，$x\in D\Leftrightarrow \underset{\in D}{x}\xrightarrow{f}\underset{\in f(D)}{y}$.

（二）函数的运算

1. 四则运算

设函数 $f(x)$，$x\in D_1$，$g(x)$，$x\in D_2$，若 $D=D_1\cap D_2\neq\varnothing$，则称

①$f(x)+g(x)$，$x\in D$ 为 $f(x)$与 $g(x)$的和；

②$f(x)-g(x)$，$x\in D$ 为 $f(x)$与 $g(x)$的差；

③$f(x)g(x)$，$x\in D$ 为 $f(x)$与 $g(x)$的积；

④$\dfrac{f(x)}{g(x)}$，$x\in D'=D-\{x\mid g(x)=0\}\neq\varnothing$为 $f(x)$与 $g(x)$的商.

2. 复合函数

设函数 $f(x)$，$x\in D_1$，$g(x)$，$x\in D_2$，若 $g(x)$的值域包含于 $f(x)$的定义域，即 $g(D_2)\subset D_1$，则称 $y=f[g(x)]$，$x\in D_2$ 为 $f(x)$与 $g(x)$的**复合函数**.

注意 $f(x)$和 $g(x)$的复合函数是要考虑次序的，$f[g(x)]$和 $g[f(x)]$未必都存在，即使都存在，也未必相等.

3. 反函数

设函数 $y=f(x)$，$x\in D$，其值域为 $f(D)$，若对于每个 $y\in f(D)$，均有唯一确定的 $x\in D$，使得 $f(x)=y$，则有 $x=f^{-1}(y)$，并将这个以 $f(D)$为定义域，以 f^{-1}为对应法则的函数 $x=f^{-1}(y)$，$y\in f(D)$或 $y=f^{-1}(x)$，$x\in f(D)$称为 $y=f(x)$，$x\in D$ 的**反函数**，或称它们互为反函数.

注意

①上述定义可以符号化翻译为 $x=f^{-1}(y)$，$y\in f(D)\Leftrightarrow \underset{\in f(D)}{y}\xrightarrow{f^{-1}}\underset{\in D}{x}$.

②函数存在反函数的充要条件：定义域和值域中的数是一一对应的.

③求函数的反函数：反解，即从 $y=f(x)$ 出发，把 x 用 y 表示，即得 $x=f^{-1}(y)$.

④函数 $y=f(x)$ 与其反函数 $y=f^{-1}(x)$ 图形的关系：关于直线 $y=x$ 对称.

（三）函数的性质

1. 单调性

【定义 1】设函数 $f(x)$ 的定义域为 D，区间 $I\subset D$，若对于任意的 x_1，$x_2\in I$，当 $x_1<x_2$ 时，均有 $f(x_1)<f(x_2)$（或 $f(x_1)>f(x_2)$），则称 $f(x)$ 在区间 I 上**单调增加**（或**单调减少**），区间 I 为 $f(x)$ 的单调增加区间（或单调减少区间）.

【定义 2】若对于任意的 x_1，$x_2\in I$，当 $x_1<x_2$ 时，均有 $f(x_1)\leqslant f(x_2)$（或 $f(x_1)\geqslant f(x_2)$），则称 $f(x)$ 在区间 I 上**单调不减**（或**单调不增**），区间 I 为 $f(x)$ 的单调不减区间（或单调不增区间）.

符号化翻译 上述定义可概括如下（$\forall$ 表示任意）：

$f(x)$ 在 I 上单调增加 $\Leftrightarrow \forall x_1$，$x_2\in I$，$x_1<x_2$，有 $f(x_1)<f(x_2)\Leftrightarrow$“若 x 增，则 y 增”；

$f(x)$ 在 I 上单调不减 $\Leftrightarrow \forall x_1$，$x_2\in I$，$x_1<x_2$，有 $f(x_1)\leqslant f(x_2)\Leftrightarrow$“若 x 增，则 y 不减”.

【常用结论】

①设在区间 I 上，$f_1(x)$，$f_2(x)$ 均单调增加（或单调减少），则 $f_1(x)+f_2(x)$ 亦单调增加（或单调减少）.

②设在区间 I 上，$f(x)$ 单调增加，若常数 $c>0$（或 $c<0$），则 $cf(x)$ 单调增加（或单调减少）.

③设有函数 $y=f(u)$，$u\in I$，$u=g(x)$，$x\in I_1$，且 $g(I_1)\subset I$，若 $f(u)$ 和 $g(x)$ 单调性相同（或相异），则 $f[g(x)]$ 单调增加（或单调减少）. 口诀：同增异减.

2. 奇偶性

【定义 3】设函数 $f(x)$ 的定义域 D 关于原点对称，若对于任意 $x\in D$，均有 $f(-x)=f(x)$，则称函数 $f(x)$ 为**偶函数**；若对于任意 $x\in D$，均有 $f(-x)=-f(x)$，则称函数 $f(x)$ 为**奇函数**.

符号化翻译 上述定义可概括为如下：

$f(x)$ 偶 $\Leftrightarrow f(-x)=f(x)$，$\forall x\in D$；$f(x)$ 奇 $\Leftrightarrow f(-x)=-f(x)$，$\forall x\in D$.

【常用结论】

①若 $f_1(x)$，$f_2(x)$ 均为奇函数（或偶函数），则对任意的常数 k_1，$k_2\in\mathbf{R}$，$k_1f_1(x)+k_2f_2(x)$ 仍为奇函数（或偶函数）.

②若 $f_1(x)$，$f_2(x)$ 奇偶性相同，则 $f_1(x)f_2(x)$ 为偶函数；若 $f_1(x)$，$f_2(x)$ 奇偶性相反，则 $f_1(x)f_2(x)$ 为奇函数.

③若 $f(x)$ 为奇函数，且在点 $x=0$ 处有定义，则 $f(0)=0$.

④奇函数的图形关于原点对称，偶函数的图形关于 y 轴对称. 可类似理解两曲线的对称性：若 $f(x)$ 的定义域 D 关于原点对称，则 $y=f(x)$ 与 $y=-f(x)$ 关于 x 轴对称；$y=f(x)$ 与 $y=f(-x)$ 关于 y 轴对称；$y=f(x)$ 与 $y=-f(-x)$ 关于原点对称.

3. 周期性

【定义 4】设函数 $f(x)$ 的定义域为 D，若存在正数 T 使得对于任一 $x\in D$ 有 $(x\pm T)\in D$，且 $f(x\pm T)=f(x)$，则称 $f(x)$ 为**周期函数**，T 为 $f(x)$ 的一个周期. 在 $f(x)$ 的所有周期中，最

小的正数称为最小正周期．

符号化翻译 上述定义可以概括为 $f(x)$ 以 T 为周期 $\Leftrightarrow f(x+T)=f(x)$，$\forall x\in D$．

【常用结论】

①若 $f_1(x)$，$f_2(x)$ 均以 T 为周期，则对任意的常数 k_1，$k_2\in\mathbf{R}$，$k_1f_1(x)+k_2f_2(x)$ 仍以 T 为周期．

②若 $f(x)$ 以 T 为最小正周期，则对任意的非零常数 c，$cf(x)$ 仍然以 T 为最小正周期，$f(cx)$ 以 $\frac{T}{|c|}$ 为最小正周期．

4. 有界性

【定义5】设函数 $f(x)$ 的定义域为 D，非空数集 $X\subset D$，若存在正实数 M，使得对于任一 $x\in X$，均有 $|f(x)|\leqslant M$，则称 $f(x)$ 在 X 上**有界**；若这样的 M 不存在，则称 $f(x)$ 在 X 上**无界**．

若存在实数 M_1，使得对于任一 $x\in X$，均有 $f(x)\leqslant M_1$，则称 $f(x)$ 在 X 上**有上界**，并称 M_1 为 $f(x)$ 在 X 上的一个上界．

若存在实数 M_2，使得对于任一 $x\in X$，均有 $f(x)\geqslant M_2$，则称 $f(x)$ 在 X 上**有下界**，并称 M_2 为 $f(x)$ 在 X 上的一个下界．

注意

(1)上述有界性的定义要点和几何意义概括如下：

①$f(x)$ 在 X 上有界 $\Leftrightarrow$ 存在 $M>0$，使 $|f(x)|\leqslant M$，$\forall x\in X$，几何意义为 $f(x)$ 在 X 上的图形位于 $y=-M$ 和 $y=M$ 之间，或与其有重叠．

②$f(x)$ 在 X 上无界 $\Leftrightarrow \forall M>0$，存在 $x_0\in X$，使 $|f(x_0)|>M$，几何意义为 $f(x)$ 在 X 上总有图形位于 $y=-M$ 以下或 $y=M$ 以上．

③$f(x)$ 在 X 上有上界 $\Leftrightarrow$ 存在 M_1，使 $f(x)\leqslant M_1$，$\forall x\in X$，几何意义为 $f(x)$ 在 X 上的图形位于 $y=M_1$ 以下，或与其有重叠．

④$f(x)$ 在 X 上有下界 $\Leftrightarrow$ 存在 M_2，使 $f(x)\geqslant M_2$，$\forall x\in X$，几何意义为 $f(x)$ 在 X 上的图形位于 $y=M_2$ 以上，或与其有重叠．

(2)$f(x)$ 在 X 上有界 $\Leftrightarrow f(x)$ 在 X 上既有上界，又有下界．

（四）函数的分类

1. 基本初等函数

幂函数、指数函数、对数函数、三角函数和反三角函数这五类函数统称为**基本初等函数**．

函数	图形	特性
幂函数 $y=x^{\alpha}(\alpha\neq 0)$	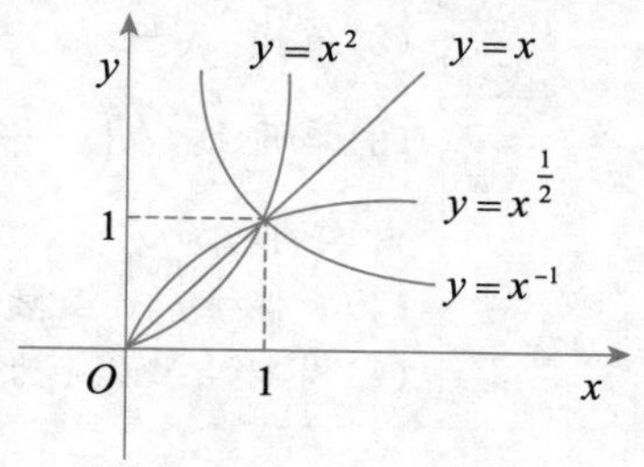	(1)定义域：随 α 不同而不同，但均在 $(0,+\infty)$ 内有意义． (2)单调性：在区间 $(0,+\infty)$ 内． 当 $\alpha>0$ 时，单调增加； 当 $\alpha<0$ 时，单调减少． (3)恒过点：$(1,1)$．

续表

函数	图形	特性
指数函数 $y=a^x$ $(a>0$ 且 $a\neq1)$	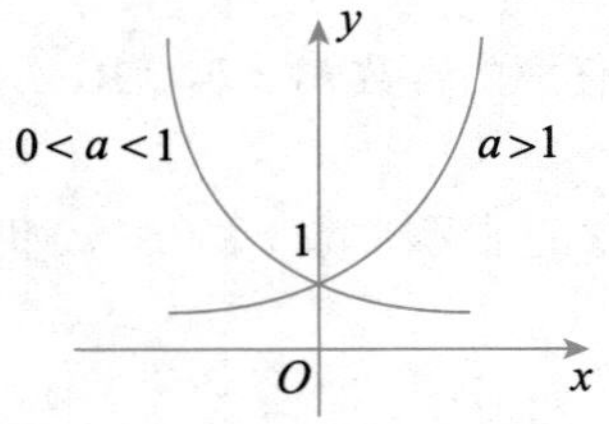	(1)定义域：$(-\infty, +\infty)$. (2)值域：$(0, +\infty)$. (3)单调性： 当 $0<a<1$ 时，单调减少； 当 $a>1$ 时，单调增加. (4)恒过点：$(0, 1)$.
对数函数 $y=\log_a x$ $(a>0$ 且 $a\neq1$， 当 $a=e$ 时， 记为 $y=\ln x)$	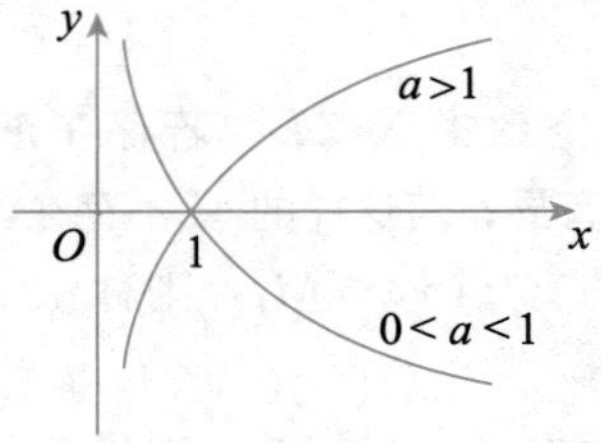	(1)定义域：$(0, +\infty)$. (2)值域：$(-\infty, +\infty)$. (3)单调性： 当 $0<a<1$ 时，单调减少； 当 $a>1$ 时，单调增加. (4)恒过点：$(1, 0)$.
三角函数 正弦函数 $y=\sin x$	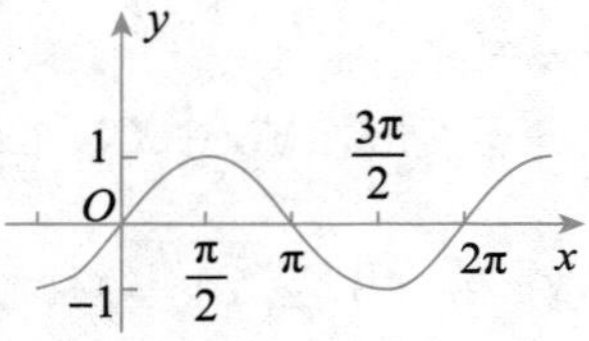	(1)定义域：$(-\infty, +\infty)$. (2)值域：$[-1, 1]$. (3)单调性： 在 $\left[-\frac{\pi}{2}+2k\pi, \frac{\pi}{2}+2k\pi\right]$ 上单调增加； 在 $\left[\frac{\pi}{2}+2k\pi, \frac{3\pi}{2}+2k\pi\right]$ 上单调减少. 其中 $k\in\mathbf{Z}$. (4)奇偶性：奇函数. (5)周期性：以 2π 为周期.
三角函数 余弦函数 $y=\cos x$	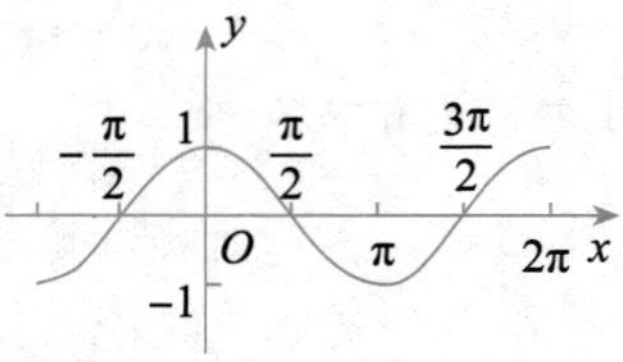	(1)定义域：$(-\infty, +\infty)$. (2)值域：$[-1, 1]$. (3)单调性： 在 $[\pi+2k\pi, 2\pi+2k\pi]$ 上单调增加； 在 $[2k\pi, \pi+2k\pi]$ 上单调减少. 其中 $k\in\mathbf{Z}$. (4)奇偶性：偶函数. (5)周期性：以 2π 为周期.
三角函数 正切函数 $y=\tan x$	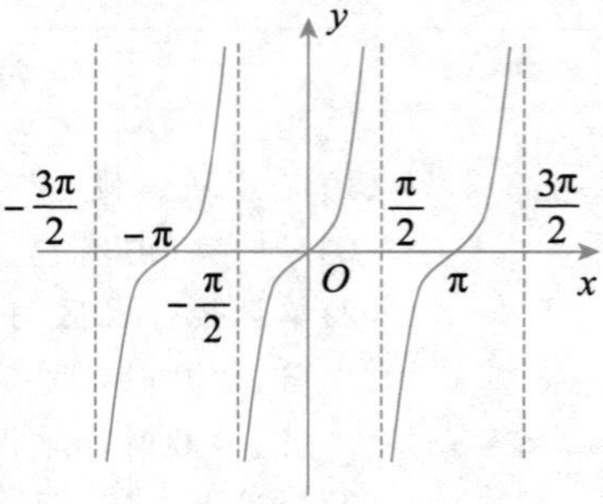	(1)定义域：$\left\{x \middle\vert x\neq k\pi+\frac{\pi}{2}\right\}$，$k\in\mathbf{Z}$. (2)值域：$(-\infty, +\infty)$. (3)单调性：在 $\left(-\frac{\pi}{2}+k\pi, \frac{\pi}{2}+k\pi\right)$，$k\in\mathbf{Z}$ 内单调增加. (4)奇偶性：奇函数. (5)周期性：以 π 为周期.

续表

函数		图形	特性
三角函数	余切函数 $y=\cot x$	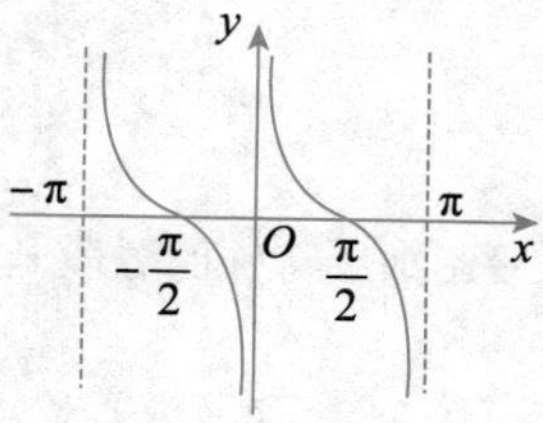	(1)定义域：$\{x \mid x \neq k\pi\}$，$k \in \mathbf{Z}$. (2)值域：$(-\infty, +\infty)$. (3)单调性：在$(k\pi, \pi+k\pi)$，$k \in \mathbf{Z}$内单调减少. (4)奇偶性：奇函数. (5)周期性：以π为周期.
反三角函数	反正弦函数 $y=\arcsin x$	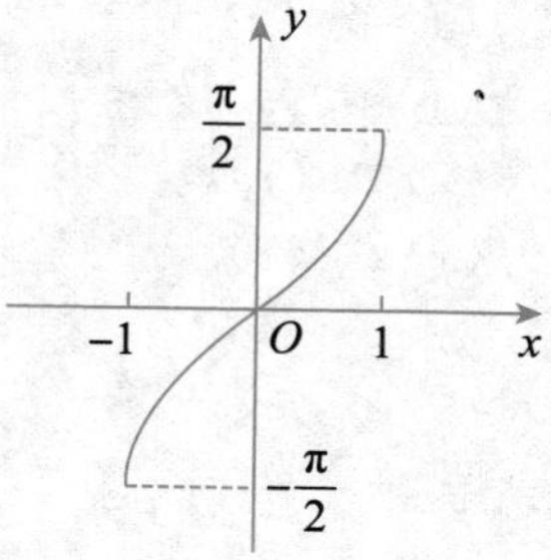	(1)定义域：$[-1, 1]$. (2)值域：$\left[-\frac{\pi}{2}, \frac{\pi}{2}\right]$. (3)单调性：在$[-1, 1]$上单调增加. (4)奇偶性：奇函数.
	反余弦函数 $y=\arccos x$	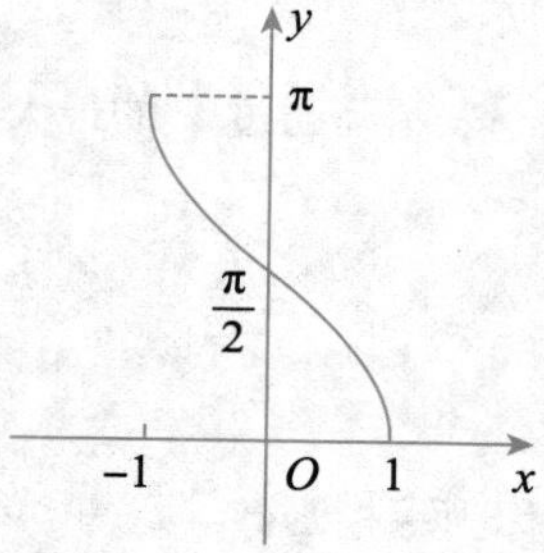	(1)定义域：$[-1, 1]$. (2)值域：$[0, \pi]$. (3)单调性：在$[-1, 1]$上单调减少.
	反正切函数 $y=\arctan x$	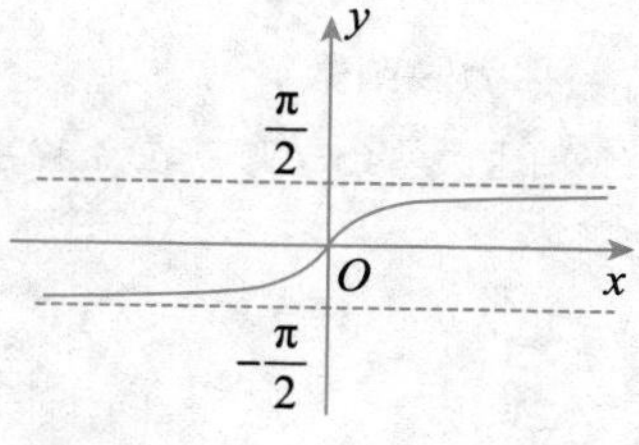	(1)定义域：$(-\infty, +\infty)$. (2)值域：$\left(-\frac{\pi}{2}, \frac{\pi}{2}\right)$. (3)单调性：在$(-\infty, +\infty)$内单调增加. (4)奇偶性：奇函数.
	反余切函数 $y=\operatorname{arccot} x$	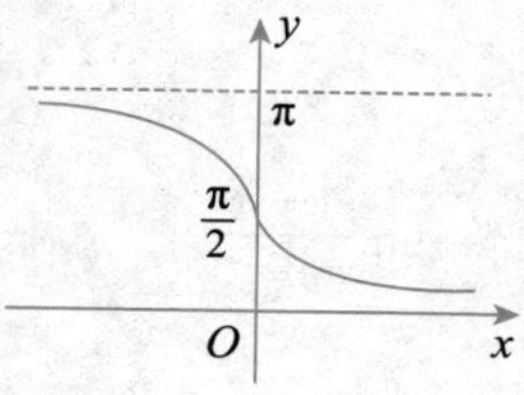	(1)定义域：$(-\infty, +\infty)$. (2)值域：$(0, \pi)$. (3)单调性：在$(-\infty, +\infty)$内单调减少.

注意　上表总结的基本初等函数的表达式、图形和特性，需要掌握！

2. 初等函数

由常数和基本初等函数经过有限次的四则运算和有限次的函数复合后所构成的可用一个式子表示的函数，称为**初等函数**．

3. 分段函数

形如 $f(x)=\begin{cases}g(x), & x\in X_1,\\ h(x), & x\in X_2\end{cases}$ 的函数称为**分段函数**．特殊的分段函数如下：

绝对值函数：$|f(x)|=\begin{cases}f(x), & f(x)\geqslant 0,\\ -f(x), & f(x)<0.\end{cases}$

最大值函数：$\max\{f(x), g(x)\}=\begin{cases}f(x), & f(x)\geqslant g(x),\\ g(x), & f(x)<g(x).\end{cases}$

最小值函数：$\min\{f(x), g(x)\}=\begin{cases}g(x), & f(x)\geqslant g(x),\\ f(x), & f(x)<g(x).\end{cases}$

符号函数：$\operatorname{sgn}\{f(x)\}=\begin{cases}1, & f(x)>0,\\ 0, & f(x)=0,\\ -1, & f(x)<0.\end{cases}$

取整函数：$[x]=\begin{cases}\cdots\\ 0, & 0\leqslant x<1,\\ 1, & 1\leqslant x<2,\\ \cdots\\ n, & n\leqslant x<n+1,\\ \cdots\end{cases}$ (其中$[x]$表示不超过 x 的最大整数)．

4. 幂指函数

形如 $u(x)^{v(x)}(u(x)>0, u(x)\neq 1)$的函数称为**幂指函数**．

5. 隐函数

由方程 $F(x, y)=0$ 确定的函数 $y=f(x)$，称为**隐函数**．

注意 这里的“隐”取隐藏之意，意为函数的表达式 $f(x)$隐藏在方程中，一般不易解出．与之对应的是显函数，指有明确表达式 $y=f(x)$的函数．

6. 由参数方程确定的函数

由参数方程$\begin{cases}x=x(t),\\ y=y(t),\end{cases}$ $t\in[a, b]$确定的函数 $y=f(x)$，称为**由参数方程确定的函数**．

7. 极限函数

由极限定义的函数称为**极限函数**，例如 $f(x)=\lim\limits_{n\to\infty}\dfrac{1+x}{1+x^{2n}}$.

8. 变限积分函数

定积分的积分限含有变量的函数称为**变限积分函数**，例如 $F(x)=\int_a^x f(t)\mathrm{d}t$.

注意 4～8 所列函数将在后续内容中详细讨论．

二、极限

对应真题题型 5～8，延伸题型 12～13

（一）极限的定义

1. 函数极限

【定义 6】 **$x\to x_0$ 时函数的极限.**

设函数 $f(x)$在点 x_0 的某一去心邻域内有定义，若对于任意给定的 $\varepsilon>0$，均存在 $\delta>0$，使得当 $0<|x-x_0|<\delta$ 时，有 $|f(x)-A|<\varepsilon$，则称当 $x\to x_0$ 时，函数 $f(x)$的**极限存在，** A 称为当 $x\to x_0$ **时，** $f(x)$**的极限**，记为$\lim\limits_{x\to x_0}f(x)=A$，或 $x\to x_0$ 时，$f(x)\to A$.

注意

①点 x_0 的 δ 邻域：$(x_0-\delta,\ x_0+\delta)$；点 x_0 的 δ 去心邻域：$(x_0-\delta,\ x_0)\cup(x_0,\ x_0+\delta)$.

②极限是函数的局部性质，与点 x_0 的函数值无关，且 $x\to x_0$ 包括 x 沿着 x 轴从 x_0 的左侧趋近于 x_0，和从 x_0 的右侧趋近于 x_0 这两个变化过程．口诀：局部性质、与函数值无关、可左可右.

③上述定义可以概括为(∃表示存在)：

$\lim\limits_{x\to x_0}f(x)=A\Leftrightarrow\forall\varepsilon>0$，$\exists\delta>0$，当 $0<|x-x_0|<\delta$ 时，有 $|f(x)-A|<\varepsilon$.

【定义 7】 **$x\to x_0$ 时函数的单侧极限.**

设函数 $f(x)$在点 x_0 的某去心右(或左)邻域有定义，若对于任意给定的 $\varepsilon>0$，均存在 $\delta>0$，使得当 $0<x-x_0<\delta$(或 $0<x_0-x<\delta$)时，有 $|f(x)-A|<\varepsilon$，则称当 $x\to x_0$ 时，函数 $f(x)$的**右(或左)极限存在**，且为 A，记为$\lim\limits_{x\to x_0^+}f(x)=A$(或$\lim\limits_{x\to x_0^-}f(x)=A$).

右极限与左极限统称为**单侧极限**.

注意

①点 x_0 的 δ 去心右邻域：$(x_0,\ x_0+\delta)$.

②上述定义可以概括为(以右极限为例，左极限同理)：

$\lim\limits_{x\to x_0^+}f(x)=A\Leftrightarrow\forall\varepsilon>0$，$\exists\delta>0$，当 $0<x-x_0<\delta$ 时，有 $|f(x)-A|<\varepsilon$.

③$\lim\limits_{x\to x_0}f(x)=A\Leftrightarrow\lim\limits_{x\to x_0^+}f(x)=\lim\limits_{x\to x_0^-}f(x)=A$.

【定义 8】 **$x\to\infty$时函数的极限.**

①$\lim\limits_{x\to\infty}f(x)=A\Leftrightarrow\forall\varepsilon>0$，$\exists X>0$，当 $|x|>X$ 时，有 $|f(x)-A|<\varepsilon$.

②$\lim\limits_{x\to+\infty}f(x)=A\Leftrightarrow\forall\varepsilon>0$，$\exists X>0$，当 $x>X$ 时，有 $|f(x)-A|<\varepsilon$.

③$\lim\limits_{x\to-\infty}f(x)=A\Leftrightarrow\forall\varepsilon>0$，$\exists X>0$，当 $x<-X$ 时，有 $|f(x)-A|<\varepsilon$.

注意 $\lim\limits_{x\to\infty}f(x)=A\Leftrightarrow\lim\limits_{x\to+\infty}f(x)=\lim\limits_{x\to-\infty}f(x)=A$.

2. 数列极限

【定义 9】 $\lim\limits_{n\to\infty}a_n=A\Leftrightarrow\forall\varepsilon>0$，$\exists N>0$，当 $n>N$ 时，有 $|a_n-A|<\varepsilon$.

注意 由于数列可看作自变量取正整数的函数，因此在学习数列极限时，要特别注意“自变量取正整数”这个限制．比如在微积分中，默认 $n\in\mathbf{N}_+$，因此 $n\to\infty\Leftrightarrow n\to+\infty$；而默认 $x\in\mathbf{R}$，因此$x\to\infty$包括 $x\to+\infty$和 $x\to-\infty$这两个变化过程.

3. 无穷小与无穷大

【定义 10】 **无穷小.**

若在自变量的某个变化过程中，函数或数列 α 的极限为 0，即 $\lim\alpha=0$，则称 α 为该自变量变化过程中的无穷小.

【性质】

①有限个无穷小之和或乘积仍为无穷小;

②无穷小与有界量的乘积仍为无穷小.

注意

①"自变量的某个变化过程"指以下七种过程之一:$x\to x_0$,$x\to x_0^+$,$x\to x_0^-$,$x\to\infty$,$x\to+\infty$,$x\to-\infty$,$n\to\infty$."lim"下面没有标明自变量的变化过程,表示该定义对上述七种过程都成立.

②无穷小与自变量的变化过程有关,同一函数或数列在不同的自变量变化过程中,是否为无穷小的结果可能不同.

③无穷小不是"很小的数",而是"以零为极限的函数或数列".

④常数 0 为任何自变量变化过程中的无穷小.

【定义 11】**无穷大**.

若在自变量的某个变化过程中,函数或数列 α 的绝对值 $|\alpha|$ 无限增大,则称 α 为该自变量变化过程中的**无穷大**,记为 $\lim\alpha=\infty$.

注意

①若把上述定义的"α 的绝对值 $|\alpha|$"换为 α(或 $-\alpha$),则 $\lim\alpha=\infty$ 换为 $\lim\alpha=+\infty$(或 $\lim\alpha=-\infty$).

②无穷大与自变量的变化过程有关,同一函数或数列在不同的自变量变化过程中,是否为无穷大的结果可能不同.

③无穷大不是"很大的数",而是"绝对值无限增大的函数或数列".

④无穷大是极限不存在的量,但极限不存在的量未必是无穷大,例如 $\lim\limits_{x\to\infty}\sin x$,极限不存在,但 $\sin x$ 在 $x\to\infty$ 时不是无穷大.

⑤无穷大是无界的量,但无界的量未必是无穷大,例如 $x\sin x$ 在 $\mathbf{R}$ 上无界,但在 $x\to\infty$ 时不是无穷大.

【关系】

①**无穷大与无穷小的关系**:在自变量的同一变化过程中,无穷大的倒数是无穷小;非零无穷小的倒数是无穷大.

②**极限与无穷小的关系**:$\lim\alpha=A\Leftrightarrow\alpha=A+\beta$,其中 $\lim\beta=0$.

【定义 12】**无穷小的阶**.

设在自变量的某个变化过程中,函数或数列 α 与 β 均为无穷小,且 $\beta\neq0$,则

①若 $\lim\dfrac{\alpha}{\beta}=0$,则称 α 为比 β **高阶的无穷小**,记为 $\alpha=o(\beta)$;

②若 $\lim\dfrac{\alpha}{\beta}=\infty$,则称 α 为比 β **低阶的无穷小**;

③若 $\lim\dfrac{\alpha}{\beta}=c\neq0$,则称 α 与 β 为**同阶无穷小**;

④若 $\lim\dfrac{\alpha}{\beta}=1$,则称 α 与 β 为**等价无穷小**,记为 $\alpha\sim\beta$;

⑤若 $\lim\dfrac{\alpha}{\beta^k}=c\neq0$,$k>0$,则称 α 为关于 β 的 k **阶无穷小**.

4. 两个重要极限

$\lim\limits_{x\to0}\dfrac{\sin x}{x}=1$,$\lim\limits_{x\to\infty}\left(1+\dfrac{1}{x}\right)^x=\mathrm{e}$.

（二）极限的性质

1. 唯一性

若函数极限存在，则极限唯一；若数列极限存在，则极限唯一．

2. 有界性

若函数极限存在，则函数局部有界；若数列极限存在，则数列有界．

注意 局部指极限过程对应的自变量的取值范围，如 $x \to x_0$ 时，局部指点 x_0 的某去心邻域．

3. 保号性

以 $x \to x_0$ 为例，其余自变量变化过程有类似结论．

①若 $\lim\limits_{x \to x_0} f(x)=A$，且 $A>0$，则在点 x_0 的某去心邻域内，有 $f(x)>0$；

②若 $\lim\limits_{x \to x_0} f(x)=A$，且在点 x_0 的某去心邻域内，有 $f(x)>0$，则有 $A \geqslant 0$.

注意 后一种保号性带等号．如 $f(x)=x^2$，$x_0=0$，则 $\lim\limits_{x \to x_0} f(x)=A=0$，且在点 $x_0=0$ 的某去心邻域内，有 $f(x)>0$，但此时 $A=0$.

4. 两种关系

(1)**函数极限与数列极限的关系**：若 $\lim\limits_{x \to +\infty} f(x)=A$，则 $\lim\limits_{n \to \infty} f(n)=A$.

注意 求数列极限时不能用洛必达法则，可先用洛必达法则求出对应的函数极限，再利用上述结论得出结果．

(2)**数列极限与其子列极限的关系**：

①在数列中任意抽取无限多项，并保持这些项在原数列中的先后次序，这样得到的一个数列称为原数列的一个**子列**．如在数列 $\{a_n\}$ 中抽取偶数项，并保持项的先后次序得到的数列 $\{a_{2n}\}$，即为数列 $\{a_n\}$ 的一个子列．

②关系：$\lim\limits_{n \to \infty} a_n=A \Leftrightarrow \lim\limits_{n \to \infty} a_{2n-1}=\lim\limits_{n \to \infty} a_{2n}=A$.

该结论可推广至其他子列的情形，如 $\lim\limits_{n \to \infty} a_n=A \Leftrightarrow \lim\limits_{n \to \infty} a_{3n}=\lim\limits_{n \to \infty} a_{3n+1}=\lim\limits_{n \to \infty} a_{3n+2}=A$.

（三）极限的计算

1. 四则运算法则

若在自变量的某个变化过程中，$\lim \alpha=A$，$\lim \beta=B$，则

(1) $\lim(\alpha \pm \beta)=A \pm B$；

(2) $\lim(\alpha \cdot \beta)=A \cdot B$；

(3) $\lim \dfrac{\alpha}{\beta}=\dfrac{A}{B}(B \neq 0)$.

注意

(1)能根据类型判断结果的极限：

若 $\lim \alpha=+\infty$，$\lim \beta=+\infty$，则 $\lim(\alpha+\beta)=+\infty$. 该结论简记为“$+\infty+(+\infty)=+\infty$”. 类似有

① $+\infty-(-\infty)=+\infty$，$-\infty-(+\infty)=-\infty$，$+\infty+c=+\infty$；

②$+\infty\cdot(+\infty)=+\infty$，$+\infty\cdot(-\infty)=-\infty$，$-\infty\cdot(-\infty)=+\infty$，$c\cdot\infty=\infty(c\neq0)$，$\frac{c}{0}=\infty(c\neq0)$，$\frac{c}{\infty}=0$(分母中的 0 指非零无穷小)；

③$a^{+\infty}=\begin{cases}0, & 0<a<1,\\ 1, & a=1,\\ +\infty, & a>1.\end{cases}$ $a^{-\infty}=\frac{1}{a^{+\infty}}$.

(2)未定式(不能根据类型判断结果的极限)："$\frac{0}{0}$，$\frac{\infty}{\infty}$，$\infty-\infty$，$0\cdot\infty$，1^{∞}，∞^0，0^0"(其中 0 指非零无穷小，1 指趋于 1 且不恒为 1 的函数或数列).

2. 等价无穷小替换

设在自变量的某个变化过程中，α，β，γ 为函数或数列，且 $\alpha\sim\beta$，则

$$\lim(\gamma\cdot\alpha)=\lim(\gamma\cdot\beta),\ \lim\frac{\gamma}{\alpha}=\lim\frac{\gamma}{\beta}(\alpha\neq0,\ \beta\neq0).$$

注意

①整个函数或数列的乘数因子或除数因子才能替换成对应的等价无穷小.

②常用公式：$x\to0$ 时，$\sin x\sim x$，$\arcsin x\sim x$，$\tan x\sim x$，$\arctan x\sim x$，$e^x-1\sim x$，$\ln(1+x)\sim x$，$a^x-1\sim x\ln a$，$1-\cos x\sim\frac{x^2}{2}$，$(1+x)^{\alpha}-1\sim\alpha x(\alpha\in\mathbf{R}$ 且 $\alpha\neq0)$.

③推广：$x\to0$ 时，$\sin x\sim x\Rightarrow\square\to0$ 时，$\sin\square\sim\square$，$\square$中可填函数或数列．上述其余公式类似.

3. 洛必达法则

若①$x\to x_0$ 时，$f(x)\to0$ 且 $g(x)\to0$，或 $f(x)\to\infty$ 且 $g(x)\to\infty$；

②$f(x)$和 $g(x)$在点 x_0 的某去心邻域内均可导，且 $g'(x)\neq0$；

③$\lim\limits_{x\to x_0}\frac{f'(x)}{g'(x)}$存在或为无穷大，

则$\lim\limits_{x\to x_0}\frac{f(x)}{g(x)}=\lim\limits_{x\to x_0}\frac{f'(x)}{g'(x)}$.

注意 $x\to\infty$时，该法则依然成立.

4. 对数恒等式

求幂指函数 $u(x)^{v(x)}(u(x)>0,\ u(x)\neq1)$的极限，先用对数恒等式将幂指函数转化为复合函数，即 $u(x)^{v(x)}=e^{v(x)\ln u(x)}$，再计算该复合函数的极限.

5. 单侧极限

函数极限存在且为 A 的充要条件是对应的单侧极限存在且均为 A.

注意 常见的需考虑单侧极限的情形有：分段点处的极限(且分段点两侧函数表达式不同)，极限类型为"e^{∞}""$\arctan\infty$"等.

6. 夹逼准则

对于数列$\{a_n\}$，$\{b_n\}$和$\{c_n\}$，若 n 充分大时有 $b_n\leqslant a_n\leqslant c_n$，且$\lim\limits_{n\to\infty}b_n=\lim\limits_{n\to\infty}c_n=A$，则$\lim\limits_{n\to\infty}a_n=A$.

注意

①函数极限也有类似的准则.

②"不等关系+极限"是考虑夹逼准则的信号.

7. 单调有界必有极限准则

单调增加(减少)且有上(下)界的数列必有极限，即对于数列$\{a_n\}$，有如下结论：

若$a_n \leqslant a_{n+1}(n=1,2,\cdots)$，且对$\forall n$，存在实数$M$使得$a_n \leqslant M$，则$\lim\limits_{n\to\infty} a_n$存在，且$a_n \leqslant \lim\limits_{n\to\infty} a_n$；

若$a_n \geqslant a_{n+1}(n=1,2,\cdots)$，且对$\forall n$，存在实数$M_1$使得$a_n \geqslant M_1$，则$\lim\limits_{n\to\infty} a_n$存在，且$a_n \geqslant \lim\limits_{n\to\infty} a_n$.

注意

①此处的"单调增加(或减少)"是广义的，即数列相邻项的大小关系中也包含相等的情形.

②相应于数列极限的单调有界必有极限准则，函数极限也有类似的准则．对于不同的自变量变化过程($x\to x_0^+$，$x\to x_0^-$，$x\to+\infty$，$x\to-\infty$)，准则有不同形式．以$x\to x_0^+$这种类型为例叙述如下：

设函数$f(x)$在点x_0的某个去心右邻域内单调并且有界，则$f(x)$在点x_0的右极限$\lim\limits_{x\to x_0^+} f(x)$存在.

三、连续

对应真题题型 9～10，延伸题型 14

(一)连续

【定义 13】设函数$f(x)$在点x_0的某邻域内有定义，若$\lim\limits_{x\to x_0} f(x)=f(x_0)$，则称函数$f(x)$**在点$x_0$连续**.

设函数$f(x)$在点x_0的某**右邻域**(或**左邻域**)内有定义，若$\lim\limits_{\substack{x\to x_0^+ \\ (x\to x_0^-)}} f(x)=f(x_0)$，则称函数$f(x)$在点$x_0$右(或左)连续.

注意 函数$f(x)$在点x_0连续$\Leftrightarrow f(x)$在点x_0既右连续又左连续.

【定义 14】若函数$f(x)$在区间(a,b)内每个点都连续，则称函数$f(x)$在区间(a,b)内连续.

若函数$f(x)$在区间(a,b)内连续，且在点a右连续，在点b左连续，则称函数$f(x)$在区间$[a,b]$上连续.

【性质】

①(连续函数的和、差、积、商的连续性)若函数$f(x)$与$g(x)$均在点x_0处连续，则$f(x)\pm g(x)$，$f(x)g(x)$，$\dfrac{f(x)}{g(x)}$(当$g(x_0)\neq 0$时)均在点x_0处连续.

②(复合函数的连续性)设函数$y=f[g(x)]$在点x_0的某邻域内有定义，若$u=g(x)$在点x_0处连续，$y=f(u)$在点$u_0(u_0=g(x_0))$处连续，则$f[g(x)]$在点x_0处连续.

③(反函数的连续性)若函数$y=f(x)$在区间I_x上连续且单调，则其反函数$x=f^{-1}(y)$在对应的区间$I_y=\{y \mid y=f(x),\ x\in I_x\}$上连续且有相同的单调性.

④(初等函数的连续性)基本初等函数在其定义域内均连续，初等函数在其定义区间内均连续.

注意 定义区间是包含在定义域内的区间，不能改成定义域．因为定义域有可能只包含一个点，此时函数不连续.

(二)间断点

1. 定义

设函数$f(x)$在点x_0的某去心邻域内有定义，若函数$f(x)$有以下三种情况之一：

①在 $x=x_0$ 无定义；

②在 $x=x_0$ 有定义，但 $\lim\limits_{x \to x_0} f(x)$ 不存在；

③在 $x=x_0$ 有定义，且 $\lim\limits_{x \to x_0} f(x)$ 存在，但 $\lim\limits_{x \to x_0} f(x) \neq f(x_0)$，

则称函数 $f(x)$ 在点 x_0 不连续，而点 x_0 为函数 $f(x)$ 的间断点．

注意 若函数 $f(x)$ 仅在点 x_0 的某去心右(或左)邻域内有定义，则点 x_0 不为函数 $f(x)$ 的间断点．例如点 $x=0$ 不为函数 $\ln x$ 的间断点．

2. 分类

设点 x_0 为函数 $f(x)$ 的间断点，则间断点 x_0 的类型分为：

(1)第一类间断点，其特点为 $\lim\limits_{x \to x_0^-} f(x)$，$\lim\limits_{x \to x_0^+} f(x)$ 均存在．

①可去间断点：$\lim\limits_{x \to x_0^-} f(x) = \lim\limits_{x \to x_0^+} f(x) \neq f(x_0)$ 或 $f(x)$ 在点 x_0 无定义；

②跳跃间断点：$\lim\limits_{x \to x_0^-} f(x) \neq \lim\limits_{x \to x_0^+} f(x)$.

(2)第二类间断点，其特点为 $\lim\limits_{x \to x_0^-} f(x)$，$\lim\limits_{x \to x_0^+} f(x)$ 至少有一个不存在．

①无穷间断点：$\lim\limits_{x \to x_0^-} f(x)$，$\lim\limits_{x \to x_0^+} f(x)$ 至少有一个为 ∞；

②振荡间断点：如函数 $\sin\dfrac{1}{x}$ 在点 $x=0$ 处无定义，当 $x \to 0$ 时，函数值在 -1 和 1 之间变动无限多次，故称点 $x=0$ 是 $\sin\dfrac{1}{x}$ 的振荡间断点．

（三）闭区间上连续函数的性质

1. 有界性定理

若函数 $f(x)$ 在闭区间 $[a, b]$ 上连续，则 $f(x)$ 在该区间上有界，即存在实数 $M>0$，使得 $|f(x)| \leqslant M$，$\forall x \in [a, b]$.

2. 最值定理

若函数 $f(x)$ 在闭区间 $[a, b]$ 上连续，则 $f(x)$ 在该区间上能取得最小值 m 和最大值 M，即 $\exists x_1, x_2 \in [a, b]$，使得 $f(x_1)=m \leqslant f(x) \leqslant M = f(x_2)$，$\forall x \in [a, b]$.

3. 介值定理

若函数 $f(x)$ 在闭区间 $[a, b]$ 上连续，$f(a) \neq f(b)$，则 $f(x)$ 在开区间 (a, b) 内能取得 $f(a)$ 与 $f(b)$ 之间的任何值，即对于 $\min\{f(a), f(b)\} < A < \max\{f(a), f(b)\}$，$\exists \xi \in (a, b)$，使得 $f(\xi)=A$.

【推论】若函数 $f(x)$ 在闭区间 $[a, b]$ 上连续，且其在该区间的最小值和最大值分别为 m 和 M，则 $f(x)$ 的值域为 $[m, M]$.

4. 零点定理

若函数 $f(x)$ 在闭区间 $[a, b]$ 上连续，且 $f(a)f(b)<0$，则 $f(x)$ 在开区间 (a, b) 内存在零点，即 $\exists \xi \in (a, b)$，使得 $f(\xi)=0$.

注意 零点定理可推广到开区间的情形，以 (a, b) 为例：

若函数 $f(x)$ 在开区间 (a, b) 内连续，且 $\lim\limits_{x \to a^+} f(x) \cdot \lim\limits_{x \to b^-} f(x) < 0$（$\lim\limits_{x \to a^+} f(x)$，$\lim\limits_{x \to b^-} f(x)$ 可以为有限值、$+\infty$ 或 $-\infty$），则 $f(x)$ 在该区间内存在零点，即 $\exists \xi \in (a, b)$，使得 $f(\xi)=0$.

第2节　基础题型

题型1　求函数定义域

【方法点拨】

(1)若函数无实际背景，仅用算式表示，则其定义域为使算式有意义的实数组成的集合．常见的限制条件包括：

$$①\frac{1}{\square}，\square\neq0.\ ②\sqrt[2n]{\square}，\square\geqslant0(n\in\mathbf{N}_+).\ ③\log_a\square，\square>0(a>0，a\neq1).$$

$$④\tan\square，\square\neq k\pi+\frac{\pi}{2}(k\in\mathbf{Z}).\ ⑤\cot\square，\square\neq k\pi(k\in\mathbf{Z}).$$

$$⑥\arcsin\square，\square\in[-1，1].\ ⑦\arccos\square，\square\in[-1，1].$$

(2)若函数有实际背景，则根据实际背景(且使算式有意义)确定自变量的取值范围．如已知某商品的收益函数为$R(x)=10xe^{-\frac{x}{2}}$，其中x表示需求量，且该商品的最大需求量为6，则$0\leqslant x\leqslant6$.

例1　函数$f(x)=\dfrac{\ln(1-x)}{x+1}-e^{\frac{1}{x}}\arcsin x$的定义域是(　　).

A. $(-1，0)$　　B. $(0，1)$　　C. $(-1，0)\cup(0，1)$

D. $[-1，0)\cup(0，1)$　　E. $(-1，0)\cup(0，1]$

【思路】已知函数表达式，求其定义域，可直接求解，也可用特殊值法排除．

【解析】方法一：直接求解，先找出$f(x)$的所有限制条件，再联立求解．

$$\begin{cases}1-x>0,\\x+1\neq0,\\x\neq0,\\-1\leqslant x\leqslant1\end{cases}\Rightarrow-1<x<0\text{ 或 }0<x<1，故选 C 项．$$

方法二：特殊值法排除．

注意到函数$f(x)$在点$x=\pm1$处无定义，则排除D、E项；再验证得$f(x)$在点$x=\pm\dfrac{1}{2}$处有定义，则排除A、B项，故选C项．

【答案】C

题型2　判断函数相等

【方法点拨】

两函数相等⇔二者的定义域和对应法则均相同．

例 2　下列函数相等的有(　　)组.

(1) $y=x+1$ 与 $y=\frac{x^2-1}{x-1}$;

(2) $y=\tan x$ 与 $y=\tan x$, $x\in\left(-\frac{\pi}{2}, \frac{\pi}{2}\right)$;

(3) $y=|x|$ 与 $y=\sqrt{x^2}$;

(4) $y=x$ 与 $y=\tan(\arctan x)$;

(5) $y=\ln x$, $y=\ln t$(t 为自变量)与 $x=\ln y$(y 为自变量).

A. 0　　B. 1　　C. 2

D. 3　　E. 4

【思路】已知函数表达式，要判断函数是否相等，须检验每组函数的定义域和对应法则.

【解析】

函数	定义域	对应法则	是否相等
(1)	不同，分别为 **R** 与 $(-\infty, 1)\cup(1, +\infty)$.	—	否
(2)	不同，分别为 $\left(k\pi-\frac{\pi}{2}, k\pi+\frac{\pi}{2}\right)$, $k\in\mathbf{Z}$ 与 $\left(-\frac{\pi}{2}, \frac{\pi}{2}\right)$.	—	否
(3)	相同，均为 **R**.	相同，$y=\sqrt{x^2}=\|x\|$.	是
(4)	相同，均为 **R**.	相同，$y=\tan(\arctan x)=x$.	是
(5)	相同，均为 $(0, +\infty)$.	相同，虽然 $\ln x$, $\ln t$, $\ln y$ 中自变量的字母不同，但都把 $(0, +\infty)$ 中同一个数对应成相同的数.	是

综上，函数相等的有 3 组.

【答案】D

题型 3　求复合函数

【方法点拨】

第一步：分析内层函数的值域；

第二步：将内层函数表达式代入对应的外层函数表达式中；

第三步：对所得的复合函数进行化简.

例 3　设函数 $f(x)=\begin{cases}\ln\sqrt{x}+1, & x\geqslant 1,\\ 2x-1, & x<1,\end{cases}$ 则 $f[f(x)]=$(　　).

A. $\begin{cases}\ln\sqrt{x}+1, & x\geqslant 1,\\ 2x-1, & x<1\end{cases}$

B. $\begin{cases}\ln\sqrt{\ln\sqrt{x}+1}+1, & x\geqslant 1,\\ 4x-3, & x<1\end{cases}$

C. $\begin{cases}\ln\sqrt{\ln\sqrt{x}+1}+1, & x\geqslant 1,\\ 2\ln\sqrt{x}-1, & x<1\end{cases}$

D. $\begin{cases}\ln\sqrt{2x-1}+1, & x\geqslant 1,\\ 4x-3, & x<1\end{cases}$

E. $\begin{cases}\ln\sqrt{2x-1}+1, & x\geqslant 1,\\ 2\ln\sqrt{x}+1, & x<1\end{cases}$

【思路】已知函数 $f(x)$ 为分段函数，要求复合函数 $f[f(x)]$，需先分情况讨论 $f(x)$ 的取值范围，再代入对应的表达式，最后化简．

【解析】当 $x\geqslant 1$ 时，$f(x)=\ln\sqrt{x}+1\geqslant 1\Rightarrow f[f(x)]=\ln\sqrt{\ln\sqrt{x}+1}+1$；

当 $x<1$ 时，$f(x)=2x-1<1\Rightarrow f[f(x)]=2(2x-1)-1=4x-3$．

综上，$f[f(x)]=\begin{cases}\ln\sqrt{\ln\sqrt{x}+1}+1, & x\geqslant 1,\\ 4x-3, & x<1.\end{cases}$

【答案】B

题型 4 判断函数的性质（单调性、奇偶性或周期性）

【方法点拨】

(1)熟记基本初等函数的特性．

(2)熟记单调性、奇偶性和周期性的定义和常用结论，详见本章第 1 节．

(3)通过推理证明命题为真，或通过举反例证明命题为假．

注意：若函数可导，则可通过单调性定理来判断函数的单调性(详见第 2 章)．

例 4 若函数 $f_1(x)$ 和 $f_2(x)$ 均在区间 I 上单调增加，且 $f_1(x)>0$，$f_2(x)>0$，则在区间 I 上，下列说法正确的有(　　)个．

(1) $f_1(x)+f_2(x)$ 单调增加；

(2) $f_1(x)-f_2(x)$ 单调增加；

(3) $f_1(x)f_2(x)$ 单调增加；

(4) $\dfrac{f_1(x)}{f_2(x)}$ 单调增加．

A. 0　　B. 1　　C. 2　　D. 3　　E. 4

【思路】已知抽象函数 $f_1(x)$ 和 $f_2(x)$ 的单调性，未知可导性，要分析二者经过四则运算后所得函数的单调性，常用定义法和特殊值法．

【解析】$\forall x_1, x_2\in I$，$x_1<x_2$，由于 $f_1(x)$ 和 $f_2(x)$ 均在区间 I 上单调增加，因此有

$$f_1(x_1)<f_1(x_2),\ f_2(x_1)<f_2(x_2).$$

两不等式对应相加得 $f_1(x_1)+f_2(x_1)<f_1(x_2)+f_2(x_2)$；

由于 $f_1(x)>0$，$f_2(x)>0$，则两不等式对应相乘得 $f_1(x_1)f_2(x_1)<f_1(x_2)f_2(x_2)$．

根据单调性定义，得 $f_1(x)+f_2(x)$ 和 $f_1(x)f_2(x)$ 均单调增加，故(1)、(3)正确．

令 $f_1(x)=x$，$f_2(x)=x^2$，区间 I 为 $(1,+\infty)$，则有 $f_1(x)-f_2(x)=x-x^2$，$\dfrac{f_1(x)}{f_2(x)}=\dfrac{1}{x}$ 均在 $(1,+\infty)$ 单调减少，故(2)、(4)错误．

综上，说法正确的有 2 个．

【答案】C

例 5　设函数 $f(x)$在区间 I_1 上单调增加，函数 $g(x)$在区间 I_2 上单调减少，且 $g(I_2)\subset I_1$，则(　　).

A. $g[f(x)]$在 I_1 单调增加　　B. $g[f(x)]$在 I_1 单调减少

C. $f[g(x)]$在 I_2 单调增加　　D. $f[g(x)]$在 I_2 单调减少

E. 以上选项均不正确

【思路】应先根据复合函数定义判断 $g[f(x)]$和 $f[g(x)]$的存在性，再利用性质判断单调性.

【解析】由于 $f(I_1)\subset I_2$ 未知，则 $y=g[f(x)]$，$x\in I_1$ 未必存在，因此不选 A、B 项.

由于 $g(I_2)\subset I_1$，因此复合函数 $y=f[g(x)]$，$x\in I_2$ 存在，再由函数单调性结论中的"同增异减"得 $f[g(x)]$在 I_2 上单调减少，故选 D 项.

【答案】D

例 6　设函数 $f_1(x)$和 $f_2(x)$在$(-l,\ l)(l>0)$内有定义，则下列命题中真命题有(　　)个.

(1)若 $f_1(x)$和 $f_2(x)$均为奇函数，则 $f_1(x)+f_2(x)$为奇函数；

(2)若 $f_1(x)$和 $f_2(x)$均为偶函数，则 $f_1(x)+f_2(x)$为偶函数；

(3)若 $f_1(x)$和 $f_2(x)$均为奇函数，则 $f_1(x)f_2(x)$为奇函数；

(4)若 $f_1(x)$和 $f_2(x)$均为偶函数，则 $f_1(x)f_2(x)$为偶函数；

(5)若 $f_1(x)$为奇函数，$f_2(x)$为偶函数，则 $f_1(x)f_2(x)$为非奇非偶函数.

A. 1　　B. 2　　C. 3　　D. 4　　E. 5

【思路】已知抽象函数 $f_1(x)$和 $f_2(x)$的奇偶性，要分析二者经过四则运算后所得函数的奇偶性，常用定义法和特殊值法.

【解析】命题(1)：$\forall x\in(-l,\ l)$，由于 $f_1(x)$和 $f_2(x)$均为奇函数，因此有 $f_1(-x)=-f_1(x)$，$f_2(-x)=-f_2(x)$，两式相加得 $f_1(-x)+f_2(-x)=-[f_1(x)+f_2(x)]$，故 $f_1(x)+f_2(x)$为奇函数，(1)为真．同理可得(2)、(4)均为真.

命题(3)：令 $f_1(x)=f_2(x)=x$，则 $f_1(x)f_2(x)=x^2$ 为偶函数，故(3)为假.

命题(5)：令 $f_1(x)=x$，$f_2(x)=1$，则 $f_1(x)f_2(x)=x$ 为奇函数，故(5)为假.

综上所述，真命题有 3 个.

【答案】C

例 7　设函数 $f(x)$的定义域为 $\mathbf{R}$，且以 T 为周期，则下列函数中，以 T 为周期的函数有(　　)个.

(1)$2f(x)+1$；(2)$f^2(x)$；(3)$f(2x)$；(4)$f\left(\frac{x}{2}\right)$；(5)$|f(x)|$；(6)$f(|x|)$.

A. 2　　B. 3　　C. 4　　D. 5　　E. 6

【思路】已知 $f(x)$以 T 为周期，要判断由 $f(x)$经过四则、复合等运算后所得函数的周期，可利用周期性的定义.

【解析】由 $f(x)$以 T 为周期$\Leftrightarrow f(x+T)=f(x)$，$\forall x\in\mathbf{R}$，可得

$$2f(x+T)+1=2f(x)+1,\ f^2(x+T)=f^2(x),$$
$$f[2(x+T)]=f(2x+2T)=f(2x),\ |f(x+T)|=|f(x)|.$$

故(1)、(2)、(3)、(5)均以 T 为周期.

举反例，令 $f(x)=\sin x$，$T=2\pi$，$x_0=-\frac{\pi}{2}$，则 $f\left(\frac{x_0}{2}\right)=-\frac{\sqrt{2}}{2}\neq\frac{\sqrt{2}}{2}=f\left(\frac{x_0+2\pi}{2}\right)$，$f(|x_0|)=1\neq-1=f(|x_0+2\pi|)$，故(4)、(6)不是以 T 为周期．因此选 C 项.

【答案】C

本节习题自测

1. 函数 $f(x)=\dfrac{(\arccos x-1)\ln|x-1|}{(e^{x^2}-1)\sqrt{x+1}}$ 的定义域是(　　).

A. $(0,1)$　　B. $(-1,1)$　　C. $[-1,0)\cup(0,1)$

D. $(-1,0)\cup(0,1]$　　E. $(-1,0)\cup(0,1)$

2. 下列选项中函数不相等的是(　　).

A. $y=\sec x$，$x\in\left[0,\dfrac{\pi}{2}\right)$ 与 $y=\sqrt{1+\tan^2 x}$，$x\in\left[0,\dfrac{\pi}{2}\right)$

B. $y=x^x$，$x>0$ 与 $y=e^{x\ln x}$

C. $y=\sqrt{x^2}$ 与 $y=\operatorname{sgn} x\cdot|x|$

D. $y=\max\{f(x),g(x)\}$，$x\in\mathbf{R}$ 与 $y=\dfrac{f(x)+g(x)+|f(x)-g(x)|}{2}$，$x\in\mathbf{R}$

E. $y=\min\{f(x),g(x)\}$，$x\in\mathbf{R}$ 与 $y=\dfrac{f(x)+g(x)-|f(x)-g(x)|}{2}$，$x\in\mathbf{R}$

3. 设函数 $f(x)=\begin{cases}2-x, & x\leqslant 0,\\ x+2, & x>0,\end{cases}$ $g(x)=\begin{cases}x^2, & x<0,\\ -x, & x\geqslant 0,\end{cases}$ 则(　　).

A. $f[g(x)]=\begin{cases}2+x^2, & x<0,\\ 2-x, & x\geqslant 0\end{cases}$　　B. $f[g(x)]=\begin{cases}2-x^2, & x<0,\\ 2+x, & x\geqslant 0\end{cases}$

C. $f[g(x)]=\begin{cases}2-x^2, & x<0,\\ 2-x, & x\geqslant 0\end{cases}$　　D. $g[f(x)]=\begin{cases}x-2, & x\leqslant 0,\\ -x-2, & x>0\end{cases}$

E. $g[f(x)]=\begin{cases}-x-2, & x\leqslant 0,\\ x-2, & x>0\end{cases}$

4. 下列函数中奇函数的个数为(　　).

(1) $y=\dfrac{e^x-e^{-x}}{2}$；(2) $y=\dfrac{e^x-e^{-x}}{e^x+e^{-x}}$；(3) $y=\dfrac{f(x)+f(-x)}{2}$，$x\in\mathbf{R}$；(4) $y=\ln(\sqrt{x^2+1}-x)$.

A. 0　　B. 1　　C. 2

D. 3　　E. 4

5. $f(x)=\begin{cases}1, & |x|\leqslant 1,\\ 0, & |x|>1,\end{cases}$ 则 $f\{f[f(x)]\}=$(　　).

A. 0　　B. 1

C. $\begin{cases}1, & |x|\leqslant 1,\\ 0, & |x|>1\end{cases}$　　D. $\begin{cases}0, & |x|\leqslant 1,\\ 1, & |x|>1\end{cases}$

E. $\begin{cases}0, & |x|<1,\\ 1, & |x|\geqslant 1\end{cases}$

6. 下列关于函数性质的结论中，正确的是(　　).

A. $y=|x\sin x|e^{\cos x}$为单调函数　　B. $y=\ln(x+\sqrt{x^2+1})$为非奇非偶函数

C. $y=x\dfrac{e^x-1}{e^x+1}$为偶函数　　D. $y=2\sin^2 x+1$ 的最小正周期为 2π

E. $y=x\cos x$ 为周期函数

7. 设函数 $f(x)$非负且在 $\mathbf{R}$ 上单调不减，则下列函数中在 $\mathbf{R}$ 上单调不减的是(　　).

A. $-e^{-x}f(x)$　　B. $\sqrt{f(-x)}$　　C. $f(x^2)$

D. $f(|x|)$　　E. $-f(-x)$

习题详解

1. E

【解析】要使 $f(x)$有意义，须满足$\begin{cases}-1\leqslant x\leqslant 1,\\ x\neq 1,\\ x\neq 0,\\ x+1>0\end{cases}\Rightarrow x\in(-1,\ 0)\cup(0,\ 1)$.

2. C

【解析】A 项：当 $x\in\left[0,\ \dfrac{\pi}{2}\right)$时，$\sqrt{1+\tan^2 x}=\sqrt{\sec^2 x}=|\sec x|=\sec x\Rightarrow$相等．

B 项：当 $x>0$ 时，$x^x=e^{\ln x^x}=e^{x\ln x}\Rightarrow$相等．

C 项：当 $x<0$ 时，$\sqrt{x^2}=|x|=-x$ 与 $\operatorname{sgn} x\cdot|x|=-1\times(-x)=x$，不相等．

D 项：当 $x\in\mathbf{R}$ 时，$\max\{f(x),\ g(x)\}=\dfrac{f(x)+g(x)+|f(x)-g(x)|}{2}=\begin{cases}f(x),\ f(x)\geqslant g(x),\\ g(x),\ f(x)<g(x)\end{cases}\Rightarrow$相等.

E 项：当 $x\in\mathbf{R}$ 时，$\min\{f(x),\ g(x)\}=\dfrac{f(x)+g(x)-|f(x)-g(x)|}{2}=\begin{cases}g(x),\ f(x)\geqslant g(x),\\ f(x),\ f(x)<g(x)\end{cases}\Rightarrow$相等.

3. D

【解析】当 $x<0$ 时，$g(x)=x^2>0$，故 $f[g(x)]=x^2+2$；当 $x\geqslant 0$ 时，$g(x)=-x\leqslant 0$，故 $f[g(x)]=2-(-x)=2+x$. 则 $f[g(x)]=\begin{cases}2+x^2,\ x<0,\\ 2+x,\quad x\geqslant 0.\end{cases}$

当 $x\leqslant 0$ 时，$f(x)=2-x\geqslant 2$，故 $g[f(x)]=-(2-x)=x-2$；当 $x>0$ 时，$f(x)=x+2>2$，故 $g[f(x)]=-(x+2)=-x-2$. 则 $g[f(x)]=\begin{cases}x-2,\quad x\leqslant 0,\\ -x-2,\ x>0.\end{cases}$

4. D

【解析】$f(-x)=\dfrac{e^{-x}-e^x}{2}=-\dfrac{e^x-e^{-x}}{2}=-f(x)\Rightarrow$(1)为奇函数．

$f(-x)=\dfrac{e^{-x}-e^x}{e^{-x}+e^x}=-\dfrac{e^x-e^{-x}}{e^x+e^{-x}}=-f(x)\Rightarrow$(2)为奇函数．

$g(-x)=\dfrac{f(-x)+f(x)}{2}=g(x)\Rightarrow(3)$为偶函数.

$f(-x)=\ln(\sqrt{x^2+1}+x)=\ln\dfrac{1}{\sqrt{x^2+1}-x}=-\ln(\sqrt{x^2+1}-x)=-f(x)\Rightarrow(4)$为奇函数.

综上所述，奇函数的个数为 3.

5. B

【解析】第一步：$f(x)=\begin{cases}1, & |x|\leqslant 1,\\ 0, & |x|>1\end{cases}\Rightarrow |f(x)|\leqslant 1,\ x\in\mathbf{R}$;

第二步：将 $f(x)$代入 $f(x)=\begin{cases}1, & |x|\leqslant 1,\\ 0, & |x|>1\end{cases}$的第一段表达式，可得

$$f[f(x)]=1,\ x\in\mathbf{R}\Rightarrow |f[f(x)]|\leqslant 1,\ x\in\mathbf{R};$$

第三步：将 $f[f(x)]$代入 $f(x)=\begin{cases}1, & |x|\leqslant 1,\\ 0, & |x|>1\end{cases}$的第一段表达式，可得

$$f\{f[f(x)]\}=1,\ x\in\mathbf{R}.$$

6. C

【解析】A 项：$|x\sin x|\mathrm{e}^{\cos x}$在点 $x=0,\ \dfrac{\pi}{2},\ \pi$ 的函数值分别为 0，$\dfrac{\pi}{2}$，0，故 $|x\sin x|\mathrm{e}^{\cos x}$不是单调函数，A 项错误.

B 项：$f(-x)=\ln(-x+\sqrt{(-x)^2+1})=\ln\dfrac{1}{x+\sqrt{x^2+1}}=-\ln(x+\sqrt{x^2+1})=-f(x)$，故 $\ln(x+\sqrt{x^2+1})$为奇函数，B 项错误.

C 项：$f(-x)=-x\dfrac{\mathrm{e}^{-x}-1}{\mathrm{e}^{-x}+1}=-x\dfrac{1-\mathrm{e}^{x}}{1+\mathrm{e}^{x}}=x\dfrac{\mathrm{e}^{x}-1}{\mathrm{e}^{x}+1}=f(x)$，故 $x\dfrac{\mathrm{e}^{x}-1}{\mathrm{e}^{x}+1}$为偶函数，C 项正确.

D 项：$2\sin^2 x+1=2-\cos 2x$，而 $2-\cos 2x$ 的最小正周期为$\dfrac{2\pi}{2}=\pi$，故 $2\sin^2 x+1$ 的最小正周期为 π，D 项错误.

E 项：设 T 为 $x\cos x$ 的周期($T>0$)，则$(x+T)\cos(x+T)=x\cos x$，$\forall x\in\mathbf{R}$，令 $x=0$，解得 $T=\dfrac{\pi}{2}+k\pi$，$k\in\mathbf{Z}$；令 $x=\dfrac{\pi}{2}$，解得 $T=k_1\pi$，$k_1\in\mathbf{Z}$，显然$\dfrac{\pi}{2}+k\pi=k_1\pi$ 矛盾，故假设错误，则 $x\cos x$ 不是周期函数，E 项错误.

7. E

【解析】A 项：令 $f(x)=\begin{cases}1, & x\geqslant 0,\\ 0, & x<0,\end{cases}$则$-\mathrm{e}^{-x}f(x)=\begin{cases}-\mathrm{e}^{-x}, & x\geqslant 0,\\ 0, & x<0\end{cases}$非单调不减.

B 项：令 $f(x)=\begin{cases}1, & x\geqslant 0,\\ 0, & x<0,\end{cases}$则$\sqrt{f(-x)}=\begin{cases}1, & x\leqslant 0,\\ 0, & x>0\end{cases}$非单调不减.

C 项：令 $f(x)=\mathrm{e}^x$，则 $f(x^2)=\mathrm{e}^{x^2}$，$f[(-1)^2]=\mathrm{e}>f(0^2)=1\Rightarrow f(x^2)$非单调不减.

D 项：令 $f(x)=\mathrm{e}^x$，则 $f(|x|)=\mathrm{e}^{|x|}$，$f(|-1|)=\mathrm{e}>f(|0|)=1\Rightarrow f(|x|)$非单调不减.

E 项：$f(x)$在 $\mathbf{R}$ 上单调不减$\Rightarrow\forall x_1,\ x_2\in\mathbf{R}$，若 $x_1<x_2$，则 $f(x_1)\leqslant f(x_2)$，$-x_1>-x_2\Rightarrow f(-x_1)\geqslant f(-x_2)\Rightarrow -f(-x_1)\leqslant -f(-x_2)$，故$-f(-x)$单调不减.

第3节 真题题型

题型5 函数极限计算（无参数）

【方法点拨】

(1)极限计算步骤可概括为如下“三步曲”：

第一步：化简，利用四则运算法则的推广和等价无穷小替换进行化简．

若$\lim\limits_{x\to\square}f(x)=A$，则$\lim\limits_{x\to\square}[f(x)+g(x)]=A+\lim\limits_{x\to\square}g(x)$；

若$\lim\limits_{x\to\square}f(x)=A\neq0$，则$\lim\limits_{x\to\square}[f(x)\cdot g(x)]=A\cdot\lim\limits_{x\to\square}g(x)$．

第二步：判断极限类型，并选择相应的方法计算．

①$\dfrac{+\infty+(+\infty)+\cdots+(+\infty)+a_0}{+\infty+(+\infty)+\cdots+(+\infty)+b_0}\to$抓大头法；

②$\dfrac{0}{0}$或$\dfrac{\infty}{\infty}\to$洛必达；

③$\infty-\infty\begin{cases}\text{分式差}\to\text{通分；}\\ \text{根式差}\to\text{有理化或倒数代换}\left(\text{令 }x=\dfrac{1}{t}\right)\end{cases}\to\dfrac{0}{0}$或$\dfrac{\infty}{\infty}\to$洛必达；

④$0\cdot\infty=\begin{cases}\dfrac{0}{\frac{1}{\infty}}=\dfrac{0}{0}\to\text{洛必达；}\\ \dfrac{\infty}{\frac{1}{0}}=\dfrac{\infty}{\infty}\to\text{洛必达；}\end{cases}$

⑤$1^\infty$，∞^0，0^0或幂指函数极限→用对数恒等式将其转化为复合函数极限；

⑥分段点或e^∞，$\arctan\infty\to$计算单侧极限；

⑦无穷小×有界量→用结论“无穷小×有界量=无穷小”．

第三步：代入．

(2)“抓大头法”详解：

①类型：$\dfrac{+\infty+(+\infty)+\cdots+(+\infty)+a_0}{+\infty+(+\infty)+\cdots+(+\infty)+b_0}$($a_0$，$b_0$为常数或有界函数)．

②原理：当$x\to+\infty$时，按照趋近于无穷大的速度由快到慢有如下排序(其中≫表示远远快于)：$a^x\gg x^b\gg x^c\gg\ln^d x(a>1,\ b>c>0,\ d>0)$，排序在后的无穷大除以排序在前的无穷大的极限为零，如$\lim\limits_{x\to+\infty}\dfrac{x^3}{2^x}=0$，$\lim\limits_{x\to+\infty}\dfrac{\ln^3 x}{\sqrt{x}}=0$．

对于$\dfrac{+\infty+(+\infty)+\cdots+(+\infty)+a_0}{+\infty+(+\infty)+\cdots+(+\infty)+b_0}$型极限，分子(分母)中趋于无穷的速度远远快于其余项的无穷大称为分子(分母)的**大头**.

对该极限作如下变形：分子分母同时除以分母的大头后，除了大头外的其余项化为无穷小.由此可知，原极限等于分子分母的大头的商的极限.

③操作：按照②中无穷大的排序分别抓出分子和分母的大头，再求二者商的极限.例如

$$\lim_{x\to+\infty}\frac{2^x+x+\sqrt{x}+\sin x}{3^x+x^2+2\ln x+1}=\lim_{x\to+\infty}\frac{2^x}{3^x}=\lim_{x\to+\infty}\left(\frac{2}{3}\right)^x=0.$$

注意：若将上述抓大头法中的x替换为n，则可得到针对数列极限的抓大头法，例题见本章第4节例24.

①自变量的变化过程未必是$x\to+\infty$，只要该变化过程导致该极限类型为$\dfrac{+\infty+(+\infty)+\cdots+(+\infty)+a_0}{+\infty+(+\infty)+\cdots+(+\infty)+b_0}$，抓大头法就适用.例如

$$\lim_{x\to0^+}\frac{e^{\frac{1}{x}}+\cos\frac{1}{x}}{e^{\frac{2}{x}}+2}=\lim_{x\to0^+}\frac{e^{\frac{1}{x}}}{e^{\frac{2}{x}}}=\lim_{x\to0^+}\frac{1}{e^{\frac{1}{x}}}=0.$$

②若类型中含有$-\infty$，只要不出现“大头抵消”，即分子(或分母)抓出的大头不会抵消成零，则抓大头法依然适用；若出现“大头抵消”，则需用其他方法计算极限.

例如：$\lim\limits_{x\to-\infty}\dfrac{2^x+x+\sqrt{-x}+\sin x}{3^x+x^2-2\ln(-x)+1}$，类型为$\dfrac{-\infty+(+\infty)+\sin(-\infty)}{+\infty-(+\infty)+1}$，抓大头后$\lim\limits_{x\to-\infty}\dfrac{x}{x^2}=0$，未出现大头抵消，故抓大头法适用.

$\lim\limits_{x\to-\infty}\dfrac{\sqrt{x^2-x}+x}{\sqrt{x^2+2x}+x}$，类型为$\dfrac{+\infty+(+\infty)+(-\infty)}{+\infty+(-\infty)+(-\infty)}$，抓大头后“$\lim\limits_{x\to-\infty}\dfrac{\sqrt{x^2}+x}{\sqrt{x^2}+x}=\lim\limits_{x\to-\infty}\dfrac{-x+x}{-x+x}$”分子和分母均出现了大头抵消的情况，故应另寻他法.

方法一：先有理化，再抓大头.

$$\lim_{x\to-\infty}\frac{\sqrt{x^2-x}+x}{\sqrt{x^2+2x}+x}=\lim_{x\to-\infty}\frac{-x(\sqrt{x^2+2x}-x)}{2x(\sqrt{x^2-x}-x)}=-\frac{1}{2}\lim_{x\to-\infty}\frac{\sqrt{x^2}-x}{\sqrt{x^2}-x}=-\frac{1}{2}.$$

方法二：分子分母同时除以x，当$x\to-\infty$时，$x=-|x|=-\sqrt{x^2}$，则

$$\lim_{x\to-\infty}\frac{\sqrt{x^2-x}+x}{\sqrt{x^2+2x}+x}=\lim_{x\to-\infty}\frac{-\sqrt{1-\frac{1}{x}}+1}{-\sqrt{1+\frac{2}{x}}+1}=\lim_{x\to-\infty}\frac{\left(1-\frac{1}{x}\right)^{\frac{1}{2}}-1}{\left(1+\frac{2}{x}\right)^{\frac{1}{2}}-1}=\lim_{x\to-\infty}\frac{-\frac{1}{2x}}{\frac{2}{2x}}=-\frac{1}{2}.$$

例8　$\lim\limits_{x\to0}\left(x\sin\dfrac{1}{x}+\dfrac{1}{x}\sin x\right)$，则该极限(　　).

A. 等于1　　B. 等于0　　C. 等于-1　　D. 等于2　　E. 不存在

【思路】求函数和的极限，在写成极限的和之前，须先确认有一项的极限存在.

【解析】当$x\to0$时，x为无穷小，$\sin\dfrac{1}{x}$为有界函数，根据“无穷小×有界量=无穷小”得

$\lim\limits_{x\to 0}x\sin\dfrac{1}{x}=0$，故$\lim\limits_{x\to 0}\left(x\sin\dfrac{1}{x}+\dfrac{1}{x}\sin x\right)=0+\lim\limits_{x\to 0}\dfrac{\sin x}{x}=1.$

【答案】A

例 9 $\lim\limits_{x\to 0}\left(\dfrac{1+x}{1-e^{-x}}-\dfrac{1}{x}\right)=($　　$).$

A. $\dfrac{3}{2}$　　B. 0　　C. -1　　D. 2　　E. 3

【思路】本题为“$\infty-\infty$”型，可以先通分再计算．

【解析】

$$\begin{aligned}\lim_{x\to 0}\left(\frac{1+x}{1-e^{-x}}-\frac{1}{x}\right)&=\lim_{x\to 0}\frac{x+x^2-1+e^{-x}}{(1-e^{-x})x}=\lim_{x\to 0}\frac{x+x^2-1+e^{-x}}{x^2}\\&=\lim_{x\to 0}\frac{1+2x-e^{-x}}{2x}=\lim_{x\to 0}\frac{2+e^{-x}}{2}=\frac{3}{2}.\end{aligned}$$

【答案】A

例 10 $\lim\limits_{x\to 0}\left(\dfrac{1+2^x}{2}\right)^{\frac{1}{x}}=($　　$).$

A. $\dfrac{1}{2}$　　B. 2　　C. $\ln 2$　　D. $\dfrac{\ln 2}{2}$　　E. $\sqrt{2}$

【思路】幂指函数极限，先通过对数恒等式将幂指函数转化为复合函数，再求极限．

【解析】$\lim\limits_{x\to 0}\left(\dfrac{1+2^x}{2}\right)^{\frac{1}{x}}=e^{\lim\limits_{x\to 0}\frac{1}{x}\ln\left(\frac{1+2^x}{2}\right)}$，其中

$$\lim_{x\to 0}\frac{1}{x}\ln\left(\frac{1+2^x}{2}\right)=\lim_{x\to 0}\frac{1}{x}\left(\frac{1+2^x}{2}-1\right)=\lim_{x\to 0}\frac{2^x-1}{2x}=\lim_{x\to 0}\frac{x\ln 2}{2x}=\frac{\ln 2}{2},$$

故$\lim\limits_{x\to 0}\left(\dfrac{1+2^x}{2}\right)^{\frac{1}{x}}=e^{\frac{\ln 2}{2}}=\sqrt{2}.$

【答案】E

题型 6 函数极限计算（含参数）

【方法点拨】

(1)极限计算步骤(同本章题型 5).

(2)极限式的分析(差的极限和商的极限).

$\left.\begin{matrix}\lim(\square-\triangle)=A\\ \lim\square=\infty\end{matrix}\right\}\Rightarrow\lim\triangle=\infty$；$\left.\begin{matrix}\lim\dfrac{\square}{\triangle}=A\neq 0\\ \lim\triangle=\infty\end{matrix}\right\}\Rightarrow\lim\square=\infty$；$\left.\begin{matrix}\lim\dfrac{\square}{\triangle}=A\\ \lim\triangle=0\end{matrix}\right\}\Rightarrow\lim\square=0.$

例 11 已知极限$\lim\limits_{x\to\infty}\left(\dfrac{x^2+1}{x+1}-ax-b\right)=0$，则常数 a 和 b 的值为(　　).

A. 1，1　　B. 1，-1　　C. -1，1　　D. -1，-1　　E. 1，0

【思路】已知极限式中带参数，要求参数，先根据极限计算步骤计算，过程中对差的极限和商

的极限进行分析．

【解析】方法一：由$\lim\limits_{x\to\infty}\left(\dfrac{x^2+1}{x+1}-ax-b\right)=0$得$\lim\limits_{x\to\infty}\left(\dfrac{x^2+1}{x+1}-ax\right)=b$，又因为$\lim\limits_{x\to\infty}\dfrac{x^2+1}{x+1}=\infty$，则$\lim\limits_{x\to\infty}ax=\infty$.

由上可知，$\lim\limits_{x\to\infty}\left(\dfrac{x^2+1}{x+1}-ax\right)$为“$\infty-\infty$”型未定式，通分得$\lim\limits_{x\to\infty}\dfrac{(1-a)x^2-ax+1}{x+1}=b$，若$1-a\neq0$，则由抓大头法(或洛必达法则)得$\infty=b$，矛盾，故有$1-a=0$，即$a=1$.

将$a=1$代入，得$\lim\limits_{x\to\infty}\dfrac{-x+1}{x+1}=-1$，故$b=-1$.

方法二：$\lim\limits_{x\to\infty}\left(\dfrac{x^2+1}{x+1}-ax-b\right)=\lim\limits_{x\to\infty}\left(\dfrac{x^2-1+2}{x+1}-ax-b\right)=\lim\limits_{x\to\infty}\left(x-1+\dfrac{2}{x+1}-ax-b\right)=0$，其中$\lim\limits_{x\to\infty}\dfrac{2}{x+1}=0$，则$\begin{cases}\lim\limits_{x\to\infty}(x-ax)=0,\\-1-b=0,\end{cases}$解得$\begin{cases}a=1,\\b=-1.\end{cases}$

【答案】B

例 12　已知$\lim\limits_{x\to-1}\dfrac{x^2+ax+b}{x+1}=8$，则$a+b=$(　　).

A. 9　　B. 10　　C. 18　　D. 19　　E. 20

【思路】已知商的形式的带参极限，可分别分析分子和分母，并结合洛必达法则求解．

【解析】当$x\to-1$时，分母$x+1\to0$，要使整个函数极限存在，则有$\lim\limits_{x\to-1}(x^2+ax+b)=0$，解得$1-a+b=0$. 由此可知，$\lim\limits_{x\to-1}\dfrac{x^2+ax+b}{x+1}$为“$\dfrac{0}{0}$”型未定式，故

$$\lim_{x\to-1}\frac{x^2+ax+b}{x+1}=\lim_{x\to-1}(2x+a)=a-2=8,$$

则$a=10$，代入$1-a+b=0$中得$b=9$，故$a+b=19$.

【答案】D

题型7　无穷小比阶

【方法点拨】

(1)两个考点：极限计算步骤(同本章题型5)和无穷小的阶的定义(高阶、低阶、同阶、等价、k阶).

(2)两种方法：两两相比和“找尺子”(利用等价无穷小公式找出其同阶无穷小x^k，再比幂次).

例 13　当$x\to0$时，下列五个无穷小量中，比其他四个更高阶的无穷小量是(　　).

A. x^2　　B. $1-\cos x$　　C. $\sqrt{1-x^2}-1$　　D. $x-\sin x$　　E. $\arctan(x^2)$

【思路】五个无穷小要比阶，可先利用等价无穷小公式找出其同阶无穷小x^k，再比幂次．

【解析】当$x\to0$时，$1-\cos x\sim\dfrac{x^2}{2}$，$\sqrt{1-x^2}-1=(1-x^2)^{\frac{1}{2}}-1\sim-\dfrac{1}{2}x^2$，$\arctan(x^2)\sim x^2$，

因此A、B、C、E项是x^2的同阶无穷小，由排除法得高阶无穷小为D项．

$\lim\limits_{x\to 0}\frac{x-\sin x}{x^3}=\lim\limits_{x\to 0}\frac{1-\cos x}{3x^2}=\lim\limits_{x\to 0}\frac{\frac{x^2}{2}}{3x^2}=\frac{1}{6}$，故$x\to 0$时，$x-\sin x$是$x^3$的同阶无穷小．

【答案】D

题型8 极限的定义与性质的相关问题

【方法点拨】

(1)理解极限定义．

①$\lim\limits_{x\to x_0}f(x)=A\Leftrightarrow x\to x_0$，$f(x)\to A$；②$\lim\limits_{x\to x_0^+}f(x)=A\Leftrightarrow\begin{cases}x\to x_0,\\x>x_0,\end{cases}f(x)\to A$；

③$\lim\limits_{x\to x_0^-}f(x)=A\Leftrightarrow\begin{cases}x\to x_0,\\x<x_0,\end{cases}f(x)\to A$；④$\lim\limits_{x\to\infty}f(x)=A\Leftrightarrow\underset{(|x|充分大)}{x\to\infty}$，$f(x)\to A$；

⑤$\lim\limits_{x\to+\infty}f(x)=A\Leftrightarrow\underset{(x充分大)}{x\to+\infty}$，$f(x)\to A$；⑥$\lim\limits_{x\to-\infty}f(x)=A\Leftrightarrow\underset{(-x充分大)}{x\to-\infty}$，$f(x)\to A$；

⑦$\lim\limits_{n\to\infty}a_n=A\Leftrightarrow\underset{(注意n\in\mathbf{N}_+)}{n\to\infty}$，$a_n\to A$.

其中$\lim\limits_{x\to x_0}f(x)$是“局部性质、与函数值无关、可左可右”.

(2)熟记极限性质．

性质	函数	数列
唯一性	若函数极限存在，则极限值唯一．	若数列极限存在，则极限值唯一．
有界性	若函数极限存在，则函数局部有界．	若数列极限存在，则数列有界．
保号性	若函数极限存在，则“函数与0的符号关系”同“极限与0的符号关系”保持一致．	若数列极限存在，则“数列与0的符号关系”同“极限与0的符号关系”保持一致．

(3)可采用排除法快速解题．

例14 已知$\lim\limits_{x\to 1}f(x)=-2$，则以下结论不可能成立的是(   ).

A. $f(1)>0$

B. $f(1)$无定义

C. 当x充分接近1时，$f(x)<0$

D. 当x充分接近1时，$f(x)<-\frac{3}{2}$

E. 当x充分接近1时，$|f(x)|<\frac{3}{2}$

【思路】已知抽象函数的极限，考查极限的定义与性质，可直接分析或用反例排除．

【解析】方法一：用极限定义和性质分析．

由于$\lim\limits_{x\to 1}f(x)$与$f(1)$无关，因此$f(1)>0$，$f(1)$无定义均有可能，故A、B项可能成立．

由于$\lim\limits_{x\to 1}f(x)=-2$，因此$x\to 1$时，$f(x)\to -2$，又$-2<-\frac{3}{2}<0$，则当$x$充分接近1时有

$f(x)<-\frac{3}{2}<0\Rightarrow|f(x)|>\frac{3}{2}$，故C、D项一定成立，E项不可能成立.

方法二：特殊值排除.

令$f(x)=-2$，则满足已知条件，此时C、D项成立，故将其排除；再根据$\lim\limits_{x\to1}f(x)$与$f(1)$无关排除A、B项.故选E项.

【答案】E

题型9 连续性相关问题

【方法点拨】

(1)分段函数在包含分段点的区间连续⇒其在分段点连续，此时可用函数在一点连续的定义求解.

(2)判断$\lim\limits_{x\to\square}f[g(x)]=f[\lim\limits_{x\to\square}g(x)]$(或$\lim\limits_{n\to\infty}f(a_n)=f(\lim\limits_{n\to\infty}a_n)$)是否成立：

方法一：利用复合函数的连续性结论证明命题为真.

若复合函数$f[g(x)]$在点x_0的某去心邻域内有定义，$\lim\limits_{x\to x_0}g(x)=u_0$，函数$f(u)$在点$u_0$处连续，则$\lim\limits_{x\to x_0}f[g(x)]=f[\lim\limits_{x\to x_0}g(x)]=f(u_0)$.

将该结论中的$x\to x_0$换成$x\to\infty$，可得类似的结论.

特别地，将该结论中的函数$g(x)$换成数列a_n，$x\to x_0$换成$n\to\infty$，可得如下结论：

若数列$\{f(a_n)\}$在n充分大时有定义，$\lim\limits_{n\to\infty}a_n=u_0$，函数$f(u)$在点$u_0$处连续，则$\lim\limits_{n\to\infty}f(a_n)=f(\lim\limits_{n\to\infty}a_n)=f(u_0)$.

方法二：通过举反例证明命题为假.

例 15　设函数$f(x)=\begin{cases}e^{-x}, & x<1,\\ a, & x\geqslant1,\end{cases}$ $g(x)=\begin{cases}b, & x<0,\\ e^x, & x\geqslant0,\end{cases}$且$f(x)+g(x)$在$(-\infty,+\infty)$内处处连续，则$a$，$b$的值为(　　).

A. e，1　　B. e，-1　　C. e^{-1}，1　　D. e^{-1}，-1　　E. e，e^{-1}.

【思路】已知$f(x)$，$g(x)$的表达式和$f(x)+g(x)$在$(-\infty,+\infty)$的连续性，求参数a，b，需先求$f(x)+g(x)$的表达式，再利用$f(x)+g(x)$在分段点的连续性，结合函数在一点连续定义求解.

【解析】$f(x)+g(x)=\begin{cases}e^{-x}+b, & x<0,\\ e^{-x}+e^x, & 0\leqslant x<1,\\ a+e^x, & x\geqslant1.\end{cases}$由$f(x)+g(x)$在$(-\infty,+\infty)$内处处连续得$f(x)+g(x)$在分段点$x=0$和$x=1$处连续，故有

$$\begin{cases}\lim\limits_{x\to0^-}(e^{-x}+b)=2,\\ \lim\limits_{x\to1^-}(e^{-x}+e^x)=a+e\end{cases}\Rightarrow\begin{cases}a=e^{-1},\\ b=1.\end{cases}$$

【答案】C

例 16 设$\{a_n\}$为数列，A为实数，则以下错误的是(　　).

A. 若$\lim\limits_{n\to\infty}a_n=A$，则$\lim\limits_{n\to\infty}\cos a_n=\cos A$

B. 若$\lim\limits_{n\to\infty}a_n=A$，则$\lim\limits_{n\to\infty}\arctan a_n=\arctan A$

C. 若$\lim\limits_{n\to\infty}a_n=A$，则$\lim\limits_{n\to\infty}|a_n|=|A|$

D. 若$\lim\limits_{n\to\infty}\cos a_n=\cos A$，则$\lim\limits_{n\to\infty}a_n=A$

E. 若$\lim\limits_{n\to\infty}\arctan a_n=\arctan A$，则$\lim\limits_{n\to\infty}a_n=A$

【思路】A、B、C项涉及判断$\lim\limits_{n\to\infty}f(a_n)=f(\lim\limits_{n\to\infty}a_n)$是否成立，故直接用复合函数的连续性结论；D项可举反例证明其错误；E项可将$\{\arctan a_n\}$整体看成一个数列$\{b_n\}$，并借助函数$\tan u$，再用上述结论.

【解析】A、B、C项：由于数列$\{\cos a_n\}$，$\{\arctan a_n\}$，$\{|a_n|\}$均在n充分大时有定义，$\lim\limits_{n\to\infty}a_n=A$，且函数$\cos u$，$\arctan u$，$|u|$均在点$A$处连续，因此$\lim\limits_{n\to\infty}\cos a_n=\cos(\lim\limits_{n\to\infty}a_n)=\cos A$，$\lim\limits_{n\to\infty}\arctan a_n=\arctan(\lim\limits_{n\to\infty}a_n)=\arctan A$，$\lim\limits_{n\to\infty}|a_n|=|\lim\limits_{n\to\infty}a_n|=|A|$，故A、B、C项正确.

D项：令$a_n=2\pi$，$n=1,2,\cdots$，$A=0$，则$\lim\limits_{n\to\infty}\cos a_n=\lim\limits_{n\to\infty}\cos(2\pi)=1=\cos 0$，但$\lim\limits_{n\to\infty}a_n=2\pi\neq 0$，故D项错误.

E项：记$b_n=\arctan a_n$，由于数列$\{\tan b_n\}$在n充分大时有定义，$\lim\limits_{n\to\infty}b_n=\lim\limits_{n\to\infty}\arctan a_n=\arctan A$，且函数$\tan u$在点$\arctan A$处连续，因此$\lim\limits_{n\to\infty}\tan(b_n)=\tan(\lim\limits_{n\to\infty}b_n)=\tan(\arctan A)=A$，又$\lim\limits_{n\to\infty}\tan(b_n)=\lim\limits_{n\to\infty}\tan(\arctan a_n)=\lim\limits_{n\to\infty}a_n$，故$\lim\limits_{n\to\infty}a_n=A$，则E项正确.

【注意】D项无法借助$\arccos u$进行类似E项的推理，因为$\arccos(\cos a_n)=a_n$不一定成立(当$a_n\in[0,\pi]$时，有$\arccos(\cos a_n)=a_n$，但本题$a_n\in[0,\pi]$不一定成立).

【答案】D

题型 10 判断间断点的类型

【方法点拨】

(1)已知$f(x)$的表达式和间断点x_0，判断间断点类型：算左、右极限，根据计算结果，对照间断点的分类标准判断类型.

(2)已知$f(x)$的表达式，求出间断点并判断类型：找出所有可能的间断点(分段点和无意义的点(但在该点的某去心邻域有定义))，一一判断[同(1)].

(3)已知极限函数，求出间断点并判断类型：计算极限得函数表达式，再作后续讨论.

(4)已知函数的单调性，判断间断点类型(或极限存在性)：用单调性与极限的关系“若$f(x)$在点x_0的某去心邻域单调，则$\lim\limits_{x\to x_0^-}f(x)$，$\lim\limits_{x\to x_0^+}f(x)$均存在”进行推理，或者用特殊值法排除.

例 17 设函数$f(x)=\dfrac{1}{e^{\frac{x}{x-1}}-1}$，则(　　).

A. $x=0$，$x=1$都是$f(x)$的第一类间断点

B. $x=0$，$x=1$都是$f(x)$的第二类间断点

C. $x=0$是$f(x)$的第一类间断点，$x=1$是$f(x)$的第二类间断点

D. $x=0$ 是 $f(x)$ 的第二类间断点，$x=1$ 是 $f(x)$ 的第一类间断点

E. $x=0$，$x=1$ 仅有一个是 $f(x)$ 的间断点

【思路】本题已知 $f(x)$，根据选项可知间断点可能为 $x=0$，$x=1$，故计算这两点处的左、右极限．

【解析】由于 $\lim\limits_{x\to0}f(x)=\lim\limits_{x\to0}\dfrac{1}{e^{\frac{x}{x-1}}-1}=\infty$，因此 $x=0$ 是 $f(x)$ 的第二类间断点．

由于 $\lim\limits_{x\to1^-}f(x)=\lim\limits_{x\to1^-}\dfrac{1}{e^{\frac{x}{x-1}}-1}=-1$，$\lim\limits_{x\to1^+}f(x)=\lim\limits_{x\to1^+}\dfrac{1}{e^{\frac{x}{x-1}}-1}=0$，因此 $x=1$ 是 $f(x)$ 的第一类间断点．

【答案】D

例 18　函数 $f(x)=\dfrac{x-x^3}{\sin\pi x}$ 的可去间断点有(　　)个．

A. 0　　B. 1　　C. 2　　D. 3　　E. 无穷多

【思路】本题只已知 $f(x)$，故要先找出所有可能的间断点，再计算左、右极限．

【解析】令 $\sin\pi x=0$，得 $x=0$，±1，±2，…为可能的间断点．

当 $k=\pm2$，±3，…时，由于 $\lim\limits_{x\to k}f(x)=\lim\limits_{x\to k}\dfrac{x-x^3}{\sin\pi x}=\infty$，因此 $k=\pm2$，±3，…为 $f(x)$ 的无穷间断点．

$\lim\limits_{x\to0}f(x)=\lim\limits_{x\to0}\dfrac{x-x^3}{\sin\pi x}=\lim\limits_{x\to0}\dfrac{x(1+x)(1-x)}{\pi x}=\lim\limits_{x\to0}\dfrac{x}{\pi x}=\dfrac{1}{\pi}$，故 $x=0$ 为 $f(x)$ 的可去间断点．

$\lim\limits_{x\to-1}f(x)=\lim\limits_{x\to-1}\dfrac{x-x^3}{\sin\pi x}\xlongequal{洛必达}\lim\limits_{x\to-1}\dfrac{1-3x^2}{\pi\cos\pi x}=\dfrac{2}{\pi}$，故 $x=-1$ 为 $f(x)$ 的可去间断点．

$\lim\limits_{x\to1}f(x)=\lim\limits_{x\to1}\dfrac{x-x^3}{\sin\pi x}=\lim\limits_{x\to1}\dfrac{1-3x^2}{\pi\cos\pi x}=\dfrac{2}{\pi}$，故 $x=1$ 为 $f(x)$ 的可去间断点．

综上，函数 $f(x)=\dfrac{x-x^3}{\sin\pi x}$ 的可去间断点有 3 个．

【答案】D

例 19　设函数 $f(x)=\lim\limits_{n\to\infty}\dfrac{1+x}{1+x^{2n}}$，则函数 $f(x)$(　　)．

A. 不存在间断点　　B. 存在间断点 $x=1$

C. 存在间断点 $x=0$　　D. 存在间断点 $x=-1$

E. 间断点不只一个

【思路】本题已知极限函数，故要先求出 $f(x)$ 的表达式，再进一步计算．

【解析】第一步：先求极限得到 $f(x)$ 的表达式．

由于 $\lim\limits_{n\to\infty}x^n=\begin{cases}0, & |x|<1,\\ 不存在, & x=-1,\\ 1, & x=1,\\ \infty, & |x|>1,\end{cases}$ 因此 $\lim\limits_{n\to\infty}x^{2n}=\lim\limits_{n\to\infty}(x^2)^n=\begin{cases}0, & |x^2|<1,\\ 1, & x^2=1,\\ \infty, & |x^2|>1.\end{cases}$

当 $|x^2|<1$，即 $-1<x<1$ 时，$f(x)=\lim\limits_{n\to\infty}\dfrac{1+x}{1+x^{2n}}=\dfrac{1+x}{1+0}=1+x$；

当 $x=-1$ 时，$f(x)=\lim\limits_{n\to\infty}\dfrac{1+x}{1+x^{2n}}=\lim\limits_{n\to\infty}\dfrac{1-1}{1+1}=0$；

当 $x=1$ 时，$f(x)=\lim\limits_{n\to\infty}\dfrac{1+x}{1+x^{2n}}=\lim\limits_{n\to\infty}\dfrac{1+1}{1+1}=1$；

当 $|x^2|>1$，即 $x<-1$ 或 $x>1$ 时，$f(x)=\lim\limits_{n\to\infty}\dfrac{1+x}{1+x^{2n}}=0$.

故 $f(x)=\begin{cases}0, & x\leqslant -1,\\ 1+x, & -1<x<1,\\ 1, & x=1,\\ 0, & x>1.\end{cases}$

第二步：讨论函数 $f(x)$ 的间断点.

由 $f(x)$ 的表达式得其间断点可能为分段点 ± 1.

由于 $\lim\limits_{x\to -1^-}f(x)=\lim\limits_{x\to -1^+}f(x)=f(-1)=0$，因此 $x=-1$ 为 $f(x)$ 的连续点；

由于 $\lim\limits_{x\to 1^-}f(x)=2$，$\lim\limits_{x\to 1^+}f(x)=0$，因此 $x=1$ 为 $f(x)$ 的间断点.

综上，存在间断点 $x=1$.

【答案】B

例 20　设 $f(x)$ 为定义在 (a,b) 上的单调增加函数，点 $x_0\in(a,b)$，则(　　).

A. $\lim\limits_{x\to x_0^-}f(x)$，$\lim\limits_{x\to x_0^+}f(x)$ 均存在但不相等

B. $\lim\limits_{x\to x_0}f(x)$ 存在但 $\lim\limits_{x\to x_0}f(x)\neq f(x_0)$

C. $\lim\limits_{x\to x_0}f(x)$ 存在且 $\lim\limits_{x\to x_0}f(x)=f(x_0)$

D. 点 x_0 不是 $f(x)$ 的第一类间断点

E. 点 x_0 不是 $f(x)$ 的第二类间断点

【思路】本题已知 $f(x)$ 的单调性，需判断极限及间断点类型，可以用单调性与极限的关系进行推理或用特殊值法排除.

【解析】方法一：单调性与极限的关系.

由已知得 $f(x)$ 在点 x_0 的某去心邻域单调增加，则 $\lim\limits_{x\to x_0^-}f(x)$，$\lim\limits_{x\to x_0^+}f(x)$ 均存在，但二者可能相等，也可能不相等，故 A、B、C 项错误.

当 $\lim\limits_{x\to x_0^-}f(x)$，$\lim\limits_{x\to x_0^+}f(x)$ 均存在时，若 $f(x)$ 在点 x_0 不连续，则点 x_0 是 $f(x)$ 的第一类间断点，故 D 项错误.

第二类间断点要求 $\lim\limits_{x\to x_0^-}f(x)$，$\lim\limits_{x\to x_0^+}f(x)$ 至少有一个不存在，故点 x_0 不是 $f(x)$ 的第二类间断点，则 E 项正确.

方法二：特殊值法排除.

设 $f(x)=\begin{cases}x, & 0<x<1,\\ x+1, & 1\leqslant x<3,\end{cases}$ $a=0$，$b=3$.

令 $x_0=1$，满足已知条件，但 $\lim\limits_{x\to x_0}f(x)$ 不存在，点 x_0 是 $f(x)$ 的跳跃间断点，故排除 B、C、D 项.

令 $x_0=2$，满足已知条件，但 $\lim\limits_{x\to x_0^-}f(x)=\lim\limits_{x\to x_0^+}f(x)=3$，故排除 A 项.

根据排除法，选 E 项.

【结论】设 $f(x)$ 为区间 I 上的单调函数，若点 $x_0\in I$ 为 $f(x)$ 的间断点，则点 x_0 必为 $f(x)$ 的第一类间断点.

【答案】E

本节习题自测

1. $\lim\limits_{x\to 0}\dfrac{3\sin x+x^2\cos\dfrac{1}{x}}{(1+\cos x)\ln(1+x)}=($　　$)$.

A. 0　　B. $\frac{1}{2}$　　C. 1　　D. $\frac{3}{2}$　　E. 2

2. $\lim\limits_{x\to -\infty}\dfrac{4^x+2x^2+\ln(-x)}{e^x+3x^2+1}=($　　$)$.

A. ∞　　B. 0　　C. $-\frac{2}{3}$　　D. $\frac{2}{3}$　　E. $\frac{3}{2}$

3. $\lim\limits_{x\to 0}\left(\dfrac{1}{x^2}-\dfrac{1}{x\tan x}\right)=($　　$)$.

A. 0　　B. 1　　C. $\frac{1}{2}$　　D. $\frac{1}{3}$　　E. $\frac{2}{3}$

4. $\lim\limits_{x\to\infty}\left[x-\dfrac{1}{e^{\frac{1}{x}}-1}\right]=($　　$)$.

A. 0　　B. 1　　C. $\frac{1}{2}$　　D. $\frac{1}{3}$　　E. $\frac{2}{3}$

5. $\lim\limits_{x\to -\infty}x(\sqrt{x^2+100}+x)=($　　$)$.

A. -100　　B. -50　　C. 0　　D. 50　　E. 100

6. $\lim\limits_{x\to 1}(1-x)\tan\dfrac{\pi x}{2}=($　　$)$.

A. $-\frac{\pi}{2}$　　B. $-\frac{2}{\pi}$　　C. 0　　D. $\frac{2}{\pi}$　　E. $\frac{\pi}{2}$

7. $\lim\limits_{x\to\infty}\left(\sin\dfrac{2}{x}+\cos\dfrac{1}{x}\right)^x=($　　$)$.

A. 1　　B. $e^{\frac{1}{2}}$　　C. e　　D. $e^{\frac{3}{2}}$　　E. e^2

8. $\lim\limits_{x\to 0}\dfrac{1}{x^3}\left[\left(\dfrac{2+\cos x}{3}\right)^x-1\right]=($　　$)$.

A. $-\frac{1}{3}$　　B. $-\frac{1}{6}$　　C. 0　　D. $\frac{1}{6}$　　E. $\frac{1}{3}$

9. $\lim\limits_{x\to +\infty}\dfrac{x^3+x^2+1}{2^x+x^3}(\sin x+\cos x)$，则该极限(　　).

A. 等于0　　B. 等于1　　C. 等于$\sqrt{2}$　　D. 为∞　　E. 不存在但不为∞

10. $\lim\limits_{x\to 0}\left(\dfrac{2+e^{\frac{1}{x}}}{1+e^{\frac{4}{x}}}+\dfrac{\sin x}{|x|}\right)$，则该极限(　　).

A. 等于-2　　B. 等于-1　　C. 等于0　　D. 等于1　　E. 不存在

11. 设函数 $f(x)=\begin{cases}\dfrac{\ln(1+ax^3)}{x-\arcsin x}, & x<0,\\ 6, & x=0,\\ \dfrac{e^{ax}+x^2-ax-1}{x\sin\dfrac{x}{4}}, & x>0,\end{cases}$ 若 $f(x)$ 在 $x=0$ 处连续，则 a 的值(　　).

A. 仅为-2　　B. 仅为-1　　C. 仅为 1　　D. 为-2或-1　　E. 为-1或 1

12. 设函数 $f(x)=e^{\frac{x}{\sin x}}$，则(　　).

A. $x=0$，$x=\pi$ 都是 $f(x)$ 的第一类间断点

B. $x=0$，$x=\pi$ 都是 $f(x)$ 的第二类间断点

C. $x=0$ 是 $f(x)$ 的第一类间断点，$x=\pi$ 是 $f(x)$ 的第二类间断点

D. $x=0$ 是 $f(x)$ 的第二类间断点，$x=\pi$ 是 $f(x)$ 的第一类间断点

E. $x=0$，$x=\pi$ 仅有一个是 $f(x)$ 的间断点

13. 若 $\lim\limits_{x\to 0}\dfrac{\ln(1+x)-(ax+bx^2)}{x^2}=2$，则(　　).

A. $a=0$，$b=-\dfrac{3}{2}$　　B. $a=0$，$b=-\dfrac{5}{2}$

C. $a=1$，$b=-\dfrac{3}{2}$　　D. $a=1$，$b=-\dfrac{5}{2}$

E. $a=1$，$b=\dfrac{5}{2}$

14. 若 $\lim\limits_{x\to 0}(e^x+ax^2+bx)^{\frac{1}{x^2}}=e^2$，则(　　).

A. $a=\dfrac{3}{2}$，$b=-1$　　B. $a=\dfrac{5}{2}$，$b=-1$

C. $a=\dfrac{3}{2}$，$b=1$　　D. $a=\dfrac{5}{2}$，$b=1$

E. $a=\dfrac{3}{2}$，$b=\dfrac{5}{2}$

15. 设当 $x\to 0$ 时，$(1-\cos x)\ln(1+x^2)$ 是比 $x\sin x^n$ 高阶的无穷小，而 $x\sin x^n$ 是比 $e^{x^2}-1$ 高阶的无穷小，则正整数 $n=$(　　).

A. 1　　B. 2　　C. 3　　D. 4　　E. 5

16. 当 $x\to 0$ 时，$f(x)=x-\sin ax$ 与 $g(x)=x^2\ln(1-bx)$ 是等价无穷小，则(　　).

A. $a=1$，$b=-\dfrac{1}{6}$　　B. $a=1$，$b=\dfrac{1}{6}$

C. $a=-1$，$b=-\dfrac{1}{6}$　　D. $a=-1$，$b=\dfrac{1}{6}$

E. $a=1$，$b=-1$

17. 若函数 $f(x)=\begin{cases}\dfrac{b+e^{\frac{1}{x}}}{1-e^{\frac{2}{x}}}, & x\neq 0,\\ a, & x=0\end{cases}$ 在其定义域内连续，则常数 a，b 的值为(　　).

A. 0，0　　B. 0，1　　C. 1，0　　D. 1，1　　E. 0，任意实数

18. 设函数 $f(x)=\frac{\ln|x|\cdot\sin x}{|x-1|}$，则 $f(x)$ 有(　　).

A. 1 个可去间断点，1 个跳跃间断点
B. 1 个可去间断点，1 个无穷间断点
C. 2 个跳跃间断点
D. 2 个无穷间断点
E. 唯一间断点

19. 设函数 $f(x)=\lim\limits_{n\to\infty}\frac{(n-1)x}{nx^2+1}$，则 $f(x)$(　　).

A. 无间断点
B. 有 1 个可去间断点
C. 有 1 个跳跃间断点
D. 有 1 个无穷间断点
E. 有不只一个间断点

20. 当 $x\to 0$ 时，用“$o(x)$”表示比 x 高阶的无穷小量，则下列式子中错误的是(　　).

A. $x\cdot o(x^2)=o(x^3)$
B. $o(x)\cdot o(x^2)=o(x^3)$
C. $o(x^2)+o(x^2)=o(x^2)$
D. $o(x)+o(x^2)=o(x^2)$
E. $o(x)-o(x^2)=o(x)$

21. 设函数 $f(x)$ 在点 x_0 的某去心邻域内单调减少，则以下结论不可能成立的是(　　).

A. $\lim\limits_{x\to x_0^-}f(x)>f(x_0)$
B. $\lim\limits_{x\to x_0^-}f(x)>\lim\limits_{x\to x_0^+}f(x)$
C. 点 x_0 是 $f(x)$ 的连续点
D. 点 x_0 是 $f(x)$ 的可去间断点
E. 点 x_0 是 $f(x)$ 的振荡间断点

22. 设 $\lim\limits_{n\to\infty}a_n=a$ 且 $a\neq 0$，则当 n 充分大时有(　　).

A. $|a_n|>\frac{|a|}{2}$
B. $|a_n|<\frac{|a|}{2}$
C. $a_n>a-\frac{1}{n}$
D. $a_n<a-\frac{1}{n}$
E. $a_n=a+\frac{1}{n}$

23. 设 $\{x_n\}$ 是数列，则下列命题中假命题是(　　).

A. 若 $\lim\limits_{n\to\infty}x_n=a$，则 $\lim\limits_{n\to\infty}x_{2n}=\lim\limits_{n\to\infty}x_{2n+1}=a$
B. 若 $\lim\limits_{n\to\infty}x_{2n}=\lim\limits_{n\to\infty}x_{2n+1}=a$，则 $\lim\limits_{n\to\infty}x_n=a$
C. 若 $\lim\limits_{n\to\infty}x_n=a$，则 $\lim\limits_{n\to\infty}x_{3n}=\lim\limits_{n\to\infty}x_{3n+1}=a$
D. 若 $\lim\limits_{n\to\infty}x_{3n}=\lim\limits_{n\to\infty}x_{3n+1}=a$，则 $\lim\limits_{n\to\infty}x_n=a$
E. 若 $\lim\limits_{n\to\infty}x_n=a$，则 $\lim\limits_{n\to\infty}x_{4n}=\lim\limits_{n\to\infty}x_{4n+1}=a$

24. 设函数 $f(x)$ 在 $(0,+\infty)$ 内有定义，则以下命题中，真命题的个数为(　　).

(1)若 $\lim\limits_{x\to+\infty}f(x)=0$，则 $\lim\limits_{x\to+\infty}\sqrt[3]{f(x)}=0$；
(2)若 $\lim\limits_{x\to+\infty}\sqrt[3]{f(x)}=0$，则 $\lim\limits_{x\to+\infty}f(x)=0$；
(3)若 $\lim\limits_{x\to+\infty}f(x)=0$，则 $\lim\limits_{x\to+\infty}[f(x)+f^2(x)]=0$；
(4)若 $\lim\limits_{x\to+\infty}[f(x)+f^2(x)]=0$，则 $\lim\limits_{x\to+\infty}f(x)=0$.

A. 0　　B. 1　　C. 2　　D. 3　　E. 4

习题详解

1. D

【解析】$\lim\limits_{x\to 0}\dfrac{3\sin x+x^2\cos\dfrac{1}{x}}{(1+\cos x)\ln(1+x)}=\dfrac{1}{2}\lim\limits_{x\to 0}\dfrac{3\sin x+x^2\cos\dfrac{1}{x}}{x}=\dfrac{1}{2}\left(3+\lim\limits_{x\to 0}x\cos\dfrac{1}{x}\right)=\dfrac{3}{2}.$

2. D

【解析】根据抓大头法，得

$$\lim_{x\to-\infty}\frac{4^x+2x^2+\ln(-x)}{e^x+3x^2+1}=\lim_{x\to-\infty}\frac{2x^2}{3x^2}=\frac{2}{3}.$$

【注意】当 $x\to+\infty$ 时，$a^x\gg x^b\gg x^c\gg\ln^d x(a>1,\ b>c>0,\ d>0)$，但当 $x\to-\infty$ 时，4^x 和 e^x 是无穷小，不是无穷大．故本题中分子和分母中的“大头”都是幂函数．

3. D

【解析】对极限式进行通分整理，可得

$$\lim_{x\to 0}\left(\frac{1}{x^2}-\frac{1}{x\tan x}\right)=\lim_{x\to 0}\frac{\tan x-x}{x^2\tan x}=\lim_{x\to 0}\frac{\tan x-x}{x^3}=\lim_{x\to 0}\frac{\sec^2 x-1}{3x^2}$$
$$=\lim_{x\to 0}\frac{\tan^2 x}{3x^2}=\lim_{x\to 0}\frac{x^2}{3x^2}=\frac{1}{3}.$$

4. C

【解析】由于含有$\dfrac{1}{x}$，不便直接计算，故先作倒数代换，令$\dfrac{1}{x}=t$，则

$$\lim_{x\to\infty}\left(x-\frac{1}{e^{\frac{1}{x}}-1}\right)=\lim_{t\to 0}\left(\frac{1}{t}-\frac{1}{e^t-1}\right)=\lim_{t\to 0}\frac{e^t-1-t}{t(e^t-1)}=\lim_{t\to 0}\frac{e^t-1-t}{t^2}$$
$$=\lim_{t\to 0}\frac{e^t-1}{2t}=\lim_{t\to 0}\frac{t}{2t}=\frac{1}{2}.$$

5. B

【解析】计算可知，本题为“$\infty\cdot 0$”型．

先有理化，再分子分母同时除以 x，由于 $x\to-\infty$ 时，有 $x<0$，因此 $x=-\sqrt{x^2}$，故

$$\lim_{x\to-\infty}x(\sqrt{x^2+100}+x)=\lim_{x\to-\infty}\frac{100x}{\sqrt{x^2+100}-x}=\lim_{x\to-\infty}\frac{100}{\dfrac{\sqrt{x^2+100}}{-\sqrt{x^2}}-1}=\lim_{x\to-\infty}\frac{100}{-\sqrt{1+\dfrac{100}{x^2}}-1}=-50.$$

6. D

【解析】$\lim\limits_{x\to 1}(1-x)\tan\dfrac{\pi x}{2}=\lim\limits_{x\to 1}\dfrac{(1-x)\sin\dfrac{\pi x}{2}}{\cos\dfrac{\pi x}{2}}=\lim\limits_{x\to 1}\dfrac{1-x}{\cos\dfrac{\pi x}{2}}=\lim\limits_{x\to 1}\dfrac{-1}{-\dfrac{\pi}{2}\sin\dfrac{\pi x}{2}}=\dfrac{2}{\pi}.$

7. E

【解析】$\lim\limits_{x\to\infty}\left(\sin\dfrac{2}{x}+\cos\dfrac{1}{x}\right)^x=e^{\lim\limits_{x\to\infty}x\ln\left(\sin\frac{2}{x}+\cos\frac{1}{x}\right)}$，令$\dfrac{1}{x}=t$，则

$$\lim_{x\to\infty}x\ln\left(\sin\frac{2}{x}+\cos\frac{1}{x}\right)=\lim_{t\to 0}\frac{\ln(\sin 2t+\cos t)}{t}=\lim_{t\to 0}\frac{\sin 2t+\cos t-1}{t}$$
$$=\lim_{t\to 0}(2\cos 2t-\sin t)=2,$$

因此$\lim\limits_{x\to\infty}\left(\sin\frac{2}{x}+\cos\frac{1}{x}\right)^x=e^2$.

8. B

【解析】$\lim\limits_{x\to0}\frac{1}{x^3}\left[\left(\frac{2+\cos x}{3}\right)^x-1\right]=\lim\limits_{x\to0}\frac{e^{x\ln\frac{2+\cos x}{3}}-1}{x^3}=\lim\limits_{x\to0}\frac{x\ln\frac{2+\cos x}{3}}{x^3}=\lim\limits_{x\to0}\frac{\frac{2+\cos x}{3}-1}{x^2}$

$$=\lim_{x\to0}\frac{\cos x-1}{3x^2}=\lim_{x\to0}\frac{-\frac{x^2}{2}}{3x^2}=-\frac{1}{6}.$$

9. A

【解析】根据抓大头法，可得$\lim\limits_{x\to+\infty}\frac{x^3+x^2+1}{2^x+x^3}=\lim\limits_{x\to+\infty}\frac{x^3}{2^x}=0$；

由$|\sin x+\cos x|\leqslant|\sin x|+|\cos x|\leqslant2$得$\sin x+\cos x$为有界函数；

由“无穷小乘有界量为无穷小”，可得$\lim\limits_{x\to+\infty}\frac{x^3+x^2+1}{2^x+x^3}(\sin x+\cos x)=0$.

10. D

【解析】$\lim\limits_{x\to0^+}\left(\frac{2+e^{\frac{1}{x}}}{1+e^{\frac{4}{x}}}+\frac{\sin x}{|x|}\right)=\lim\limits_{x\to0^+}\frac{2+e^{\frac{1}{x}}}{1+e^{\frac{4}{x}}}+\lim\limits_{x\to0^+}\frac{\sin x}{x}=\lim\limits_{x\to0^+}\frac{e^{\frac{1}{x}}}{e^{\frac{4}{x}}}+1=\lim\limits_{x\to0^+}\frac{1}{e^{\frac{3}{x}}}+1=1$；

$\lim\limits_{x\to0^-}\left(\frac{2+e^{\frac{1}{x}}}{1+e^{\frac{4}{x}}}+\frac{\sin x}{|x|}\right)=\lim\limits_{x\to0^-}\frac{2+e^{\frac{1}{x}}}{1+e^{\frac{4}{x}}}+\lim\limits_{x\to0^-}\frac{\sin x}{-x}=\frac{2+0}{1+0}-1=1$；

由于原函数在$x=0$处的左、右极限相等，故其在$x=0$处的极限为1.

11. B

【解析】$f(x)$在$x=0$处连续$\Rightarrow\lim\limits_{x\to0^-}f(x)=\lim\limits_{x\to0^+}f(x)=f(0)$，可得

$$\lim_{x\to0^-}f(x)=\lim_{x\to0^-}\frac{\ln(1+ax^3)}{x-\arcsin x}=\lim_{x\to0^-}\frac{ax^3}{x-\arcsin x}=\lim_{x\to0^-}\frac{3ax^2}{1-\frac{1}{\sqrt{1-x^2}}}$$

$$=\lim_{x\to0^-}\frac{3ax^2\sqrt{1-x^2}}{\sqrt{1-x^2}-1}=\lim_{x\to0^-}\frac{3ax^2}{\frac{1}{2}(-x^2)}=-6a;$$

$$\lim_{x\to0^+}f(x)=\lim_{x\to0^+}\frac{e^{ax}+x^2-ax-1}{x\sin\frac{x}{4}}=\lim_{x\to0^+}\frac{e^{ax}+x^2-ax-1}{\frac{x^2}{4}}$$

$$=4\lim_{x\to0^+}\frac{ae^{ax}+2x-a}{2x}=4\lim_{x\to0^+}\frac{a^2e^{ax}+2}{2}=2(a^2+2).$$

$f(0)=6$，故$-6a=2(a^2+2)=6$，则$a=-1$.

【注意】选择题并不需要完整求解就可得出答案．本题在解出$\lim\limits_{x\to0^-}f(x)=-6a$时，可直接由$f(0)=-6a=6$解出$a=-1$，无须再计算$\lim\limits_{x\to0^+}f(x)$．若先计算得出$\lim\limits_{x\to0^+}f(x)=2a^2+4$，由$f(0)=2a^2+4=6$解出$a=\pm1$，此时需要再求出$\lim\limits_{x\to0^-}f(x)$来确定$a$的值．

12. C

【解析】$\lim\limits_{x\to 0}f(x)=\lim\limits_{x\to 0}e^{\frac{x}{\sin x}}=e$，故 $x=0$ 为 $f(x)$的第一类间断点；

$\lim\limits_{x\to \pi^-}f(x)=\lim\limits_{x\to \pi^-}e^{\frac{x}{\sin x}}=e^{\lim\limits_{x\to\pi^-}\frac{x}{\sin x}}=+\infty$，故 $x=\pi$ 为 $f(x)$的第二类间断点．

13. D

【解析】方法一：$\lim\limits_{x\to 0}\frac{\ln(1+x)-(ax+bx^2)}{x^2}=\lim\limits_{x\to 0}\frac{\ln(1+x)-ax}{x^2}-b=\lim\limits_{x\to 0}\frac{\frac{1}{1+x}-a}{2x}-b=2$，由于当 $x\to 0$ 时，分母 $2x\to 0$ 且分式极限存在，因此极限 $\lim\limits_{x\to 0}\left(\frac{1}{1+x}-a\right)=0$，故 $a=1$，代入 $\lim\limits_{x\to 0}\frac{\frac{1}{1+x}-a}{2x}-b=2$ 中，解得 $b=-\frac{5}{2}$.

方法二：当 $x\to 0$ 时，分子分母都趋近于 0，根据洛必达法则，有

$$\lim_{x\to 0}\frac{\ln(1+x)-(ax+bx^2)}{x^2}=\lim_{x\to 0}\frac{\frac{1}{1+x}-a-2bx}{2x}=2,$$

此时再分析分子分母可知，若使函数极限存在，则 $\lim\limits_{x\to 0}\left(\frac{1}{1+x}-a-2bx\right)=0\Rightarrow a=1$，故

$$\lim_{x\to 0}\frac{\frac{1}{1+x}-1-2bx}{2x}=\lim_{x\to 0}\frac{-\frac{1}{(1+x)^2}-2b}{2}=2\Rightarrow b=-\frac{5}{2}.$$

14. A

【解析】$\lim\limits_{x\to 0}(e^x+ax^2+bx)^{\frac{1}{x^2}}=e^{\lim\limits_{x\to 0}\frac{\ln(e^x+ax^2+bx)}{x^2}}=e^{\lim\limits_{x\to 0}\frac{e^x+ax^2+bx-1}{x^2}}=e^{\lim\limits_{x\to 0}\frac{e^x+2ax+b}{2x}}=e^2$.

当 $x\to 0$ 时，分母 $2x\to 0$ 且分式极限存在，故分子极限 $\lim\limits_{x\to 0}(e^x+2ax+b)=0$，解得 $b=-1$.

将 $b=-1$ 代入 $\lim\limits_{x\to 0}\frac{e^x+2ax+b}{2x}=2$ 中，得 $\lim\limits_{x\to 0}\frac{e^x+2a}{2}=2$，故 $a=\frac{3}{2}$.

15. B

【解析】无穷小比阶问题应先利用等价无穷小公式化简，再比较．

当 $x\to 0$ 时，$(1-\cos x)\ln(1+x^2)\sim\frac{x^2}{2}\cdot x^2=\frac{x^4}{2}$，$x\sin x^n\sim x\cdot x^n=x^{n+1}$，$e^{x^2}-1\sim x^2$，根据高阶无穷小的关系，可得 $4>n+1>2$，故正整数 $n=2$.

16. A

【解析】根据等价无穷小的定义，得

$$1=\lim_{x\to 0}\frac{f(x)}{g(x)}=\lim_{x\to 0}\frac{x-\sin ax}{x^2\ln(1-bx)}=\lim_{x\to 0}\frac{x-\sin ax}{-bx^3}=\lim_{x\to 0}\frac{1-a\cos ax}{-3bx^2}.$$

当 $x\to 0$ 时，分母 $-3bx^2\to 0$，且分式极限存在，因此有 $\lim\limits_{x\to 0}(1-a\cos ax)=0$，故 $a=1$.

将 $a=1$ 代入 $1=\lim\limits_{x\to 0}\frac{1-a\cos ax}{-3bx^2}$ 中，得 $\lim\limits_{x\to 0}\frac{\frac{x^2}{2}}{-3bx^2}=-\frac{1}{6b}=1$，故 $b=-\frac{1}{6}$.

17. A

【解析】由题干可知 $f(x)$ 在点 $x=0$ 处连续，则 $\lim\limits_{x\to0^-}f(x)=\lim\limits_{x\to0^+}f(x)=f(0)$，其中

$$\lim_{x\to0^-}f(x)=\lim_{x\to0^-}\frac{b+e^{\frac{1}{x}}}{1-e^{\frac{2}{x}}}=\frac{b+0}{1-0}=b,\ \lim_{x\to0^+}f(x)=\lim_{x\to0^+}\frac{b+e^{\frac{1}{x}}}{1-e^{\frac{2}{x}}}=\lim_{x\to0^+}\frac{e^{\frac{1}{x}}}{-e^{\frac{2}{x}}}=\lim_{x\to0^+}\frac{1}{-e^{\frac{1}{x}}}=0,$$

因为 $f(0)=a$，因此 $a=b=0$.

18. A

【解析】由 $f(x)$ 的表达式知可能的间断点为 0，1，其中

$$\lim_{x\to0^-}f(x)=\lim_{x\to0^-}\frac{\ln|x|\cdot\sin x}{|x-1|}=\lim_{x\to0^-}x\ln(-x)=\lim_{x\to0^-}\frac{\ln(-x)}{\frac{1}{x}}=\lim_{x\to0^-}\frac{\frac{1}{x}}{-\frac{1}{x^2}}=0,$$

$$\lim_{x\to0^+}f(x)=\lim_{x\to0^+}\frac{\ln|x|\cdot\sin x}{|x-1|}=\lim_{x\to0^+}x\ln x=\lim_{x\to0^+}\frac{\ln x}{\frac{1}{x}}=\lim_{x\to0^+}\frac{\frac{1}{x}}{-\frac{1}{x^2}}=0,$$

故 $x=0$ 为 $f(x)$ 的可去间断点.

$$\lim_{x\to1^-}f(x)=\lim_{x\to1^-}\frac{\ln|x|\cdot\sin x}{|x-1|}=\sin1\cdot\lim_{x\to1^-}\frac{\ln x}{1-x}=\sin1\cdot\lim_{x\to1^-}\frac{x-1}{1-x}=-\sin1,$$

$$\lim_{x\to1^+}f(x)=\lim_{x\to1^+}\frac{\ln|x|\cdot\sin x}{|x-1|}=\sin1\cdot\lim_{x\to1^+}\frac{\ln x}{x-1}=\sin1\cdot\lim_{x\to1^+}\frac{x-1}{x-1}=\sin1,$$

故 $x=1$ 为 $f(x)$ 的跳跃间断点.

19. D

【解析】当 $x=0$ 时，$f(x)=\lim\limits_{n\to\infty}\dfrac{(n-1)x}{nx^2+1}=\lim\limits_{n\to\infty}0=0$；

当 $x\neq0$ 时，$f(x)=\lim\limits_{n\to\infty}\dfrac{(n-1)x}{nx^2+1}=\lim\limits_{n\to\infty}\dfrac{nx}{nx^2}=\dfrac{1}{x}$（算极限时把 x 视为常数）.

故 $f(x)=\begin{cases}0, & x=0,\\ \dfrac{1}{x}, & x\neq0.\end{cases}$ $f(x)$ 可能的间断点为 $x=0$，由于 $\lim\limits_{x\to0}f(x)=\lim\limits_{x\to0}\dfrac{1}{x}=\infty$，故 $x=0$ 为 $f(x)$ 的无穷间断点.

20. D

【解析】A 项：$\lim\limits_{x\to0}\dfrac{x\cdot o(x^2)}{x^3}=\lim\limits_{x\to0}\dfrac{o(x^2)}{x^2}=0\Rightarrow x\cdot o(x^2)=o(x^3)$.

B 项：$\lim\limits_{x\to0}\dfrac{o(x)\cdot o(x^2)}{x^3}=\lim\limits_{x\to0}\dfrac{o(x)}{x}\lim\limits_{x\to0}\dfrac{o(x^2)}{x^2}=0\Rightarrow o(x)\cdot o(x^2)=o(x^3)$.

C 项：$\lim\limits_{x\to0}\dfrac{o(x^2)+o(x^2)}{x^2}=\lim\limits_{x\to0}\dfrac{o(x^2)}{x^2}+\lim\limits_{x\to0}\dfrac{o(x^2)}{x^2}=0\Rightarrow o(x^2)+o(x^2)=o(x^2)$.

D 项：$\lim\limits_{x\to0}\dfrac{o(x)+o(x^2)}{x^2}=\lim\limits_{x\to0}\dfrac{o(x)}{x^2}+\lim\limits_{x\to0}\dfrac{o(x^2)}{x^2}=\lim\limits_{x\to0}\dfrac{o(x)}{x^2}$，其中 $\lim\limits_{x\to0}\dfrac{o(x)}{x^2}$ 未必为 0，如 $x^2=o(x)$，则 $\lim\limits_{x\to0}\dfrac{x^2}{x^2}=1$，故 $o(x)+o(x^2)=o(x^2)$ 错误.

E 项：$\lim\limits_{x\to 0}\frac{o(x)-o(x^2)}{x}=\lim\limits_{x\to 0}\frac{o(x)}{x}-\lim\limits_{x\to 0}\frac{o(x^2)}{x^2}x=0\Rightarrow o(x)-o(x^2)=o(x)$.

21. E

【解析】方法一：利用单调性与极限的关系结论推理.

由已知得$\lim\limits_{x\to x_0^-}f(x)$，$\lim\limits_{x\to x_0^+}f(x)$均存在，故点 x_0 不是 $f(x)$的振荡间断点，则 E 项不成立.

方法二：用特殊值法排除干扰项.

设 $f(x)=\begin{cases}-x, & -1<x<0,\\ -x-1, & 0\leqslant x<1,\\ -x-1, & 1<x<3.\end{cases}$

令 $x_0=0$，则$\lim\limits_{x\to x_0^-}f(x)=0>-1=\lim\limits_{x\to x_0^+}f(x)=f(x_0)$，故 A、B 项可能成立.

令 $x_0=2$，则点 x_0 是 $f(x)$的连续点，故 C 项可能成立.

令 $x_0=1$，则$\lim\limits_{x\to x_0^-}f(x)=-2=\lim\limits_{x\to x_0^+}f(x)$，但 $f(x)$在点 x_0 无定义，故点 x_0 是 $f(x)$的可去间断点，即 D 项可能成立.

根据排除法，选 E 项.

22. A

【解析】方法一：利用定义.

$\lim\limits_{n\to\infty}a_n=a\Rightarrow\lim\limits_{n\to\infty}|a_n|=|a|>\frac{|a|}{2}\Rightarrow$当 n 充分大时有$|a_n|>\frac{|a|}{2}$.

方法二：特殊值法排除.

令 $a_n=a$，则 $a_n=a>a-\frac{1}{n}$，$|a_n|=|a|>\frac{|a|}{2}$，故排除 B、D、E 项；

令 $a_n=a-\frac{1}{n}$，则 $a_n>a-\frac{1}{n}$不成立，故排除 C 项.

23. D

【解析】方法一：利用极限的子列性质证明命题为真.

$$\begin{aligned}\lim_{n\to\infty}x_n=a&\Leftrightarrow\lim_{n\to\infty}x_{2n}=\lim_{n\to\infty}x_{2n+1}=a\\&\Leftrightarrow\lim_{n\to\infty}x_{3n}=\lim_{n\to\infty}x_{3n+1}=\lim_{n\to\infty}x_{3n+2}=a\\&\Leftrightarrow\lim_{n\to\infty}x_{4n}=\lim_{n\to\infty}x_{4n+1}=\lim_{n\to\infty}x_{4n+2}=\lim_{n\to\infty}x_{4n+3}=a,\end{aligned}$$

故 A、B、C、E 项为真，根据排除法，选 D 项.

方法二：举反例证明命题为假.

令 $x_{3n}=x_{3n+1}=a$，$x_{3n+2}=b(b\neq a)$，则$\lim\limits_{n\to\infty}x_{3n}=\lim\limits_{n\to\infty}x_{3n+1}=a$，但$\lim\limits_{n\to\infty}x_n$ 不存在，故 D 项为假命题.

24. D

【解析】(1)：$\sqrt[3]{f(x)}$ 在 x 充分大时有定义，$\lim\limits_{x\to+\infty}f(x)=0$，函数$\sqrt[3]{u}$在点 0 处连续，则 $\lim\limits_{x\to+\infty}\sqrt[3]{f(x)}=\sqrt[3]{\lim\limits_{x\to+\infty}f(x)}=0$，故(1)为真；

(2)：$\lim\limits_{x\to+\infty}\sqrt[3]{f(x)}=0\Rightarrow\lim\limits_{x\to+\infty}f(x)=\lim\limits_{x\to+\infty}\left[\sqrt[3]{f(x)}\cdot\sqrt[3]{f(x)}\cdot\sqrt[3]{f(x)}\right]=0$，故(2)为真；

(3)：$\lim\limits_{x\to+\infty}f(x)=0\Rightarrow\lim\limits_{x\to+\infty}\left[f(x)+f^2(x)\right]=\lim\limits_{x\to+\infty}f(x)+\lim\limits_{x\to+\infty}\left[f(x)\cdot f(x)\right]=0$，故(3)为真；

(4)：令 $f(x)=-1$，$x\in(0,+\infty)$，则 $\lim\limits_{x\to+\infty}[f(x)+f^2(x)]=0$，但 $\lim\limits_{x\to+\infty}f(x)=-1\neq0$，故(4)为假.

【注意】(2)也可以用复合函数的连续性结论证明如下：$\left[\sqrt[3]{f(x)}\right]^3=f(x)$ 在 x 充分大时有定义，$\lim\limits_{x\to+\infty}\sqrt[3]{f(x)}=0$，函数 u^3 在点0处连续，则 $\lim\limits_{x\to+\infty}f(x)=\lim\limits_{x\to+\infty}\left[\sqrt[3]{f(x)}\right]^3=\left[\lim\limits_{x\to+\infty}\sqrt[3]{f(x)}\right]^3=0$，故(2)为真.

第4节 延伸题型

题型11 判断函数性质(有界性)

【方法点拨】

(1)利用有界性定义(可从数和形两个角度分析).

(2)利用连续性结论:

①若函数 $f(x)$ 在闭区间 $[a, b]$ 上连续,则 $f(x)$ 在 $[a, b]$ 上有界;

②若函数 $f(x)$ 在开区间 (a, b) 内连续,且 $\lim\limits_{x\to a^+}f(x)$ 和 $\lim\limits_{x\to b^-}f(x)$ 均存在,则 $f(x)$ 在 (a, b) 内有界.

(3)可通过举反例证明命题为假.

例21 下列函数在定义域内有界的个数是( ).

(1) $y=\frac{1}{x}$;(2) $y=\ln x$;(3) $y=\sin\frac{1}{x}$;(4) $y=x\cos x$;(5) $y=\arctan e^x$.

A. 1 B. 2 C. 3 D. 4 E. 5

【思路】由于(1)、(2)的函数图形容易画出,(4)中部分函数 $y=\cos x$ 图形容易画出,因此利用有界性定义的几何意义分析;(3)、(5)的函数均为复合函数,且外层函数 $y=\sin u$ 和 $y=\arctan u$ 均有界,因此可以利用有界性定义进行分析.

【解析】由于在 $x=0$ 附近,函数 $y=\frac{1}{x}$ 的图形向上或向下无限延伸,因此 $y=\frac{1}{x}$ 在定义域内无界.同理,$y=\ln x$ 也无界.

$\forall x\in(-\infty, 0)\cup(0, +\infty)$,有 $\left|\sin\frac{1}{x}\right|\leqslant 1$,因此 $y=\sin\frac{1}{x}$ 在定义域内有界.

当 $x>0$ 时,把 x 看成函数 $x\cos x$ 的振幅,随着 x 的增大,振幅会越来越大,进而 $y=x\cos x$ 在定义域内无界.

$\forall x\in\mathbf{R}$,$|\arctan e^x|\leqslant\frac{\pi}{2}$,因此 $y=\arctan e^x$ 在定义域内有界.

综上,(3)、(5)在定义域内有界.

【答案】B

例22 函数 $f(x)=\frac{x(x-2)}{x(x+1)(x-2)^2}$ 在下列区间( )内有界.

A. $(-2, -1)$ B. $(-1, 0)$ C. $(0, 1)$ D. $(1, 2)$ E. $(2, 3)$

【思路】本题函数较复杂,不使用有界性定义,可从特殊点入手分析或利用连续性结论分析.

【解析】方法一：分析无定义点并结合选项排除．

函数无定义的三个点为$x=0$，$x=-1$，$x=2$，计算这三个点的极限，可得

$$\lim_{x\to 0}f(x)=\lim_{x\to 0}\frac{x(x-2)}{x(x+1)(x-2)^2}=-\frac{1}{2}，\lim_{x\to -1}f(x)=\lim_{x\to -1}\frac{x(x-2)}{x(x+1)(x-2)^2}=\infty,$$

$$\lim_{x\to 2}f(x)=\lim_{x\to 2}\frac{x(x-2)}{x(x+1)(x-2)^2}=\infty.$$

故函数在$x=-1$，$x=2$附近无界，排除A、B、D、E项，选C项．

方法二：利用连续性结论．

已知函数为初等函数，且在各选项的开区间内均有定义，故函数连续，因此仅需计算该函数在区间端点处的单侧极限．

由$\lim\limits_{x\to 0^+}f(x)=\lim\limits_{x\to 0^+}\frac{x(x-2)}{x(x+1)(x-2)^2}=-\frac{1}{2}$，$\lim\limits_{x\to 1^-}f(x)=\lim\limits_{x\to 1^-}\frac{x(x-2)}{x(x+1)(x-2)^2}=-\frac{1}{2}$，可得$f(x)$在区间$(0,1)$内有界，故选C项．

【答案】C

题型12 抽象函数的极限计算

【方法点拨】

方法一：通过基本变形把抽象函数的极限用已知条件表示．

方法二：利用极限与无穷小的关系"$\lim\limits_{x\to\square}f(x)=A\Leftrightarrow f(x)=A+g(x)$，其中$\lim\limits_{x\to\square}g(x)=0$"，得出抽象函数表达式，再计算．

例23　若$\lim\limits_{x\to 0}\frac{\sin 6x+xf(x)}{x^3}=0$，则$\lim\limits_{x\to 0}\frac{6+f(x)}{x^2}$(　　)．

A. 等于0　　B. 等于6　　C. 等于36　　D. 为∞　　E. 不存在但不为∞

【思路】本题已知一个含有抽象函数$f(x)$的极限，要求另一个含有$f(x)$的极限，可通过变形把待求极限用已知极限表示，或利用极限与无穷小的关系解出$f(x)$，再代入计算．

【解析】方法一：利用基本变形．

$$\begin{aligned}\lim_{x\to 0}\frac{6+f(x)}{x^2}&=\lim_{x\to 0}\frac{6x+xf(x)}{x^3}=\lim_{x\to 0}\frac{6x+xf(x)+\sin 6x-\sin 6x}{x^3}\\&=\lim_{x\to 0}\frac{\sin 6x+xf(x)}{x^3}+\lim_{x\to 0}\frac{6x-\sin 6x}{x^3}\\&=\lim_{x\to 0}\frac{6(1-\cos 6x)}{3x^2}=\lim_{x\to 0}\frac{6\cdot\frac{(6x)^2}{2}}{3x^2}=36.\end{aligned}$$

方法二：利用极限与无穷小的关系．

$\lim\limits_{x\to 0}\frac{\sin 6x+xf(x)}{x^3}=0\Rightarrow\frac{\sin 6x+xf(x)}{x^3}=0+g(x)$，其中$\lim\limits_{x\to 0}g(x)=0$，故有$f(x)=\frac{x^3g(x)-\sin 6x}{x}$，代入$\lim\limits_{x\to 0}\frac{6+f(x)}{x^2}$中得

$$\lim_{x\to 0}\frac{6+f(x)}{x^2}=\lim_{x\to 0}\frac{6+\frac{x^3g(x)-\sin 6x}{x}}{x^2}=\lim_{x\to 0}\frac{6x+x^3g(x)-\sin 6x}{x^3}$$

$$=\lim_{x\to 0}\frac{6x-\sin 6x}{x^3}=\lim_{x\to 0}\frac{6(1-\cos 6x)}{3x^2}=36.$$

【答案】C

题型 13 求数列极限

【方法点拨】

数列极限可以参照函数极限的步骤计算，但是数列极限不能用洛必达法则，为了用洛必达法则，可以先写出所求数列极限对应的函数极限，并对该函数极限用洛必达法则(假设其满足洛必达法则条件)，再利用函数极限与数列极限的关系"若 $\lim\limits_{x\to+\infty}f(x)=A$，则 $\lim\limits_{n\to\infty}f(n)=A$"得出结果．见例 24 的方法三．

例 24 $\lim\limits_{n\to\infty}\frac{1+2+\cdots+n}{n^2+n+1}=$(　　).

A. 0　　B. $\frac{1}{2}$　　C. 1　　D. 2　　E. ∞

【思路】$\lim\limits_{n\to\infty}\frac{1+2+\cdots+n}{n^2+n+1}=\lim\limits_{n\to\infty}\frac{\frac{(1+n)n}{2}}{n^2+n+1}$，属于"$\frac{+\infty+(+\infty)}{+\infty+(+\infty)+1}$"型，解题方法多样，可以用抓大头法(数列形式的)，或者分子分母同时除以一个无穷大后再计算，或者利用函数极限与数列极限的关系，结合洛必达法则计算．

【解析】方法一：利用数列形式的抓大头法，可得 $\lim\limits_{n\to\infty}\frac{\frac{(1+n)n}{2}}{n^2+n+1}=\lim\limits_{n\to\infty}\frac{\frac{n^2}{2}}{n^2}=\frac{1}{2}$.

方法二：分子分母同时除以 n^2，计算可得 $\lim\limits_{n\to\infty}\frac{\frac{(1+n)n}{2}}{n^2+n+1}=\lim\limits_{n\to\infty}\frac{\frac{1}{2}+\frac{1}{2n}}{1+\frac{1}{n}+\frac{1}{n^2}}=\frac{1}{2}$.

方法三：利用函数极限与数列极限的关系．

$\lim\limits_{n\to\infty}\frac{\frac{(1+n)n}{2}}{n^2+n+1}$ 中将 n 换为 x，将 $n\to\infty$ 换为 $x\to+\infty$，则得函数极限 $\lim\limits_{x\to+\infty}\frac{\frac{(1+x)x}{2}}{x^2+x+1}$，利用洛必达法则或抓大头法不难得到该极限为 $\frac{1}{2}$，因此 $\lim\limits_{n\to\infty}\frac{\frac{(1+n)n}{2}}{n^2+n+1}=\lim\limits_{x\to+\infty}\frac{\frac{(1+x)x}{2}}{x^2+x+1}=\frac{1}{2}$.

【答案】B

题型 14　收敛性的相关问题

【方法点拨】

(1)熟记收敛性结论：只需记忆极限结论，连续和可导的结论类似.

各简写含义如下：收(收敛，即极限存在)，散(发散，即极限不存在)，未(不确定)，连(连续)，间(间断)，可(可导)，不(不可导)，收≠0(收敛且极限非零)，连≠0(连续且函数值非零)，可≠0(可导且函数值非零).

$$\begin{cases}极限\begin{cases}收+收=收，收+散=散，散+散=未；\\ 收\times收=收，收\times散=\begin{cases}散，收\neq0,\\ 未，收=0,\end{cases}散\times散=未.\end{cases}\\ 连续\begin{cases}连+连=连，连+间=间，间+间=未；\\ 连\times连=连，连\times间=\begin{cases}间，连\neq0,\\ 未，连=0,\end{cases}间\times间=未.\end{cases}\\ 可导\begin{cases}可+可=可，可+不=不，不+不=未；\\ 可\times可=可，可\times不=\begin{cases}不，可\neq0,\\ 未，可=0,\end{cases}不\times不=未.\end{cases}\end{cases}$$

(2)利用特殊值法排除.

例 25　设函数 $f(x)$ 和 $\varphi(x)$ 在 $(-\infty,+\infty)$ 内有定义，$f(x)$ 为连续函数，且 $f(x)>0$，$\varphi(x)$ 有间断点，则(　　).

A. $\varphi[f(x)]$ 必有间断点

B. $[\varphi(x)]^2$ 必有间断点

C. $f[\varphi(x)]$ 必有间断点

D. $\dfrac{\varphi(x)}{f(x)}$ 必有间断点

E. $\varphi(x)\ln[f(x)]$ 必有间断点

【思路】 本题的选项均为抽象函数结论，可利用特殊值法排除，快速解题.此外，B、D、E 项涉及两函数乘积的连续性，可用收敛性结论推理.

【解析】 方法一：用特殊值法排除.

令 $\varphi(x)=\begin{cases}1, & x\geqslant0,\\ -1, & x<0,\end{cases}$ $f(x)=1$，则 $\varphi[f(x)]=1$，$[\varphi(x)]^2=1$，$f[\varphi(x)]=1$，$\varphi(x)\ln[f(x)]=0$，均为连续函数，故排除A、B、C、E 项，选 D 项.

方法二：用收敛性结论推理.

B 项：在 $\varphi(x)$ 的间断点处，由"间×间=未"得 $[\varphi(x)]^2=\varphi(x)\cdot\varphi(x)$ 不一定有间断点.

D 项：由 $f(x)$ 连续且 $f(x)>0$，得 $\dfrac{1}{f(x)}$ 连续且 $\dfrac{1}{f(x)}\neq0$，则在 $\varphi(x)$ 的间断点处，由"连×间=$\begin{cases}间，连\neq0,\\ 未，连=0\end{cases}$"得 $\dfrac{\varphi(x)}{f(x)}=\varphi(x)\cdot\dfrac{1}{f(x)}$ 必有间断点，故 D 项正确.

E 项：由 $f(x)$ 连续且 $f(x)>0$ 知 $\ln[f(x)]$ 连续且其函数值可能为 0，也可能不为 0，则在 $\varphi(x)$ 的间断点处，由"连×间=$\begin{cases}间，连\neq0,\\ 未，连=0\end{cases}$"得 $\varphi(x)\ln[f(x)]=\ln[f(x)]\cdot\varphi(x)$ 不一定有间断点.

【答案】 D

本节习题自测

1. $\lim\limits_{n\to\infty}\left(\frac{n+1}{n}\right)^{(-1)^n}$，则该极限(　　).

A. 等于-1　　B. 等于0　　C. 等于1　　D. 为∞　　E. 不存在但不为∞

2. 已知函数$f(x)$满足$\lim\limits_{x\to0}\frac{\sqrt{1+f(x)\sin 2x}-1}{e^{3x}-1}=2$，则$\lim\limits_{x\to0}f(x)=$(　　).

A. 1　　B. 2　　C. 3　　D. 4　　E. 6

3. 已知函数$f(x)$连续，且$\lim\limits_{x\to0}\frac{1-\cos[xf(x)]}{(e^{x^2}-1)f(x)}=1$，则$f(0)=$(　　).

A. 0　　B. 1　　C. 2　　D. 3　　E. 4

4. $\lim\limits_{n\to\infty}\tan^n\left(\frac{\pi}{4}+\frac{2}{n}\right)=$(　　).

A. 1　　B. 2　　C. e^2　　D. 4　　E. e^4

5. 函数$f(x)=\frac{1}{x^2}\sin\frac{1}{x}$，$g(x)=\frac{\sin x\cdot\sin(x-1)}{x(x-1)}$，则在区间$(0,1)$内(　　).

A. $f(x)$，$g(x)$均有不连续点　　B. $f(x)$连续，$g(x)$有不连续点

C. $f(x)$，$g(x)$均有界　　D. $f(x)$无界，$g(x)$有界

E. $f(x)$有界，$g(x)$无界

6. 下列命题中真命题的个数为(　　).

(1)若$f(x)$在$[a,b]$上连续，则$f(x)$在$[a,b]$上有界；

(2)若$f(x)$在(a,b)内连续，则$f(x)$在(a,b)内有界；

(3)若$f(x)$在区间I存在最大值和最小值，则$f(x)$在I有界；

(4)若$f(x)$在区间I有界，则$f(x)$在I上存在最大值和最小值.

A. 0　　B. 1　　C. 2　　D. 3　　E. 4

7. 设在$\mathbf{R}$上，函数$f(x)$和$g(x)$均有唯一间断点，在其他点处连续，则(　　).

A. $f[g(x)]$必有间断点　　B. $g[f(x)]$必有间断点

C. $f(x)+g(x)$至多有一个间断点　　D. $f(x)g(x)$至多有一个间断点

E. $[g(x)]^2$至多有一个间断点

8. 设$\{a_n\}$，$\{b_n\}$，$\{c_n\}$为数列，且$\lim\limits_{n\to\infty}a_n$存在，$\lim\limits_{n\to\infty}b_n$不存在，则下列命题中假命题的个数为(　　).

(1)$\lim\limits_{n\to\infty}(a_n-b_n)$不存在；

(2)$\lim\limits_{n\to\infty}(a_nb_n)$不存在；

(3)$\lim\limits_{n\to\infty}(b_n)^2$不存在；

(4)若$\lim\limits_{n\to\infty}(a_n+c_n)$存在，则$\lim\limits_{n\to\infty}c_n$存在；

(5)若$\lim\limits_{n\to\infty}(b_n+c_n)$存在，则$\lim\limits_{n\to\infty}c_n$不存在.

A. 1　　B. 2　　C. 3　　D. 4　　E. 5

习题详解

1. C

【解析】$\lim\limits_{n\to\infty}\left(\dfrac{n+1}{n}\right)^{(-1)^n}=e^{\lim\limits_{n\to\infty}(-1)^n\ln\left(\frac{n+1}{n}\right)}=e^{\lim\limits_{n\to\infty}(-1)^n\frac{1}{n}}=1$.

2. E

【解析】$\lim\limits_{x\to0}\dfrac{\sqrt{1+f(x)\sin 2x}-1}{e^{3x}-1}=\lim\limits_{x\to0}\dfrac{\frac{1}{2}f(x)\sin 2x}{3x}=\dfrac{1}{3}\lim\limits_{x\to0}f(x)=2$，故$\lim\limits_{x\to0}f(x)=6$.

3. C

【解析】$\lim\limits_{x\to0}\dfrac{1-\cos[xf(x)]}{(e^{x^2}-1)f(x)}=\lim\limits_{x\to0}\dfrac{\frac{[xf(x)]^2}{2}}{x^2f(x)}=\lim\limits_{x\to0}\dfrac{f(x)}{2}=\dfrac{f(0)}{2}=1\Rightarrow f(0)=2$.

4. E

【解析】$\lim\limits_{n\to\infty}\tan^n\left(\dfrac{\pi}{4}+\dfrac{2}{n}\right)=e^{\lim\limits_{n\to\infty}n\ln\tan\left(\frac{\pi}{4}+\frac{2}{n}\right)}$，其中$\lim\limits_{n\to\infty}n\ln\tan\left(\dfrac{\pi}{4}+\dfrac{2}{n}\right)$对应的函数极限为

$$\lim_{x\to+\infty}x\ln\tan\left(\frac{\pi}{4}+\frac{2}{x}\right),$$

令$\dfrac{1}{x}=t$，则

$$\lim_{x\to+\infty}x\ln\tan\left(\frac{\pi}{4}+\frac{2}{x}\right)=\lim_{t\to0^+}\frac{\ln\tan\left(\frac{\pi}{4}+2t\right)}{t}=\lim_{t\to0^+}\frac{\tan\left(\frac{\pi}{4}+2t\right)-1}{t}=\lim_{t\to0^+}\frac{2\sec^2\left(\frac{\pi}{4}+2t\right)}{1}=4,$$

故$\lim\limits_{n\to\infty}\tan^n\left(\dfrac{\pi}{4}+\dfrac{2}{n}\right)=e^4$.

5. D

【解析】$f(x)$为初等函数，且在区间$(0，1)$内有定义，故$f(x)$在区间$(0，1)$内连续，又$\lim\limits_{x\to0^+}f(x)=\lim\limits_{x\to0^+}\dfrac{1}{x^2}\sin\dfrac{1}{x}$不存在(且振幅不断增大)，故$f(x)$在区间$(0，1)$无界；

$g(x)$为初等函数，且在区间$(0，1)$内有定义，故$g(x)$在区间$(0，1)$内连续，又

$$\lim_{x\to0^+}g(x)=\lim_{x\to0^+}\frac{\sin x\cdot\sin(x-1)}{x(x-1)}=\lim_{x\to0^+}\frac{\sin(x-1)}{x-1}=\sin 1,$$

$$\lim_{x\to1^-}g(x)=\lim_{x\to1^-}\frac{\sin x\cdot\sin(x-1)}{x(x-1)}=\lim_{x\to1^-}\frac{\sin x}{x}=\sin 1,$$

故$g(x)$在区间$(0，1)$有界.

6. C

【解析】命题(1)：$f(x)$在$[a，b]$上连续，由最值定理得$f(x)$在$[a，b]$上存在最大值和最小值，则最大值可作为一个上界，最小值可作为一个下界，故$f(x)$在$[a，b]$上有界，命题(1)为真.同理可得，命题(3)为真.

命题(2)：令$f(x)=\dfrac{1}{x}$，则$f(x)$在$(0，1)$内连续，但$f(x)$在$(0，1)$内无界，命题(2)为假.

命题(4)：令 $f(x)=x$，则 $f(x)$在(0，1)内有界，但 $f(x)$在(0，1)内不存在最大值和最小值，命题(4)为假．

综上，真命题的个数为 2.

7. E

【解析】A、B项：令 $f(x)=g(x)=\begin{cases}1, & x\geqslant 0,\\ 0, & x<0,\end{cases}$ 则 $f[g(x)]=g[f(x)]=1$，无间断点，故 A、B项错误．

C、D项：令$(x)=\begin{cases}1, & x\geqslant 0,\\ 0, & x<0,\end{cases}$ $g(x)=\begin{cases}2, & x\geqslant 1,\\ 1, & x<1,\end{cases}$ 则 $f(x)+g(x)=\begin{cases}3, & x\geqslant 1,\\ 2, & 0\leqslant x<1,\\ 1, & x<0\end{cases}$ 和 $f(x)\cdot g(x)=\begin{cases}2, & x\geqslant 1,\\ 1, & 0\leqslant x<1,\\ 0, & x<0\end{cases}$ 均有两个间断点，故 C、D项错误．

E项：根据“连×连=连，间×间=未”得$[g(x)]^2$ 在 $g(x)$的间断点处可能间断，在其他点处连续，故$[g(x)]^2$ 至多有一个间断点，E项正确．

8. B

【解析】本题已知$\lim\limits_{n\to\infty}a_n$ 和$\lim\limits_{n\to\infty}b_n$ 的存在性，要判断$\{a_n\}$，$\{b_n\}$，$\{c_n\}$经过四则运算后所得数列的极限存在性，可使用收敛性结论证明命题为真，或者举反例证明命题为假．

命题(1)：由$\lim\limits_{n\to\infty}b_n$ 不存在得$\lim\limits_{n\to\infty}(-b_n)=-\lim\limits_{n\to\infty}b_n$ 不存在，又$\lim\limits_{n\to\infty}a_n$ 存在，根据“收敛+发散=发散”得$\lim\limits_{n\to\infty}(a_n-b_n)$不存在，命题(1)为真．

命题(2)：令 $a_n=0$，$b_n=n$，则$\lim\limits_{n\to\infty}(a_nb_n)=0$，命题(2)为假．

命题(3)：令 $b_n=(-1)^n$，则$\lim\limits_{n\to\infty}(b_n)^2=1$，命题(3)为假．

命题(4)：假设$\lim\limits_{n\to\infty}c_n$ 不存在，则根据“收敛+发散=发散”得$\lim\limits_{n\to\infty}(a_n+c_n)$不存在，与已知矛盾，故假设错误，即$\lim\limits_{n\to\infty}c_n$ 存在，命题(4)为真．

命题(5)：假设$\lim\limits_{n\to\infty}c_n$ 存在，则根据“发散+收敛=发散”得$\lim\limits_{n\to\infty}(b_n+c_n)$不存在，与已知矛盾，故假设错误，即$\lim\limits_{n\to\infty}c_n$ 不存在，命题(5)为真．

综上，假命题的个数为 2.

第 2 章　导数与微分

知识框架

- **导数与微分**
  - **定义**
    - 导数定义：一点导数、单侧导数、区间导数、导函数、高阶导数
    - 微分定义：可微、微分
    - 性质关系：可导与可微等价，可导必连续，连续未必可导
  - **计算**
    - 公式：导数公式
    - 法则：函数的和、差、积、商的求导法则，复合函数的求导法则，反函数的求导法则
    - 类型：幂指函数、隐函数、由参数方程确定的函数、高阶导数
  - **应用**
    - 几何应用：切线与法线、变化率、单调性、极值、最值、凹凸性、拐点、渐近线
    - 经济应用：常用函数、边际分析
  - **定理**：罗尔定理、拉格朗日中值定理、柯西中值定理

考情分析

(1)本章的重点是导数计算、单调性与极值，难点是导数与微分的定义及中值定理．

(2)本章的命题体现在三个方面：

①概念推理题，考查函数在一点的可导性与可微性、考查中值定理相关结论；

②计算题，求各种类型函数的导数与微分；

③应用题，考查以导数为工具研究函数(曲线)性态和解决经济问题的能力．

备考建议

(1)对于导数计算，要多练以求熟练；对于微分计算，只需通过微分公式转化为导数计算．

(2)对于各种导数应用，要把握其与导数的联系．极值与拐点的知识较多，需完整掌握．

(3)对于导数与微分的定义这个难点，通过多理解定义和剖析典型例题加以突破．

(4)对于微分中值定理，先理清各定理的条件和结论，再通过相关例题体会考法和解法．

考点—题型对照表

考点精讲	对应题型	平均分
一、导数与微分的定义	真题题型 5～7，延伸题型 17	4
二、导数与微分的计算	基础题型 1，真题题型 8，延伸题型 18	3
三、导数的应用	基础题型 2～4，真题题型 9～15，延伸题型 19～22	5.5
四、微分中值定理	真题题型 16	0.5

第1节 考点精讲

一、导数与微分的定义

对应真题题型 5～7，延伸题型 17

（一）导数定义

1. 一点导数和单侧导数

【定义 1】设函数 $y=f(x)$在点 x_0 的某邻域内有定义，当自变量 x 在 x_0 处取得增量 Δx(点 $x_0+\Delta x$ 仍在该邻域内)时，相应地，因变量 y 的增量为 $\Delta y=f(x_0+\Delta x)-f(x_0)$，当 $\Delta x\to 0$ 时，Δy 与 Δx 之比的极限存在，则称函数 $f(x)$在点 x_0 处**可导**，并称该极限值为 $y=f(x)$在点 x_0 处的**导数**，记为 $f'(x_0)$，即

$$f'(x_0)=\lim_{\Delta x\to 0}\frac{\Delta y}{\Delta x}=\lim_{\Delta x\to 0}\frac{f(x_0+\Delta x)-f(x_0)}{\Delta x}=\lim_{x\to x_0}\frac{f(x)-f(x_0)}{x-x_0},$$

也可记为 $y'\big|_{x=x_0}$，$\left.\frac{\mathrm{d}[f(x)]}{\mathrm{d}x}\right|_{x=x_0}$ 或 $\left.\frac{\mathrm{d}y}{\mathrm{d}x}\right|_{x=x_0}$.

注意 从三个角度把握一点导数的定义：

①形式：两种($\Delta x\to 0$ 和 $x\to x_0$).

②实质：增量之比的极限.

③意义：一点的变化率．在几何上，$f'(x_0)$表示曲线 $y=f(x)$在点$(x_0, f(x_0))$处切线的斜率.

【定义 2】导数 $f'(x_0)=\lim\limits_{\Delta x\to 0}\frac{f(x_0+\Delta x)-f(x_0)}{\Delta x}$是一个极限，而极限存在的充要条件是左、右极限均存在且相等，因此 $f'(x_0)$存在即 $f(x)$在点 x_0 处可导的充要条件是左、右极限 $\lim\limits_{\Delta x\to 0^-}\frac{f(x_0+\Delta x)-f(x_0)}{\Delta x}$及 $\lim\limits_{\Delta x\to 0^+}\frac{f(x_0+\Delta x)-f(x_0)}{\Delta x}$均存在且相等．这两个极限分别称为 $f(x)$在点 x_0 处的左导数和右导数，记为 $f'_-(x_0)$及 $f'_+(x_0)$. 左导数和右导数统称为**单侧导数**.

2. 区间导数与导函数

【定义 3】(1)若函数 $f(x)$在开区间(a, b)的每个点都可导，则称 $f(x)$在(a, b)**可导**.

(2)若函数 $f(x)$在开区间(a, b)可导，且 $f'_+(a)$，$f'_-(b)$均存在，则称 $f(x)$在$[a, b]$**可导**.

(3)若函数 $f(x)$在开区间(a, b)可导，则任取 $x_0\in(a, b)$，都有唯一确定的 $f'(x_0)$与之对应，则称该函数(定义在(a, b)上，函数值为相应点的导数)为 $f(x)$在(a, b)的**导函数**，记为 $f'(x)$，y'，$\frac{\mathrm{d}[f(x)]}{\mathrm{d}x}$或$\frac{\mathrm{d}y}{\mathrm{d}x}$.

注意

①$f(x)$在点x_0处的导数即$f'(x)$在点x_0处的函数值，记为$f'(x_0)=f'(x)\big|_{x=x_0}$.

②导函数也简称导数．因此导数可能指一点导数，也可能指导函数，需根据上下文判断．

3. 高阶导数

若$y=f(x)$的导函数$f'(x)$仍可导，则称$f'(x)$的导数为$f(x)$的**二阶导数**，记为y''或$\frac{\mathrm{d}^2 y}{\mathrm{d}x^2}$.

类似可以定义$f(x)$的**三阶导数**、**四阶导数**、……、n **阶导数**，分别记为y'''，$y^{(4)}$，…，$y^{(n)}$，或$\frac{\mathrm{d}^3 y}{\mathrm{d}x^3}$，$\frac{\mathrm{d}^4 y}{\mathrm{d}x^4}$，…，$\frac{\mathrm{d}^n y}{\mathrm{d}x^n}$.

（二）微分定义

【定义4】设函数$y=f(x)$在点x_0的某邻域内有定义，当自变量x在x_0处取得增量Δx(点$x_0+\Delta x$仍在该邻域内)时，若因变量y的增量$\Delta y=f(x_0+\Delta x)-f(x_0)$可表示为

$$\Delta y=A\Delta x+o(\Delta x)，\Delta x\to 0，$$

其中A是不依赖于Δx的常数，$o(\Delta x)$是比Δx高阶的无穷小，则称函数$y=f(x)$在**点**x_0 **可微**，并把Δy的线性主要部分，即$A\Delta x$称为$f(x)$在点x_0处的**微分**，记为$\mathrm{d}y\big|_{x=x_0}$，即$\mathrm{d}y\big|_{x=x_0}=A\Delta x$.

注意 若$y=f(x)$在点x_0可微，则$\mathrm{d}y\big|_{x=x_0}=A\Delta x$中的$A=f'(x_0)$，$\Delta x=\mathrm{d}x$，因此$\mathrm{d}y\big|_{x=x_0}=f'(x_0)\mathrm{d}x$. 在不指明点$x_0$时，$\mathrm{d}y=f'(x)\mathrm{d}x$. 该公式可以把求微分转化为求导数．

（三）性质关系

函数$f(x)$在点x_0的三种性质的关系：连续$\underset{\nRightarrow}{\Leftarrow}$可导$\Leftrightarrow$可微．

注意 由于可微和可导是等价的，因此判断一元函数在一点是否可微，可以转化为判断其在该点是否可导．

二、导数与微分的计算

对应基础题型1，真题题型8，延伸题型18

（一）常数和基本初等函数的导数公式

$(C)'=0$，$(x^{\alpha})'=\alpha x^{\alpha-1}$，$(\mathrm{e}^x)'=\mathrm{e}^x$，$(a^x)'=a^x\ln a\,(a>0$且$a\neq 1)$；

$(\log_a x)'=\frac{1}{x\ln a}(a>0$且$a\neq 1)$，$(\ln x)'=\frac{1}{x}$；

$(\sin x)'=\cos x$，$(\cos x)'=-\sin x$，$(\tan x)'=\sec^2 x$，$(\cot x)'=-\csc^2 x$；

$(\sec x)'=\sec x\tan x$，$(\csc x)'=-\csc x\cot x$；

$(\arcsin x)'=\frac{1}{\sqrt{1-x^2}}$，$(\arccos x)'=-\frac{1}{\sqrt{1-x^2}}$，$(\arctan x)'=\frac{1}{1+x^2}$，$(\operatorname{arccot} x)'=-\frac{1}{1+x^2}$.

（二）求导法则

1. 函数的和、差、积、商的求导法则

若函数 $f(x)$，$g(x)$均在点 x 可导，则其和、差、积、商(除了分母为零的点外)均在点 x 可导，且

①$[f(x)\pm g(x)]'=f'(x)\pm g'(x)$；

②$[f(x)\cdot g(x)]'=f'(x)g(x)+f(x)g'(x)$；

③$\left[\dfrac{f(x)}{g(x)}\right]'=\dfrac{f'(x)g(x)-f(x)g'(x)}{g^2(x)}$，$g(x)\neq 0$.

2. 复合函数的求导法则

若函数 $u=g(x)$在点 x 可导，函数 $y=f(u)$在点 $u=g(x)$可导，则复合函数 $y=f[g(x)]$在点 x 可导，且

$$\{f[g(x)]\}'=f'[g(x)]\cdot g'(x)\text{或}\frac{\mathrm{d}y}{\mathrm{d}x}=\frac{\mathrm{d}y}{\mathrm{d}u}\cdot\frac{\mathrm{d}u}{\mathrm{d}x}.$$

3. 反函数的求导法则

若函数 $y=f(x)$在区间 I_x 单调、可导，且 $f'(x)\neq 0$，则其反函数 $x=f^{-1}(y)$在区间 $I_y=\{y\mid y=f(x),\ x\in I_x\}$可导且$[f^{-1}(y)]'=\dfrac{1}{f'(x)}$或$\dfrac{\mathrm{d}x}{\mathrm{d}y}=\dfrac{1}{\dfrac{\mathrm{d}y}{\mathrm{d}x}}$.

（三）各类函数求导

1. 幂指函数

设 $f(x)=u(x)^{v(x)}(u(x)>0$ 且 $u(x)\neq 1)$，$u(x)$，$v(x)$均可导，则 $f'(x)$的计算方法为：先用对数恒等式将 $f(x)$化为复合函数，再用复合函数的求导法则求导，即

$$\begin{aligned}f'(x)&=[u(x)^{v(x)}]'=[\mathrm{e}^{v(x)\ln u(x)}]'=\mathrm{e}^{v(x)\ln u(x)}\cdot\left[v'(x)\ln u(x)+v(x)\frac{u'(x)}{u(x)}\right]\\&=u(x)^{v(x)}\left[v'(x)\ln u(x)+v(x)\frac{u'(x)}{u(x)}\right].\end{aligned}$$

2. 隐函数

已知方程 $F(x,y)=0$ 确定了可导函数 $y=f(x)$，则 y'的计算方法为：方程两边同时对 x 求导，再解出 y'. 口诀：两边导，再求解.

注意 求导过程中要把 y 视为 x 的函数，因此 y 的导数为 y'.

3. 由参数方程确定的函数

设参数方程$\begin{cases}x=\varphi(t),\\y=\psi(t)\end{cases}$确定了函数 $y=f(x)$，$\varphi(t)$，$\psi(t)$均可导，$\varphi'(t)\neq 0$，$x=\varphi(t)$具有

单调连续的反函数 $t=\varphi^{-1}(x)$，且 $y=\psi[\varphi^{-1}(x)]$ 存在，则 $\frac{\mathrm{d}y}{\mathrm{d}x}$，$\frac{\mathrm{d}^2y}{\mathrm{d}x^2}$ 的计算公式为：$\frac{\mathrm{d}y}{\mathrm{d}x}=\frac{\psi'(t)}{\varphi'(t)}$，$\frac{\mathrm{d}^2y}{\mathrm{d}x^2}=\frac{\left[\frac{\psi'(t)}{\varphi'(t)}\right]'}{\varphi'(t)}$.

4. 高阶导数

一般方法为通过计算 y'，y''，y'''，…，总结规律得到 $y^{(n)}$ 的表达式.

三、导数的应用

对应基础题型 2～4，真题题型 9～15，延伸题型 19～22

（一）切线、法线

若函数 $f(x)$ 在点 x_0 可导，则曲线 $y=f(x)$ 在点 $(x_0, f(x_0))$ 处的切线方程为

$$y-f(x_0)=f'(x_0)(x-x_0);$$

法线方程为 $\begin{cases} y-f(x_0)=-\dfrac{1}{f'(x_0)}(x-x_0), & f'(x_0)\neq 0, \\ x=x_0, & f'(x_0)=0. \end{cases}$

（二）单调性定理

设函数 $f(x)$ 在 $[a, b]$ 上连续，在 (a, b) 内可导，则

(1)若 $f'(x)\geqslant 0$，$x\in(a, b)$，且等号仅在有限个点成立，则 $f(x)$ 在 $[a, b]$ 单调增加；

(2)若 $f'(x)\leqslant 0$，$x\in(a, b)$，且等号仅在有限个点成立，则 $f(x)$ 在 $[a, b]$ 单调减少.

注意

①$f'(x)\geqslant 0$ 中导数等于 0 的点不影响 $f(x)$ 在 $[a, b]$ 单调增加，如 $f(x)=x^3(x\in(-1, 1))$，则 $f'(x)=3x^2\geqslant 0(f'(0)=0)$，但 $f(x)$ 在 $[-1, 1]$ 上单调增加.

②若 $f(x)$ 在 $[a, b]$ 上连续，要证明 $f(x)$ 在 $[a, b]$ 上单调增加，仅需证明 $f'(x)\geqslant 0$ 对于开区间 (a, b) 成立即可，不必管端点.

（三）极值

1. 定义

设函数 $f(x)$ 在点 x_0 的某邻域内有定义，若对于相应去心邻域内的任一点 x，均有 $f(x)<f(x_0)$（或 $f(x)>f(x_0)$），则称点 x_0 为 $f(x)$ 的**极大值点**（或极小值点），$f(x_0)$ 为 $f(x)$ 的**极大值**（或极小值）. 极大值点和极小值点统称为**极值点**，极大值和极小值统称为**极值**.

注意

①极值可以概括为“某邻域有定义＋局部最值”.

②由于极值不要求连续和可导，因此不连续点和不可导点都有可能是极值点.

2. 必要条件

若函数 $f(x)$ 在点 x_0 处可导，且 $f(x_0)$ 为 $f(x)$ 的极值，则 $f'(x_0)=0$.

注意

①满足 $f'(x_0)=0$ 的点 x_0 称为 $f(x)$ 的驻点．

②在定义域内函数的极值点只可能是两类点：驻点和不可导点，这划定了极值点的范围；同时，这两类点又未必是极值点，因此需要进一步用定义或下面的充分条件判断．

3. 第一充分条件

设函数 $f(x)$ 在点 x_0 处连续，且在点 x_0 的某去心邻域 $(x_0-\delta, x_0)\cup(x_0, x_0+\delta)(\delta>0)$ 内可导，则

(1)若 $x\in(x_0-\delta, x_0)$，$f'(x)<0$；$x\in(x_0, x_0+\delta)$，$f'(x)>0$，则 $f(x)$ 在点 x_0 处取得极小值；

(2)若 $x\in(x_0-\delta, x_0)$，$f'(x)>0$；$x\in(x_0, x_0+\delta)$，$f'(x)<0$，则 $f(x)$ 在点 x_0 处取得极大值；

(3)若 $x\in(x_0-\delta, x_0)\cup(x_0, x_0+\delta)$，$f'(x)$ 恒正或恒负，则 $f(x)$ 在点 x_0 不取极值．

注意 可以通过"单调性定理＋画图"的方式把握第一充分条件．

4. 第二充分条件

设函数 $f(x)$ 在点 x_0 处满足 $f'(x_0)=0$ 且 $f''(x_0)$ 存在，则

(1)若 $f''(x_0)>0$，则 $f(x_0)$ 为 $f(x)$ 的极小值；

(2)若 $f''(x_0)<0$，则 $f(x_0)$ 为 $f(x)$ 的极大值；

(3)若 $f''(x_0)=0$，则 $f(x_0)$ 是否为 $f(x)$ 的极值未定，此时一般用极值的定义判断．

(四)凹凸性

1. 定义

设函数 $f(x)$ 在区间 I 上连续，若对于任意 x_1，$x_2\in I$，均有 $f\left(\frac{x_1+x_2}{2}\right)<\frac{f(x_1)+f(x_2)}{2}$ (或 $f\left(\frac{x_1+x_2}{2}\right)>\frac{f(x_1)+f(x_2)}{2}$)，则称 $f(x)$ 在 I 上的图形为凹的(或凸的)，I 为凹区间(或凸区间).

注意

图形形态 / 观察角度	凹	凸
几何角度	弦在弧上(如左图)	弦在弧下(如右图)
导数角度(当 $f(x)$ 可导时)	$f'(x)$ 单调增加	$f'(x)$ 单调减少

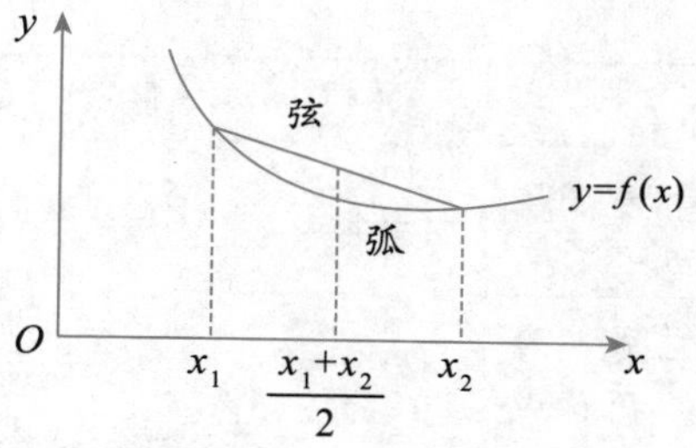

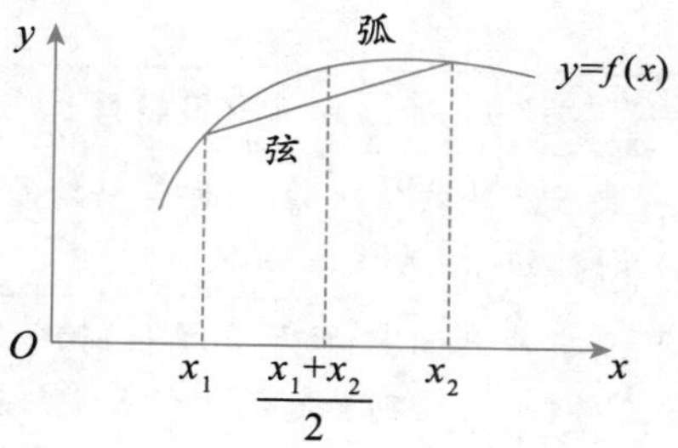

2. 凹凸性定理

设函数 $f(x)$在$[a,b]$上连续，在(a,b)内二阶可导，有

(1)若 $f''(x)>0$，$x\in(a,b)$，则 $f(x)$在$[a,b]$上的图形为凹的；

(2)若 $f''(x)<0$，$x\in(a,b)$，则 $f(x)$在$[a,b]$上的图形为凸的．

（五）拐点

1. 定义

设函数 $f(x)$在区间 I 上连续，点 x_0 是 I 内的点，若曲线 $y=f(x)$在经过点$(x_0,f(x_0))$时，凹凸性改变了，则称点$(x_0,f(x_0))$为曲线 $y=f(x)$的拐点．

2. 必要条件

若函数 $f(x)$在点 x_0 二阶可导，且点$(x_0,f(x_0))$为 $y=f(x)$的拐点，则 $f''(x_0)=0$.

3. 第一充分条件

设函数 $f(x)$在点 x_0 连续，且在点 x_0 的某去心邻域$(x_0-\delta,x_0)\cup(x_0,x_0+\delta)(\delta>0)$内二阶可导．

(1)若在$(x_0-\delta,x_0)$和$(x_0,x_0+\delta)$内 $f''(x)$异号，则$(x_0,f(x_0))$为曲线 $y=f(x)$的拐点．

(2)若在$(x_0-\delta,x_0)$和$(x_0,x_0+\delta)$内 $f''(x)$同号，则$(x_0,f(x_0))$不为曲线 $y=f(x)$的拐点．

4. 第二充分条件

设函数 $f(x)$在点 x_0 处满足 $f''(x_0)=0$ 且 $f'''(x_0)$存在．

(1)若 $f'''(x_0)\neq0$，则点$(x_0,f(x_0))$为曲线 $y=f(x)$的拐点．

(2)若 $f'''(x_0)=0$，则点$(x_0,f(x_0))$是否为曲线 $y=f(x)$的拐点未定，此时一般用拐点定义判断．

（六）经济应用

1. 常用函数

常用函数	定义及符号	注意
需求函数	设某产品的价格为 p 时其市场需求量为 $x=\varphi(p)$(或 $Q=Q(p)$)，则称 $\varphi(p)$(或 $Q(p)$)为需求函数．	(1)一般假设 $x=\varphi(p)$单调减少． (2)需求函数的反函数 $p=\varphi^{-1}(x)$称为价格函数，有时也称其为需求函数．

续表

常用函数	定义及符号	注意
供给函数	设某产品的价格为 p 时其供给量为 $x=\psi(p)$，则称 $\psi(p)$ 为供给函数．	一般假设 $x=\psi(p)$ 单调增加．
成本函数	设某产品的产量为 x 单位时所需的总成本为 $C=C(x)$，则称 $C(x)$ 为总成本函数，简称成本函数．若 C_0 为固定成本，$C_1(x)$ 为可变成本，则 $C(x)=C_0+C_1(x)$．	$\overline{C}=\dfrac{C(x)}{x}$ 称为平均成本．
收益函数	设某产品的销售量为 x 单位时的总收入为 $R=R(x)$，则称 $R(x)$ 为总收益函数，简称收益函数或收入函数．若 p 为价格，x 为销量，则 $R(x)=px$．	—
利润函数	设某产品的总收益函数和总成本函数分别为 $R(x)$ 和 $C(x)$，则称 $L(x)=R(x)-C(x)$ 为总利润函数，简称利润函数．	默认**产销平衡**，即**产量＝销量**，则成本函数、收益函数和利润函数的自变量为产量(或销量)．

2. 边际函数

若函数 $f(x)$ 可导，则称 $f'(x)$ 为 $f(x)$ 的边际函数，其经济意义为在点 x 处，当自变量改变一个单位时，因变量改变 $f'(x)$ 个单位．常用边际函数如下：

(1)边际成本：$MC=C'(x)$，表示生产第 $x+1$ 件商品所付出的成本为 MC．

(2)边际收益：$MR=R'(x)$，表示销售第 $x+1$ 件商品所获得的收益为 MR．

(3)边际利润：$ML=L'(x)$，表示销售第 $x+1$ 件商品所获得的利润为 ML．

四、微分中值定理

对应真题题型 16

(一)罗尔定理

若函数 $f(x)$ 满足在闭区间 $[a, b]$ 上连续，在开区间 (a, b) 内可导，且 $f(a)=f(b)$，则存在 $\xi\in(a, b)$，使得 $f'(\xi)=0$．

(二)拉格朗日中值定理

若函数 $f(x)$ 在闭区间 $[a, b]$ 上连续，在开区间 (a, b) 内可导，则存在 $\xi\in(a, b)$，使得 $f'(\xi)=\dfrac{f(b)-f(a)}{b-a}$．

【推论】若函数 $f(x)$ 在区间 I 上连续，I 内可导且导数恒为零，则 $f(x)$ 在 I 上是常函数．

(三)柯西中值定理

若函数 $f(x)$，$g(x)$ 在闭区间 $[a, b]$ 上连续，在开区间 (a, b) 内可导，$g'(x)\neq 0$，$x\in(a, b)$，则存在 $\xi\in(a, b)$，使得 $\dfrac{f'(\xi)}{g'(\xi)}=\dfrac{f(b)-f(a)}{g(b)-g(a)}$．

第2节　基础题型

题型1　对求导公式和法则的考查

【方法点拨】

①导数公式：熟记常数和基本初等函数的导数公式；

②求导法则：函数的和、差、积、商的求导法则，复合函数的求导法则，反函数的求导法则．

例1　设 $y=e^{\tan\frac{1}{x}}\cdot\sin\frac{1}{x}$，则 $y'=($　　$)$．

A. $\frac{1}{x^2}e^{\tan\frac{1}{x}}\left(\sec^2\frac{1}{x}\sin\frac{1}{x}+\cos\frac{1}{x}\right)$

B. $\frac{1}{x^2}e^{\tan\frac{1}{x}}\left(\sec\frac{1}{x}\sin\frac{1}{x}+\cos\frac{1}{x}\right)$

C. $-\frac{1}{x^2}e^{\tan\frac{1}{x}}\left(\sec^2\frac{1}{x}\cos\frac{1}{x}+\sin\frac{1}{x}\right)$

D. $-\frac{1}{x^2}e^{\tan\frac{1}{x}}\left(\sec\frac{1}{x}\sin\frac{1}{x}+\cos\frac{1}{x}\right)$

E. $-\frac{1}{x^2}e^{\tan\frac{1}{x}}\left(\sec^2\frac{1}{x}\sin\frac{1}{x}+\cos\frac{1}{x}\right)$

【思路】已知函数为初等函数，可根据函数的和、差、积、商的求导法则和复合函数的求导法则计算导数．

【解析】

$$
\begin{aligned}
y'&=\left(e^{\tan\frac{1}{x}}\cdot\sin\frac{1}{x}\right)'=(e^{\tan\frac{1}{x}})'\cdot\sin\frac{1}{x}+e^{\tan\frac{1}{x}}\cdot\left(\sin\frac{1}{x}\right)'\\
&=e^{\tan\frac{1}{x}}\left(\tan\frac{1}{x}\right)'\cdot\sin\frac{1}{x}+e^{\tan\frac{1}{x}}\cdot\cos\frac{1}{x}\cdot\left(\frac{1}{x}\right)'\\
&=-\frac{1}{x^2}e^{\tan\frac{1}{x}}\left(\sec^2\frac{1}{x}\sin\frac{1}{x}+\cos\frac{1}{x}\right).
\end{aligned}
$$

【答案】E

例2　设 $y=\ln\sqrt{\frac{1-x}{1+x^2}}$，则 $y''|_{x=0}=($　　$)$．

A. $-\frac{3}{2}$　　B. $-\frac{1}{2}$　　C. 0　　D. $\frac{1}{2}$　　E. $\frac{3}{2}$

【思路】已知函数为复合函数，外层函数为对数函数，可以根据对数公式，化简为 $y=\frac{1}{2}[\ln(1-x)-\ln(1+x^2)]$，再利用复合函数的求导法则计算．

【解析】$y'=\frac{1}{2}\left(\frac{-1}{1-x}-\frac{2x}{1+x^2}\right)=-\frac{1}{2(1-x)}-\frac{x}{1+x^2}$；

$y''=-\frac{1}{2(1-x)^2}-\frac{1-x^2}{(1+x^2)^2}\Rightarrow y''|_{x=0}=-\frac{3}{2}$.

【答案】A

例 3 已知 $y=f\left(\frac{3x-2}{3x+2}\right)$，$f'(x)=\arcsin x^2$，则 $\left.\frac{\mathrm{d}y}{\mathrm{d}x}\right|_{x=0}=$（　　）.

A. $-\frac{3\pi}{2}$　　B. $-\frac{\pi}{2}$　　C. 0　　D. $\frac{\pi}{2}$　　E. $\frac{3\pi}{2}$

【思路】已知函数为复合函数，要求点 $x=0$ 处的导数，故利用复合函数的求导法则计算．

【解析】$y'=f'\left(\frac{3x-2}{3x+2}\right)\cdot\frac{3(3x+2)-3(3x-2)}{(3x+2)^2}=\arcsin\left(\frac{3x-2}{3x+2}\right)^2\cdot\frac{3(3x+2)-3(3x-2)}{(3x+2)^2}$.

故 $\left.\frac{\mathrm{d}y}{\mathrm{d}x}\right|_{x=0}=3\arcsin 1=\frac{3\pi}{2}$.

【答案】E

题型 2 求单调区间或极值

【方法点拨】

假设函数 $f(x)$ 除了有限个点外可导，且只有有限个驻点，则

(1)利用第一充分条件，求函数单调区间和极值．

第一步：求出函数定义域；

第二步：求 $f'(x)$，令 $f'(x)=0$，解出 $f(x)$ 的所有驻点和不可导点(为了下文叙述方便，假设驻点为 x_0，不可导点为 x_1，且 $x_0<x_1$，定义域为 $\mathbf{R}$)；

第三步：利用表格，进行汇总，见下表：

x	$(-\infty, x_0)$	x_0	(x_0, x_1)	x_1	$(x_1, +\infty)$
$f'(x)$	+	0	−	不存在(设 $f(x)$ 在该点连续)	+
$f(x)$	单调增加	极大值 $f(x_0)$	单调减少	极小值 $f(x_1)$	单调增加

第四步：利用表格进行判断，在 $(-\infty, x_0]$，$[x_1, +\infty)$ 内，函数单调增加，在 $[x_0, x_1]$ 内单调减少，在 $x=x_0$ 处取得极大值，在 $x=x_1$ 处取得极小值．

(2)利用第二充分条件，求函数极值．

使用前提：$f''(x_0)$ 存在且 $f'(x_0)=0$，结论：

①$f''(x_0)>0\Rightarrow f(x_0)$ 为极小值；

②$f''(x_0)<0\Rightarrow f(x_0)$ 为极大值；

③$f''(x_0)=0\Rightarrow$ 不确定 $f(x_0)$ 是否为极值．

(3)对于无法用充分条件判断的点，一般用极值的定义判断．

【例】$f(x)=\begin{cases}x^2, & x\neq 0,\\ 1, & x=0\end{cases}$ 在 $x=0$ 处不连续，无法用上述两个充分条件判断，用定义：在点 $x=0$ 的充分小的去心邻域内，有 $f(x)=x^2<1=f(0)$，这说明点 $x=0$ 是 $f(x)$ 的极大值点．

$f(x)=x^3$ 在 $x=0$ 处有 $f'(0)=f''(0)=0$，无法用第二充分条件判断，可使用以下方法：①用定义：在点 $x=0$ 的任意去心左邻域内，有 $f(x)=x^3<0=f(0)$；在点 $x=0$ 的任意去心右邻域内，有 $f(x)=x^3>0=f(0)$，这说明点 $x=0$ 不是 $f(x)$ 的极值点；②用第一充分条件：

$f(x)=x^3$ 在 $x=0$ 处连续且 $f'(x)=3x^2>0(x\neq 0)$，故点 $x=0$ 不是 $f(x)$ 的极值点．

注意：

①第一充分条件要求函数在该点连续，若忽略该前提，可能造成错误结果．

如 $f(x)=\begin{cases}x^2, & x\neq 0,\\ 1, & x=0,\end{cases}$ 当 $x<0$ 时，$f'(x)=2x<0$；当 $x>0$ 时，$f'(x)=2x>0$. 若忽略前提而使用第一充分条件判断，会得到点 $x=0$ 为 $f(x)$ 的极小值点的错误结果．

②两个充分条件选择的原则：

已知条件角度	所求问题角度	选择的充分条件
一点附近的一阶导函数正负容易判断	需同时求出单调区间和极值	第一充分条件
一点的一阶导数和二阶导数值容易求出	只求极值	第二充分条件

解题时可适当灵活，不必拘泥于此．

例 4　设 $f(x)=x^3-3x^2+5$，则下列结论不正确的是(　　).

A. $(-\infty, 0]$为单调增加区间

B. $[2, +\infty)$为单调减少区间

C. $[0, 2]$为单调减少区间

D. $f(0)=5$ 为极大值

E. $f(2)=1$ 为极小值

【思路】观察选项可知，要求函数 $f(x)$ 的单调区间和极值，用第一充分条件比较方便．

【解析】$f(x)$ 的定义域为 $\mathbf{R}$，$f'(x)=(x^3-3x^2+5)'=3x^2-6x=3x(x-2)$. 令 $f'(x)=0$，解得 $x=0$ 或 2. 则

x	$(-\infty, 0)$	0	$(0, 2)$	2	$(2, +\infty)$
$f'(x)$	+	0	−	0	+
$f(x)$	单调增加	5	单调减少	1	单调增加

故单调增加区间为$(-\infty, 0]$，$[2, +\infty)$，单调减少区间为$[0, 2]$，由极值的第一充分条件，可知极大值为 $f(0)=5$，极小值为 $f(2)=1$.

【答案】B

例 5　设函数 $f(x)=x\sin x+\cos x$，则下列结论中正确的是(　　).

A. $f(0)$是极大值，$f\left(\frac{\pi}{2}\right)$是极小值

B. $f(0)$是极小值，$f\left(\frac{\pi}{2}\right)$是极大值

C. $f(0)$是极大值，$f\left(\frac{\pi}{2}\right)$也是极大值

D. $f(0)$是极小值，$f\left(\frac{\pi}{2}\right)$也是极小值

E. $f(0)$和 $f\left(\frac{\pi}{2}\right)$仅有一个是极值

【思路】观察选项可知，只需求函数 $f(x)$ 的极值，用第二充分条件比较方便．

【解析】$f'(x)=\sin x+x\cos x-\sin x=x\cos x$，因为 $f'(0)=f'\left(\frac{\pi}{2}\right)=0$，故 $x=0$ 和 $x=\frac{\pi}{2}$ 都为可能的极值点．

$f''(x)=\cos x-x\sin x$，因为 $f''(0)=1>0$，$f''\left(\frac{\pi}{2}\right)=-\frac{\pi}{2}<0$，故由极值存在的第二充分条件，可知 $f(0)$ 是极小值，$f\left(\frac{\pi}{2}\right)$ 是极大值．

【答案】B

例 6　设函数 $f(x)=\begin{cases}x^x, & x>0,\\ x, & x\leqslant 0,\end{cases}$ 则 $f(x)$（　　）．

A. 无极值点

B. 仅有一个极大值点

C. 仅有一个极小值点

D. 有一个极大值点和一个极小值点

E. 有两个极小值点

【思路】观察选项可知，需判断分段函数 $f(x)$ 的极值点个数，则先求出所有驻点和不可导点，再用充分条件判断驻点是否为极值点，用定义判断不可导点是否为极值点．

【解析】当 $x>0$ 时，$f'(x)=(x^x)'=(e^{x\ln x})'=e^{x\ln x}(\ln x+1)$，令 $f'(x)=0$，解得 $x=e^{-1}$，又当 $0<x<e^{-1}$ 时，$f'(x)<0$；当 $x>e^{-1}$ 时，$f'(x)>0$. 故 $x=e^{-1}$ 为 $f(x)$ 的极小值点．

当 $x<0$ 时，$f'(x)=1$，无驻点，故无极值点．

当 $x=0$ 时，$\lim\limits_{x\to 0^+}f(x)=\lim\limits_{x\to 0^+}e^{x\ln x}=1\neq 0=f(0)$，故 $x=0$ 是 $f(x)$ 的不连续点（也是不可导点），因此使用定义判断极值：当 $x<0$ 时，$f(x)=x<f(0)$；当 $x>0$ 时，$f(x)=x^x>f(0)$. 这说明 $x=0$ 不是 $f(x)$ 的极值点．

综上，$f(x)$ 仅有一个极小值点．

【答案】C

题型 3　函数最值问题

【方法点拨】

设函数 $f(x)$ 在区间 I 内除了有限个点外可导，且只有有限个驻点，则可以按如下步骤判断最值的存在性，并在最值存在时求出最值：

①求出 $f(x)$ 可能的最值点：$f(x)$ 在 I 内的驻点和不可导点，以及 I 的端点；

②计算 $f(x)$ 在①所得点处的函数值（极限值）：若该点为 $f(x)$ 的连续点，则计算函数值；否则计算极限值和函数值（若存在）；

③比较②中所得数值的大小，若最大（小）的数值为函数值，则该函数值为 $f(x)$ 的最大（小）值，否则 $f(x)$ 不存在最大（小）值．

注意：函数最值问题，数形结合能提高解题效率．

例7 函数 $f(x)=x+2\cos x$ 在区间 $\left[0, \frac{\pi}{2}\right)$ 上(　　).

A. 最小值为 $\frac{\pi}{6}+\sqrt{3}$　　B. 最小值为 $\frac{\pi}{2}$　　C. 最大值为 2

D. 无最小值　　E. 无最大值

【思路】本题为函数最值问题，按步骤计算即可.

【解析】第一步：$f'(x)=1-2\sin x$，令 $f'(x)=0$，当 $x\in\left[0, \frac{\pi}{2}\right)$ 时，解得 $x=\frac{\pi}{6}$；

第二步：$f\left(\frac{\pi}{6}\right)=\frac{\pi}{6}+\sqrt{3}$，$f(0)=2$，$\lim\limits_{x\to\frac{\pi}{2}^-}f(x)=\lim\limits_{x\to\frac{\pi}{2}^-}(x+2\cos x)=\frac{\pi}{2}$；

第三步：$\max\left\{2, \frac{\pi}{6}+\sqrt{3}, \frac{\pi}{2}\right\}=\frac{\pi}{6}+\sqrt{3}$(函数值)，$\min\left\{2, \frac{\pi}{6}+\sqrt{3}, \frac{\pi}{2}\right\}=\frac{\pi}{2}$(极限值)，故 $f(x)$ 在区间 $\left[0, \frac{\pi}{2}\right)$ 上的最大值为 $\frac{\pi}{6}+\sqrt{3}$，不存在最小值.

【答案】D

题型4 求凹凸区间或拐点

【方法点拨】

假设函数 $f(x)$ 除了有限个点外二阶导数存在，且只有有限个二阶导数为零的点.

(1)利用第一充分条件，求凹凸区间和拐点.

第一步：求出函数定义域；

第二步：求二阶导数 $f''(x)$，令 $f''(x)=0$，解出 $f(x)$ 所有二阶导数为零的点和二阶导数不存在的点(为了下文叙述方便，假设二阶导数为零的点为 x_0，二阶导数不存在的点为 x_1，且 $x_0<x_1$，定义域为 $\mathbf{R}$)；

第三步：利用表格，进行汇总，见下表：

x	$(-\infty, x_0)$	x_0	(x_0, x_1)	x_1	$(x_1, +\infty)$
$f''(x)$	$+$	0	$-$	不存在(设 $f(x)$ 在该点连续)	$+$
$f(x)$	凹	拐点 $(x_0, f(x_0))$	凸	拐点 $(x_1, f(x_1))$	凹

第四步：利用表格进行判断，在 $(-\infty, x_0]$，$[x_1, +\infty)$ 上，此曲线是凹的，在 $[x_0, x_1]$ 上此曲线是凸的，点 $(x_0, f(x_0))$ 和 $(x_1, f(x_1))$ 均为此曲线的拐点.

(2)利用第二充分条件，求拐点.

使用前提：$f''(x_0)=0$ 且 $f'''(x_0)$ 存在，结论：$f'''(x_0)\neq0\Rightarrow(x_0, f(x_0))$ 为拐点.

注意：

①拐点的定义和第一充分条件都要求函数在该点连续，不连续的点不是函数图形的拐点.

②两个充分条件选择的原则：

已知条件角度	所求问题角度	选择的充分条件
一点附近的二阶导函数正负容易判断	需同时求出凹凸区间和拐点	第一充分条件
一点的二阶导数和三阶导数值容易求出	只求拐点	第二充分条件

解题时可适当灵活，不必拘泥于此．

例 8　设函数 $f(x)=\dfrac{x+1}{x^2}$，则下列关于函数图形的描述不正确的是(　　)．

A. $(-\infty,\ -3]$为凸区间　　B. $[-3,\ 0)$为凹区间　　C. $(0,\ +\infty)$为凹区间

D. $\left(-2,\ -\dfrac{1}{4}\right)$为拐点　　E. $\left(-3,\ -\dfrac{2}{9}\right)$为拐点

【思路】观察选项可知，要求 $f(x)$ 图形的凹凸区间和拐点，用第一充分条件比较方便．

【解析】$f(x)$ 的定义域为 $(-\infty,\ 0)\cup(0,\ +\infty)$，求导可得

$$f'(x)=\left(\frac{1}{x}+\frac{1}{x^2}\right)'=-x^{-2}-2x^{-3}\Rightarrow f''(x)=2x^{-3}+6x^{-4}=\frac{2(x+3)}{x^4}.$$

令 $f''(x)=0$，解得 $x=-3$，则

x	$(-\infty,\ -3)$	-3	$(-3,\ 0)$	$(0,\ +\infty)$
$f''(x)$	$-$	0	$+$	$+$
$f(x)$	凸	拐点	凹	凹

故 $(-\infty,\ -3]$ 为凸区间，$[-3,\ 0)$，$(0,\ +\infty)$ 为凹区间，$\left(-3,\ -\dfrac{2}{9}\right)$ 为拐点．

【答案】D

例 9　设函数 $f(x)=\dfrac{x^4}{2}-3x^2-x$，则曲线 $y=f(x)$(　　)．

A. 有唯一拐点$(0,\ 0)$　　B. 有唯一拐点$\left(-1,\ -\dfrac{3}{2}\right)$

C. 有唯一拐点$\left(1,\ -\dfrac{7}{2}\right)$　　D. 有两拐点$(0,\ 0)$和$\left(1,\ -\dfrac{7}{2}\right)$

E. 有两拐点$\left(-1,\ -\dfrac{3}{2}\right)$和$\left(1,\ -\dfrac{7}{2}\right)$

【思路】观察选项可知，只需求曲线 $y=f(x)$ 的拐点，用第二充分条件比较方便．

【解析】$f'(x)=2x^3-6x-1\Rightarrow f''(x)=6x^2-6\Rightarrow f'''(x)=12x$．

令 $f''(x)=0$，解得 $x=\pm1$，则 $f'''(-1)=-12\neq0$，$f'''(1)=12\neq0$，所以由第二充分条件可得曲线 $y=f(x)$ 有两拐点 $\left(-1,\ -\dfrac{3}{2}\right)$ 和 $\left(1,\ -\dfrac{7}{2}\right)$．

【答案】E

本节习题自测

1. 已知 $y=\ln\frac{\sqrt{1+x^2}-1}{\sqrt{1+x^2}+1}$，则 $y'=$(　　).

A. $\frac{1}{x\sqrt{1+x^2}}$　B. $\frac{x}{\sqrt{1+x^2}}$　C. $\frac{2}{x\sqrt{1+x^2}}$　D. $\frac{2x}{\sqrt{1+x^2}}$　E. $-\frac{2}{x\sqrt{1+x^2}}$

2. 函数 $f(x)=x^3+2x-4$，$g(x)=f[f(x)]$，则 $g'(0)=$(　　).

A. -4　B. 0　C. 2　D. 50　E. 100

3. 设 $y=\ln(x+\sqrt{1+x^2})$，则 $y''=$(　　).

A. $-\frac{1}{\sqrt{(1+x^2)^3}}$　B. $\frac{1}{\sqrt{(1+x^2)^3}}$　C. $-\frac{x}{\sqrt{(1+x^2)^3}}$

D. $\frac{x}{\sqrt{(1+x^2)^3}}$　E. $-\frac{1}{x\sqrt{(1+x^2)^3}}$

4. 设函数 $f(x)=(x+a)e^{\frac{b}{x}}(ab\neq0)$有极大值点 $x=-2$ 和极小值点 $x=3$，则 $ab=$(　　).

A. -6　B. -2　C. 1　D. 2　E. 6

5. 设函数 $f(x)=\begin{cases}x^2\ln|x|, & x\neq0,\\ 0, & x=0,\end{cases}$ 则 $f(x)$的极值点的个数为(　　).

A. 0　B. 1　C. 2　D. 3　E. 4

6. 设函数 $f(x)=(x-1)^2(x+1)^2$，则下列描述不正确的是(　　).

A. $(-\infty,-1]$为单调减少区间　B. $[1,+\infty)$为单调增加区间　C. $f(-1)$为极小值

D. 最大值为 1　E. 最小值为 0

7. 设函数 $f(x)=2x^3-3x^2-12x+1$，则(　　).

A. 最大值为 8　B. 最小值为 -19

C. $(-\infty,0)$为单调增加区间　D. $(1,+\infty)$为单调减少区间

E. 曲线 $y=f(x)$在$(1,+\infty)$为凹的

8. 设函数 $f(x)=\frac{x^3}{(x-1)^2}$，则下列描述不正确的是(　　).

A. $(-\infty,1)$为单调增加区间　B. 极小值为$\frac{27}{4}$

C. $[0,1)$为凹区间　D. $(1,3]$为凸区间

E. $(0,0)$为拐点

习题详解

1. C

【解析】先利用对数的运算性质化简，得 $y=\ln(\sqrt{1+x^2}-1)-\ln(\sqrt{1+x^2}+1)$，再利用复合函数的求导法则求导，可得

$$y'=\frac{1}{\sqrt{1+x^2}-1}\cdot\frac{1}{2\sqrt{1+x^2}}\cdot 2x-\frac{1}{\sqrt{1+x^2}+1}\cdot\frac{1}{2\sqrt{1+x^2}}\cdot 2x=\frac{2}{x\sqrt{1+x^2}}.$$

2. E

【解析】由复合函数的求导法则，可得 $g'(x)=f'[f(x)]\cdot f'(x)$，故 $g'(0)=f'[f(0)]\cdot f'(0)$.

又 $f(0)=-4$，$f'(x)=(x^3+2x-4)'=3x^2+2$，可得

$$f'(0)=(3x^2+2)\big|_{x=0}=2,\ f'(-4)=(3x^2+2)\big|_{x=-4}=50,$$

故 $g'(0)=f'[f(0)]\cdot f'(0)=f'(-4)\cdot f'(0)=50\times 2=100$.

3. C

【解析】根据复合函数的求导法则计算，可得

$$y'=\frac{1}{x+\sqrt{1+x^2}}\left(1+\frac{x}{\sqrt{1+x^2}}\right)=\frac{1}{\sqrt{1+x^2}}=(1+x^2)^{-\frac{1}{2}},$$

$$y''=-\frac{1}{2}(1+x^2)^{-\frac{3}{2}}\cdot 2x=-\frac{x}{\sqrt{(1+x^2)^3}}.$$

4. E

【解析】由极值的必要条件得 $\begin{cases}f'(-2)=0,\\ f'(3)=0,\end{cases}$ 因为

$$f'(x)=e^{\frac{b}{x}}+(x+a)e^{\frac{b}{x}}\left(-\frac{b}{x^2}\right)=e^{\frac{b}{x}}\frac{x^2-(x+a)b}{x^2},$$

故 $\begin{cases}(-2)^2-(-2+a)b=0,\\ 3^2-(3+a)b=0,\end{cases}$ 解得 $\begin{cases}a=6,\\ b=1,\end{cases}$ 则 $ab=6$.

5. D

【解析】当 $x>0$ 时，$f'(x)=(x^2\ln x)'=x(2\ln x+1)$，令 $f'(x)=0$，解得 $x=e^{-\frac{1}{2}}$.

当 $0<x<e^{-\frac{1}{2}}$ 时，$f'(x)<0$；当 $x>e^{-\frac{1}{2}}$ 时，$f'(x)>0$. 故 $x=e^{-\frac{1}{2}}$ 为 $f(x)$ 的极小值点.

由于 $f(x)$ 为偶函数，其图形关于 y 轴对称，可得，$x=-e^{-\frac{1}{2}}$ 为 $f(x)$ 的极小值点.

在 $x=0$ 的充分小的去心邻域内有 $f(x)=x^2\ln|x|<f(0)$，这说明 $x=0$ 为 $f(x)$ 的极大值点.

综上，$f(x)$ 的极值点的个数为 3.

6. D

【解析】$f'(x)=2(x-1)(x+1)^2+2(x-1)^2(x+1)=4x(x-1)(x+1)$.

令 $f'(x)=0$，解得 $x=0$，±1，则有

x	$(-\infty,-1)$	-1	$(-1,0)$	0	$(0,1)$	1	$(1,+\infty)$
$f'(x)$	$-$	0	$+$	0	$-$	0	$+$
$f(x)$	单调减少	0	单调增加	1	单调减少	0	单调增加

故单调减少区间为 $(-\infty,-1]$，$[0,1]$；单调增加区间为 $[-1,0]$，$[1,+\infty)$；

极小值为 $f(-1)=0$，$f(1)=0$；极大值为 $f(0)=1$. A、B、C 项正确.

又 $\lim\limits_{x\to-\infty}f(x)=+\infty$，$\lim\limits_{x\to+\infty}f(x)=+\infty$，则 $f(x)$ 不存在最大值，最小值为 0，D 项错误.

7. E

【解析】$f'(x)=6(x^2-x-2)=6(x-2)(x+1)$. 令 $f'(x)=0$，解得 $x_1=-1$，$x_2=2$，故

x	$(-\infty,-1)$	-1	$(-1,2)$	2	$(2,+\infty)$
$f'(x)$	$+$	0	$-$	0	$+$
$f(x)$	单调增加	8	单调减少	-19	单调增加

又 $f(-\infty)=-\infty$，$f(+\infty)=+\infty$，则 $f(x)$在 $\mathbf{R}$ 上无最大值和最小值，故 A、B 项不正确；$f(x)$在$(-1,0)$单调减少，故 C 项不正确；$f(x)$在$(2,+\infty)$单调增加，故 D 项不正确；$f''(x)=6(2x-1)$，当 $x\in(1,+\infty)$时，$f''(x)>0$，故曲线 $y=f(x)$在$(1,+\infty)$为凹的，则选 E 项.

8. D

【解析】$f(x)$的定义域为$(-\infty,1)\cup(1,+\infty)$，对函数求导，可得

$$f'(x)=\frac{3x^2(x-1)^2-x^3\cdot 2(x-1)}{(x-1)^4}=\frac{x^2(x-3)}{(x-1)^3},$$

令 $f'(x)=0$，解得 $x=0$ 或 3.

$f''(x)=\dfrac{6x}{(x-1)^4}$，令 $f''(x)=0$，解得 $x=0$. 列表讨论如下：

x	$(-\infty,0)$	0	$(0,1)$	$(1,3)$	3	$(3,+\infty)$
$f'(x)$	$+$	0	$+$	$-$	0	$+$
$f''(x)$	$-$	0	$+$	$+$	$+$	$+$
$f(x)$	单调增加，凸	拐点	单调增加，凹	单调减少，凹	极小值	单调增加，凹

故$(-\infty,1)$为单调增加区间，极小值为 $f(3)=\dfrac{27}{4}$，$[0,1)$，$(1,3]$为凹区间，$(0,0)$为拐点. D 项错误.

第3节 真题题型

题型5 分段函数的导数问题

【方法点拨】

(1)分段函数在分段点处的可导性及求导，用导数定义；在非分段点处求导，用求导公式和法则．

(2)已知分段函数在分段点处可导，确定参数：可由连续定义和导数定义得两个等式，然后联立求解．

注意：$f'_+(x_0)=\lim\limits_{x\to x_0^+}\dfrac{f(x)-f(x_0)}{x-x_0}$ 是 $f(x)$ 在 $x=x_0$ 的右导数，而 $\lim\limits_{x\to x_0^+}f'(x)$ 是 $f'(x)$ 在 $x=x_0$ 的右极限，二者未必相等．

例 10 已知函数 $f(x)=\begin{cases}\dfrac{1-e^{-x}}{x}-1, & x\neq 0,\\ 0, & x=0,\end{cases}$ 则(　　).

A. $2f'(0)=f'(1)$　　B. $-2f'(0)=f'(1)$　　C. $2f'(0)=f'(-1)$

D. $-2f'(0)=f'(-1)$　　E. $2f'(1)=f'(-1)$

【思路】已知分段函数 $f(x)$，求分段点处的导数 $f'(0)$，用导数定义；求非分段点处的导数 $f'(1)$，$f'(-1)$，用求导公式和法则．

【解析】$f'(0)=\lim\limits_{x\to 0}\dfrac{f(x)-f(0)}{x-0}=\lim\limits_{x\to 0}\dfrac{\dfrac{1-e^{-x}}{x}-1}{x-0}=\lim\limits_{x\to 0}\dfrac{1-e^{-x}-x}{x^2}=\lim\limits_{x\to 0}\dfrac{e^{-x}-1}{2x}=\lim\limits_{x\to 0}\dfrac{-e^{-x}}{2}=-\dfrac{1}{2}$.

当 $x\neq 0$ 时，有 $f'(x)=\left(\dfrac{1-e^{-x}}{x}-1\right)'=\dfrac{xe^{-x}-1+e^{-x}}{x^2}$.

故 $f'(1)=2e^{-1}-1$，$f'(-1)=-1$，则 $2f'(0)=f'(-1)$.

【答案】C

例 11 已知函数 $f(x)=\begin{cases}x, & x\leqslant 0,\\ \dfrac{a+b\cos x}{x}, & x>0\end{cases}$ 在 $x=0$ 处可导，则 a，b 的值为(　　).

A. 2，2　　B. 2，-2　　C. -2，2　　D. -2，-2　　E. 2，0

【思路】已知分段函数 $f(x)$ 在分段点 $x=0$ 处可导，故由连续定义和导数定义列式，联立求解．

【解析】由 $f(x)$ 在 $x=0$ 处可导，得 $f(x)$ 在 $x=0$ 处连续，有 $\lim\limits_{x\to 0^-}x=\lim\limits_{x\to 0^+}\dfrac{a+b\cos x}{x}=0$，可得

$$\lim_{x\to 0^+}(a+b\cos x)=0\Rightarrow a+b=0.$$

再由 $f(x)$ 在 $x=0$ 处可导，得 $\lim\limits_{x\to0^-}\frac{f(x)-f(0)}{x-0}=\lim\limits_{x\to0^+}\frac{f(x)-f(0)}{x-0}$，故 $\lim\limits_{x\to0^-}\frac{x-0}{x-0}=$

$\lim\limits_{x\to0^+}\frac{\frac{a-a\cos x}{x}-0}{x-0}=1$，解得 $a=2$，代入 $a+b=0$ 中，得 $b=-2$.

【答案】B

例 12　已知函数 $f(x)=x|x|$，则以下结论中不正确的是（　　）.

A. $f'_-(0)=0$　　B. $\lim\limits_{x\to0^-}f'(x)=0$　　C. $\lim\limits_{x\to0^+}f'(x)=0$

D. $f''(0)$不存在　　E. $\lim\limits_{x\to0^-}f''(x)$不存在

【思路】已知分段函数 $f(x)$ 中 $x=0$ 为其分段点，故用导数定义计算 $f'_-(0)$和 $f''(0)$；而计算$\lim\limits_{x\to0^-}f'(x)$，$\lim\limits_{x\to0^+}f'(x)$和$\lim\limits_{x\to0^-}f''(x)$，需先算出 $f'(x)$和 $f''(x)$，再求单侧极限.

【解析】当 $x\neq0$ 时，$f(x)=x|x|=\begin{cases}x^2, & x>0,\\ -x^2, & x<0\end{cases}\Rightarrow f'(x)=\begin{cases}2x, & x>0,\\ -2x, & x<0\end{cases}\Rightarrow f''(x)=\begin{cases}2, & x>0,\\ -2, & x<0.\end{cases}$

A 项：$f'_-(0)=\lim\limits_{x\to0^-}\frac{f(x)-f(0)}{x-0}=\lim\limits_{x\to0^-}\frac{-x^2-0}{x-0}=0$，正确.

B 项：$\lim\limits_{x\to0^-}f'(x)=\lim\limits_{x\to0^-}(-2x)=0$，正确.

C 项：$\lim\limits_{x\to0^+}f'(x)=\lim\limits_{x\to0^+}2x=0$，正确.

D 项：因为 $f'_+(0)=\lim\limits_{x\to0^+}\frac{f(x)-f(0)}{x-0}=\lim\limits_{x\to0^+}\frac{x^2-0}{x-0}=0=f'_-(0)$，故 $f'(0)=0$，因此

$$\lim_{x\to0^-}\frac{f'(x)-f'(0)}{x-0}=\lim_{x\to0^-}\frac{-2x-0}{x-0}=-2,\ \lim_{x\to0^+}\frac{f'(x)-f'(0)}{x-0}=\lim_{x\to0^+}\frac{2x-0}{x-0}=2,$$

故 $f''(0)$不存在，则 D 项正确.

E 项：$\lim\limits_{x\to0^-}f''(x)=\lim\limits_{x\to0^-}(-2)=-2$，不正确.

【答案】E

题型 6　导数定义的应用

【方法点拨】

(1)导数存在的充分必要条件.

$f'(x_0)$存在$\Leftrightarrow\lim\limits_{x\to\square}\frac{f[x_0+g(x)]-f(x_0)}{h(x)}$存在，其中分子为动点函数值减定点函数值(简称“动减定”)，$g(x)$，$h(x)$为同阶无穷小(简称“增量同阶”)，且 $g(x)$，$h(x)\to0$ 时包括$\to0^+$和$\to0^-$两个过程(简称“可正可负”).

注意：上述极限式的三个要点“动减定”“增量同阶”“可正可负”缺一不可.

(2)知可导，求极限.

方法一：凑导数定义.

$f'(x_0)$存在$\Rightarrow\lim\frac{f(x_0+\alpha)-f(x_0)}{\alpha}=f'(x_0)$，其中 α 为无穷小且$\alpha\neq0$.

方法二：套公式．

$f'(x_0)$存在，α，β，γ为无穷小，且$\lim\frac{\alpha}{\gamma}$和$\lim\frac{\beta}{\gamma}$均存在，则

$$\lim\frac{f(x_0+\alpha)-f(x_0+\beta)}{\gamma}\xlongequal{\text{去 } f \text{ 乘 } f'(x_0)}f'(x_0)\lim\frac{\alpha-\beta}{\gamma}.$$

方法三：加强条件排除．

已知$f'(x_0)$存在，求$\lim\limits_{x\to\square}\frac{f[x_0+g(x)]-f[x_0+h(x)]}{w(x)}$（其中$g(x)$，$h(x)$，$w(x)$为无穷小，且$w(x)\neq0$）．

所求极限为“$\frac{0}{0}$”型未定式，解题时先假定其满足洛必达法则的条件，再用洛必达法则算出极限，最后据此排除选项．

注意：在解题时，优先使用方法二，可以更快速解题．

例 13 设$f(0)=0$，则$f(x)$在点$x=0$可导的充要条件为（　　）．

A. $\lim\limits_{h\to0}\frac{1}{h^2}f(1-\cos h)$存在

B. $\lim\limits_{h\to0}\frac{1}{h}f(1-e^h)$存在

C. $\lim\limits_{h\to0}\frac{1}{h^2}f(h-\sin h)$存在

D. $\lim\limits_{h\to0}\frac{1}{h}[f(2h)-f(h)]$存在

E. $\lim\limits_{n\to\infty}nf\left(\frac{1}{n}\right)$存在

【思路】已知$f(0)=0$，求$f(x)$在点$x=0$可导的充要条件，故用“方法点拨”中的结论逐项分析．

【解析】$f'(0)$存在$\Leftrightarrow\lim\limits_{x\to\square}\frac{f[0+g(x)]-f(0)}{h(x)}$存在$\Leftrightarrow\lim\limits_{x\to\square}\frac{f[g(x)]}{h(x)}$存在，其中$g(x)$，$h(x)$为同阶无穷小，且$g(x)$，$h(x)\to0$时包括$\to0^+$和$\to0^-$两个过程．对于各选项，列表讨论如下：

	A	B	C	D	E
(1)动减定	—	是	—	否	—
(2)增量同阶	—	是	—	—	—
(3)可正可负	否	是	否	—	否
综上，与可导等价	否	是	否	否	否

其中，对“可正可负”可按如下方式快速判断：由于$h^2\geqslant0$，因此当$h\to0$时，$h^2\to0^+$，即h^2不满足“可正可负”，据此可直接排除A、C项；由于微积分中的n默认为正整数，故当$n\to\infty$时，$\frac{1}{n}\to0^+$，即$\frac{1}{n}$不满足“可正可负”，据此可直接排除E项．

【答案】B

例 14　设函数 $f(x)$ 在 $x=x_0$ 处可导，则 $f'(x_0)=$(　　).

A. $\lim\limits_{x\to x_0}\dfrac{f(x_0)-f(x)}{x-x_0}$　　　B. $\lim\limits_{x\to x_0}\dfrac{f\left(\dfrac{x+x_0}{2}\right)-f(x_0)}{x_0-x}$

C. $\lim\limits_{\Delta x\to 0}\dfrac{f(x_0+2\Delta x)-f(x_0)}{\Delta x}$　　　D. $\lim\limits_{\Delta x\to 0}\dfrac{f(x_0+2\Delta x)-f(x_0+\Delta x)}{\Delta x}$

E. $\lim\limits_{\Delta x\to 0}\dfrac{f(x_0+2\Delta x)-f(x_0-\sin\Delta x)}{\tan\Delta x}$

【思路】已知 $f(x)$ 在 $x=x_0$ 处可导，由选项知需把极限用导数表示，故用三种方法(凑导数定义、套公式和加强条件排除)计算.

A、B 项的极限过程为 $x\to x_0$，可通过换元令 $x=x_0+\Delta x$ 化为 $\Delta x\to 0$ 的形式，以 B 项为例，$\lim\limits_{x\to x_0}\dfrac{f\left(\dfrac{x+x_0}{2}\right)-f(x_0)}{x_0-x}=\lim\limits_{\Delta x\to 0}\dfrac{f\left(x_0+\dfrac{\Delta x}{2}\right)-f(x_0)}{-\Delta x}$. 统一形式后，各项计算方法类似，下面以 E 项为例，用三种方法计算.

【解析】方法一：凑导数定义.

$$\begin{aligned}
&\lim_{\Delta x\to 0}\frac{f(x_0+2\Delta x)-f(x_0-\sin\Delta x)}{\tan\Delta x}\\
=&\lim_{\Delta x\to 0}\frac{f(x_0+2\Delta x)-f(x_0)+f(x_0)-f(x_0-\sin\Delta x)}{\tan\Delta x}\\
=&\lim_{\Delta x\to 0}\frac{f(x_0+2\Delta x)-f(x_0)}{\tan\Delta x}-\lim_{\Delta x\to 0}\frac{f(x_0-\sin\Delta x)-f(x_0)}{\tan\Delta x}\\
=&\lim_{\Delta x\to 0}\frac{f(x_0+2\Delta x)-f(x_0)}{2\Delta x}\frac{2\Delta x}{\tan\Delta x}-\lim_{\Delta x\to 0}\frac{f(x_0-\sin\Delta x)-f(x_0)}{-\sin\Delta x}\frac{-\sin\Delta x}{\tan\Delta x}\\
=&2f'(x_0)+f'(x_0)=3f'(x_0).
\end{aligned}$$

故排除 E 项.

方法二：套公式.

$\lim\limits_{\Delta x\to 0}\dfrac{f(x_0+2\Delta x)-f(x_0-\sin\Delta x)}{\tan\Delta x}$ 符合 $\lim\dfrac{f(x_0+\alpha)-f(x_0+\beta)}{\gamma}$($f'(x_0)$ 存在，α，β，γ 为无穷小，且 $\lim\dfrac{\alpha}{\gamma}$ 和 $\lim\dfrac{\beta}{\gamma}$ 均存在). 可得 $\lim\limits_{\Delta x\to 0}\dfrac{f(x_0+2\Delta x)-f(x_0-\sin\Delta x)}{\tan\Delta x}=f'(x_0)\lim\limits_{\Delta x\to 0}\dfrac{2\Delta x+\sin\Delta x}{\tan\Delta x}=3f'(x_0)$.

方法三：加强条件排除.

观察选项，极限式为"$\dfrac{0}{0}$"型，假设该极限满足洛必达法则的条件，则由洛必达法则，可得

$$\begin{aligned}
&\lim_{\Delta x\to 0}\frac{f(x_0+2\Delta x)-f(x_0-\sin\Delta x)}{\tan\Delta x}=\lim_{\Delta x\to 0}\frac{f(x_0+2\Delta x)-f(x_0-\sin\Delta x)}{\Delta x}\\
=&\lim_{\Delta x\to 0}\frac{2f'(x_0+2\Delta x)+f'(x_0-\sin\Delta x)\cos\Delta x}{1}=3f'(x_0).
\end{aligned}$$

【答案】D

题型 7 抽象函数在一点的导数问题

【方法点拨】

(1)理解导数及相关定义.

①高阶无穷小：当 $x\to\square$ 时，$f(x)=o(g(x))\Leftrightarrow\lim\limits_{x\to\square}\dfrac{f(x)}{g(x)}=0$.

②连续：$f(x)$ 在点 x_0 连续 $\Leftrightarrow\lim\limits_{x\to x_0}f(x)=f(x_0)$.

③导数：$f(x)$ 在 x_0 可导 $\Leftrightarrow f'(x_0)$ 存在 $\Leftrightarrow\lim\limits_{\Delta x\to 0}\dfrac{f(x_0+\Delta x)-f(x_0)}{\Delta x}$ 存在或 $\lim\limits_{x\to x_0}\dfrac{f(x)-f(x_0)}{x-x_0}$ 存在；

$f'(x_0)=A\Leftrightarrow\lim\limits_{\Delta x\to 0}\dfrac{f(x_0+\Delta x)-f(x_0)}{\Delta x}=A$ 或 $\lim\limits_{x\to x_0}\dfrac{f(x)-f(x_0)}{x-x_0}=A$.

④微分：$y=f(x)$ 在点 x_0 可微 $\Leftrightarrow\Delta y=A\Delta x+o(\Delta x)(\Delta x\to 0)\Rightarrow \mathrm{d}y=A\Delta x=f'(x_0)\Delta x=f'(x_0)\mathrm{d}x$.

⑤关系：连续 $\overset{\Leftarrow}{\not\Rightarrow}$ 可导 $\Leftrightarrow$ 可微.

⑥可导的四则运算规律：

$$\text{可导}\begin{cases}\text{可}+\text{可}=\text{可，可}+\text{不}=\text{不，不}+\text{不}=\text{未；}\\ \text{可}\times\text{可}=\text{可，可}\times\text{不}=\begin{cases}\text{不，可}\neq 0,\\ \text{未，可}=0,\end{cases}\text{不}\times\text{不}=\text{未．}\end{cases}$$

其中各简写含义如下：可≠0(可导且函数值非零)，不(不可导)，未(不确定).

(2)会分析典型极限式.

①$\lim\limits_{x\to a}\dfrac{f(x)-b}{x-a}=c\Rightarrow\lim\limits_{x\to a}f(x)=b$，但 $\lim\limits_{x\to a}\dfrac{f(x)-b}{x-a}=c\not\Rightarrow f(a)=b$ 或 $f'(a)=c$.

②$\lim\limits_{x\to a}\dfrac{f(x)-b}{x-a}=c$，$f(a)=b\Rightarrow f'(a)=c$.

③$\lim\limits_{x\to a}\dfrac{f(x)-b}{x-a}=c$，$f(x)$ 在点 $x=a$ 处连续 $\Rightarrow f(a)=b$，$f'(a)=c$.

例 15 已知函数 $f(x)$ 在 $x=0$ 的某个邻域内连续，$\lim\limits_{x\to 0}\left[\dfrac{\sin x}{x}+\dfrac{f(x)}{x}\right]=2$，则 $f(0)$ 及 $f'(0)$ 分别为(　　).

A. 0，0　　B. 0，1　　C. 1，0　　D. 1，1　　E. 0，不存在

【思路】 已知含有抽象函数的极限式，求 $f(0)$ 和 $f'(0)$，须先化简极限，再分析极限式 $\lim\limits_{x\to 0}\dfrac{f(x)}{x}$ 的分子和分母，结合连续和导数定义计算，或者用特殊值法排除.

【解析】 方法一：分析极限式，结合连续和导数定义计算.

$\lim\limits_{x\to 0}\left[\dfrac{\sin x}{x}+\dfrac{f(x)}{x}\right]=1+\lim\limits_{x\to 0}\dfrac{f(x)}{x}=2$，故 $\lim\limits_{x\to 0}\dfrac{f(x)}{x}=1$，可得 $\lim\limits_{x\to 0}f(x)=0$，由于 $f(x)$ 在 $x=0$ 处连续，故 $f(0)=0$. 将 $f(0)=0$ 代入 $\lim\limits_{x\to 0}\dfrac{f(x)}{x}=1$，得 $\lim\limits_{x\to 0}\dfrac{f(x)-f(0)}{x-0}=f'(0)=1$.

方法二：特殊值法排除．

令 $f(x)=x$，满足已知条件，故可得 $f(0)=0$，$f'(0)=1$.

【答案】B

例 16 以下结论中，正确的是(　　).

(1)设 $f(x)$ 连续，则 $f(x)\sin|x|$ 在点 $x=0$ 处可导的充要条件是 $f(0)=0$；

(2)设 $f(x)$ 可导，则 $f(x)\sin|x|$ 在点 $x=0$ 处可导的充要条件是 $f(0)=0$；

(3)设 $f(x)$ 可导，则 $f(x)(1+\sin|x|)$ 在点 $x=0$ 处可导的充要条件是 $f(0)=0$.

A. 仅(2)　　B. 仅(3)　　C. 仅(1)(2)

D. 仅(2)(3)　　E. (1)(2)(3)

【思路】分析抽象函数在一点的可导性，可利用导数的定义推理．

【解析】结论(1)：证明充分性：若 $f(0)=0$，则

$$\lim_{x\to0^-}\frac{f(x)\sin|x|-0}{x-0}=\lim_{x\to0^-}\frac{f(x)\sin(-x)}{x}=-\lim_{x\to0^-}f(x)=-f(0)=0,$$

$$\lim_{x\to0^+}\frac{f(x)\sin|x|-0}{x-0}=\lim_{x\to0^+}\frac{f(x)\sin x}{x}=\lim_{x\to0^+}f(x)=f(0)=0,$$

故 $f(x)\sin|x|$ 在点 $x=0$ 处可导．

证明必要性：若 $f(x)\sin|x|$ 在 $x=0$ 处可导，则其单侧导数均存在且相等．又由充分性的推理过程得 $-f(0)=f(0)$，即 $f(0)=0$.

综上，(1)正确．由于结论(1)、(2)仅前提条件有差异，而(2)的前提条件 $f(x)$ 可导能推出 $f(x)$ 连续，因此(2)正确．

由于结论(2)、(3)的差异仅在函数 $f(x)\sin|x|$ 与 $f(x)(1+\sin|x|)$，而根据可导的四则运算规律得，在 $f(x)$ 可导的前提下，$f(x)(1+\sin|x|)=f(x)+f(x)\sin|x|$ 在 $x=0$ 处可导性与 $f(x)\sin|x|$ 相同，因此(3)正确．

【答案】E

例 17 已知函数 $y=y(x)$ 在任意点 x 处的增量 $\Delta y=x^2\Delta x+\alpha$，且当 $\Delta x\to0$ 时，α 是 Δx 的高阶无穷小，则 $y''(1)=$(　　).

A. 0　　B. 1　　C. 2　　D. 3　　E. 4

【思路】当已知条件与导数(或微分)定义形式接近时，可利用定义计算．

【解析】方法一：利用导数定义．

$\Delta y=x^2\Delta x+\alpha$ 两边同时除以 Δx，再令 $\Delta x\to0$ 得

$$y'(x)=\lim_{\Delta x\to0}\frac{\Delta y}{\Delta x}=\lim_{\Delta x\to0}\frac{x^2\Delta x+\alpha}{\Delta x}=x^2,$$

则 $y''(1)=2x|_{x=1}=2$.

方法二：利用可微定义．

$y=f(x)$ 在点 x_0 可微 $\Leftrightarrow\Delta y=A\Delta x+o(\Delta x)$，$\Delta x\to0\Rightarrow A=f'(x_0)$，对比得 $y(x)$ 在点 x 处可微(可导)且 $y'(x)=x^2$，则 $y''(1)=2x|_{x=1}=2$.

【答案】C

题型 8 各类函数求导与求微分

【方法点拨】

(1)掌握求导工具．

①求导法则：函数的和、差、积、商的求导法则，复合函数的求导法则，反函数的求导法则；

②导数公式；

③微分公式：$dy=y'dx$.

(2)掌握各类函数求导的处理方法．

①幂指函数：先用对数恒等式转化为复合函数，再用复合函数的求导法则；

②隐函数：先在方程两端求导，再解出导数；

③参数方程确定的函数：套公式．

例 18 设函数 $f(u)$ 可导且 $f'(1)=0.5$，则 $y=f(x^2)$ 在 $x=-1$ 处的微分 $dy\big|_{x=-1}=$(　　).

A. $-dx$　　B. 0　　C. dx　　D. $2dx$　　E. $0.5dx$

【思路】 已知复合函数 $y=f(x^2)$，求其微分，应利用微分公式计算．

【解析】 $dy\big|_{x=-1}=[f(x^2)]'\big|_{x=-1}dx=2xf'(x^2)\big|_{x=-1}dx=-2f'(1)dx=-dx$.

【答案】 A

例 19 已知函数 $f(x)=x^x+\sqrt{1+x^2}$，则 $f''(x)=$(　　).

A. $x^x[(\ln x+1)^2+x]+\dfrac{1}{\sqrt{1+x^2}}$　　B. $x^x\left[(\ln x+1)^2+\dfrac{1}{x}\right]+\dfrac{1}{2\sqrt{1+x^2}}$

C. $x^x[(\ln x+1)^2+x]+\dfrac{1}{(1+x^2)^{\frac{3}{2}}}$　　D. $x^x\left[(\ln x+1)^2+\dfrac{1}{x}\right]+\dfrac{1}{\sqrt{1+x^2}}$

E. $x^x\left[(\ln x+1)^2+\dfrac{1}{x}\right]+\dfrac{1}{(1+x^2)^{\frac{3}{2}}}$

【思路】 已知函数含有幂指函数 x^x，故先用对数恒等式转化为 $f(x)=e^{x\ln x}+\sqrt{1+x^2}$，再计算．

【解析】 $f'(x)=e^{x\ln x}\left(\ln x+x\cdot\dfrac{1}{x}\right)+\dfrac{2x}{2\sqrt{1+x^2}}=e^{x\ln x}(\ln x+1)+\dfrac{x}{\sqrt{1+x^2}}$;

$$f''(x)=e^{x\ln x}(\ln x+1)^2+\frac{1}{x}e^{x\ln x}+\frac{\sqrt{1+x^2}-x\cdot\dfrac{x}{\sqrt{1+x^2}}}{1+x^2}$$

$$=x^x\left[(\ln x+1)^2+\frac{1}{x}\right]+\frac{1}{(1+x^2)^{\frac{3}{2}}}.$$

【答案】 E

例 20 已知 $x^y=y^x$，则 $\dfrac{dy}{dx}\bigg|_{x=1}=$(　　).

A. 0　　B. 1　　C. 2　　D. 3　　E. 4

【思路】 隐函数中含有幂指函数 x^y 和 y^x，故应先利用对数恒等式转化为 $e^{y\ln x}=e^{x\ln y}$，再进行求导．注意 y 是关于 x 的函数，不能当常数对待．

【解析】在 $x^y=y^x$ 中，令 $x=1$，解得 $y(1)=1$. $e^{y\ln x}=e^{x\ln y}$ 的等号两端同时对 x 求导，可得

$$e^{y\ln x}\left(y'\ln x+y\cdot\frac{1}{x}\right)=e^{x\ln y}\left(\ln y+x\cdot\frac{y'}{y}\right).$$

将 $x=1$，$y(1)=1$，代入解得 $y'(1)=1$，即 $\left.\frac{dy}{dx}\right|_{x=1}=1$.

【答案】B

例 21　设函数 $y=y(x)$ 由参数方程 $\begin{cases}x=e^t\sin 2t,\\ y=e^t\cos t\end{cases}$ 确定，则 $\left.\frac{dy}{dx}\right|_{t=0}=(\quad)$.

A. -2　　B. $-\frac{1}{2}$　　C. 0　　D. $\frac{1}{2}$　　E. 2

【思路】求由参数方程确定的函数的导数，套公式计算即可．

【解析】$\frac{dy}{dx}=\frac{y'(t)}{x'(t)}=\frac{(e^t\cos t)'}{(e^t\sin 2t)'}=\frac{e^t\cos t-e^t\sin t}{e^t\sin 2t+2e^t\cos 2t}$，则 $\left.\frac{dy}{dx}\right|_{t=0}=\frac{1}{2}$.

【答案】D

题型 9　曲线的切线与法线，变化率

【方法点拨】

(1)切线或法线相关问题：抓住切点和斜率这两个要素求解．

(2)两曲线相切于一点(或在一点的切线相同)：在该点二者函数值和导数值均相等．

(3)变化率问题：先把“y 对 x 的变化率”翻译为 $\frac{dy}{dx}$，再进行后续计算．

例 22　已知抛物线 $y=x^2-2x+4$ 在点 M 处的切线与 x 轴正半轴的夹角成 45°，则点 M 的坐标为(　　).

A. (2，4)　　B. (1，3)　　C. $\left(\frac{3}{2},\frac{13}{4}\right)$　　D. (0，4)　　E. $\left(\frac{1}{2},\frac{13}{4}\right)$

【思路】本题应先设切点坐标，并根据导数的几何意义求解．

【解析】设切点 M 的坐标为 (x_0,y_0)，根据已知条件，得切线斜率为 $\tan 45°=1$，而切线斜率为 $y'|_{x=x_0}=(x^2-2x+4)'|_{x=x_0}=2x_0-2$，故有 $2x_0-2=1$，得 $x_0=\frac{3}{2}$，此时 $y_0=\frac{13}{4}$.

故点 M 的坐标为 $\left(\frac{3}{2},\frac{13}{4}\right)$.

【答案】C

例 23　若曲线 $y=x^2+ax+b$ 和 $2y=-1+xy^3$ 在(1，−1)处相切，则 a，b 的值为(　　).

A. 1，1　　B. 1，−1　　C. −1，1　　D. −1，−1　　E. −1，0

【思路】已知两曲线相切于一点，故两个函数在该点处的函数值和导数值均相等，由此可列方程组，求参数．

【解析】设两条曲线分别为 $y=f(x)$ 和 $y=g(x)$，则由二者在(1，−1)处相切，得

$$\begin{cases}f(1)=g(1)=-1,\\f'(1)=g'(1)\end{cases}\Rightarrow\begin{cases}1+a+b=-1,\\2+a=g'(1).\end{cases}$$

$2y=-1+xy^3$ 两边对 x 求导得 $2y'=y^3+3xy^2y'$，将$(1,-1)$代入上式，解得 $y'(1)=g'(1)=1$，将 $g'(1)=1$ 代入上述方程组，解得 $a=b=-1$.

【答案】D

例 24　设点 P 的坐标为(x, y)，点 P 与坐标原点的距离记为 l. 若变量 x 对 t 的变化率为 2，y 对 t 的变化率为 3，则当 $x=12$，$y=5$ 时，l 对 t 的变化率为(　　).

A. 2　　B. 3　　C. 5　　D. 12　　E. 13

【思路】变化率问题，先将题干中的变化率翻译为相应变量的导数，再用求导法则计算.

【解析】由已知可得 $l=\sqrt{x^2+y^2}$，$\frac{\mathrm{d}x}{\mathrm{d}t}=2$，$\frac{\mathrm{d}y}{\mathrm{d}t}=3$，则

$$\frac{\mathrm{d}l}{\mathrm{d}t}=\frac{\mathrm{d}}{\mathrm{d}t}\sqrt{x^2+y^2}=\frac{1}{2\sqrt{x^2+y^2}}\left(2x\frac{\mathrm{d}x}{\mathrm{d}t}+2y\frac{\mathrm{d}y}{\mathrm{d}t}\right).$$

将 $x=12$，$y=5$，$\frac{\mathrm{d}x}{\mathrm{d}t}=2$，$\frac{\mathrm{d}y}{\mathrm{d}t}=3$ 代入得$\frac{\mathrm{d}l}{\mathrm{d}t}=\frac{1}{2\sqrt{12^2+5^2}}(2\times12\times2+2\times5\times3)=3$.

【答案】B

题型 10 根或零点问题

【方法点拨】

求函数 $f(x)$的零点个数或方程 $f(x)=0$ 的实数根的个数，可以按如下步骤计算：

(1)“根化零点”：$f(x)=0$ 的实数根即 $f(x)$的零点，利用该关系把方程根的问题转化为函数零点问题.

(2)求 $f(x)$的单调区间.

(3)对每个单调区间用零点定理.

口诀：化零点，求区间，用定理.

注意：从图形角度看，第(2)、(3)步相当于找 $f(x)$的图形与 x 轴的交点个数，解题时数形结合效率更高.

例 25　方程 $x^5=\frac{5x^3-2}{3}$的不同实根个数为(　　).

A. 1　　B. 2　　C. 3　　D. 4　　E. 5

【思路】求方程的实根的个数，按上述步骤计算.

【解析】令 $f(x)=x^5-\frac{5}{3}x^3+\frac{2}{3}$，则本题等价于求 $f(x)$的不同零点个数.

$f'(x)=5x^4-5x^2=5x^2(x+1)(x-1)$，令 $f'(x)=0$，解得 $x=0$，±1，故有

x	$(-\infty, -1)$	-1	$(-1, 0)$	0	$(0, 1)$	1	$(1, +\infty)$
$f'(x)$	+	0	−	0	−	0	+
$f(x)$	单调增加	$\frac{4}{3}$	单调减少	$\frac{2}{3}$	单调减少	0	单调增加

又因为 $\lim\limits_{x\to-\infty}f(x)=-\infty$，$\lim\limits_{x\to+\infty}f(x)=+\infty$，根据零点定理得 $f(x)$ 在区间 $(-\infty, -1)$ 和点 $x=1$ 处各存在一个零点，故不同实根个数为 2.

【答案】B

题型 11 特殊点的判断

【方法点拨】

(1)掌握极值知识：定义、必要条件、第一充分条件和第二充分条件.

(2)区分相关概念.

①$f(x)$ 的零点：满足 $f(x_0)=0$ 的实数 x_0.

②$f(x)$ 的驻点：满足 $f'(x_0)=0$ 的实数 x_0.

③$f(x)$ 的不可导点：使 $f'(x_0)$ 不存在的实数 x_0.

④$f(x)$ 的极大(小)值点：满足 $f(x)$ 在点 x_0 的某邻域内有定义，且对于相应去心邻域内的任一点 x，有 $f(x)<f(x_0)$(或 $f(x)>f(x_0)$)的实数 x_0.

⑤$f(x)$ 在区间 I 上的最大(小)值点：满足 $x_0\in I$，对任一 $x\in I$，$f(x)\leqslant f(x_0)$(或 $f(x)\geqslant f(x_0)$)的实数 x_0.

(3)掌握相互关系.

设函数 $f(x)$ 在区间 I 上有定义，在 I 内除有限个点外可导且至多有有限个驻点，则

①$f(x)$ 在 I 内的极值点只可能是驻点和不可导点，但这两类点又未必是极值点.

②若 $f(x)$ 在 I 的内部取得最值，则相应最值点是极值点；若 $f(x)$ 在 I 的端点取得最值，则相应最值点不是极值点.

例 26　$x=0$ 是函数 $f(x)=e^{x^2+x}$ 的(　　).

A. 零点　　B. 驻点　　C. 极值点

D. 非极值点　　E. 最值点

【思路】已知函数表达式，须利用相关概念判断 $x=0$ 是函数的哪种特殊点.

【解析】$f(0)=1\neq0\Rightarrow x=0$ 不是 $f(x)$ 的零点，故 A 项不正确.

$f'(0)=(e^{x^2+x})'|_{x=0}=e^{x^2+x}(2x+1)|_{x=0}=1\neq0\Rightarrow x=0$ 不是 $f(x)$ 的驻点，故 B 项不正确.

根据“驻点和极值点的关系”以及“极值点和最值点的关系”得，$x=0$ 不是 $f(x)$ 的极值点和最值点，故 C、E 项不正确，D 项正确.

【答案】D

例 27　设函数 $f(x)=ax^3+bx^2+x$ 在 $x=1$ 处取最大值 5，则 a，b 的值为(　　).

A. 9，13　　B. 9，-13　　C. -9，13

D. -9，-13　　E. 9，5

【思路】本题已知函数的最大值，应利用最值定义以及最值与极值的关系，求解函数中的参数.

【解析】由已知得 $f(1)=5$，故 $a+b+1=5$①.

又由 $x=1$ 为 $f(x)$ 定义域内的最值点，可知 $x=1$ 为极值点，$f(x)$ 可导，故有

$f'(1)=0 \Rightarrow (ax^3+bx^2+x)'|_{x=1}=3a+2b+1=0$②.

联立式①、式②，解得 $a=-9$，$b=13$.

【答案】C

题型 12 凹凸性问题

【方法点拨】

(1)掌握凹凸性定理.

(2)熟悉等价描述：凸⇔上凸⇔下凹；凹⇔上凹⇔下凸. 口诀：上同下反.

例 28 设函数 $f(x)$在开区间(a, b)内有 $f'(x)<0$，且 $f''(x)<0$，则 $y=f(x)$在(a, b)内(　　).

A. 单调增加，图形上凹

B. 单调增加，图形下凹

C. 单调减少，图形上凹

D. 单调减少，图形下凹

E. 单调减少，图形的凹凸性无法确定

【思路】利用单调性定理和凹凸性定理，一阶导数判断单调性，二阶导数判断凹凸性.

【解析】在(a, b)内，$f'(x)<0$，函数单调减少；$f''(x)<0$，函数图形为凸(即上凸或下凹).

【答案】D

题型 13 函数与其导函数的图形问题

【方法点拨】

(1)已知 $f(x)$，$f'(x)$中一个的图形，要选出另一个的图形：利用单调性定理排除.

已知 $f'(x)$，$f''(x)$中一个的图形，要选出另一个的图形：利用单调性定理排除.

已知 $f(x)$，$f''(x)$中一个的图形，要选出另一个的图形：利用凹凸性定理排除.

(2)已知三条曲线，要找出与 $f(x)$，$f'(x)$，$f''(x)$的对应关系：结合选项给出的对应关系，利用单调性定理排除.

注意：若用上述方法后仍有选项排除不了，可利用特殊点(如驻点)等排除.

例 29 设在区间$(-1, 3)$上，函数 $y=f(x)$的图形如下图所示，且除了 $x=0$，$x=2$ 两点外有 $F'(x)=f(x)$，则 $F(x)$的图形为(　　).

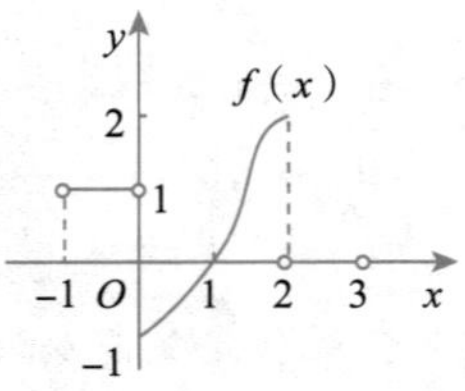

A. 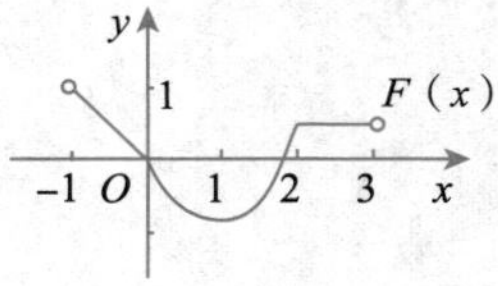

B. 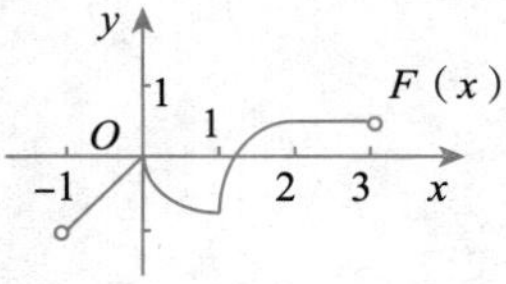

C. 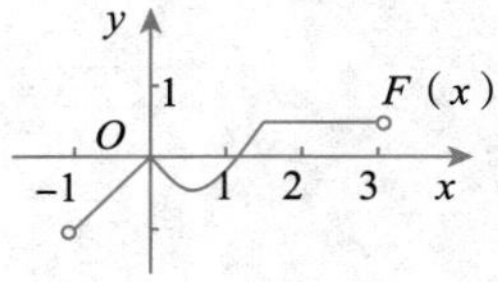

D. 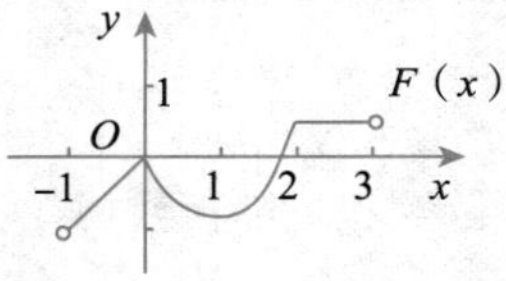

E. 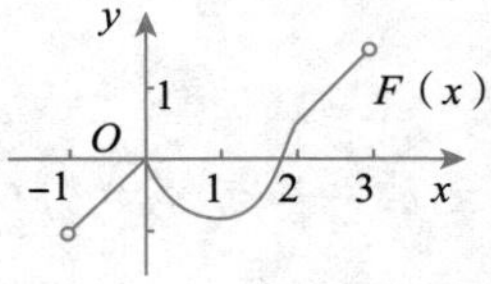

【思路】根据单调性定理可知，$f(x)$的函数值为正(负)的区间即为$F(x)$的单调增加(减少)区间．从图形上看，$f(x)$的图形在x轴上(下)方的部分对应着$F(x)$的一段沿着x轴正向上升(下降)的曲线．先据此排除部分干扰项．余下干扰项可利用特殊点排除．

【解析】由$y=f(x)$的图形及单调性定理可知，当$x\in(-1,0)$，$(1,2)$时，$f(x)>0$，$F(x)$单调增加；当$x\in(0,1)$时，$f(x)<0$，$F(x)$单调减少；当$x\in(2,3)$时，$f(x)=0$，$F(x)$为常数，故A、C、E项错误．

又$f(1)=F'(1)=0$，即$F(x)$的图形在$x=1$处存在水平切线，而B项的图形在$x=1$处有尖点，不存在切线，故B项错误．

根据排除法，选D项．

【答案】D

例 30　设$y=f(x)$二阶可导，下图中的三条曲线是$f(x)$，$f'(x)$和$f''(x)$的图形，则$f(x)$，$f'(x)$，$f''(x)$的图形依次是(　　)．

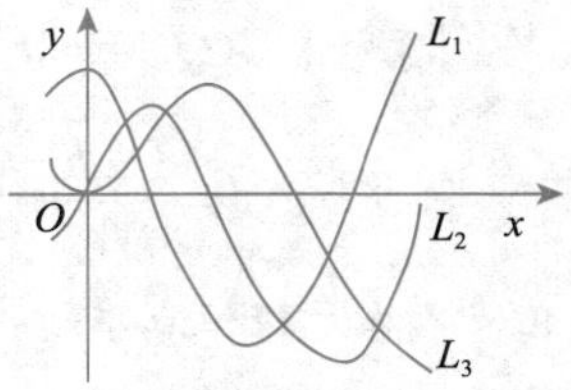

A. L_1，L_2，L_3　　　B. L_2，L_1，L_3

C. L_2，L_3，L_1　　　D. L_3，L_1，L_2

E. L_3，L_2，L_1

【思路】根据单调性定理可知，$f'(x)$的函数值为正(负)的区间即为$f(x)$的单调增加(减少)区间，$f''(x)$函数值为正(负)的区间即为$f'(x)$的单调增加(减少)区间．据此排除干扰项，得到正确结果．

【解析】A项：L_2($f'(x)$的图形)从左看第一段位于x轴下方的图形，应当对应着$f(x)$的一段下降的图形，而此时L_1($f(x)$的图形)却为上升，矛盾，故A项错误；

B项：L_3($f''(x)$的图形)在x轴上方的图形，应当对应着$f'(x)$的一段上升的图形，而此时L_1($f'(x)$的图形)却包含一段下降的图形，矛盾，故B项错误；

C项：L_3($f'(x)$的图形)在x轴上方的图形，应当对应着$f(x)$的一段上升的图形，而此时L_2($f(x)$的图形)却包含一段下降的图形，矛盾，故C项错误；

D项：L_1($f'(x)$的图形)从左看第一段在x轴上方的图形，应当对应着$f(x)$的一段上升的图形，而此时 L_3($f(x)$的图形)却包含一段下降的图形，矛盾，故 D 项错误.

综上，根据排除法，选 E 项.

【答案】E

题型 14 用导数求解的经济问题

【方法点拨】

(1)经济知识：常用函数和边际函数(详见本章第 1 节).

(2)最值问题：

①一般求解步骤：列式，求导，找最值.

②两种能简化最值判断的情形：

情形一：设函数 $f(x)$在区间 I 上连续，且在 I 上有唯一极值点 x_0，若点 x_0 为 $f(x)$的极大(小)值点，则点 x_0 为 $f(x)$在 I 上的最大(小)值点.

情形二：若根据实际背景知可导函数 $f(x)$的最大(小)值存在，且在定义区间内部取得，又 $f(x)$在定义区间内部有唯一驻点 x_0，则点 x_0 为 $f(x)$的最大(小)值点.

(3)边际问题：①问题转化：将边际函数“翻译”为导函数；②经济意义：边际成本表示产量增加一个单位所增加的总成本，边际收益表示多销售一个单位产品所增加的总收入.

例 31 已知某商品的需求函数为 $p=10-\frac{Q}{5}$，成本函数为 $C=50+2Q$，则利润最大时的产量为(　　).

A. 10　　B. 20　　C. 30　　D. 40　　E. 50

【思路】已知需求函数和成本函数，求利润最大时的产量，应先写出利润函数，再求导找最值.

【解析】$L(Q)=pQ-C=\left(10-\frac{Q}{5}\right)Q-50-2Q=-\frac{Q^2}{5}+8Q-50$.

令 $L'(Q)=-\frac{2Q}{5}+8=0$，解得唯一驻点 $Q=20$. 又因为 $L''(20)=-\frac{2}{5}<0$，故 $Q=20$ 为极大值点，由于极值点唯一，根据上述“方法点拨”中“情形一”的结论可知该极大值点就是最大值点，此时产量为$Q=20$.

【答案】B

例 32 已知某产品的总成本函数为 $C(x)=400+3x+\frac{1}{2}x^2$，而需求函数为 $p=\frac{100}{\sqrt{x}}$，其中 x 为产量(假定等于需求量)，p 为价格，则边际利润为(　　).

A. $\frac{50}{\sqrt{x}}$

B. $3+x$

C. $100\sqrt{x}-400-3x-\frac{1}{2}x^2$

D. $\frac{50}{\sqrt{x}}-3-x$

E. $\frac{50}{\sqrt{x}}+3+x$

【思路】已知总成本函数和需求函数，应先求利润函数，再求导得边际利润．

【解析】利润函数 $L(x)=px-C(x)=100\sqrt{x}-400-3x-\frac{1}{2}x^2$，故边际利润为

$$L'(x)=\frac{50}{\sqrt{x}}-3-x.$$

【答案】D

题型 15 不等式问题

【方法点拨】

方法一：证明不等式成立．

(1)证明函数不等式．

设函数 $f(x)$，$g(x)$在区间$[a,b]$上连续，在(a,b)内可导，则证明不等式 $f(x)>g(x)$，$x\in(a,b)$成立的步骤如下：

①构造辅助函数，令 $F(x)=f(x)-g(x)$，将原问题转化为证明 $F(x)>0$，$x\in(a,b)$；

②求 $F'(x)$，利用单调性定理证明步骤①中的不等式．常见情形如下：

情形一：若由已知条件得到 $F'(x)\geqslant 0$，$x\in(a,b)$且$F(a)=0$，则 $F(x)$在$[a,b]$上单调增加，故 $F(x)>F(a)=0$，$x\in(a,b)$.

情形二：若由已知条件得到 $F'(x)\leqslant 0$，$x\in(a,b)$且$F(b)=0$，则 $F(x)$在$[a,b]$上单调减少，故 $F(x)>F(b)=0$，$x\in(a,b)$.

此外，若 $F(x)$有多个单调区间，则需对每个单调区间进行分析，分析过程与上述情形类似．若 $F'(x)$的符号不易判断，可求 $F''(x)$，甚至 $F'''(x)$，或者从 $F'(x)$($F''(x)$或 $F'''(x)$)中分离出不易判断符号的部分函数，利用其导数确定其符号，进而最终判断出 $F'(x)$的符号(见例 33 方法二).

(2)证明字母不等式．

①形如 $f(a)>f(b)$的不等式，证明思路为用单调性定理证明 $f(x)$单调．

②含有两个字母(如 a，b 或 x_1，x_2)的不等式，通过把其中一个字母替换为 x，转化为函数不等式，再用上述方法证明．

方法二：用特殊值法排除选项．

例 33 下列不等式中，成立的是(　　).

A. 当 $x\in(0,1)$时，$x\ln x>-x$

B. 当 $x\in(1,+\infty)$时，$x\ln x>x$

C. 当 $x\in(0,1)$时，$(1+x)\ln x>x-1$

D. 当 $x\in(1,+\infty)$时，$(1+x)\ln x<x-1$

E. 当 $x\in(0,1)$时，$(1+x)\ln^2(1+x)<x^2$

【思路】本题为函数不等式问题，可先用特殊值法排除选项，若剩余多个选项，再尝试证明其中一项正确．

【解析】方法一：特殊值法排除．

A 项：令 $x=e^{-1}$，则 $x\ln x\big|_{x=e^{-1}}=-e^{-1}=-x\big|_{x=e^{-1}}=-e^{-1}$，错误．

B 项：令 $x=e$，则 $x\ln x\big|_{x=e}=e=x\big|_{x=e}=e$，错误．

C 项：令 $x=e^{-1}$，则 $(1+x)\ln x\big|_{x=e^{-1}}=-1-e^{-1}<(x-1)\big|_{x=e^{-1}}=e^{-1}-1$，错误．

D 项：令 $x=e$，则 $(1+x)\ln x\big|_{x=e}=e+1>(x-1)\big|_{x=e}=e-1$，错误．

由排除法可知，选 E 项．

方法二：证明不等式成立．

令 $f(x)=x^2-(1+x)\ln^2(1+x)$，则 E 项等价于证明 $f(x)>0$，$x\in(0,1)$.

$f'(x)=2x-\ln^2(1+x)-2\ln(1+x)$，由于 $f'(x)$ 的符号不易判断，因此继续求导得

$$f''(x)=2-\frac{2\ln(1+x)}{1+x}-\frac{2}{1+x}=\frac{2[x-\ln(1+x)]}{1+x}.$$

令 $g(x)=x-\ln(1+x)$，则当 $x\in(0,1)$ 时，有 $g'(x)=1-\frac{1}{1+x}=\frac{x}{1+x}>0$，故 $g(x)$ 在 $[0,1]$ 单调增加，则有 $g(x)>g(0)=0$，进而 $f''(x)=\frac{2[x-\ln(1+x)]}{1+x}>0$，故 $f'(x)$ 在 $[0,1]$ 单调增加，则有 $f'(x)>f'(0)=0$，故 $f(x)$ 在 $[0,1]$ 单调增加，则有 $f(x)>f(0)=0$，即 $x^2>(1+x)\ln^2(1+x)$.

【答案】E

例 34　设函数 $f(x)$，$g(x)$ 在区间 $[a,b]$ 上均可导且函数值、导数值均小于 0（其中 $a<b$），若 $f'(x)g(x)-f(x)g'(x)<0$，则当 $x\in(a,b)$ 时，有（　　）.

A. $\frac{f(x)}{g(x)}>\frac{f(a)}{g(a)}$

B. $\frac{f(x)}{g(x)}<\frac{f(b)}{g(b)}$

C. $f(x)g(x)>f(a)g(a)$

D. $f(x)g(x)>f(b)g(b)$

E. 以上选项均不成立

【思路】选项涉及 $f(a)>f(b)$ 型不等式，故用单调性定理证明 $f(x)$ 单调．

【解析】当 $x\in[a,b]$ 时，$[f(x)g(x)]'=f'(x)g(x)+f(x)g'(x)>0$，故 $f(x)g(x)$ 在 $[a,b]$ 上单调增加，则有 $f(a)g(a)<f(x)g(x)<f(b)g(b)$，故 C 项正确，D 项错误．

当 $x\in[a,b]$ 时，$\left[\frac{f(x)}{g(x)}\right]'=\frac{f'(x)g(x)-f(x)g'(x)}{g^2(x)}<0$，故 $\frac{f(x)}{g(x)}$ 在 $[a,b]$ 上单调减少，则有 $\frac{f(b)}{g(b)}<\frac{f(x)}{g(x)}<\frac{f(a)}{g(a)}$，故 A、B 项错误．

【答案】C

例 35　设 $f''(x)<0$，$f(0)=0$，则对于任何的 $a>0$，$b>0$，有（　　）.

A. $f(a-b)<f(a)-f(b)$

B. $f(a-b)>f(a)-f(b)$

C. $f(a+b)<f(a)+f(b)$

D. $f(a+b)>f(a)+f(b)$

E. $f(ab)<f(a)f(b)$

【思路】判断不等式是否成立，可先用特殊值法排除选项，若剩余多个选项，再尝试证明其中一项正确．证明含有两个字母（如 a，b）的不等式，先把其中一个字母替换为 x，转化为函数不等式，再证明．

【解析】方法一：特殊值法排除．

令 $f(x)=-x^2$，则有

A项：令 $a=2$，$b=1$，则 $f(a-b)=-1>f(a)-f(b)=-3$，错误．

B项：令 $a=1$，$b=2$，则 $f(a-b)=-1<f(a)-f(b)=3$，错误．

D项：令 $a=1$，$b=2$，则 $f(a+b)=-9<f(a)+f(b)=-5$，错误．

令 $f(x)=x(2-x)$，令 $a=1$，$b=2$，则 $f(ab)=0=f(a)f(b)=0$，E项错误．

由排除法可知，选C项．

方法二：证明不等式成立．

令 $g(x)=f(a)+f(x)-f(a+x)$，则C项等价于证明 $g(x)>0$，$x\in(0,+\infty)$．

$g'(x)=f'(x)-f'(a+x)$，由 $f''(x)<0$ 得 $f'(x)$ 单调减少，又 $x<a+x$，则 $g'(x)=f'(x)-f'(a+x)>0$，$x\in(0,+\infty)$，故 $g(x)$ 在 $[0,+\infty)$ 单调增加，则

$$g(x)>g(0)=f(0)=0.$$

因为 $b>0$，故 $g(b)=f(a)+f(b)-f(a+b)>0$，即 $f(a+b)<f(a)+f(b)$，C项正确．

【答案】C

题型16 对中值定理的考查

【方法点拨】

(1)记清各中值定理的条件和结论．中值定理具体包括：

①闭区间上连续函数的性质：最值定理、介值定理和零点定理(见第1章第1节)；

②微分中值定理：罗尔定理、拉格朗日中值定理和柯西中值定理(见第2章第1节)；

③定积分中值定理(见第3章第1节)．

(2)通过推理证明选项正确或举反例证明选项错误．

(3)将“$f(b)-f(a)$”型表达式用 $f'(x)$ 表示时，考虑用拉格朗日中值定理．

例36　设函数 $f(x)$ 在闭区间 $[a,b]$ 上有定义，在开区间 (a,b) 内可导，则(　　)．

A. 当 $f(a)f(b)<0$ 时，存在 $\xi\in(a,b)$，使得 $f(\xi)=0$

B. 对任何 $\xi\in(a,b)$，有 $\lim\limits_{x\to\xi}[f(x)-f(\xi)]=0$

C. 当 $f(a)=f(b)$ 时，存在 $\xi\in(a,b)$，使得 $f'(\xi)=0$

D. 当 $\lim\limits_{x\to a^+}f(x)=f(a)$，$\lim\limits_{x\to b^-}f(x)=f(b)$ 时，存在 $\xi\in(a,b)$，使得 $f'(\xi)=0$

E. 存在 $\xi\in(a,b)$，使得 $f(b)-f(a)=f'(\xi)(b-a)$

【思路】各选项中含有中值 ξ，对每个选项，先找出与其接近的定理，再看该定理的条件是否满足，若满足，则用定理证明其正确；否则通过举反例证明其错误．

【解析】A项：与零点定理接近，但缺少“$f(x)$ 在 $[a,b]$ 上连续”这个条件，故推不出存在 $\xi\in(a,b)$，使得 $f(\xi)=0$. 如令 $f(x)=\begin{cases}x, & 0<x\leqslant 1,\\ -1, & x=0,\end{cases}$ $a=0$，$b=1$，则满足已知条件，但对于任意 $\xi\in(a,b)$，$f(\xi)\neq 0$，故A项错误．

B项：对任何 $\xi\in(a,b)$，$\lim\limits_{x\to\xi}[f(x)-f(\xi)]=0\Leftrightarrow\lim\limits_{x\to\xi}f(x)-f(\xi)=0\Leftrightarrow\lim\limits_{x\to\xi}f(x)=f(\xi)\Leftrightarrow$

$f(x)$在点ξ处连续$\Leftarrow f(x)$在(a, b)内连续$\Leftarrow f(x)$在(a, b)内可导，故B项正确．

C项：与罗尔定理接近，但缺少"$f(x)$在$[a, b]$上连续"这个条件，故推不出存在$\xi\in(a, b)$，使得$f'(\xi)=0$. 如令$f(x)=\begin{cases}x, & 0<x\leqslant 1,\\ 1, & x=0,\end{cases}$ $a=0$，$b=1$，则满足已知条件，但对于任意$\xi\in(a, b)$，$f'(\xi)=1\neq 0$，故C项错误．

D项：与罗尔定理接近，但缺少"$f(a)=f(b)$"这个条件，故推不出存在$\xi\in(a, b)$，使得$f'(\xi)=0$. 如令$f(x)=x$，$0\leqslant x\leqslant 1$，$a=0$，$b=1$，则满足已知条件，但对于任意$\xi\in(a, b)$，$f'(\xi)=1\neq 0$，故D项错误．

E项：与拉格朗日中值定理接近，但缺少"$f(x)$在$[a, b]$上连续"这个条件，故推不出存在$\xi\in(a, b)$，使得$f(b)-f(a)=f'(\xi)(b-a)$. 如令$f(x)=\begin{cases}x, & 0<x\leqslant 1,\\ 1, & x=0,\end{cases}$ $a=0$，$b=1$，则满足已知条件，但对于任意$\xi\in(a, b)$，$f(b)-f(a)=0\neq f'(\xi)=1$，故E项错误．

【答案】B

例 37　设在区间$[0, 1]$上，$f''(x)>0$，则$f'(0)$，$f'(1)$，$f(1)-f(0)$或$f(0)-f(1)$的大小顺序是（　　）．

A. $f'(1)>f'(0)>f(1)-f(0)$　　B. $f'(1)>f(1)-f(0)>f'(0)$

C. $f(1)-f(0)>f'(1)>f'(0)$　　D. $f'(1)>f(0)-f(1)>f'(0)$

E. $f'(0)>f(0)-f(1)>f'(1)$

【思路】本题需要比较大小的量既有函数值之差，又有导数值，故先统一形式，用拉格朗日中值定理将$f(1)-f(0)$用导数表示，再利用$f'(x)$的单调性比大小．

【解析】方法一：正向推理．

由已知条件得$f(x)$在$[0, 1]$上连续，在$(0, 1)$内可导，根据拉格朗日中值定理得存在$\xi\in(0, 1)$，使得$f(1)-f(0)=f'(\xi)(1-0)=f'(\xi)$.

又在$[0, 1]$上，$f''(x)>0\Rightarrow f'(x)$单调增加$\Rightarrow f'(1)>f'(\xi)>f'(0)$，$\xi\in(0, 1)$，即$f'(1)>f(1)-f(0)>f'(0)$，故B项正确．

方法二：举反例排除．

令$f(x)=x^2$，则在$[0, 1]$上，$f''(x)=2>0$，满足已知条件，则$f'(0)=0$，$f'(1)=2$，$f(1)-f(0)=1$，$f(0)-f(1)=-1$，代入各选项得A、C、D、E项错误，根据排除法，选B项．

【答案】B

本节习题自测

1. 设$y=(1+\sin x)^x$，则$\mathrm{d}y|_{x=\pi}=$（　　）．

A. 0　　B. $\pi\mathrm{d}x$　　C. $-\pi\mathrm{d}x$　　D. $2\pi\mathrm{d}x$　　E. $-2\pi\mathrm{d}x$

2. 设函数$y=y(x)$由方程$2^{xy}=x+y$所确定，则$\mathrm{d}y|_{x=0}=$（　　）．

A. $-\mathrm{d}x$　　B. 0　　C. $\ln 2\mathrm{d}x$

D. $(\ln 2-1)\mathrm{d}x$　　E. $(\ln 2+1)\mathrm{d}x$

3. 设 $y=y(x)$是由方程 $xy+e^y=x+1$ 确定的隐函数，则$\left.\frac{d^2y}{dx^2}\right|_{x=0}=$(　　).

A. -3　　B. -1　　C. 0　　D. 1　　E. 3

4. 设$\begin{cases}x=\arctan t,\\ y=3t+t^3,\end{cases}$则$\left.\frac{d^2y}{dx^2}\right|_{t=1}=$(　　).

A. 3　　B. 6　　C. 12　　D. 24　　E. 48

5. 已知函数 $f(x)$在点 $x=2$ 的某邻域内可导，且 $f'(x)=e^{f(x)}$，$f(2)=1$，则 $f'''(2)=$(　　).

A. 1　　B. e　　C. e^2　　D. e^3　　E. $2e^3$

6. 曲线 $y=\ln x$ 上与直线 $x+y=1$ 垂直的切线方程为(　　).

A. $y=-x-1$　　B. $y=-x+1$　　C. $y=x-1$　　D. $y=x+1$　　E. $y=x$

7. 曲线$\begin{cases}x=\arctan t,\\ y=\ln\sqrt{1+t^2}\end{cases}$上对应于 $t=1$ 的点处的法线方程为(　　).

A. $y=x+\frac{\pi}{4}+\ln\sqrt{2}$　　B. $y=x+\frac{\pi}{2}+\ln\sqrt{2}$　　C. $y=-x+\frac{\pi}{4}+\ln\sqrt{2}$

D. $y=-x+\frac{\pi}{2}+\ln\sqrt{2}$　　E. $y=-x+\frac{\pi}{4}$

8. 函数 $f(x)=2x^3-9x^2+12x-5$ 的不同的零点个数为(　　).

A. 0　　B. 1　　C. 2　　D. 3　　E. 4

9. 设函数 $f(x)$在定义域内可导，$y=f(x)$的图形如下图所示，则导函数 $y=f'(x)$的图形为(　　).

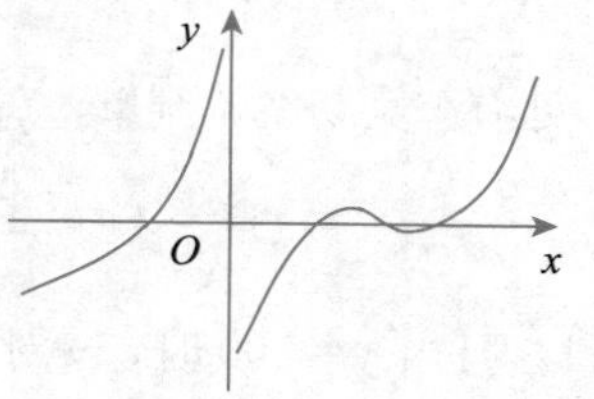

A.
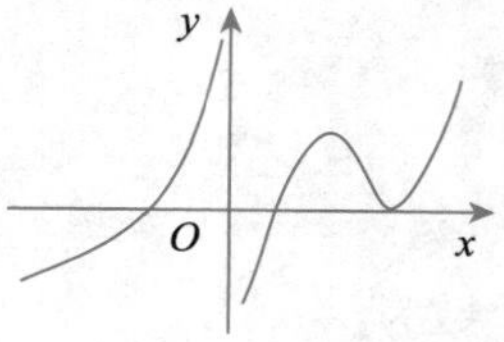

B.
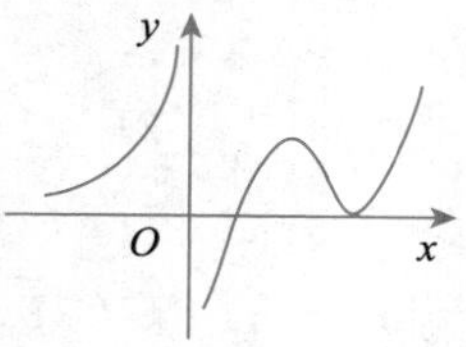

C.
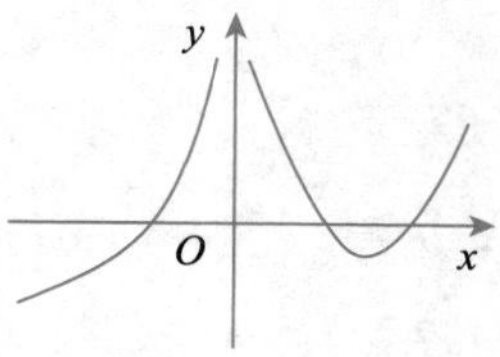

D.
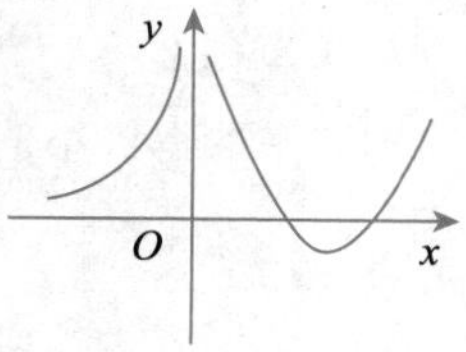

E.
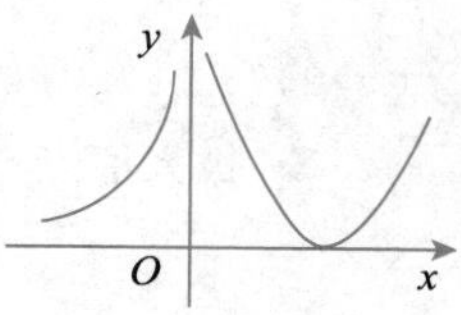

10. 设 $f(x)=\begin{cases}\dfrac{2}{3}x^3, & x\leqslant 1,\\ x^2, & x>1,\end{cases}$ 则 $f(x)$ 在点 $x=1$ 处的（　　）.

A. 左、右导数都存在且相等
B. 左、右导数都存在但不相等
C. 左导数存在，但右导数不存在
D. 左导数不存在，但右导数存在
E. 左、右导数都不存在

11. 设 $f(x)=\begin{cases}\dfrac{1-\cos x}{\sqrt{x}}, & x>0,\\ x^2g(x), & x\leqslant 0,\end{cases}$ 其中 $g(x)$ 是有界函数，则 $f(x)$ 在 $x=0$ 处（　　）.

A. 极限不存在
B. 极限存在，但不连续
C. 连续，但不可导
D. 可导且导数不为 0
E. 可导且导数为 0

12. 已知函数 $f(x)=\begin{cases}e^x, & x\leqslant 0,\\ x^2+ax+b, & x>0\end{cases}$ 在 $x=0$ 处可导，则 a，b 的值为（　　）.

A. 1，1　　B. 1，-1　　C. -1，1　　D. -1，-1　　E. 1，0

13. 已知 $f'(x_0)=-1$，则 $\lim\limits_{x\to 0}\dfrac{x}{f(x_0-2x)-f(x_0-x)}=$（　　）.

A. -2　　B. -1　　C. 0　　D. 1　　E. 2

14. 设函数 $y=f(x)$ 由方程 $y-x=e^{x(1-y)}$ 确定，则 $\lim\limits_{n\to\infty}n\left[f\left(\dfrac{1}{n}\right)-1\right]=$（　　）.

A. -2　　B. -1　　C. 0　　D. 1　　E. 2

15. 设曲线 $y=f(x)$ 与 $y=x^2-x$ 在点(1，0)处有公共切线，则 $\lim\limits_{n\to\infty}nf\left(\dfrac{n}{n+2}\right)=$（　　）.

A. 0　　B. 1　　C. 2　　D. -1　　E. -2

16. 设变量 α 和 y 满足 $\tan\alpha=\dfrac{y}{500}\left(0<\alpha<\dfrac{\pi}{2}\right)$，且当 $y=500$ 时，y 对变量 x 的变化率为 140，则此时，α 对 x 的变化率为（　　）.

A. $\dfrac{7}{25}$　　B. $\dfrac{14}{25}$　　C. $\dfrac{21}{25}$　　D. $\dfrac{7}{50}$　　E. $\dfrac{21}{50}$

17. 设常数 $k>0$，函数 $f(x)=\ln x-\dfrac{x}{e}+k$ 在$(0，+\infty)$内的零点个数为（　　）.

A. 0　　B. 1　　C. 2　　D. 3　　E. 4

18. 设 $y=x^2+ax+b$，当 $x=2$ 时，y 取得极小值 -3，则（　　）.

A. $a=1$，$b=0$
B. $a=-4$，$b=1$
C. $a=1$，$b=1$
D. $a=-4$，$b=0$
E. $a=0$，$b=0$

19. 设函数 $y=f(x)$ 由方程 $y^3+xy^2+x^2y+6=0$ 确定，则 $x=1$ 是 $f(x)$ 的（　　）.

A. 零点　　B. 不可导点　　C. 极大值点
D. 极小值点　　E. 非极值点

20. 设生产某产品的平均成本$\overline{C}(Q)=1+e^{-Q}$，其中Q为产量，则边际成本为(　　).

A. $1+e^{-Q}$

B. $Q(1+e^{-Q})$

C. $1+(1-Q)e^{-Q}$

D. $1+(1+Q)e^{-Q}$

E. $(1-Q)e^{-Q}$

21. 设某厂家打算生产一批商品投放市场，已知该商品的需求函数为$p=p(x)=10e^{-\frac{x}{2}}$，且最大需求量为6，其中$x$表示需求量，$p$表示价格，则使收益最大时的产量为(　　).

A. 1　　B. 2　　C. 3　　D. 4　　E. e

22. 设生产某产品的固定成本为6 000元，可变成本为20元/件，价格函数为$p=60-\frac{Q}{1000}$(p是单价，单位：元；Q是销量，单位：件)，已知产销平衡，则当$p=50$时，边际利润为(　　).

A. 10　　B. 20　　C. 40　　D. 50　　E. 60

23. 一商家销售某种商品的价格满足关系$p=7-0.2x$(万元/吨)，x为销售量(单位：吨)，商品的成本函数$C=3x+1$(万元). 若每销售一吨商品，政府要征税t万元，则该商家获最大利润时的销售量为(　　).

A. t　　B. $\frac{5}{2}$　　C. 10　　D. $\frac{5}{2}(4+t)$　　E. $\frac{5}{2}(4-t)$

24. 设函数$f(x)$具有二阶导数，$g(x)=f(0)(1-x)+f(1)x$，则在$[0,1]$上(　　).

A. 当$f'(x)\geqslant 0$时，$f(x)\geqslant g(x)$

B. 当$f'(x)\geqslant 0$时，$f(x)\leqslant g(x)$

C. 当$f''(x)\leqslant 0$时，$f(x)\geqslant g(x)$

D. 当$f''(x)\leqslant 0$时，$f(x)\leqslant g(x)$

E. 当$f''(x)\leqslant 0$时，$f(x)=g(x)$

25. 设函数$f(x)$可导，且$f(x)f'(x)>0$，则(　　).

A. $f(1)>f(-1)$

B. $f(1)<f(-1)$

C. $|f(1)|>|f(-1)|$

D. $|f(1)|<|f(-1)|$

E. $|f(1)|=|f(-1)|$

26. 设$f(x)$，$g(x)$是恒大于零的可导函数，且$f'(x)g(x)-f(x)g'(x)<0$，则当$a<x<b$时，有(　　).

A. $f(x)g(b)>f(b)g(x)$

B. $f(x)g(a)>f(a)g(x)$

C. $f(x)g(x)>f(b)g(b)$

D. $f(x)g(x)>f(a)g(a)$

E. $f(b)g(b)>f(a)g(a)$

27. 设$f(x)=\ln^2 x-\frac{4}{e^2}x$，$g(x)=x\sin x+2\cos x+\pi x$，则(　　).

A. 当$e<a<b<e^2$时，$f(a)>f(b)$；当$0<a<b<\pi$时，$g(a)>g(b)$

B. 当$e<a<b<e^2$时，$f(a)>f(b)$；当$0<a<b<\pi$时，$g(a)<g(b)$

C. 当$e<a<b<e^2$时，$f(a)<f(b)$；当$0<a<b<\pi$时，$g(a)>g(b)$

D. 当$e<a<b<e^2$时，$f(a)<f(b)$；当$0<a<b<\pi$时，$g(a)<g(b)$

E. 以上均不成立

28. 设函数 $f(x)$在 $x=0$ 处连续，且$\lim\limits_{h\to 0}\dfrac{f(h^2)}{h^2}=1$，则(　　).

A. $f(0)=0$ 且 $f'_-(0)$存在　　B. $f(0)=1$ 且 $f'_-(0)$存在

C. $f(0)=0$ 且 $f'_+(0)$存在　　D. $f(0)=1$ 且 $f'_+(0)$存在

E. $f(0)=0$ 且 $f'(0)$存在

29. 设函数 $f(x)$连续，且 $f'(0)>0$，则存在 $\delta>0$，使得(　　).

A. $f(x)$在$(0, \delta)$内单调增加

B. $f(x)$在$(-\delta, 0)$内单调减少

C. 对任意的 $x\in(0, \delta)$，有 $f(x)>f(0)$

D. 对任意的 $x\in(-\delta, 0)$，有 $f(x)>f(0)$

E. 对任意的 $x\in(0, \delta)$，有 $f(x)>0$

30. 设 $f(x)$在 $x=a$ 的某个邻域内有定义，则 $f(x)$在 $x=a$ 处可导的一个充分条件是(　　).

A. $\lim\limits_{h\to+\infty}h\left[f\left(a+\dfrac{1}{h}\right)-f(a)\right]$存在　　B. $\lim\limits_{h\to 0}\dfrac{f(a+2h)-f(a+h)}{h}$存在

C. $\lim\limits_{h\to 0}\dfrac{f(a+h)-f(a-h)}{2h}$存在　　D. $\lim\limits_{h\to 0}\dfrac{f(a)-f(a-h)}{h}$存在

E. $\lim\limits_{h\to 0}\dfrac{f(a+h^2)-f(a)}{h^2}$存在

31. 设函数 $f(x)$在 $x=0$ 连续，则下列命题中是假命题的是(　　).

A. 若$\lim\limits_{x\to 0}\dfrac{f(x)}{x}$存在，则 $f(0)=0$

B. 若$\lim\limits_{x\to 0}\dfrac{f(x)}{x}$存在，则 $f'(0)$存在

C. 若$\lim\limits_{x\to 0}\dfrac{f(x)}{x}=0$，则 $f'(0)=0$

D. 若$\lim\limits_{x\to 0}\dfrac{f(x)+f(-x)}{x}$存在，则 $f(0)=0$

E. 若$\lim\limits_{x\to 0}\dfrac{f(x)-f(-x)}{x}$存在，则 $f'(0)$存在

32. 已知函数 $f(x)$在区间$[0, 1]$上连续，在区间$(0, 1)$内可导，且 $f(0)=0$，$f(1)=1$，令$g(x)=f(x)+x-1$，则以下关于 $g(x)$在$[0, 1]$上的结论成立的是(　　).

(1)满足零点定理的条件；(2)满足罗尔定理的条件；(3)满足拉格朗日中值定理的条件.

A. 仅(1)　　B. 仅(1)(2)　　C. 仅(2)(3)

D. 仅(1)(3)　　E. (1)(2)(3)

33. 设函数 $f(x)$在区间$[a, b]$上具有二阶导数，且 $f(a)=f(b)=0$，$f'_+(a)>0$，$f'_-(b)>0$，则以下结论正确的是(　　).

(1)存在 $\xi\in(a, b)$，使得 $f(\xi)=0$；(2)存在 $\eta\in(a, b)$，使得 $f'(\eta)=0$；

(3)存在 $\zeta\in(a, b)$，使得 $f''(\zeta)=0$.

A. 仅(1)　　B. 仅(2)　　C. 仅(1)(2)

D. 仅(1)(3)　　E. (1)(2)(3)

习题详解

1. C

【解析】$dy|_{x=\pi}=y'|_{x=\pi}dx=[e^{x\ln(1+\sin x)}]'|_{x=\pi}dx$

$$=e^{x\ln(1+\sin x)}\left[\ln(1+\sin x)+\frac{x\cos x}{1+\sin x}\right]\Bigg|_{x=\pi}dx=-\pi dx.$$

2. D

【解析】$2^{xy}=x+y$ 两端对 x 求导得 $2^{xy}\ln 2\cdot(y+xy')=1+y'$，当 $x=0$ 时，$y=1$，代入得 $y'|_{x=0}=\ln 2-1$，所以$dy|_{x=0}=(\ln 2-1)dx$.

3. A

【解析】方程 $xy+e^y=x+1$ 两边对 x 求导，得一阶导数方程为 $y+xy'+e^yy'=1$，再求导得二阶导数方程为 $y'+y'+xy''+e^y(y')^2+e^yy''=0$.

当 $x=0$ 时，代入原方程得 $y(0)=0$，代入一阶导数方程可得 $y'(0)=1$，代入二阶导数方程得 $y''(0)=-3$.

4. E

【解析】$\dfrac{dy}{dx}=\dfrac{y'(t)}{x'(t)}=\dfrac{3+3t^2}{\frac{1}{1+t^2}}=3(1+t^2)^2\Rightarrow\dfrac{d^2y}{dx^2}=\dfrac{\left[\frac{y'(t)}{x'(t)}\right]'}{x'(t)}=\dfrac{[3(1+t^2)^2]'}{\frac{1}{1+t^2}}=12t(1+t^2)^2$.

故$\dfrac{d^2y}{dx^2}\Big|_{t=1}=48$.

5. E

【解析】在点 $x=2$ 的某邻域内，原方程 $f'(x)=e^{f(x)}$ 两端对 x 求导得 $f''(x)=e^{f(x)}\cdot f'(x)$①，式①两边求导得 $f'''(x)=e^{f(x)}\cdot[f'(x)]^2+e^{f(x)}\cdot f''(x)$②.

当 $x=2$，$f(2)=1$ 时，代入原方程得 $f'(2)=e$；代入式①得，$f''(2)=e^2$；代入式②得，$f'''(2)=2e^3$.

6. C

【解析】设切点为$(x_0,\ \ln x_0)$，则曲线 $y=\ln x$ 在切点的切线斜率为$(\ln x)'|_{x=x_0}=\dfrac{1}{x_0}$，该切线与直线 $x+y=1$ 垂直，故$\dfrac{1}{x_0}\cdot(-1)=-1$，解得 $x_0=1$，故切点为$(1,\ 0)$，切线斜率为 1，故所求切线方程为 $y=x-1$.

7. C

【解析】将 $t=1$ 代入参数方程得 $x=\dfrac{\pi}{4}$，$y=\ln\sqrt{2}$，故 $t=1$ 对应的点的坐标为$\left(\dfrac{\pi}{4},\ \ln\sqrt{2}\right)$.

$\dfrac{dy}{dx}=\dfrac{y'(t)}{x'(t)}=\dfrac{\frac{t}{1+t^2}}{\frac{1}{1+t^2}}=t$，曲线在点$\left(\dfrac{\pi}{4},\ \ln\sqrt{2}\right)$处的法线斜率为$-\dfrac{1}{\frac{dy}{dx}\Big|_{t=1}}=-1$，故所求法线方程为 $y-\ln\sqrt{2}=-\left(x-\dfrac{\pi}{4}\right)$，即 $y=-x+\dfrac{\pi}{4}+\ln\sqrt{2}$.

8. C

【解析】$f'(x)=6x^2-18x+12=6(x-1)(x-2)$，令 $f'(x)=0$，可得 $x=1$ 或 2，故有

x	$(-\infty, 1)$	1	$(1, 2)$	2	$(2, +\infty)$
$f'(x)$	+	0	−	0	+
$f(x)$	单调增加	0	单调减少	−1	单调增加

因为 $\lim\limits_{x\to-\infty}f(x)=-\infty$，$\lim\limits_{x\to+\infty}f(x)=+\infty$，根据零点定理得 $f(x)$在$(2, +\infty)$内存在一个零点，又 $f(1)=0$，故 $f(x)$有 2 个零点．

9. D

【解析】A、C项：$y=f'(x)$的图形在 y 轴左侧有一段位于 x 轴下方，应对应着 $y=f(x)$的一段沿着 x 轴正向下降的图形，但已知的 $y=f(x)$图形在 y 轴左侧却是上升的，矛盾，故 A、C 项错误．

B项：$y=f'(x)$的图形在 y 轴右侧有一段位于 x 轴下方，应对应着 $y=f(x)$的一段下降的图形，但已知的 $y=f(x)$图形在 y 轴右侧(且在 y 轴附近)是上升的，矛盾，故 B 项错误．

E项：$y=f'(x)$在 y 轴右侧的图形，除了与 x 轴的交点外，均位于 x 轴上方，应对应着 $y=f(x)$的一段上升的图形，但已知的 $y=f(x)$图形在 y 轴右侧却有一段是下降的，矛盾，故 E 项错误．

根据排除法，选 D 项．

10. C

【解析】用导数定义判断分段函数在分段点处左、右导数的存在性，可得

$$\lim_{x\to1^-}\frac{f(x)-f(1)}{x-1}=\lim_{x\to1^-}\frac{\frac{2}{3}x^3-\frac{2}{3}}{x-1}=\frac{2}{3}\lim_{x\to1^-}\frac{(x-1)(x^2+x+1)}{x-1}=2\Rightarrow f'_-(1)=2,$$

$$\lim_{x\to1^+}\frac{f(x)-f(1)}{x-1}=\lim_{x\to1^+}\frac{x^2-\frac{2}{3}}{x-1}=+\infty\Rightarrow f'_+(1)\text{不存在}.$$

故 $f(x)$在点 $x=1$ 处的左导数存在，右导数不存在．

11. E

【解析】用定义判断分段函数在分段点处的连续性和可导性．

$$\lim_{x\to0^-}f(x)=\lim_{x\to0^-}x^2g(x)=0,\ \lim_{x\to0^+}f(x)=\lim_{x\to0^+}\frac{1-\cos x}{\sqrt{x}}=\lim_{x\to0^+}\frac{\frac{1}{2}x^2}{\sqrt{x}}=0,\ f(0)=0,$$

故 $\lim\limits_{x\to0^-}f(x)=\lim\limits_{x\to0^+}f(x)=f(0)$，可得 $f(x)$在 $x=0$ 处极限存在，且连续．

$$\lim_{x\to0^-}\frac{f(x)-f(0)}{x-0}=\lim_{x\to0^-}\frac{x^2g(x)-0}{x}=\lim_{x\to0^-}xg(x)=0\Rightarrow f'_-(0)=0,$$

$$\lim_{x\to0^+}\frac{f(x)-f(0)}{x-0}=\lim_{x\to0^+}\frac{\frac{1-\cos x}{\sqrt{x}}-0}{x}=\lim_{x\to0^+}\frac{\frac{1}{2}x^2}{x\sqrt{x}}=0\Rightarrow f'_+(0)=0,$$

故 $f'_-(0)=f'_+(0)=0$，可得 $f(x)$在 $x=0$ 处可导且导数为 0.

12. A

【解析】由 $f(x)$ 在 $x=0$ 处可导，可知 $f(x)$ 在 $x=0$ 处连续，得 $\lim\limits_{x\to0^+}(x^2+ax+b)=\lim\limits_{x\to0^-}e^x=1$. 故 $b=1$.

由 $f(x)$ 在 $x=0$ 处可导，可知 $\lim\limits_{x\to0^-}\frac{f(x)-f(0)}{x-0}$ 和 $\lim\limits_{x\to0^+}\frac{f(x)-f(0)}{x-0}$ 均存在且相等，故 $\lim\limits_{x\to0^-}\frac{e^x-1}{x-0}=\lim\limits_{x\to0^+}\frac{x^2+ax+1-1}{x-0}$，解得 $a=1$.

13. D

【解析】方法一：凑导数定义.

$\lim\limits_{x\to0}\frac{x}{f(x_0-2x)-f(x_0-x)}=\frac{1}{\lim\limits_{x\to0}\frac{f(x_0-2x)-f(x_0-x)}{x}}$，其中

$$\lim_{x\to0}\frac{f(x_0-2x)-f(x_0-x)}{x}=\lim_{x\to0}\frac{f(x_0-2x)-f(x_0)+f(x_0)-f(x_0-x)}{x}$$

$$=-2\lim_{x\to0}\frac{f(x_0-2x)-f(x_0)}{-2x}+\lim_{x\to0}\frac{f(x_0-x)-f(x_0)}{-x}=-2f'(x_0)+f'(x_0)=-f'(x_0),$$

故 $\lim\limits_{x\to0}\frac{x}{f(x_0-2x)-f(x_0-x)}=\frac{1}{-f'(x_0)}=1$.

方法二：套公式.

$\lim\limits_{x\to0}\frac{f(x_0-2x)-f(x_0-x)}{x}=f'(x_0)\lim\limits_{x\to0}\frac{-2x-(-x)}{x}=-f'(x_0)$，后续过程同方法一.

方法三：加强条件排除.

观察极限为“$\frac{0}{0}$”型，假设该极限满足洛必达法则的条件，则由洛必达法则，得

$$\lim_{x\to0}\frac{f(x_0-2x)-f(x_0-x)}{x}=\lim_{x\to0}\frac{-2f'(x_0-2x)+f'(x_0-x)}{1}=-f'(x_0),$$

后续计算过程同方法一. 可得原极限 $=1$，故选 D 项.

14. D

【解析】将 $x=0$ 代入原方程得 $y(0)=f(0)=1$，则

$$\lim_{n\to\infty}n\left[f\left(\frac{1}{n}\right)-1\right]=\lim_{n\to\infty}\frac{f\left(0+\frac{1}{n}\right)-f(0)}{\frac{1}{n}}=f'(0),$$

故本题需要求解出 $f'(0)=y'(0)$，原方程两端对 x 求导得 $y'-1=e^{x(1-y)}(1-y-xy')$，将 $x=0$，$y(0)=1$ 代入，可得 $y'(0)=1$，故 $\lim\limits_{n\to\infty}n\left[f\left(\frac{1}{n}\right)-1\right]=f'(0)=1$.

15. E

【解析】$y=f(x)$ 与 $y=x^2-x$ 在点(1，0)处有公共切线，则 $\begin{cases}f(1)=0,\\f'(1)=(x^2-x)'|_{x=1}=1,\end{cases}$ 故有

$$\lim_{n\to\infty}nf\left(\frac{n}{n+2}\right)=\lim_{n\to\infty}\frac{f\left(\frac{n}{n+2}\right)-f(1)}{\frac{1}{n}}=\lim_{n\to\infty}\frac{f\left(1+\frac{n}{n+2}-1\right)-f(1)}{\frac{n}{n+2}-1}\cdot\frac{\frac{n}{n+2}-1}{\frac{1}{n}}=-2f'(1)=-2.$$

16. D

【解析】将 $y=500$ 代入 $\tan\alpha=\frac{y}{500}$ 中，又 $0<\alpha<\frac{\pi}{2}$，解得 $\alpha=\frac{\pi}{4}$.

$\tan\alpha=\frac{y}{500}$ 两边对 x 求导得 $\frac{d\alpha}{dx}\sec^2\alpha=\frac{1}{500}\frac{dy}{dx}$，将 $\alpha=\frac{\pi}{4}$，$\frac{dy}{dx}=140$ 代入，得 $\frac{d\alpha}{dx}=\frac{7}{50}$.

17. C

【解析】$f'(x)=\frac{1}{x}-\frac{1}{e}=\frac{e-x}{ex}$，令 $f'(x)=0$ 得 $x=e$，$x\in(0,+\infty)$，进而

x	$(0, e)$	e	$(e, +\infty)$
$f'(x)$	$+$	0	$-$
$f(x)$	单调增加	$k(k>0)$	单调减少

又 $\lim\limits_{x\to0^+}f(x)=-\infty$，$\lim\limits_{x\to+\infty}f(x)=-\infty$，根据零点定理得 $f(x)$ 在 $(0,e)$ 和 $(e,+\infty)$ 各有一个零点，故 $f(x)=\ln x-\frac{x}{e}+k$ 在 $(0,+\infty)$ 内的零点个数为 2.

18. B

【解析】由题意知

$$\begin{cases}y(2)=-3,\\ y'(2)=0\end{cases}\Rightarrow\begin{cases}4+2a+b=-3,\\ 4+a=0\end{cases}\Rightarrow\begin{cases}a=-4,\\ b=1.\end{cases}$$

19. D

【解析】A 项：当 $x=1$，$y=0$ 时，得 $6=0$ 矛盾，故 $x=1$ 不是 $f(x)$ 的零点，错误.

B 项：方程两端对 x 求导得 $3y^2y'+y^2+x\cdot2yy'+2xy+x^2y'=0$①，令 $y'=0$，得 $y=-2x$ 或 $y=0$（代入原方程，得 $6=0$，故舍去），将 $y=-2x$ 代入原方程，得 $x=1$，$y=-2$，故 $x=1$ 是 $f(x)$ 的驻点，则 B 项错误.

C 项：式①两端对 x 求导得

$$6y(y')^2+3y^2y''+2yy'+2yy'+2x(y')^2+2xyy''+2y+2xy'+2xy'+x^2y''=0,$$

当 $x=1$ 时，$y(1)=-2$，$y'(1)=0$，代入可得 $y''(1)=\frac{4}{9}>0$，故 $x=1$ 是 $f(x)$ 的极小值点，C、E 项错误，D 项正确.

20. C

【解析】$C=\overline{C}Q=(1+e^{-Q})Q\Rightarrow C'(Q)=1+e^{-Q}-Qe^{-Q}=1+(1-Q)e^{-Q}$.

21. B

【解析】收益函数 $R(x)=xp=10xe^{-\frac{x}{2}}$，$0\leqslant x\leqslant6\Rightarrow R'(x)=5(2-x)e^{-\frac{x}{2}}=0\Rightarrow x=2$.

又 $R''(2)=\frac{5}{2}(x-4)e^{-\frac{x}{2}}\Big|_{x=2}=-5e^{-1}<0\Rightarrow x=2$ 为极大值点，又因为收益函数连续且极值点唯一，故此极大值点为最大值点.

22. B

【解析】利润函数 $L(Q)=pQ-(20Q+6\,000)=-\frac{Q^2}{1\,000}+40Q-6\,000$，故边际利润 $L'(Q)=$

$-\dfrac{Q}{500}+40$，当 $p=50$ 时，由 $p=60-\dfrac{Q}{1\,000}$ 得 $Q=10\,000$，故此时的边际利润

$$L'(10\,000)=-\frac{10\,000}{500}+40=20.$$

23. E

【解析】利润函数 $L(x)=px-C-tx=(7-0.2x)x-(3x+1)-tx=-0.2x^2+(4-t)x-1$.

$$L'(x)=-0.4x+4-t=0\Rightarrow x=\frac{5}{2}(4-t).$$

又 $L''(x)\big|_{x=\frac{5}{2}(4-t)}=-0.4<0\Rightarrow x=\dfrac{5}{2}(4-t)$ 为极大值点，又因为利润函数连续且极值点唯一，故此极大值点为最大值点．所以该商家获最大利润时的销售量为 $\dfrac{5}{2}(4-t)$.

24. C

【解析】$g(x)=f(0)(1-x)+f(1)x\Rightarrow g(0)=f(0)$，$g(1)=f(1)$，由于 $g(x)$ 为一次函数，故 $y=g(x)$ 的图形为一条直线，且与 $y=f(x)$ 有两个公共点 $(0,f(0))$ 和 $(1,f(1))$.

故在 $[0,1]$ 上有：

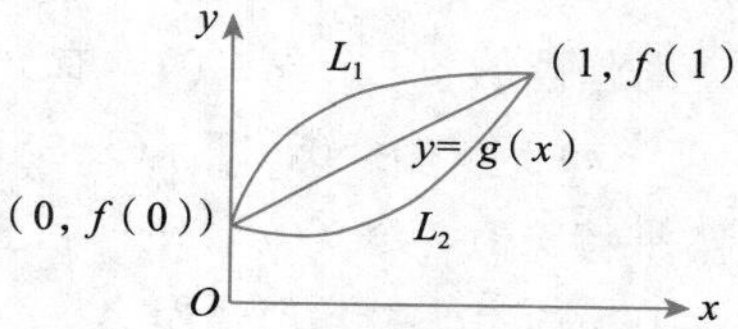

①当 $f'(x)\geqslant 0$ 且 $f''(x)\geqslant 0$ 时，$f(x)$ 单调增加且图形为凹的，故 $f(x)\leqslant g(x)$（如图 L_2 与 $y=g(x)$）.

②当 $f'(x)\geqslant 0$ 且 $f''(x)\leqslant 0$ 时，$f(x)$ 单调增加且图形为凸的，故 $f(x)\geqslant g(x)$（如图 L_1 与 $y=g(x)$），故 A、B 项错误．

③当 $f''(x)\leqslant 0$ 时，$f(x)$ 的图形为凸的，故 $f(x)\geqslant g(x)$（如图 L_1 与 $y=g(x)$），故 D、E 项错误，C 项正确．

25. C

【解析】方法一：用单调性定理推理．

$[f^2(x)]'=2f(x)f'(x)>0\Rightarrow f^2(x)$ 单调增加 $\Rightarrow f^2(1)>f^2(-1)\Rightarrow |f(1)|>|f(-1)|$.

方法二：特殊值法排除．

令 $f(x)=e^x$，则 $f(x)f'(x)=e^{2x}>0$，故 $f(1)=e>e^{-1}=f(-1)$，$|f(1)|=e>e^{-1}=|f(-1)|$，故排除 B、D、E 项．

令 $f(x)=-e^x$，则 $f(x)f'(x)=e^{2x}>0$，故 $f(1)=-e<-e^{-1}=f(-1)$，故排除 A 项．

26. A

【解析】A、B 项：$\left[\dfrac{f(x)}{g(x)}\right]'=\dfrac{f'(x)g(x)-f(x)g'(x)}{g^2(x)}<0\Rightarrow\dfrac{f(x)}{g(x)}$ 单调减少，$a<x<b\Rightarrow$ $\dfrac{f(a)}{g(a)}>\dfrac{f(x)}{g(x)}>\dfrac{f(b)}{g(b)}$，则有 $f(x)g(b)>f(b)g(x)$，$f(x)g(a)<f(a)g(x)$. 故 A 项正确，B 项错误．

C 项：令 $f(x)=e^x$，$g(x)=e^{2x}$，则 $f'(x)g(x)-f(x)g'(x)=-e^{3x}<0$，但 $f(x)g(x)=e^{3x}<f(b)g(b)=e^{3b}$，故 C 项错误．

D、E 项：令 $f(x)=e^{-2x}$，$g(x)=e^{-x}$，则 $f'(x)g(x)-f(x)g'(x)=-e^{-3x}<0$，但 $f(b)g(b)=e^{-3b}<f(x)g(x)=e^{-3x}<f(a)g(a)=e^{-3a}$，故 D、E 项错误．

27. D

【解析】当 $e<x<e^2$ 时，$f'(x)=\frac{2\ln x}{x}-\frac{4}{e^2}$，$f''(x)=\frac{2(1-\ln x)}{x^2}<0$，可得 $f'(x)$ 单调减少，则 $f'(x)>f'(e^2)=0$，故 $f(x)$ 单调增加，即当 $e<a<b<e^2$ 时，$f(a)<f(b)$.

当 $0<x<\pi$ 时，$g'(x)=x\cos x-\sin x+\pi$，$g''(x)=-x\sin x<0$，故 $g'(x)$ 单调减少，则 $g'(x)>g'(\pi)=0$，故 $g(x)$ 单调增加，则当 $0<a<b<\pi$ 时，$g(a)<g(b)$.

28. C

【解析】令 $h^2=t$，则 $h\to 0\Rightarrow t=h^2\to 0^+$，$\lim\limits_{h\to 0}\frac{f(h^2)}{h^2}=\lim\limits_{t\to 0^+}\frac{f(t)}{t}=1$，故有

$$\lim_{t\to 0^+}f(t)=f(0)=0,\ \lim_{t\to 0^+}\frac{f(t)}{t}=\lim_{t\to 0^+}\frac{f(t)-f(0)}{t-0}=f'_+(0)=1.$$

29. C

【解析】仅由一点的导数符号，推不出函数在区间的单调性，故 A、B 项错误．

$0<f'(0)=\lim\limits_{x\to 0}\frac{f(x)-f(0)}{x-0}\Rightarrow$ 存在 $\delta>0$，当 $x\in(-\delta,0)\cup(0,\delta)$ 时，有 $\frac{f(x)-f(0)}{x}>0\Rightarrow$ 对任意的 $x\in(-\delta,0)$，有 $f(x)-f(0)<0$，即 $f(x)<f(0)$；对任意的 $x\in(0,\delta)$，有 $f(x)-f(0)>0$，即 $f(x)>f(0)$，故 D 项错误、C 项正确．

举特殊值，令 $f(x)=x-1$，则满足已知条件，但不存在 $\delta>0$，使得对任意的 $x\in(0,\delta)$，有 $f(x)>0$，故 E 项错误．

30. D

【解析】根据 $\lim\limits_{x\to\square}\frac{f[a+g(x)]-f(a)}{h(x)}$ 存在，其中 $g(x)$，$h(x)$ 为同阶无穷小，且 $g(x)$，$h(x)\to 0$ 时包括 $\to 0^+$ 和 $\to 0^-$ 两个过程 $\Rightarrow f'(a)$ 存在，对于各选项，列表讨论如下：

	A	B	C	D	E
(1)动减定	是	否	否	是(提负号)	是
(2)增量同阶	是	是	是	是	是
(3)可正可负	否	是	是	是	否
综上，与可导等价	否	否	否	是	否

31. E

【解析】方法一：用连续和导数定义推理．

A 项：若 $\lim\limits_{x\to 0}\frac{f(x)}{x}$ 存在，且 $f(x)$ 在 $x=0$ 处连续，则 $f(0)=\lim\limits_{x\to 0}f(x)=0$，故 A 项为真．

B 项：$\lim\limits_{x\to 0}\frac{f(x)}{x}=\lim\limits_{x\to 0}\frac{f(x)-f(0)}{x-0}=f'(0)$，故 $f'(0)$ 存在，B 项为真．

C 项：当 $\lim\limits_{x\to 0}\frac{f(x)}{x}=0$ 时，有 $f'(0)=0$，故 C 项为真．

D 项：若 $\lim\limits_{x\to 0}\frac{f(x)+f(-x)}{x}$ 存在，且 $f(x)$ 在 $x=0$ 处连续，则 $\lim\limits_{x\to 0}[f(x)+f(-x)]=2f(0)=0$，故 $f(0)=0$，D 项为真．

E项：$\lim\limits_{x\to 0}\dfrac{f(x)-f(-x)}{x}$存在，推不出$f'(0)$存在(因缺少"动减定"，详见题型6的"方法点拨").

方法二：举反例证明命题为假.

令$f(x)=|x|$，则$f(x)$在$x=0$连续，且$\lim\limits_{x\to 0}\dfrac{f(x)-f(-x)}{x}=\lim\limits_{x\to 0}\dfrac{|x|-|-x|}{x}=0$，但$f(x)=|x|$在$x=0$处不可导，故E项为假命题.

32. D

【解析】由于$f(x)$和$x-1$均在$[0,1]$上连续，在$(0,1)$内可导，因此$g(x)=f(x)+x-1$在$[0,1]$上连续，在$(0,1)$内可导，故$g(x)$在$[0,1]$上满足拉格朗日中值定理的条件，(3)正确.

又$g(0)=f(0)-1=-1$，$g(1)=f(1)=1$，则$g(0)\neq g(1)$，$g(0)\cdot g(1)=-1<0$，故$g(x)$在$[0,1]$上不满足罗尔定理的条件，满足零点定理的条件，即(2)错误，(1)正确.

33. E

【解析】(1)：由单侧导数定义和极限的保号性得$\lim\limits_{x\to a^+}\dfrac{f(x)-f(a)}{x-a}=f'_+(a)>0\Rightarrow$存在$\delta_1>0$，使得当$x\in(a,a+\delta_1)$时，有$\dfrac{f(x)-f(a)}{x-a}>0$，又$x-a>0\Rightarrow f(x)-f(a)>0$，即$f(x)>f(a)=0\Rightarrow$任取$x_1\in(a,a+\delta_1)$，则$f(x_1)>0$.

$\lim\limits_{x\to b^-}\dfrac{f(x)-f(b)}{x-b}=f'_-(b)>0\Rightarrow$存在$\delta_2>0$，使得当$x\in(b-\delta_2,b)$时，有$\dfrac{f(x)-f(b)}{x-b}>0$，又$x-b<0\Rightarrow f(x)-f(b)<0$，即$f(x)<f(b)=0\Rightarrow$任取$x_2\in(b-\delta_2,b)$，则$f(x_2)<0$.

由$f(x)$在$[a,b]$上具有二阶导数，$[x_1,x_2]\subset[a,b]$，得$f(x)$在$[x_1,x_2]$上连续，又$f(x_1)f(x_2)<0$，由零点定理得存在$\xi\in(x_1,x_2)\subset(a,b)$，使得$f(\xi)=0$，(1)正确.

(2)：由$f(x)$在$[a,b]$上具有二阶导数得$f(x)$在$[a,b]$上连续，在(a,b)内可导，又$f(a)=f(b)$，由罗尔定理得存在$\eta\in(a,b)$，使得$f'(\eta)=0$，(2)正确.

(3)：由已知条件和(1)的结论知，$f(x)$在$[a,\xi]$和$[\xi,b]$上均满足罗尔定理的条件，故分别用罗尔定理得存在$\xi_1\in(a,\xi)$，$\xi_2\in(\xi,b)$，使得$f'(\xi_1)=f'(\xi_2)=0$. $f'(x)$在$[\xi_1,\xi_2]$上仍满足罗尔定理的条件，再用罗尔定理得存在$\zeta\in(\xi_1,\xi_2)\subset(a,b)$，使得$f''(\zeta)=0$，(3)正确.

第4节 延伸题型

题型17 对微分定义的考查

【方法点拨】

(1)掌握微分定义.

$y=f(x)$在$x=x_0$可微$\Leftrightarrow\Delta y=A\Delta x+o(\Delta x)$，$\Delta x\to 0$，其中$A$与$\Delta x$无关$\Rightarrow \mathrm{d}y=A\Delta x=f'(x_0)\Delta x=f'(x_0)\mathrm{d}x$为$\Delta y$的线性主部($\Delta x\to 0$)，也称$y=f(x)$在$x=x_0$的微分.

(2)掌握微分相关量的几何表示.

设$f(x)$的图形为凸的，$x_0>0$，$\Delta x>0$，则Δx，Δy，$\mathrm{d}y$可用下图表示：

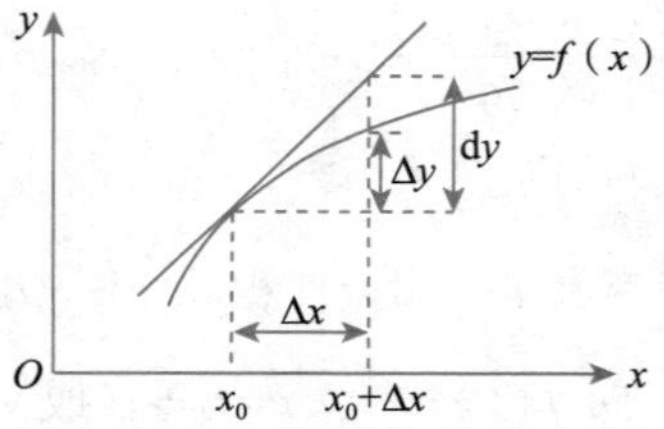

例38 设函数$y=f(x)$具有二阶导数，且$f'(x)>0$，$f''(x)>0$，Δx为自变量x在x_0处的增量，Δy与$\mathrm{d}y$分别为$f(x)$在点x_0处对应的增量与微分，若$\Delta x>0$，$x_0>0$，则(　　).

A. $0<\mathrm{d}y<\Delta y$　　B. $0<\Delta y<\mathrm{d}y$　　C. $\Delta y<\mathrm{d}y<0$

D. $\mathrm{d}y<\Delta y<0$　　E. $0<\mathrm{d}y=\Delta y$

【思路】已知$f'(x)$，$f''(x)$和Δx的符号，判断0，$\mathrm{d}y$，Δy的大小关系，可用图示法或微分定义求解.

【解析】方法一：图示法.

$f'(x)>0$，$f''(x)>0\Rightarrow f(x)$单调增加且图形为凹的，又$\Delta x>0$，$x_0>0$，将Δy与$\mathrm{d}y$在图中表示出来，如下图所示.

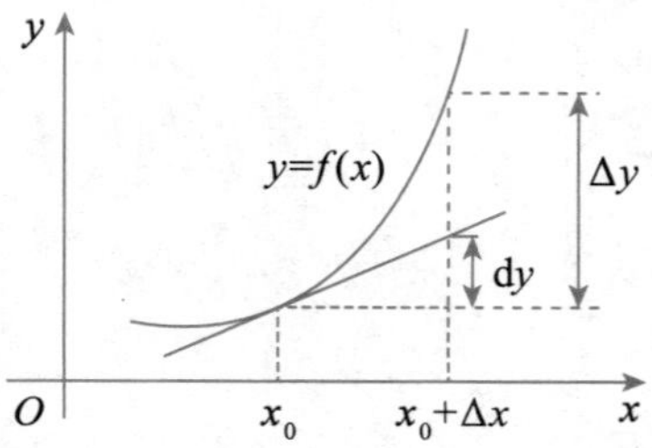

故$0<\mathrm{d}y<\Delta y$.

方法二：利用特殊值法和微分定义排除．

令 $f(x)=x^2$，则当 $x>0$ 时，$f'(x)=2x>0$，$f''(x)=2>0$，满足已知条件，在 x_0 处的增量为 $\Delta y=(x_0+\Delta x)^2-{x_0}^2=2x_0\Delta x+(\Delta x)^2$，$\Delta x\to 0$，在 x_0 处的微分为 $\mathrm{d}y=2x_0\Delta x>0$，故 $\Delta y=\mathrm{d}y+(\Delta x)^2>\mathrm{d}y>0$.

【答案】 A

题型 18 高阶导数计算

【方法点拨】

方法一：找规律．

多次求导，总结规律得出高阶导数．例如 $y=\sin x$：

$$y'=\cos x=\sin\left(x+\frac{\pi}{2}\right),\ y''=\cos\left(x+\frac{\pi}{2}\right)=\sin\left(x+\frac{\pi}{2}+\frac{\pi}{2}\right)=\sin\left(x+2\cdot\frac{\pi}{2}\right),$$

$$y'''=\cos\left(x+2\cdot\frac{\pi}{2}\right)=\sin\left(x+3\cdot\frac{\pi}{2}\right),\ y^{(4)}=\cos\left(x+3\cdot\frac{\pi}{2}\right)=\sin\left(x+4\cdot\frac{\pi}{2}\right),$$

一般地，$y^{(n)}=\sin\left(x+\frac{n\pi}{2}\right)$.

类似地，可总结如下常见函数的高阶导数：

(1) $y=\mathrm{e}^x\Rightarrow y^{(n)}=\mathrm{e}^x$.

(2) $y=a^x\Rightarrow y^{(n)}=a^x(\ln a)^n$，其中 $a>0$，$a\neq 1$.

(3) $y=x^\mu\Rightarrow y^{(n)}=\mu(\mu-1)\cdots(\mu-n+1)x^{\mu-n}$.

(4) $y=\ln x\Rightarrow y^{(n)}=(-1)^{n-1}(n-1)!\,x^{-n}$.

(5) $y=\sin x\Rightarrow y^{(n)}=\sin\left(x+\frac{n\pi}{2}\right)$.

(6) $y=\cos x\Rightarrow y^{(n)}=\cos\left(x+\frac{n\pi}{2}\right)$.

上述 6 种函数与一次函数 $g(x)=kx+b(k\neq 0)$ 的复合函数的高阶导数，也可通过找规律的方法计算．例如 $y=\ln(2x+1)$：

$$y'=2\cdot(2x+1)^{-1},\ y''=2^2\cdot(-1)\cdot(2x+1)^{-2},$$

$$y'''=2^3\cdot(-1)\cdot(-2)\cdot(2x+1)^{-3},\ y^{(4)}=2^4\cdot(-1)\cdot(-2)\cdot(-3)\cdot(2x+1)^{-4},$$

一般地，$y^{(n)}=2^n\cdot(-1)^{n-1}\cdot(n-1)!\cdot(2x+1)^{-n}$.

方法二：套公式．

（莱布尼茨公式）若函数 $u=u(x)$，$v=v(x)$ 在点 x 处具有 n 阶导数，则

$$(uv)^{(n)}=\sum_{k=0}^{n}C_n^k u^{(k)}v^{(n-k)}.$$

其中 $\sum\limits_{k=0}^{n}C_n^k u^{(k)}v^{(n-k)}$ 表示 $C_n^k u^{(k)}v^{(n-k)}$ 中 k 依次取 0，1，2，…，n 所得的 $n+1$ 项之和，C_n^k 为组合数（详见第 7 章第 2 节题型 2 的“知识补充”）.

求 n 阶导数：一般求两函数之积的 n 阶导数用方法二，否则用方法一．

例 39　设 $f(x)=\dfrac{1-x}{1+x}$，则 $f^{(n)}(x)=$(　　).

A. $\dfrac{(-1)^n n!}{(1+x)^n}$　　B. $\dfrac{2(-1)^{n+1}n!}{(1+x)^n}$　　C. $\dfrac{(-1)^n n!}{(1+x)^{n+1}}$

D. $\dfrac{2(-1)^{n+1}n!}{(1+x)^{n+1}}$　　E. $\dfrac{2(-1)^n n!}{(1+x)^{n+1}}$

【思路】已知函数 $f(x)$，求 $f^{(n)}(x)$，先化简 $f(x)$，再求导数，总结规律．

【解析】$f(x)=\dfrac{1-x}{1+x}=\dfrac{-x-1+2}{1+x}=-1+2(1+x)^{-1}$，$f'(x)=2\cdot(-1)\cdot(1+x)^{-2}$；

$$f''(x)=2\cdot(-1)\cdot(-2)\cdot(1+x)^{-3},$$

$$\cdots$$

$$f^{(n)}(x)=2\cdot(-1)\cdot(-2)\cdot\cdots\cdot(-n)\cdot(1+x)^{-n-1}=\frac{2(-1)^n n!}{(1+x)^{n+1}}.$$

【注意】本题用到了有理函数化简．一般地，若 $P_n(x)$ 和 $Q_m(x)$ 分别为 n 次和 m 次多项式，则称 $\dfrac{P_n(x)}{Q_m(x)}$ 为有理函数．若 $n\geqslant m$，则称该有理函数为假分式；否则称为真分式．对于假分式，总是可以通过适当变形化为真分式，如本题所示．

【答案】E

例 40　函数 $f(x)=x^2 2^x$ 在 $x=0$ 处的 $n(n\geqslant 2)$ 阶导数 $f^{(n)}(0)=$(　　).

A. 0　　B. $n(n-1)$　　C. $n(n-1)(\ln 2)^{n-2}$

D. $n(n-1)(\ln 2)^{n-1}$　　E. $n(n-1)(\ln 2)^n$

【思路】$f(x)=x^2 2^x$ 为两函数之积，求其 n 阶导数，用莱布尼茨公式．

【解析】当 $k\geqslant 3$ 时，$(x^2)^{(k)}=0$，故 $C_n^k(x^2)^{(k)}(2^x)^{(n-k)}=0$，则

$$f^{(n)}(x)=(x^2 2^x)^{(n)}=C_n^0 x^2(2^x)^{(n)}+C_n^1 2x(2^x)^{(n-1)}+C_n^2 2(2^x)^{(n-2)},$$

故 $f^{(n)}(0)=C_n^2 2(2^x)^{(n-2)}\big|_{x=0}$.

又 $(2^x)'=2^x\ln 2$，$(2^x)''=2^x(\ln 2)^2$，…，$(2^x)^{(n-2)}=2^x(\ln 2)^{n-2}$，$C_n^2=\dfrac{n(n-1)}{2}$，代入计算可得 $f^{(n)}(0)=\dfrac{n(n-1)}{2}2\cdot 2^x(\ln 2)^{n-2}\Big|_{x=0}=n(n-1)(\ln 2)^{n-2}$.

【答案】C

题型 19 极值与拐点的综合题

【方法点拨】

以不同形式考查极值与拐点问题的解题方法．

①已知方程：代值分析，多用第二充分条件判断．

②已知图形：找可疑点，一一判断．

③已知极限：方法一：极限保号性＋极值定义；方法二：洛必达法则；方法三：特殊值法排除．

注意：可导函数的极值点和拐点不在同一点取到．口诀：一山不容二虎！

例 41 设函数 $f(x)$满足方程 $f''(x)+[f'(x)]^2=x$，且 $f'(0)=0$，则（　　）.

A. $f(0)$是 $f(x)$的极大值

B. $f(0)$是 $f(x)$的极小值

C. 点$(0, f(0))$是曲线 $y=f(x)$的拐点

D. $f(0)$不是 $f(x)$的极值，点$(0, f(0))$也不是曲线 $y=f(x)$的拐点

E. 以上选项均不成立

【思路】已知 $f(x)$满足的方程，判断其极值与拐点，可代值分析，用第二充分条件判断.

【解析】$f''(x)+[f'(x)]^2=x$，当 $x=0$ 时，有 $f'(0)=0$，可得 $f''(0)=0$.

原方程两端对 x 求导得 $f'''(x)+2f'(x)\cdot f''(x)=1$，当 $x=0$ 时，有 $f'(0)=0$，$f''(0)=0$，可得 $f'''(0)=1\neq 0$，根据拐点第二充分条件得$(0, f(0))$是曲线 $y=f(x)$的拐点.

【注意】①关于 A、B 项，可通过"可导函数的极值点和拐点不在同一点取到"证明其错误.

②关于 $f'''(x)$的存在性，由 $f''(x)+[f'(x)]^2=x$ 得，$f''(x)=x-[f'(x)]^2$，该式等号右侧可导，故等号左侧也可导.

【答案】C

例 42 设函数 $f(x)$在$(-\infty, +\infty)$内连续，其二阶导函数 $f''(x)$的图形如图所示，则曲线 $y=f(x)$的拐点个数为（　　）.

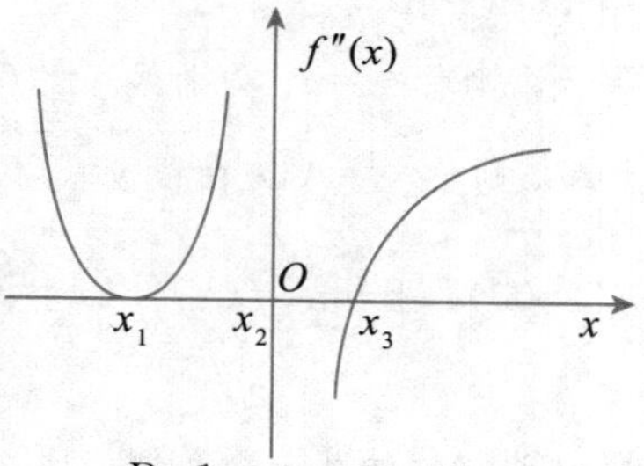

A. 0　　B. 1　　C. 2

D. 3　　E. 4

【思路】已知 $f''(x)$的图形，要求曲线 $y=f(x)$的拐点个数，应先找可疑点，再一一判断.

【解析】拐点只可能取在二阶导函数的零点和二阶导函数不存在的点，故可疑点为 x_1，x_2，x_3. 由已知得 $f(x)$在这三点连续，由 $f''(x)$的图形得，$f''(x)$在点 x_1 左右(附近)取值为同号，在点 x_2，x_3 左右(附近)取值为异号，根据第一充分条件得，曲线 $y=f(x)$仅在点 x_2，x_3 处取拐点.

【答案】C

例 43 设函数 $f(x)$具有二阶连续导数，且$\lim\limits_{x\to 0}\dfrac{f(x)}{x^2}=1$，则（　　）.

A. $f(0)$是 $f(x)$的极大值

B. $f(0)$是 $f(x)$的极小值

C. 点$(0, f(0))$是曲线 $y=f(x)$的拐点

D. $f(0)$不是 $f(x)$的极值，$(0, f(0))$也不是曲线 $y=f(x)$的拐点

E. $f(0)$是 $f(x)$的极值，$(0, f(0))$是曲线 $y=f(x)$的拐点

【思路】已知极限式，判断极值与拐点，可用三种方法求解.

【解析】方法一：极限保号性+极值定义．

当 $x\to0$ 时，$x^2\to0$ 且整个分式极限存在，故 $\lim\limits_{x\to0}f(x)=f(0)=0$．又 $\lim\limits_{x\to0}\dfrac{f(x)}{x^2}=1>0$，根据极限的保号性得 $\dfrac{f(x)}{x^2}>0$，$x\in(-\delta,0)\cup(0,\delta)$，$\delta>0$，故 $f(x)>0$，$x\in(-\delta,0)\cup(0,\delta)$，这说明 $f(0)$ 是 $f(x)$ 的局部最小值，故为极小值．

方法二：洛必达法则．

由 $\lim\limits_{x\to0}\dfrac{f(x)}{x^2}=\lim\limits_{x\to0}\dfrac{f'(x)}{2x}=1$，可得 $\lim\limits_{x\to0}f'(x)=0$，结合 $f'(x)$ 的连续性得 $f'(0)=0$．又 $\lim\limits_{x\to0}\dfrac{f'(x)}{2x}=\lim\limits_{x\to0}\dfrac{f''(x)}{2}=\dfrac{f''(0)}{2}=1$，得 $f''(0)=2>0$，根据第二充分条件得 $f(0)$ 是 $f(x)$ 的极小值．

方法三：特殊值法排除．

令 $f(x)=x^2$，满足已知条件，由其图形或计算得 $f(0)$ 是 $f(x)$ 的极小值，$(0,f(0))$ 不是拐点，故排除 A、C、D、E 项，选 B 项．

【答案】B

题型 20 求渐近线

【方法点拨】

(1)渐近线的种类．

①铅直渐进线：若 $\lim\limits_{x\to x_0}f(x)=\infty$，则称 $x=x_0$ 为曲线 $y=f(x)$ 的铅直渐近线．

②水平渐近线：若 $\lim\limits_{x\to\infty}f(x)=A$，则称 $y=A$ 为曲线 $y=f(x)$ 的水平渐近线．

③斜渐近线：若 $\lim\limits_{x\to\infty}\dfrac{f(x)}{x}=k(k\neq0)$，且 $\lim\limits_{x\to\infty}[f(x)-kx]=b$，则称 $y=kx+b$ 为曲线 $y=f(x)$ 的斜渐近线．

注意：①将上述定义中的极限改为相应的某一个单侧极限，定义依然成立．

②曲线 $y=f(x)$ 的铅直渐近线可能有多条，水平渐近线和斜渐近线加起来最多有 2 条，但 $x\to+\infty$(或 $x\to-\infty$)时的水平和斜渐近线最多有 1 条．

(2)求渐近线的步骤．

第一步：求铅直渐近线．按定义计算，可能存在铅直渐近线的点为 $f(x)$ 的无意义点(但在该点的某去心左邻域或去心右邻域有定义)．

第二步：求 $x\to+\infty$ 时的水平或斜渐近线．

①若 $\lim\limits_{x\to+\infty}f(x)=A$，则 $y=A$ 为水平渐近线，直接进入第三步；

②若 $\lim\limits_{x\to+\infty}f(x)=\infty$，则进一步计算 $\lim\limits_{x\to+\infty}\dfrac{f(x)}{x}$，有

$$\lim_{x\to+\infty}\frac{f(x)}{x}=\begin{cases}k(k\neq0)\Rightarrow\lim\limits_{x\to+\infty}[f(x)-kx]=\begin{cases}b\Rightarrow y=kx+b\text{ 为斜渐近线},\\ \text{否则无斜渐近线},\end{cases}\\ \text{否则无斜渐近线}.\end{cases}$$

第三步：同理，求 $x\to-\infty$ 时的水平或斜渐近线．

注意：若后两步中的单侧极限结果相同，可合并为一步计算，见例 44.

例 44　曲线 $y=\dfrac{x^2+x}{x^2-1}$ 渐近线的条数为(　　).

A. 0　　B. 1　　C. 2　　D. 3　　E. 4

【思路】已知曲线表达式，求渐近线的条数，按步骤计算即可.

【解析】第一步：函数 $y=\dfrac{x^2+x}{x^2-1}$ 无意义的点为 ±1，故分别计算函数在这两点处的极限，确定是否存在铅直渐近线.

$\lim\limits_{x\to1}\dfrac{x^2+x}{x^2-1}=\lim\limits_{x\to1}\dfrac{x(x+1)}{(x+1)(x-1)}=\infty\Rightarrow x=1$ 为曲线 $y=\dfrac{x^2+x}{x^2-1}$ 的铅直渐近线；

$\lim\limits_{x\to-1}\dfrac{x^2+x}{x^2-1}=\lim\limits_{x\to-1}\dfrac{x(x+1)}{(x+1)(x-1)}=\dfrac{1}{2}\Rightarrow x=-1$ 不是曲线 $y=\dfrac{x^2+x}{x^2-1}$ 的铅直渐近线.

第二步：$\lim\limits_{x\to\infty}\dfrac{x^2+x}{x^2-1}=1\Rightarrow y=1$ 为曲线 $y=\dfrac{x^2+x}{x^2-1}$ 的水平渐近线.

综上所述，曲线 $y=\dfrac{x^2+x}{x^2-1}$ 有 2 条渐近线.

【答案】C

题型 21　用导数求解的经济问题(弹性)

【知识补充】

弹性描述当一个经济变量变动百分之一时会使另一个经济变量变动百分之几.

对于函数 $y=y(x)$，变量 y 对 x 的弹性记为 $\dfrac{Ey}{Ex}$，其计算公式(称为弧弹性公式)为 $\dfrac{Ey}{Ex}=\dfrac{\frac{\Delta y}{y}}{\frac{\Delta x}{x}}=\dfrac{x}{y}\dfrac{\Delta y}{\Delta x}$，其中 Δx，Δy 分别为 x，y 的改变量(x，y，$\Delta x\neq0$).

当 $y=y(x)$ 可导时，上述公式令 $\Delta x\to0$，得 y 对 x 的在点 x 处的弹性公式(称为点弹性公式) $\dfrac{Ey}{Ex}=\lim\limits_{\Delta x\to0}\dfrac{x}{y}\dfrac{\Delta y}{\Delta x}=\dfrac{x}{y}\dfrac{\mathrm{d}y}{\mathrm{d}x}$. 特别地，若把函数 $y=y(x)$ 取成需求函数 $Q=Q(p)$ 和收益函数 $R=R(p)$，则得到下列需求的价格弹性和收益的价格弹性.

(1)需求的价格弹性：设某商品的需求函数 $Q=Q(p)$ 可导，其中 Q 为需求量，p 为价格，则该商品需求对价格的弹性(简称需求弹性)为 $\dfrac{EQ}{Ep}=\dfrac{p}{Q}\dfrac{\mathrm{d}Q}{\mathrm{d}p}$，也记为 ε_p，E_p，E_d 等. 其经济意义为：当价格为 p 时，若提价(降价)1%，则需求量将减少(增加) $\left|\dfrac{EQ}{Ep}\right|$%.

(2)收益的价格弹性：设某商品的收益函数 $R=R(p)$ 可导，其中 R 为收益，p 为价格，则该商品收益对价格的弹性为 $\dfrac{ER}{Ep}=\dfrac{p}{R}\dfrac{\mathrm{d}R}{\mathrm{d}p}$. 其经济意义为：当价格为 p 时，若提价(降价)1%，则收益将增加(减少) $\dfrac{ER}{Ep}$%.

注意：默认需求函数 $Q=Q(p)$ 为减函数，故 $\dfrac{\mathrm{d}Q}{\mathrm{d}p}\leqslant0$，又根据实际背景得 Q，p 均非负，因此 $E_p=\dfrac{p}{Q}\dfrac{\mathrm{d}Q}{\mathrm{d}p}\leqslant0$. 若题目已知 $E_p>0$，则规定 $E_p=\left|\dfrac{p}{Q}\dfrac{\mathrm{d}Q}{\mathrm{d}p}\right|=-\dfrac{p}{Q}\dfrac{\mathrm{d}Q}{\mathrm{d}p}$.

上述弹性相关知识，建议掌握弹性(尤其是需求弹性)的计算公式，了解弹性的经济意义.

例 45　设某商品的需求函数为 $Q=160-2p$，其中 Q，p 分别表示需求量和价格，如果该商品需求弹性的绝对值等于 1，则商品的价格是(　　).

A. 10　　B. 20　　C. 30　　D. 40　　E. 50

【思路】本题已知需求弹性的绝对值等于 1，故用需求弹性公式计算.

【解析】$|E_p|=1$，其中 $E_p=\frac{p}{Q}\frac{dQ}{dp}$，故有 $\left|\frac{p}{Q}\frac{dQ}{dp}\right|=-\frac{p}{Q}\frac{dQ}{dp}=1$，将 $Q=160-2p$ 代入上式，计算得 $\frac{2p}{160-2p}=1$，解得 $p=40$.

【答案】D

例 46　设生产函数为 $Q=AL^{\alpha}K^{\beta}$，其中 Q 是产出量，L 是劳动投入量，K 是资本投入量，而 A，α，β 均为大于零的参数，则当 $Q=1$ 时，K 关于 L 的弹性为(　　).

A. $-\frac{\alpha}{\beta}$　　B. $\frac{\alpha}{\beta}$　　C. $-\frac{\beta}{\alpha}$　　D. $\frac{\beta}{\alpha}$　　E. $\alpha\beta$

【思路】由弹性的定义知 K 关于 L 的弹性为 $\frac{L}{K}\frac{dK}{dL}$. 由于 K 与 L 的函数关系由 $Q=1$ 时等式 $AL^{\alpha}K^{\beta}=1$ 确定，因此求 $\frac{dK}{dL}$，可以先解出 K，再求导，也可以利用隐函数求导法则计算.

【解析】由 $Q=AL^{\alpha}K^{\beta}$，当 $Q=1$ 时，得 $AL^{\alpha}K^{\beta}=1$.

方法一：先解出 K，再求导.

由 $AL^{\alpha}K^{\beta}=1$，解得 $K=A^{-\frac{1}{\beta}}L^{-\frac{\alpha}{\beta}}$，则 K 关于 L 的弹性为

$$\frac{L}{K}\frac{dK}{dL}=\frac{L}{A^{-\frac{1}{\beta}}L^{-\frac{\alpha}{\beta}}}\frac{d\left(A^{-\frac{1}{\beta}}L^{-\frac{\alpha}{\beta}}\right)}{dL}=\frac{-\frac{\alpha}{\beta}A^{-\frac{1}{\beta}}L^{-\frac{\alpha}{\beta}-1}}{A^{-\frac{1}{\beta}}L^{-\frac{\alpha}{\beta}-1}}=-\frac{\alpha}{\beta}.$$

方法二：利用隐函数求导法则计算.

等式 $AL^{\alpha}K^{\beta}=1$ 两端取对数得 $\ln A+\alpha\ln L+\beta\ln K=0$，两端对 L 求导得 $\frac{\alpha}{L}+\frac{\beta}{K}\frac{dK}{dL}=0$，解得 $\frac{dK}{dL}=-\frac{\alpha K}{\beta L}$，故 $\frac{L}{K}\frac{dK}{dL}=-\frac{\alpha}{\beta}$.

【答案】A

题型 22 函数与其导函数性质的关系

【方法点拨】

(1)掌握奇偶性和周期性结论：若 $F'(x)=f(x)$，且 $f(x)$ 连续，则

①$F(x)$ 为偶函数$\Leftrightarrow f(x)$ 为奇函数；

②$F(x)$ 为奇函数$\Rightarrow f(x)$ 为偶函数；

③$f(x)$ 为偶函数，且 $F(0)=0\Rightarrow F(x)$ 为奇函数；

④$F(x)$ 以 T 为周期$\Rightarrow f(x)$ 以 T 为周期；

⑤$f(x)$ 以 T 为周期，且 $\int_0^T f(x)dx=0\Rightarrow F(x)$ 以 T 为周期.

(2)解题时，除用上述结论外，还可用特殊值法排除干扰项.

例47　设 $f(x)$ 是连续函数，$F(x)$ 是 $f(x)$ 的原函数，则（　　）.

A. 当 $f(x)$ 是奇函数时，$F(x)$ 必是偶函数

B. 当 $f(x)$ 是偶函数时，$F(x)$ 必是奇函数

C. 当 $f(x)$ 是周期函数时，$F(x)$ 必是周期函数

D. 当 $f(x)$ 是单调增函数时，$F(x)$ 必是单调增函数

E. 当 $f(x)$ 是有界函数时，$F(x)$ 必是有界函数

【思路】已知 $f(x)$ 是 $F(x)$ 的导函数，判断二者的性质关系可用相关结论或特殊值法排除.

【解析】$F'(x)=f(x)$，且 $f(x)$ 连续，A、B、C 项涉及 $F(x)$ 和 $f(x)$ 的奇偶性和周期性，根据奇偶性结论得 A 项正确.

事实上，B 项缺少条件 $F(0)=0$，C 项缺少条件 $\int_0^T f(x)\mathrm{d}x=0$. 故 B、C 项错误.

令 $f(x)=x$，满足已知，则 $F(x)=\frac{x^2}{2}+C$ 在 $(-\infty,+\infty)$ 非单调增函数，故 D 项错误.

令 $f(x)=1$，满足已知，则 $F(x)=x+C$ 在 $(-\infty,+\infty)$ 非有界函数，故 E 项错误.

【注意】原函数的定义详见“第 3 章第 1 节”.

【答案】A

本节习题自测

1. 设函数 $f(u)$ 可导，$y=f(x^2)$ 当自变量 x 在 $x=-1$ 处取得增量 $\Delta x=-0.1$ 时，相应地，函数增量 Δy 的线性主部为 0.1，则 $f'(1)=$（　　）.

A. -1　　B. 0.1　　C. 1　　D. 0.5　　E. 0

2. 函数 $y=\ln(1-2x)$ 在 $x=0$ 处的 n 阶导数 $y^{(n)}(0)=$（　　）.

A. $-2^n\cdot n!$　　B. $2^n\cdot n!$　　C. $-2^n\cdot(n-1)!$

D. $2^n\cdot(n-1)!$　　E. $-2^{n+1}\cdot(n-1)!$

3. 曲线 $y=\frac{2x^3}{x^2+1}$ 的渐近线方程为（　　）.

A. $y=x$　　B. $y=x+1$　　C. $y=2x$　　D. $y=2x-1$　　E. $y=2x+1$

4. 设函数 $y=\frac{1}{2x+3}$，则 $y^{(n)}(0)=$（　　）.

A. $\frac{(-1)^n 2^n n!}{3^n}$　　B. $\frac{(-1)^{n+1}2^n n!}{3^n}$　　C. $\frac{(-1)^n 2^n n!}{3^{n+1}}$

D. $\frac{(-1)^{n+1}2^n n!}{3^{n+1}}$　　E. $\frac{(-1)^n 2^n (n+1)!}{3^{n+1}}$

5. 曲线 $y=\frac{1+\mathrm{e}^{-x^2}}{1-\mathrm{e}^{-x^2}}$（　　）.

A. 没有渐近线　　B. 仅有水平渐近线

C. 仅有铅直渐近线　　D. 既有水平渐近线又有铅直渐近线

E. 有斜渐近线

6. 设某商品的需求函数为 $Q=100-5p$，其中价格 $p\in(0,20)$，Q 为需求量，$E_d(E_d>0)$为需求弹性，R 为收益，则满足 $E_d>1$，且降低价格使收益增加的价格最大变化范围是(　　).

A. $(0,5)$　　B. $(5,10)$　　C. $(10,15)$　　D. $(15,20)$　　E. $(10,20)$

7. 设函数 $f(x)$在$(-\infty,+\infty)$内连续，其导函数的图形如图所示，则 $f(x)$只有(　　).

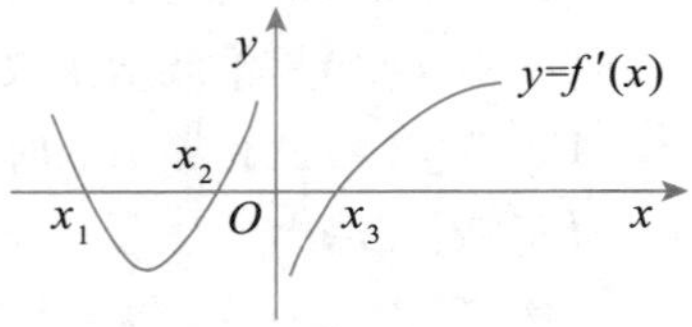

A. 一个极小值点和两个极大值点

B. 两个极小值点和一个极大值点

C. 两个极小值点和两个极大值点

D. 三个极小值点和一个极大值点

E. 三个极小值点

8. 设某产品的需求函数 $Q=Q(p)$可导，收益函数为 $R=pQ$，其中 Q 为需求量(产品的产量)，p 为产品价格，Q，p 均大于零，用$\dfrac{EQ}{Ep}$和$\dfrac{ER}{Ep}$分别表示需求对价格的弹性和收益对价格的弹性，则$\dfrac{ER}{Ep}-\dfrac{EQ}{Ep}=$(　　).

A. p　　B. Q　　C. 0　　D. 1　　E. -1

9. 设 $F(x)$是连续函数 $f(x)$的一个原函数，“$M\Leftrightarrow N$”表示“M 的充分必要条件是 N”，则必有(　　).

A. $F(x)$是偶函数$\Leftrightarrow f(x)$是奇函数　　B. $F(x)$是奇函数$\Leftrightarrow f(x)$是偶函数

C. $F(x)$是周期函数$\Leftrightarrow f(x)$是周期函数　　D. $F(x)$是单调函数$\Leftrightarrow f(x)$是单调函数

E. $F(x)$是有界函数$\Leftrightarrow f(x)$是有界函数

10. 设函数 $f(x)$满足关系式 $f''(x)-2f'(x)+4f(x)=0$，且 $f(x_0)>0$，$f'(x_0)=0$，则函数 $f(x)$在点 x_0 处(　　).

A. 取得极大值　　B. 取得极小值　　C. 不取极值

D. 某邻域内单调增加　　E. 某邻域内单调减少

11. 若 $f(x)$的定义域为 $\mathbf{R}$，$f(x)=-f(-x)$，在$(0,+\infty)$内 $f'(x)>0$，$f''(x)>0$，则 $f(x)$在$(-\infty,0)$内(　　).

A. $f'(x)<0$，$f''(x)<0$　　B. $f'(x)<0$，$f''(x)>0$

C. $f'(x)>0$，$f''(x)<0$　　D. $f'(x)>0$，$f''(x)>0$

E. $f'(x)=0$，$f''(x)=0$

12. 设$\lim\limits_{x\to a}\dfrac{f(x)-f(a)}{(x-a)^2}=-1$，则在 $x=a$ 处(　　).

A. $f(x)$的导数存在，且 $f'(a)\neq 0$　　B. $f(x)$的导数不存在

C. $f(x)$取得极大值　　D. $f(x)$取得极小值

E. $f(x)$不取极值

习题详解

1. D

【解析】$dy=[f(x^2)]'\Delta x=2xf'(x^2)\Delta x$，将 $x=-1$，$\Delta x=-0.1$，$dy\Big|_{\substack{x=1\\ \Delta x=-0.1}}=0.1$ 代入上式得 $0.1=-2f'(1)\cdot(-0.1)$，则 $f'(1)=0.5$.

2. C

【解析】$y'=\frac{-2}{1-2x}=-2(1-2x)^{-1}$；$y''=(-2)^2(-1)(1-2x)^{-2}$；$y'''=(-2)^3(-1)(-2)(1-2x)^{-3}$；…

$y^{(n)}=(-2)^n(-1)(-2)\cdots[-(n-1)](1-2x)^{-n}=-2^n\frac{(n-1)!}{(1-2x)^n}$.

故 $y^{(n)}(0)=-2^n\cdot(n-1)!$.

3. C

【解析】选项中的渐近线均为一次函数 $y=kx+b(k\neq0)$，故本题不需要讨论铅直渐近线和水平渐近线，只讨论斜渐近线.

$$\lim_{x\to\infty}\frac{\frac{2x^3}{x^2+1}}{x}=2\Rightarrow\lim_{x\to\infty}\left(\frac{2x^3}{x^2+1}-2x\right)=\lim_{x\to\infty}\frac{2x^3-2x^3-2x}{x^2+1}=0.$$

所以 $y=\frac{2x^3}{x^2+1}$的渐近线方程为 $y=2x$.

4. C

【解析】$y=\frac{1}{2x+3}=(2x+3)^{-1}$，$y'=(-1)(2x+3)^{-2}\times2$，$y''=(-1)(-2)(2x+3)^{-3}\times2^2$，

故 $y^{(n)}=(-1)(-2)\cdots(-n)(2x+3)^{-n-1}\times2^n=\frac{(-1)^n2^nn!}{(2x+3)^{n+1}}$，可得 $y^{(n)}(0)=\frac{(-1)^n2^nn!}{3^{n+1}}$.

5. D

【解析】当且仅当 $x=0$ 时，曲线方程的分母为 0，$\lim\limits_{x\to0}\frac{1+e^{-x^2}}{1-e^{-x^2}}=\infty$，故 $x=0$ 为 $y=\frac{1+e^{-x^2}}{1-e^{-x^2}}$的铅直渐近线.

$\lim\limits_{x\to\infty}\frac{1+e^{-x^2}}{1-e^{-x^2}}=1\Rightarrow y=1$ 为 $y=\frac{1+e^{-x^2}}{1-e^{-x^2}}$的水平渐近线，当 $x\to\infty$的水平渐近线存在时，斜渐近线一定不存在，故曲线 $y=\frac{1+e^{-x^2}}{1-e^{-x^2}}$既有水平渐近线又有铅直渐近线.

6. E

【解析】由需求弹性公式得 $E_d=-\frac{p}{Q}\frac{dQ}{dp}=\frac{p}{20-p}$，又 $E_d>1$，解得 $p>10$，又当 $10<p<20$ 时，$\frac{dR}{dp}=\frac{d(pQ)}{dp}=Q+p\frac{dQ}{dp}=100-10p<0$，故此时降低价格使收益增加.

7. C

【解析】$f(x)$的极值点只可能是其驻点和不可导点，再结合 $f'(x)$的图形可知 $f(x)$可能的极值点为 x_1，x_2，x_3 以及 $x=0$.

由题可知，$f(x)$在这四点均连续，对于 x_1 和 $x=0$，左侧(附近) $f'(x)>0$，右侧(附近) $f'(x)<0$，根据极值第一充分条件得 x_1 和 $x=0$ 为 $f(x)$的极大值点.

对于 x_2 和 x_3，左侧(附近)$f'(x)<0$，右侧(附近)$f'(x)>0$，根据极值第一充分条件得 x_2 和 x_3 为 $f(x)$的极小值点.

8. D

【解析】由弹性公式得$\frac{ER}{Ep}=\frac{p}{R}\frac{\mathrm{d}R}{\mathrm{d}p}=\frac{p}{pQ}\frac{\mathrm{d}(pQ)}{\mathrm{d}p}=\frac{1}{Q}\left(Q+p\frac{\mathrm{d}Q}{\mathrm{d}p}\right)=1+\frac{p}{Q}\frac{\mathrm{d}Q}{\mathrm{d}p}=1+\frac{EQ}{Ep}$，故

$$\frac{ER}{Ep}-\frac{EQ}{Ep}=1.$$

9. A

【解析】$F'(x)=f(x)$，且$f(x)$连续，A、B、C项涉及$F(x)$和$f(x)$的奇偶性和周期性，根据奇偶性结论得A项正确．而B项缺条件$F(0)=0$，C项缺条件$\int_0^T f(x)\mathrm{d}x=0$，故B、C项错误．

令$F(x)=ax$(a为非零常数)，$f(x)=a$，则满足已知条件，但在$\mathbf{R}$上，$F(x)$是单调的无界函数，而$f(x)$是非单调的有界函数，故D、E项错误．

10. A

【解析】$f''(x)-2f'(x)+4f(x)=0$中令$x=x_0$，并注意到$f'(x_0)=0$，$f(x_0)>0$得$f''(x_0)=-4f(x_0)<0$，由极值的第二充分条件得$f(x)$在点x_0处取得极大值．

由$f'(x_0)=0$，$f''(x_0)<0$，利用二阶导数的定义和极限保号性，有

$$f''(x_0)=\lim_{x\to x_0}\frac{f'(x)-f'(x_0)}{x-x_0}=\lim_{x\to x_0}\frac{f'(x)}{x-x_0}<0,$$

存在$\delta>0$，当$x\in(x_0-\delta,\ x_0)\cup(x_0,\ x_0+\delta)$时，有$\frac{f'(x)}{x-x_0}<0$.

当$x\in(x_0-\delta,\ x_0)$时，$f'(x)>0$，故$f(x)$单调增加；当$x\in(x_0,\ x_0+\delta)$时，$f'(x)<0$，故$f(x)$单调减少．故D、E项错误．

11. C

【解析】方法一：几何法．

由$f(x)=-f(-x)$知$f(x)$为奇函数，图形关于原点对称；

在$(0,+\infty)$内$f'(x)>0$，$f''(x)>0\Rightarrow f(x)$单调增加且图形为凹的，由图形和对称性可得在$(-\infty,0)$内$f(x)$单调增加且图形为凸的$\Rightarrow f'(x)>0$，$f''(x)<0$，故排除A、B、D、E项，选C项．

方法二：推理法．

当$x\in(-\infty,0)$时，有$-x\in(0,+\infty)$，$f(x)=-f(-x)$，该式两端求导得$f'(x)=f'(-x)$①，再求导得$f''(x)=-f''(-x)$②．$f'(x)>0$，$f''(x)>0$，$x\in(0,+\infty)$，将x换为$-x$得$f'(-x)>0$③，$f''(-x)>0$，$-x\in(0,+\infty)$④.

综合①②③④得$f(x)$在$(-\infty,0)$内$f'(x)>0$，$f''(x)<0$.

12. C

【解析】$f'(a)=\lim_{x\to a}\frac{f(x)-f(a)}{x-a}=\lim_{x\to a}\frac{f(x)-f(a)}{(x-a)^2}(x-a)=\lim_{x\to a}\frac{f(x)-f(a)}{(x-a)^2}\lim_{x\to a}(x-a)=0$，

故A、B项错误．

C、D、E项需判断极值，故可用以下三种方法求解．

方法一：极限保号性+极值定义．

$\lim_{x\to a}\frac{f(x)-f(a)}{(x-a)^2}=-1<0$，根据极限的保号性得$\frac{f(x)-f(a)}{(x-a)^2}<0$，$x\in(-\delta,0)\cup(0,\delta)$，其

中 δ 为充分小的正数，故 $f(x)<f(a)$，$x\in(-\delta, 0)\cup(0, \delta)$，这说明 $f(a)$是 $f(x)$的局部最大值，故为极大值．

方法二：用洛必达法则排除(仅在 C、D、E 项中排除).

设 $f''(x)$连续，则$\lim\limits_{x\to a}\dfrac{f(x)-f(a)}{(x-a)^2}=\lim\limits_{x\to a}\dfrac{f'(x)}{2(x-a)}=-1$，当 $x\to a$ 时，分母 $2(x-a)\to 0$，而整个分式极限存在，故$\lim\limits_{x\to a}f'(x)=0$. 结合 $f'(x)$的连续性得 $f'(a)=0$.

又由$\lim\limits_{x\to a}\dfrac{f'(x)}{2(x-a)}=\lim\limits_{x\to a}\dfrac{f''(x)}{2}=\dfrac{f''(a)}{2}=-1$，得 $f''(a)=-2<0$，根据极值第二充分条件得 $f(a)$是$f(x)$的极大值，故 D、E 项错误．

方法三：特殊值法排除．

令 $f(x)=f(a)-(x-a)^2$，满足已知条件．由其图形或计算得 $f(a)$是 $f(x)$的极大值，故排除 D、E 项，选 C 项．

第 3 章　一元函数积分学

知识框架

- **一元函数积分学**
  - **不定积分**
    - 定义：原函数、不定积分
    - 性质：线性性质、求不定积分与求导互逆
    - 计算：积分公式、积分法则（换元法与分部积分法）
  - **定积分**
    - 定义：$\int_a^b f(x)\mathrm{d}x=\lim\limits_{\lambda\to 0}\sum\limits_{i=1}^{n} f(\xi_i)\Delta x_i$ 、几何意义
    - 性质：区间可加性、线性性质、比较定理、定积分中值定理
    - 计算：变限积分、微积分基本定理、换元法、分部积分法
    - 推广：反常积分的定义与计算
  - **定积分的应用**
    - 平面图形的面积：直角坐标系中的面积公式、极坐标系中的面积公式
    - 空间立体的体积：平行截面面积为已知的立体的体积公式、旋转体的体积公式
    - 平面曲线的弧长：以参数方程、直角坐标方程和极坐标方程给出的曲线的弧长公式

考情分析

(1)本章的重点是不定积分和定积分的计算，难点是反常积分敛散性判断．

(2)本章的命题体现在三个方面：①考查定义与性质，主要涉及原函数、不定积分、定积分、反常积分的定义，不定积分、定积分的性质；②考查不定积分、定积分和反常积分的计算；③以积分计算为基础考查面积、体积和弧长．

备考建议

(1)对于积分计算，要多练以求熟练．此处还要重视定积分计算中独有题型的处理．将反常积分计算视为定积分计算与极限计算的结合．

(2)对于积分的定义及性质，要通过典型例题熟悉考法，并加深对知识的理解．

(3)对于面积和体积，要通过画图提示思路，会通过“大减小”或分割等方式把非标准图形转化为标准图形，进而套公式计算．

(4)对于反常积分敛散性判断这个难点，先掌握定义法，再通过例题体会审敛法的应用．

考点—题型对照表

考点精讲	对应题型	平均分
一、不定积分	基础题型 1～2，真题题型 6，延伸题型 23	1
二、定积分	基础题型 3～5，真题题型 7～18，延伸题型 24～25	8.5
三、定积分的应用	真题题型 19～22	4.5

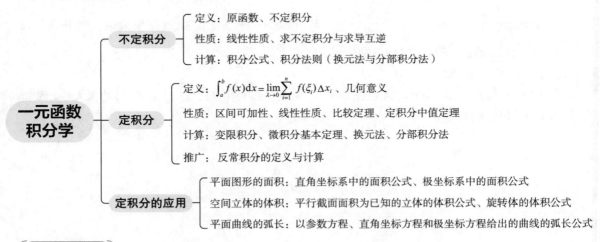

第1节 考点精讲

一、不定积分

对应基础题型1~2，真题题型6，延伸题型23

（一）定义

1. 原函数

若在区间 I 上，对任一 $x \in I$，都有 $F'(x)=f(x)$，则称函数 $F(x)$ 为 $f(x)$ 在区间 I 上的一个原函数．

注意

①存在性定理：若函数 $f(x)$ 在区间 I 上连续，则 $f(x)$ 在 I 上存在原函数．

②唯一性问题：原函数若存在，则不唯一，且同一个函数在相同区间上的两个原函数之间相差某个常数．

2. 不定积分

在区间 I 上，函数 $f(x)$ 的带有任意常数项的原函数称为 $f(x)$ 在区间 I 上的**不定积分**，记为 $\int f(x)\mathrm{d}x$，其中 $\int$ 称为积分号，$f(x)$ 称为被积函数，x 称为积分变量，$f(x)\mathrm{d}x$ 称为被积表达式．

注意 若 $F'(x)=f(x)$，$x \in I$，则 $\int f(x)\mathrm{d}x=F(x)+C$，其中 C 为任意常数．

（二）性质

(1) 若函数 $f(x)$ 和 $g(x)$ 均存在原函数，则 $\int[f(x)+g(x)]\mathrm{d}x=\int f(x)\mathrm{d}x+\int g(x)\mathrm{d}x$.

(2) 若函数 $f(x)$ 存在原函数，k 为非零常数，则 $\int kf(x)\mathrm{d}x=k\int f(x)\mathrm{d}x$.

(3) 若函数 $f(x)$ 存在原函数，则 $\left[\int f(x)\mathrm{d}x\right]'=f(x)$ 或 $\mathrm{d}\left[\int f(x)\mathrm{d}x\right]=f(x)\mathrm{d}x$.

(4) 若函数 $f(x)$ 存在原函数，则 $\int f'(x)\mathrm{d}x=f(x)+C$ 或 $\int \mathrm{d}[f(x)]=f(x)+C$.

注意 注意(1)、(2)统称为不定积分的线性性质，用于化简不定积分；(3)、(4)说明求不定积分和求导(或求微分)互为逆运算．

（三）基本积分表

$\int k\mathrm{d}x=kx+C$（k 为常数），$\int x^{\alpha}\mathrm{d}x=\frac{x^{\alpha+1}}{\alpha+1}+C(\alpha\neq-1)$，$\int\frac{1}{x}\mathrm{d}x=\ln|x|+C$；

$\int \mathrm{e}^{x}\mathrm{d}x=\mathrm{e}^{x}+C$，$\int a^{x}\mathrm{d}x=\frac{a^{x}}{\ln a}+C(a>0, a\neq1)$；

$\int \cos x\mathrm{d}x=\sin x+C$，$\int \sin x\mathrm{d}x=-\cos x+C$，$\int \sec^2 x\mathrm{d}x=\tan x+C$；

$\int \csc^2 x\mathrm{d}x=-\cot x+C$，$\int \sec x\tan x\mathrm{d}x=\sec x+C$，$\int \csc x\cot x\mathrm{d}x=-\csc x+C$；

$\int \frac{1}{\sqrt{1-x^2}}\mathrm{d}x=\arcsin x+C$，$\int \frac{1}{1+x^2}\mathrm{d}x=\arctan x+C$.

注意 利用求不定积分与求导互为逆运算这一性质和导数公式来记忆积分公式，如 $(\arctan x)'=\frac{1}{1+x^2}\Rightarrow\int \frac{1}{1+x^2}\mathrm{d}x=\arctan x+C$.

（四）积分法则

1. 第一类换元法（或凑微分法）

(1)凑微分法.

若 $F'(x)=f(x)$，且 $\varphi(x)$ 可导，则

$$\int f[\varphi(x)]\varphi'(x)\mathrm{d}x=\int f[\varphi(x)]\mathrm{d}[\varphi(x)]\xlongequal{令\varphi(x)=t}\int f(t)\mathrm{d}t=F(t)+C=F[\varphi(x)]+C.$$

注意 求微分和凑微分的对比：

名称	表达式	变形	实质
求微分	$\mathrm{d}[\varphi(x)]=\varphi'(x)\mathrm{d}x$	将 $\varphi(x)$ 从微分号内移到微分号外，要“加一撇”	求导
凑微分	$\varphi'(x)\mathrm{d}x=\mathrm{d}[\varphi(x)]$	将 $\varphi'(x)$ 从微分号外移到微分号内，要“去一撇”	求原函数(或求不定积分)

(2)常用凑微分的形式：

$\int f(ax+b)\mathrm{d}x=\frac{1}{a}\int f(ax+b)\mathrm{d}(ax+b)\ (a\neq 0)$；

$\int f(x^{\alpha+1})x^{\alpha}\mathrm{d}x=\frac{1}{\alpha+1}\int f(x^{\alpha+1})\mathrm{d}(x^{\alpha+1})\ (\alpha\neq -1)$；

$\int f\left(\frac{1}{x}\right)\frac{1}{x^2}\mathrm{d}x=-\int f\left(\frac{1}{x}\right)\mathrm{d}\left(\frac{1}{x}\right)$；$\int f(\sqrt{x})\frac{1}{2\sqrt{x}}\mathrm{d}x=\int f(\sqrt{x})\mathrm{d}(\sqrt{x})$；

$\int f(\mathrm{e}^x)\mathrm{e}^x\mathrm{d}x=\int f(\mathrm{e}^x)\mathrm{d}(\mathrm{e}^x)$；$\int f(\ln x)\frac{1}{x}\mathrm{d}x=\int f(\ln x)\mathrm{d}(\ln x)$；

$\int f(\sin x)\cos x\mathrm{d}x=\int f(\sin x)\mathrm{d}(\sin x)$；$\int f(\cos x)\sin x\mathrm{d}x=-\int f(\cos x)\mathrm{d}(\cos x)$；

$\int f(\tan x)\sec^2 x\mathrm{d}x=\int f(\tan x)\mathrm{d}(\tan x)$；$\int f(\cot x)\csc^2 x\mathrm{d}x=-\int f(\cot x)\mathrm{d}(\cot x)$；

$\int f(\sec x)\sec x\tan x\mathrm{d}x=\int f(\sec x)\mathrm{d}(\sec x)$；

$\int f(\csc x)\csc x\cot x\mathrm{d}x=-\int f(\csc x)\mathrm{d}(\csc x)$；

$\int f(\arcsin x)\frac{1}{\sqrt{1-x^2}}\mathrm{d}x=\int f(\arcsin x)\mathrm{d}(\arcsin x)$；

$\int f(\arctan x)\frac{1}{1+x^2}\mathrm{d}x=\int f(\arctan x)\mathrm{d}(\arctan x)$.

2. 第二类换元法

(1) 设函数 $x=\psi(t)$ 单调、可导，$\psi'(t)\neq 0$，且 $G'(t)=f[\psi(t)]\psi'(t)$，则

$$\int f(x)\mathrm{d}x=\int f[\psi(t)]\psi'(t)\mathrm{d}t=G(t)+C=G[\psi^{-1}(x)]+C.$$

(2)若被积函数含有根式，为了去掉根号，常用的换元如下：

①若根号下是关于 x 的一次式(或类似形式)，则令整体为 t. 口诀：一次整体换，如：

含 $\sqrt{ax+b}\,(a\neq 0)$，则令 $\sqrt{ax+b}=t$.

含 $\sqrt{\frac{ax+b}{cx+d}}\,(c\neq 0)$，则令 $\sqrt{\frac{ax+b}{cx+d}}=t$.

含 $\sqrt{a\mathrm{e}^x+b}\,(a\neq 0)$，则令 $\sqrt{a\mathrm{e}^x+b}=t$.

②若根号下是关于 x 的二次式，则用三角代换. 口诀：两次三角换，如：

含 $\sqrt{a^2-x^2}\,(a>0)$，则令 $x=a\sin t$，$t\in\left(-\frac{\pi}{2},\frac{\pi}{2}\right)$，故 $\sqrt{a^2-x^2}=\sqrt{a^2-a^2\sin^2 t}=a\cos t$ (t 的范围写成 $t\in\left[-\frac{\pi}{2},\frac{\pi}{2}\right]$ 也对，但需要推广第二类换元法，使其条件中不含"$\psi'(t)\neq 0$". 此外 $t=\pm\frac{\pi}{2}$ 的讨论也涉及了更多数学知识，此处不展开).

含 $\sqrt{a^2+x^2}\,(a>0)$，则令 $x=a\tan t$，$t\in\left(-\frac{\pi}{2},\frac{\pi}{2}\right)$，故 $\sqrt{a^2+x^2}=\sqrt{a^2+a^2\tan^2 t}=a\sec t$.

含 $\sqrt{x^2-a^2}\,(a>0)$，则当 $x\geqslant a$ 时，令 $x=a\sec t$，$t\in\left(0,\frac{\pi}{2}\right)$，故 $\sqrt{x^2-a^2}=\sqrt{a^2\sec^2 t-a^2}=a\tan t$；当 $x\leqslant -a$ 时，令 $x=-u$，化为 $u\geqslant a$ 的情形.

3. 分部积分法

若函数 $u(x)$ 和 $v(x)$ 具有连续导数，则

$$\int u(x)v'(x)\mathrm{d}x=\int u(x)\mathrm{d}[v(x)]=u(x)v(x)-\int v(x)\mathrm{d}[u(x)].$$

可简记为 $\int uv'\mathrm{d}x=\int u\mathrm{d}v=uv-\int v\mathrm{d}u$.

二、定积分　　对应基础题型 3～5，真题题型 7～18，延伸题型 24～25

(一) 定义

设函数 $f(x)$ 在 $[a,b]$ 上有界，在 $[a,b]$ 上任意插入 $n-1$ 个分点 $a=x_0<x_1<x_2<\cdots<$

$x_{n-1}<x_n=b$，将$[a,b]$分成n个小区间$[x_0,x_1]$，$[x_1,x_2]$，…，$[x_{n-1},x_n]$，各小区间的长度依次为$\Delta x_1=x_1-x_0$，$\Delta x_2=x_2-x_1$，…，$\Delta x_n=x_n-x_{n-1}$. 在第i个小区间$[x_{i-1},x_i]$中任取一点ξ_i，作乘积$f(\xi_i)\Delta x_i$，$i=1,2,\cdots,n$，并作和$\sum\limits_{i=1}^{n}f(\xi_i)\Delta x_i$，记$\lambda=\max\limits_{1\leqslant i\leqslant n}\{\Delta x_1,\Delta x_2,\cdots,\Delta x_i,\cdots,\Delta x_n\}$，若当$\lambda\to 0$时，和的极限总存在，且与$[a,b]$的分法及点$\xi_i$的取法无关，则称$f(x)$在$[a,b]$上**可积**，该极限称为$f(x)$在$[a,b]$上的**定积分**，记为$\int_a^b f(x)\mathrm{d}x$，即$\int_a^b f(x)\mathrm{d}x=\lim\limits_{\lambda\to 0}\sum\limits_{i=1}^{n}f(\xi_i)\Delta x_i$，其中$f(x)$称为被积函数，$x$称为积分变量，$f(x)\mathrm{d}x$称为被积表达式，$a$称为积分下限，$b$称为积分上限，$[a,b]$称为积分区间.

【几何意义】若$f(x)\geqslant 0(f(x)\leqslant 0)$，$x\in[a,b]$，则$\int_a^b f(x)\mathrm{d}x$表示$x=a$，$x=b$，$y=f(x)$和$x$轴所围成的曲边梯形的面积(面积的相反数)；

若$f(x)$在$[a,b]$上既取得正值，又取得负值，则$\int_a^b f(x)\mathrm{d}x$表示$x=a$，$x=b$，$y=f(x)$和x轴所围成图形在x轴上方的面积减去在x轴下方的面积.

(二)性质

假定下列性质中所列的定积分都是存在的.

(1)规定：$\int_a^a f(x)\mathrm{d}x=\int_b^b f(x)\mathrm{d}x=0$；$\int_b^a f(x)\mathrm{d}x=-\int_a^b f(x)\mathrm{d}x$.

(2)定积分与积分变量用什么字母表示无关，即$\int_a^b f(x)\mathrm{d}x=\int_a^b f(t)\mathrm{d}t=\int_a^b f(u)\mathrm{d}u$.

(3)区间的可加性：$\int_a^b f(x)\mathrm{d}x=\int_a^c f(x)\mathrm{d}x+\int_c^b f(x)\mathrm{d}x$.

注意 点c未必在区间$[a,b]$内，只要$f(x)$在相应区间可积即可，如$\int_0^{\frac{\pi}{2}}\sin x\mathrm{d}x=\int_0^{\pi}\sin x\mathrm{d}x+\int_{\pi}^{\frac{\pi}{2}}\sin x\mathrm{d}x$.

(4)$\int_a^b 1\mathrm{d}x=b-a$.

(5)线性性质：设α与β均为常数，则

$$\int_a^b[\alpha f(x)+\beta g(x)]\mathrm{d}x=\alpha\int_a^b f(x)\mathrm{d}x+\beta\int_a^b g(x)\mathrm{d}x.$$

(6)比较定理.

①若$f(x)$与$g(x)$在$[a,b]$上可积，且$f(x)\leqslant g(x)$，则$\int_a^b f(x)\mathrm{d}x\leqslant\int_a^b g(x)\mathrm{d}x$.

②若$f(x)$与$g(x)$在$[a,b]$上连续，且$f(x)\leqslant g(x)$，但$f(x)$不恒等于$g(x)$，则

$$\int_a^b f(x)\mathrm{d}x<\int_a^b g(x)\mathrm{d}x.$$

【推论】①若$f(x)\geqslant 0$，$x\in[a,b]$，则$\int_a^b f(x)\mathrm{d}x\geqslant 0$.

②$\left|\int_a^b f(x)\mathrm{d}x\right|\leqslant\int_a^b|f(x)|\mathrm{d}x\ (a<b)$.

(7) 估值定理.

设 M 和 m 分别是函数 $f(x)$ 在区间 $[a, b]$ 上的最大值和最小值，则

$$m(b-a) \leqslant \int_a^b f(x)\mathrm{d}x \leqslant M(b-a).$$

(8) 定积分中值定理.

若函数 $f(x)$ 在区间 $[a, b]$ 上连续，则存在 $\xi \in [a, b]$，使得 $\int_a^b f(x)\mathrm{d}x = f(\xi)(b-a)$.

注意

① 该定理中的 $\xi \in [a, b]$ 可改为 $\xi \in (a, b)$.

② 由该定理的公式变形得 $f(\xi) = \dfrac{\int_a^b f(x)\mathrm{d}x}{b-a}$ 称为 $f(x)$ 在区间 $[a, b]$ 上的平均值.

(三) 变限积分函数

1. 定义

设函数 $f(x)$ 在区间 $[a, b]$ 上可积，则称 $\int_a^x f(t)\mathrm{d}t$，$x \in [a, b]$ 为**变上限积分函数**. 类似可定义 $\int_x^b f(t)\mathrm{d}t$，$x \in [a, b]$ 为**变下限积分函数**. 变上限积分函数和变下限积分函数统称**变限积分函数**，简称变限积分.

注意

① $\int_a^x f(t)\mathrm{d}t$ 的自变量为 x，对应法则为求 $f(t)$ 在 $[a, x]$ 上的定积分. t 为积分变量，是含在 $\int_a^x f(t)\mathrm{d}t$ 的对应法则中的. x 和 t 的含义不同，注意区分.

② 变限积分具有"函数积分二重性"：作为函数，可以讨论其性质，如连续性和可导性；作为定积分，定积分的性质对变限积分也成立.

2. 性质

若函数 $f(x)$ 在区间 $[a, b]$ 上可积，则 $\int_a^x f(t)\mathrm{d}t$ 在 $[a, b]$ 上连续；若 $f(x)$ 在区间 $[a, b]$ 上连续，则 $\int_a^x f(t)\mathrm{d}t$ 在 $[a, b]$ 上可导.

3. 变限积分求导

(1) 若函数 $f(x)$ 在区间 $[a, b]$ 上连续，则 $\left[\int_a^x f(t)\mathrm{d}t\right]' = f(x)$，$x \in [a, b]$.

(2) 若 $u(x)$，$v(x)$ 均可导，$f(x)$ 连续，则

$$\left[\int_{u(x)}^{v(x)} f(t)\mathrm{d}t\right]' = f[v(x)]v'(x) - f[u(x)]u'(x).$$

（四）定积分的计算

1. 微积分基本定理

若函数 $f(x)$ 在区间 $[a, b]$ 上连续，且 $F'(x)=f(x)$，$x\in[a, b]$，则

$$\int_a^b f(x)\mathrm{d}x = F(x)\Big|_a^b = F(b)-F(a).$$

该公式称为牛顿—莱布尼茨公式．

2. 定积分的换元法

若函数 $f(x)$ 在区间 $[a, b]$ 上连续，函数 $x=\varphi(t)$ 满足条件：

①$\varphi(\alpha)=a$，$\varphi(\beta)=b$；

②$\varphi(t)$ 在 $[\alpha, \beta]$（或 $[\beta, \alpha]$）上具有连续导数，且其值域为 $[a, b]$，则有

$$\int_a^b f(x)\mathrm{d}x = \int_\alpha^\beta f[\varphi(t)]\varphi'(t)\mathrm{d}t.$$

注意 从使用角度看，定积分的换元法与不定积分的第二类换元法的主要区别为：①积分限需要换；②后续不用把 t 用 x 表示．口诀：换限不换回．

3. 定积分的分部积分法

若函数 $u(x)$ 和 $v(x)$ 具有连续导数，则

$$\int_a^b u(x)v'(x)\mathrm{d}x = \int_a^b u(x)\mathrm{d}[v(x)] = u(x)v(x)\Big|_a^b - \int_a^b v(x)\mathrm{d}[u(x)].$$

（五）反常积分

1. 无穷限的反常积分

【定义 1】设函数 $f(x)$ 在区间 $[a, +\infty)$ 上连续，任取 $t>a$，则称 $\lim\limits_{t\to+\infty}\int_a^t f(x)\mathrm{d}x$ 为函数 $f(x)$ 在无穷区间 $[a, +\infty)$ 上的反常积分，记为 $\int_a^{+\infty} f(x)\mathrm{d}x$，即

$$\int_a^{+\infty} f(x)\mathrm{d}x = \lim_{t\to+\infty}\int_a^t f(x)\mathrm{d}x.$$

若极限 $\lim\limits_{t\to+\infty}\int_a^t f(x)\mathrm{d}x$ 存在，则称反常积分 $\int_a^{+\infty} f(x)\mathrm{d}x$ 收敛，并称该极限值为该反常积分的值；否则称反常积分 $\int_a^{+\infty} f(x)\mathrm{d}x$ 发散．

【定义 2】设函数 $f(x)$ 在区间 $(-\infty, b]$ 上连续，任取 $t<b$，则称 $\lim\limits_{t\to-\infty}\int_t^b f(x)\mathrm{d}x$ 为函数 $f(x)$ 在无穷区间 $(-\infty, b]$ 上的反常积分，记为 $\int_{-\infty}^b f(x)\mathrm{d}x$，即 $\int_{-\infty}^b f(x)\mathrm{d}x = \lim\limits_{t\to-\infty}\int_t^b f(x)\mathrm{d}x$.

若极限 $\lim\limits_{t\to-\infty}\int_t^b f(x)\mathrm{d}x$ 存在，则称反常积分 $\int_{-\infty}^b f(x)\mathrm{d}x$ 收敛，并称该极限值为该反常积分的值；否则称反常积分 $\int_{-\infty}^b f(x)\mathrm{d}x$ 发散．

【定义3】设函数 $f(x)$ 在区间 $(-\infty,+\infty)$ 上连续，a 为任一实数，反常积分 $\int_{-\infty}^{a} f(x)\mathrm{d}x$ 与反常积分 $\int_{a}^{+\infty} f(x)\mathrm{d}x$ 之和称为函数 $f(x)$ 在无穷区间 $(-\infty,+\infty)$ 上的反常积分，记为 $\int_{-\infty}^{+\infty} f(x)\mathrm{d}x$，即 $\int_{-\infty}^{+\infty} f(x)\mathrm{d}x=\int_{-\infty}^{a} f(x)\mathrm{d}x+\int_{a}^{+\infty} f(x)\mathrm{d}x$.

若反常积分 $\int_{-\infty}^{a} f(x)\mathrm{d}x$ 与反常积分 $\int_{a}^{+\infty} f(x)\mathrm{d}x$ 均收敛，则称反常积分 $\int_{-\infty}^{+\infty} f(x)\mathrm{d}x$ 收敛，并称反常积分 $\int_{-\infty}^{a} f(x)\mathrm{d}x$ 的值与反常积分 $\int_{a}^{+\infty} f(x)\mathrm{d}x$ 的值之和为反常积分 $\int_{-\infty}^{+\infty} f(x)\mathrm{d}x$ 的值；否则称反常积分 $\int_{-\infty}^{+\infty} f(x)\mathrm{d}x$ 发散.

上述反常积分统称为无穷限的反常积分.

2. 无界函数的反常积分

若函数 $f(x)$ 在点 a 的任一邻域内都无界，则称点 a 为函数 $f(x)$ 的瑕点. 无界函数的反常积分又称为瑕积分.

【定义4】设函数 $f(x)$ 在区间 $(a,b]$ 上连续，点 a 为 $f(x)$ 的瑕点，任取 $t>a$，则称 $\lim\limits_{t\to a^{+}}\int_{t}^{b} f(x)\mathrm{d}x$ 为函数 $f(x)$ 在区间 $(a,b]$ 上的反常积分，记为 $\int_{a}^{b} f(x)\mathrm{d}x$，即

$$\int_{a}^{b} f(x)\mathrm{d}x=\lim_{t\to a^{+}}\int_{t}^{b} f(x)\mathrm{d}x.$$

若极限 $\lim\limits_{t\to a^{+}}\int_{t}^{b} f(x)\mathrm{d}x$ 存在，则称反常积分 $\int_{a}^{b} f(x)\mathrm{d}x$ 收敛，并称该极限值为该反常积分的值；否则称反常积分 $\int_{a}^{b} f(x)\mathrm{d}x$ 发散.

【定义5】设函数 $f(x)$ 在区间 $[a,b)$ 上连续，点 b 为 $f(x)$ 的瑕点，任取 $t<b$，则称 $\lim\limits_{t\to b^{-}}\int_{a}^{t} f(x)\mathrm{d}x$ 为函数 $f(x)$ 在区间 $[a,b)$ 上的反常积分，仍记为 $\int_{a}^{b} f(x)\mathrm{d}x$，即

$$\int_{a}^{b} f(x)\mathrm{d}x=\lim_{t\to b^{-}}\int_{a}^{t} f(x)\mathrm{d}x.$$

若极限 $\lim\limits_{t\to b^{-}}\int_{a}^{t} f(x)\mathrm{d}x$ 存在，则称反常积分 $\int_{a}^{b} f(x)\mathrm{d}x$ 收敛，并称该极限值为该反常积分的值；否则称反常积分 $\int_{a}^{b} f(x)\mathrm{d}x$ 发散.

【定义6】设函数 $f(x)$ 在区间 $[a,c)$ 及 $(c,b]$ 上连续，点 c 为 $f(x)$ 的瑕点，反常积分 $\int_{a}^{c} f(x)\mathrm{d}x$ 与反常积分 $\int_{c}^{b} f(x)\mathrm{d}x$ 之和称为函数 $f(x)$ 在区间 $[a,b]$ 上的反常积分，仍记为 $\int_{a}^{b} f(x)\mathrm{d}x$，即 $\int_{a}^{b} f(x)\mathrm{d}x=\int_{a}^{c} f(x)\mathrm{d}x+\int_{c}^{b} f(x)\mathrm{d}x$.

若反常积分 $\int_{a}^{c} f(x)\mathrm{d}x$ 与反常积分 $\int_{c}^{b} f(x)\mathrm{d}x$ 均收敛，则称反常积分 $\int_{a}^{b} f(x)\mathrm{d}x$ 收敛，并称反常积分 $\int_{a}^{c} f(x)\mathrm{d}x$ 的值与反常积分 $\int_{c}^{b} f(x)\mathrm{d}x$ 的值之和为反常积分 $\int_{a}^{b} f(x)\mathrm{d}x$ 的值；否则称反常积分 $\int_{a}^{b} f(x)\mathrm{d}x$ 发散.

三、定积分的应用

对应真题题型 19～22

（一）平面图形的面积

1. 直角坐标情形

(1) 设函数 $f(x)$ 在区间 $[a, b]$ 连续，且 $f(x) \geqslant 0$，则由曲线 $y=f(x)$，直线 $x=a$，$x=b(a<b)$ 和 x 轴所围成的区域 D(见下图) 的面积为 $S=\int_a^b f(x)\mathrm{d}x$.

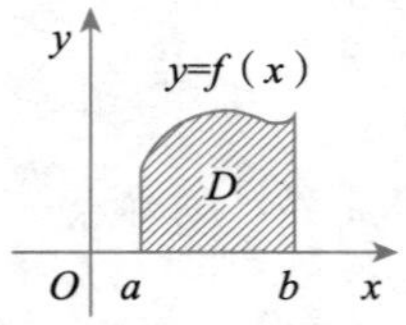

(2) 设函数 $g(y)$ 在区间 $[\alpha, \beta]$ 连续，且 $g(y) \geqslant 0$，则由曲线 $x=g(y)$，直线 $y=\alpha$，$y=\beta(\alpha<\beta)$ 和 y 轴所围成的区域 D(见下图) 的面积为 $S=\int_\alpha^\beta g(y)\mathrm{d}y$.

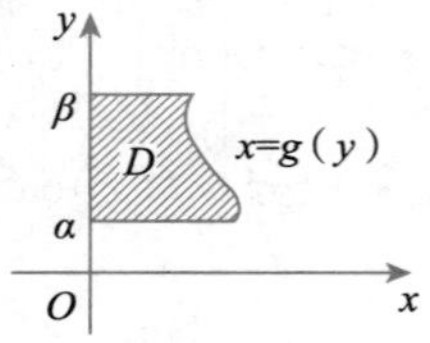

2. 极坐标情形

设函数 $\rho(\theta)$ 在区间 $[\alpha, \beta]$ 连续，且 $\rho(\theta) \geqslant 0$，则在极坐标系中由曲线 $\rho=\rho(\theta)$，射线 $\theta=\alpha$，$\theta=\beta(\alpha<\beta)$ 所围成的区域 D(见下图) 的面积为 $S=\frac{1}{2}\int_\alpha^\beta [\rho(\theta)]^2\mathrm{d}\theta$.

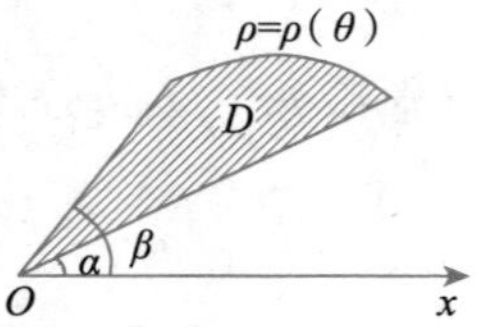

（二）空间立体的体积

1. 平行截面面积为已知的立体的体积

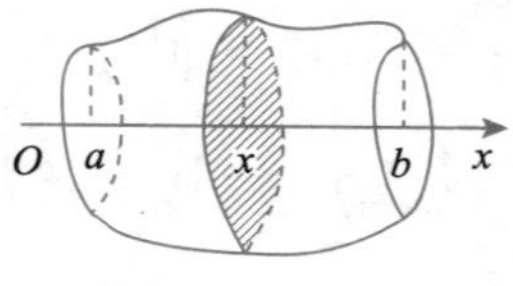

设 x 轴上有一立体，如右图所示，该立体位于过点 $x=a$，$x=b(a<b)$ 且垂直于 x 轴的两个平面之间，若任取 $x\in[a, b]$，该几何体的垂直于 x 轴的截面面积为连续函数 $S(x)$，则该立体的体积为 $V=\int_a^b S(x)\mathrm{d}x$.

2. 旋转体

(1)定义．

一个平面图形绕该平面内的一条直线旋转一周而成的立体称为**旋转体**．该直线称为**旋转轴**．

(2)体积．

①设函数 $f(x)$ 在区间 $[a, b]$ 连续，且 $f(x) \geqslant 0$，则由曲线 $y=f(x)$，直线 $x=a$，$x=b(a<b)$ 和 x 轴所围成的平面图形 D(见右图)绕 x 轴旋转一周所得旋转体的体积为 $V_x=\pi\int_a^b f^2(x)\mathrm{d}x$；当 $a \geqslant 0$ 时，D 绕 y 轴旋转一周所得旋转体的体积为 $V_y=2\pi\int_a^b xf(x)\mathrm{d}x$.

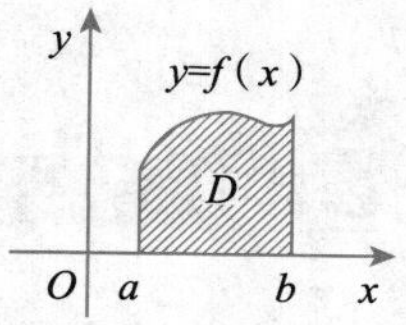

② 设函数 $g(y)$ 在区间 $[\alpha, \beta]$ 连续，且 $g(y) \geqslant 0$，则由曲线 $x=g(y)$，直线 $y=\alpha$，$y=\beta(\alpha<\beta)$ 和 y 轴所围成的区域 D(见下图) 绕 y 轴旋转一周所得的旋转体的体积为

$$V_y=\pi\int_\alpha^\beta g^2(y)\mathrm{d}y.$$

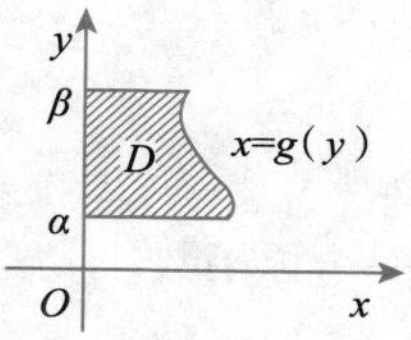

(三) 平面曲线的弧长

(1) 设平面曲线弧由参数方程 $\begin{cases} x=x(t), \\ y=y(t), \end{cases}$ $t \in [a, b]$ 给出，其中 $x(t)$，$y(t)$ 在 $[a, b]$ 上具有连续导数，且 $x'(t)$，$y'(t)$ 不同时为零，则弧长为 $s=\int_a^b \sqrt{[x'(t)]^2+[y'(t)]^2}\mathrm{d}t$.

(2) 设平面曲线弧由直角坐标方程 $y=f(x)$，$x \in [a, b]$ 给出，其中 $f(x)$ 在 $[a, b]$ 上具有连续导数，则弧长为 $s=\int_a^b \sqrt{1+[f'(x)]^2}\mathrm{d}x$.

(3) 设平面曲线弧由极坐标方程 $\rho=\rho(\theta)$，$\theta \in [\alpha, \beta]$ 给出，其中 $\rho(\theta)$ 在 $[\alpha, \beta]$ 上具有连续导数，则弧长为 $s=\int_\alpha^\beta \sqrt{\rho^2(\theta)+[\rho'(\theta)]^2}\mathrm{d}\theta$.

第2节 基础题型

题型1 对原函数定义的考查

【方法点拨】

判断 $F(x)$ 是否为 $f(x)$ 的原函数，用原函数的定义：$F(x)$ 为 $f(x)$ 在区间 I 上的一个原函数 $\Leftrightarrow F'(x)=f(x)$，$x\in I$.

例1 若 $F(x)$ 和 $G(x)$ 分别为 $f(x)$ 和 $g(x)$ 在 $\mathbf{R}$ 上的原函数，$k\neq 0$，则下列结论正确的个数是(　　).

(1) $kF(x)$ 为 $kf(x)$ 的一个原函数；

(2) $F(x)+k$ 为 $f(x)+k$ 的一个原函数；

(3) $F(x)+G(x)$ 为 $f(x)+g(x)$ 的一个原函数；

(4) $F(x)-G(x)$ 为 $f(x)-g(x)$ 的一个原函数；

(5) $F(x)G(x)$ 为 $f(x)g(x)$ 的一个原函数.

A. 1　　B. 2　　C. 3　　D. 4　　E. 5

【思路】 判断一个函数是否为另一个函数的原函数，用原函数的定义.

【解析】 $F(x)$ 为 $f(x)$ 的原函数 $\Rightarrow F'(x)=f(x)$，$G(x)$ 为 $g(x)$ 的原函数 $\Rightarrow G'(x)=g(x)$，则有 $[kF(x)]'=kf(x)$，$[F(x)+G(x)]'=f(x)+g(x)$，$[F(x)-G(x)]'=f(x)-g(x)$，故 $kF(x)$，$F(x)+G(x)$ 和 $F(x)-G(x)$ 分别为 $kf(x)$，$f(x)+g(x)$ 和 $f(x)-g(x)$ 的原函数，则结论(1)、(3)、(4)正确，选C项.

而 $[F(x)+k]'=f(x)\neq f(x)+k$，$k\neq 0\Rightarrow F(x)+k$ 不为 $f(x)+k$ 的原函数，故(2)错误；$[F(x)G(x)]'=f(x)G(x)+F(x)g(x)$，未必等于 $f(x)g(x)$，如令 $F(x)=G(x)=x$，$f(x)=g(x)=1$，则满足已知，但 $[F(x)G(x)]'=(x^2)'=2x$ 不恒等于 $1=f(x)g(x)(x\in\mathbf{R})$，此时 $F(x)G(x)$ 不为 $f(x)g(x)$ 在 $\mathbf{R}$ 上的原函数，故(5)错误.

【答案】 C

题型2 不定积分的基本计算

【方法点拨】

方法一：正向求积分.

(1)掌握计算步骤：

能否用积分公式 $\begin{cases} 是\rightarrow 用公式; \\ 否\rightarrow 第一步:用线性性质、三角公式和凑微分等变形. \\ \qquad 第二步:变形后用公式. \end{cases}$

(2)掌握常用三角公式:

定义式:$\tan x=\dfrac{\sin x}{\cos x}$,$\cot x=\dfrac{\cos x}{\sin x}$,$\sec x=\dfrac{1}{\cos x}$,$\csc x=\dfrac{1}{\sin x}$;

恒等式:$\sin^2x+\cos^2x=1$,$1+\tan^2x=\sec^2x$(或$\sec^2x-1=\tan^2x$);

倍角公式(⇒降次公式):$\sin 2x=2\sin x\cos x\left(\Rightarrow \sin x\cos x=\dfrac{\sin 2x}{2}\right)$,$\cos 2x=\cos^2x-\sin^2x=2\cos^2x-1=1-2\sin^2x\left(\Rightarrow \cos^2x=\dfrac{1+\cos 2x}{2},\ \sin^2x=\dfrac{1-\cos 2x}{2}\right)$;

诱导公式:$\dfrac{k\pi}{2}\pm x(k\in\mathbf{Z})$的三角函数值等于:

①当k为偶数时,为x的同名函数值,并在前面加上把x看成锐角时原函数值的正负号;

②当k为奇数时,为x相应的余函数值(即 sin→cos,cos→sin,tan→cot,cot→tan),并在前面加上把x看成锐角时原函数值的正负号.

口诀:奇变偶不变,符号看象限.如

$$\sin\left(\frac{\pi}{2}+x\right)=\cos x;\ \cos(\pi-x)=\cos\left(2\times\frac{\pi}{2}-x\right)=-\cos x.$$

方法二:反向求导.

对不定积分的计算结果$F(x)+C$求导,若等于被积函数,则正确,否则错误.

【总结】由于方法一同时适用于不定积分计算和定积分计算,而方法二仅适用于前者,因此建议考生熟练掌握方法一,确实难以求解时,再考虑方法二.

例2 $\displaystyle\int\left[\frac{1}{(1+x)^2}-\frac{1}{(1+x)^3}\right]\mathrm{d}x=(\quad)$,其中$C$为任意常数.

A. $\dfrac{1}{1+x}+\dfrac{1}{2(1+x)^2}+C$

B. $\dfrac{1}{1+x}-\dfrac{1}{2(1+x)^2}+C$

C. $-\dfrac{1}{1+x}+\dfrac{1}{2(1+x)^2}+C$

D. $-\dfrac{1}{1+x}-\dfrac{1}{2(1+x)^2}+C$

E. $-\dfrac{1}{1+x}+\dfrac{1}{(1+x)^2}+C$

【思路】已知的不定积分不能直接用积分公式,故用线性性质将积分拆开,再计算,或者通过对选项求导,来判断正误.

【解析】方法一:直接计算.

$$\int\left[\frac{1}{(1+x)^2}-\frac{1}{(1+x)^3}\right]\mathrm{d}x=\int\frac{1}{(1+x)^2}\mathrm{d}x-\int\frac{1}{(1+x)^3}\mathrm{d}x=-\frac{1}{1+x}+\frac{1}{2(1+x)^2}+C.$$

方法二：通过求导判断正误．

$\left[-\frac{1}{1+x}+\frac{1}{2(1+x)^2}+C\right]'=\frac{1}{(1+x)^2}-\frac{1}{(1+x)^3}$(被积函数)，故选C项．

$\left[\frac{1}{1+x}+\frac{1}{2(1+x)^2}+C\right]'=-\frac{1}{(1+x)^2}-\frac{1}{(1+x)^3}\neq\frac{1}{(1+x)^2}-\frac{1}{(1+x)^3}$(被积函数)，故排除A项．类似地，可排除B、D、E项．

【答案】C

例3 $\int\frac{\tan x}{1+\cos 2x}\mathrm{d}x=($　　)，其中C为任意常数．

A. $\frac{1}{4}\tan x+C$　　B. $\frac{1}{4}\tan^2 x+C$　　C. $\frac{1}{2}\tan x+C$

D. $\frac{1}{2}\tan^2 x+C$　　E. $\tan^2 x+C$

【思路】不能直接用积分公式，被积函数中含有三角函数，可先用三角公式变形，再计算．

【解析】$\int\frac{\tan x}{1+\cos 2x}\mathrm{d}x=\int\frac{\tan x}{1+2\cos^2 x-1}\mathrm{d}x=\frac{1}{2}\int\tan x\sec^2 x\mathrm{d}x=\frac{1}{2}\int\tan x\mathrm{d}(\tan x)=\frac{1}{4}\tan^2 x+C.$

【注意】当计算到$\frac{1}{2}\int\tan x\sec^2 x\mathrm{d}x$时，还有另外一种解法，为

$$\frac{1}{2}\int\tan x\sec^2 x\mathrm{d}x=\frac{1}{2}\int(\tan x\sec x)\sec x\mathrm{d}x=\frac{1}{2}\int\sec x\mathrm{d}(\sec x)=\frac{1}{4}\sec^2 x+C.$$

有读者会认为，出现了两种计算结果，但实际上，$\frac{1}{4}\sec^2 x+C=\frac{1}{4}(\sec^2 x-1)+\frac{1}{4}+C=\frac{1}{4}\tan^2 x+\frac{1}{4}+C$，因为$C$为任意常数，所以$\frac{1}{4}+C$仍表示任意常数，两种结果是等价的．一般地，若$C$为任意常数，则$C+C=C$，$C\cdot C=C$.

【答案】B

例4 $\int\frac{\mathrm{d}x}{x\ln^2 x}=($　　)，其中C为任意常数．

A. $\frac{1}{\ln x}+C$　　B. $-\frac{1}{\ln x}+C$　　C. $\ln x+C$　　D. $-\ln x+C$　　E. $\ln x-\frac{1}{\ln x}+C$

【思路】本题不能直接用积分公式，注意到$(\ln x)'=\frac{1}{x}$，可考虑用凑微分法计算．

【解析】$\int\frac{\mathrm{d}x}{x\ln^2 x}=\int\frac{\mathrm{d}(\ln x)}{\ln^2 x}=-\frac{1}{\ln x}+C.$

【答案】B

例5 $\int x(1+x^2)^{10}\mathrm{d}x=($　　)，其中C为任意常数．

A. $\frac{(1+x^2)^{11}}{11}+C$　　B. $\frac{x(1+x^2)^{11}}{11}+C$　　C. $\frac{x(1+x^2)^{11}}{22}+C$

D. $\frac{(1+x^2)^{11}}{22}+C$　　E. $(1+x^2)^{11}+C$

【思路】本题不能直接用积分公式，注意到 $x\mathrm{d}x=\frac{1}{2}\mathrm{d}(x^2)$，故考虑用凑微分法计算，注意凑微分可以分多步凑，如本题中 $x\mathrm{d}x=\frac{1}{2}\mathrm{d}(x^2)=\frac{1}{2}\mathrm{d}(1+x^2)$.

【解析】

$$\begin{aligned}\int x(1+x^2)^{10}\mathrm{d}x&=\frac{1}{2}\int(1+x^2)^{10}\mathrm{d}(x^2)\\&=\frac{1}{2}\int(1+x^2)^{10}\mathrm{d}(1+x^2)\\&=\frac{1}{2}\times\frac{1}{10+1}(1+x^2)^{11}+C\\&=\frac{(1+x^2)^{11}}{22}+C.\end{aligned}$$

【答案】D

题型3　定积分的基本计算

【方法点拨】

(1)用不定积分的计算方法求出原函数，再利用牛顿—莱布尼茨公式计算原函数的函数值之差.

(2)掌握常用的乘法公式：

①$a^2-b^2=(a+b)(a-b)$；

②$a^3\pm b^3=(a\pm b)(a^2\mp ab+b^2)$；

③$(a\pm b)^2=a^2\pm 2ab+b^2$；

④$(a+b+c)^2=a^2+b^2+c^2+2ab+2ac+2bc$；

⑤$(a\pm b)^3=a^3\pm 3a^2b+3ab^2\pm b^3$.

例6　$\int_0^1(x+\sqrt{1-x^2})^2\mathrm{d}x=($　　$)$.

A. $\frac{1}{3}$　　B. $\frac{1}{2}$　　C. $\frac{2}{3}$　　D. 1　　E. $\frac{5}{3}$

【思路】本题可以先用完全平方公式将被积函数展开，再结合线性性质对定积分变形，最后用牛顿—莱布尼茨公式计算原函数的函数值之差.

【解析】

$$\begin{aligned}\int_0^1(x+\sqrt{1-x^2})^2\mathrm{d}x&=\int_0^1(x^2+2x\sqrt{1-x^2}+1-x^2)\mathrm{d}x=\int_0^1 1\mathrm{d}x+\int_0^1 2x\sqrt{1-x^2}\mathrm{d}x\\&=1-\int_0^1(1-x^2)^{\frac{1}{2}}\mathrm{d}(1-x^2)=1-\frac{2}{3}(1-x^2)^{\frac{3}{2}}\Big|_0^1=\frac{5}{3}.\end{aligned}$$

【答案】E

例 7 $\int_0^{\ln 2}(e^x-e^{-x})^3dx=(\quad)$.

A. $\frac{5}{6}$　　B. $\frac{5}{12}$　　C. $\frac{7}{12}$　　D. $\frac{7}{24}$　　E. $\frac{13}{24}$

【思路】先将被积函数展开，再将所求定积分拆成几个积分之和，再计算.

【解析】

$$\begin{aligned}\int_0^{\ln 2}(e^x-e^{-x})^3dx&=\int_0^{\ln 2}(e^{3x}-3e^{2x}e^{-x}+3e^xe^{-2x}-e^{-3x})dx\\&=\int_0^{\ln 2}e^{3x}dx-3\int_0^{\ln 2}e^xdx+3\int_0^{\ln 2}e^{-x}dx-\int_0^{\ln 2}e^{-3x}dx\\&=\frac{1}{3}e^{3x}\Big|_0^{\ln 2}-3e^x\Big|_0^{\ln 2}-3e^{-x}\Big|_0^{\ln 2}+\frac{1}{3}e^{-3x}\Big|_0^{\ln 2}=\frac{13}{24}.\end{aligned}$$

【答案】E

题型 4 用几何意义计算定积分

【方法点拨】

当被积函数的图形和圆周相关时，可以考虑利用定积分的几何意义进行计算.

常用的面积积分：设 $a>0$，则

(1) $\int_{-a}^{a}\sqrt{a^2-x^2}dx=\frac{\pi a^2}{2}$；　(2) $\int_0^a\sqrt{a^2-x^2}dx=\frac{\pi a^2}{4}$；

(3) $\int_0^{2a}\sqrt{2ax-x^2}dx=\frac{\pi a^2}{2}$；　(4) $\int_0^a\sqrt{2ax-x^2}dx=\frac{\pi a^2}{4}$.

可以结合定积分的几何意义掌握上述结论，如 $\int_0^{2a}\sqrt{2ax-x^2}dx$，$y=\sqrt{2ax-x^2}$，$0\leqslant x\leqslant 2a\Rightarrow(x-a)^2+y^2=a^2$，$0\leqslant x\leqslant 2a$，$y\geqslant 0$，表示以 $(a,0)$ 为圆心、a 为半径的上半圆周，故与 x 轴所围图形的面积为 $\frac{\pi a^2}{2}$，因此 $\int_0^{2a}\sqrt{2ax-x^2}dx=\frac{\pi a^2}{2}$.

例 8 $\int_{-1}^{1}\sqrt{1-x^2}dx$ 和 $\int_1^2\sqrt{2x-x^2}dx$ 的值分别为(　　).

A. $\frac{\pi}{2}$，$\frac{\pi}{4}$　　B. $\frac{\pi}{4}$，$\frac{\pi}{4}$　　C. $\frac{\pi}{4}$，$\frac{\pi}{2}$　　D. $\frac{\pi}{2}$，$\frac{\pi}{2}$　　E. π，$\frac{\pi}{2}$

【思路】已知定积分的被积函数均为部分圆周，故利用定积分几何意义进行求解.

【解析】$\int_{-1}^{1}\sqrt{1-x^2}dx$，$y=\sqrt{1-x^2}(-1\leqslant x\leqslant 1)\Rightarrow x^2+y^2=1(-1\leqslant x\leqslant 1,\ y\geqslant 0)$ 表示以 $(0,0)$ 为圆心、1 为半径的上半圆周，故与 x 轴所围图形的面积为 $\frac{\pi}{2}$，即 $\int_{-1}^{1}\sqrt{1-x^2}dx=\frac{\pi}{2}$.

同理，$y=\sqrt{2x-x^2}(1\leqslant x\leqslant 2)\Rightarrow(x-1)^2+y^2=1(1\leqslant x\leqslant 2,\ y\geqslant 0)$，表示以 $(1,0)$ 为圆心、1 为半径的 $\frac{1}{4}$ 圆周，故 $\int_1^2\sqrt{2x-x^2}dx=\frac{\pi}{4}$.

综上，$\int_{-1}^{1}\sqrt{1-x^2}dx$ 和 $\int_1^2\sqrt{2x-x^2}dx$ 的值分别为 $\frac{\pi}{2}$，$\frac{\pi}{4}$.

【答案】A

题型5 求函数的平均值

【方法点拨】

掌握函数平均值的定义：连续函数 $f(x)$在区间$[a, b]$的平均值为$\dfrac{\int_a^b f(x)\mathrm{d}x}{b-a}$.

例9　函数 $y=\dfrac{1}{x(1+\ln^2 x)}$在区间$[1, \mathrm{e}]$上的平均值为(　　).

A. $\dfrac{\pi}{4}$　　B. $\dfrac{\pi}{\mathrm{e}-1}$　　C. $\dfrac{1}{4(\mathrm{e}-1)}$　　D. $\dfrac{\pi}{4(\mathrm{e}+1)}$　　E. $\dfrac{\pi}{4(\mathrm{e}-1)}$

【思路】直接利用函数平均值定义中的公式计算.

【解析】用平均值的公式计算，可得

$$\frac{\int_a^b f(x)\mathrm{d}x}{b-a}=\frac{\int_1^{\mathrm{e}}\frac{1}{x(1+\ln^2 x)}\mathrm{d}x}{\mathrm{e}-1}=\frac{1}{\mathrm{e}-1}\int_1^{\mathrm{e}}\frac{1}{1+\ln^2 x}\mathrm{d}(\ln x)=\frac{1}{\mathrm{e}-1}\arctan(\ln x)\Big|_1^{\mathrm{e}}=\frac{\pi}{4(\mathrm{e}-1)}.$$

【答案】E

本节习题自测

1. $\int f'(2x+1)\mathrm{d}x=$(　　)，其中 C 为任意常数.

A. $\dfrac{1}{2}f(2x+1)$

B. $\dfrac{1}{2}f(2x+1)+C$

C. $f(2x+1)+C$

D. $2f(2x+1)$

E. $2f(2x+1)+C$

2. $\int_{\mathrm{e}}^{\mathrm{e}^2}\dfrac{1}{x\ln^2 x}\mathrm{d}x=$(　　).

A. -2　　B. 2　　C. $-\dfrac{1}{2}$　　D. $\dfrac{1}{2}$　　E. 0

3. $\int\left[\dfrac{1}{1-x}+\dfrac{3+x}{(1+x)^2}\right]\mathrm{d}x=$(　　)，其中 C 为任意常数.

A. $-\ln|1-x|-\ln|1+x|-\dfrac{2}{1+x}+C$

B. $-\ln|1-x|-\ln|1+x|-\dfrac{3}{1+x}+C$

C. $-\ln|1-x|+\ln|1+x|-\dfrac{2}{1+x}+C$

D. $-\ln|1-x|+\ln|1+x|-\dfrac{3}{1+x}+C$

E. $-\ln|1-x|-\ln|1+x|+\dfrac{3}{1+x}+C$

4. $\int \frac{1-\sin x}{\cos^2 x}dx=(\quad)$，其中 C 为任意常数.

A. $\tan x+\frac{1}{\cos x}+C$　　B. $\tan x-\frac{1}{\cos x}+C$　　C. $\cot x+\frac{1}{\cos x}+C$

D. $\cot x-\frac{1}{\cos x}+C$　　E. $\tan x-\frac{1}{\sin x}+C$

5. $\int_0^1\left[\frac{x}{1+x^2}-\frac{1}{(1+x)^2}\right]dx=(\quad)$.

A. $\ln 2$　　B. $\frac{\ln 2}{2}$　　C. $\ln 2-1$　　D. $\ln 2+1$　　E. $\frac{\ln 2-1}{2}$

6. 设函数 $f(x)$ 在区间$[0，1]$上具有连续导数，则$\int_0^1 2xf'(x^2)f(x^2)dx=(\quad)$.

A. $f(1)-f(0)$　　B. $f^2(1)-f^2(0)$　　C. $\frac{f^2(1)-f^2(0)}{2}$

D. $\frac{f(1)-f(0)}{2}$　　E. $\frac{f(1)+f(0)}{2}$

7. $\int_0^{-1}\sqrt{-x-x^2}\,dx=(\quad)$.

A. $-\frac{\pi}{8}$　　B. $\frac{\pi}{8}$　　C. $-\frac{\pi}{4}$　　D. $\frac{\pi}{4}$　　E. $-\frac{\pi}{2}$

8. 已知 $f'(e^x)=xe^{-x}$，且 $f(1)=0$，则 $f(x)=(\quad)$.

A. $\frac{\ln x}{x}$　　B. $\frac{\ln x}{2}$　　C. $\frac{1}{2}\ln^2 x$　　D. $\frac{1}{2}\ln^2 x+C$　　E. $\ln^2 x$

9. 函数 $y=\frac{1}{x^2+2x+5}$在区间$[-1，1]$上的平均值为$(\quad)$.

A. π　　B. $\frac{\pi}{2}$　　C. $\frac{\pi}{4}$　　D. $\frac{\pi}{8}$　　E. $\frac{\pi}{16}$

10. $\int_1^2\frac{dx}{e^x+e^{2-x}}=(\quad)$.

A. $\frac{\pi}{4e}$　　B. $\frac{\arctan e}{e}$　　C. $\frac{1}{e}\left(\arctan e-\frac{\pi}{4}\right)$

D. $\frac{1}{e}\left(1+\frac{\pi}{4}\right)$　　E. $\frac{1}{e}\left(1-\frac{\pi}{4}\right)$

11. 函数 $y=\frac{x}{\sqrt{1-x^2}}$在区间$\left[\frac{1}{2}，\frac{\sqrt{3}}{2}\right]$上的平均值为$(\quad)$.

A. $\frac{\sqrt{3}+1}{2}$　　B. $\frac{\sqrt{3}-1}{2}$　　C. $\frac{1}{2}$　　D. $\frac{\sqrt{3}}{2}$　　E. 1

习题详解

1. B

【解析】$\int f'(2x+1)\,dx=\frac{1}{2}\int f'(2x+1)\,d(2x+1)=\frac{1}{2}f(2x+1)+C.$

2. D

【解析】$\int_{e}^{e^2}\frac{1}{x\ln^2 x}dx=\int_{e}^{e^2}\frac{1}{\ln^2 x}d(\ln x)=-\frac{1}{\ln x}\Big|_{e}^{e^2}=\frac{1}{2}$.

3. C

【解析】

$$\begin{aligned}\int\left[\frac{1}{1-x}+\frac{3+x}{(1+x)^2}\right]dx&=\int\frac{1}{1-x}dx+\int\frac{3+x}{(1+x)^2}dx\\&=-\int\frac{1}{1-x}d(1-x)+\int\frac{1+x+2}{(1+x)^2}dx\\&=-\ln|1-x|+\int\frac{1}{1+x}dx+\int\frac{2}{(1+x)^2}dx\\&=-\ln|1-x|+\ln|1+x|-\frac{2}{1+x}+C.\end{aligned}$$

4. B

【解析】$\int\frac{1-\sin x}{\cos^2 x}dx=\int\frac{1}{\cos^2 x}dx-\int\frac{\sin x\,dx}{\cos^2 x}=\int\sec^2 x\,dx+\int\frac{d(\cos x)}{\cos^2 x}=\tan x-\frac{1}{\cos x}+C$.

5. E

【解析】$$\begin{aligned}\int_0^1\left[\frac{x}{1+x^2}-\frac{1}{(1+x)^2}\right]dx&=\int_0^1\frac{x}{1+x^2}dx-\int_0^1\frac{1}{(1+x)^2}dx\\&=\frac{1}{2}\ln(1+x^2)\Big|_0^1+\frac{1}{1+x}\Big|_0^1=\frac{\ln 2-1}{2}.\end{aligned}$$

6. C

【解析】$$\begin{aligned}\int_0^1 2xf'(x^2)f(x^2)dx&=\int_0^1 f'(x^2)f(x^2)d(x^2)=\int_0^1 f(x^2)d[f(x^2)]\\&=\frac{1}{2}[f(x^2)]^2\Big|_0^1=\frac{f^2(1)-f^2(0)}{2}.\end{aligned}$$

7. A

【解析】$\int_0^{-1}\sqrt{-x-x^2}\,dx=-\int_{-1}^0\sqrt{-x-x^2}\,dx$.

$$y=\sqrt{-x-x^2}\ (-1\leqslant x\leqslant 0)\Rightarrow\left(x+\frac{1}{2}\right)^2+y^2=\frac{1}{4}(-1\leqslant x\leqslant 0,\ y\geqslant 0),$$

表示以$\left(-\frac{1}{2},0\right)$为圆心、$\frac{1}{2}$为半径的上半圆周.

$\int_{-1}^0\sqrt{-x-x^2}\,dx$ 表示圆周与 x 轴所围图形的面积，为$\frac{1}{2}\pi\times\left(\frac{1}{2}\right)^2=\frac{\pi}{8}$，故

$$\int_0^{-1}\sqrt{-x-x^2}\,dx=-\frac{\pi}{8}.$$

8. C

【解析】令 $e^x=t$，则 $x=\ln t$，故 $f'(e^x)=xe^{-x}$ 可化为$f'(t)=\frac{\ln t}{t}$，即 $f'(x)=\frac{\ln x}{x}$，故 $f(x)=\int\frac{\ln x}{x}dx=\int\ln x\,d(\ln x)=\frac{1}{2}\ln^2 x+C$，由 $f(1)=0$ 得 $C=0$，故 $f(x)=\frac{1}{2}\ln^2 x$.

9. E

【解析】所求平均值为

$$\frac{\int_{-1}^{1}\frac{1}{x^2+2x+5}\mathrm{d}x}{1-(-1)}=\frac{1}{2}\int_{-1}^{1}\frac{\mathrm{d}x}{(x+1)^2+4}=\frac{1}{4}\int_{-1}^{1}\frac{1}{\left(\frac{x+1}{2}\right)^2+1}\mathrm{d}\left(\frac{x+1}{2}\right)$$

$$=\frac{1}{4}\arctan\frac{x+1}{2}\Big|_{-1}^{1}=\frac{\pi}{16}.$$

10. C

【解析】$\int_1^2\frac{\mathrm{d}x}{\mathrm{e}^x+\mathrm{e}^{2-x}}=\int_1^2\frac{\mathrm{e}^x\mathrm{d}x}{\mathrm{e}^{2x}+\mathrm{e}^2}=\frac{1}{\mathrm{e}^2}\int_1^2\frac{\mathrm{d}(\mathrm{e}^x)}{\mathrm{e}^{2x-2}+1}=\frac{1}{\mathrm{e}^2}\int_1^2\frac{\mathrm{e}\mathrm{d}(\mathrm{e}^{x-1})}{\mathrm{e}^{2x-2}+1}$

$$=\frac{1}{\mathrm{e}}\int_1^2\frac{\mathrm{d}(\mathrm{e}^{x-1})}{(\mathrm{e}^{x-1})^2+1}=\frac{1}{\mathrm{e}}\arctan\mathrm{e}^{x-1}\Big|_1^2=\frac{1}{\mathrm{e}}\left(\arctan\mathrm{e}-\frac{\pi}{4}\right).$$

11. E

【解析】$\int_a^b f(x)\mathrm{d}x=\int_{\frac{1}{2}}^{\frac{\sqrt{3}}{2}}\frac{x}{\sqrt{1-x^2}}\mathrm{d}x=-\int_{\frac{1}{2}}^{\frac{\sqrt{3}}{2}}\frac{1}{2\sqrt{1-x^2}}\mathrm{d}(1-x^2)=-\sqrt{1-x^2}\Big|_{\frac{1}{2}}^{\frac{\sqrt{3}}{2}}=\frac{\sqrt{3}-1}{2}.$

故所求平均值为$\frac{\int_a^b f(x)\mathrm{d}x}{b-a}=\frac{\frac{\sqrt{3}-1}{2}}{\frac{\sqrt{3}}{2}-\frac{1}{2}}=1.$

第3节 真题题型

题型6 对不定积分定义与性质的考查

【方法点拨】

(1)掌握概念及相互关系:

$$原函数\ F(x) \xleftrightarrow[\text{先求}\int f(x)\mathrm{d}x,\text{再定}\ C]{F'(x)=f(x)} 函数\ f(x) \xleftrightarrow[\text{先求}\int f'(x)\mathrm{d}x,\text{再定}\ C]{[f(x)]'=f'(x)} 导函数\ f'(x)$$

$$分析值域,对应代入,化简 \Big\updownarrow 换元令\ g(x)=u$$

$$复合函数\ f[g(x)]$$

(2)熟悉考题设置及处理方法:

①条件和问题可能以这几种形式给出:函数、复合函数、原函数(或不定积分)、导函数(或微分);

②处理方法:利用(1)中的概念和关系,先由条件求出函数 $f(x)$,再根据问题由函数 $f(x)$ 求出结果.

如已知复合函数 $f[g(x)]$ 的表达式,求导函数 $f'(x)$,则先通过换元令 $u=g(x)$,由 $f[g(x)]$ 求出 $f(x)$,再求导得 $f'(x)$.

例 10 设 $f'(\ln x)=1+x$,则 $f(x)=($ $)$,其中 C 为任意常数.

A. $1+\mathrm{e}^x$ B. $1+\mathrm{e}^x+C$ C. $x+\mathrm{e}^x$ D. $x+\mathrm{e}^x+C$ E. $x-\mathrm{e}^x+C$

【思路】 已知 $f'(\ln x)$ 求 $f(x)$,须先通过换元求出 $f'(x)$,再通过求不定积分求出 $f(x)$.

【解析】 令 $\ln x=t$,则 $x=\mathrm{e}^t$,故 $f'(\ln x)=1+x$ 可化为 $f'(t)=1+\mathrm{e}^t$,即 $f'(x)=1+\mathrm{e}^x$,进而 $f(x)=\int(1+\mathrm{e}^x)\mathrm{d}x=x+\mathrm{e}^x+C$.

【答案】 D

例 11 设函数 $f(x)$ 满足 $\int \mathrm{e}^{-x}f(x)\mathrm{d}x=x\mathrm{e}^{-x}+C$,则 $\int f(x)\mathrm{d}x=($ $)$,其中 C 为任意常数.

A. $1-x$ B. $1-x+C$ C. $(1-x)\mathrm{e}^{-x}+C$

D. $x-\dfrac{x^2}{2}+C$ E. $x+\dfrac{x^2}{2}+C$

【思路】 已知含有 $\int \mathrm{e}^{-x}f(x)\mathrm{d}x$ 的等式,要求 $\int f(x)\mathrm{d}x$,可先求导解出 $f(x)$,再求 $\int f(x)\mathrm{d}x$.

【解析】 $\int \mathrm{e}^{-x}f(x)\mathrm{d}x=x\mathrm{e}^{-x}+C$ 两边求导得 $\mathrm{e}^{-x}f(x)=\mathrm{e}^{-x}-x\mathrm{e}^{-x}=(1-x)\mathrm{e}^{-x}$,解得 $f(x)=1-x$,故 $\int f(x)\mathrm{d}x=\int(1-x)\mathrm{d}x=x-\dfrac{x^2}{2}+C$.

【答案】 D

题型 7 有理函数的积分计算

【方法点拨】

对于有理函数积分 $\int \frac{P_n(x)}{Q_m(x)}\mathrm{d}x$（其中 $P_n(x)$ 和 $Q_m(x)$ 分别是 n 次和 m 次多项式），有如下计算步骤：

(1)化简：①若有理函数 $\frac{P_n(x)}{Q_m(x)}$ 为假分式(即 $n\geqslant m$)，则通过加减项的变形将其化为多项式与真分式(即 $n<m$)之和．如 $\frac{x^3}{x^2+1}=\frac{x^3+x-x}{x^2+1}=x-\frac{x}{x^2+1}$．②若分母 $Q_m(x)$ 未被因式分解，则对其进行因式分解．

(2)拆项：设 $\frac{P_n(x)}{Q_m(x)}$ 已为真分式，且 $Q_m(x)$ 已被因式分解，则

①若分母 $Q_m(x)$ 含有一个因子 $(x-a)^k$，那么拆出的对应项为 $\frac{A_1}{x-a}+\frac{A_2}{(x-a)^2}+\cdots+\frac{A_k}{(x-a)^k}$（其中 A_i，$i=1,2,\cdots,k$ 为待定系数）．

特别地，$\frac{1}{(x-a)(x-b)}=\frac{1}{a-b}\left(\frac{1}{x-a}-\frac{1}{x-b}\right)$，$a\neq b$，一般称为裂项．

②若分母 $Q_m(x)$ 含有一个因子 $(x^2+px+q)^k$，其中 $p^2<4q$，那么拆出的对应项为 $\frac{B_1x+C_1}{x^2+px+q}+\frac{B_2x+C_2}{(x^2+px+q)^2}+\cdots+\frac{B_kx+C_k}{(x^2+px+q)^k}$（其中 B_i，C_i，$i=1,2,\cdots,k$ 为待定系数）．

如 $\frac{2x+1}{x(x-1)^2(x^2+x+2)}=\frac{A}{x}+\frac{B}{x-1}+\frac{C}{(x-1)^2}+\frac{Dx+E}{x^2+x+2}$（其中 A，B，C，D，E 为待定系数），再将右端通分，令两端分子的同次幂项的系数相等，解出待定系数．

(3)求积分：通过计算拆出的各项的积分(可通过常规方法算出)得出原积分的计算结果．

注意：上述方法是计算有理函数积分的一般方法，未必是最简方法．具体解题，可根据被积函数特点寻找较为简洁的解法，如用观察法拆项(见例 14 的注意)、凑微分法等．

例 12 $\int \frac{x+5}{x^2-6x+13}\mathrm{d}x=(\quad)$，其中 C 为任意常数．

A. $\frac{1}{2}\ln(x^2-6x+13)+C$

B. $4\arctan\frac{x-3}{2}+C$

C. $\frac{1}{2}\ln(x^2-6x+13)+4\arctan\frac{x-3}{2}+C$

D. $\frac{1}{2}\ln(x^2-6x+13)-4\arctan\frac{x-3}{2}+C$

E. $\frac{1}{2}\ln(x^2-6x+13)+4\arctan\frac{x-3}{2}$

【思路】由于被积函数为有理函数且为真分式，分母为二次式且无法因式分解，因此跳过“方法点拨”中的“化简”和“拆项”，直接求积分．

【解析】分子凑微分，可得

$$\int \frac{x+5}{x^2-6x+13}\mathrm{d}x=\int \frac{\frac{1}{2}(2x-6+16)}{x^2-6x+13}\mathrm{d}x=\frac{1}{2}\int \frac{2x-6}{x^2-6x+13}\mathrm{d}x+8\int \frac{1}{x^2-6x+13}\mathrm{d}x$$

$$=\frac{1}{2}\int \frac{\mathrm{d}(x^2-6x+13)}{x^2-6x+13}+8\int \frac{1}{(x-3)^2+4}\mathrm{d}x$$

$$=\frac{1}{2}\ln(x^2-6x+13)+4\int \frac{1}{\left(\frac{x-3}{2}\right)^2+1}\mathrm{d}\left(\frac{x-3}{2}\right)$$

$$=\frac{1}{2}\ln(x^2-6x+13)+4\arctan\frac{x-3}{2}+C.$$

【注意】由于$x^2-6x+13$恒大于0，所以求积分之后，$\ln(x^2-6x+13)$可以不带绝对值符号．

【答案】C

例 13　$\int_0^1 \frac{2x^2+6x+3}{2x^3+5x^2+4x+1}\mathrm{d}x=($　　$)$.

A. $\ln 2-\frac{1}{2}$　　B. $\ln 2+\frac{1}{2}$　　C. $\ln 3-\frac{1}{2}$　　D. $\ln 3+\frac{1}{2}$　　E. $\ln 3+\frac{1}{3}$

【思路】被积函数为有理函数，且为真分式，故先将分母因式分解，再拆项，最后算定积分．

【解析】将分母因式分解，得

$$\begin{aligned}2x^3+5x^2+4x+1&=(2x^3+x^2)+(4x^2+4x+1)\\&=x^2(2x+1)+(2x+1)^2\\&=(2x+1)(x^2+2x+1)\\&=(2x+1)(x+1)^2.\end{aligned}$$

故$\frac{2x^2+6x+3}{2x^3+5x^2+4x+1}=\frac{2x^2+6x+3}{(2x+1)(x+1)^2}$，设

$$\frac{2x^2+6x+3}{(2x+1)(x+1)^2}=\frac{A}{2x+1}+\frac{B}{x+1}+\frac{C}{(x+1)^2}=\frac{(A+2B)x^2+(2A+3B+2C)x+A+B+C}{(2x+1)(x+1)^2},$$

其中A，B，C待定，故有$\begin{cases}A+2B=2,\\2A+3B+2C=6,\\A+B+C=3,\end{cases}$解得$\begin{cases}A=2,\\B=0,\\C=1,\end{cases}$则$\frac{2x^2+6x+3}{(2x+1)(x+1)^2}=\frac{2}{2x+1}+\frac{1}{(x+1)^2}$，故

$$\int_0^1 \frac{2x^2+6x+3}{2x^3+5x^2+4x+1}\mathrm{d}x=\int_0^1 \frac{2}{2x+1}\mathrm{d}x+\int_0^1 \frac{1}{(x+1)^2}\mathrm{d}x$$

$$=\ln(2x+1)\Big|_0^1-\frac{1}{x+1}\Big|_0^1=\ln 3+\frac{1}{2}.$$

【注意】$\frac{2x^2+6x+3}{(2x+1)(x+1)^2}=\frac{A}{2x+1}+\frac{B}{x+1}+\frac{C}{(x+1)^2}$的细节步骤如下：

$$\frac{2x^2+6x+3}{(2x+1)(x+1)^2}=\frac{1}{2}\frac{2x^2+6x+3}{\left(x+\frac{1}{2}\right)(x+1)^2}=\frac{1}{2}\left[\frac{A}{x+\frac{1}{2}}+\frac{B_1}{x+1}+\frac{C_1}{(x+1)^2}\right]$$

$$=\frac{A}{2x+1}+\frac{\frac{B_1}{2}}{x+1}+\frac{\frac{C_1}{2}}{(x+1)^2}=\frac{A}{2x+1}+\frac{B}{x+1}+\frac{C}{(x+1)^2},$$

其中，记$\frac{B_1}{2}=B$，$\frac{C_1}{2}=C$.

【答案】D

例 14　不定积分$\int \frac{\arctan x}{x^2(1+x^2)}\mathrm{d}x=(\quad)$，其中$C$为任意常数.

A. $-\frac{\arctan x}{x}+\ln|x|+C$

B. $-\frac{1}{2}\ln(1+x^2)-\frac{1}{2}\arctan^2 x+C$

C. $-\frac{\arctan x}{x}+\ln|x|-\frac{1}{2}\ln(1+x^2)+C$

D. $\ln|x|-\frac{1}{2}\ln(1+x^2)-\frac{1}{2}\arctan^2 x+C$

E. $-\frac{\arctan x}{x}+\ln|x|-\frac{1}{2}\ln(1+x^2)-\frac{1}{2}\arctan^2 x+C$

【思路】被积函数含有$\frac{1}{x^2(1+x^2)}$，故先将其裂项再计算.

【解析】

$$\begin{aligned}\int \frac{\arctan x}{x^2(1+x^2)}\mathrm{d}x&=\int \arctan x\left(\frac{1}{x^2}-\frac{1}{1+x^2}\right)\mathrm{d}x=\int \frac{\arctan x}{x^2}\mathrm{d}x-\int \frac{\arctan x}{1+x^2}\mathrm{d}x\\&=-\int \arctan x\,\mathrm{d}\left(\frac{1}{x}\right)-\int \arctan x\,\mathrm{d}(\arctan x)\\&=-\frac{\arctan x}{x}+\int \frac{1}{x(1+x^2)}\mathrm{d}x-\frac{1}{2}\arctan^2 x,\end{aligned}$$

其中$\int \frac{1}{x(1+x^2)}\mathrm{d}x$为有理函数积分，且为真分式，可设

$$\frac{1}{x(1+x^2)}=\frac{A}{x}+\frac{Bx+C}{1+x^2}=\frac{(A+B)x^2+Cx+A}{x(1+x^2)}(A,\ B,\ C\text{ 待定}),$$

故有$1=(A+B)x^2+Cx+A$，即$\begin{cases}A+B=0,\\C=0,\\A=1,\end{cases}$解得$\begin{cases}A=1,\\B=-1,\\C=0,\end{cases}$故$\frac{1}{x(1+x^2)}=\frac{1}{x}-\frac{x}{1+x^2}$.

$$\int \frac{1}{x(1+x^2)}\mathrm{d}x=\int\left(\frac{1}{x}-\frac{x}{1+x^2}\right)\mathrm{d}x=\int \frac{1}{x}\mathrm{d}x-\int \frac{x}{1+x^2}\mathrm{d}x=\ln|x|-\frac{1}{2}\ln(1+x^2)+C,\text{ 故}$$

$$\int \frac{\arctan x}{x^2(1+x^2)}\mathrm{d}x=-\frac{\arctan x}{x}+\ln|x|-\frac{1}{2}\ln(1+x^2)-\frac{1}{2}\arctan^2 x+C.$$

【注意】本题也可用观察法对$\frac{1}{x(1+x^2)}$拆项：设$\frac{1}{x(1+x^2)}=\frac{A}{x}+\frac{Bx+C}{1+x^2}$，要使等式右侧通分后分子为1(不含平方项和一次项)，则$A=1$，$B=-1$，$C=0$，故$\frac{1}{x(1+x^2)}=\frac{1}{x}-\frac{x}{1+x^2}$.

【答案】E

题型 8　三角函数的积分计算

【方法点拨】

(1)掌握常用的三角公式：定义式、恒等式、倍角公式(降次公式)和诱导公式．

(2)形如$\int \sin^m x \cos^n x \mathrm{d}x$($m$，$n \in \mathbf{Z}$且不全为零)的不定积分．

①若m，n均为偶数，则用降次公式降低次数，再计算．

【例】$\int \sin^2 x \cos^2 x \mathrm{d}x = \int \left(\frac{\sin 2x}{2}\right)^2 \mathrm{d}x = \frac{1}{4}\int \frac{1-\cos 4x}{2}\mathrm{d}x$

$= \frac{1}{8}\left(\int 1\mathrm{d}x - \int \cos 4x \mathrm{d}x\right) = \frac{1}{8}x - \frac{1}{32}\sin 4x + C.$

②若m，n至少有一个为奇数，则用凑微分＋恒等变形计算．

【例】$\int \sin^2 x \cos^3 x \mathrm{d}x = \int \sin^2 x \cos^2 x \cos x \mathrm{d}x = \int \sin^2 x \cos^2 x \mathrm{d}(\sin x) = \int \sin^2 x (1-\sin^2 x)\mathrm{d}(\sin x)$

$= \int \sin^2 x \mathrm{d}(\sin x) - \int \sin^4 x \mathrm{d}(\sin x) = \frac{\sin^3 x}{3} - \frac{\sin^5 x}{5} + C.$

例 15　不定积分$\int (\sin 2x + \cos x)^2 \mathrm{d}x =$(　　)，其中$C$为任意常数．

A. $x + \frac{4}{3}\cos^3 x + \frac{1}{4}\sin 2x + \frac{1}{8}\sin 4x + C$

B. $x + \frac{4}{3}\cos^3 x + \frac{1}{4}\sin 2x - \frac{1}{8}\sin 4x + C$

C. $x - \frac{4}{3}\cos^3 x + \frac{1}{4}\sin 2x + \frac{1}{8}\sin 4x + C$

D. $x - \frac{4}{3}\cos^3 x + \frac{1}{4}\sin 2x - \frac{1}{8}\sin 4x + C$

E. $x - \frac{4}{3}\cos^3 x - \frac{1}{4}\sin 2x - \frac{1}{8}\sin 4x + C$

【思路】将被积函数展开后得到三个$\int \sin^m x \cos^n x \mathrm{d}x$型积分，再根据$m$，$n$是否均为偶数，选择用降次公式或凑微分＋恒等变形计算．

【解析】

$$\begin{aligned}\int (\sin 2x + \cos x)^2 \mathrm{d}x &= \int (\sin^2 2x + 2\sin 2x \cos x + \cos^2 x)\mathrm{d}x \\ &= \int \sin^2 2x \mathrm{d}x + 4\int \sin x \cos^2 x \mathrm{d}x + \int \cos^2 x \mathrm{d}x \\ &= \int \frac{1-\cos 4x}{2}\mathrm{d}x - 4\int \cos^2 x \mathrm{d}(\cos x) + \int \frac{1+\cos 2x}{2}\mathrm{d}x \\ &= \frac{1}{2}\left[\int 1\mathrm{d}x - \frac{1}{4}\int \cos 4x \mathrm{d}(4x)\right] - \frac{4}{3}\cos^3 x + \frac{1}{2}\left[\int 1\mathrm{d}x + \frac{1}{2}\int \cos 2x \mathrm{d}(2x)\right] \\ &= x - \frac{4}{3}\cos^3 x + \frac{1}{4}\sin 2x - \frac{1}{8}\sin 4x + C.\end{aligned}$$

【答案】D

题型 9 含根号的积分计算

【方法点拨】

被积函数含有根式，首先考虑通过凑微分计算，若不能凑微分，则考虑通过换元去根号．若根号下是关于 x 的一次式(或类似形式)，则将整体令为 t．口诀：一次整体换．如

(1)含 $\sqrt{ax+b}\,(a\neq 0)$，则令 $\sqrt{ax+b}=t$；

(2)含 $\sqrt{\dfrac{ax+b}{cx+d}}\,(c\neq 0)$，则令 $\sqrt{\dfrac{ax+b}{cx+d}}=t$；

(3)含 $\sqrt{a\mathrm{e}^x+b}\,(a\neq 0)$，则令 $\sqrt{a\mathrm{e}^x+b}=t$.

例 16 不定积分 $\int x\sqrt{1-x^2}\,\mathrm{d}x=(\quad)$，其中 C 为任意常数．

A. $\sqrt{1-x^2}+C$　　B. $-\dfrac{1}{3}\sqrt{(1-x^2)^3}+C$　　C. $x\sqrt{1-x^2}+C$

D. $-\dfrac{1}{3}x\sqrt{(1-x^2)^3}+C$　　E. $-\dfrac{1}{3}x\sqrt{1-x^2}+C$

【思路】 被积函数含有根号，首先考虑凑微分计算．

【解析】

$$\begin{aligned}\int x\sqrt{1-x^2}\,\mathrm{d}x&=-\frac{1}{2}\int(1-x^2)^{\frac{1}{2}}\mathrm{d}(1-x^2)\\&=-\frac{1}{2}\times\frac{1}{\frac{1}{2}+1}(1-x^2)^{\frac{3}{2}}+C\\&=-\frac{1}{3}\sqrt{(1-x^2)^3}+C.\end{aligned}$$

【答案】 B

例 17 定积分 $\int_1^{\mathrm{e}}\dfrac{\sqrt{1+\ln x}}{x}\mathrm{d}x=(\quad)$.

A. $\dfrac{3}{2}\left(2^{\frac{3}{2}}-1\right)$　　B. $\dfrac{3}{2}\left(2^{\frac{3}{2}}+1\right)$　　C. $\dfrac{2}{3}\left(2^{\frac{3}{2}}-1\right)$

D. $\dfrac{2}{3}\left(2^{\frac{3}{2}}+1\right)$　　E. $\dfrac{2}{3}\times 2^{\frac{3}{2}}$

【思路】 被积函数含有根式 $\sqrt{1+\ln x}$，注意到 $\dfrac{1}{x}\mathrm{d}x=\mathrm{d}(\ln x)$，$x\in[1,\mathrm{e}]$，故凑微分．

【解析】

$$\int_1^{\mathrm{e}}\frac{\sqrt{1+\ln x}}{x}\mathrm{d}x=\int_1^{\mathrm{e}}\sqrt{1+\ln x}\,\mathrm{d}(\ln x)=\frac{1}{\frac{1}{2}+1}(1+\ln x)^{\frac{1}{2}+1}\bigg|_1^{\mathrm{e}}=\frac{2}{3}(2^{\frac{3}{2}}-1).$$

【答案】 C

例 18　不定积分 $\int e^{\sqrt{2x+1}}dx=($　　$)$，其中 C 为任意常数．

A. $e^x(x-1)+C$

B. $e^{\sqrt{2x+1}}+C$

C. $\sqrt{2x+1}+C$

D. $e^{\sqrt{2x+1}}(\sqrt{2x+1}+1)+C$

E. $e^{\sqrt{2x+1}}(\sqrt{2x+1}-1)+C$

【思路】被积函数含有根号，且不能直接凑微分计算，故通过换元去根号．

【解析】令 $\sqrt{2x+1}=t$，则 $x=\frac{1}{2}(t^2-1)$，可得

$$\int e^{\sqrt{2x+1}}dx=\int e^t t\,dt=\int t\,d(e^t)=te^t-\int e^t dt=te^t-e^t+C=e^{\sqrt{2x+1}}(\sqrt{2x+1}-1)+C.$$

【答案】E

例 19　定积分 $\int_0^8 \frac{1}{1+\sqrt[3]{x}}dx=($　　$)$.

A. $2\ln 2$　　B. $3\ln 3$　　C. $3\ln 2$　　D. $2\ln 3$　　E. 6

【思路】被积函数含有根式 $\sqrt[3]{x}$，且不易通过凑微分计算，故换元去根号．

【解析】令 $\sqrt[3]{x}=t$，则 $x=t^3$，$t\in[0,2]$，可得

$$\int_0^8 \frac{1}{1+\sqrt[3]{x}}dx=\int_0^2 \frac{3t^2}{1+t}dt=3\int_0^2 \frac{t^2-1+1}{1+t}dt=3\int_0^2\left(t-1+\frac{1}{1+t}\right)dt$$

$$=3\left[\frac{t^2}{2}\Big|_0^2-2+\ln(1+t)\Big|_0^2\right]=3\ln 3.$$

【答案】B

题型 10　变限积分求导

【方法点拨】

(1) 掌握基本公式：若 $f(x)$ 在 $[a,b]$ 连续，则 $\left[\int_a^x f(t)dt\right]'=f(x)$，$x\in[a,b]$.

(2) 掌握不同类型的转化方法：

以下 ①～④ 均在区间 $[a,b]$ 上考虑．

① 若 $g(x)$ 可导且 $f(x)$ 连续，则 $\left[\int_a^{g(x)} f(t)dt\right]'=f[g(x)]\cdot g'(x)$，可视为 $\int_a^u f(t)dt$ 与 $u=g(x)$ 的复合函数，用复合函数求导法则计算．

② 若 $h(x)$ 可导且 $f(x)$ 连续，则

$$\left[\int_{h(x)}^b f(t)dt\right]'=-\left[\int_b^{h(x)} f(t)dt\right]'=-f[h(x)]\cdot h'(x).$$

③ 若 $g(x)$，$h(x)$ 可导且 $f(x)$ 连续，则

$$\left[\int_{h(x)}^{g(x)} f(t)dt\right]'=f[g(x)]\cdot g'(x)-f[h(x)]\cdot h'(x).$$

④ 若 $g(x)$ 可导且 $f(x)$，$h(x)$ 连续，则

$$\int_a^x [g(x)-h(t)]f(t)\mathrm{d}t=\int_a^x [g(x)f(t)-h(t)f(t)]\mathrm{d}t$$
$$=\int_a^x g(x)f(t)\mathrm{d}t-\int_a^x h(t)f(t)\mathrm{d}t$$
$$=g(x)\cdot\int_a^x f(t)\mathrm{d}t-\int_a^x h(t)f(t)\mathrm{d}t,$$

其中$\int_a^x g(x)f(t)\mathrm{d}t=g(x)\cdot\int_a^x f(t)\mathrm{d}t$，是因为 $g(x)$ 不含 t，对于该积分来说，可视为常数，进而将其提到积分号外，则

$$\left\{\int_a^x [g(x)-h(t)]f(t)\mathrm{d}t\right\}'=\left[g(x)\cdot\int_a^x f(t)\mathrm{d}t\right]'-\left[\int_a^x h(t)f(t)\mathrm{d}t\right]'$$
$$=g'(x)\int_a^x f(t)\mathrm{d}t+g(x)f(x)-h(x)f(x).$$

(3)熟悉变限积分求导与其他知识结合的处理方法：

①若方程中含有变限积分，则通过等号两端求导消去积分号，化简方程.

②若极限中含有变限积分，则通过洛必达法则，求导消去积分号，化简极限.

例 20 已知连续函数 $f(\theta)$满足 $F(x)=\int_x^{\mathrm{e}^{-x}} f(\theta)\mathrm{d}\theta$，则 $F'(x)=($　　$)$.

A. $\mathrm{e}^{-x}f(\mathrm{e}^{-x})+f(x)$　　B. $-\mathrm{e}^{-x}f(\mathrm{e}^{-x})+f(x)$

C. $\mathrm{e}^{-x}f(\mathrm{e}^{-x})-f(x)$　　D. $-\mathrm{e}^{-x}f(\mathrm{e}^{-x})$

E. $-\mathrm{e}^{-x}f(\mathrm{e}^{-x})-f(x)$

【思路】本题属于$\left[\int_{h(x)}^{g(x)} f(t)\mathrm{d}t\right]'$型，故用公式$\left[\int_{h(x)}^{g(x)} f(t)\mathrm{d}t\right]'=f[g(x)]\cdot g'(x)-f[h(x)]\cdot h'(x)$计算.

【解析】$F'(x)=\left[\int_x^{\mathrm{e}^{-x}} f(\theta)\mathrm{d}\theta\right]'=f(\mathrm{e}^{-x})\cdot(\mathrm{e}^{-x})'-f(x)\cdot(x)'=-\mathrm{e}^{-x}f(\mathrm{e}^{-x})-f(x).$

【答案】E

例 21 设函数 $f(x)=\int_{x^2}^0 x\cos t^2\mathrm{d}t$，则 $f'(x)=($　　$)$.

A. $-2x^2\cos x^4$　　B. $\int_{x^2}^0 \cos t^2\mathrm{d}t-2x^2\cos x^4$

C. $\int_0^{x^2} \cos t^2\mathrm{d}t-2x^2\cos x^4$　　D. $\int_{x^2}^0 \cos t^2\mathrm{d}t$

E. $\int_0^{x^2} \cos t^2\mathrm{d}t$

【思路】$\int_{x^2}^0 x\cos t^2\mathrm{d}t$ 的被积函数中含有 x，故先通过线性性质将其提到积分号外，之后求导涉及$\left(\int_{x^2}^0 \cos t^2\mathrm{d}t\right)'$，属于$\left[\int_{h(x)}^b f(t)\mathrm{d}t\right]'$型，故用公式

$$\left[\int_{h(x)}^b f(t)\mathrm{d}t\right]'=-\left[\int_b^{h(x)} f(t)\mathrm{d}t\right]'=-f[h(x)]\cdot h'(x).$$

【解析】$f(x)=\int_{x^2}^{0} x\cos t^2\mathrm{d}t=x\int_{x^2}^{0}\cos t^2\mathrm{d}t$，故

$$f'(x)=(x)'\int_{x^2}^{0}\cos t^2\mathrm{d}t+x\left(\int_{x^2}^{0}\cos t^2\mathrm{d}t\right)'=\int_{x^2}^{0}\cos t^2\mathrm{d}t-2x^2\cos x^4.$$

【答案】B

例 22　设 $f(x)$是定义在$[1,+\infty)$上的连续函数，当 $x\geqslant 0$ 时，$f(x)$满足关系式 $\int_1^{\mathrm{e}^x} f(t)\mathrm{d}t=x^2\mathrm{e}^x$，则当 $x\geqslant 1$ 时，$f(x)=$（　　）.

A. x^2+2x　　B. x^2-2x　　C. $\ln^2 x+2\ln x$

D. $\ln^2 x-2\ln x$　　E. $\ln^2 x+\ln x$

【思路】已知方程中含有变限积分，故通过等号两端求导消去积分号，化简方程.

【解析】当 $x\geqslant 0$ 时，$\int_1^{\mathrm{e}^x} f(t)\mathrm{d}t=x^2\mathrm{e}^x$ 两端同时对 x 求导得 $\mathrm{e}^x f(\mathrm{e}^x)=\mathrm{e}^x(x^2+2x)$，故 $f(\mathrm{e}^x)=x^2+2x$. 令 $\mathrm{e}^x=t$，则 $x=\ln t$，$t\geqslant 1$，故 $f(t)=\ln^2 t+2\ln t$，即 $f(x)=\ln^2 x+2\ln x$，$x\geqslant 1$.

【答案】C

例 23　已知 $f(x)$ 在$(-\infty,+\infty)$内连续，且 $f(0)=4$，则$\lim\limits_{x\to 0}\dfrac{\int_0^x f(t)(x-t)\mathrm{d}t}{x^2}=$（　　）.

A. 0　　B. 1　　C. 2　　D. 3　　E. 4

【思路】待求极限中含有变限积分，且极限式为“$\frac{0}{0}$”型，故通过洛必达法则，求导消去积分号，化简极限.

【解析】$\int_0^x f(t)(x-t)\mathrm{d}t=\int_0^x[f(t)x-f(t)t]\mathrm{d}t=\int_0^x f(t)x\mathrm{d}t-\int_0^x f(t)t\mathrm{d}t=x\cdot\int_0^x f(t)\mathrm{d}t-\int_0^x f(t)t\mathrm{d}t$，故

$$\lim_{x\to 0}\frac{\int_0^x f(t)(x-t)\mathrm{d}t}{x^2}=\lim_{x\to 0}\frac{x\cdot\int_0^x f(t)\mathrm{d}t-\int_0^x f(t)t\mathrm{d}t}{x^2}=\lim_{x\to 0}\frac{1\cdot\int_0^x f(t)\mathrm{d}t+x\cdot f(x)-x\cdot f(x)}{2x}$$

$$=\lim_{x\to 0}\frac{\int_0^x f(t)\mathrm{d}t}{2x}=\lim_{x\to 0}\frac{f(x)}{2}=\frac{f(0)}{2}=\frac{4}{2}=2.$$

【答案】C

题型 11 对分部积分法的考查

【方法点拨】

(1)掌握用分部积分法的信号(满足其一即可).

①被积函数是不同类型函数之积，如 $x^2\mathrm{e}^x$，$\mathrm{e}^x\sin x$；

②被积函数含有求导后简单的函数，如 $\ln x$，$\arctan x$，x^n.

(2)掌握 u，v' 的选取原则.

①适合作为 u：求导后简单的函数，如 $\ln x$，$\arctan x$，x^n；

②适合作为 v'：容易凑微分的函数，如 e^x，$\sin x$.

注意：**若被积函数为两个基本初等函数之积，则可将这两个基本初等函数按照“反、对、幂、三、指”排序，排序在后的作为 v'.**

(3)掌握特定类型积分的处理方法：

①$\int u\mathrm{d}v$ 型积分：如 $\int \ln x\mathrm{d}x$，$\int \arctan x\mathrm{d}x$，可直接对应 $\int u\mathrm{d}v$ $\left(\text{不必对应}\int uv'\mathrm{d}x\right)$，选出 u，v，进而用分部积分法计算.

② 循环型积分：形如 $\int e^{ax}\sin bx\mathrm{d}x$ 或 $\int e^{ax}\cos bx\mathrm{d}x\,(a\neq 0,\ b\neq 0)$ 的积分，用两次分部积分法后，得到关于自身的等式，进而通过移项得到结果.

③含抽象函数导数的积分：若被积函数含有抽象函数的导数(或二阶导、三阶导)，则选取抽象函数的导数作为 v'，用分部积分法计算.

④含有变限积分的积分：若被积函数含有变限积分，则选取变限积分作为 u，用分部积分法计算.

⑤相互抵消型积分：若积分可拆成两项之和，每一项的积分不易计算，可考虑对一项用分部积分法变形，与另一项抵消后算出结果.

例 24　$\int_0^{\pi}\left[\frac{\sin x}{e^x}+\ln(1+x)\right]\mathrm{d}x=(\quad)$.

A. $\frac{1+e^{-\pi}}{2}$

B. $(1+\pi)\ln(1+\pi)-\pi$

C. $\frac{1+e^{-\pi}}{2}-(1+\pi)\ln(1+\pi)-\pi$

D. $\frac{1+e^{-\pi}}{2}-(1+\pi)\ln(1+\pi)+\pi$

E. $\frac{1+e^{-\pi}}{2}+(1+\pi)\ln(1+\pi)-\pi$

【思路】先利用线性性质将积分拆成 $\int_0^{\pi}e^{-x}\sin x\mathrm{d}x+\int_0^{\pi}\ln(1+x)\mathrm{d}x$，这两项分别属于循环型积分和 $\int u\mathrm{d}v$ 型积分，故均用分部积分法计算.

【解析】

$$\begin{aligned}\int_0^{\pi}e^{-x}\sin x\mathrm{d}x&=-\int_0^{\pi}\sin x\mathrm{d}(e^{-x})=-e^{-x}\sin x\Big|_0^{\pi}+\int_0^{\pi}e^{-x}\cos x\mathrm{d}x=-\int_0^{\pi}\cos x\mathrm{d}(e^{-x})\\&=-e^{-x}\cos x\Big|_0^{\pi}-\int_0^{\pi}e^{-x}\sin x\mathrm{d}x=1+e^{-\pi}-\int_0^{\pi}e^{-x}\sin x\mathrm{d}x,\end{aligned}$$

移项，合并同类项后，可得 $\int_0^{\pi}e^{-x}\sin x\mathrm{d}x=\frac{1+e^{-\pi}}{2}$.

$$\begin{aligned}\int_0^{\pi}\ln(1+x)\mathrm{d}x&=x\ln(1+x)\Big|_0^{\pi}-\int_0^{\pi}\frac{x}{1+x}\mathrm{d}x\\&=\pi\ln(1+\pi)-\int_0^{\pi}\frac{x+1-1}{1+x}\mathrm{d}x=\pi\ln(1+\pi)-\pi+\int_0^{\pi}\frac{1}{1+x}\mathrm{d}x\\&=\pi\ln(1+\pi)-\pi+\ln(1+x)\Big|_0^{\pi}=(1+\pi)\ln(1+\pi)-\pi.\end{aligned}$$

综上，$\int_0^{\pi}\left[\frac{\sin x}{e^x}+\ln(1+x)\right]dx=\frac{1+e^{-\pi}}{2}+(1+\pi)\ln(1+\pi)-\pi.$

【答案】E

例 25　设 $f(x)$ 有一个原函数 $\frac{\sin x}{x}$，则 $\int_{\frac{\pi}{2}}^{\pi}xf'(x)dx=($　　$)$.

A. $\frac{4}{\pi}-1$　　B. $\frac{4}{\pi}+1$　　C. $\frac{2}{\pi}-1$　　D. $\frac{2}{\pi}+1$　　E. $\frac{1}{\pi}$

【思路】被积函数含有抽象函数的导数 $f'(x)$，故将其作为 $v'(x)$，用分部积分法.

【解析】$\int_{\frac{\pi}{2}}^{\pi}xf'(x)dx=\int_{\frac{\pi}{2}}^{\pi}x\,d[f(x)]=xf(x)\Big|_{\frac{\pi}{2}}^{\pi}-\int_{\frac{\pi}{2}}^{\pi}f(x)dx=xf(x)\Big|_{\frac{\pi}{2}}^{\pi}-\frac{\sin x}{x}\Big|_{\frac{\pi}{2}}^{\pi}.$

$f(x)=\left(\frac{\sin x}{x}\right)'=\frac{x\cos x-\sin x}{x^2}$，可得 $xf(x)=\frac{x\cos x-\sin x}{x}=\cos x-\frac{\sin x}{x}$，故

$$\int_{\frac{\pi}{2}}^{\pi}xf'(x)dx=xf(x)\Big|_{\frac{\pi}{2}}^{\pi}-\frac{\sin x}{x}\Big|_{\frac{\pi}{2}}^{\pi}=\cos x\Big|_{\frac{\pi}{2}}^{\pi}-2\,\frac{\sin x}{x}\Big|_{\frac{\pi}{2}}^{\pi}=\frac{4}{\pi}-1.$$

【答案】A

例 26　设 $f(x)=\int_1^{x^2}e^{-t^2}dt$，则 $\int_0^1 xf(x)dx=($　　$)$.

A. $\frac{1}{2}(e^{-1}-1)$　　B. $\frac{1}{2}(e^{-1}+1)$　　C. $\frac{1}{4}(e^{-1}-1)$

D. $\frac{1}{4}(e^{-1}+1)$　　E. $\frac{1}{4}(1-e^{-1})$

【思路】被积函数含有变限积分，因为 $f(x)$（变限积分）求导后能消去积分号，故选取其作为 u，x 作为 v'，用分部积分法.

【解析】

$$\int_0^1 xf(x)dx=\frac{1}{2}\int_0^1 f(x)d(x^2)=\frac{1}{2}x^2f(x)\Big|_0^1-\frac{1}{2}\int_0^1 x^2f'(x)dx=0-\frac{1}{2}\int_0^1 x^2e^{-x^4}\cdot 2x\,dx$$

$$=-\int_0^1 x^3e^{-x^4}dx=\frac{1}{4}\int_0^1 e^{-x^4}d(-x^4)=\frac{1}{4}e^{-x^4}\Big|_0^1=\frac{1}{4}(e^{-1}-1).$$

【答案】C

例 27　设 $F(x)$ 为 $f(x)$ 的一个原函数，且当 $x\geqslant 0$ 时，$f(x)F(x)=\frac{xe^x}{2(1+x)^2}$，已知 $F(0)=1$，$F(x)>0$，则 $F(x)=($　　$)$.

A. $\sqrt{e^x(1+x)}$　　B. $\frac{\sqrt{e^x}}{1+x}$　　C. $\frac{e^x}{\sqrt{1+x}}$

D. $\sqrt{\frac{e^x}{1+x}}$　　E. $\frac{e^x}{1+x}$

【思路】已知 $F'(x)=f(x)$，则 $f(x)F(x)=\frac{xe^x}{2(1+x)^2}$ 可化为 $F'(x)F(x)=\frac{xe^x}{2(1+x)^2}$，要求 $F(x)$，故在等式两边求不定积分.

【解析】$\int F'(x)F(x)dx=\int\frac{xe^x}{2(1+x)^2}dx$，其中

$$\int F'(x)F(x)\mathrm{d}x=\int F(x)\mathrm{d}[F(x)]=\frac{F^2(x)}{2}+C_1,$$

$$\int\frac{x\mathrm{e}^x}{2(1+x)^2}\mathrm{d}x=\frac{1}{2}\int\frac{(x+1-1)\mathrm{e}^x}{(1+x)^2}\mathrm{d}x=\frac{1}{2}\left[\int\frac{\mathrm{e}^x}{1+x}\mathrm{d}x-\int\frac{\mathrm{e}^x}{(1+x)^2}\mathrm{d}x\right],$$

$\int\frac{\mathrm{e}^x}{1+x}\mathrm{d}x$ 和 $\int\frac{\mathrm{e}^x}{(1+x)^2}\mathrm{d}x$ 都难以计算，注意到二者的联系：$\left(\frac{1}{1+x}\right)'=-\frac{1}{(1+x)^2}$，故考虑对一项用分部积分法变形，与另一项抵消后算出结果，可得

$$\begin{aligned}\int\frac{\mathrm{e}^x}{1+x}\mathrm{d}x-\int\frac{\mathrm{e}^x}{(1+x)^2}\mathrm{d}x&=\int\frac{1}{1+x}\mathrm{d}(\mathrm{e}^x)-\int\frac{\mathrm{e}^x}{(1+x)^2}\mathrm{d}x\\&=\frac{\mathrm{e}^x}{1+x}+\int\frac{\mathrm{e}^x}{(1+x)^2}\mathrm{d}x-\int\frac{\mathrm{e}^x}{(1+x)^2}\mathrm{d}x.\end{aligned}$$

故 $\frac{F^2(x)}{2}+C_1=\frac{\mathrm{e}^x}{2(1+x)}+C_2\Rightarrow\frac{F^2(x)}{2}=\frac{\mathrm{e}^x}{2(1+x)}+C$，因为 $F(0)=1$ 且 $F(x)>0$，可得 $F(x)=\sqrt{\frac{\mathrm{e}^x}{1+x}}$.

【总结】①常见的积不出来的积分(即以下积分的被积函数存在原函数，但原函数不是初等函数)为

$$\int\mathrm{e}^{-x^2}\mathrm{d}x,\ \int\frac{\mathrm{e}^x}{x}\mathrm{d}x,\ \int\frac{\sin x}{x}\mathrm{d}x,\ \int\frac{\cos x}{x}\mathrm{d}x,\ \int\sin x^2\mathrm{d}x,\ \int\cos x^2\mathrm{d}x,\ \int\frac{1}{\ln x}\mathrm{d}x.$$

本题计算中的 $\int\frac{\mathrm{e}^x}{1+x}\mathrm{d}x$，若令 $1+x=t$，则 $\int\frac{\mathrm{e}^x}{1+x}\mathrm{d}x=\mathrm{e}^{-1}\int\frac{\mathrm{e}^t}{t}\mathrm{d}t$ 积不出来．故此时应通过变形(利用分部积分等方法)进行计算．

② 计算 $\int\frac{\mathrm{e}^x}{1+x}\mathrm{d}x-\int\frac{\mathrm{e}^x}{(1+x)^2}\mathrm{d}x$ 的其他方法：

方法一：对后一项用分部积分．

$$\begin{aligned}\int\frac{\mathrm{e}^x}{1+x}\mathrm{d}x-\int\frac{\mathrm{e}^x}{(1+x)^2}\mathrm{d}x&=\int\frac{\mathrm{e}^x}{1+x}\mathrm{d}x+\int\mathrm{e}^x\mathrm{d}\left(\frac{1}{1+x}\right)\\&=\int\frac{\mathrm{e}^x}{1+x}\mathrm{d}x+\frac{\mathrm{e}^x}{1+x}-\int\frac{\mathrm{e}^x}{1+x}\mathrm{d}x=\frac{\mathrm{e}^x}{1+x}+C.\end{aligned}$$

方法二：用乘积导数公式直接得到原函数．

由于 $\left(\mathrm{e}^x\cdot\frac{1}{1+x}\right)'=\mathrm{e}^x\frac{1}{1+x}-\mathrm{e}^x\frac{1}{(1+x)^2}$，因此 $\int\left[\frac{\mathrm{e}^x}{1+x}-\frac{\mathrm{e}^x}{(1+x)^2}\right]\mathrm{d}x=\frac{\mathrm{e}^x}{1+x}+C$.

【答案】D

题型 12 对称区间上奇偶函数的定积分计算

【方法点拨】

掌握结论：设函数 $f(x)$ 在区间 $[-a,a]$ $(a>0)$ 上可积(或连续)，则

$$\int_{-a}^{a}f(x)\mathrm{d}x=\begin{cases}0, & f(x)\text{ 为奇函数},\\2\int_0^a f(x)\mathrm{d}x, & f(x)\text{ 为偶函数}.\end{cases}$$

例 28　$\int_{-\pi}^{\pi}(\sin x+\cos x)^3\mathrm{d}x=(\quad)$.

A. $-\pi$　　B. -1　　C. 0　　D. 1　　E. π

【思路】观察到积分区间$[-\pi,\pi]$为对称区间，应优先考虑被积函数的奇偶性，本题可将被积函数用乘法公式展开，再进行奇偶性判断和计算．

【解析】$\int_{-\pi}^{\pi}(\sin x+\cos x)^3\mathrm{d}x=\int_{-\pi}^{\pi}(\sin^3x+3\sin^2x\cos x+3\sin x\cos^2x+\cos^3x)\mathrm{d}x$

$$=\int_{-\pi}^{\pi}(\sin^3x+3\sin x\cos^2x)\mathrm{d}x+\int_{-\pi}^{\pi}(3\sin^2x\cos x+\cos^3x)\mathrm{d}x.$$

其中，$\sin^3x+3\sin x\cos^2x$为奇函数，$3\sin^2x\cos x+\cos^3x$为偶函数，则有

$$\int_{-\pi}^{\pi}(\sin^3x+3\sin x\cos^2x)\mathrm{d}x=0;$$

$$\begin{aligned}\int_{-\pi}^{\pi}(3\sin^2x\cos x+\cos^3x)\mathrm{d}x&=2\int_0^{\pi}(3\sin^2x\cos x+\cos^3x)\mathrm{d}x\\&=2\left[\int_0^{\pi}3\sin^2x\mathrm{d}(\sin x)+\int_0^{\pi}(1-\sin^2x)\mathrm{d}(\sin x)\right]\\&=2\left(\sin^3x\Big|_0^{\pi}+\sin x\Big|_0^{\pi}-\frac{\sin^3x}{3}\Big|_0^{\pi}\right)=0.\end{aligned}$$

【答案】C

题型 13　分段函数的定积分计算

【方法点拨】

(1) 设函数$f(x)$在区间$[a,c]$上可积（或连续），且$f(x)=\begin{cases}f_1(x), & a\leqslant x<b,\\ f_2(x), & b\leqslant x\leqslant c,\end{cases}$则$\int_a^c f(x)\mathrm{d}x=\int_a^b f_1(x)\mathrm{d}x+\int_b^c f_2(x)\mathrm{d}x$. 口诀：拆区间，分段求．

(2) 若被积函数含有$|f(x)|$，$\max\{f(x),g(x)\}$，$\min\{f(x),g(x)\}$等形式的分段函数，则先求分段点．

①$|f(x)|$：令$f(x)=0$解出x；

②$\max\{f(x),g(x)\}$或$\min\{f(x),g(x)\}$：令$f(x)=g(x)$解出x.

再根据分段点写出其分段表达式，用(1)的方法计算积分．可数形结合，高效解题．

例 29　设函数$f(x)=\begin{cases}x\mathrm{e}^{x^2}, & -\dfrac{1}{2}\leqslant x<\dfrac{1}{2},\\ -1, & x\geqslant\dfrac{1}{2},\end{cases}$则$\int_{-\frac{1}{2}}^{\frac{3}{2}}f(x)\mathrm{d}x=(\quad)$.

A. -2　　B. -1　　C. 0　　D. 1　　E. 2

【思路】分段函数求定积分，用区间可加性计算即可．注意$\int_{-\frac{1}{2}}^{\frac{1}{2}}x\mathrm{e}^{x^2}\mathrm{d}x$为对称区间的定积分，且$x\mathrm{e}^{x^2}$为奇函数，故积分值为0.

【解析】$\int_{-\frac{1}{2}}^{\frac{3}{2}} f(x)\mathrm{d}x=\int_{-\frac{1}{2}}^{\frac{1}{2}} x\mathrm{e}^{x^2}\mathrm{d}x+\int_{\frac{1}{2}}^{\frac{3}{2}}(-1)\mathrm{d}x=0-1=-1.$

【答案】B

例 30　$\int_{-1}^{2}|x(1-x)|\mathrm{d}x=(\quad)$.

A. 1　B. $\frac{5}{2}$　C. $\frac{5}{3}$　D. $\frac{11}{6}$　E. $\frac{11}{12}$

【思路】被积函数为绝对值形式的分段函数，令 $x(1-x)=0$，解得分段点为 $x=0$ 和 1.

【解析】方法一：直接计算.

$$\begin{aligned}\int_{-1}^{2}|x(1-x)|\mathrm{d}x&=-\int_{-1}^{0}x(1-x)\mathrm{d}x+\int_{0}^{1}x(1-x)\mathrm{d}x-\int_{1}^{2}x(1-x)\mathrm{d}x\\&=-\int_{-1}^{0}x\mathrm{d}x+\int_{-1}^{0}x^2\mathrm{d}x+\int_{0}^{1}x\mathrm{d}x-\int_{0}^{1}x^2\mathrm{d}x-\int_{1}^{2}x\mathrm{d}x+\int_{1}^{2}x^2\mathrm{d}x=\frac{11}{6}.\end{aligned}$$

方法二：利用曲线的对称性，结合定积分的几何意义计算.

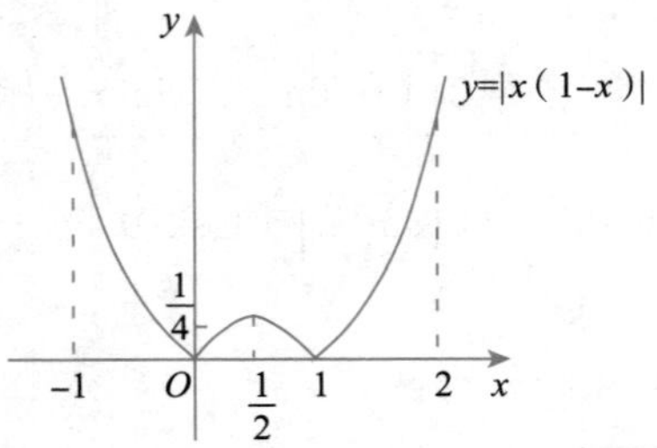

由于 $y=|x(1-x)|$ 的图形关于 $x=\frac{1}{2}$ 对称，因此

$$\begin{aligned}\int_{-1}^{2}|x(1-x)|\mathrm{d}x&=2\int_{\frac{1}{2}}^{2}|x(1-x)|\mathrm{d}x=2\left[\int_{\frac{1}{2}}^{1}x(1-x)\mathrm{d}x-\int_{1}^{2}x(1-x)\mathrm{d}x\right]\\&=2\left(\int_{\frac{1}{2}}^{1}x\mathrm{d}x-\int_{\frac{1}{2}}^{1}x^2\mathrm{d}x-\int_{1}^{2}x\mathrm{d}x+\int_{1}^{2}x^2\mathrm{d}x\right)=\frac{11}{6}.\end{aligned}$$

【答案】D

题型 14 反常积分的计算

【方法点拨】

(1) 会识别反常积分：若积分限含无穷或积分区间(端点或内部) 含有被积函数的瑕点，则该积分为反常积分．如

① 无穷限的反常积分：$\int_{0}^{+\infty}x\mathrm{d}x$，$\int_{-\infty}^{0}x\mathrm{d}x$，$\int_{-\infty}^{+\infty}x\mathrm{d}x$；

② 无界函数的反常积分：$\int_{0}^{1}\frac{1}{x}\mathrm{d}x$，$\int_{-1}^{0}\frac{1}{x}\mathrm{d}x$，$\int_{-1}^{1}\frac{1}{x}\mathrm{d}x$.

(2) 掌握反常积分的计算方法：

① 由于反常积分是通过变限定积分的极限来定义的，因此反常积分的计算归结为定积分的计算和极限计算：用牛顿—莱布尼茨公式计算，计算原函数在无穷处或瑕点处的“函数值”时，视为取极限即可．此外，定积分的换元法和分部积分法都可以引入反常积分中．

【例】$\int_0^{+\infty} \mathrm{e}^{-x} \mathrm{d}x = -\mathrm{e}^{-x}\Big|_0^{+\infty} = -(0-1) = 1$，$\int_0^1 \frac{1}{x}\mathrm{d}x = \ln x\Big|_0^1 = 0-(-\infty) = +\infty$.

② 计算过程中若出现“$\infty-\infty$”，可通过先合并函数，后取极限来解决．

【例】

$$\int_3^{+\infty} \frac{1}{(x-1)(x-2)}\mathrm{d}x = \int_3^{+\infty}\left(\frac{1}{x-2}-\frac{1}{x-1}\right)\mathrm{d}x$$

$$= \ln(x-2)\Big|_3^{+\infty} - \ln(x-1)\Big|_3^{+\infty} = +\infty-(+\infty),$$

此时可调整为$[\ln(x-2)-\ln(x-1)]\Big|_3^{+\infty} = \ln\frac{x-2}{x-1}\Big|_3^{+\infty} = \lim\limits_{x\to+\infty}\ln\frac{x-2}{x-1} - \ln\frac{1}{2} = \ln 2$．

例 31 $\int_1^{+\infty}\frac{\ln x}{x^2}\mathrm{d}x = (\quad)$.

A. 0　　B. 1　　C. 2　　D. 3　　E. 4

【思路】已知积分的积分限含无穷，故为反常积分，须用牛顿—莱布尼茨公式＋取极限的方法计算．

【解析】$\int_1^{+\infty}\frac{\ln x}{x^2}\mathrm{d}x = -\int_1^{+\infty}\ln x\,\mathrm{d}\left(\frac{1}{x}\right) = -\frac{\ln x}{x}\Big|_1^{+\infty} + \int_1^{+\infty}\frac{1}{x^2}\mathrm{d}x = -\frac{1}{x}\Big|_1^{+\infty} = 1$.

【注意】当 $x\to+\infty$ 时，$\ln x\to+\infty$，由于 x 趋于 $+\infty$ 的速度更快，因此 $\lim\limits_{x\to+\infty}\left(-\frac{\ln x}{x}\right) = 0$.

【答案】B

题型 15 含定积分的方程问题

【方法点拨】

已知连续函数 $f(x)$ 满足 $f(x) = g(x) + h(x)\int_a^b f(x)\mathrm{d}x$，其中 $g(x)$，$h(x)$ 为已知的连续函数，求 $f(x)$ 或 $\int_a^b f(x)\mathrm{d}x$.

口诀：分清函数与常数，两边积分定常数．

(1)“分清函数与常数”：该方程中 $f(x)$ 为函数，而 $\int_a^b f(x)\mathrm{d}x$ 为常数，为避免混淆，不妨记 $\int_a^b f(x)\mathrm{d}x = A$，则原方程为 $f(x) = g(x) + Ah(x)$.

(2)“两边积分定常数”：该方程两端从 a 到 b 取定积分，可得

$$\int_a^b f(x)\mathrm{d}x = \int_a^b g(x)\mathrm{d}x + A\int_a^b h(x)\mathrm{d}x \Rightarrow A = \int_a^b g(x)\mathrm{d}x + A\int_a^b h(x)\mathrm{d}x,$$

该式可解出 A，即 $\int_a^b f(x)\mathrm{d}x$，代回原方程即得 $f(x)$.

例 32　设 $f(x)=\mathrm{e}^x+x^3\int_0^1 f(x)\mathrm{d}x$，则 $\int_0^1 f(x)\mathrm{d}x=($　　$)$.

A. 0　　B. $\frac{4}{3}(\mathrm{e}-1)$　　C. $\frac{4}{3}$

D. e　　E. $\frac{4}{3}(\mathrm{e}+1)$

【思路】方程中含有定积分，可先将其看作常数，通过方程两边同时积分来计算.

【解析】记 $\int_0^1 f(x)\mathrm{d}x=A$，则 $f(x)=\mathrm{e}^x+Ax^3$，该式等号两边从0到1积分，可得

$$\int_0^1 f(x)\mathrm{d}x=\int_0^1 \mathrm{e}^x\mathrm{d}x+A\int_0^1 x^3\mathrm{d}x \Rightarrow A=\mathrm{e}-1+\frac{A}{4},$$

解得 $A=\frac{4}{3}(\mathrm{e}-1)$，即 $\int_0^1 f(x)\mathrm{d}x=\frac{4}{3}(\mathrm{e}-1)$.

【答案】B

题型 16　定积分比大小

【方法点拨】

主要考查比较定理(详见本章第1节)，可按照"化简、转化、比函数"的步骤进行.

(1)常用的化简结论.

①对称区间上奇偶函数的定积分，见本章题型12；

②周期函数的定积分：设 $f(x)$ 是以 T 为周期的可积(或连续)函数，则对于任意 a 有

$$\int_a^{a+T} f(x)\mathrm{d}x=\int_0^T f(x)\mathrm{d}x.$$

注意：该结论说明周期函数在长度为一个周期的区间上的积分都相等.

③三角函数的定积分：设函数 $f(x)$ 在区间 $[0,1]$ 上连续，则

$$\int_0^{\frac{\pi}{2}} f(\sin x)\mathrm{d}x=\int_0^{\frac{\pi}{2}} f(\cos x)\mathrm{d}x，\int_0^{\pi} xf(\sin x)\mathrm{d}x=\frac{\pi}{2}\int_0^{\pi} f(\sin x)\mathrm{d}x.$$

(2)常用的转化方法.

①下限大于上限：若 $\int_b^a f(x)\mathrm{d}x\,(b>a)$ 与 $\int_b^a g(x)\mathrm{d}x$ 比大小，则先用性质化为 $-\int_a^b f(x)\mathrm{d}x$ 与 $-\int_a^b g(x)\mathrm{d}x$，再对 $\int_a^b f(x)\mathrm{d}x$ 与 $\int_a^b g(x)\mathrm{d}x$ 用比较定理得出大小关系后，再倒推回去，见例35.

②积分区间不同：若两个积分区间有包含关系，常用区间可加性变形；若被积函数含有三角函数，常用换元法变形，见例36.

(3)比较被积函数.

常用第2章的题型15的方法一证明函数不等式成立；也可灵活运用图形、单调性等知识快速得到被积函数的大小关系.

例 33　设 $M=\int_{-\frac{\pi}{2}}^{\frac{\pi}{2}}\frac{\sin x}{1+x^2}\cos^4 x\mathrm{d}x$，$N=\int_{-\frac{\pi}{2}}^{\frac{\pi}{2}}(\sin^3 x+\cos^4 x)\mathrm{d}x$，$P=\int_{-\frac{\pi}{2}}^{\frac{\pi}{2}}(x^2\sin^3 x-\cos^4 x)\mathrm{d}x$，则(　　).

A. $N<P<M$　　B. $M<P<N$　　C. $N<M<P$

D. $P<M<N$　　E. $P<N<M$

【思路】已知定积分的积分区间均为对称区间，故先用对称区间奇偶函数的定积分结论化简，再用比较定理．

【解析】$M=0$；

$$N=\int_{-\frac{\pi}{2}}^{\frac{\pi}{2}}\sin^3 x\mathrm{d}x+\int_{-\frac{\pi}{2}}^{\frac{\pi}{2}}\cos^4 x\mathrm{d}x=2\int_0^{\frac{\pi}{2}}\cos^4 x\mathrm{d}x>0;$$

$$P=\int_{-\frac{\pi}{2}}^{\frac{\pi}{2}}x^2\sin^3 x\mathrm{d}x-\int_{-\frac{\pi}{2}}^{\frac{\pi}{2}}\cos^4 x\mathrm{d}x=-2\int_0^{\frac{\pi}{2}}\cos^4 x\mathrm{d}x<0.$$

则有 $P<M<N$.

【答案】D

例 34　设 $F(x)=\int_x^{x+2\pi}\mathrm{e}^{\sin t}\sin t\mathrm{d}t$，则 $F(x)$(　　).

A. 为正常数　　B. 为负常数　　C. 恒为零

D. 不为常数且依赖于 x，t　　E. 不为常数且仅依赖于 x

【思路】$F(x)=\int_x^{x+2\pi}\mathrm{e}^{\sin t}\sin t\mathrm{d}t$ 的被积函数以 2π 为周期，且积分区间 $[x,\ x+2\pi]$ 的长度也为 2π，故利用周期函数的定积分结论化简，再判断化简后的定积分的正负．

【解析】被积函数的周期为 2π，故 $F(x)=\int_x^{x+2\pi}\mathrm{e}^{\sin t}\sin t\mathrm{d}t=\int_0^{2\pi}\mathrm{e}^{\sin t}\sin t\mathrm{d}t$，所以 $F(x)$ 为常数．由于 $\mathrm{e}^{\sin t}\sin t$ 在 $[0,\ 2\pi]$ 上的取值有正有负，因此不能直接用比较定理．

方法一：定积分的几何意义．

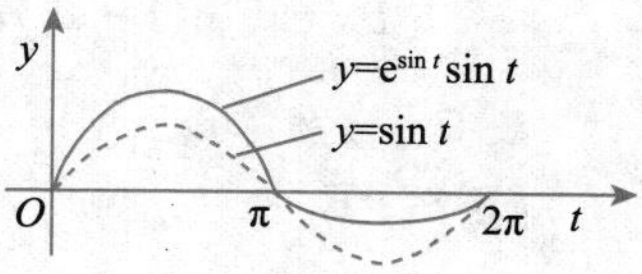

在 $y=\sin t$，$t\in[0,\ 2\pi]$ 的图形基础上，画 $y=\mathrm{e}^{\sin t}\sin t$ 的图形：将 $\mathrm{e}^{\sin t}$ 视为"振幅"，如图所示．由于当 $t\in[0,\ \pi]$ 时，$\mathrm{e}^{\sin t}\geqslant 1$；而当 $t\in[\pi,\ 2\pi]$ 时，$0<\mathrm{e}^{\sin t}\leqslant 1$，因此 $y=\mathrm{e}^{\sin t}\sin t$，$t\in[0,\ 2\pi]$ 与 t 轴围成的图形在 t 轴上方部分的面积大于在 t 轴下方部分的面积，故 $\int_0^{2\pi}\mathrm{e}^{\sin t}\sin t\mathrm{d}t>0$.

方法二：区间可加性＋换元．

$\int_0^{2\pi}\mathrm{e}^{\sin t}\sin t\mathrm{d}t=\int_0^{\pi}\mathrm{e}^{\sin t}\sin t\,\mathrm{d}t+\int_{\pi}^{2\pi}\mathrm{e}^{\sin t}\sin t\mathrm{d}t$，令 $t=2\pi-u$，可得

$$\int_{\pi}^{2\pi}\mathrm{e}^{\sin t}\sin t\mathrm{d}t=-\int_{\pi}^{0}\mathrm{e}^{\sin(2\pi-u)}\sin(2\pi-u)\mathrm{d}u=-\int_0^{\pi}\mathrm{e}^{-\sin u}\sin u\mathrm{d}u.$$

则 $\int_0^{2\pi}\mathrm{e}^{\sin t}\sin t\mathrm{d}t=\int_0^{\pi}\mathrm{e}^{\sin t}\sin t\mathrm{d}t-\int_0^{\pi}\mathrm{e}^{-\sin t}\sin t\mathrm{d}t=\int_0^{\pi}(\mathrm{e}^{\sin t}-\mathrm{e}^{-\sin t})\sin t\mathrm{d}t>0$.

方法三：用分部积分法变形．

$$\int_0^{2\pi}\mathrm{e}^{\sin t}\sin t\mathrm{d}t=-\int_0^{2\pi}\mathrm{e}^{\sin t}\mathrm{d}(\cos t)=-\mathrm{e}^{\sin t}\cos t\Big|_0^{2\pi}+\int_0^{2\pi}\mathrm{e}^{\sin t}\cos^2 t\mathrm{d}t=\int_0^{2\pi}\mathrm{e}^{\sin t}\cos^2 t\mathrm{d}t>0.$$

【答案】A

例 35 设a为正实数，$I_1=\int_a^1 x^2\mathrm{d}x$，$I_2=\int_a^1 x^3\mathrm{d}x$，$I_3=\int_a^1 \ln(1+x)\mathrm{d}x$，$I_4=\int_a^1 \frac{x}{1+x}\mathrm{d}x$，则(　　).

A. $I_1>I_2$　　B. $I_1\leqslant I_2$　　C. $I_3>I_4$

D. $I_3\leqslant I_4$　　E. 以上选项均不正确

【思路】由于积分下限a与上限1的大小关系有小于、等于和大于三种，故需分类讨论．当下限大于上限时，需先用定积分的性质做变形，再用比较定理．

【解析】当$0<a<1$时，$x^2\geqslant x^3$(且不恒等于)，$x\in[a,1]$，故$I_1=\int_a^1 x^2\mathrm{d}x>\int_a^1 x^3\mathrm{d}x=I_2$；

当$a=1$时，$I_1=\int_a^1 x^2\mathrm{d}x=0=\int_a^1 x^3\mathrm{d}x=I_2$；

当$a>1$时，$x^2\leqslant x^3$(不恒等于)，$x\in[1,a]$，故$\int_1^a x^2\mathrm{d}x<\int_1^a x^3\mathrm{d}x$，则

$$I_1=\int_a^1 x^2\mathrm{d}x=-\int_1^a x^2\mathrm{d}x>-\int_1^a x^3\mathrm{d}x=\int_a^1 x^3\mathrm{d}x=I_2.$$

综上，$I_1\geqslant I_2$，A、B项不成立．

比较$\ln(1+x)$和$\frac{x}{1+x}$，$x\in(0,+\infty)$的大小等价于比较$(1+x)\ln(1+x)$和x，令$f(x)=(1+x)\ln(1+x)-x$，则$f'(x)=\ln(1+x)>0$，故

$$f(x)=(1+x)\ln(1+x)-x>f(0)=0\Rightarrow\ln(1+x)>\frac{x}{1+x},\ x\in(0,+\infty).$$

当$0<a<1$时，$I_3=\int_a^1 \ln(1+x)\mathrm{d}x>\int_a^1 \frac{x}{1+x}\mathrm{d}x=I_4$；

当$a=1$时，$I_3=\int_a^1 \ln(1+x)\mathrm{d}x=0=\int_a^1 \frac{x}{1+x}\mathrm{d}x=I_4$；

当$a>1$时，$\int_1^a \ln(1+x)\mathrm{d}x>\int_1^a \frac{x}{1+x}\mathrm{d}x$，则

$$I_3=\int_a^1 \ln(1+x)\mathrm{d}x=-\int_1^a \ln(1+x)\mathrm{d}x<-\int_1^a \frac{x}{1+x}\mathrm{d}x=\int_a^1 \frac{x}{1+x}\mathrm{d}x=I_4.$$

故C、D项不成立．

【答案】E

例 36 设$I=\int_0^{\pi} \mathrm{e}^x\sin x\mathrm{d}x$，$J=\int_0^{\frac{\pi}{2}} \mathrm{e}^x\cos x\mathrm{d}x$，$K=\int_{\frac{\pi}{2}}^{\pi} \mathrm{e}^x\sin x\mathrm{d}x$，则(　　).

A. $I>J>K$　　B. $I>K>J$　　C. $J>K>I$

D. $J>I>K$　　E. $K>I>J$

【思路】I，K被积函数相同且积分区间有包含关系，故对I用区间可加性变形；J，K的被积函数差异只在三角函数，故用换元法变形．

【解析】$I=\int_0^{\pi} \mathrm{e}^x\sin x\mathrm{d}x=\int_0^{\frac{\pi}{2}} \mathrm{e}^x\sin x\mathrm{d}x+\int_{\frac{\pi}{2}}^{\pi} \mathrm{e}^x\sin x\mathrm{d}x=\int_0^{\frac{\pi}{2}} \mathrm{e}^x\sin x\mathrm{d}x+K$，当$x\in\left[0,\frac{\pi}{2}\right]$时，$\mathrm{e}^x\sin x\geqslant 0$且不恒等于0，故$\int_0^{\frac{\pi}{2}} \mathrm{e}^x\sin x\mathrm{d}x>0$，则$I>K$．

令$x=\frac{\pi}{2}+t$，则$K=\int_{\frac{\pi}{2}}^{\pi} \mathrm{e}^x\sin x\mathrm{d}x=\int_0^{\frac{\pi}{2}} \mathrm{e}^{\frac{\pi}{2}+t}\sin\left(\frac{\pi}{2}+t\right)\mathrm{d}t=\mathrm{e}^{\frac{\pi}{2}}\int_0^{\frac{\pi}{2}} \mathrm{e}^t\cos t\mathrm{d}t=\mathrm{e}^{\frac{\pi}{2}}J>J\ (J>0)$．

综上，有$I>K>J$．

【答案】B

题型 17 求 n 项和形式的数列的极限

【方法点拨】

求 $\lim\limits_{n\to\infty}\sum\limits_{i=1}^{n}a_i$ 的常用方法有：

方法一：用求数列前 n 项和的方法（"裂项相消法""错位相减法"等）化简 $\sum\limits_{i=1}^{n}a_i$，再用极限四则运算法则计算，见例 37.

方法二：对数列适当放缩，再用夹逼准则计算，见例 38.

方法三：用定积分定义将极限化为定积分，再算出定积分．常用公式如下：

设函数 $f(x)$ 在区间$[0,1]$上连续，则

(1) $\lim\limits_{n\to\infty}\sum\limits_{i=1}^{n}f\left(\frac{i}{n}\right)\frac{1}{n}=\int_0^1 f(x)\mathrm{d}x$（将$[0,1]$进行 n 等分，ξ_i 取在第 i 个小区间 $\left[\frac{i-1}{n},\frac{i}{n}\right]$ 的右端点）；

(2) $\lim\limits_{n\to\infty}\sum\limits_{i=1}^{n}f\left(\frac{i-1}{n}\right)\frac{1}{n}=\int_0^1 f(x)\mathrm{d}x$（将$[0,1]$进行 n 等分，ξ_i 取在第 i 个小区间 $\left[\frac{i-1}{n},\frac{i}{n}\right]$ 的左端点）；

(3) $\lim\limits_{n\to\infty}\sum\limits_{i=1}^{n}f\left(\frac{2i-1}{2n}\right)\frac{1}{n}=\int_0^1 f(x)\mathrm{d}x$（将$[0,1]$进行 n 等分，ξ_i 取在第 i 个小区间 $\left[\frac{i-1}{n},\frac{i}{n}\right]$ 的中点）.

上述公式可推广至$[a,b]$，如设函数 $f(x)$ 在区间$[a,b]$上连续，有 $\lim\limits_{n\to\infty}\sum\limits_{i=1}^{n}f\left[a+\frac{i(b-a)}{n}\right]\frac{b-a}{n}=\int_a^b f(x)\mathrm{d}x$（将$[a,b]$进行 n 等分，ξ_i 取在第 i 个小区间 $\left[a+\frac{(i-1)(b-a)}{n},a+\frac{i(b-a)}{n}\right]$ 的右端点）.

特别地，设 $\lim\limits_{n\to\infty}\sum\limits_{i=1}^{n}a_i$ 为 n 项分母互不相同的分式和的极限（且不使用方法一），若 $\lim\limits_{n\to\infty}\frac{\text{最大分母}}{\text{最小分母}}=1$，则用方法二，否则用方法三．

例 37 已知极限(1)：$\lim\limits_{n\to\infty}\left[\frac{1}{1\times2}+\frac{1}{2\times3}+\cdots+\frac{1}{n(n+1)}\right]$和极限(2)：$\lim\limits_{n\to\infty}\left(\frac{1}{2}+\frac{3}{2^2}+\cdots+\frac{2n-1}{2^n}\right)$，则这两极限（　　）.

A. 均不存在　　B. 仅有一个不存在　　C. 均存在且相等

D. 分别为 1，2　　E. 分别为 1，3

【思路】极限(1)：由于 $\frac{1}{n(n+1)}=\frac{1}{n}-\frac{1}{n+1}$ 且裂项后求和时相邻的项能够抵消，因此用"裂项相消法"化简；极限(2)：各项分子呈等差数列，分母呈等比数列，因此用"错位相减法"化简．

【解析】(1)：原式$=\lim\limits_{n\to\infty}\left(\frac{1}{1}-\frac{1}{2}+\frac{1}{2}-\frac{1}{3}+\cdots+\frac{1}{n}-\frac{1}{n+1}\right)=\lim\limits_{n\to\infty}\left(1-\frac{1}{n+1}\right)=1.$

(2)：记 $S_n=\frac{1}{2}+\frac{3}{2^2}+\frac{5}{2^3}+\cdots+\frac{2n-1}{2^n}$，该式两边乘$\frac{1}{2}$得

$$\frac{1}{2}S_n=\frac{1}{2^2}+\frac{3}{2^3}+\frac{5}{2^4}+\cdots+\frac{2n-1}{2^{n+1}},$$

两式相减得

$$\frac{1}{2}S_n=\frac{1}{2}+\frac{2}{2^2}+\frac{2}{2^3}+\cdots+\frac{2}{2^n}-\frac{2n-1}{2^{n+1}}=\frac{1}{2}+2\times\frac{\frac{1}{2^2}\left(1-\frac{1}{2^{n-1}}\right)}{1-\frac{1}{2}}-\frac{2n-1}{2^{n+1}}$$

$$=\frac{3}{2}-\frac{1}{2^{n-1}}-\frac{2n-1}{2^{n+1}}.$$

故 $S_n=3-\frac{1}{2^{n-2}}-\frac{2n-1}{2^n}$，则原式$=\lim\limits_{n\to\infty}S_n=\lim\limits_{n\to\infty}\left(3-\frac{1}{2^{n-2}}-\frac{2n-1}{2^n}\right)=3.$

【答案】E

例 38 $\lim\limits_{n\to\infty}\left(\frac{1}{n^2+n+1}+\frac{2}{n^2+n+2}+\cdots+\frac{n}{n^2+n+n}\right)$(　　).

A. 等于 0　　B. 等于$\frac{1}{2}$　　C. 等于 1

D. 为∞　　E. 不存在但不为∞

【思路】本题为 n 项分母互不相同的分式和的极限，由于$\lim\limits_{n\to\infty}\frac{n^2+n+n}{n^2+n+1}=1$，因此先对数列适当放缩，再用夹逼准则计算．

【解析】$\frac{1+2+\cdots+n}{n^2+n+n}\leqslant\frac{1}{n^2+n+1}+\frac{2}{n^2+n+2}+\cdots+\frac{n}{n^2+n+n}\leqslant\frac{1+2+\cdots+n}{n^2+n+1}$，又因为

$$\lim_{n\to\infty}\frac{1+2+\cdots+n}{n^2+n+n}=\lim_{n\to\infty}\frac{\frac{(1+n)n}{2}}{n^2+n+n}=\frac{1}{2},\ \lim_{n\to\infty}\frac{1+2+\cdots+n}{n^2+n+1}=\lim_{n\to\infty}\frac{\frac{(1+n)n}{2}}{n^2+n+1}=\frac{1}{2}.$$

由夹逼准则得所求极限为$\frac{1}{2}$.

【答案】B

例 39 $\lim\limits_{n\to\infty}n\left(\frac{1}{1+n^2}+\frac{1}{2^2+n^2}+\cdots+\frac{1}{n^2+n^2}\right)=$(　　).

A. 0　　B. $\frac{1}{2}$　　C. $\frac{\pi}{4}$　　D. 1　　E. $\frac{\pi}{2}$

【思路】由于$\lim\limits_{n\to\infty}\frac{n^2+n^2}{1+n^2}=2\neq1$，因此用定积分定义将极限化为定积分进行计算．

【解析】$\lim\limits_{n\to\infty}n\left(\frac{1}{1+n^2}+\frac{1}{2^2+n^2}+\cdots+\frac{1}{n^2+n^2}\right)=\lim\limits_{n\to\infty}n\sum\limits_{i=1}^{n}\frac{1}{i^2+n^2}=\lim\limits_{n\to\infty}\sum\limits_{i=1}^{n}\frac{1}{\left(\frac{i}{n}\right)^2+1}\frac{1}{n}$

$$=\int_0^1\frac{1}{x^2+1}\mathrm{d}x=\arctan x\Big|_0^1=\frac{\pi}{4}.$$

【答案】C

例 40 $\lim\limits_{n\to\infty}\dfrac{1}{n-1}\sum\limits_{i=1}^{n}\tan\dfrac{2i-1}{2n}=($ $)$.

A. $-\ln\cos 1$ B. $\ln\cos 1$ C. $-\ln\sin 1$

D. $\ln\sin 1$ E. $-\ln\tan 1$

【思路】本题为$\lim\limits_{n\to\infty}\sum\limits_{i=1}^{n}a_i$型极限，且与$\lim\limits_{n\to\infty}\sum\limits_{i=1}^{n}f\left(\dfrac{2i-1}{2n}\right)\dfrac{1}{n}$形式接近，故先变形化为定积分，再计算．

【解析】$\lim\limits_{n\to\infty}\dfrac{1}{n-1}\sum\limits_{i=1}^{n}\tan\dfrac{2i-1}{2n}=\lim\limits_{n\to\infty}\dfrac{n}{n-1}\sum\limits_{i=1}^{n}\dfrac{1}{n}\tan\dfrac{2i-1}{2n}=\lim\limits_{n\to\infty}\dfrac{n}{n-1}\lim\limits_{n\to\infty}\sum\limits_{i=1}^{n}\dfrac{1}{n}\tan\dfrac{2i-1}{2n}$，故

$$原式=\int_0^1\tan x\,\mathrm{d}x=\int_0^1\frac{\sin x}{\cos x}\mathrm{d}x=-\int_0^1\frac{1}{\cos x}\mathrm{d}(\cos x)=-\ln\cos x\Big|_0^1=-\ln\cos 1.$$

【答案】A

题型 18 反常积分敛散性判断

【知识补充】

(1)常用反常积分(用比较审敛法时作为参照).

① $\int_a^{+\infty}\dfrac{1}{x^p}\mathrm{d}x\begin{cases}收敛，p>1,\\发散，p\leqslant 1\end{cases}$ $(a>0)$.

② $\int_a^{b}\dfrac{1}{(x-a)^p}\mathrm{d}x\begin{cases}收敛，p<1,\\发散，p\geqslant 1\end{cases}$ $(a<b)$.

③ $\int_a^{+\infty}\dfrac{1}{x\ln^p x}\mathrm{d}x\begin{cases}收敛，p>1,\\发散，p\leqslant 1\end{cases}$ $(a>1)$.

(2) **定理 1**(无穷限的反常积分的比较审敛法)设在区间$[a,+\infty)$上，函数$f(x)$，$g(x)$连续，且$0\leqslant f(x)\leqslant g(x)$，若$\int_a^{+\infty}g(x)\mathrm{d}x$收敛，则$\int_a^{+\infty}f(x)\mathrm{d}x$收敛；若$\int_a^{+\infty}f(x)\mathrm{d}x$发散，则$\int_a^{+\infty}g(x)\mathrm{d}x$发散(口诀：大收敛推小收敛；小发散推大发散).

推论 1(定理 1 的极限形式)设在区间$[a,+\infty)$上，函数$f(x)$，$g(x)$连续，$f(x)\geqslant 0$，$g(x)>0$，且$\lim\limits_{x\to+\infty}\dfrac{f(x)}{g(x)}=c$，则有

① 当$0<c<+\infty$时，$\int_a^{+\infty}f(x)\mathrm{d}x$与$\int_a^{+\infty}g(x)\mathrm{d}x$同敛散(口诀：同阶同敛散)；

② 当$c=0$时，若$\int_a^{+\infty}g(x)\mathrm{d}x$收敛，则$\int_a^{+\infty}f(x)\mathrm{d}x$收敛(大收敛推小收敛)；

③ 当$c=+\infty$时，若$\int_a^{+\infty}g(x)\mathrm{d}x$发散，则$\int_a^{+\infty}f(x)\mathrm{d}x$发散(小发散推大发散).

定理 2(无界函数的反常积分的比较审敛法)设在区间$(a,b]$上，函数$f(x)$，$g(x)$连续，瑕点均为点a，且$0\leqslant f(x)\leqslant g(x)$，若$\int_a^b g(x)\mathrm{d}x$收敛，则$\int_a^b f(x)\mathrm{d}x$收敛；若$\int_a^b f(x)\mathrm{d}x$发散，则$\int_a^b g(x)\mathrm{d}x$发散，(大收敛推小收敛；小发散推大发散).

推论 2（定理 2 的极限形式）设在区间$(a, b]$上，函数$f(x)$，$g(x)$连续，瑕点均为点a，且$f(x) \geqslant 0$，$g(x) > 0$，且$\lim\limits_{x \to a^+} \dfrac{f(x)}{g(x)} = c$，则有

(1) 当$0 < c < +\infty$时，$\int_a^b f(x)\mathrm{d}x$与$\int_a^b g(x)\mathrm{d}x$同敛散（同阶同敛散）；

(2) 当$c = 0$时，若$\int_a^b g(x)\mathrm{d}x$收敛，则$\int_a^b f(x)\mathrm{d}x$收敛（大收敛推小收敛）；

(3) 当$c = +\infty$时，若$\int_a^b g(x)\mathrm{d}x$发散，则$\int_a^b f(x)\mathrm{d}x$发散（小发散推大发散）.

定理 3 设函数$f(x)$在区间$[a, +\infty)$上连续，若反常积分$\int_a^{+\infty} |f(x)|\mathrm{d}x$收敛，则反常积分$\int_a^{+\infty} f(x)\mathrm{d}x$收敛.

定理 4 设函数$f(x)$在区间$(a, b]$上连续，点a为$f(x)$的瑕点，若反常积分$\int_a^b |f(x)|\mathrm{d}x$收敛，则反常积分$\int_a^b f(x)\mathrm{d}x$收敛.

【方法点拨】

方法一：利用反常积分敛散性的定义判断.

(1) 判断该反常积分只有一处反常，还是有多处反常.

以下反常积分只有一处反常：$\int_a^{+\infty} f(x)\mathrm{d}x$（$f(x)$在$[a, +\infty)$上连续），$\int_{-\infty}^b f(x)\mathrm{d}x$（$f(x)$在$(-\infty, b]$上连续），$\int_a^b f(x)\mathrm{d}x$（$f(x)$在$(a, b]$上连续，点$a$为$f(x)$的瑕点），$\int_a^b f(x)\mathrm{d}x$（$f(x)$在$[a, b)$上连续，点$b$为$f(x)$的瑕点）.

以下反常积分有多处反常：$\int_{-\infty}^{+\infty} f(x)\mathrm{d}x$（$f(x)$在$(-\infty, +\infty)$上连续），$\int_a^b f(x)\mathrm{d}x$（$f(x)$在$[a, c)$和$(c, b]$上连续，点$c$为$f(x)$的瑕点）.

(2) 设反常积分只有一处反常，则用牛顿—莱布尼茨公式并取极限计算，若极限存在，则原反常积分收敛，否则原反常积分发散；设反常积分有多处反常，则先按定义拆成多个反常积分的和，使得拆出的反常积分均只有一处反常，若拆出的反常积分均收敛，则原反常积分收敛，否则原反常积分发散.

口诀：一处反常直接算，极限存在则收敛；多处反常先拆开，均收敛时才收敛.

方法二：利用反常积分的审敛法判断.

若反常积分与某个常用反常积分满足比较审敛法的条件，则根据比较审敛法判断其敛散性；

若反常积分的被积函数在所讨论的区间上可取正值也可取负值，可利用定理 3 或定理 4 判断敛散性（定理中含绝对值的反常积分，一般与常用反常积分比较，用比较审敛法法判断其敛散性），见例 41；

其他情况，考虑对反常积分作适当变形后再用比较审敛法.常用变形有关于区间的可加性、换元法等.见例 41.

注意：若反常积分的原函数容易计算，建议用方法一；否则用方法二.

例 41 下列关于反常积分的结论中，正确的个数是(　　).

(1) $\int_{-\infty}^{+\infty}\frac{1}{1+x^2}\mathrm{d}x=\pi$；　　(2) $\int_{-\infty}^{+\infty}x\mathrm{e}^{-x^2}\mathrm{d}x=0$；

(3) $\int_{0}^{+\infty}\mathrm{e}^{-x}\sin x\mathrm{d}x=\frac{1}{2}$；　　(4) $\int_{-1}^{1}\frac{1}{x^2}\mathrm{d}x=-2$.

A. 0　　B. 1　　C. 2　　D. 3　　E. 4

【思路】对于各反常积分，应先判断其敛散性，若收敛，再计算其值.(1)、(2)、(4) 无论用方法一还是方法二，都需要先利用关于区间的可加性，将反常积分拆开再判断．若用方法二，需注意相关变形转化.

【解析】方法一：利用反常积分敛散性的定义判断.

(1)：$\int_{-\infty}^{+\infty}\frac{1}{1+x^2}\mathrm{d}x=\int_{-\infty}^{0}\frac{1}{1+x^2}\mathrm{d}x+\int_{0}^{+\infty}\frac{1}{1+x^2}\mathrm{d}x$，其中$\int_{-\infty}^{0}\frac{1}{1+x^2}\mathrm{d}x=\arctan x\Big|_{-\infty}^{0}=\frac{\pi}{2}$，$\int_{0}^{+\infty}\frac{1}{1+x^2}\mathrm{d}x=\arctan x\Big|_{0}^{+\infty}=\frac{\pi}{2}$，故$\int_{-\infty}^{+\infty}\frac{1}{1+x^2}\mathrm{d}x$ 收敛且值为 π，(1) 正确；

(2)：$\int_{-\infty}^{+\infty}x\mathrm{e}^{-x^2}\mathrm{d}x=\int_{-\infty}^{0}x\mathrm{e}^{-x^2}\mathrm{d}x+\int_{0}^{+\infty}x\mathrm{e}^{-x^2}\mathrm{d}x$，其中$\int_{-\infty}^{0}x\mathrm{e}^{-x^2}\mathrm{d}x=-\frac{1}{2}\mathrm{e}^{-x^2}\Big|_{-\infty}^{0}=-\frac{1}{2}$，$\int_{0}^{+\infty}x\mathrm{e}^{-x^2}\mathrm{d}x=-\frac{1}{2}\mathrm{e}^{-x^2}\Big|_{0}^{+\infty}=\frac{1}{2}$，故$\int_{-\infty}^{+\infty}x\mathrm{e}^{-x^2}\mathrm{d}x$ 收敛且值为 0，(2) 正确；

(3)：
$$\begin{aligned}\int_{0}^{+\infty}\mathrm{e}^{-x}\sin x\mathrm{d}x&=-\int_{0}^{+\infty}\sin x\mathrm{d}(\mathrm{e}^{-x})=-\mathrm{e}^{-x}\sin x\Big|_{0}^{+\infty}+\int_{0}^{+\infty}\mathrm{e}^{-x}\cos x\mathrm{d}x\\&=-\int_{0}^{+\infty}\cos x\mathrm{d}(\mathrm{e}^{-x})=-\mathrm{e}^{-x}\cos x\Big|_{0}^{+\infty}-\int_{0}^{+\infty}\mathrm{e}^{-x}\sin x\mathrm{d}x\\&=1-\int_{0}^{+\infty}\mathrm{e}^{-x}\sin x\ \mathrm{d}x,\end{aligned}$$

故$\int_{0}^{+\infty}\mathrm{e}^{-x}\sin x\mathrm{d}x=\frac{1}{2}$，(3) 正确；

(4)：$\int_{-1}^{1}\frac{1}{x^2}\mathrm{d}x=\int_{-1}^{0}\frac{1}{x^2}\mathrm{d}x+\int_{0}^{1}\frac{1}{x^2}\mathrm{d}x$，其中$\int_{0}^{1}\frac{1}{x^2}\mathrm{d}x=-\frac{1}{x}\Big|_{0}^{1}$ 不存在，故$\int_{-1}^{1}\frac{1}{x^2}\mathrm{d}x$ 发散，(4) 错误.

方法二：利用反常积分的审敛法判断.

(1)：$\int_{-\infty}^{+\infty}\frac{1}{1+x^2}\mathrm{d}x=\int_{-\infty}^{-1}\frac{1}{1+x^2}\mathrm{d}x+\int_{-1}^{1}\frac{1}{1+x^2}\mathrm{d}x+\int_{1}^{+\infty}\frac{1}{1+x^2}\mathrm{d}x$，其中由$\lim\limits_{x\to+\infty}\frac{\frac{1}{1+x^2}}{\frac{1}{x^2}}=1$且$\int_{1}^{+\infty}\frac{1}{x^2}\mathrm{d}x$ 收敛得$\int_{1}^{+\infty}\frac{1}{1+x^2}\mathrm{d}x$ 收敛(同阶同敛散)；$\int_{-1}^{1}\frac{1}{1+x^2}\mathrm{d}x$ 为定积分，故存在；$\int_{-\infty}^{-1}\frac{1}{1+x^2}\mathrm{d}x\xlongequal{x=-t}\int_{1}^{+\infty}\frac{1}{1+t^2}\mathrm{d}t$ 收敛，故$\int_{-\infty}^{+\infty}\frac{1}{1+x^2}\mathrm{d}x$ 收敛．又$\int_{-\infty}^{+\infty}\frac{1}{1+x^2}\mathrm{d}x=2\int_{0}^{+\infty}\frac{1}{1+x^2}\mathrm{d}x=2\arctan x\Big|_{0}^{+\infty}=\pi$，(1) 正确；

(2)：$\int_{-\infty}^{+\infty}xe^{-x^2}dx=\int_{-\infty}^{-1}xe^{-x^2}dx+\int_{-1}^{1}xe^{-x^2}dx+\int_{1}^{+\infty}xe^{-x^2}dx$，其中由$\lim\limits_{x\to+\infty}\dfrac{xe^{-x^2}}{\dfrac{1}{x^2}}=\lim\limits_{x\to+\infty}\dfrac{x^3}{e^{x^2}}=0$

且$\int_{1}^{+\infty}\dfrac{1}{x^2}dx$收敛得$\int_{1}^{+\infty}xe^{-x^2}dx$收敛（大收敛推小收敛）；$\int_{-1}^{1}xe^{-x^2}dx$为定积分，故存在；$\int_{-\infty}^{-1}xe^{-x^2}dx\xlongequal{x=-t}-\int_{1}^{+\infty}te^{-t^2}dt$收敛，故$\int_{-\infty}^{+\infty}xe^{-x^2}dx$收敛．又$xe^{-x^2}$为奇函数，故$\int_{-\infty}^{+\infty}xe^{-x^2}dx=0$，(2) 正确；

(3)：由于$e^{-x}\sin x$在$[0,+\infty)$可取正值也可取负值，因此先判断$\int_{0}^{+\infty}|e^{-x}\sin x|dx$的敛散性，由$|e^{-x}\sin x|\leqslant e^{-x}$，且$\int_{0}^{+\infty}e^{-x}dx=-e^{-x}\Big|_{0}^{+\infty}=1$收敛得$\int_{0}^{+\infty}|e^{-x}\sin x|dx$收敛，故$\int_{0}^{+\infty}e^{-x}\sin x dx$收敛，又$\int_{0}^{+\infty}e^{-x}\sin x dx=\dfrac{1}{2}$(计算过程同方法一)，(3) 正确；

(4)：$\int_{-1}^{1}\dfrac{1}{x^2}dx=\int_{-1}^{0}\dfrac{1}{x^2}dx+\int_{0}^{1}\dfrac{1}{x^2}dx$，其中$\int_{0}^{1}\dfrac{1}{x^2}dx$发散，故$\int_{-1}^{1}\dfrac{1}{x^2}dx$发散，(4) 错误．

【结论】设函数$f(x)$在$\mathbf{R}$上连续，反常积分$\int_{-\infty}^{+\infty}f(x)dx$收敛，若$f(x)$为奇函数，则$\int_{-\infty}^{+\infty}f(x)dx=0$；若$f(x)$为偶函数，则$\int_{-\infty}^{+\infty}f(x)dx=2\int_{0}^{+\infty}f(x)dx$．注意，若去掉条件“反常积分$\int_{-\infty}^{+\infty}f(x)dx$收敛”，则结论不成立．

【答案】D

例 42 若反常积分$\int_{0}^{+\infty}\dfrac{1}{x^a(1+x)^b}dx$收敛，则(　　).

A. $a<1$　　B. $a<1$且$b>1$　　C. $a<1$且$a+b>1$

D. $a>1$且$b>1$　　E. $a>1$且$a+b>1$

【思路】被积函数带参数，不便直接求原函数，可将参数取特殊值，再利用反常积分敛散性定义判断敛散性，并结合排除法求解．也可用审敛法判断，由于该反常积分的积分上限为$+\infty$，当$a>0$时，点0为瑕点，故先利用区间可加性将其拆开，再对拆开后的反常积分用审敛法．

【解析】方法一：将参数取特殊值后，利用反常积分敛散性的定义排除干扰项．

令$a=0$，$b=2$，则$\int_{0}^{+\infty}\dfrac{1}{x^a(1+x)^b}dx=\int_{0}^{+\infty}\dfrac{1}{(1+x)^2}dx=-\dfrac{1}{1+x}\Big|_{0}^{+\infty}=1$，此时该反常积分收敛，故 D、E 项错误；

令$a=-1$，$b=2$，则

$$\int_{0}^{+\infty}\frac{1}{x^a(1+x)^b}dx=\int_{0}^{+\infty}\frac{x}{(1+x)^2}dx=\int_{0}^{+\infty}\frac{x+1-1}{(1+x)^2}dx$$
$$=\int_{0}^{+\infty}\frac{1}{1+x}dx-\int_{0}^{+\infty}\frac{1}{(1+x)^2}dx=\ln(1+x)\Big|_{0}^{+\infty}+\frac{1}{1+x}\Big|_{0}^{+\infty}$$

不存在，此时该反常积分发散，故 A、B 项错误，根据排除法得 C 项正确．

方法二：利用反常积分的审敛法求解．

由$\int_{0}^{+\infty}\dfrac{1}{x^a(1+x)^b}dx=\int_{0}^{1}\dfrac{1}{x^a(1+x)^b}dx+\int_{1}^{+\infty}\dfrac{1}{x^a(1+x)^b}dx$收敛，可知$\int_{0}^{1}\dfrac{1}{x^a(1+x)^b}dx$

与$\int_1^{+\infty}\frac{1}{x^a(1+x)^b}\mathrm{d}x$均收敛．又$\lim\limits_{x\to0^+}\frac{\frac{1}{x^a(1+x)^b}}{\frac{1}{x^a}}=\lim\limits_{x\to0^+}\frac{1}{(1+x)^b}=1$得$\int_0^1\frac{1}{x^a(1+x)^b}\mathrm{d}x$与$\int_0^1\frac{1}{x^a}\mathrm{d}x$同敛散，可得$\int_0^1\frac{1}{x^a}\mathrm{d}x$收敛，故$a<1$；

又$\lim\limits_{x\to+\infty}\frac{\frac{1}{x^a(1+x)^b}}{\frac{1}{x^{a+b}}}=\lim\limits_{x\to+\infty}\frac{x^b}{(1+x)^b}=1$得$\int_1^{+\infty}\frac{1}{x^a(1+x)^b}\mathrm{d}x$与$\int_1^{+\infty}\frac{1}{x^{a+b}}\mathrm{d}x$同敛散，可得$\int_1^{+\infty}\frac{1}{x^{a+b}}\mathrm{d}x$收敛，故$a+b>1$.

综上，可得$a<1$且$a+b>1$.

【答案】C

题型 19　求平面图形的面积

【方法点拨】

求平面图形的面积，可按照“先表示，再计算”的步骤进行．

(1)先表示：根据定积分的几何意义，用定积分表示曲边梯形的面积．其他平面图形的面积，或者可以直接用定积分表示，或者通过分割图形，经“大减小”等方式转化后可用定积分表示．常见情形如下(以直角坐标系下对x积分的情形为例，对y积分的情形类似考虑)：

①设在区间$[a,b]$上，函数$f(x)$，$g(x)$连续，且曲线$y=f(x)$，$y=g(x)$可以有有限个交点，则由曲线$y=f(x)$，$y=g(x)$和直线$x=a$所围成的区域D(见下图)的面积为$S=\int_a^b|f(x)-g(x)|\mathrm{d}x$.

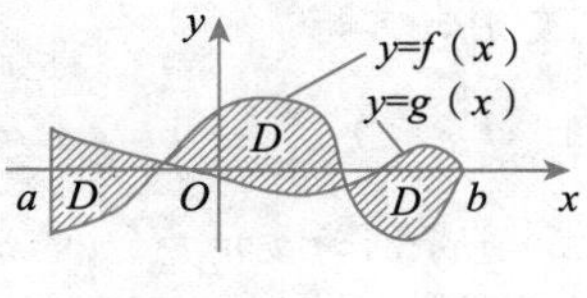

②设函数$f(x)$在区间$[a,b]$上连续，函数$g(x)$在区间$[b,c]$连续，且曲线$y=f(x)$，$y=g(x)$与x轴可以有有限个交点，则由曲线$y=f(x)$，$y=g(x)$和直线$x=a$，x轴所围成的区域D(见右图)的面积为$S=\int_a^b|f(x)|\mathrm{d}x+\int_b^c|g(x)|\mathrm{d}x$.

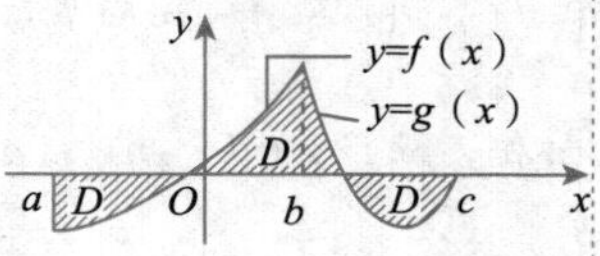

(2)再计算：计算定积分．

例 43　设曲线L_1：$y=1-x^2(0\leqslant x\leqslant1)$，$x$轴和$y$轴所围区域被曲线$L_2$：$y=ax^2$分为面积相等的两部分(见右图)，其中$a$是大于零的常数，则$a=$(　　).

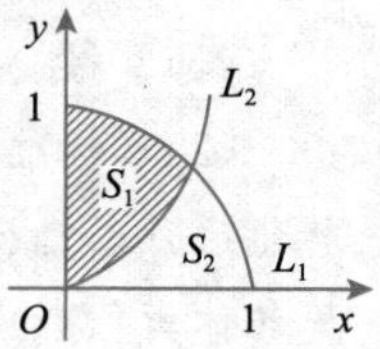

A. 1　　B. 2　　C. 3　　D. 4　　E. 5

【思路】先求出曲线 L_1 和 L_2 交点的横坐标，再用定积分表示已知条件的面积等式 $S_1=S_2$. 由于本题的 S_1+S_2 比 S_2 容易用定积分表示，因此在 $S_1=S_2$ 两端加 S_1 得到 $2S_1=S_1+S_2$，再根据该等式计算.

【解析】由 $\begin{cases}y=1-x^2,\\y=ax^2,\end{cases}$ 解得 $x=\dfrac{1}{\sqrt{a+1}}$（由 $0\leqslant x\leqslant 1$ 舍去 $x=-\dfrac{1}{\sqrt{a+1}}$），故

$$S_1=\int_0^{\frac{1}{\sqrt{a+1}}}(1-x^2-ax^2)\,\mathrm{d}x=\frac{1}{\sqrt{a+1}}-(a+1)\frac{x^3}{3}\bigg|_0^{\frac{1}{\sqrt{a+1}}}=\frac{2}{3\sqrt{a+1}},$$

$S_1+S_2=\int_0^1(1-x^2)\,\mathrm{d}x=1-\dfrac{x^3}{3}\bigg|_0^1=\dfrac{2}{3}$，代入 $2S_1=S_1+S_2$ 得 $\dfrac{4}{3\sqrt{a+1}}=\dfrac{2}{3}$，解得 $a=3$.

【答案】C

例 44　如图所示，曲线段方程为 $y=f(x)$，函数 $f(x)$ 在区间 $[0,a]$ 上有连续导数，则定积分 $\int_0^a xf'(x)\,\mathrm{d}x$ 等于（　　）.

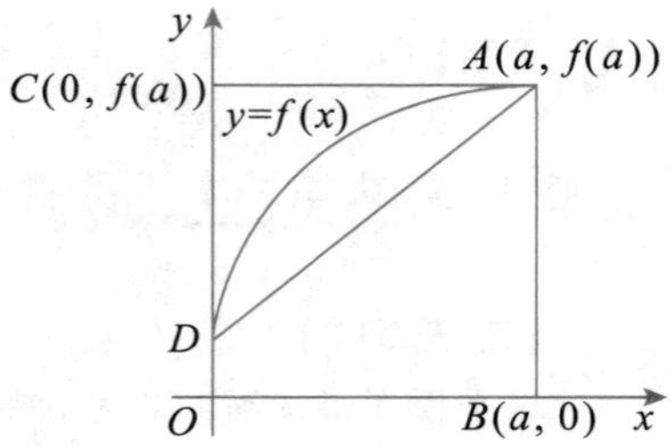

A. 曲边梯形 $ABOD$ 的面积
B. 梯形 $ABOD$ 的面积
C. 曲边三角形 ACD 的面积
D. 三角形 ACD 的面积
E. 矩形 $ABOC$ 的面积

【思路】已知定积分 $\int_0^a xf'(x)\,\mathrm{d}x$，由选项知需要判断该定积分与哪个图形面积相等，故用定积分的几何意义.

【解析】由于曲线 $y=xf'(x)$ 在图中未体现，故考虑对 $\int_0^a xf'(x)\,\mathrm{d}x$ 作变形. 该积分含有抽象函数的导数 $f'(x)$，故用分部积分法变形，可得

$$\int_0^a xf'(x)\,\mathrm{d}x=\int_0^a x\,\mathrm{d}[f(x)]=xf(x)\Big|_0^a-\int_0^a f(x)\,\mathrm{d}x=af(a)-\int_0^a f(x)\,\mathrm{d}x.$$

再考虑几何意义，$af(a)$ 等于长和宽分别为 a 和 $f(a)$ 的矩形的面积，即矩形 $ABOC$ 的面积；$\int_0^a f(x)\,\mathrm{d}x$ 等于 $y=f(x)$，$x=0$，$x=a$ 以及 x 轴所围成的曲边梯形的面积，即曲边梯形 $ABOD$ 的面积，故 $\int_0^a xf'(x)\,\mathrm{d}x=af(a)-\int_0^a f(x)\,\mathrm{d}x$ 等于曲边三角形 ACD 的面积.

【答案】C

题型 20 求旋转体的体积

【方法点拨】

(1)掌握旋转体的体积公式，详见本章第 1 节.

(2)非标准旋转体，或者可以直接套用体积公式，或者通过分割图形，经“大减小”等方式转化后可以套公式. 常见情形如下(以绕 x 轴旋转一周所得旋转体为例，绕 y 轴旋转一周所得旋转体类似考虑)：

①设在区间$[a, b]$上，函数$f(x)$，$g(x)$连续，$f(x)\geqslant 0$，$g(x)\geqslant 0$，曲线$y=f(x)$，$y=g(x)$可以有有限个交点，则由曲线$y=f(x)$，$y=g(x)$和直线$x=a$所围成的区域D(见下图)绕x轴旋转一周所得旋转体的体积为$V_x=\pi\int_a^b|f^2(x)-g^2(x)|\mathrm{d}x$.

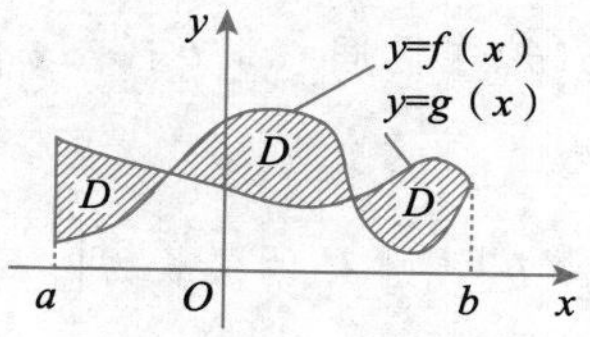

② 设在区间$[a, b]$上，函数$f(x)$连续，$f(x)\geqslant 0$；在区间$[b, c]$上，函数$g(x)$连续，$g(x)\geqslant 0$，则由曲线$y=f(x)$，$y=g(x)$，直线$x=a$，$x=c$和x轴所围成的区域D(见下图)绕x轴旋转一周所得旋转体的体积为$V_x=\pi\int_a^b f^2(x)\mathrm{d}x+\pi\int_b^c g^2(x)\mathrm{d}x$.

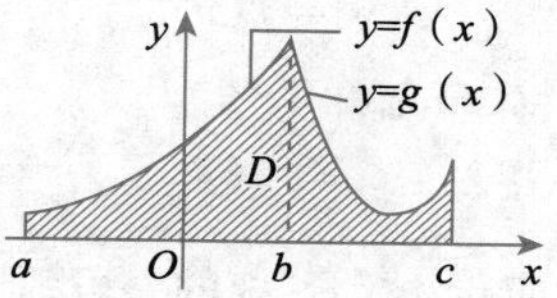

例 45 由$y=x^3$，$x=\pm 1$和x轴围成的区域(包括位于第一和第三象限的部分)记为D，D绕x轴旋转所得旋转体的体积记为V_x，D绕y轴旋转所得旋转体的体积记为V_y，则$V_x+V_y=$(　　).

A. $\frac{2\pi}{7}$　　B. $\frac{4\pi}{5}$　　C. π

D. $\frac{19\pi}{35}$　　E. $\frac{38\pi}{35}$

【思路】求旋转体体积，套用公式计算．由对称性得D绕x轴旋转所得旋转体的体积是其位于第一象限的部分绕x轴旋转所得旋转体的体积的2倍．

【解析】$V_x=2\int_0^1\pi(x^3)^2\mathrm{d}x=2\pi\left.\frac{x^7}{7}\right|_0^1=\frac{2\pi}{7}$. 同理得$V_y=2V_1$，$V_1$为$D$位于第一象限的部分绕$y$轴旋转所得旋转体的体积．

方法一：由公式得$V_1=2\pi\int_a^b xf(x)\mathrm{d}x=2\pi\int_0^1 x\cdot x^3\mathrm{d}x=2\pi\left.\frac{x^5}{5}\right|_0^1=\frac{2\pi}{5}$.

方法二：由公式得$V_1=\pi\int_a^b f^2(y)\mathrm{d}y=\pi\cdot 1^2\cdot 1-\pi\int_0^1\left(y^{\frac{1}{3}}\right)^2\mathrm{d}y=\pi-\pi\left.\frac{3}{5}y^{\frac{5}{3}}\right|_0^1=\frac{2\pi}{5}$.

故$V_x+V_y=\frac{2\pi}{7}+2\times\frac{2\pi}{5}=\frac{38\pi}{35}$.

【答案】E

题型 21 求平面曲线的弧长

【方法点拨】

掌握平面曲线的弧长公式：

设函数 $x(t)$，$y(t)$，$f(x)$，$\rho(\theta)$在区间$[a, b]$($[\alpha, \beta]$)上有连续导数，且$[x'(t)]^2+[y'(t)]^2\neq 0$，则

(1) 若 $L:\begin{cases}x=x(t),\\ y=y(t),\end{cases}$ $t\in[a, b]$，则 L 的弧长为$\int_a^b \sqrt{[x'(t)]^2+[y'(t)]^2}\,\mathrm{d}t$.

(2) 若 $L: y=f(x)$，$x\in[a, b]$，则 L 的弧长为$\int_a^b \sqrt{1+[f'(x)]^2}\,\mathrm{d}x$.

(3) 若 $L: \rho=\rho(\theta)$，$\theta\in[\alpha, \beta]$，则 L 的弧长为$\int_\alpha^\beta \sqrt{\rho^2(\theta)+[\rho'(\theta)]^2}\,\mathrm{d}\theta$.

注意：(2)、(3) 可视为(1) 的特殊情形：$\begin{cases}x=x,\\ y=f(x),\end{cases}$ $x\in[a, b]$；$\begin{cases}x=\rho(\theta)\cos\theta,\\ y=\rho(\theta)\sin\theta,\end{cases}$ $\theta\in[\alpha, \beta]$，则也可套(1) 的公式直接进行计算，从而免去记忆.

例 46 曲线 $y=\dfrac{\sqrt{x}}{3}(3-x)$上相应于 $1\leqslant x\leqslant 3$ 的一段弧的长度为(　　).

A. $2+\dfrac{\ln 3}{2}$　　B. $4+\ln 3$　　C. $2\sqrt{3}$

D. $2\sqrt{3}-\dfrac{4}{3}$　　E. $2\sqrt{3}+\dfrac{4}{3}$

【思路】 已知曲线表达式和区间，求长度，用曲线长度公式计算即可.

【解析】 利用弧长公式 $s=\int_a^b \sqrt{1+[f'(x)]^2}\,\mathrm{d}x$，可得

$$s=\int_1^3\sqrt{1+\left[\left(\sqrt{x}-\frac{1}{3}x^{\frac{3}{2}}\right)'\right]^2}\,\mathrm{d}x=\int_1^3\sqrt{1+\left(\frac{1}{2\sqrt{x}}-\frac{1}{2}x^{\frac{1}{2}}\right)^2}\,\mathrm{d}x$$

$$=\int_1^3\sqrt{1+\frac{1}{4}\left(\frac{1}{x}+x-2\right)}\,\mathrm{d}x=\int_1^3\sqrt{\frac{1}{4}\left(\frac{1}{\sqrt{x}}+\sqrt{x}\right)^2}\,\mathrm{d}x=\frac{1}{2}\int_1^3\left(\frac{1}{\sqrt{x}}+\sqrt{x}\right)\mathrm{d}x$$

$$=\sqrt{x}\,\Big|_1^3+\frac{1}{2}\cdot\frac{2}{3}x^{\frac{3}{2}}\Big|_1^3=2\sqrt{3}-\frac{4}{3}.$$

【答案】 D

题型 22 积分的经济应用

【方法点拨】

掌握由边际函数求相应原函数的方法：

(1) 若已知生产某种产品的固定成本为 C_0，边际成本函数为 $MC=C'(x)$，其中 x 为产量，则总成本函数 $C(x)=C_0+\int_0^x C'(t)\,\mathrm{d}t$.

(2) 若已知销售某种商品的边际收益函数为 $MR=R'(x)$，其中 x 为销量，则总收益函数 $R(x)=\int_0^x R'(t)\mathrm{d}t$.

(3) 若已知时间 $t=t_0$ 时某产品的总产量为 Q_0，且总产量 Q 的变化率为时间 t 的连续函数 $Q'(t)$，则总产量函数 $Q(t)=Q_0+\int_{t_0}^t Q'(t)\mathrm{d}t$.

例 47 设生产某产品的固定成本为 10，当产量为 x 时，边际成本函数为 $-40-20x+3x^2$，边际收益函数为 $32+10x$，则总利润函数为(　　).

A. $10-40x-10x^2+x^3$

B. $32x+5x^2$

C. $-10+72x+15x^2-x^3$

D. $72+30x-3x^2$

E. $62+30x-3x^2$

【思路】先通过边际成本函数求出总成本函数，通过边际收益函数求出总收益函数，再求总利润函数.

【解析】总成本函数 $C=C_0+\int_0^x(-40-20t+3t^2)\mathrm{d}t=10-40x-10x^2+x^3$；总收益函数 $R=\int_0^x(32+10t)\mathrm{d}t=32x+5x^2$，故总利润函数

$$L=R-C=32x+5x^2-(10-40x-10x^2+x^3)=-10+72x+15x^2-x^3.$$

【答案】C

本节习题自测

1. 已知 $\mathrm{d}(x\ln x)=f(x)\mathrm{d}x$，则 $\int_1^e \frac{f(x)}{x}\mathrm{d}x=$(　　).

A. $\frac{1}{2}$　　B. 1　　C. $\frac{3}{2}$　　D. 2　　E. $\frac{5}{2}$

2. 设 $\int xf(x)\mathrm{d}x=\arcsin x+C$，$C$ 为任意常数，则 $\int\frac{1}{f(x)}\mathrm{d}x=$(　　).

A. $-\frac{1}{2}(1-x^2)^{\frac{3}{2}}+C$　　B. $\frac{1}{2}(1-x^2)^{\frac{3}{2}}+C$　　C. $-\frac{1}{3}(1-x^2)^{\frac{3}{2}}+C$

D. $\frac{1}{3}(1-x^2)^{\frac{3}{2}}+C$　　E. $(1-x^2)^{\frac{3}{2}}+C$

3. 不定积分 $\int\frac{1}{2+x-x^2}\mathrm{d}x=$(　　)，其中 C 为任意常数.

A. $\ln\left|\frac{1+x}{2-x}\right|+C$　　B. $\ln|(1+x)(2-x)|+C$　　C. $\frac{1}{3}\ln\left|\frac{1+x}{2-x}\right|+C$

D. $\frac{1}{3}\ln|(1+x)(2-x)|+C$　　E. $\frac{1}{3}\ln\frac{1+x}{2-x}+C$

4. $\int \frac{dx}{\sqrt{x(4-x)}}=($　　$)$，其中 C 为任意常数．

A. $\arcsin(x-2)+C$　　B. $\arccos(x-2)+C$　　C. $\arcsin\frac{x-2}{2}+C$

D. $\arccos\frac{x-2}{2}+C$　　E. $\arcsin\frac{x+2}{2}+C$

5. 定积分 $\int_0^{\sqrt{3}} \frac{x^3}{\sqrt{1+x^2}}dx=($　　$)$．

A. $\frac{1}{2}$　　B. 1　　C. $\frac{3}{2}$　　D. $\frac{2}{3}$　　E. $\frac{4}{3}$

6. 不定积分 $\int \frac{dx}{(2-x)\sqrt{1-x}}=($　　$)$，其中 C 为任意常数．

A. $-2\arctan x+C$　　B. $2\arctan x+C$　　C. $-2\arctan\sqrt{1-x}+C$

D. $2\arctan\sqrt{1-x}+C$　　E. $\arctan\sqrt{1-x}+C$

7. $\int_0^{\pi^2} \sqrt{x}\cos\sqrt{x}\,dx=($　　$)$．

A. -4π　　B. -2π　　C. π　　D. 2π　　E. 4π

8. $\int_0^1 x^3 e^{x^2}dx=($　　$)$．

A. $\frac{1}{4}$　　B. $\frac{1}{2}$　　C. 1　　D. 2　　E. 4

9. $\int_0^{\ln 2} \sqrt{1-e^{-2x}}\,dx=($　　$)$．

A. $-\sqrt{3}+\ln(2+\sqrt{3})$　　B. $\sqrt{3}+\ln(2+\sqrt{3})$　　C. $-\frac{\sqrt{3}}{2}+\ln(2+\sqrt{3})$

D. $\frac{\sqrt{3}}{2}+\ln(2+\sqrt{3})$　　E. $-2\sqrt{3}+\ln(2+\sqrt{3})$

10. $\int_0^{+\infty} \frac{x\,dx}{(1+x^2)^2}=($　　$)$．

A. 1　　B. $\frac{1}{2}$　　C. $\frac{1}{3}$　　D. $\frac{1}{4}$　　E. $\frac{1}{5}$

11. 设函数 $f(x)=\begin{cases}\lambda e^{-\lambda x}, & x>0, \\ 0, & x\leqslant 0,\end{cases}$ $\lambda>0$，则 $\int_{-\infty}^{+\infty} xf(x)dx=($　　$)$．

A. $-\lambda$　　B. $-\frac{1}{\lambda}$　　C. 0　　D. λ　　E. $\frac{1}{\lambda}$

12. 不定积分 $\int \frac{1}{x^2(x+1)}dx=($　　$)$，其中 C 为任意常数．

A. $\ln|x+1|-\ln|x|-\frac{1}{x}+C$　　B. $\ln|x+1|-\ln|x|+\frac{1}{x}+C$

C. $\ln|x+1|+\ln|x|-\frac{1}{x}+C$　　D. $\ln|x+1|+\ln|x|+\frac{1}{x}+C$

E. $\ln|x+1|-\ln|x|-\frac{1}{x^2}+C$

13. 不定积分$\int \sin^3 x\cos^2 x\,dx=$(　　)，其中$C$为任意常数．

A. $-\frac{1}{3}\cos^3 x-\frac{1}{5}\sin^5 x+C$

B. $-\frac{1}{3}\cos^3 x+\frac{1}{5}\sin^5 x+C$

C. $-\frac{1}{3}\cos^3 x-\frac{1}{5}\cos^5 x+C$

D. $-\frac{1}{3}\cos^3 x+\frac{1}{5}\cos^5 x+C$

E. $\frac{1}{3}\cos^3 x+\frac{1}{5}\cos^5 x+C$

14. 设函数$f(x)=\int_0^x x\ln(2+t^2)\,dt$，则$f'(x)$的零点个数为(　　)．

A. 0　B. 1　C. 2　D. 3　E. 4

15. 设生产x单位产品的总成本C是x的函数$C(x)$，固定成本为20元，边际成本函数为$2x+10$(元/单位)，则平均成本为(　　)．

A. $2x+30$

B. x^2+10x

C. $x^2+10x+20$

D. $x^2+10x-20$

E. $x+10+\frac{20}{x}$

16. 曲线$y=x^2$与直线$y=x+2$所围成的平面图形的面积为(　　)．

A. $\frac{3}{2}$

B. $\frac{7}{2}$

C. $\frac{9}{2}$

D. 2

E. 3

17. 不定积分$\int \sin^2 x\cos 2x\,dx=$(　　)，其中$C$为任意常数．

A. $\frac{1}{4}\sin 2x+\frac{1}{16}\sin 4x+C$

B. $\frac{1}{4}\sin 2x-\frac{1}{16}\sin 4x+C$

C. $-\frac{1}{4}x+\frac{1}{4}\sin 2x+\frac{1}{16}\sin 4x+C$

D. $-\frac{1}{4}x+\frac{1}{4}\sin 2x-\frac{1}{16}\sin 4x+C$

E. $\frac{1}{4}x+\frac{1}{4}\sin 2x+\frac{1}{16}\sin 4x+C$

18. 设可导函数$y=y(x)$由方程$\int_0^{x+y} e^{-t^2}\,dt=\int_0^x x\sin t^2\,dt$确定，则$\left.\frac{dy}{dx}\right|_{x=0}=$(　　)．

A. -2　B. -1　C. 0　D. 1　E. 2

19. $\int \frac{a\sin x+b\cos x}{\sin x+\cos x}\,dx=$(　　)，其中$C$为任意常数．

A. $-\frac{a+b}{2}x+\frac{a-b}{2}\ln|\sin x+\cos x|+C$

B. $\frac{a+b}{2}x+\frac{a-b}{2}\ln|\sin x+\cos x|+C$

C. $-\frac{a+b}{2}x+\frac{b-a}{2}\ln|\sin x+\cos x|+C$

D. $\frac{a+b}{2}x+\frac{b-a}{2}\ln|\sin x+\cos x|+C$

E. $\frac{a+b}{2}x+\frac{b-a}{2}\ln|\sin x-\cos x|+C$

20. 设函数$f(x)$连续，$\varphi(x)=\int_0^{x^2} xf(t)\,dt$，若$\varphi(1)=1$，$\varphi'(1)=5$，则$f(1)=$(　　)．

A. -2　B. -1　C. 0　D. 1　E. 2

21. $\int \frac{\ln x - 1}{x^2} \mathrm{d}x =$（　　），其中 C 为任意常数．

A. $-\frac{\ln x-1}{x}+C$　　B. $\frac{\ln x-1}{x}+C$　　C. $-\frac{\ln x}{x}+C$

D. $\frac{\ln x}{x}+C$　　E. $-\frac{\ln x}{x^2}+C$

22. $\int \ln^2 x \,\mathrm{d}x =$（　　），其中 C 为任意常数．

A. $x\ln^2 x-2x\ln x+x+C$　　B. $x\ln^2 x-2x\ln x-x+C$

C. $x\ln^2 x+2x\ln x+2x+C$　　D. $x\ln^2 x+2x\ln x-2x+C$

E. $x\ln^2 x-2x\ln x+2x+C$

23. $\int \mathrm{e}^{2x}(\tan x+1)^2 \mathrm{d}x =$（　　），其中 C 为任意常数．

A. $2\mathrm{e}^{2x}\tan^2 x+C$　　B. $2\mathrm{e}^{2x}\tan x+C$

C. $\mathrm{e}^{2x}\tan^2 x+C$　　D. $\mathrm{e}^{2x}\tan x+C$

E. $\mathrm{e}^{x}\tan x+C$

24. $\int_{-2}^{2} \frac{x+|x|}{2+x^2} \mathrm{d}x =$（　　）．

A. 0　　B. $\ln 2$　　C. $\ln 3$　　D. $\ln 6$　　E. $\ln 8$

25. $\int \mathrm{e}^x \cos x \,\mathrm{d}x =$（　　），其中 C 为任意常数．

A. $\mathrm{e}^x(\sin x+\cos x)+C$　　B. $2\mathrm{e}^x(\sin x+\cos x)+C$

C. $2\mathrm{e}^x(\sin x-\cos x)+C$　　D. $\frac{1}{2}\mathrm{e}^x(\sin x+\cos x)+C$

E. $\frac{1}{2}\mathrm{e}^x(\sin x-\cos x)+C$

26. 设 $f(x)=\begin{cases}1+x^2, & x\leqslant 0,\\ \mathrm{e}^{-x}, & x>0,\end{cases}$ 则 $\int_1^3 f(x-2)\mathrm{d}x =$（　　）．

A. $2-\frac{1}{\mathrm{e}}$　　B. $2+\frac{1}{\mathrm{e}}$　　C. $\frac{7}{3}-\frac{1}{\mathrm{e}}$　　D. $\frac{7}{3}+\frac{1}{\mathrm{e}}$　　E. $2-\mathrm{e}$

27. $\int_{-1}^{1} (x+\sqrt{1-x^2})^2 \mathrm{d}x =$（　　）．

A. -2　　B. -1　　C. 0　　D. 1　　E. 2

28. $\int_{-1}^{2} \min\{1, x^{\frac{1}{3}}, x^3\} \mathrm{d}x =$（　　）．

A. $\frac{1}{4}$　　B. $\frac{1}{2}$　　C. $\frac{3}{4}$　　D. 1　　E. $\frac{5}{4}$

29. 设 $f(x)=\int_1^x \frac{\ln(t+1)}{t}\mathrm{d}t$，$\int_0^1 \frac{\sqrt{x}}{x+1}\mathrm{d}x = A$，则 $\int_0^1 \frac{f(x)}{\sqrt{x}}\mathrm{d}x =$（　　）．

A. $2(A-\ln 2)$　　B. $2(A+\ln 2)$　　C. $4(A-\ln 2)$

D. $4(A+\ln 2)$　　E. $8(A-\ln 2)$

30. 设 $f''(x)$ 连续，且 $f(2)=\frac{1}{2}$，$f'(2)=0$ 及 $\int_0^2 f(x)\mathrm{d}x=1$，则 $\int_0^1 x^2 f''(2x)\mathrm{d}x=$（　　）.

A. -2　　B. -1　　C. 0　　D. 1　　E. 2

31. 若 $f(x)=\frac{1}{1+x^2}+\sqrt{1-x^2}\int_0^1 f(x)\mathrm{d}x$，则 $\int_0^1 f(x)\mathrm{d}x=$（　　）.

A. $\frac{4-\pi}{\pi}$　　B. $\frac{4+\pi}{\pi}$　　C. $\frac{\pi}{4-\pi}$　　D. $\frac{\pi}{4+\pi}$　　E. $\frac{4}{\pi}$

32. 设 $I=\int_0^{\frac{\pi}{4}}\ln(\sin x)\mathrm{d}x$，$J=\int_0^{\frac{\pi}{4}}\ln(\cot x)\mathrm{d}x$，$K=\int_0^{\frac{\pi}{4}}\ln(\cos x)\mathrm{d}x$，则（　　）.

A. $I<J<K$　　B. $I<K<J$　　C. $J<I<K$

D. $J<K<I$　　E. $K<J<I$

33. 由曲线 $y=\ln x$ 与两直线 $y=(\mathrm{e}+1)-x$ 及 $y=0$ 所围成的平面图形的面积是（　　）.

A. $\frac{1}{3}$　　B. $\frac{1}{2}$　　C. $\frac{2}{3}$　　D. 1　　E. $\frac{3}{2}$

34. 摆线 $\begin{cases}x=t-\sin t,\\ y=1-\cos t\end{cases}$ $(0\leqslant t\leqslant 2\pi)$ 的弧长为（　　）.

A. 2　　B. 4　　C. 6　　D. 8　　E. 10

35. 双扭线在第一象限的部分 $\rho(\theta)=\sqrt{\cos 2\theta}\left(0\leqslant\theta\leqslant\frac{\pi}{4}\right)$ 与极轴所围成的区域面积为（　　）.

A. $\frac{1}{4}$　　B. $\frac{1}{2}$　　C. 1　　D. 2　　E. 4

36. 设 D 是由曲线 $y=\sin x+1$ 与三条直线 $x=0$，$x=\pi$，$y=1$ 围成的图形，则 D 绕 x 轴旋转一周所形成的旋转体的体积为（　　）.

A. $\frac{5\pi^2}{2}+4\pi$　　B. $\frac{3\pi^2}{2}+4\pi$　　C. $\frac{3\pi^2}{2}-4\pi$　　D. $\frac{\pi^2}{2}+4\pi$　　E. $\frac{\pi^2}{2}-4\pi$

37. 曲线 $y=\ln(1-x^2)$ 上相应于 $0\leqslant x\leqslant\frac{1}{2}$ 的一段弧的长度为（　　）.

A. $\ln 3$　　B. $\frac{1}{2}$　　C. $\ln 3-\frac{1}{2}$　　D. $\ln 3+\frac{1}{2}$　　E. $\ln 3+2$

38. $\lim\limits_{n\to\infty}\frac{1}{n}\left(\sqrt{1+\cos\frac{\pi}{n}}+\sqrt{1+\cos\frac{2\pi}{n}}+\cdots+\sqrt{1+\cos\frac{n\pi}{n}}\right)=$（　　）.

A. $\sqrt{2}$　　B. $2\sqrt{2}$　　C. $\frac{1}{\pi}$　　D. $\frac{\sqrt{2}}{\pi}$　　E. $\frac{2\sqrt{2}}{\pi}$

39. 设 $I_k=\int_0^{k\pi}\mathrm{e}^{x^2}\sin x\mathrm{d}x$，$k=1, 2, 3$，则（　　）.

A. $I_1<I_2<I_3$　　B. $I_3<I_1<I_2$　　C. $I_3<I_2<I_1$

D. $I_2<I_3<I_1$　　E. $I_2<I_1<I_3$

40. $\lim\limits_{n\to\infty}\frac{1}{n+1}\sum\limits_{k=1}^{n}\ln\left(1+\frac{k-1}{n}\right)=$（　　）.

A. $\ln 2-1$　　B. $\ln 2+1$　　C. $2\ln 2-1$　　D. $2\ln 2+1$　　E. $2\ln 2$

41. 下列反常积分收敛的是（　　）.

A. $\int_2^{+\infty}\frac{1}{\sqrt{x}}\mathrm{d}x$　　B. $\int_2^{+\infty}\frac{\ln x}{x}\mathrm{d}x$　　C. $\int_2^{+\infty}\frac{1}{x\ln x}\mathrm{d}x$

D. $\int_{-1}^{1}\frac{1}{\sin x}\mathrm{d}x$　　E. $\int_{-1}^{1}\frac{1}{\sqrt{1-x^2}}\mathrm{d}x$

42. 设函数 $f(x)=\begin{cases}\frac{1}{(x-1)^{\alpha-1}}, & 1<x<\mathrm{e},\\ \frac{1}{x\ln^{\alpha+1}x}, & x\geqslant \mathrm{e}.\end{cases}$ 若反常积分 $\int_1^{+\infty}f(x)\mathrm{d}x$ 收敛，则（　　）.

A. $\alpha<-2$　　B. $-2<\alpha<0$　　C. $0<\alpha<2$　　D. $2<\alpha<\mathrm{e}$　　E. $\alpha>\mathrm{e}$

习题详解

1. C

【解析】$\mathrm{d}(x\ln x)=(x\ln x)'\mathrm{d}x=(\ln x+1)\mathrm{d}x=f(x)\mathrm{d}x\Rightarrow f(x)=\ln x+1$. 故

$$\int_1^{\mathrm{e}}\frac{f(x)}{x}\mathrm{d}x=\int_1^{\mathrm{e}}\frac{\ln x+1}{x}\mathrm{d}x=\int_1^{\mathrm{e}}(\ln x+1)\mathrm{d}(\ln x+1)=\frac{1}{2}(\ln x+1)^2\Big|_1^{\mathrm{e}}=\frac{3}{2}.$$

2. C

【解析】$\int xf(x)\mathrm{d}x=\arcsin x+C$ 两端求导得 $xf(x)=\frac{1}{\sqrt{1-x^2}}$，解得 $\frac{1}{f(x)}=x\sqrt{1-x^2}$，故

$$\int\frac{1}{f(x)}\mathrm{d}x=\int x\sqrt{1-x^2}\,\mathrm{d}x=-\frac{1}{2}\int(1-x^2)^{\frac{1}{2}}\mathrm{d}(1-x^2)=-\frac{1}{3}(1-x^2)^{\frac{3}{2}}+C.$$

3. C

【解析】

$$\int\frac{1}{2+x-x^2}\mathrm{d}x=\int\frac{\mathrm{d}x}{(1+x)(2-x)}=\frac{1}{3}\int\left(\frac{1}{1+x}+\frac{1}{2-x}\right)\mathrm{d}x=\frac{1}{3}\left(\int\frac{1}{1+x}\mathrm{d}x+\int\frac{1}{2-x}\mathrm{d}x\right)$$

$$=\frac{1}{3}(\ln|1+x|-\ln|2-x|)+C=\frac{1}{3}\ln\left|\frac{1+x}{2-x}\right|+C.$$

4. C

【解析】$$\int\frac{\mathrm{d}x}{\sqrt{x(4-x)}}=\int\frac{\mathrm{d}x}{\sqrt{4-(x-2)^2}}=\int\frac{\mathrm{d}\left(\frac{x-2}{2}\right)}{\sqrt{1-\left(\frac{x-2}{2}\right)^2}}=\arcsin\frac{x-2}{2}+C.$$

5. E

【解析】$$\int_0^{\sqrt{3}}\frac{x^3}{\sqrt{1+x^2}}\mathrm{d}x=\int_0^{\sqrt{3}}\frac{x^3+x-x}{\sqrt{1+x^2}}\mathrm{d}x=\int_0^{\sqrt{3}}x\sqrt{1+x^2}\,\mathrm{d}x-\int_0^{\sqrt{3}}\frac{x}{\sqrt{1+x^2}}\mathrm{d}x$$

$$=\frac{1}{2}\int_0^{\sqrt{3}}(1+x^2)^{\frac{1}{2}}\mathrm{d}(1+x^2)-\int_0^{\sqrt{3}}\frac{1}{2\sqrt{1+x^2}}\mathrm{d}(1+x^2)$$

$$=\frac{1}{3}(1+x^2)^{\frac{3}{2}}\Big|_0^{\sqrt{3}}-\sqrt{1+x^2}\Big|_0^{\sqrt{3}}=\frac{4}{3}.$$

6. C

【解析】令 $\sqrt{1-x}=t$，则 $x=1-t^2$，$dx=-2tdt$，故

$$\int\frac{dx}{(2-x)\sqrt{1-x}}=\int\frac{-2tdt}{(1+t^2)t}=-2\int\frac{dt}{1+t^2}$$

$$=-2\arctan t+C=-2\arctan\sqrt{1-x}+C.$$

7. A

【解析】令 $\sqrt{x}=t$，则 $x=t^2$，$dx=2tdt$，$t\in[0,\pi]$，可得

$$\int_0^{\pi^2}\sqrt{x}\cos\sqrt{x}\,dx=\int_0^{\pi}t\cos t\cdot 2tdt=2\int_0^{\pi}t^2d(\sin t)$$

$$=2t^2\sin t\Big|_0^{\pi}-2\int_0^{\pi}2t\sin tdt$$

$$=4\int_0^{\pi}td(\cos t)=4t\cos t\Big|_0^{\pi}-4\int_0^{\pi}\cos tdt$$

$$=-4\pi-4\sin t\Big|_0^{\pi}=-4\pi.$$

8. B

【解析】使用分部积分公式，可得

$$\int_0^1x^3e^{x^2}dx=\frac{1}{2}\int_0^1x^2e^{x^2}d(x^2)\xlongequal{x^2=t}\frac{1}{2}\int_0^1te^tdt=\frac{1}{2}\int_0^1td(e^t)$$

$$=\frac{1}{2}\left(te^t\Big|_0^1-\int_0^1e^tdt\right)=\frac{1}{2}\left(e-e^t\Big|_0^1\right)=\frac{1}{2}.$$

9. C

【解析】令 $\sqrt{1-e^{-2x}}=t$，则 $x=-\frac{1}{2}\ln(1-t^2)$，$dx=\frac{t}{1-t^2}dt$，$t\in\left[0,\frac{\sqrt{3}}{2}\right]$，可得

$$\int_0^{\ln 2}\sqrt{1-e^{-2x}}\,dx=\int_0^{\frac{\sqrt{3}}{2}}\frac{t^2}{1-t^2}dt=\int_0^{\frac{\sqrt{3}}{2}}\frac{t^2-1+1}{1-t^2}dt$$

$$=\int_0^{\frac{\sqrt{3}}{2}}\left(-1+\frac{1}{1-t^2}\right)dt=-\frac{\sqrt{3}}{2}+\frac{1}{2}\int_0^{\frac{\sqrt{3}}{2}}\left(\frac{1}{1-t}+\frac{1}{1+t}\right)dt$$

$$=-\frac{\sqrt{3}}{2}+\frac{1}{2}\ln\frac{1+t}{1-t}\Big|_0^{\frac{\sqrt{3}}{2}}=-\frac{\sqrt{3}}{2}+\ln(2+\sqrt{3}).$$

10. B

【解析】$\int_0^{+\infty}\frac{xdx}{(1+x^2)^2}=\frac{1}{2}\int_0^{+\infty}\frac{d(1+x^2)}{(1+x^2)^2}=-\frac{1}{2}\cdot\frac{1}{1+x^2}\Big|_0^{+\infty}=\frac{1}{2}.$

11. E

【解析】$\int_{-\infty}^{+\infty}xf(x)dx=\int_{-\infty}^0 0dx+\int_0^{+\infty}x\lambda e^{-\lambda x}dx=-\int_0^{+\infty}xd(e^{-\lambda x})=-xe^{-\lambda x}\Big|_0^{+\infty}+\int_0^{+\infty}e^{-\lambda x}dx$

$$=\lim_{x\to+\infty}\frac{-x}{e^{\lambda x}}-\frac{1}{\lambda}e^{-\lambda x}\Big|_0^{+\infty}=0-\frac{1}{\lambda}(0-1)=\frac{1}{\lambda}.$$

12. A

【解析】设 $\frac{1}{x^2(x+1)}=\frac{A}{x+1}+\frac{B}{x}+\frac{C}{x^2}=\frac{(A+B)x^2+(B+C)x+C}{x^2(x+1)}$，其中 A，B，C 为待定参

数，则

$$1=(A+B)x^2+(B+C)x+C\Rightarrow\begin{cases}A+B=0,\\B+C=0,\\C=1\end{cases}\Rightarrow\begin{cases}A=1,\\B=-1,\\C=1,\end{cases}$$

故$\frac{1}{x^2(x+1)}=\frac{1}{x+1}-\frac{1}{x}+\frac{1}{x^2}$，可得

$$\int\frac{1}{x^2(x+1)}\mathrm{d}x=\int\left(\frac{1}{x+1}-\frac{1}{x}+\frac{1}{x^2}\right)\mathrm{d}x=\int\frac{1}{x+1}\mathrm{d}x-\int\frac{1}{x}\mathrm{d}x+\int\frac{1}{x^2}\mathrm{d}x$$

$$=\ln|x+1|-\ln|x|-\frac{1}{x}+C.$$

13. D

【解析】

$$\int\sin^3x\cos^2x\,\mathrm{d}x=-\int\sin^2x\cos^2x\,\mathrm{d}(\cos x)=-\int(1-\cos^2x)\cos^2x\,\mathrm{d}(\cos x)$$

$$=-\int\cos^2x\,\mathrm{d}(\cos x)+\int\cos^4x\,\mathrm{d}(\cos x)=-\frac{1}{3}\cos^3x+\frac{1}{5}\cos^5x+C.$$

14. B

【解析】$f'(x)=\left[x\cdot\int_0^x\ln(2+t^2)\mathrm{d}t\right]'=\int_0^x\ln(2+t^2)\mathrm{d}t+x\ln(2+x^2)$，观察得$f'(0)=0$，又$f''(x)=2\ln(2+x^2)+\frac{2x^2}{2+x^2}>0$，则$f'(x)$在$(-\infty,+\infty)$内单调增加，故$f'(x)$在$(-\infty,+\infty)$内存在唯一零点．

【注意】本题也可通过零点定理说明$f'(x)$存在零点，分情况讨论说明零点唯一：由本题的计算结果$f'(x)=\int_0^x\ln(2+t^2)\mathrm{d}t+x\ln(2+x^2)$得$f'(x)$在$(-\infty,+\infty)$内连续，且$\lim\limits_{x\to+\infty}f'(x)>0$，$\lim\limits_{x\to-\infty}f'(x)<0$，由零点定理得$f'(x)$存在零点．又当$x>0$时，$f'(x)>0$；当$x<0$时，$f'(x)<0$，故$f'(x)$的零点唯一．

15. E

【解析】$C(x)=C_0+\int_0^x(2t+10)\mathrm{d}t=x^2+10x+20$. 则平均成本为

$$\frac{C(x)}{x}=x+10+\frac{20}{x}.$$

16. C

【解析】先求交点坐标．令$x^2=x+2$，解得$x=-1$和$x=2$. 故所求图形的面积为

$$S=\int_{-1}^{2}(x+2)\mathrm{d}x-\int_{-1}^{2}x^2\mathrm{d}x=\frac{(x+2)^2}{2}\bigg|_{-1}^{2}-\frac{x^3}{3}\bigg|_{-1}^{2}=\frac{9}{2}.$$

17. D

【解析】

$$\int\sin^2x\cos2x\,\mathrm{d}x=\frac{1}{2}\int(1-\cos2x)\cos2x\,\mathrm{d}x=\frac{1}{2}\left(\int\cos2x\,\mathrm{d}x-\int\cos^22x\,\mathrm{d}x\right)$$

$$=\frac{1}{4}\int\cos 2x\,\mathrm{d}(2x)-\frac{1}{2}\int\frac{1+\cos 4x}{2}\mathrm{d}x=\frac{1}{4}\sin 2x-\frac{1}{4}\int 1\mathrm{d}x-\frac{1}{16}\int\cos 4x\,\mathrm{d}(4x)$$

$$=-\frac{1}{4}x+\frac{1}{4}\sin 2x-\frac{1}{16}\sin 4x+C.$$

18. B

【解析】由$\int_0^{x+y}\mathrm{e}^{-t^2}\mathrm{d}t=\int_0^x x\sin t^2\mathrm{d}t$①得$\int_0^{x+y}\mathrm{e}^{-t^2}\mathrm{d}t=x\int_0^x\sin t^2\mathrm{d}t$，该式两端对 x 求导得

$$\mathrm{e}^{-(x+y)^2}(1+y')=\int_0^x\sin t^2\mathrm{d}t+x\sin x^2 ②.$$

令 $x=0$，代入式①得 $y(0)=0$，代入式②得 $y'(0)=-1$.

19. D

【解析】设 $a\sin x+b\cos x=A(\sin x+\cos x)+B(\sin x+\cos x)'=(A-B)\sin x+(A+B)\cos x$，

其中 A，B 为待定参数，则由对应项相等，可知$\begin{cases}A-B=a,\\A+B=b,\end{cases}$解得$\begin{cases}A=\dfrac{a+b}{2},\\B=\dfrac{b-a}{2},\end{cases}$故

$$\int\frac{a\sin x+b\cos x}{\sin x+\cos x}\mathrm{d}x=\frac{a+b}{2}\int\frac{\sin x+\cos x}{\sin x+\cos x}\mathrm{d}x+\frac{b-a}{2}\int\frac{(\sin x+\cos x)'}{\sin x+\cos x}\mathrm{d}x$$

$$=\frac{a+b}{2}x+\frac{b-a}{2}\ln|\sin x+\cos x|+C.$$

20. E

【解析】$\varphi(x)=\int_0^{x^2}xf(t)\mathrm{d}t=x\cdot\int_0^{x^2}f(t)\mathrm{d}t$①，故

$$\varphi'(x)=\int_0^{x^2}f(t)\mathrm{d}t+2x^2f(x^2)②.$$

令 $x=1$，代入式①得 $\varphi(1)=\int_0^1 f(t)\mathrm{d}t$，又已知 $\varphi(1)=1$，故$\int_0^1 f(t)\mathrm{d}t=1$.

将 $x=1$，代入式②得 $\varphi'(1)=\int_0^1 f(t)\mathrm{d}t+2f(1)$③.

将$\int_0^1 f(t)\mathrm{d}t=1$ 和 $\varphi'(1)=5$ 代入式③，得 $f(1)=2$.

21. C

【解析】

$$\int\frac{\ln x-1}{x^2}\mathrm{d}x=-\int(\ln x-1)\,\mathrm{d}\left(\frac{1}{x}\right)=-\left[\frac{\ln x-1}{x}-\int\frac{1}{x}(\ln x-1)'\mathrm{d}x\right]$$

$$=-\frac{\ln x-1}{x}+\int\frac{1}{x^2}\mathrm{d}x=-\frac{\ln x-1}{x}-\frac{1}{x}+C=-\frac{\ln x}{x}+C.$$

22. E

【解析】

$$\int\ln^2 x\,\mathrm{d}x=x\ln^2 x-\int x\cdot\frac{1}{x}\cdot 2\ln x\,\mathrm{d}x=x\ln^2 x-2x\ln x+2\int x\cdot\frac{1}{x}\mathrm{d}x$$

$$=x\ln^2 x-2x\ln x+2x+C.$$

23. D

【解析】

$$\int e^{2x}(\tan x+1)^2\mathrm{d}x=\int e^{2x}(\tan^2 x+1+2\tan x)\mathrm{d}x=\int e^{2x}(\sec^2 x+2\tan x)\mathrm{d}x$$
$$=\int e^{2x}\sec^2 x\mathrm{d}x+2\int e^{2x}\tan x\mathrm{d}x=\int e^{2x}\mathrm{d}(\tan x)+2\int e^{2x}\tan x\mathrm{d}x$$
$$=e^{2x}\tan x-2\int e^{2x}\tan x\mathrm{d}x+2\int e^{2x}\tan x\mathrm{d}x=e^{2x}\tan x+C.$$

【注意】计算$\int e^{2x}(\sec^2 x+2\tan x)\mathrm{d}x$也可通过观察或利用求导运算直接得到原函数：由于$(e^{2x}\tan x)'=2e^{2x}\tan x+e^{2x}\sec^2 x$，因此$\int e^{2x}(\sec^2 x+2\tan x)\mathrm{d}x=e^{2x}\tan x+C$.

24. C

【解析】积分区间$[-2,2]$为对称区间，$\frac{x}{2+x^2}$为奇函数，$\frac{|x|}{2+x^2}$为偶函数，故用对称区间积分的结论计算，可得

$$\int_{-2}^{2}\frac{x+|x|}{2+x^2}\mathrm{d}x=\int_{-2}^{2}\frac{x}{2+x^2}\mathrm{d}x+\int_{-2}^{2}\frac{|x|}{2+x^2}\mathrm{d}x=2\int_0^2\frac{|x|}{2+x^2}\mathrm{d}x=2\int_0^2\frac{x}{2+x^2}\mathrm{d}x$$
$$=\int_0^2\frac{1}{2+x^2}\mathrm{d}(2+x^2)=\ln(2+x^2)\Big|_0^2=\ln 3.$$

25. D

【解析】

$$\int e^x\cos x\mathrm{d}x=\int\cos x\mathrm{d}(e^x)=e^x\cos x+\int e^x\sin x\mathrm{d}x=e^x\cos x+\int\sin x\mathrm{d}(e^x)$$
$$=e^x\cos x+e^x\sin x-\int e^x\cos x\mathrm{d}x.$$

故$\int e^x\cos x\mathrm{d}x=\frac{1}{2}e^x(\sin x+\cos x)+C$.

26. C

【解析】方法一：先求$f(x-2)$.

因为$f(x)=\begin{cases}1+x^2, & x\leqslant 0,\\ e^{-x}, & x>0,\end{cases}$将$x-2$代入可得$f(x-2)=\begin{cases}1+(x-2)^2, & x-2\leqslant 0,\\ e^{-x+2}, & x-2>0,\end{cases}$

于是

$$f(x-2)=\begin{cases}1+(x-2)^2, & x\leqslant 2,\\ e^{-x+2}, & x>2.\end{cases}$$

故$\int_1^3 f(x-2)\mathrm{d}x=\int_1^2[1+(x-2)^2]\mathrm{d}x+\int_2^3 e^{-x+2}\mathrm{d}x=1+\frac{(x-2)^3}{3}\Big|_1^2-e^{-x+2}\Big|_2^3=\frac{7}{3}-\frac{1}{e}.$

方法二：先定积分换元.

令$x-2=t$，故

$$\int_1^3 f(x-2)\mathrm{d}x=\int_{-1}^1 f(t)\mathrm{d}t=\int_{-1}^0(1+t^2)\mathrm{d}t+\int_0^1 e^{-t}\mathrm{d}t=\left(t+\frac{1}{3}t^3\right)\Big|_{-1}^0-e^{-t}\Big|_0^1=\frac{7}{3}-\frac{1}{e}.$$

27. E

【解析】$\int_{-1}^{1}(x+\sqrt{1-x^2})^2\mathrm{d}x=\int_{-1}^{1}(x^2+2x\sqrt{1-x^2}+1-x^2)\mathrm{d}x$

$$=\int_{-1}^{1}2x\sqrt{1-x^2}\mathrm{d}x+\int_{-1}^{1}1\mathrm{d}x=0+2=2.$$

28. B

【解析】令$1=x^{\frac{1}{3}}\Rightarrow x=1$，$1=x^3\Rightarrow x=1$，$x^{\frac{1}{3}}=x^3\Rightarrow x=0$，$\pm1$，则当$x\in[-1,2]$时，分段点为0，1(也可由图形直观得到分段点，如图所示).

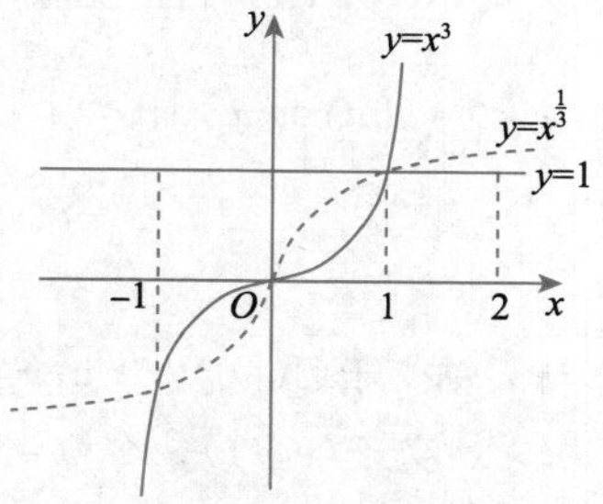

则$\int_{-1}^{2}\min\{1,x^{\frac{1}{3}},x^3\}\mathrm{d}x=\int_{-1}^{0}x^{\frac{1}{3}}\mathrm{d}x+\int_{0}^{1}x^3\mathrm{d}x+\int_{1}^{2}1\mathrm{d}x=\frac{3}{4}x^{\frac{4}{3}}\Big|_{-1}^{0}+\frac{x^4}{4}\Big|_{0}^{1}+1=\frac{1}{2}.$

29. C

【解析】$\int_{0}^{1}\frac{f(x)}{\sqrt{x}}\mathrm{d}x=2\int_{0}^{1}f(x)\mathrm{d}(\sqrt{x})=2\sqrt{x}f(x)\Big|_{0}^{1}-2\int_{0}^{1}\sqrt{x}f'(x)\mathrm{d}x$

$$=2f(1)-2\int_{0}^{1}\sqrt{x}\cdot\frac{\ln(x+1)}{x}\mathrm{d}x=-2\int_{0}^{1}\frac{\ln(x+1)}{\sqrt{x}}\mathrm{d}x$$

$$=-4\int_{0}^{1}\ln(x+1)\mathrm{d}(\sqrt{x})=-4\sqrt{x}\ln(x+1)\Big|_{0}^{1}+4\int_{0}^{1}\frac{\sqrt{x}}{x+1}\mathrm{d}x=4(A-\ln 2).$$

30. C

【解析】

$$\int_{0}^{1}x^2f''(2x)\mathrm{d}x=\frac{1}{2}\int_{0}^{1}x^2f''(2x)\mathrm{d}(2x)=\frac{1}{2}\int_{0}^{1}x^2\mathrm{d}[f'(2x)]=\frac{1}{2}x^2f'(2x)\Big|_{0}^{1}-\int_{0}^{1}xf'(2x)\mathrm{d}x$$

$$=0-\frac{1}{2}\int_{0}^{1}x\mathrm{d}[f(2x)]=-\frac{1}{2}xf(2x)\Big|_{0}^{1}+\frac{1}{2}\int_{0}^{1}f(2x)\mathrm{d}x$$

$$=-\frac{1}{2}f(2)+\frac{1}{2}\int_{0}^{1}f(2x)\mathrm{d}x=-\frac{1}{4}+\frac{1}{2}\int_{0}^{1}f(2x)\mathrm{d}x.$$

令$t=2x$，则$x=\frac{t}{2}$，$t\in[0,2]$，故$\int_{0}^{1}f(2x)\mathrm{d}x=\frac{1}{2}\int_{0}^{2}f(t)\mathrm{d}t=\frac{1}{2}$，故

$$\int_{0}^{1}x^2f''(2x)\mathrm{d}x=-\frac{1}{4}+\frac{1}{2}\int_{0}^{1}f(2x)\mathrm{d}x=-\frac{1}{4}+\frac{1}{2}\times\frac{1}{2}=0.$$

31. C

【解析】记$\int_{0}^{1}f(x)\mathrm{d}x=A$，则

$$f(x)=\frac{1}{1+x^2}+\sqrt{1-x^2}\int_{0}^{1}f(x)\mathrm{d}x\Rightarrow f(x)=\frac{1}{1+x^2}+A\sqrt{1-x^2}.$$

该式等号两边从 0 到 1 积分，结合定积分的几何意义，可得

$$\int_0^1 f(x)\mathrm{d}x=\int_0^1 \frac{1}{1+x^2}\mathrm{d}x+A\int_0^1 \sqrt{1-x^2}\,\mathrm{d}x=\arctan x\Big|_0^1+\frac{\pi}{4}A=\frac{\pi}{4}+\frac{\pi}{4}A,$$

即 $A=\frac{\pi}{4}+\frac{\pi}{4}A$，解得 $A=\frac{\pi}{4-\pi}$，故 $\int_0^1 f(x)\mathrm{d}x=\frac{\pi}{4-\pi}$.

32. B

【解析】当 $0<x<\frac{\pi}{4}$ 时，有 $0<\sin x<\cos x<1<\frac{\cos x}{\sin x}=\cot x$，又 $\ln u$ 在$(0,+\infty)$内单调增加，故 $\ln(\sin x)<\ln(\cos x)<\ln(\cot x)$，再由比较定理得

$$\int_0^{\frac{\pi}{4}} \ln(\sin x)\mathrm{d}x<\int_0^{\frac{\pi}{4}} \ln(\cos x)\mathrm{d}x<\int_0^{\frac{\pi}{4}} \ln(\cot x)\mathrm{d}x,$$

即 $I<K<J$.

33. E

【解析】先求交点坐标，$y=\ln x$ 与 x 轴交于$(1,0)$. 令 $\ln x=(\mathrm{e}+1)-x$，观察得(不易求解) $x=\mathrm{e}$，故 $y=\ln x$ 与 $y=(\mathrm{e}+1)-x$ 交于$(\mathrm{e},1)$；令 $0=(\mathrm{e}+1)-x$，解得 $x=\mathrm{e}+1$，故 $y=(\mathrm{e}+1)-x$ 与 x 轴交于$(\mathrm{e}+1,0)$.

方法一：对 x 积分.

$$S=S_1+S_2=\int_1^{\mathrm{e}} \ln x\,\mathrm{d}x+\int_{\mathrm{e}}^{\mathrm{e}+1}(\mathrm{e}+1-x)\mathrm{d}x=x\ln x\Big|_1^{\mathrm{e}}-\int_1^{\mathrm{e}} 1\mathrm{d}x+\mathrm{e}+1-\frac{x^2}{2}\Big|_{\mathrm{e}}^{\mathrm{e}+1}=\frac{3}{2}.$$

方法二：对 y 积分.

由 $y=(\mathrm{e}+1)-x$ 得 $x=(\mathrm{e}+1)-y$，由 $y=\ln x$ 得 $x=\mathrm{e}^y$，故

$$S=S_{大}-S_{小}=\int_0^1(\mathrm{e}+1-y)\mathrm{d}y-\int_0^1 \mathrm{e}^y\mathrm{d}y=\mathrm{e}+1-\frac{y^2}{2}\Big|_0^1-\mathrm{e}^y\Big|_0^1=\frac{3}{2}.$$

34. D

【解析】直接应用求弧长的公式，可得

$$s=\int_a^b \sqrt{[x'(t)]^2+[y'(t)]^2}\,\mathrm{d}t=\int_0^{2\pi} \sqrt{(1-\cos t)^2+\sin^2 t}\,\mathrm{d}t=\int_0^{2\pi} \sqrt{2(1-\cos t)}\,\mathrm{d}t$$

$$=\int_0^{2\pi}\sqrt{2\cdot 2\sin^2\frac{t}{2}}\,\mathrm{d}t=2\int_0^{2\pi}\left|\sin\frac{t}{2}\right|\mathrm{d}t=2\int_0^{2\pi}\sin\frac{t}{2}\mathrm{d}t=-4\cos\frac{t}{2}\Big|_0^{2\pi}=8.$$

35. A

【解析】所求面积为 $\frac{1}{2}\int_\alpha^\beta [\rho(\theta)]^2\mathrm{d}\theta=\frac{1}{2}\int_0^{\frac{\pi}{4}}(\sqrt{\cos 2\theta})^2\mathrm{d}\theta=\frac{1}{4}\int_0^{\frac{\pi}{4}}\cos 2\theta\,\mathrm{d}(2\theta)=\frac{1}{4}$.

36. D

【解析】由旋转体的体积公式，可得

$$V=V_{大}-V_{小}=\pi\int_0^{\pi}(\sin x+1)^2\mathrm{d}x-\pi\cdot 1^2\cdot\pi=\pi\int_0^{\pi}(\sin^2 x+2\sin x+1)\,\mathrm{d}x-\pi^2$$

$$=\pi\int_0^{\pi}\left(\frac{1-\cos 2x}{2}+2\sin x+1\right)\mathrm{d}x-\pi^2$$

$$=\pi\left(-\frac{1}{4}\sin 2x\Big|_0^{\pi}-2\cos x\Big|_0^{\pi}+\frac{3}{2}\pi\right)-\pi^2=\frac{\pi^2}{2}+4\pi.$$

37. C

【解析】应用弧长公式 $s=\int_a^b\sqrt{1+[f'(x)]^2}\,\mathrm{d}x$，得所求弧长为

$$s=\int_0^{\frac{1}{2}}\sqrt{1+\left(\frac{-2x}{1-x^2}\right)^2}\,\mathrm{d}x=\int_0^{\frac{1}{2}}\frac{1+x^2}{1-x^2}\mathrm{d}x=\int_0^{\frac{1}{2}}\frac{2+x^2-1}{1-x^2}\mathrm{d}x$$

$$=\int_0^{\frac{1}{2}}\frac{2}{1-x^2}\mathrm{d}x-\frac{1}{2}=\int_0^{\frac{1}{2}}\left(\frac{1}{1+x}+\frac{1}{1-x}\right)\mathrm{d}x-\frac{1}{2}=\ln\frac{1+x}{1-x}\bigg|_0^{\frac{1}{2}}-\frac{1}{2}=\ln 3-\frac{1}{2}.$$

38. E

【解析】$\lim\limits_{n\to\infty}\frac{1}{n}\left(\sqrt{1+\cos\frac{\pi}{n}}+\sqrt{1+\cos\frac{2\pi}{n}}+\cdots+\sqrt{1+\cos\frac{n\pi}{n}}\right)=\frac{1}{\pi}\lim\limits_{n\to\infty}\sum\limits_{i=1}^{n}\sqrt{1+\cos\frac{i\pi}{n}}\,\frac{\pi}{n}$

$$=\frac{1}{\pi}\int_0^{\pi}\sqrt{1+\cos x}\,\mathrm{d}x=\frac{1}{\pi}\int_0^{\pi}\sqrt{2\cos^2\frac{x}{2}}\,\mathrm{d}x=\frac{\sqrt{2}}{\pi}\int_0^{\pi}\cos\frac{x}{2}\mathrm{d}x=\frac{2\sqrt{2}}{\pi}\sin\frac{x}{2}\bigg|_0^{\pi}=\frac{2\sqrt{2}}{\pi}.$$

39. E

【解析】$I_2=\int_0^{2\pi}\mathrm{e}^{x^2}\sin x\,\mathrm{d}x=\int_0^{\pi}\mathrm{e}^{x^2}\sin x\,\mathrm{d}x+\int_{\pi}^{2\pi}\mathrm{e}^{x^2}\sin x\,\mathrm{d}x=I_1+\int_{\pi}^{2\pi}\mathrm{e}^{x^2}\sin x\,\mathrm{d}x.$

当 $\pi\leqslant x\leqslant 2\pi$ 时，$\mathrm{e}^{x^2}\sin x\leqslant 0$(不恒等于0)，因此$\int_{\pi}^{2\pi}\mathrm{e}^{x^2}\sin x\,\mathrm{d}x<0$，则 $I_2<I_1$.

$I_3=\int_0^{3\pi}\mathrm{e}^{x^2}\sin x\,\mathrm{d}x=\int_0^{2\pi}\mathrm{e}^{x^2}\sin x\,\mathrm{d}x+\int_{2\pi}^{3\pi}\mathrm{e}^{x^2}\sin x\,\mathrm{d}x=I_2+\int_{2\pi}^{3\pi}\mathrm{e}^{x^2}\sin x\,\mathrm{d}x.$

当 $2\pi\leqslant x\leqslant 3\pi$ 时，$\mathrm{e}^{x^2}\sin x\geqslant 0$(不恒等于0)，因此$\int_{2\pi}^{3\pi}\mathrm{e}^{x^2}\sin x\,\mathrm{d}x>0$，则 $I_3>I_2$.

$I_3=\int_0^{3\pi}\mathrm{e}^{x^2}\sin x\,\mathrm{d}x=\int_0^{\pi}\mathrm{e}^{x^2}\sin x\,\mathrm{d}x+\int_{\pi}^{3\pi}\mathrm{e}^{x^2}\sin x\,\mathrm{d}x=I_1+\int_{\pi}^{3\pi}\mathrm{e}^{x^2}\sin x\,\mathrm{d}x$，由于 $\mathrm{e}^{x^2}\sin x$ 在 $[\pi,3\pi]$ 可取得正值和负值，因此不能直接用比较定理.

方法一：用定积分的几何意义.

在 $y=\sin x$，$x\in[\pi,3\pi]$ 的图形基础上，画 $y=\mathrm{e}^{x^2}\sin x$，$x\in[\pi,3\pi]$ 的草图，将 e^{x^2} 视为“振幅”，由于 e^{x^2} 在$[\pi,3\pi]$单调增加，因此 e^{x^2} 在$[\pi,2\pi]$的取值小于等于其在$[2\pi,3\pi]$的取值，则在 x 轴上方部分的面积大于在 x 轴下方部分的面积，故$\int_{\pi}^{3\pi}\mathrm{e}^{x^2}\sin x\,\mathrm{d}x>0$.

方法二：区间可加性＋换元.

$\int_{\pi}^{3\pi}\mathrm{e}^{x^2}\sin x\,\mathrm{d}x=\int_{\pi}^{2\pi}\mathrm{e}^{x^2}\sin x\,\mathrm{d}x+\int_{2\pi}^{3\pi}\mathrm{e}^{x^2}\sin x\,\mathrm{d}x$，令 $x=\pi+t$，得$\int_{2\pi}^{3\pi}\mathrm{e}^{x^2}\sin x\,\mathrm{d}x=-\int_{\pi}^{2\pi}\mathrm{e}^{(\pi+t)^2}\sin t\,\mathrm{d}t$，

可得$\int_{\pi}^{3\pi}\mathrm{e}^{x^2}\sin x\,\mathrm{d}x=\int_{\pi}^{2\pi}\mathrm{e}^{x^2}\sin x\,\mathrm{d}x-\int_{\pi}^{2\pi}\mathrm{e}^{(\pi+t)^2}\sin t\,\mathrm{d}t=\int_{\pi}^{2\pi}\left[\mathrm{e}^{x^2}-\mathrm{e}^{(\pi+x)^2}\right]\sin x\,\mathrm{d}x>0$，故 $I_3>I_1$.

综上，$I_2<I_1<I_3$.

40. C

【解析】应用定积分的定义计算，可得

$$原式=\lim_{n\to\infty}\frac{n}{n+1}\sum_{k=1}^{n}\ln\left(1+\frac{k-1}{n}\right)\frac{1}{n}=\lim_{n\to\infty}\frac{n}{n+1}\lim_{n\to\infty}\sum_{k=1}^{n}\ln\left(1+\frac{k-1}{n}\right)\frac{1}{n}$$

$$=\int_0^1\ln(1+x)\mathrm{d}x=x\ln(1+x)\bigg|_0^1-\int_0^1\frac{x}{1+x}\mathrm{d}x=\ln 2-\int_0^1\left(1-\frac{1}{1+x}\right)\mathrm{d}x$$

$$=\ln 2-1+\ln(1+x)\bigg|_0^1=2\ln 2-1.$$

41. E

【解析】A项：$\int_2^{+\infty}\frac{1}{\sqrt{x}}\mathrm{d}x=2\sqrt{x}\Big|_2^{+\infty}$ 不存在，故 $\int_2^{+\infty}\frac{1}{\sqrt{x}}\mathrm{d}x$ 发散，A项错误；

B项：$\int_2^{+\infty}\frac{\ln x}{x}\mathrm{d}x=\int_2^{+\infty}\ln x\,\mathrm{d}(\ln x)=\frac{1}{2}\ln^2 x\Big|_2^{+\infty}$ 不存在，故 $\int_2^{+\infty}\frac{\ln x}{x}\mathrm{d}x$ 发散，B项错误；

C项：$\int_2^{+\infty}\frac{1}{x\ln x}\mathrm{d}x=\int_2^{+\infty}\frac{1}{\ln x}\mathrm{d}(\ln x)=\ln(\ln x)\Big|_2^{+\infty}$ 不存在，故 $\int_2^{+\infty}\frac{1}{x\ln x}\mathrm{d}x$ 发散，C项错误；

D项：$\int_{-1}^1\frac{1}{\sin x}\mathrm{d}x=\int_{-1}^0\frac{1}{\sin x}\mathrm{d}x+\int_0^1\frac{1}{\sin x}\mathrm{d}x$，由 $\int_0^1\frac{1}{\sin x}\mathrm{d}x$ 与 $\int_0^1\frac{1}{x}\mathrm{d}x$ 同敛散且 $\int_0^1\frac{1}{x}\mathrm{d}x$ 发散，得 $\int_0^1\frac{1}{\sin x}\mathrm{d}x$ 发散，故 $\int_{-1}^1\frac{1}{\sin x}\mathrm{d}x$ 发散，D项错误；

E项：$\int_{-1}^1\frac{1}{\sqrt{1-x^2}}\mathrm{d}x=\int_{-1}^0\frac{1}{\sqrt{1-x^2}}\mathrm{d}x+\int_0^1\frac{1}{\sqrt{1-x^2}}\mathrm{d}x$，其中 $\int_{-1}^0\frac{1}{\sqrt{1-x^2}}\mathrm{d}x=\arcsin x\Big|_{-1}^0=\frac{\pi}{2}$，$\int_0^1\frac{1}{\sqrt{1-x^2}}\mathrm{d}x=\arcsin x\Big|_0^1=\frac{\pi}{2}$，故 $\int_{-1}^1\frac{1}{\sqrt{1-x^2}}\mathrm{d}x$ 收敛，E项正确.

42. C

【解析】由已知条件可得 $\int_1^{+\infty}f(x)\mathrm{d}x=\int_1^{\mathrm{e}}\frac{1}{(x-1)^{\alpha-1}}\mathrm{d}x+\int_{\mathrm{e}}^{+\infty}\frac{1}{x\ln^{\alpha+1}x}\mathrm{d}x$ 收敛，由反常积分收敛的定义可得 $\int_1^{\mathrm{e}}\frac{1}{(x-1)^{\alpha-1}}\mathrm{d}x$ 与 $\int_{\mathrm{e}}^{+\infty}\frac{1}{x\ln^{\alpha+1}x}\mathrm{d}x$ 均收敛．由常用反常积分的敛散性可知 $\int_1^{\mathrm{e}}\frac{1}{(x-1)^{\alpha-1}}\mathrm{d}x$ 收敛，则 $\alpha-1<1$；$\int_{\mathrm{e}}^{+\infty}\frac{1}{x\ln^{\alpha+1}x}\mathrm{d}x$ 收敛，则 $\alpha+1>1$，故 $0<\alpha<2$.

第4节　延伸题型

题型23 求分段函数的原函数或不定积分

【方法点拨】

方法一：直接法．先分段求出不定积分，再用原函数的连续性确定多个常数之间的关系．见例48方法一．

方法二：排除法．①先利用原函数的连续性排除：若在区间 I 上，函数 $F(x)$ 有不连续点，则 $F(x)$ 不是 $f(x)$ 的原函数．②再通过求导排除：若在区间 I 上，存在点 x_0（或区间 I 的子区间），使得 $F'(x_0)\neq f'(x_0)$（或 $F'(x)\neq f'(x)$），则 $F(x)$ 不是 $f(x)$ 的原函数．

例48　已知函数 $f(x)=\begin{cases}2(x-1), & x<1,\\ \ln x, & x\geqslant 1,\end{cases}$ 则 $f(x)$ 的一个原函数是（　　）．

A. $F(x)=\begin{cases}(x-1)^2, & x<1,\\ x(\ln x-1), & x\geqslant 1\end{cases}$

B. $F(x)=\begin{cases}(x-1)^2, & x<1,\\ x(\ln x+1)-1, & x\geqslant 1\end{cases}$

C. $F(x)=\begin{cases}(x-1)^2, & x<1,\\ x(\ln x+1)+1, & x\geqslant 1\end{cases}$

D. $F(x)=\begin{cases}(x-1)^2, & x<1,\\ x(\ln x-1)+1, & x\geqslant 1\end{cases}$

E. $F(x)=\begin{cases}(x-1)^2+1, & x<1,\\ x(\ln x-1)+1, & x\geqslant 1\end{cases}$

【思路】 已知 $f(x)$ 为分段函数，求 $f(x)$ 的一个原函数，可直接计算，或者利用原函数的连续性或求导排除．

【解析】 方法一：直接计算．

当 $x<1$ 时，$\int f(x)\mathrm{d}x=\int 2(x-1)\mathrm{d}x=(x-1)^2+C_1$；

当 $x\geqslant 1$ 时，$\int f(x)\mathrm{d}x=\int \ln x\mathrm{d}x=x\ln x-\int 1\mathrm{d}x=x(\ln x-1)+C_2$.

故 $\int f(x)\mathrm{d}x=\begin{cases}(x-1)^2+C_1, & x<1,\\ x(\ln x-1)+C_2, & x\geqslant 1.\end{cases}$ 由于 $f(x)$ 的原函数可导，必连续，因此 $\int f(x)\mathrm{d}x$ 在 $x=1$ 连续，即 $\lim\limits_{x\to 1^-}[(x-1)^2+C_1]=\lim\limits_{x\to 1^+}[x(\ln x-1)+C_2]$，可得 $C_2=C_1+1$，故 $\int f(x)\mathrm{d}x=\begin{cases}(x-1)^2+C_1, & x<1,\\ x(\ln x-1)+1+C_1, & x\geqslant 1.\end{cases}$ 令 $C_1=0$，得 $f(x)$ 的一个原函数为

$$F(x)=\begin{cases}(x-1)^2, & x<1,\\ x(\ln x-1)+1, & x\geqslant 1.\end{cases}$$

方法二：通过判断原函数的连续性或求导排除．

A项：$\lim\limits_{x\to 1^-}F(x)=\lim\limits_{x\to 1^-}(x-1)^2=0\neq -1=F(1)$，故 $F(x)$ 在 $x=1$ 不连续，排除A项．

B 项：$\lim\limits_{x\to1^-}F(x)=\lim\limits_{x\to1^-}(x-1)^2=0=F(1)$，$\lim\limits_{x\to1^+}F(x)=\lim\limits_{x\to1^+}[x(\ln x+1)-1]=0=F(1)$，故 $F(x)$ 在 $x=1$ 处连续，因此用求导判断．当 $x>1$ 时，$F'(x)=[x(\ln x+1)-1]'=\ln x+2\neq\ln x=f(x)$，排除 B 项．

C 项：$\lim\limits_{x\to1^-}F(x)=\lim\limits_{x\to1^-}(x-1)^2=0\neq2=F(1)$，故 $F(x)$ 在 $x=1$ 不连续，排除 C 项．

E 项：$\lim\limits_{x\to1^-}F(x)=\lim\limits_{x\to1^-}[(x-1)^2+1]=1\neq0=F(1)$，故 $F(x)$ 在 $x=1$ 不连续，排除 E 项．

综上，由排除法，选 D 项．

【答案】D

题型 24 其他类型的积分计算

【方法点拨】

(1) 除了基本积分表中的公式外，再补充几个公式(推导不复杂，会推则不必记忆，其中常数 $a>0$)：

$\int\tan x\,\mathrm{d}x=-\ln|\cos x|+C$，$\int\cot x\,\mathrm{d}x=\ln|\sin x|+C$；

$\int\sec x\,\mathrm{d}x=\ln|\sec x+\tan x|+C$，$\int\csc x\,\mathrm{d}x=\ln|\csc x-\cot x|+C$；

$\int\frac{1}{a^2+x^2}\mathrm{d}x=\frac{1}{a}\arctan\frac{x}{a}+C$，$\int\frac{1}{x^2-a^2}\mathrm{d}x=\frac{1}{2a}\ln\left|\frac{x-a}{x+a}\right|+C$；

$\int\frac{1}{\sqrt{a^2-x^2}}\mathrm{d}x=\arcsin\frac{x}{a}+C$，$\int\frac{1}{\sqrt{x^2+a^2}}\mathrm{d}x=\ln(x+\sqrt{x^2+a^2})+C$；

$\int\frac{1}{\sqrt{x^2-a^2}}\mathrm{d}x=\ln\left|x+\sqrt{x^2-a^2}\right|+C.$

(2) $\int_0^{\frac{\pi}{2}}\sin^n x\,\mathrm{d}x$ 或 $\int_0^{\frac{\pi}{2}}\cos^n x\,\mathrm{d}x$ 型积分．

华里士公式：$\int_0^{\frac{\pi}{2}}\sin^n x\,\mathrm{d}x=\int_0^{\frac{\pi}{2}}\cos^n x\,\mathrm{d}x=\begin{cases}\frac{n-1}{n}\cdot\frac{n-3}{n-2}\cdot\cdots\cdot\frac{2}{3}, & n\text{ 为大于 1 的正奇数},\\ \frac{n-1}{n}\cdot\frac{n-3}{n-2}\cdot\cdots\cdot\frac{1}{2}\cdot\frac{\pi}{2}, & n\text{ 为正偶数}.\end{cases}$

(3)被积函数含根式，且根号下是关于 x 的二次式，若不能凑微分，则用三角代换去掉根号再计算．

例 49 $\int_0^{\frac{\pi}{2}}\cos^4 x\,\mathrm{d}x=($ $)$.

A. $\frac{3\pi}{2}$ B. $\frac{3\pi}{4}$ C. $\frac{3\pi}{8}$ D. $\frac{3\pi}{16}$ E. $\frac{3\pi}{32}$

【思路】本题为 $\int_0^{\frac{\pi}{2}}\cos^n x\,\mathrm{d}x$ 型积分，故利用华里士公式计算．

【解析】$\int_0^{\frac{\pi}{2}}\cos^4 x\,\mathrm{d}x=\frac{3}{4}\times\frac{1}{2}\times\frac{\pi}{2}=\frac{3\pi}{16}.$

【注意】本题也可将所求积分视为$\int_0^{\frac{\pi}{2}}\sin^n x\cos^m x\,\mathrm{d}x$型，其中$n=0$，$m=4$，进而用降次公式计算，但不如用华里士公式简单.

【答案】D

例50 $\int_0^{\frac{\sqrt{3}}{2}}\sqrt{1-x^2}\,\mathrm{d}x=($ $)$.

A. $\frac{\pi}{6}$　B. $\frac{\sqrt{3}}{8}$　C. $\frac{\pi}{6}+\frac{\sqrt{3}}{8}$　D. $\frac{\pi}{6}-\frac{\sqrt{3}}{8}$　E. $\frac{\pi}{3}+\frac{\sqrt{3}}{4}$

【思路】被积函数中含$\sqrt{1-x^2}$，且不易凑微分，故利用三角代换去掉根号，再计算.

【解析】令$x=\sin t$，可得

$$\int_0^{\frac{\sqrt{3}}{2}}\sqrt{1-x^2}\,\mathrm{d}x=\int_0^{\frac{\pi}{3}}\sqrt{1-\sin^2 t}\,\mathrm{d}(\sin t)=\int_0^{\frac{\pi}{3}}\cos^2 t\,\mathrm{d}t=\int_0^{\frac{\pi}{3}}\frac{1+\cos 2t}{2}\mathrm{d}t$$

$$=\frac{1}{2}\left(\frac{\pi}{3}+\frac{1}{2}\sin 2t\Big|_0^{\frac{\pi}{3}}\right)=\frac{\pi}{6}+\frac{\sqrt{3}}{8}.$$

【答案】C

例51 已知$\int\sec x\,\mathrm{d}x=\ln|\sec x+\tan x|+C$，$\int\csc x\,\mathrm{d}x=\ln|\csc x-\cot x|+C$，其中$C$为任意常数，且常数$a>0$，$\int\frac{\mathrm{d}x}{\sqrt{x^2+a^2}}=($ $)$.

A. $\ln\left(\frac{1}{\sqrt{a^2+x^2}}+\frac{1}{x}\right)+C$　B. $\ln\left(\frac{1}{\sqrt{a^2+x^2}}-\frac{1}{x}\right)+C$

C. $\ln(\sqrt{a^2+x^2}+x)+C$　D. $\ln(\sqrt{a^2+x^2}-x)+C$

E. $-\ln(\sqrt{a^2+x^2}+x)+C$

【思路】所求的被积函数含$\sqrt{x^2+a^2}$，且不易凑微分，已知的不定积分均为三角函数，故利用三角代换去根号.

【解析】令$x=a\tan t$，$t\in\left(-\frac{\pi}{2},\frac{\pi}{2}\right)$，则$\sqrt{x^2+a^2}=\sqrt{a^2\tan^2 t+a^2}=a|\sec t|=a\sec t$，故

$$\int\frac{\mathrm{d}x}{\sqrt{x^2+a^2}}=\int\frac{\mathrm{d}(a\tan t)}{a\sec t}=\int\sec t\,\mathrm{d}t=\ln|\sec t+\tan t|+C.$$

由$x=a\tan t$得$\tan t=\frac{x}{a}$，$\sec t=\sqrt{1+\tan^2 t}=\sqrt{1+\left(\frac{x}{a}\right)^2}=\frac{\sqrt{a^2+x^2}}{a}$，代入得

$$\int\frac{\mathrm{d}x}{\sqrt{x^2+a^2}}=\ln|\sec t+\tan t|+C=\ln\left(\frac{\sqrt{a^2+x^2}+x}{a}\right)+C=\ln(\sqrt{a^2+x^2}+x)+C.$$

【注意】可以通过画辅助三角形，把$\sec t$表示成x的函数：由$\tan t=\frac{x}{a}$得右图．则有

$$\sec t=\frac{1}{\cos t}=\frac{\sqrt{a^2+x^2}}{a}.$$

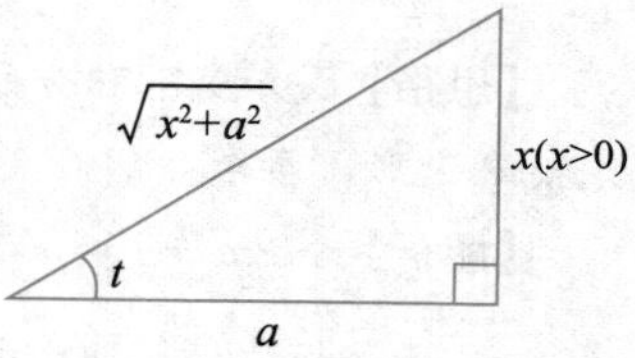

【答案】C

题型 25 变限积分进阶问题

【方法点拨】

(1) 设在区间$[a, b]$上，$f(u)$ 连续，$g(x, t)$ 满足计算所需性质(如 $g(x, t)=x+t$ 或 xt)，求$\left\{\int_a^x f[g(x, t)]\mathrm{d}t\right\}'$：先通过换元，令 $g(x, t)=u$ 将 x 移出被积函数，再求导.

注意：在换元过程中，视 x 为常数.

(2) 判断变限积分的性质：

① 连续性与可导性：在区间$[a, b]$上，若 $f(x)$ 可积，则$\int_a^x f(t)\mathrm{d}t$ 连续；若 $f(x)$ 连续，则$\int_a^x f(t)\mathrm{d}t$ 可导.

在区间$[a, b]$上，设 $f(x)$ 在除了点 x_0 外处处连续.

若点 x_0 是 $f(x)$ 的连续点，则$\int_a^x f(t)\mathrm{d}t$ 在点 x_0 处可导，且$\left[\int_a^x f(t)\mathrm{d}t\right]'\Big|_{x=x_0}=f(x_0)$；

若点x_0是$f(x)$的可去间断点，则$\int_a^x f(t)\mathrm{d}t$在点x_0处可导，且$\left[\int_a^x f(t)\mathrm{d}t\right]'\Big|_{x=x_0}=\lim\limits_{x\to x_0}f(x)$；

若点 x_0 是 $f(x)$ 的跳跃间断点，则$\int_a^x f(t)\mathrm{d}t$ 在点 x_0 处不可导.

注意：在$[a, b]$上，以下三类函数可积：连续函数，有界且只有有限个间断点的函数，单调函数.

② 奇偶性：第 2 章题型 22 的“方法点拨”中的结论 ① 和 ③.

例 52　设 $f(x)$ 连续，则$\dfrac{\mathrm{d}}{\mathrm{d}x}\int_0^x f(x-t)\mathrm{d}t=($　　$)$.

A. $f(0)$　　B. $f(x-t)$　　C. $f(-t)$　　D. $f(x)$　　E. $-f(x)$

【思路】本题为$\left\{\int_a^x f[g(x, t)]\mathrm{d}t\right\}'$型变限积分求导，应先换元变形，再求导.

【解析】令 $x-t=u$，则 $\mathrm{d}t=-\mathrm{d}u$，可得$\int_0^x f(x-t)\mathrm{d}t=-\int_x^0 f(u)\mathrm{d}u=\int_0^x f(u)\mathrm{d}u$，故

$$\frac{\mathrm{d}}{\mathrm{d}x}\int_0^x f(x-t)\mathrm{d}t=\frac{\mathrm{d}}{\mathrm{d}x}\int_0^x f(u)\mathrm{d}u=f(x).$$

【答案】D

例 53　设 $f(x)$连续，$\int_0^x tf(2x-t)\mathrm{d}t=\dfrac{1}{2}\arctan x^2$，且 $f(1)=1$，则$\int_1^2 f(x)\mathrm{d}x=($　　$)$.

A. $\dfrac{1}{2}$　　B. $\dfrac{3}{2}$　　C. $\dfrac{1}{4}$　　D. $\dfrac{3}{4}$　　E. 1

【思路】已知变限积分的函数表达式，可通过求导得出关于 $f(x)$ 的函数关系．求导时注意要先换元变形，再求导.

【解析】令 $2x-t=u$，则 $\mathrm{d}t=-\mathrm{d}u$，可得

$$\int_0^x tf(2x-t)\mathrm{d}t=-\int_{2x}^x (2x-u)f(u)\mathrm{d}u=2x\int_x^{2x} f(u)\mathrm{d}u-\int_x^{2x} uf(u)\mathrm{d}u.$$

故原方程可化为 $2x\int_x^{2x}f(u)\mathrm{d}u-\int_x^{2x}uf(u)\mathrm{d}u=\frac{1}{2}\arctan x^2$，该方程两边求导得

$$2\int_x^{2x}f(u)\mathrm{d}u+2x[2f(2x)-f(x)]-[4xf(2x)-xf(x)]=\frac{x}{1+x^4}.$$

将 $x=1$ 代入得 $2\int_1^2 f(u)\mathrm{d}u+2[2f(2)-f(1)]-[4f(2)-f(1)]=\frac{1}{2}$，又 $f(1)=1$，可得 $\int_1^2 f(x)\mathrm{d}x=\frac{3}{4}$.

【答案】D

例 54　设函数 $f(x)=\begin{cases}\sin x, & 0\leqslant x<\frac{\pi}{2},\\ 2-\frac{2x}{\pi}, & \frac{\pi}{2}\leqslant x<\pi,\\ \cos x, & \pi\leqslant x\leqslant 2\pi,\end{cases}$ $F(x)=\int_0^x f(t)\mathrm{d}t$，则 $F(x)$ 在 $[0,2\pi]$ 上(　　).

A. 有唯一可去间断点

B. 有唯一跳跃间断点

C. 有唯一连续点

D. 有唯一可导点

E. 所有点均连续

【思路】在区间 $[0,2\pi]$ 上，变限积分 $F(x)$ 的连续性与可导性取决于其被积函数 $f(x)$ 的可积性与连续性，故先分析 $f(x)$ 的性质，再推出 $F(x)$ 的性质．

【解析】由于 $\lim\limits_{x\to\frac{\pi}{2}^-}f(x)=\lim\limits_{x\to\frac{\pi}{2}^-}\sin x=1=f\left(\frac{\pi}{2}\right)$，$\lim\limits_{x\to\frac{\pi}{2}^+}f(x)=\lim\limits_{x\to\frac{\pi}{2}^+}\left(2-\frac{2x}{\pi}\right)=1=f\left(\frac{\pi}{2}\right)$，故 $f(x)$ 在点 $x=\frac{\pi}{2}$ 连续；由于 $\lim\limits_{x\to\pi^-}f(x)=\lim\limits_{x\to\pi^-}\left(2-\frac{2x}{\pi}\right)=0$，$\lim\limits_{x\to\pi^+}f(x)=\lim\limits_{x\to\pi^+}\cos x=-1$，故点 $x=\pi$ 为 $f(x)$ 的跳跃间断点，又 $|f(x)|\leqslant 1$，$x\in[0,2\pi]$，故在 $[0,2\pi]$ 上，$f(x)$ 可积，则 $F(x)$ 连续，故 A、B、C 项错误，E 项正确．

又 $f(x)$ 在 $[0,2\pi]$ 的不含点 $x=\pi$ 的子闭区间上连续，则 $F(x)$ 在该子闭区间内的每个点都可导，故 D 项错误．

【答案】E

例 55　设函数 $f(x)$ 在 $\mathbf{R}$ 内连续，则下列函数中，必为偶函数的是(　　).

A. $\int_0^x f(t)\mathrm{d}t$

B. $\int_0^x f(t^2)\mathrm{d}t$

C. $\int_0^x f^2(t)\mathrm{d}t$

D. $\int_0^x t[f(t)-f(-t)]\mathrm{d}t$

E. $\int_0^x t[f(t)+f(-t)]\mathrm{d}t$

【思路】各项变限积分的导数是其被积函数，故先判断被积函数的奇偶性，再根据函数与其导函数的奇偶性的关系结论判断变限积分的奇偶性．也可通过特殊值法排除．

【解析】方法一：用函数与其导函数的奇偶性的关系结论．

A 项：当 $f(t)$ 为奇函数时，$\int_0^x f(t)\mathrm{d}t$ 为偶函数；当 $f(t)$ 为偶函数时，$\int_0^x f(t)\mathrm{d}t\Big|_{x=0}=0$，故 $\int_0^x f(t)\mathrm{d}t$ 为奇函数．

B 项：$f(t^2)$ 为偶函数，且$\int_0^x f(t^2)\mathrm{d}t\Big|_{x=0}=0$，故$\int_0^x f(t^2)\mathrm{d}t$ 为奇函数．

C 项：$f^2(t)$ 可能为偶函数(如 $f(t)=t$) 或非奇非偶函数(如 $f(t)=\mathrm{e}^t$)，当 $f^2(t)$ 为偶函数时，$\int_0^x f^2(t)\mathrm{d}t\Big|_{x=0}=0$，故$\int_0^x f^2(t)\mathrm{d}t$ 为奇函数．

D 项：令 $g(t)=t[f(t)-f(-t)]$，则

$$g(-t)=-t[f(-t)-f(t)]=t[f(t)-f(-t)]=g(t),$$

因此 $g(t)$ 为偶函数，$\int_0^x t[f(t)-f(-t)]\mathrm{d}t\Big|_{x=0}=0$，故$\int_0^x t[f(t)-f(-t)]\mathrm{d}t$ 为奇函数．

E 项：令 $g(t)=t[f(t)+f(-t)]$，则

$$g(-t)=-t[f(-t)+f(t)]=-g(t),$$

故 $g(t)$ 为奇函数，因此$\int_0^x t[f(t)+f(-t)]\mathrm{d}t$ 为偶函数．

方法二：用特殊值排除．

令 $f(t)=1$，则$\int_0^x f(t)\mathrm{d}t=\int_0^x f(t^2)\mathrm{d}t=\int_0^x f^2(t)\mathrm{d}t=x$，为奇函数，故排除 A、B、C 项；

令 $f(t)=t$，则$\int_0^x t[f(t)-f(-t)]\mathrm{d}t=2\int_0^x t^2\mathrm{d}t=\frac{2x^3}{3}$，为奇函数，故排除 D 项．

【答案】E

本节习题自测

1. $\int_0^{\frac{\pi}{2}}\sin^5 x\,\mathrm{d}x=($　　$)$.

A. $\frac{4}{15}$　　B. $\frac{4\pi}{15}$　　C. $\frac{8}{15}$　　D. $\frac{8\pi}{15}$　　E. $\frac{16}{15}$

2. $\frac{\mathrm{d}}{\mathrm{d}x}\int_0^x \sin(x-t)^2\mathrm{d}t=($　　$)$.

A. 0　　B. $2\sin x$　　C. $\sin^2 x$

D. $\sin x^2$　　E. $\sin 2x$

3. $\int_{\frac{1}{2}}^{\frac{\sqrt{3}}{2}}\frac{x^2}{\sqrt{1-x^2}}\mathrm{d}x=($　　$)$.

A. π　　B. $\frac{\pi}{2}$　　C. $\frac{\pi}{3}$

D. $\frac{\pi}{6}$　　E. $\frac{\pi}{12}$

4. 设 $f(x)$ 连续，则$\frac{\mathrm{d}}{\mathrm{d}x}\int_0^x tf(x^2-t^2)\mathrm{d}t=($　　$)$.

A. $xf(x^2)$　　B. $-xf(x^2)$　　C. $2xf(x^2)$

D. $-2xf(x^2)$　　E. $xf(0)$

5. $\int \frac{\mathrm{d}x}{(2x^2+1)\sqrt{x^2+1}}=$（　　），其中 C 为任意常数．

A. $\arctan(\sqrt{1+x^2})+C$

B. $\arctan\left(\frac{\sqrt{1+x^2}}{x}\right)+C$

C. $\arctan\left(\frac{\sqrt{1+x^2}}{2x}\right)+C$

D. $\arctan\left(\frac{x}{\sqrt{1+x^2}}\right)+C$

E. $\arctan\left(\frac{2x}{\sqrt{1+x^2}}\right)+C$

6. 已知函数 $f(x)=\begin{cases}\sin x, & x\leqslant 0,\\ x\mathrm{e}^{-x}, & x>0,\end{cases}$ 则 $f(x)$ 的一个原函数是（　　）.

A. $F(x)=\begin{cases}-\cos x, & x\leqslant 0,\\ (x+1)\mathrm{e}^{-x}, & x>0\end{cases}$

B. $F(x)=\begin{cases}-\cos x, & x\leqslant 0,\\ (x-1)\mathrm{e}^{-x}, & x>0\end{cases}$

C. $F(x)=\begin{cases}-\cos x+1, & x\leqslant 0,\\ -(x+1)\mathrm{e}^{-x}, & x>0\end{cases}$

D. $F(x)=\begin{cases}-\cos x, & x\leqslant 0,\\ -(x+1)\mathrm{e}^{-x}+1, & x>0\end{cases}$

E. $F(x)=\begin{cases}-\cos x, & x\leqslant 0,\\ -(x+1)\mathrm{e}^{-x}, & x>0\end{cases}$

7. 设 $f(x)$ 连续，且 $f(0)\neq 0$，则 $\lim\limits_{x\to 0}\frac{\int_0^x (x-t)f(t)\mathrm{d}t}{x\int_0^x f(x-t)\mathrm{d}t}=$（　　）.

A. -2　　B. $-\frac{1}{2}$　　C. 0　　D. $\frac{1}{2}$　　E. 2

习题详解

1. C

【解析】由华里士公式得 $\int_0^{\frac{\pi}{2}}\sin^5 x\,\mathrm{d}x=\frac{4}{5}\times\frac{2}{3}=\frac{8}{15}$.

2. D

【解析】令 $x-t=u$，则 $-\mathrm{d}t=\mathrm{d}u$，故 $\int_0^x \sin(x-t)^2\mathrm{d}t=-\int_x^0 \sin u^2\mathrm{d}u=\int_0^x \sin u^2\mathrm{d}u$，可得

$$\frac{\mathrm{d}}{\mathrm{d}x}\int_0^x \sin(x-t)^2\mathrm{d}t=\frac{\mathrm{d}}{\mathrm{d}x}\int_0^x \sin u^2\mathrm{d}u=\sin x^2.$$

3. E

【解析】令 $x=\sin t$，则

$$\int_{\frac{1}{2}}^{\frac{\sqrt{3}}{2}}\frac{x^2}{\sqrt{1-x^2}}\mathrm{d}x=\int_{\frac{\pi}{6}}^{\frac{\pi}{3}}\frac{\sin^2 t}{\sqrt{1-\sin^2 t}}\mathrm{d}(\sin t)=\int_{\frac{\pi}{6}}^{\frac{\pi}{3}}\sin^2 t\,\mathrm{d}t=\int_{\frac{\pi}{6}}^{\frac{\pi}{3}}\frac{1-\cos 2t}{2}\mathrm{d}t$$

$$=\frac{1}{2}\left(\frac{\pi}{6}-\frac{1}{2}\sin 2t\Big|_{\frac{\pi}{6}}^{\frac{\pi}{3}}\right)=\frac{\pi}{12}.$$

4. A

【解析】令 $x^2-t^2=u$，则 $-2t\mathrm{d}t=\mathrm{d}u$，故

$$\int_0^x tf(x^2-t^2)\mathrm{d}t=\int_{x^2}^0 f(u)\left(-\frac{1}{2}\mathrm{d}u\right)=\frac{1}{2}\int_0^{x^2} f(u)\mathrm{d}u,$$

由此可得$\dfrac{\mathrm{d}}{\mathrm{d}x}\displaystyle\int_0^x tf(x^2-t^2)\mathrm{d}t=\dfrac{\mathrm{d}}{\mathrm{d}x}\left[\dfrac{1}{2}\displaystyle\int_0^{x^2} f(u)\mathrm{d}u\right]=\dfrac{1}{2}\cdot 2xf(x^2)=xf(x^2).$

5. D

【解析】令 $x=\tan t$，$t\in\left(-\frac{\pi}{2},\ \frac{\pi}{2}\right)$，则

$$\int\frac{\mathrm{d}x}{(2x^2+1)\sqrt{x^2+1}}=\int\frac{\mathrm{d}(\tan t)}{(2\tan^2 t+1)\sqrt{\tan^2 t+1}}=\int\frac{\sec^2 t\mathrm{d}t}{(2\tan^2 t+1)\sec t}$$

$$=\int\frac{\cos t\mathrm{d}t}{\sin^2 t+1}=\int\frac{\mathrm{d}(\sin t)}{\sin^2 t+1}=\arctan(\sin t)+C.$$

由 $x=\tan t$，可得 $\sin t=\tan t\cos t=\tan t\dfrac{1}{\sqrt{1+\tan^2 t}}=\dfrac{x}{\sqrt{1+x^2}}$，故

$$原积分=\arctan(\sin t)+C=\arctan\left(\frac{x}{\sqrt{1+x^2}}\right)+C.$$

【注意】画辅助三角形，将 $\sin t$ 用 x 的函数表示：由 $x=\tan t$ 得，$\sin t=\dfrac{x}{\sqrt{1+x^2}}$，如图所示．

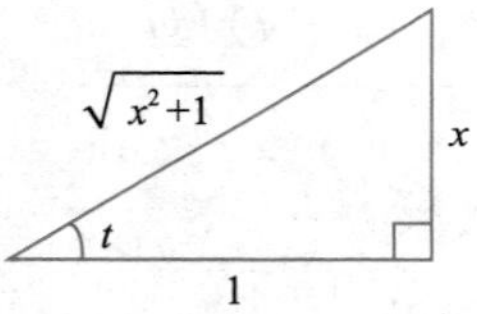

6. E

【解析】方法一：直接计算．

当 $x\leqslant 0$ 时，$\int f(x)\mathrm{d}x=\int\sin x\mathrm{d}x=-\cos x+C_1$；

当 $x>0$ 时，$\int f(x)\mathrm{d}x=\int x\mathrm{e}^{-x}\mathrm{d}x=-\int x\mathrm{d}(\mathrm{e}^{-x})=-x\mathrm{e}^{-x}+\int\mathrm{e}^{-x}\mathrm{d}x=-(x+1)\mathrm{e}^{-x}+C_2.$

故$\int f(x)\mathrm{d}x=\begin{cases}-\cos x+C_1, & x\leqslant 0,\\ -(x+1)\mathrm{e}^{-x}+C_2, & x>0.\end{cases}$

由于 $f(x)$ 的原函数可导，必连续，因此$\int f(x)\mathrm{d}x$ 在 $x=0$ 连续，即 $\lim\limits_{x\to 0^-}(-\cos x+C_1)=\lim\limits_{x\to 0^+}[-(x+1)\mathrm{e}^{-x}+C_2]$，可得 $C_2=C_1$，故

$$\int f(x)\mathrm{d}x=\begin{cases}-\cos x+C_1, & x\leqslant 0,\\ -(x+1)\mathrm{e}^{-x}+C_1, & x>0.\end{cases}$$

令 $C_1=0$，得 $f(x)$ 的一个原函数为 $F(x)=\begin{cases}-\cos x, & x\leqslant 0,\\ -(x+1)\mathrm{e}^{-x}, & x>0.\end{cases}$

方法二：通过判断原函数的连续性或求导排除．

A 项：$\lim\limits_{x\to 0^+}F(x)=\lim\limits_{x\to 0^+}(x+1)\mathrm{e}^{-x}=1\neq -1=F(0)$，故 $F(x)$ 在 $x=0$ 不连续，排除 A 项．

B项：$\lim\limits_{x\to0^+}F(x)=\lim\limits_{x\to0^+}[(x-1)e^{-x}]=-1=F(0)$，$\lim\limits_{x\to0^-}F(x)=\lim\limits_{x\to0^-}(-\cos x)=-1=F(0)$，则原函数在$x=0$处连续，可进一步使用求导判断．当$x>0$时，$F'(x)=[(x-1)e^{-x}]'=(2-x)e^{-x}\neq xe^{-x}=f(x)$，排除B项．

C项：$\lim\limits_{x\to0^+}F(x)=\lim\limits_{x\to0^+}[-(x+1)e^{-x}]=-1\neq0=F(0)$，故$F(x)$在$x=0$不连续，排除C项．

D项：$\lim\limits_{x\to0^+}F(x)=\lim\limits_{x\to0^+}[-(x+1)e^{-x}+1]=0\neq-1=F(0)$，故$F(x)$在$x=0$不连续，排除D项．

综上，由排除法可知，选E项．

7. D

【解析】$\int_0^x(x-t)f(t)dt=x\int_0^x f(t)dt-\int_0^x tf(t)dt$，令$x-t=u$，则

$$x\int_0^x f(x-t)dt=x\int_0^x f(u)du,$$

故

$$\text{原式}=\lim_{x\to0}\frac{x\int_0^x f(t)dt-\int_0^x tf(t)dt}{x\int_0^x f(u)du}\xlongequal{\text{洛必达法则}}\lim_{x\to0}\frac{\int_0^x f(t)dt+xf(x)-xf(x)}{\int_0^x f(u)du+xf(x)}$$

$$=\lim_{x\to0}\frac{\int_0^x f(t)dt}{\int_0^x f(u)du+xf(x)}.$$

方法一：加强条件排除．

设$f(x)$具有连续导数，则

$$\lim_{x\to0}\frac{\int_0^x f(t)dt}{\int_0^x f(u)du+xf(x)}\xlongequal{\text{洛必达法则}}\lim_{x\to0}\frac{f(x)}{f(x)+f(x)+xf'(x)}=\frac{f(0)}{f(0)+f(0)}=\frac{1}{2},$$

故排除A、B、C、E项，选D项．

方法二：用恒等变形和极限的四则运算法则．

$$\lim_{x\to0}\frac{\int_0^x f(t)dt}{\int_0^x f(u)du+xf(x)}=\lim_{x\to0}\frac{\dfrac{\int_0^x f(t)dt}{x}}{\dfrac{\int_0^x f(u)du}{x}+f(x)}=\frac{\lim\limits_{x\to0}\dfrac{\int_0^x f(t)dt}{x}}{\lim\limits_{x\to0}\dfrac{\int_0^x f(u)du}{x}+\lim\limits_{x\to0}f(x)}$$

$$=\frac{f(0)}{f(0)+f(0)}=\frac{1}{2}.$$

方法三：用定积分中值定理．

由$f(x)$连续，得$\int_0^x f(t)dt=\int_0^x f(u)du=f(\xi)x$，其中$\xi$位于0和$x$之间，故当$x\to0$时，有$\xi\to0$，则

$$\lim_{x\to0}\frac{\int_0^x f(t)dt}{\int_0^x f(u)du+xf(x)}=\lim_{x\to0}\frac{f(\xi)x}{f(\xi)x+xf(x)}=\frac{f(0)}{f(0)+f(0)}=\frac{1}{2}.$$

第 4 章　多元函数微分学

知识框架

- 多元函数微分学
  - 概念
    - 二元函数
    - 二重极限
    - 二元连续
    - 偏导数
    - 可微与全微分
    - 二元函数性质之间的关系
  - 计算
    - 具体函数求偏导
    - 抽象复合函数求偏导
    - 隐函数求偏导
    - 求全微分
  - 应用
    - 无条件极值：定义、必要条件、充分条件
    - 条件极值：化无条件极值法、拉格朗日乘数法

考情分析

(1)本章的重点是偏导计算，难点是二重极限存在性及可微性的判断.

(2)本章的命题体现在三个方面：

①概念题，针对二元函数，讨论其二重极限的存在性、连续性、偏导存在性和可微性；

②计算题，求各类函数的偏导数与全微分；

③应用题，以偏导计算为基础考查多元函数的极值.

统一命题后，真题对本章的考查，除了侧重计算外，概念题难度加大，考生需要在熟练计算各类函数的偏导数和全微分的前提下，加强概念题的练习.

备考建议

(1)学习多元微分时要注意和一元微分相应内容作对比，以便形成知识体系.

(2)对于偏导计算，其本质是导数的计算，在此基础上，多练习以求熟练.

(3)对于基本概念这个难点，需要多体会定义和典型例题，加以突破.

考点—题型对照表

考点精讲	对应题型	平均分
一、多元微分概念	基础题型 1，真题题型 7	1.5
二、多元微分计算	基础题型 2，真题题型 3～4	5
三、多元微分应用	真题题型 5～6，延伸题型 8～9	2.5

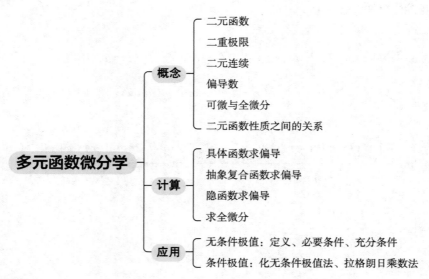

第1节 考点精讲

一、多元微分概念

对应基础题型 1，真题题型 7

（一）二元函数

设平面上有一个非空点集 D，若对于 D 中每个点 (x, y)，按照某种对应法则 f，变量 z 总有唯一确定的值与之对应，则称 z 是变量 x，y 的**二元函数**，记为 $z=f(x, y)$，$(x, y)\in D$.

其中，x 和 y 称为该二元函数的自变量，f 称为对应法则，z 称为因变量，D 称为定义域，z 的取值称为函数值，所有函数值构成的集合称为该函数的值域，记为 $f(D)$.

注意

①几何意义：二元函数 $z=f(x, y)$，$(x, y)\in D$ 的图形为空间点集 $\{(x, y, z) \mid z=f(x, y), (x, y)\in D\}$，其通常是空间直角坐标系中的一张曲面.

②二元函数与一元函数的关系：固定一个自变量，让另一个自变量变动，或让 (x, y) 沿着某曲线变动，二元函数就转化为一元函数. 如对于二元函数 $z=f(x, y)$，$(x, y)\in \mathbf{R}^2$，若令 $y=y_0$（y_0 为常数），则得到一元函数 $z=f(x, y_0)\xlongequal{\text{记为}}g(x)$；若令 $y=kx^2$（k 为非零常数），则得到一元函数 $z=f(x, kx^2)\xlongequal{\text{记为}}h(x)$.

③可类似定义三元函数 $u=f(x, y, z)$，$(x, y, z)\in D$ 和 n 元函数 $u=f(x_1, x_2, \cdots, x_n)$，$(x_1, x_2, \cdots, x_n)\in D$.

（二）二重极限

设二元函数 $f(x, y)$ 在开区域或闭区域 D 上有定义，点 (x_0, y_0) 为 D 的内点或边界点，若对于任意给定的 $\varepsilon>0$，均存在 $\delta>0$，使得当 $(x, y)\in D$ 且 $0<\sqrt{(x-x_0)^2+(y-y_0)^2}<\delta$ 时，有 $|f(x, y)-A|<\varepsilon$，则称当 $(x, y)\to(x_0, y_0)$ 时，函数 $f(x, y)$ 的二重极限存在，A 为当 $(x, y)\to(x_0, y_0)$ 时，$f(x, y)$ 的**二重极限**，记为 $\lim\limits_{(x,y)\to(x_0,y_0)} f(x, y)=A$，或 $\lim\limits_{\substack{x\to x_0\\y\to y_0}} f(x, y)=A$，或 $f(x, y)\to A\ ((x, y)\to(x_0, y_0))$.

注意 $\lim\limits_{x\to x_0} f(x)=A \Leftrightarrow \lim\limits_{x\to x_0^-} f(x)=\lim\limits_{x\to x_0^+} f(x)=A$，相对应的有 $\lim\limits_{(x,y)\to(x_0,y_0)} f(x, y)=A \Leftrightarrow$ 当动点 (x, y) 在定义域内沿着任何路径趋近于定点 (x_0, y_0) 时，$\lim\limits_{(x,y)\to(x_0,y_0)} f(x, y)$ 均存在且等于 A. 因此要证明二重极限不存在，只需取特殊路径，如 $y=kx$ 或 $y=kx^2$，再说明该二重极限与 k 有关即可.

（三）二元函数的连续性

设二元函数 $z=f(x,y)$ 在区域 D 上有定义，点 (x_0,y_0) 是 D 的内点或边界点，若 $\lim\limits_{(x,y)\to(x_0,y_0)} f(x,y)=f(x_0,y_0)$，则称二元函数 $f(x,y)$ 在点 (x_0,y_0) 处**连续**. 若 $f(x,y)$ 在 D 上每一点都连续，则称 $f(x,y)$ 在 D 上连续.

与一元初等函数类似，由常数及具有不同自变量的一元基本初等函数经过有限次的四则运算和复合运算后可以用一个式子表示的二元函数称为二元初等函数. 二元初等函数在其定义区域内是连续的.

与闭区间上一元连续函数的性质类似，有界闭区域上的二元连续函数有界，能取得它的最大值和最小值，且能取得介于最大值和最小值之间的任何值.

（四）偏导数

1. 一点偏导数

设二元函数 $z=f(x,y)$ 在点 (x_0,y_0) 的某一邻域有定义，当 y 固定在 y_0，而 x 在 x_0 处有增量 Δx 时，相应的函数有增量 $f(x_0+\Delta x,y_0)-f(x_0,y_0)$，如果

$$\lim_{\Delta x\to 0}\frac{f(x_0+\Delta x,y_0)-f(x_0,y_0)}{\Delta x}$$

存在，则称 $f(x,y)$ 在点 (x_0,y_0) 处对 x 的偏导数存在，并把该极限称为 $f(x,y)$ 在点 (x_0,y_0) 处**对 x 的偏导数**，记为 $\left.\frac{\partial z}{\partial x}\right|_{\substack{x=x_0\\y=y_0}}$，$\left.\frac{\partial f}{\partial x}\right|_{\substack{x=x_0\\y=y_0}}$，$\left.z'_x\right|_{\substack{x=x_0\\y=y_0}}$ 或 $f'_x(x_0,y_0)$.

类似地，函数 $z=f(x,y)$ 在点 (x_0,y_0) 处**对 y 的偏导数**定义为

$$\lim_{\Delta y\to 0}\frac{f(x_0,y_0+\Delta y)-f(x_0,y_0)}{\Delta y},$$

记为 $\left.\frac{\partial z}{\partial y}\right|_{\substack{x=x_0\\y=y_0}}$，$\left.\frac{\partial f}{\partial y}\right|_{\substack{x=x_0\\y=y_0}}$，$\left.z'_y\right|_{\substack{x=x_0\\y=y_0}}$ 或 $f'_y(x_0,y_0)$.

注意 偏导数本质上是一元函数导数.

2. 偏导函数

若二元函数 $z=f(x,y)$ 在平面区域 D 内的每一点 (x,y) 处对 x 的偏导数都存在，则该偏导数就是 x，y 的函数，称为 $f(x,y)$ 在 D 内**对自变量 x 的偏导函数**，记为 $\frac{\partial z}{\partial x}$，$\frac{\partial f}{\partial x}$，$z'_x$ 或 $f'_x(x,y)$.

类似定义 $f(x,y)$ 在 D 内**对自变量 y 的偏导函数**，记为 $\frac{\partial z}{\partial y}$，$\frac{\partial f}{\partial y}$，$z'_y$ 或 $f'_y(x,y)$.

注意

①$f(x,y)$ 在点 (x_0,y_0) 处对 x 的偏导数 $f'_x(x_0,y_0)$ 即偏导函数 $f'_x(x,y)$ 在点 (x_0,y_0) 处的函数值；同理 $f'_y(x_0,y_0)$ 即 $f'_y(x,y)$ 在点 (x_0,y_0) 处的函数值.

②偏导函数也简称为偏导数. 因此偏导数可能指一点的偏导数，也可能指偏导函数，具体含义需要根据上下文判断.

3. 高阶偏导数

设函数 $z=f(x, y)$ 在区域 D 内具有偏导数 $\frac{\partial z}{\partial x}=f'_x(x, y)$，$\frac{\partial z}{\partial y}=f'_y(x, y)$，则 $f'_x(x, y)$，$f'_y(x, y)$ 都是 x，y 的函数，若这两个函数的偏导数也存在，则称其为 $f(x, y)$ 的**二阶偏导数**．按照对变量的求导次序不同，有以下四个二阶偏导数：

$$\frac{\partial}{\partial x}\left(\frac{\partial z}{\partial x}\right)=\frac{\partial^2 z}{\partial x^2}=f''_{xx}(x, y),\quad \frac{\partial}{\partial y}\left(\frac{\partial z}{\partial x}\right)=\frac{\partial^2 z}{\partial x\,\partial y}=f''_{xy}(x, y),$$

$$\frac{\partial}{\partial x}\left(\frac{\partial z}{\partial y}\right)=\frac{\partial^2 z}{\partial y\,\partial x}=f''_{yx}(x, y),\quad \frac{\partial}{\partial y}\left(\frac{\partial z}{\partial y}\right)=\frac{\partial^2 z}{\partial y^2}=f''_{yy}(x, y).$$

其中第二、三两个偏导数称为**混合偏导数**．

类似地，可定义三阶、四阶、……、n 阶偏导数．二阶及二阶以上的偏导数统称为**高阶偏导数**．

【定理1】若二元函数 $z=f(x, y)$ 的两个二阶混合偏导函数 $\frac{\partial^2 z}{\partial x\,\partial y}$ 和 $\frac{\partial^2 z}{\partial y\,\partial x}$ 在区域 D 内连续，则在该区域内二者相等．

注意 对于二阶混合偏导计算问题，该定理的条件一般都会满足，此时二阶混合偏导数与求导次序无关，可任选一种求导次序计算，另外注意由二者相等带来的合并化简．例如，设函数 $z=f(x, y)$ 在点 (x_0, y_0) 的某邻域内具有二阶连续偏导数，则

$$\frac{\partial^2 z}{\partial x\,\partial y}+\frac{\partial^2 z}{\partial y\,\partial x}=2\frac{\partial^2 z}{\partial x\,\partial y},\quad f''_{xy}(x_0, y_0)\cdot f''_{yx}(x_0, y_0)=[f''_{xy}(x_0, y_0)]^2.$$

（五）可微与全微分

设函数 $z=f(x, y)$ 在点 (x_0, y_0) 的某邻域内有定义，若 $f(x, y)$ 在点 (x_0, y_0) 的全增量

$$\Delta z=f(x_0+\Delta x, y_0+\Delta y)-f(x_0, y_0)$$

可表示为

$$\Delta z=A\Delta x+B\Delta y+o\left(\sqrt{(\Delta x)^2+(\Delta y)^2}\right),\ (\Delta x, \Delta y)\to(0, 0),$$

其中 A，B 不依赖于 Δx，Δy，而仅与 x_0 和 y_0 有关，则称 $f(x, y)$ 在点 (x_0, y_0) **可微**，并把 $A\Delta x+B\Delta y$ 称为 $f(x, y)$ 在点 (x_0, y_0) 的**全微分**，记为 $\mathrm{d}z\Big|_{\substack{x=x_0\\y=y_0}}$，即 $\mathrm{d}z\Big|_{\substack{x=x_0\\y=y_0}}=A\Delta x+B\Delta y$．若函数在区域内的每一点处均可微，则称该函数在该区域内可微．

注意 若 $z=f(x, y)$ 在点 (x_0, y_0) 可微，则 $\mathrm{d}z\Big|_{\substack{x=x_0\\y=y_0}}=A\Delta x+B\Delta y$ 中的 $A=f'_x(x_0, y_0)$，$B=f'_y(x_0, y_0)$，$\Delta x=\mathrm{d}x$，$\Delta y=\mathrm{d}y$，因此 $\mathrm{d}z\Big|_{\substack{x=x_0\\y=y_0}}=f'_x(x_0, y_0)\mathrm{d}x+f'_y(x_0, y_0)\mathrm{d}y$．在不指明点 (x_0, y_0) 时，$\mathrm{d}z=f'_x(x, y)\mathrm{d}x+f'_y(x, y)\mathrm{d}y$．该公式可以把求全微分转化为求偏导数．

（六）相互关系

【定理2】可微的充分条件：若函数 $z=f(x, y)$ 的偏导函数 $f'_x(x, y)$，$f'_y(x, y)$ 在点 (x_0, y_0) 连续，则 $f(x, y)$ 在点 (x_0, y_0) 可微．

【定理3】可微的必要条件：若函数 $z=f(x, y)$ 在点 (x_0, y_0) 可微，则 $f(x, y)$ 在点

(x_0, y_0)的偏导数$f'_x(x_0, y_0)$、$f'_y(x_0, y_0)$存在，且$f(x, y)$在点(x_0, y_0)连续．

注意 若将“偏导数$f'_x(x_0, y_0)$、$f'_y(x_0, y_0)$均存在”简称为“偏导存在”，则函数$f(x, y)$在点(x_0, y_0)处：连续未必偏导存在；偏导存在未必连续．

二、多元微分计算

对应基础题型 2，真题题型 3～4

（一）基本思路

1. 求偏导数

由于偏导数本质上是一元函数导数，因此求偏导本质上是求导．设以下所求的偏导数存在，则

①求二元函数在一点的偏导数，一般用偏导定义(若偏导函数容易求出，也可先求偏导函数，再计算偏导函数在该点的函数值)．

②求偏导函数，一般用求导的公式法则．

③求高阶偏导函数，可多次用求导公式法则．

2. 求全微分

设函数$z=f(x, y)$可微，求$\mathrm{d}z$：通过全微分的计算公式$\mathrm{d}z=z'_x\mathrm{d}x+z'_y\mathrm{d}y$，转化为求偏导数．

（二）常见的求偏导类型

1. 具体函数求偏导

固定一个或多个自变量，对剩余的一个自变量求导．

2. 抽象复合函数求偏导

理清复合关系，根据多元复合函数的求导法则求导．

(1)一元函数与多元函数复合的情形．

【定理 4】若函数$u=\varphi(t)$及$v=\psi(t)$均在点t可导，函数$z=f(u, v)$在对应点(u, v)具有连续偏导数，则复合函数$z=f[\varphi(t), \psi(t)]$在点t可导，且有

$$\frac{\mathrm{d}z}{\mathrm{d}t}=\frac{\partial z}{\partial u}\frac{\mathrm{d}u}{\mathrm{d}t}+\frac{\partial z}{\partial v}\frac{\mathrm{d}v}{\mathrm{d}t}.$$

(2)多元函数与多元函数复合的情形．

【定理 5】若函数$u=\varphi(x, y)$及$v=\psi(x, y)$均在点(x, y)具有对x及对y的偏导数，函数$z=f(u, v)$在对应点(u, v)具有连续偏导数，则复合函数$z=f[\varphi(x, y), \psi(x, y)]$在点$(x, y)$的两个偏导数均存在，且有

$$\frac{\partial z}{\partial x}=\frac{\partial z}{\partial u}\frac{\partial u}{\partial x}+\frac{\partial z}{\partial v}\frac{\partial v}{\partial x},\quad \frac{\partial z}{\partial y}=\frac{\partial z}{\partial u}\frac{\partial u}{\partial y}+\frac{\partial z}{\partial v}\frac{\partial v}{\partial y}.$$

(3)其他情形．

【定理 6】若函数$u=\varphi(x, y)$在点(x, y)具有对x及对y的偏导数，函数$v=\psi(y)$在点y

可导，函数 $z=f(u,v)$ 在对应点 (u,v) 具有连续偏导数，则复合函数 $z=f[\varphi(x,y),\psi(y)]$ 在点 (x,y) 的两个偏导数均存在，且有

$$\frac{\partial z}{\partial x}=\frac{\partial z}{\partial u}\frac{\partial u}{\partial x},\ \frac{\partial z}{\partial y}=\frac{\partial z}{\partial u}\frac{\partial u}{\partial y}+\frac{\partial z}{\partial v}\frac{\mathrm{d}v}{\mathrm{d}y}.$$

3. 隐函数求偏导

设方程 $F(x,y,z)=0$ 确定了隐函数 $z=z(x,y)$，$F(x,y,z)$ 有连续偏导，$F_3'\neq 0$，求 $\frac{\partial z}{\partial x}$，$\frac{\partial z}{\partial y}$.

方程 $F[x,y,z(x,y)]=0$ 两端分别对 x，y 求偏导得 $F_1'+\frac{\partial z}{\partial x}F_3'=0$，$F_2'+\frac{\partial z}{\partial y}F_3'=0$，解得 $\frac{\partial z}{\partial x}=-\frac{F_1'}{F_3'}$，$\frac{\partial z}{\partial y}=-\frac{F_2'}{F_3'}$，其中 F_i' 表示 $F(x,y,z)$ 作为 x，y，z 的三元函数对其第 i 个变量求偏导，$i=1,2,3$. 口诀：两边导，再求解.

三、多元微分应用

对应真题题型 5～6，延伸题型 8～9

（一）无条件极值

1. 定义

设函数 $z=f(x,y)$ 在点 (x_0,y_0) 的某邻域内有定义，若对于该邻域内异于点 (x_0,y_0) 的任一点 (x,y)，均有 $f(x,y)<f(x_0,y_0)$（或 $f(x,y)>f(x_0,y_0)$），则称点 (x_0,y_0) 为 $f(x,y)$ 的**极大值点**（或**极小值点**），$f(x_0,y_0)$ 为 $f(x,y)$ 的**极大值**（或**极小值**）. 极大值点和极小值点统称为**极值点**. 极大值和极小值统称为**极值**.

注意

①函数定义域内的不连续点、一阶偏导不存在的点也有可能是极值点.

②设函数 $f(x,y)$ 在有界闭区域 D 上连续，在 D 内可微，且只有有限个驻点，若 $f(x,y)$ 在 D 的内部取得最大(小)值，则该最大(小)值也为 $f(x,y)$ 的极大(小)值；若 $f(x,y)$ 在 D 的边界取得最大(小)值，则该最大(小)值不是 $f(x,y)$ 的极大(小)值.

2. 必要条件

【定理7】设函数 $z=f(x,y)$ 在点 (x_0,y_0) 具有偏导数，且 $f(x_0,y_0)$ 为 $f(x,y)$ 的极值，则有 $f_x'(x_0,y_0)=f_y'(x_0,y_0)=0$.

注意

①满足 $f_x'(x_0,y_0)=f_y'(x_0,y_0)=0$ 的点 (x_0,y_0) 称为 $f(x,y)$ 的驻点. 二元函数的驻点和极值点的关系与一元函数类似：驻点未必是极值点，极值点未必是驻点.

②二元函数的极值点只可能是定义域内的驻点和偏导不存在的点. 由于这两类点未必是极值点，因此需要用下面的充分条件判断.

3. 充分条件

【定理8】设函数 $z=f(x,y)$ 在点 (x_0,y_0) 的某邻域内连续且有一阶及二阶连续偏导数，又 $f'_x(x_0,y_0)=f'_y(x_0,y_0)=0$，令 $f''_{xx}(x_0,y_0)=A$，$f''_{xy}(x_0,y_0)=B$，$f''_{yy}(x_0,y_0)=C$，则 $f(x,y)$ 在点 (x_0,y_0) 处是否取得极值的条件如下：

(1) $AC-B^2>0$ 时具有极值，且当 $A<0$ 时有极大值，当 $A>0$ 时有极小值；

(2) $AC-B^2<0$ 时没有极值；

(3) $AC-B^2=0$ 时可能有极值，也可能没有极值，还需另作讨论.

（二）条件极值

1. 定义

求函数 $z=f(x,y)$ 在条件 $\varphi(x,y)=0$ 下的极值，像这种对自变量有约束条件的极值称为**条件极值**. 其中 $z=f(x,y)$ 称为**目标函数**，$\varphi(x,y)=0$ 称为**约束条件**或**附加条件**.

2. 拉格朗日乘数法

要求目标函数 $z=f(x,y)$ 在约束条件 $\varphi(x,y)=0$ 下的可能极值点，可以先构造辅助函数 $L(x,y,\lambda)=f(x,y)+\lambda\varphi(x,y)$，其中 λ 为辅助变量，再求其驻点，即解方程组 $\begin{cases}L'_x=f'_x(x,y)+\lambda\varphi'_x(x,y)=0,\\ L'_y=f'_y(x,y)+\lambda\varphi'_y(x,y)=0,\\ L'_\lambda=\varphi(x,y)=0.\end{cases}$ 解得的 (x,y) 即为 $z=f(x,y)$ 在约束条件 $\varphi(x,y)=0$ 下的可能极值点. 这种方法称为**拉格朗日乘数法**，其中的辅助函数 $L(x,y,\lambda)$ 称为**拉格朗日函数**，辅助变量 λ 称为**拉格朗日乘数**.

该方法可推广到自变量多于两个而约束条件多于一个的情形，如求函数 $u=f(x,y,z)$ 在条件 $\varphi(x,y,z)=0$ 和 $\psi(x,y,z)=0$ 下的极值点，则拉格朗日函数设为 $L(x,y,z,\lambda,\mu)=f(x,y,z)+\lambda\varphi(x,y,z)+\mu\psi(x,y,z)$，其中 λ 和 μ 为拉格朗日乘数，求其驻点，解得的 (x,y,z) 即为可能的极值点.

至于求得的点是否为极值点，首先需考虑到无条件极值的充分条件不能用在此处，再者在实际问题中，往往可以根据问题本身的性质来判定. 详见本章第3节例题.

第2节　基础题型

题型1　求二重极限

【方法点拨】

(1)计算二重极限，可以利用的一元函数极限计算方法有：四则运算法则、等价无穷小替换、对数恒等式、无穷小乘有界量的结论、夹逼准则．

其中用夹逼准则证明 $\lim\limits_{(x,y)\to\square} f(x,y)=0$ 的常用结论是 $\lim\limits_{(x,y)\to\square} f(x,y)=0 \Leftrightarrow \lim\limits_{(x,y)\to\square}|f(x,y)|=0$（$(x,y)\to\square$表示某一给定的自变量变化过程）．

(2)证明二重极限不存在，常用方法是：取特殊路径（如 $y=kx$，$y=kx^2$），说明二重极限与路径有关．

例1　$\lim\limits_{(x,y)\to(0,0)}\dfrac{1-\cos(x^2+y^2)}{\ln(1+x^2+y^2)e^{x^2}}=(\quad)$．

A. -2　　B. -1　　C. 0　　D. 1　　E. 2

【思路】本题为"$\dfrac{0}{0}$"型二重极限，先用等价无穷小替换化简，再计算．

【解析】$\lim\limits_{(x,y)\to(0,0)}\dfrac{1-\cos(x^2+y^2)}{\ln(1+x^2+y^2)e^{x^2}}=\lim\limits_{(x,y)\to(0,0)}\dfrac{\frac{(x^2+y^2)^2}{2}}{(x^2+y^2)e^{x^2}}=\lim\limits_{(x,y)\to(0,0)}\dfrac{x^2+y^2}{2e^{x^2}}=0$．

【答案】C

例2　设 $f(x,y)=\begin{cases}(x^2+y^2)\sin\dfrac{1}{x^2+y^2}, & (x,y)\neq(0,0),\\ 0, & (x,y)=(0,0),\end{cases}$ 则 $\lim\limits_{(x,y)\to(0,0)} f(x,y)=(\quad)$．

A. -2　　B. -1　　C. 0　　D. 1　　E. 2

【思路】已知分段函数 $f(x,y)$，求其在分段点 $(0,0)$ 处的二重极限，先代入具体表达式，再利用"无穷小乘有界量=无穷小"的结论计算．

【解析】$\lim\limits_{(x,y)\to(0,0)} f(x,y)=\lim\limits_{(x,y)\to(0,0)}(x^2+y^2)\sin\dfrac{1}{x^2+y^2}=0$．

【答案】C

例3　下列二重极限中，不存在的个数为(　　)．

(1) $\lim\limits_{(x,y)\to(0,0)}\dfrac{x+y}{x-y}$；(2) $\lim\limits_{(x,y)\to(0,0)}\dfrac{xy}{|x|+|y|}$；(3) $\lim\limits_{(x,y)\to(0,0)}\dfrac{x^2+y}{\sqrt{x^4+y^2}}$；(4) $\lim\limits_{(x,y)\to(0,0)}\dfrac{x^3+y^3}{x^2+y^2}$．

A. 0　　B. 1　　C. 2　　D. 3　　E. 4

【思路】先取特殊路径（如 $y=kx$ 或 $y=kx^2$）计算极限，若极限与 k 有关，则该极限不存在，否则用夹逼准则证明极限为 0．

【解析】(1)令 $y=kx$，则 $\lim\limits_{\substack{(x,y)\to(0,0)\\y=kx}}\dfrac{x+y}{x-y}=\lim\limits_{x\to0}\dfrac{x+kx}{x-kx}=\dfrac{1+k}{1-k}$，与 k 有关，故该函数的二重极限不存在．

(2)当 $x\neq0$，$y\neq0$ 时，由 $|x|+|y|\geqslant2\sqrt{|xy|}$，得

$$0\leqslant\left|\frac{xy}{|x|+|y|}\right|=\frac{|xy|}{|x|+|y|}\leqslant\frac{|xy|}{2\sqrt{|xy|}}=\frac{\sqrt{|xy|}}{2},$$

当 x，y 仅有一个为 0 时，也满足 $0\leqslant\left|\dfrac{xy}{|x|+|y|}\right|\leqslant\dfrac{\sqrt{|xy|}}{2}$．又 $\lim\limits_{(x,y)\to(0,0)}\dfrac{\sqrt{|xy|}}{2}=0$，由夹逼准则得 $\lim\limits_{(x,y)\to(0,0)}\left|\dfrac{xy}{|x|+|y|}\right|=0$.

故 $\lim\limits_{(x,y)\to(0,0)}\dfrac{xy}{|x|+|y|}=0$.

(3)令 $y=kx^2$，则 $\lim\limits_{\substack{(x,y)\to(0,0)\\y=kx^2}}\dfrac{x^2+y}{\sqrt{x^4+y^2}}=\lim\limits_{x\to0}\dfrac{x^2+kx^2}{\sqrt{x^4+k^2x^4}}=\dfrac{1+k}{\sqrt{1+k^2}}$，与 k 有关，故该函数的二重极限不存在．

(4)当 $(x,y)\neq(0,0)$ 时，有

$$0\leqslant\left|\frac{x^3+y^3}{x^2+y^2}\right|=\frac{|(x+y)(x^2-xy+y^2)|}{x^2+y^2}\leqslant\frac{|x+y|(x^2+|xy|+y^2)}{x^2+y^2}$$

$$\leqslant\frac{|x+y|\left(x^2+\dfrac{x^2+y^2}{2}+y^2\right)}{x^2+y^2}=\frac{3|x+y|}{2},$$

又 $\lim\limits_{(x,y)\to(0,0)}\dfrac{3|x+y|}{2}=0$，由夹逼准则得 $\lim\limits_{(x,y)\to(0,0)}\dfrac{x^3+y^3}{x^2+y^2}=0$.

综上，二重极限不存在的个数为 2.

【答案】C

题型 2 求具体函数的偏导数或全微分

【方法点拨】

设函数 $z=f(x,y)$ 存在偏导数(或可微)，且已知 $f(x,y)$ 的具体表达式，则

(1)求偏导数．

归结为求一元函数的导数，利用第 2 章的求导法则计算．特别地，求 $z=f(x,y)$ 在一点(非分段点)的偏导数，有如下方法：

方法一：先代再导．如求 $f'_x(x_0,y_0)$，先把 $y=y_0$ 代入 $f(x,y)$ 中，得到一元函数 $f(x,y_0)$，再求 $\left.\dfrac{\mathrm{d}f(x,y_0)}{\mathrm{d}x}\right|_{x=x_0}$.

方法二：先导再代．先求偏导函数，再把给定点代入偏导函数中求函数值．

注意：若先代入能使函数有明显的化简，则方法一简单．

(2)求全微分．

通过全微分的计算公式 $\mathrm{d}z=z'_x\mathrm{d}x+z'_y\mathrm{d}y$，转化为求偏导数．

例 4 设 $z=1+xy-\sqrt{x^2+y^2}$，则 $\left.\dfrac{\partial z}{\partial x}\right|_{\substack{x=3\\y=4}}=($　　$)$.

A. $\dfrac{17}{5}$　　B. $\dfrac{12}{5}$　　C. $\dfrac{7}{5}$　　D. $\dfrac{1}{5}$　　E. 0

【思路】已知具体的二元函数，求其在一点的偏导数，有“先代再导”和“先导再代”两种计算方法.

【解析】方法一：先代再导.

先将 $y=4$ 代入，可得 $z(x,4)=1+4x-\sqrt{x^2+16}$. 再对 x 求导，可得

$$\left.\frac{\mathrm{d}z(x,4)}{\mathrm{d}x}\right|_{x=3}=\left.(1+4x-\sqrt{x^2+16})'\right|_{x=3}=\left.\left(4-\frac{2x}{2\sqrt{x^2+16}}\right)\right|_{x=3}=\frac{17}{5}.$$

故 $\left.\dfrac{\partial z}{\partial x}\right|_{\substack{x=3\\y=4}}=\dfrac{17}{5}$.

方法二：先导再代.

$$\frac{\partial z}{\partial x}=y-\frac{x}{\sqrt{x^2+y^2}}\Rightarrow\left.\frac{\partial z}{\partial x}\right|_{\substack{x=3\\y=4}}=\left.\left(y-\frac{x}{\sqrt{x^2+y^2}}\right)\right|_{\substack{x=3\\y=4}}=\frac{17}{5}.$$

【答案】A

例 5 函数 $f(x,y)=xye^{x^2}$，则 $x\dfrac{\partial f}{\partial x}-y\dfrac{\partial f}{\partial y}=($　　$)$.

A. 0　　B. $f(x,y)$　　C. $2xf(x,y)$

D. $2x^2f(x,y)$　　E. $2yf(x,y)$

【思路】已知具体的二元函数 $f(x,y)$，求 $\dfrac{\partial f}{\partial x}$，则固定 y 对 x 求导；求 $\dfrac{\partial f}{\partial y}$，则固定 x 对 y 求导.

【解析】$x\dfrac{\partial f}{\partial x}-y\dfrac{\partial f}{\partial y}=x(ye^{x^2}+2x^2ye^{x^2})-y(xe^{x^2})=2x^3ye^{x^2}=2x^2f(x,y)$.

【答案】D

例 6 函数 $u=e^{\frac{x}{y}}$，则 $\dfrac{\partial^2 u}{\partial x\partial y}=($　　$)$.

A. $\dfrac{1}{y}e^{\frac{x}{y}}$　　B. $\dfrac{(x+y)e^{\frac{x}{y}}}{y^2}$　　C. $\dfrac{-(x+y)e^{\frac{x}{y}}}{y^2}$　　D. $\dfrac{(x+y)e^{\frac{x}{y}}}{y^3}$　　E. $\dfrac{-(x+y)e^{\frac{x}{y}}}{y^3}$

【思路】已知具体的二元函数，求二阶混合偏导数，应先求 $\dfrac{\partial u}{\partial x}$，再求 $\dfrac{\partial}{\partial y}\left(\dfrac{\partial u}{\partial x}\right)$.

【解析】$\dfrac{\partial u}{\partial x}=\dfrac{1}{y}e^{\frac{x}{y}}\Rightarrow\dfrac{\partial^2 u}{\partial x\partial y}=\dfrac{\partial}{\partial y}\left(\dfrac{\partial u}{\partial x}\right)=\dfrac{\partial}{\partial y}\left(\dfrac{1}{y}e^{\frac{x}{y}}\right)=\dfrac{-\dfrac{x}{y^2}e^{\frac{x}{y}}y-e^{\frac{x}{y}}}{y^2}=\dfrac{-(x+y)e^{\frac{x}{y}}}{y^3}$.

【答案】E

例 7 设二元函数 $z=xe^{x+y}+(x+1)\ln(1+y)$，则 $\mathrm{d}z|_{(1,0)}=($　　$)$.

A. $2e\mathrm{d}x+(e+1)\mathrm{d}y$　　B. $(e+1)\mathrm{d}x+2e\mathrm{d}y$　　C. $2e\mathrm{d}x+(e+2)\mathrm{d}y$

D. $(e+2)\mathrm{d}x+2e\mathrm{d}y$　　E. $2e\mathrm{d}x+(e+3)\mathrm{d}y$

【思路】已知具体的二元函数，求全微分，可用全微分公式 $dz=z'_x dx+z'_y dy$ 计算.

【解析】$z'_x(1,0)=\left[e^{x+y}+xe^{x+y}+\ln(1+y)\right]\Big|_{(1,0)}=2e$，$z'_y(1,0)=\left(xe^{x+y}+\dfrac{x+1}{1+y}\right)\Big|_{(1,0)}=e+2$.

故 $dz\Big|_{(1,0)}=z'_x(1,0)dx+z'_y(1,0)dy=2edx+(e+2)dy$.

【答案】C

本节习题自测

1. $\lim\limits_{(x,y)\to(0,0)}\dfrac{\sin(xy)}{(\sqrt{xy+1}-1)\cos(xy)}=(\quad)$.

A. -2　　B. -1　　C. 0　　D. 1　　E. 2

2. 设 $z=(x+e^y)^x$，则 $\dfrac{\partial z}{\partial x}\Big|_{(1,0)}=(\quad)$.

A. $1-\ln 2$　　B. $1+\ln 2$　　C. $1-2\ln 2$　　D. $1+2\ln 2$　　E. $2-2\ln 2$

3. 设函数 $z=\left(1+\dfrac{x}{y}\right)^{\frac{x}{y}}$，则 $dz|_{(1,1)}=(\quad)$.

A. $(1+\ln 2)(dx+dy)$　　B. $(1+\ln 2)(dx-dy)$　　C. $(1+2\ln 2)(dx+dy)$

D. $(1+2\ln 2)(dx-dy)$　　E. $(1+3\ln 2)(dx-dy)$

4. 已知 $f(x,y)=x^2\arctan\dfrac{y}{x}-y^2\arctan\dfrac{x}{y}$，则 $\dfrac{\partial^2 f}{\partial x\partial y}=(\quad)$.

A. $\dfrac{x^2+y^2}{x^2-y^2}$　　B. $\dfrac{x^2-y^2}{x^2+y^2}$　　C. -1　　D. 0　　E. 1

5. 设函数 $F(x,y)=\int_0^{xy}\dfrac{\sin t}{1+t^2}dt$，则 $\dfrac{\partial^2 F}{\partial x^2}\Big|_{\substack{x=0\\y=2}}=(\quad)$.

A. 0　　B. 1　　C. 2　　D. 3　　E. 4

6. 下列结论中正确的是(　　).

A. $\lim\limits_{(x,y)\to(0,0)}\dfrac{\sqrt{xy+1}-1}{xy}=1$

B. $\lim\limits_{\substack{x\to\infty\\y\to a}}\left(1+\dfrac{1}{xy}\right)^{\frac{x^2}{x+y}}=\dfrac{1}{a}(a\neq 0)$

C. $\lim\limits_{(x,y)\to(0,0)}\dfrac{|x|-|y|}{|x|+|y|}=0$

D. $\lim\limits_{(x,y)\to(0,0)}\dfrac{(x^2-y)^2}{x^4+y^2}=0$

E. $\lim\limits_{(x,y)\to(0,0)}\dfrac{x^2y^2}{x^2y^2+(x-y)^2}$不存在

习题详解

1. E

【解析】$\lim\limits_{(x,y)\to(0,0)}\dfrac{\sin(xy)}{(\sqrt{xy+1}-1)\cos(xy)}=\lim\limits_{(x,y)\to(0,0)}\dfrac{xy}{\frac{1}{2}xy\cdot\cos(xy)}=\lim\limits_{(x,y)\to(0,0)}\dfrac{2}{\cos(xy)}=2$.

2. D

【解析】方法一：先代再导．

$$\left.\frac{\partial z}{\partial x}\right|_{(1,0)}=\left.\frac{\mathrm{d}z(x,0)}{\mathrm{d}x}\right|_{x=1}=\left.\frac{\mathrm{d}}{\mathrm{d}x}\left[(x+1)^{x}\right]\right|_{x=1}=\left.\frac{\mathrm{d}}{\mathrm{d}x}\left[\mathrm{e}^{x\ln(x+1)}\right]\right|_{x=1}$$

$$=\mathrm{e}^{x\ln(x+1)}\left.\left[\ln(x+1)+\frac{x}{x+1}\right]\right|_{x=1}=2\ln 2+1.$$

方法二：先导再代．

$$\left.\frac{\partial z}{\partial x}\right|_{(1,0)}=\left.\frac{\partial}{\partial x}\left[\mathrm{e}^{x\ln(x+\mathrm{e}^{y})}\right]\right|_{(1,0)}=\mathrm{e}^{x\ln(x+\mathrm{e}^{y})}\left.\left[\ln(x+\mathrm{e}^{y})+\frac{x}{x+\mathrm{e}^{y}}\right]\right|_{(1,0)}=2\ln 2+1.$$

3. D

【解析】由 $z=\left(1+\frac{x}{y}\right)^{\frac{x}{y}}=\mathrm{e}^{\frac{x}{y}\ln\left(1+\frac{x}{y}\right)}$，可得

$$\left.\frac{\partial z}{\partial x}\right|_{(1,1)}=\mathrm{e}^{\frac{x}{y}\ln\left(1+\frac{x}{y}\right)}\left.\left[\frac{1}{y}\ln\left(1+\frac{x}{y}\right)+\frac{x}{y}\cdot\frac{1}{1+\frac{x}{y}}\cdot\frac{1}{y}\right]\right|_{(1,1)}=1+2\ln 2;$$

$$\left.\frac{\partial z}{\partial y}\right|_{(1,1)}=\mathrm{e}^{\frac{x}{y}\ln\left(1+\frac{x}{y}\right)}\left.\left[-\frac{x}{y^{2}}\ln\left(1+\frac{x}{y}\right)+\frac{x}{y}\cdot\frac{1}{1+\frac{x}{y}}\cdot\left(-\frac{x}{y^{2}}\right)\right]\right|_{(1,1)}=-(1+2\ln 2).$$

故 $\mathrm{d}z|_{(1,1)}=(1+2\ln 2)\mathrm{d}x-(1+2\ln 2)\mathrm{d}y=(1+2\ln 2)(\mathrm{d}x-\mathrm{d}y)$.

4. B

【解析】

$$\frac{\partial f}{\partial x}=2x\arctan\frac{y}{x}+\frac{x^{2}}{1+\left(\frac{y}{x}\right)^{2}}\left(-\frac{y}{x^{2}}\right)-\frac{y^{2}}{1+\left(\frac{x}{y}\right)^{2}}\cdot\frac{1}{y}$$

$$=2x\arctan\frac{y}{x}-\frac{x^{2}y}{x^{2}+y^{2}}-\frac{y^{3}}{x^{2}+y^{2}}$$

$$=2x\arctan\frac{y}{x}-y.$$

$$\frac{\partial^{2}f}{\partial x\,\partial y}=\frac{\partial}{\partial y}\left(2x\arctan\frac{y}{x}-y\right)=\frac{2x}{1+\left(\frac{y}{x}\right)^{2}}\cdot\frac{1}{x}-1=\frac{2x^{2}}{x^{2}+y^{2}}-1=\frac{x^{2}-y^{2}}{x^{2}+y^{2}}.$$

5. E

【解析】$\frac{\partial F}{\partial x}=\frac{\sin(xy)}{1+(xy)^{2}}\cdot y$；$\frac{\partial^{2}F}{\partial x^{2}}=y\cdot\frac{y\cos(xy)\left[1+(xy)^{2}\right]-2xy^{2}\sin(xy)}{\left[1+(xy)^{2}\right]^{2}}$.

故 $\left.\frac{\partial^{2}F}{\partial x^{2}}\right|_{\substack{x=0\\y=2}}=4$.

6. E

【解析】A 项：$\lim\limits_{(x,y)\to(0,0)}\frac{\sqrt{xy+1}-1}{xy}=\lim\limits_{(x,y)\to(0,0)}\frac{xy+1-1}{xy(\sqrt{xy+1}+1)}=\lim\limits_{(x,y)\to(0,0)}\frac{1}{\sqrt{xy+1}+1}=\frac{1}{2}$，故 A 项错误．

B 项：$\lim\limits_{\substack{x\to\infty\\y\to a}}\left(1+\frac{1}{xy}\right)^{\frac{x^2}{x+y}}=e^{\lim\limits_{\substack{x\to\infty\\y\to a}}\frac{x^2}{x+y}\ln\left(1+\frac{1}{xy}\right)}$，其中

$$\lim_{\substack{x\to\infty\\y\to a}}\frac{x^2}{x+y}\ln\left(1+\frac{1}{xy}\right)=\lim_{\substack{x\to\infty\\y\to a}}\frac{x^2}{x+y}\cdot\frac{1}{xy}=\lim_{\substack{x\to\infty\\y\to a}}\frac{1}{y+\frac{y^2}{x}}=\frac{1}{a},$$

故$\lim\limits_{\substack{x\to\infty\\y\to a}}\left(1+\frac{1}{xy}\right)^{\frac{x^2}{x+y}}=e^{\frac{1}{a}}$，$a\neq0$，B 项错误．

C 项：令 $y=kx$，则 $\lim\limits_{\substack{(x,y)\to(0,0)\\y=kx}}\frac{|x|-|y|}{|x|+|y|}=\lim\limits_{x\to0}\frac{|x|-|kx|}{|x|+|kx|}=\frac{1-|k|}{1+|k|}$，极限值与 k 有关，故该二重极限不存在，C 项错误．

D 项：令 $y=kx^2$，则 $\lim\limits_{\substack{(x,y)\to(0,0)\\y=kx^2}}\frac{(x^2-y)^2}{x^4+y^2}=\lim\limits_{x\to0}\frac{(x^2-kx^2)^2}{x^4+k^2x^4}=\frac{(1-k)^2}{1+k^2}$，极限值与 k 有关，故该二重极限不存在，D 项错误．

E 项：令 $y=kx$，则 $\lim\limits_{\substack{(x,y)\to(0,0)\\y=kx}}\frac{x^2y^2}{x^2y^2+(x-y)^2}=\lim\limits_{x\to0}\frac{k^2x^4}{k^2x^4+(1-k)^2x^2}=\lim\limits_{x\to0}\frac{k^2x^2}{k^2x^2+(1-k)^2}$．当 $k=0$时，该极限为 0；当 $k=1$ 时，该极限为 1. 故原二重极限不存在，E 项正确．

第3节 真题题型

题型3 求带有抽象函数记号的复合函数的偏导数或全微分

【方法点拨】

理清复合关系，根据复合函数求导法则计算.

(1)复合关系复杂的多元函数求偏导数.

①理清复合关系；

②通过分清函数是一元函数还是多元函数来决定是用求导符号还是用求偏导符号.

(2)已知复合函数 $f[u(x,y),v(x,y)]$表达式，求外层函数 $f(u,v)$在一点的偏导数.

方法一：先通过换元等变形求出外层函数，再计算外层函数在给定点的偏导数.

方法二：不求外层函数，直接对已知等式两边求偏导，由于给定点为外层函数的自变量取值，需解出(或观察出)与之对应的内层函数的自变量取值，再代值求解. 详见例9方法二.

若外层函数易求，则选方法一，否则选方法二.

(3)求二阶偏导.

①熟悉如下偏导记号：设 $z=f(u,v)$具有二阶偏导数，则

$$\frac{\partial z}{\partial u}=\frac{\partial f}{\partial u}=f'_u=f'_1,\ \frac{\partial z}{\partial v}=\frac{\partial f}{\partial v}=f'_v=f'_2,\ \frac{\partial^2 z}{\partial u^2}=\frac{\partial^2 f}{\partial u^2}=f''_{uu}=f''_{11},$$

$$\frac{\partial^2 z}{\partial v^2}=\frac{\partial^2 f}{\partial v^2}=f''_{vv}=f''_{22},\ \frac{\partial^2 z}{\partial u\,\partial v}=\frac{\partial^2 f}{\partial u\,\partial v}=f''_{uv}=f''_{12},\ \frac{\partial^2 z}{\partial v\,\partial u}=\frac{\partial^2 f}{\partial v\,\partial u}=f''_{vu}=f''_{21}.$$

②注意：设 $z=f(u,v)$，$u=\varphi(x,y)$，$v=\psi(x,y)$具有二阶连续偏导数(其他情形的复合函数与此类似)，记号$\frac{\partial z}{\partial u}=f'_1$，$\frac{\partial z}{\partial v}=f'_2$是简写，实际上其与 $z=f[\varphi(x,y),\psi(x,y)]$的复合结构相同，即$\frac{\partial z}{\partial u}=f'_1=f'_1[\varphi(x,y),\psi(x,y)]$，$\frac{\partial z}{\partial v}=f'_2=f'_2[\varphi(x,y),\psi(x,y)]$.

例8 设$u=f(x,y,z)=xy+xF(z)$，其中F为可微函数，且$z=\frac{y}{x}$，则$\frac{\partial u}{\partial x}+\frac{y}{x}\frac{\partial u}{\partial y}=($ $)$.

A. $2x+F(z)$

B. $2y+F(z)$

C. $2x+F'(z)$

D. $2y+F'(z)$

E. $2y+2F'(z)$

【思路】本题中多元函数的复合关系较为复杂，应先理清复合关系，再计算. 注意到$F(z)$是关于z的一元函数，故符号为$F'(z)$，而非$F'_x(z)$.

【解析】$\frac{\partial u}{\partial x}=y+F(z)+xF'(z)\left(-\frac{y}{x^2}\right)=y+F(z)-\frac{y}{x}F'(z)$；

$\frac{\partial u}{\partial y}=x+xF'(z)\cdot\frac{1}{x}=x+F'(z)$.

故$\frac{\partial u}{\partial x}+\frac{y}{x}\frac{\partial u}{\partial y}=y+F(z)-\frac{y}{x}F'(z)+y+\frac{y}{x}F'(z)=2y+F(z)$.

【答案】B

例 9 $f(x+y, xy)=x^2+y^2$，则 $df(3,2)=$（　　）.

A. $2dx+6dy$　B. $6dx+2dy$　C. $-2dx+6dy$　D. $6dx-2dy$　E. $-6dx-2dy$

【思路】由全微分的计算公式可得 $df(3,2)=f_1'(3,2)dx+f_2'(3,2)dy$，故本题转化为已知复合函数 $f(x+y, xy)$ 的表达式，求外层函数 $f(u, v)$ 在点 $(3,2)$ 的偏导数，常用两种方法：先求外层函数，再求偏导；不求外层函数，直接求偏导.

【解析】方法一：先求出外层函数，再求偏导.

令 $\begin{cases}x+y=u,\\xy=v,\end{cases}$ 此时把 x，y 用 u，v 表示较困难（会出现带参数的一元二次方程），因此考虑用完全平方公式把 x^2+y^2 用 $x+y$ 和 xy 表示.

$f(x+y, xy)=x^2+y^2=(x+y)^2-2xy$，令 $\begin{cases}x+y=u,\\xy=v,\end{cases}$ 则 $f(u, v)=u^2-2v$，故 $f_1'(3,2)=2u\Big|_{(3,2)}=6$，$f_2'(3,2)=-2\Big|_{(3,2)}=-2$，由此可得

$$df(3,2)=f_1'(3,2)dx+f_2'(3,2)dy=6dx-2dy.$$

方法二：直接求偏导.

$f(x+y, xy)=x^2+y^2$ 两边对 x 求偏导得 $f_1'(x+y, xy)+yf_2'(x+y, xy)=2x$；对 y 求偏导得 $f_1'(x+y, xy)+xf_2'(x+y, xy)=2y$.

由 $\begin{cases}x+y=3,\\xy=2,\end{cases}$ 解得（或观察得）$x=1$，$y=2$ 或 $x=2$，$y=1$，任选一组值代入上述偏导方程得 $\begin{cases}f_1'(3,2)+2f_2'(3,2)=2,\\f_1'(3,2)+f_2'(3,2)=4,\end{cases}$ 解得 $\begin{cases}f_1'(3,2)=6,\\f_2'(3,2)=-2,\end{cases}$ 则

$$df(3,2)=f_1'(3,2)dx+f_2'(3,2)dy=6dx-2dy.$$

【注意】在方法二中，题目给定的点 $(3,2)$ 是外层函数 $f(u, v)$ 的自变量取值，而偏导方程中的 x，y 是内层函数 $x+y$ 和 xy 的自变量，因此不能将 $(x, y)=(3,2)$ 代入偏导方程．应先解出对应的 x，y 取值，再代入.

【答案】D

例 10 设 $z=f(xy^2, x^2y)$，其中 f 具有二阶连续偏导数，则 $\dfrac{\partial^2 z}{\partial x\partial y}\Big|_{(x,y)=(0,1)}=$（　　）.

A. $f_1'(0,0)$　B. $2f_1'(0,0)$　C. $f_2'(0,0)$　D. $2f_2'(0,0)$　E. $2f_2'(0,1)$

【思路】求抽象复合函数在一点的二阶偏导数，应利用复合函数求导法则．注意：一阶偏导 f_1'，f_2' 与求导前的函数 $z=f(xy^2, x^2y)$ 有相同的复合结构.

【解析】$\dfrac{\partial z}{\partial x}=y^2f_1'+2xyf_2'$，其中 $f_1'=f_1'(xy^2, x^2y)$，$f_2'=f_2'(xy^2, x^2y)$，则

$$\frac{\partial^2 z}{\partial x\partial y}=2yf_1'+y^2(2xyf_{11}''+x^2f_{12}'')+2xf_2'+2xy(2xyf_{21}''+x^2f_{22}''),$$

故 $\dfrac{\partial^2 z}{\partial x\partial y}\Big|_{(x,y)=(0,1)}=2f_1'(0,0)$.

【答案】B

题型4 求隐函数的偏导数或全微分

【方法点拨】

方程两端同时对自变量求偏导，再解出偏导数即可．

例 11　设函数 $z=f(x, y)$ 由方程 $F(cx-az, cy-bz)=0$ 确定，其中 $F(u, v)$ 具有连续偏导数，且 $aF_1'+bF_2'\neq 0$，则 $(aF_1'+bF_2')\mathrm{d}z=($　　$)$．

A. $aF_1'\mathrm{d}x+bF_2'\mathrm{d}y$　　B. $bF_1'\mathrm{d}x+aF_2'\mathrm{d}y$　　C. $F_1'\mathrm{d}x+F_2'\mathrm{d}y$

D. $cF_1'\mathrm{d}x+cF_2'\mathrm{d}y$　　E. $cF_2'\mathrm{d}x+cF_1'\mathrm{d}y$

【思路】二元隐函数求全微分，可用全微分计算公式转化为求偏导，再用隐函数求导法计算．

【解析】方程两端对 x 求偏导得 $(c-az_x')F_1'+(-bz_x')F_2'=0$，解得 $z_x'=\dfrac{cF_1'}{aF_1'+bF_2'}$；

方程两端对 y 求偏导得 $-az_y'F_1'+(c-bz_y')F_2'=0$，解得 $z_y'=\dfrac{cF_2'}{aF_1'+bF_2'}$．

故 $\mathrm{d}z=z_x'\mathrm{d}x+z_y'\mathrm{d}y=\dfrac{cF_1'\mathrm{d}x+cF_2'\mathrm{d}y}{aF_1'+bF_2'}$，则 $(aF_1'+bF_2')\mathrm{d}z=cF_1'\mathrm{d}x+cF_2'\mathrm{d}y$．

【答案】D

题型5 求多元函数的无条件极值

【方法点拨】

(1)掌握考点．

多元函数无条件极值的定义、必要条件、充分条件、相关概念及概念之间的关系都可以对照一元函数极值来掌握，详见第2章第1节极值相关内容和第3节题型11.

(2)掌握步骤．

设 $f(x, y)$ 在除有限个点外有二阶连续偏导数，则可按以下步骤求极值(点)：

第一步：求偏导，f_x'，f_y'；

第二步：求定义域内的驻点(令偏导为零)和偏导不存在的点；

第三步：求二阶偏导数，对于上一步求出的点，先利用充分条件判断．若无法利用充分条件，如偏导不存在的点，或者用第二充分条件时 $AC-B^2=0$，则用极值的定义判断，详见例13.

例 12　设函数 $f(x, y)=\mathrm{e}^x(x+y^3-3y)$，则 $f(x, y)($　　$)$．

A. 无极值　　B. 仅有1个极大值　　C. 仅有1个极小值

D. 有2个极大值　　E. 有2个极小值

【思路】已知二元函数 $f(x, y)$ 的表达式，求极值点个数，优先利用充分条件进行判断．

【解析】第一步，求偏导得 $f_x'=\mathrm{e}^x(x+y^3-3y)+\mathrm{e}^x=\mathrm{e}^x(x+y^3-3y+1)$，$f_y'=\mathrm{e}^x(3y^2-3)$．

第二步：令 $\begin{cases}f_x'=0,\\ f_y'=0,\end{cases}$ 解得 $f(x, y)$ 的驻点为 $(1, 1)$ 和 $(-3, -1)$，无偏导不存在的点．

第三步：求二阶偏导得 $f_{xx}''=\mathrm{e}^x(x+y^3-3y+2)$，$f_{xy}''=\mathrm{e}^x(3y^2-3)$，$f_{yy}''=6y\mathrm{e}^x$．

对于点(1，1)，有$A=f''_{xx}(1,1)=\mathrm{e}$，$B=f''_{xy}(1,1)=0$，$C=f''_{yy}(1,1)=6\mathrm{e}$，则$AC-B^2=6\mathrm{e}^2>0$，且$A>0$，故$f(1,1)$为$f(x,y)$的极小值．

对于点(−3，−1)，有$A=f''_{xx}(-3,-1)=\mathrm{e}^{-3}$，$B=f''_{xy}(-3,-1)=0$，$C=f''_{yy}(-3,-1)=-6\mathrm{e}^{-3}$，则$AC-B^2=-6\mathrm{e}^{-6}<0$，故$f(-3,-1)$不是$f(x,y)$的极值．

综上，$f(x,y)$仅有1个极小值．

【答案】C

例 13　设$f(x,y)=|x|+|y|$，$g(x,y)=x^4+y^4-(x+y)^2$，则点(0，0)(　　)．

A. 是$f(x,y)$的极大值点　　B. 不是$f(x,y)$的极值点

C. 不是$g(x,y)$的驻点　　D. 是$g(x,y)$的极大值点

E. 不是$g(x,y)$的极值点

【思路】判断一点是否为函数的极值点，若该点与附近点的函数值便于比大小，可直接利用极值点的定义判断；否则可先用充分条件，失效时再用定义判断．

【解析】在点(0，0)的去心邻域内，$f(x,y)=|x|+|y|>0=f(0,0)$，则点(0，0)为$f(x,y)$的极小值点，故A、B项均错误．

$g'_x=4x^3-2(x+y)$，$g'_y=4y^3-2(x+y)$，则$g'_x(0,0)=g'_y(0,0)=0$，故点(0，0)是$g(x,y)$的驻点，C项错误．

又$A=g''_{xx}(0,0)=-2$，$B=g''_{xy}(0,0)=-2$，$C=g''_{yy}(0,0)=-2$，则$AC-B^2=0$，无法用第二充分条件判断，故用极值点定义，判断如下：

在点(0，0)的充分小的去心邻域内，有

①若点(x,y)满足$y=0$，则$g(x,y)=g(x,0)=x^2(x^2-1)<0=g(0,0)$；

②若点(x,y)满足$y=-x$，则$g(x,y)=g(x,-x)=2x^4>0=g(0,0)$．

因此点(0，0)不是$g(x,y)$的极值点，故D项错误、E项正确．

【答案】E

题型6 求多元函数的最值

【方法点拨】

下面的叙述针对的是二元函数的最值问题，三元函数的最值问题求解方法与此类似．

1. 求边界上的最值

(1)典型问题描述．

求函数$z=f(x,y)$在边界L：$\varphi(x,y)=0$上的最大值或最小值．

(2)求解方法．

方法一：化为一元函数最值问题．

若通过约束条件$\varphi(x,y)=0$可解出$y=g(x)$或$x=h(y)$，则将其代入目标函数，可将原问题化为相应一元函数的最值问题．

方法二：拉格朗日乘数法．

①设拉格朗日函数：令 $L(x, y, \lambda)=f(x, y)+\lambda\varphi(x, y)$．

②求偏导得 $\begin{cases}L'_x=0,\\ L'_y=0,\\ L'_\lambda=0.\end{cases}$ 解该方程组的 x，y，λ，这样得到的 (x, y) 即为可能的极值点．

③若仅求得唯一可能极值点，且由实际背景知最大(小)值存在，则最大(小)值就在这个可能的极值点处取得；若求得多个可能极值点，则比较目标函数在这些点的函数值，最大(小)的即为所求的最大(小)值．

2. 求开区域内的最值

(1)典型问题描述．

求函数 $z=f(x, y)$ 在开区域 $D=\{(x, y)|\varphi(x, y)<0\}$ 内的最大值或最小值．

(2)求解方法．

设在 D 内，$z=f(x, y)$ 在除有限个点外存在偏导数，只有有限个驻点，且根据实际问题可知其存在最大(小)值，则只需在驻点、一阶偏导不存在的点中找到最大(小)值点，步骤如下：

第一步：求 $z=f(x, y)$ 在 D 内的驻点、一阶偏导不存在的点处的函数值；

第二步：比较 $z=f(x, y)$ 在第一步所得函数值，最大(小)的即为所求最大(小)值．

3. 求闭区域上的最值

(1)典型问题描述．

求函数 $z=f(x, y)$ 在闭区域 $D=\{(x, y)|\varphi(x, y)\leqslant 0\}$ 上的最大值或最小值．

(2)求解方法．

设 $z=f(x, y)$ 在有界闭区域 D 上连续，则 $z=f(x, y)$ 在 D 上存在最大值和最小值，且最值可能取在 D 内部的驻点、一阶偏导不存在的点和 D 的边界点，再假设 $z=f(x, y)$ 在 D 内除有限个点外存在偏导数，只有有限个驻点，则可按如下步骤求解最值：

第一步：求 $z=f(x, y)$ 在 D 的内部，即 $D'=\{(x, y)|\varphi(x, y)<0\}$ 的驻点、一阶偏导不存在的点的函数值，这与上述“求开区域内的最值”的第一步相同；

第二步：求 $z=f(x, y)$ 在 D 的边界上，即 L：$\varphi(x, y)=0$ 上的最大值和最小值，用“求边界上的最值”的方法求解；

第三步：比较 $z=f(x, y)$ 在前两步所得函数值，最大(小)的即为所求最大(小)值．

注意：

①有实际背景的边界上的最值问题，常有形如 $x>0$，$y>0$ 的限制，此时仍可用上述方法一或方法二求解，如例 15.

②有实际背景的区域(开区域或闭区域)上的最值问题，目标函数在区域内存在一阶偏导数，若根据问题背景可知目标函数的最大(小)值在区域的内部取得，且目标函数在该区域内只有唯一驻点，则可直接得出目标函数在该驻点处取得最大(小)值，从而免去判断，如例 15.

例 14 函数 $f(x, y)=2x^2+y^2$ 在约束条件 $x^2+\frac{y^2}{3}=1$ 下的最大值和最小值之和为(　　).

A. 1　　B. $\frac{4}{3}$　　C. 3　　D. 4　　E. 5

【思路】求目标函数在约束条件下的最值，可以化为一元函数最值问题进行计算，或者用拉格朗日乘数法计算.

【解析】方法一：通过代入化为一元函数最值问题.

$x^2+\frac{y^2}{3}=1\Rightarrow y^2=3(1-x^2)$，$-1\leqslant x\leqslant 1$，代入 $f(x, y)=2x^2+y^2$，则原问题可化为求 $g(x)=3-x^2$，$-1\leqslant x\leqslant 1$ 的最大值和最小值之和.

$g(x)$的最大值为 $g(0)=3$，最小值为 $g(\pm 1)=2$，则其最大值和最小值之和为 5.

方法二：拉格朗日乘数法.

令 $L(x, y, \lambda)=2x^2+y^2+\lambda\left(x^2+\frac{y^2}{3}-1\right)$，则

$$\begin{cases}\frac{\partial L}{\partial x}=4x+2\lambda x=0,\\ \frac{\partial L}{\partial y}=2y+\frac{2\lambda y}{3}=0,\\ \frac{\partial L}{\partial \lambda}=x^2+\frac{y^2}{3}-1=0,\end{cases}$$

解得 $f(x, y)$可能的极值点为$(0, \pm\sqrt{3})$，$(\pm 1, 0)$，又 $f(0, \pm\sqrt{3})=3$，$f(\pm 1, 0)=2$，故所求最大值和最小值之和为 5.

【答案】E

例 15 要造一个体积为$\frac{1}{2}$立方米的长方体无盖水池，则其最小表面积为(　　)平方米.

A. 1　　B. 2　　C. 3　　D. 4　　E. 5

【思路】设长方体的长、宽、高分别为 x，y，z，则体积为 xyz，表面积为$f(x, y, z)=xy+2xz+2yz$，原问题可表示为求函数 $f(x, y, z)=xy+2xz+2yz(x>0, y>0, z>0)$在约束条件 $xyz=\frac{1}{2}$下的最小值，可以化为开区域内的最值求解，或者用拉格朗日乘数法求解.

【解析】方法一：化为开区域内的最值求解.

由 $xyz=\frac{1}{2}$得 $z=\frac{1}{2xy}$，代入 $f(x, y, z)=xy+2xz+2yz$ 中，则原问题可化为求 $g(x, y)=f\left(x, y, \frac{1}{2xy}\right)=xy+\frac{1}{y}+\frac{1}{x}$在开区域 $D=\{(x, y)\mid x>0, y>0\}$内的最小值.

由$\begin{cases}g'_x=y-\frac{1}{x^2}=0,\\ g'_y=x-\frac{1}{y^2}=0,\end{cases}$解得 $g(x, y)$的唯一驻点$(1, 1)$，又由实际背景得 $g(x, y)$在 D 内存在最小值，得 $g(x, y)$在点$(1, 1)$处取得最小值 $g(1, 1)=f\left(1, 1, \frac{1}{2}\right)=3$.

方法二：用拉格朗日乘数法计算．

拉格朗日函数为 $L(x, y, z, \lambda)=xy+2xz+2yz+\lambda\left(xyz-\frac{1}{2}\right)$，求偏导得方程组

$$\begin{cases}L'_x=y+2z+\lambda yz=0①,\\L'_y=x+2z+\lambda xz=0②,\\L'_z=2x+2y+\lambda xy=0③,\\L'_\lambda=xyz-\frac{1}{2}=0④,\end{cases}$$

式①、式②作差得 $(y-x)(1+\lambda z)=0$，则 $y=x$ 或 $z=-\frac{1}{\lambda}$.

当 $y=x$ 时，代入式③得 $x(4+\lambda x)=0$，又已知 $x>0$，则 $y=x=-\frac{4}{\lambda}$，代入式②得 $z=-\frac{2}{\lambda}$，再代入式④得 $\lambda=-4$，$y=x=1$，$z=\frac{1}{2}$.

当 $z=-\frac{1}{\lambda}$ 时，代入式②得 $-\frac{2}{\lambda}=0$，无解．

综上，得到 $f(x, y, z)(x>0, y>0, z>0)$ 在约束条件 $xyz=\frac{1}{2}$ 下的唯一可能极值点为 $\left(1, 1, \frac{1}{2}\right)$. 又由实际背景得所求最小值存在，可知 $f(x, y, z)$ 在点 $\left(1, 1, \frac{1}{2}\right)$ 处取得最小值 $f\left(1, 1, \frac{1}{2}\right)=3$.

【答案】C

例 16　函数 $f(x, y)=x^2+2y^2-x^2y^2$ 在区域 $D=\{(x, y)\mid x^2+y^2\leqslant 4, y\geqslant 0\}$ 上的最小值和最大值分别为（　　）.

A. 0，4　　B. 0，8　　C. $\frac{7}{4}$，4　　D. $\frac{7}{4}$，8　　E. 2，8

【思路】求闭区域上的最值，可先求 $f(x, y)$ 在区域内部的可能最值点的函数值，再分别求其在两条边界上的最大值和最小值，最后比较所得函数值的大小．

【解析】第一步：在 D 内部，有

$$\begin{cases}f'_x=2x-2xy^2=0\ ①,\\f'_y=4y-2x^2y=0\ ②,\end{cases}$$

由式①得 $2x(1-y^2)=0\Rightarrow x=0$ 或 $y=1$（由于 $y=-1$ 对应的点不在 D 内，故舍去）. 将 $x=0$ 代入式②得 $y=0$，由于点 $(0, 0)$ 位于 D 的边界上，因此舍去．将 $y=1$ 代入式②得 $x=\pm\sqrt{2}$，$f(\pm\sqrt{2}, 1)=2$.

第二步：在边界 L_1：$y=0$，$-2\leqslant x\leqslant 2$ 上，$f(x, 0)=x^2$ 的最小值为 0，最大值为 4.

在边界 L_2：$y=\sqrt{4-x^2}$，$-2\leqslant x\leqslant 2$ 上，有

$$f(x, \sqrt{4-x^2})=x^4-5x^2+8=\left(x^2-\frac{5}{2}\right)^2+\frac{7}{4},\ 0\leqslant x^2\leqslant 4,$$

最小值为 $f\left(\pm\sqrt{\frac{5}{2}}, \sqrt{\frac{3}{2}}\right)=\frac{7}{4}$，最大值为 $f(0, 2)=8$.

第三步：比较上述函数值，可得 $f(x, y)$ 在 D 上的最小值和最大值分别为 0，8.

【答案】B

题型 7 对多元微分概念的考查

【方法点拨】

(1)判断二元函数在一点(尤其是分段点)的连续性：用一点连续的定义.

(2)判断二元函数在一点(尤其是分段点)的偏导存在性及计算：用一点偏导的定义.

(3)判断二元函数 $f(x, y)$ 在一点 (x_0, y_0) 的可微性：

方法一：利用可微的定义.

①抽象二元函数的可微问题可直接用定义快速求解.

$\Delta z=A\Delta x+B\Delta y+o(\sqrt{(\Delta x)^2+(\Delta y)^2})$，$(\Delta x, \Delta y)\to(0, 0)$，其中 A，B 不依赖于 Δx，$\Delta y \Leftrightarrow z=f(x, y)$ 在点 (x_0, y_0) 处可微.

【例】$\lim\limits_{(x,y)\to(0,0)}\frac{f(x, y)-f(0, 0)}{\sqrt{x^2+y^2}}=0 \Leftrightarrow f(x, y)-f(0, 0)=o(\sqrt{x^2+y^2})$，$(x, y)\to(0, 0)$，令 $\Delta x=x-0$，$\Delta y=y-0$，则有 $\Delta z=0\Delta x+0\Delta y+o(\sqrt{(\Delta x)^2+(\Delta y)^2})$，$(\Delta x, \Delta y)\to(0, 0)\Rightarrow f(x, y)$ 在点 $(0, 0)$ 处可微.

注意：利用方法一判断可微性绕过了偏导计算，直接检查 Δz 能否与可微定义式中的 $A\Delta x+B\Delta y+o(\sqrt{(\Delta x)^2+(\Delta y)^2})$，$\Delta x\to 0$，$\Delta y\to 0$ 对应，如果能则可微.

②具体二元函数的可微问题求解如下：

第一步：先计算 $f'_x(x_0, y_0)$ 和 $f'_y(x_0, y_0)$，若二者有一个不存在，则不可微，否则进入下一步.

第二步：计算 $\lim\limits_{(\Delta x,\Delta y)\to(0,0)}\frac{f(x_0+\Delta x, y_0+\Delta y)-f(x_0, y_0)-f'_x(x_0, y_0)\Delta x-f'_y(x_0, y_0)\Delta y}{\sqrt{(\Delta x)^2+(\Delta y)^2}}$，若为 0，则可微，否则(不存在或存在但不为 0)不可微.

方法二：利用可微的必要条件证明 $f(x, y)$ 在点 (x_0, y_0) 不可微.

若 $f(x, y)$ 在点 (x_0, y_0) 不连续，或偏导不存在，则 $f(x, y)$ 在点 (x_0, y_0) 不可微.

方法三：利用可微的充分条件证明 $f(x, y)$ 在点 (x_0, y_0) 可微.

若 $f'_x(x, y)$ 和 $f'_y(x, y)$ 在 (x_0, y_0) 均连续，则 $f(x, y)$ 在点 (x_0, y_0) 可微.

(4)判断二元函数 $f(x, y)$ 在一点 (x_0, y_0) 的各性质之间的关系，用如下结论：

$$f'_x(x, y),\ f'_y(x, y)\text{ 在点 }(x_0, y_0)\text{ 连续}$$

$$\Downarrow \not\Uparrow$$

$$f(x, y)\text{ 在点 }(x_0, y_0)\text{ 可微}$$

$$\Downarrow \not\Uparrow \qquad\qquad \Downarrow \not\Uparrow$$

$$f'_x(x_0, y_0),\ f'_y(x_0, y_0)\text{ 均存在} \not\rightleftarrows f(x, y)\text{ 在点 }(x_0, y_0)\text{ 连续}$$

例 17　已知函数 $f(x,y)=\begin{cases}\dfrac{x^2y^2}{(x^2+y^2)^{\frac{3}{2}}}, & (x,y)\neq(0,0),\\ 0, & (x,y)=(0,0)\end{cases}$ 在点(0，0)处给出以下结论：

(1) $f(x,y)$ 连续；(2) $\dfrac{\partial f}{\partial x}$ 存在，$\dfrac{\partial f}{\partial y}$ 存在；(3) $\dfrac{\partial f}{\partial x}=0$，$\dfrac{\partial f}{\partial y}=0$；(4) $\mathrm{d}f=0$.

则正确结论的个数为(　　).

A. 0　　B. 1　　C. 2　　D. 3　　E. 4

【思路】分别用定义判断已知的二元函数在分段点处的连续性、偏导存在性和可微性．其中连续性和可微性均涉及对“$\dfrac{0}{0}$”型二重极限的分析：用夹逼准则证明存在或用特殊路径证明不存在．

【解析】先判断连续性，当 $x\neq0$，$y\neq0$ 时，由 $x^2+y^2\geqslant2|xy|$ 得

$$0\leqslant\frac{x^2y^2}{(x^2+y^2)^{\frac{3}{2}}}\leqslant\frac{x^2y^2}{(2|xy|)^{\frac{3}{2}}}\leqslant\frac{|xy|^{\frac{1}{2}}}{2^{\frac{3}{2}}},$$

当 x，y 中仅有一个为 0 时，也满足 $0\leqslant\dfrac{x^2y^2}{(x^2+y^2)^{\frac{3}{2}}}\leqslant\dfrac{|xy|^{\frac{1}{2}}}{2^{\frac{3}{2}}}$，又 $\lim\limits_{(x,y)\to(0,0)}\dfrac{|xy|^{\frac{1}{2}}}{2^{\frac{3}{2}}}=0$，由夹逼准则得 $\lim\limits_{(x,y)\to(0,0)}f(x,y)=\lim\limits_{(x,y)\to(0,0)}\dfrac{x^2y^2}{(x^2+y^2)^{\frac{3}{2}}}=0=f(0,0)$，故 $f(x,y)$ 在点(0，0)连续，(1)正确．

$$\lim_{x\to0}\frac{f(x,0)-f(0,0)}{x}=\lim_{x\to0}\frac{\dfrac{x^2\cdot0}{(x^2+0)^{\frac{3}{2}}}-0}{x}=0,$$ 因此在点(0，0)处 $\dfrac{\partial f}{\partial x}=0$；同理可得在点(0，0)处 $\dfrac{\partial f}{\partial y}=0$，故(2)、(3)均正确．

$$\lim_{(\Delta x,\Delta y)\to(0,0)}\frac{f(0+\Delta x,0+\Delta y)-f(0,0)-0\cdot\Delta x-0\cdot\Delta y}{\sqrt{(\Delta x)^2+(\Delta y)^2}}=\lim_{(\Delta x,\Delta y)\to(0,0)}\frac{\dfrac{(\Delta x)^2(\Delta y)^2}{[(\Delta x)^2+(\Delta y)^2]^{\frac{3}{2}}}}{\sqrt{(\Delta x)^2+(\Delta y)^2}}=$$

$\lim\limits_{(\Delta x,\Delta y)\to(0,0)}\dfrac{(\Delta x)^2(\Delta y)^2}{[(\Delta x)^2+(\Delta y)^2]^2}$，令 $\Delta y=k\Delta x$，则

$$\lim_{\substack{(\Delta x,\Delta y)\to(0,0)\\ \Delta y=k\Delta x}}\frac{(\Delta x)^2(\Delta y)^2}{[(\Delta x)^2+(\Delta y)^2]^2}=\lim_{\Delta x\to0}\frac{(\Delta x)^2(k\Delta x)^2}{[(\Delta x)^2+(k\Delta x)^2]^2}=\frac{k^2}{(1+k^2)^2},$$

极限值与 k 有关，故 $\lim\limits_{(\Delta x,\Delta y)\to(0,0)}\dfrac{f(0+\Delta x,0+\Delta y)-f(0,0)-0\cdot\Delta x-0\cdot\Delta y}{\sqrt{(\Delta x)^2+(\Delta y)^2}}$ 不存在，则在点(0，0)处 $f(x,y)$ 不可微，故(4)错误．

综上，正确结论的个数为 3.

【答案】D

例 18　二元函数 $f(x,y)$ 在点(0，0)可微的一个充分非必要条件是(　　).

A. $\lim\limits_{(x,y)\to(0,0)}f(x,y)$ 存在

B. $\lim\limits_{x\to0}f(x,0)=\lim\limits_{y\to0}f(0,y)=f(0,0)$

C. $\lim\limits_{x\to 0}\dfrac{f(x,0)-f(0,0)}{x}$与$\lim\limits_{y\to 0}\dfrac{f(0,y)-f(0,0)}{y}$均存在

D. $\lim\limits_{(x,y)\to(0,0)}\dfrac{f(x,y)-f(0,0)}{\sqrt{x^2+y^2}}$存在

E. $\lim\limits_{(x,y)\to(0,0)}\dfrac{f(x,y)-f(0,0)}{x^2+y^2}$存在

【思路】判断各选项相对于抽象函数可微的充分性和必要性，可结合二元函数在一点可微的定义、必要条件和充分条件推理，也可利用特殊值排除．

【解析】方法一：推理．

A项：$f(x,y)$在点$(0,0)$可微$\Rightarrow f(x,y)$在点$(0,0)$连续$\Rightarrow \lim\limits_{(x,y)\to(0,0)} f(x,y)$存在，但不能反推，则$\lim\limits_{(x,y)\to(0,0)} f(x,y)$存在是$f(x,y)$在点$(0,0)$可微的必要非充分条件．

B项：$f(x,y)$在点$(0,0)$可微$\Rightarrow f(x,y)$在点$(0,0)$连续，即$\lim\limits_{(x,y)\to(0,0)} f(x,y)=f(0,0)\Rightarrow$ $\lim\limits_{\substack{(x,y)\to(0,0)\\ y=0}} f(x,y)=\lim\limits_{x\to 0}f(x,0)=\lim\limits_{\substack{(x,y)\to(0,0)\\ x=0}} f(x,y)=\lim\limits_{y\to 0}f(0,y)=f(0,0)$，但不能反推，则$\lim\limits_{x\to 0}f(x,0)=\lim\limits_{y\to 0}f(0,y)=f(0,0)$是$f(x,y)$在点$(0,0)$可微的必要非充分条件．

C项：$f(x,y)$在点$(0,0)$的偏导存在是$f(x,y)$在点$(0,0)$可微的必要非充分条件．

D项：$\lim\limits_{(x,y)\to(0,0)}\dfrac{f(x,y)-f(0,0)}{\sqrt{x^2+y^2}}=0\Rightarrow f(x,y)$在点$(0,0)$可微（见题型7“方法点拨”中的例题）．$\lim\limits_{(x,y)\to(0,0)}\dfrac{f(x,y)-f(0,0)}{\sqrt{x^2+y^2}}=A\neq 0\Rightarrow \lim\limits_{\substack{(x,y)\to(0,0)\\ y=0}}\dfrac{f(x,y)-f(0,0)}{\sqrt{x^2+y^2}}=\lim\limits_{x\to 0}\dfrac{f(x,0)-f(0,0)}{|x|}=A\Rightarrow f'_x(0,0)=\lim\limits_{x\to 0}\dfrac{f(x,0)-f(0,0)}{|x|}\dfrac{|x|}{x}=A\lim\limits_{x\to 0}\dfrac{|x|}{x}$不存在$\Rightarrow f(x,y)$在点$(0,0)$不可微，故D项的充分性不成立．

$f(x,y)$在点$(0,0)$可微$\Leftrightarrow f(x,y)-f(0,0)=Ax+By+o(\sqrt{x^2+y^2})$，$(x,y)\to(0,0)\Leftrightarrow$ $\lim\limits_{(x,y)\to(0,0)}\dfrac{f(x,y)-f(0,0)-Ax-By}{\sqrt{x^2+y^2}}=0$（$A$，$B$未必全为0），推不出$\lim\limits_{(x,y)\to(0,0)}\dfrac{f(x,y)-f(0,0)}{\sqrt{x^2+y^2}}$存在，故D项的必要性不成立．

综上，$\lim\limits_{(x,y)\to(0,0)}\dfrac{f(x,y)-f(0,0)}{\sqrt{x^2+y^2}}$存在是$f(x,y)$在点$(0,0)$可微的既非充分又非必要条件．

E项：$\lim\limits_{(x,y)\to(0,0)}\dfrac{f(x,y)-f(0,0)}{x^2+y^2}$存在，由此可知$\lim\limits_{(x,y)\to(0,0)}\dfrac{f(x,y)-f(0,0)}{\sqrt{x^2+y^2}}=\lim\limits_{(x,y)\to(0,0)}\dfrac{f(x,y)-f(0,0)}{x^2+y^2}\cdot\sqrt{x^2+y^2}=0$，故$f(x,y)-f(0,0)=o(\sqrt{x^2+y^2})$，$(x,y)\to(0,0)\Rightarrow f(x,y)$在点$(0,0)$可微．

与D项同理，$f(x,y)$在点$(0,0)$可微推不出$\lim\limits_{(x,y)\to(0,0)}\dfrac{f(x,y)-f(0,0)}{x^2+y^2}$存在．

故$\lim\limits_{(x,y)\to(0,0)}\dfrac{f(x,y)-f(0,0)}{x^2+y^2}$存在是$f(x,y)$在点$(0,0)$可微的充分非必要条件．

方法二：用特殊值法排除．

A、B、D项：令$f(x,y)=\sqrt{x^2+y^2}$，则$\lim\limits_{(x,y)\to(0,0)} f(x,y)=0$，$\lim\limits_{x\to 0}f(x,0)=\lim\limits_{y\to 0}f(0,y)=$

$0=f(0,0)$，$\lim\limits_{(x,y)\to(0,0)}\dfrac{f(x,y)-f(0,0)}{\sqrt{x^2+y^2}}=1$，但 $f'_x(0,0)=\lim\limits_{x\to0}\dfrac{|x|-0}{x}$ 不存在，故 $f(x,y)$ 在点 $(0,0)$ 不可微，这说明 A、B、D 项不是 $f(x,y)$ 在点 $(0,0)$ 可微的充分条件，故排除此三项.

C 项：令 $f(x,y)=\begin{cases}\dfrac{xy}{x^2+y^2}, & (x,y)\neq(0,0),\\ 0, & (x,y)=(0,0),\end{cases}$ 则 $\lim\limits_{x\to0}\dfrac{f(x,0)-f(0,0)}{x}=\lim\limits_{y\to0}\dfrac{f(0,y)-f(0,0)}{y}=0$，

但 $\lim\limits_{(x,y)\to(0,0)}f(x,y)=\lim\limits_{(x,y)\to(0,0)}\dfrac{xy}{x^2+y^2}$，$\lim\limits_{\substack{(x,y)\to(0,0)\\ y=kx}}\dfrac{xy}{x^2+y^2}=\lim\limits_{x\to0}\dfrac{kx^2}{(1+k^2)x^2}=\dfrac{k}{1+k^2}$ 与 k 有关，故 $\lim\limits_{(x,y)\to(0,0)}f(x,y)$ 不存在 $\Rightarrow f(x,y)$ 在点 $(0,0)$ 不连续 $\Rightarrow f(x,y)$ 在点 $(0,0)$ 不可微，则 $\lim\limits_{x\to0}\dfrac{f(x,0)-f(0,0)}{x}$ 与 $\lim\limits_{y\to0}\dfrac{f(0,y)-f(0,0)}{y}$ 均存在不是 $f(x,y)$ 在点 $(0,0)$ 可微的充分条件，故排除 C 项.

【答案】E

本节习题自测

1. 二元函数 $f(x,y)$ 的下面 4 条性质：

①$f(x,y)$ 在点 (x_0,y_0) 处连续； ②$f(x,y)$ 在点 (x_0,y_0) 处的两个偏导数连续；

③$f(x,y)$ 在点 (x_0,y_0) 处可微； ④$f(x,y)$ 在点 (x_0,y_0) 处的两个偏导数存在.

若用"$P\Rightarrow Q$"表示可由性质 P 推出性质 Q，则有（　　）.

A. ②⇒③⇒①　　B. ③⇒②⇒①　　C. ③⇒④⇒①

D. ③⇒①⇒④　　E. ②⇒①⇒③

2. 设函数 $f(u)$ 可微，且 $f'(0)=\dfrac{1}{2}$，则 $z=f(4x^2-y^2)$ 在点 $(1,2)$ 处的全微分 $\mathrm{d}z\big|_{(1,2)}=$（　　）.

A. $2\mathrm{d}x-4\mathrm{d}y$　　B. $2\mathrm{d}x+4\mathrm{d}y$　　C. $4\mathrm{d}x-2\mathrm{d}y$

D. $4\mathrm{d}x+2\mathrm{d}y$　　E. $2\mathrm{d}x-2\mathrm{d}y$

3. 设函数 $z=z(x,y)$ 由方程 $z=\mathrm{e}^{2x-3z}+2y$ 确定，则 $3\dfrac{\partial z}{\partial x}+\dfrac{\partial z}{\partial y}=$（　　）.

A. -2　　B. -1　　C. 0　　D. 1　　E. 2

4. 设函数 $f(u,v)$ 满足 $f\left(x+y,\dfrac{y}{x}\right)=x^2-y^2$，则 $\dfrac{\partial f}{\partial u}\Bigg|_{\substack{u=1\\v=1}}$ 与 $\dfrac{\partial f}{\partial v}\Bigg|_{\substack{u=1\\v=1}}$ 分别是（　　）.

A. $\dfrac{1}{2}$，0　　B. 0，$\dfrac{1}{2}$　　C. $-\dfrac{1}{2}$，0　　D. 0，$-\dfrac{1}{2}$　　E. $\dfrac{1}{2}$，$-\dfrac{1}{2}$

5. 设函数 $z=f(x,y)$ 在点 $(1,1)$ 处可微，且 $f(1,1)=1$，$\dfrac{\partial f}{\partial x}\Bigg|_{(1,1)}=2$，$\dfrac{\partial f}{\partial y}\Bigg|_{(1,1)}=3$，$\varphi(x)=f[x,f(x,x)]$，则 $\dfrac{\mathrm{d}}{\mathrm{d}x}\varphi^3(x)\Bigg|_{x=1}=$（　　）.

A. 1　　B. 3　　C. 17　　D. 51　　E. 153

6. 设函数 $z=z(x,y)$ 由方程 $F\left(\frac{y}{x},\frac{z}{x}\right)=0$ 确定，其中 F 为可微函数，且 $F'_2\neq 0$，则 $x\frac{\partial z}{\partial x}+y\frac{\partial z}{\partial y}=$（　　）.

A. 0　　B. $-x$　　C. x　　D. $-z$　　E. z

7. 设函数 $f(x,y)$ 可微，且 $f(x+1,\mathrm{e}^x)=x(x+1)^2$，$f(x,x^2)=2x^2\ln x$，则 $\mathrm{d}[f(1,1)]=$（　　）.

A. $\mathrm{d}x+\mathrm{d}y$　　B. $\mathrm{d}x-\mathrm{d}y$　　C. $\mathrm{d}x$　　D. $\mathrm{d}y$　　E. $-\mathrm{d}y$

8. 设函数 $f(u,v)$ 可微，$z=z(x,y)$ 由方程 $(x+1)z-y^2=x^2f(x-z,y)$ 确定，则 $\mathrm{d}z\Big|_{(0,1)}=$（　　）.

A. $-\mathrm{d}x-2\mathrm{d}y$　　B. $-\mathrm{d}x+2\mathrm{d}y$　　C. $\mathrm{d}x-2\mathrm{d}y$

D. $\mathrm{d}x+2\mathrm{d}y$　　E. $2\mathrm{d}x-\mathrm{d}y$

9. 设二元函数 $f(x,y)$ 的全微分 $\mathrm{d}[f(x,y)]=g(x,y)\mathrm{d}x+h(x,y)\mathrm{d}y$，其中 $g(x,y)$ 和 $h(x,y)$ 具有连续偏导数，则 $\frac{\partial g}{\partial y}-\frac{\partial h}{\partial x}=$（　　）.

A. -2　　B. -1　　C. 0　　D. 1　　E. 2

10. 设 $u=yf\left(\frac{x}{y}\right)+xg\left(\frac{y}{x}\right)$，其中 f，g 具有二阶连续导数，则 $x\frac{\partial^2 u}{\partial x^2}+y\frac{\partial^2 u}{\partial x\partial y}=$（　　）.

A. -2　　B. -1　　C. 0　　D. 1　　E. 2

11. 设函数 $z=f(x,y)$ 的全微分为 $\mathrm{d}z=x\mathrm{d}x+y\mathrm{d}y$，则点 $(0,0)$（　　）.

A. 不是 $f(x,y)$ 的连续点　　B. 不是 $f(x,y)$ 的极值点

C. 是 $f(x,y)$ 的极大值点　　D. 是 $f(x,y)$ 的极小值点

E. 不是 $f(x,y)$ 的驻点

12. 设函数 $f(u,v)$ 具有二阶连续偏导数，$y=f(\mathrm{e}^x,\cos x)$，则 $\frac{\mathrm{d}^2y}{\mathrm{d}x^2}\Big|_{x=0}=$（　　）.

A. $f''_{11}(1,1)+f'_1(1,1)+f'_2(1,1)$　　B. $f''_{11}(1,1)+f'_1(1,1)-f'_2(1,1)$

C. $f''_{11}(1,1)-f'_1(1,1)+f'_2(1,1)$　　D. $f''_{11}(1,1)-f'_1(1,1)-f'_2(1,1)$

E. $-f''_{11}(1,1)+f'_1(1,1)+f'_2(1,1)$

13. 已知函数 $f(x,y)=x^2+2xy+2y^2-6y$，则（　　）.

A. $(-3,3)$ 是 $f(x,y)$ 的极小值点　　B. $(3,-3)$ 是 $f(x,y)$ 的极小值点

C. $(-3,3)$ 是 $f(x,y)$ 的极大值点　　D. $(3,-3)$ 是 $f(x,y)$ 的极大值点

E. $f(x,y)$ 没有极值点

14. 二元函数 $f(x,y)=\begin{cases}\frac{xy}{x^2+y^2}, & (x,y)\neq(0,0),\\ 0, & (x,y)=(0,0)\end{cases}$ 在点 $(0,0)$ 处（　　）.

A. 连续，两个偏导数存在且均为 0　　B. 连续，至少有一个偏导数不存在

C. 不连续，两个偏导数存在且均为 0　　D. 不连续，至少有一个偏导数不存在

E. 不连续，两个偏导数存在且均不为 0

15. 设 $f(x, y)=x^2+y^2$，$g(x, y)=x^3y^3$，则以下结论正确的个数为(　　).

(1) $f(x, y)$有唯一驻点；　(2) $g(x, y)$有无穷多个驻点；

(3)点$(0, 0)$为 $f(x, y)$的极值点；(4)点$(0, 0)$为 $g(x, y)$的极值点.

A. 0　B. 1　C. 2　D. 3　E. 4

16. 某企业生产甲、乙两种产品的产量分别为 x(件)和 y(件)，且总成本函数为 $C(x, y)=10\,000+20x+\frac{x^2}{4}+6y+\frac{y^2}{2}$，当总产量为50件时，为使得总成本最小，甲、乙两种产品的产量分别为(　　).

A. 0，50　B. 50，0　C. 24，26　D. 26，24　E. 25，25

17. 某公司可通过电视和互联网两种方式做销售某种商品的广告，已知销售收入 R(万元)与电视广告费用 x_1(万元)及互联网广告费用 x_2(万元)之间的关系有如下经验公式：$R=15+14x_1+32x_2-8x_1x_2-2x_1^2-10x_2^2$. 若提供的总广告费用为1.5万元，则使利润最大时的两种广告费用 x_1 和 x_2 分别为(　　).

A. 1.5，0　B. 0，1.5　C. 0.75，0.75

D. 1，0.5　E. 0.5，1

18. 将长为2米的铁丝分成三段，依次围成圆、正方形和正三角形，则这三个图形的面积和的最小值为(　　)平方米.

A. $\frac{1}{2(\pi+4+3\sqrt{3})}$　B. $\frac{1}{\pi+4+3\sqrt{3}}$　C. $\frac{2}{\pi+4+3\sqrt{3}}$

D. $\frac{1}{(\pi+4+3\sqrt{3})^2}$　E. $\frac{2}{(\pi+4+3\sqrt{3})^2}$

19. 已知函数 $z=f(x, y)$的全微分 $dz=2xdx-2ydy$，且 $f(1, 1)=2$，则 $f(x, y)$在闭区域 $D=\left\{(x, y)\,\middle|\,x^2+\frac{y^2}{4}\leqslant 1\right\}$上的最小值和最大值分别为(　　).

A. -3，2　B. -3，3　C. -2，2　D. -2，3　E. 2，3

20. 设 $f(x, y)=\begin{cases}(x^2+y^2)\sin\frac{1}{x^2+y^2}, & (x, y)\neq(0, 0),\\ 0, & (x, y)=(0, 0),\end{cases}$ 则 $f(x, y)$在点$(0, 0)$处(　　).

A. 二重极限不存在　B. 不连续

C. 至少有一个偏导不存在　D. 偏导存在但不可微

E. 可微

21. 设函数 $f(x)$具有二阶连续导数，且 $f(x)>0$，$f'(0)=0$，则函数 $z=f(x)\ln f(y)$在点$(0, 0)$处取得极小值的一个充分条件是(　　).

A. $f(0)>1$，$f''(0)>0$　B. $f(0)>1$，$f''(0)<0$

C. $f(0)<1$，$f''(0)>0$　D. $f(0)<1$，$f''(0)<0$

E. 以上均不成立

22. 设函数 $z=f(x, y)$在点$(0, 0)$处连续，且 $\lim\limits_{(x,y)\to(0,0)}\frac{f(x, y)}{x^2+y^2}=0$，则以下结论正确的个数是(　　).

(1) $\lim\limits_{(x,y)\to(0,0)} f(x,y)=0$；　(2) $f(0,0)=0$；

(3) $f'_x(0,0)=f'_y(0,0)=0$；　(4) $f(x,y)$ 在点 $(0,0)$ 处可微．

A. 0　B. 1　C. 2　D. 3　E. 4

习题详解

1. A

【解析】由二元函数的各性质之间的关系结论：偏导函数连续⇒可微⇒$\begin{cases}\text{偏导存在,}\\ \text{函数连续,}\end{cases}$ 得 A 项正确．

2. C

【解析】$z'_x(1,2)=8xf'(4x^2-y^2)\big|_{(1,2)}=4$，$z'_y(1,2)=-2yf'(4x^2-y^2)\big|_{(1,2)}=-2$.

故 $dz\big|_{(1,2)}=z'_x(1,2)dx+z'_y(1,2)dy=4dx-2dy$.

3. E

【解析】$z=e^{2x-3z}+2y$ 两端对 x 求偏导得 $\dfrac{\partial z}{\partial x}=e^{2x-3z}\left(2-3\dfrac{\partial z}{\partial x}\right)$，故 $\dfrac{\partial z}{\partial x}=\dfrac{2e^{2x-3z}}{1+3e^{2x-3z}}$.

$z=e^{2x-3z}+2y$ 两端对 y 求偏导得 $\dfrac{\partial z}{\partial y}=e^{2x-3z}\left(-3\dfrac{\partial z}{\partial y}\right)+2$，故 $\dfrac{\partial z}{\partial y}=\dfrac{2}{1+3e^{2x-3z}}$.

因此 $3\dfrac{\partial z}{\partial x}+\dfrac{\partial z}{\partial y}=\dfrac{6e^{2x-3z}+2}{1+3e^{2x-3z}}=2$.

4. D

【解析】方法一：先求外层函数，再求偏导．

令 $\begin{cases}x+y=u\text{①},\\ \dfrac{y}{x}=v\text{②},\end{cases}$ 由式②得 $y=vx$，代入式①得 $(1+v)x=u\Rightarrow x=\dfrac{u}{1+v}$，$y=vx=\dfrac{uv}{1+v}$，故

$$f(u,v)=\left(\frac{u}{1+v}\right)^2-\left(\frac{uv}{1+v}\right)^2=\frac{u^2(1-v^2)}{(1+v)^2}=\frac{u^2(1-v)}{1+v}=u^2\left(\frac{2}{1+v}-1\right),$$

$$\left.\frac{\partial f}{\partial u}\right|_{\substack{u=1\\v=1}}=2u\left(\frac{2}{1+v}-1\right)\bigg|_{\substack{u=1\\v=1}}=0,\quad \left.\frac{\partial f}{\partial v}\right|_{\substack{u=1\\v=1}}=u^2\left[-\frac{2}{(1+v)^2}\right]\bigg|_{\substack{u=1\\v=1}}=-\frac{1}{2}.$$

方法二：直接求偏导．

$f\left(x+y,\dfrac{y}{x}\right)=x^2-y^2$ 两边对 x 求偏导得 $f'_1\left(x+y,\dfrac{y}{x}\right)-\dfrac{y}{x^2}f'_2\left(x+y,\dfrac{y}{x}\right)=2x$；

对 y 求偏导得 $f'_1\left(x+y,\dfrac{y}{x}\right)+\dfrac{1}{x}f'_2\left(x+y,\dfrac{y}{x}\right)=-2y$.

由 $\begin{cases}x+y=1,\\ \dfrac{y}{x}=1,\end{cases}$ 解得 $\begin{cases}x=\dfrac{1}{2},\\ y=\dfrac{1}{2},\end{cases}$ 代入上述偏导方程得 $\begin{cases}f'_1(1,1)-2f'_2(1,1)=1,\\ f'_1(1,1)+2f'_2(1,1)=-1,\end{cases}$ 解

得 $\begin{cases}f'_1(1,1)=0,\\ f'_2(1,1)=-\dfrac{1}{2}.\end{cases}$

5. D

【解析】

$$\frac{\mathrm{d}}{\mathrm{d}x}\varphi^3(x)\bigg|_{x=1}=3\varphi^2(x)\varphi'(x)|_{x=1}$$

$=3\{f[x,f(x,x)]\}^2\{f_1'[x,f(x,x)]+f_2'[x,f(x,x)][f_1'(x,x)+f_2'(x,x)]\}|_{x=1}$

$=3\{f[1,f(1,1)]\}^2\{f_1'[1,f(1,1)]+f_2'[1,f(1,1)][f_1'(1,1)+f_2'(1,1)]\}$

$=3\times[2+3\times(2+3)]=51.$

6. E

【解析】$F\left(\dfrac{y}{x},\dfrac{z}{x}\right)=0$ 两端对 x 求偏导得 $-\dfrac{y}{x^2}F_1'+\dfrac{x\dfrac{\partial z}{\partial x}-z}{x^2}F_2'=0$，整理得 $\dfrac{\partial z}{\partial x}=\dfrac{yF_1'+zF_2'}{xF_2'}$.

$F\left(\dfrac{y}{x},\dfrac{z}{x}\right)=0$ 两端对 y 求偏导得 $\dfrac{1}{x}F_1'+\dfrac{\dfrac{\partial z}{\partial y}}{x}F_2'=0$，整理得 $\dfrac{\partial z}{\partial y}=-\dfrac{F_1'}{F_2'}$.

故 $x\dfrac{\partial z}{\partial x}+y\dfrac{\partial z}{\partial y}=\dfrac{yF_1'+zF_2'}{F_2'}-\dfrac{yF_1'}{F_2'}=z$.

7. D

【解析】本题通过常规换元法求外层函数困难，故直接对已知等式两边求导，再解出偏导数．

$f(x+1,\mathrm{e}^x)=x(x+1)^2$ 两边对 x 求导得

$$f_1'(x+1,\mathrm{e}^x)+\mathrm{e}^xf_2'(x+1,\mathrm{e}^x)=(x+1)^2+2x(x+1),$$

将 $x=0$ 代入上式得 $f_1'(1,1)+f_2'(1,1)=1$.

$f(x,x^2)=2x^2\ln x$ 两边对 x 求导得

$$f_1'(x,x^2)+2xf_2'(x,x^2)=4x\ln x+2x,$$

将 $x=1$ 代入上式得 $f_1'(1,1)+2f_2'(1,1)=2$.

两式联立，解得 $f_1'(1,1)=0$，$f_2'(1,1)=1$，故

$$\mathrm{d}[f(1,1)]=f_1'(1,1)\mathrm{d}x+f_2'(1,1)\mathrm{d}y=\mathrm{d}y.$$

8. B

【解析】$(x+1)z-y^2=x^2f(x-z,y)$，令 $x=0$，$y=1$ 得 $z(0,1)=1$.

$(x+1)z-y^2=x^2f(x-z,y)$ 两端对 x 求偏导得 $z+(x+1)z_x'=2xf+x^2(1-z_x')f_1'$，将 $x=0$，$y=1$，$z(0,1)=1$ 代入，可得 $z_x'(0,1)=-1$.

$(x+1)z-y^2=x^2f(x-z,y)$ 两端对 y 求偏导得 $(x+1)z_y'-2y=x^2(-z_y'f_1'+f_2')$，将 $x=0$，$y=1$，$z(0,1)=1$ 代入，可得 $z_y'(0,1)=2$.

故 $\mathrm{d}z|_{(0,1)}=z_x'(0,1)\mathrm{d}x+z_y'(0,1)\mathrm{d}y=-\mathrm{d}x+2\mathrm{d}y$.

9. C

【解析】由 $\mathrm{d}[f(x,y)]=g(x,y)\mathrm{d}x+h(x,y)\mathrm{d}y$，可知 $g(x,y)=\dfrac{\partial f}{\partial x}$，$h(x,y)=\dfrac{\partial f}{\partial y}$，则有 $\dfrac{\partial g}{\partial y}=\dfrac{\partial^2 f}{\partial x\partial y}$，$\dfrac{\partial h}{\partial x}=\dfrac{\partial^2 f}{\partial y\partial x}$. 又由 $g(x,y)$ 和 $h(x,y)$ 具有连续偏导数，可得 $\dfrac{\partial g}{\partial y}$ 和 $\dfrac{\partial h}{\partial x}$ 连续 $\Rightarrow$ $\dfrac{\partial^2 f}{\partial x\partial y}$ 和 $\dfrac{\partial^2 f}{\partial y\partial x}$ 连续，且有 $\dfrac{\partial^2 f}{\partial x\partial y}=\dfrac{\partial^2 f}{\partial y\partial x}$. 故 $\dfrac{\partial g}{\partial y}=\dfrac{\partial h}{\partial x}$，即 $\dfrac{\partial g}{\partial y}-\dfrac{\partial h}{\partial x}=0$.

10. C

【解析】$\frac{\partial u}{\partial x}=y\frac{1}{y}f'+g+x\left(-\frac{y}{x^2}\right)g'=f'+g-\frac{y}{x}g'$，其中 $f'=f'\left(\frac{x}{y}\right)$，$g'=g'\left(\frac{y}{x}\right)$.

$\frac{\partial^2 u}{\partial x^2}=\frac{1}{y}f''-\frac{y}{x^2}g'+\frac{y}{x^2}g'-\frac{y}{x}\left(-\frac{y}{x^2}\right)g''=\frac{1}{y}f''+\frac{y^2}{x^3}g''$.

$\frac{\partial^2 u}{\partial x\,\partial y}=-\frac{x}{y^2}f''+\frac{1}{x}g'-\frac{1}{x}g'-\frac{y}{x}\frac{1}{x}g''=-\frac{x}{y^2}f''-\frac{y}{x^2}g''$.

故 $x\frac{\partial^2 u}{\partial x^2}+y\frac{\partial^2 u}{\partial x\,\partial y}=x\left(\frac{1}{y}f''+\frac{y^2}{x^3}g''\right)+y\left(-\frac{x}{y^2}f''-\frac{y}{x^2}g''\right)=0$.

11. D

【解析】由 $z=f(x,y)$的全微分为 $dz=xdx+ydy$，得$\begin{cases}f'_x=x,\\f'_y=y,\end{cases}$则 $f'_x(0,0)=f'_y(0,0)=0$，即点(0，0)是 $f(x,y)$的驻点，E 项错误．又 $A=f''_{xx}(0,0)=1$，$B=f''_{xy}(0,0)=0$，$C=f''_{yy}(0,0)=1$，则 $AC-B^2>0$，且$A>0$，故点(0，0)是 $f(x,y)$的极小值点，D 项正确，则B、C 项正确．

$f(x,y)$的全微分存在，故 $f(x,y)$可微，则 $f(x,y)$在点(0，0)处连续，故 A 项错误．

12. B

【解析】$\frac{dy}{dx}=e^x f'_1-\sin x\cdot f'_2$，其中 $f'_1=f'_1(e^x,\cos x)$，$f'_2=f'_2(e^x,\cos x)$，故有

$$\frac{d^2y}{dx^2}=e^x f'_1+e^x(e^x f''_{11}-\sin x\cdot f''_{12})-\cos x\cdot f'_2-\sin x\cdot(e^x f''_{21}-\sin x\cdot f''_{22}).$$

因此$\left.\frac{d^2y}{dx^2}\right|_{x=0}=f'_1(1,1)+f''_{11}(1,1)-f'_2(1,1)$.

13. A

【解析】令$\begin{cases}f'_x=0,\\f'_y=0,\end{cases}$有$\begin{cases}2x+2y=0,\\2x+4y-6=0,\end{cases}$解得唯一驻点(−3，3)，且无偏导不存在的点．

$A=f''_{xx}(-3,3)=2$，$B=f''_{xy}(-3,3)=2$，$C=f''_{yy}(-3,3)=4$，进一步有 $AC-B^2=4>0$，且 $A>0$，进而得(−3，3)为极小值点．

14. C

【解析】$\lim\limits_{(x,y)\to(0,0)}f(x,y)=\lim\limits_{(x,y)\to(0,0)}\frac{xy}{x^2+y^2}$.

令 $y=kx$，则 $\lim\limits_{\substack{(x,y)\to(0,0)\\y=kx}}\frac{xy}{x^2+y^2}=\lim\limits_{x\to0}\frac{kx^2}{x^2+k^2x^2}=\frac{k}{1+k^2}$，极限值与 k 有关，因此 $\lim\limits_{(x,y)\to(0,0)}\frac{xy}{x^2+y^2}$不存在，故 $f(x,y)$在点(0，0)处不连续，则 A、B 项错误．

由于$\lim\limits_{x\to0}\frac{f(x,0)-f(0,0)}{x-0}=\lim\limits_{x\to0}\frac{0-0}{x}=0$，因此 $f'_x(0,0)$存在且为 0；

由于$\lim\limits_{y\to0}\frac{f(0,y)-f(0,0)}{y}=\lim\limits_{y\to0}\frac{0-0}{y}=0$，因此 $f'_y(0,0)$存在且为 0.

故 C 项正确，D、E 项错误．

15. D

【解析】由$\begin{cases} f'_x=2x=0, \\ f'_y=2y=0, \end{cases}$解得点(0，0)为$f(x, y)$的唯一驻点，故(1)正确．

由$\begin{cases} g'_x=3x^2y^3=0, \\ g'_y=3y^2x^3=0, \end{cases}$解得点$(a, 0)$，$(0, b)$（$a$，$b$为任意实数）均为$g(x, y)$的驻点，则$g(x, y)$有无穷多个驻点，故(2)正确．

在点(0，0)的去心邻域内，有$f(x, y)=x^2+y^2>0=f(0, 0)$，则点(0，0)为$f(x, y)$的极小值点，故(3)正确．

在点(0，0)的去心邻域内，若点(x, y)满足$y=x$，则$g(x, y)=g(x, x)=x^6>0=g(0, 0)$；若点$(x, y)$满足$y=-x$，则$g(x, y)=g(x, -x)=-x^6<0=g(0, 0)$．则点(0，0)不是$g(x, y)$的极值点，故(4)错误．

综上，正确结论的个数为3.

16. C

【解析】由题意知要求$C(x, y)$在$x+y=50$的条件下的最小值点．

方法一：通过代入化无条件最值．

$x+y=50 \Rightarrow y=50-x$，$0 \leqslant x \leqslant 50$，代入$C(x, y)$，则原问题可化为求

$$f(x)=C(x, 50-x)=10\ 000+20x+\frac{x^2}{4}+6(50-x)+\frac{(50-x)^2}{2}(0 \leqslant x \leqslant 50)$$

的最小值点，由$f'(x)=\frac{3x}{2}-36=0$，解得$x=24$为唯一驻点．又$f''(24)=\frac{3}{2}>0 \Rightarrow x=24$为$f(x)$的唯一极小值点．

由$f(x)$连续且极小值点唯一可知$x=24$为$f(x)$的最小值点，故使总成本最小的甲、乙两种产品的产量分别为24，26.

方法二：拉格朗日乘数法．

令$L(x, y, \lambda)=10\ 000+20x+\frac{x^2}{4}+6y+\frac{y^2}{2}+\lambda(x+y-50)$，则

$$\begin{cases} \frac{\partial L}{\partial x}=20+\frac{x}{2}+\lambda=0, \\ \frac{\partial L}{\partial y}=6+y+\lambda=0, \\ \frac{\partial L}{\partial \lambda}=x+y-50=0, \end{cases}$$

解得$x=24$，$y=26$，又由实际背景得总成本的最小值点存在，故使总成本最小的甲、乙两种产品的产量分别为24，26.

17. B

【解析】利润函数为$f(x_1, x_2)=R-x_1-x_2=15+13x_1+31x_2-8x_1x_2-2x_1^2-10x_2^2$，要求$f(x_1, x_2)$在$x_1+x_2=1.5$时的条件最值，故构造拉格朗日函数：$L(x_1, x_2, \lambda)=15+13x_1+31x_2-8x_1x_2-2x_1^2-10x_2^2+\lambda(x_1+x_2-1.5)$，则

$$\begin{cases}\dfrac{\partial L}{\partial x_1}=13-8x_2-4x_1+\lambda=0,\\ \dfrac{\partial L}{\partial x_2}=31-8x_1-20x_2+\lambda=0,\\ \dfrac{\partial L}{\partial \lambda}=x_1+x_2-1.5=0,\end{cases}$$

解得 $x_1=0$，$x_2=1.5$，由问题背景知利润函数 $f(x_1, x_2)$ 存在最大值点，故使利润最大时的两种广告费用 x_1 和 x_2 分别为 0，1.5.

18. B

【解析】设三段铁丝的长度分别为 x，y，z 米，则相应圆的半径、正方形和正三角形的边长分别为 $\frac{x}{2\pi}$，$\frac{y}{4}$，$\frac{z}{3}$，则原问题可表示为求函数 $f(x, y, z)=\frac{x^2}{4\pi}+\frac{y^2}{16}+\frac{\sqrt{3}z^2}{36}$ $(x>0, y>0, z>0)$ 在条件 $x+y+z=2$ 下的最小值.

方法一：化为开区域内的最值求解.

由 $x+y+z=2$ 得 $z=2-x-y$，又 $z>0$，则 $2-x-y>0$，即 $x+y<2$.

将 $z=2-x-y$ 代入 $f(x, y, z)=\frac{x^2}{4\pi}+\frac{y^2}{16}+\frac{\sqrt{3}z^2}{36}$ 中，则原问题可化为求 $g(x, y)=f(x, y, 2-x-y)=\frac{x^2}{4\pi}+\frac{y^2}{16}+\frac{\sqrt{3}(2-x-y)^2}{36}$ 在开区域 $D=\{(x, y)\mid x>0, y>0, x+y<2\}$ 内的最小值.

由 $\begin{cases}g_x'=\dfrac{x}{2\pi}-\dfrac{\sqrt{3}}{18}(2-x-y)=0 ①,\\ g_y'=\dfrac{y}{8}-\dfrac{\sqrt{3}}{18}(2-x-y)=0 ②,\end{cases}$ 式①、式②作差得 $y=\frac{4}{\pi}x$，代入式①解得 $x=\frac{2\pi}{\pi+4+3\sqrt{3}}$，$y=\frac{8}{\pi+4+3\sqrt{3}}$，即 $g(x, y)$ 在 D 内的唯一驻点为 $\left(\frac{2\pi}{\pi+4+3\sqrt{3}}, \frac{8}{\pi+4+3\sqrt{3}}\right)$，又由实际背景得 $g(x, y)$ 在 D 内存在最小值，得 $g(x, y)$ 在该驻点处取得最小值，为

$$g\left(\frac{2\pi}{\pi+4+3\sqrt{3}}, \frac{8}{\pi+4+3\sqrt{3}}\right)=f\left(\frac{2\pi}{\pi+4+3\sqrt{3}}, \frac{8}{\pi+4+3\sqrt{3}}, \frac{6\sqrt{3}}{\pi+4+3\sqrt{3}}\right)=\frac{1}{\pi+4+3\sqrt{3}}.$$

方法二：用拉格朗日乘数法计算.

拉格朗日函数为 $L(x, y, z, \lambda)=\frac{x^2}{4\pi}+\frac{y^2}{16}+\frac{\sqrt{3}z^2}{36}+\lambda(x+y+z-2)$.

求偏导，得方程组 $\begin{cases}L_x'=\dfrac{x}{2\pi}+\lambda=0 & ①,\\ L_y'=\dfrac{y}{8}+\lambda=0 & ②,\\ L_z'=\dfrac{\sqrt{3}z}{18}+\lambda=0 & ③,\\ L_\lambda'=x+y+z-2=0 & ④,\end{cases}$ 由式①、式②、式③得 $x=-2\pi\lambda$，$y=-8\lambda$，$z=-6\sqrt{3}\lambda$，代入式④得 $\lambda=-\frac{1}{\pi+4+3\sqrt{3}}$.

于是得到 $f(x, y, z)(x>0, y>0, z>0)$ 在条件 $x+y+z=2$ 下的唯一可能的极值点为 $\left(\frac{2\pi}{\pi+4+3\sqrt{3}}, \frac{8}{\pi+4+3\sqrt{3}}, \frac{6\sqrt{3}}{\pi+4+3\sqrt{3}}\right)$，又由实际背景得所求最小值存在，可知 $f(x, y, z)$ 在该点处取得最小值，为

$$f\left(\frac{2\pi}{\pi+4+3\sqrt{3}}, \frac{8}{\pi+4+3\sqrt{3}}, \frac{6\sqrt{3}}{\pi+4+3\sqrt{3}}\right)=\frac{1}{\pi+4+3\sqrt{3}}.$$

19. D

【解析】$\mathrm{d}z=2x\mathrm{d}x-2y\mathrm{d}y\Rightarrow f'_x=2x, f'_y=-2y.$

$f'_x=2x\Rightarrow f(x, y)=\int 2x\,\mathrm{d}x=x^2+C(y)$（由于对 x 求偏导时把 y 视为常数，因此其逆运算也要把 y 视为常数，需要将一元不定积分计算结果中的任意常数 C，改为 y 的任意可导函数 $C(y)$），$f'_y=C'(y)=-2y\Rightarrow C(y)=\int(-2y)\,\mathrm{d}y=-y^2+C\Rightarrow f(x, y)=x^2-y^2+C$，又 $f(1, 1)=2\Rightarrow C=2$，$f(x, y)=x^2-y^2+2$.

在 D 内部，由 $\begin{cases}f'_x=2x=0,\\ f'_y=-2y=0\end{cases}$ 得驻点为 $(0, 0)$.

在 D 的边界 L：$x^2+\frac{y^2}{4}=1$，即 $y^2=4-4x^2(0\leqslant x^2\leqslant 1)$ 代入 $f(x, y)=x^2-y^2+2$ 中得 $z=5x^2-2(0\leqslant x^2\leqslant 1)$，其最小值为 $z|_{x=0}=-2$，最大值为 $z|_{x=\pm 1}=3$，与 $f(0, 0)=2$ 比较得 $f(x, y)$ 在闭区域 D 上的最小值和最大值分别为 -2 和 3.

20. E

【解析】$\lim\limits_{(x,y)\to(0,0)}f(x, y)=\lim\limits_{(x,y)\to(0,0)}(x^2+y^2)\sin\frac{1}{x^2+y^2}=0=f(0, 0)$，故 $f(x, y)$ 在点 $(0, 0)$ 处连续，A、B 项错误.

$$\lim_{x\to 0}\frac{f(x, 0)-f(0, 0)}{x}=\lim_{x\to 0}\frac{x^2\sin\frac{1}{x^2}-0}{x}=\lim_{x\to 0}x\sin\frac{1}{x^2}=0\Rightarrow f'_x(0, 0)=0;$$

$$\lim_{y\to 0}\frac{f(0, y)-f(0, 0)}{y}=\lim_{y\to 0}\frac{y^2\sin\frac{1}{y^2}-0}{y}=\lim_{y\to 0}y\sin\frac{1}{y^2}=0\Rightarrow f'_y(0, 0)=0.$$

故 C 项错误.

$$\lim_{(\Delta x,\Delta y)\to(0,0)}\frac{f(0+\Delta x, 0+\Delta y)-f(0, 0)-f'_x(0, 0)\Delta x-f'_y(0, 0)\Delta y}{\sqrt{(\Delta x)^2+(\Delta y)^2}}$$

$$=\lim_{(\Delta x,\Delta y)\to(0,0)}\frac{[(\Delta x)^2+(\Delta y)^2]\sin\frac{1}{(\Delta x)^2+(\Delta y)^2}}{\sqrt{(\Delta x)^2+(\Delta y)^2}}$$

$$=\lim_{(\Delta x,\Delta y)\to(0,0)}\sqrt{(\Delta x)^2+(\Delta y)^2}\sin\frac{1}{(\Delta x)^2+(\Delta y)^2}=0,$$

故 D 项错误，E 项正确.

21. A

【解析】$z'_x=f'(x)\ln f(y)$，$z'_y=\frac{f(x)f'(y)}{f(y)}$，则有 $z'_x(0, 0)=z'_y(0, 0)=0.$

$$z''_{xx}=f''(x)\ln f(y)，z''_{xy}=\frac{f'(x)f'(y)}{f(y)}，z''_{yy}=f(x)\cdot\frac{f''(y)f(y)-[f'(y)]^2}{f^2(y)}.$$

当 $f(0)>1$，$f''(0)>0$ 时，有

$$A=z''_{xx}(0,\ 0)=f''(0)\ln f(0)>0，B=z''_{xy}(0,\ 0)=\frac{f'(0)f'(0)}{f(0)}=0,$$

$$C=z''_{yy}(0,\ 0)=f(0)\cdot\frac{f''(0)f(0)-[f'(0)]^2}{f^2(0)}=f''(0)>0.$$

则 $AC-B^2=[f''(0)]^2\ln f(0)>0$，且 $A>0$，故函数 $z=f(x)\ln f(y)$ 在点 $(0,\ 0)$ 处取得极小值．A 项正确．

同理，根据上述计算，若满足 B 项的条件，有 $A=f''(0)\ln f(0)<0$ 且 $AC-B^2=[f''(0)]^2\cdot\ln f(0)>0$，则函数在点 $(0,\ 0)$ 处取得极大值，不符合已知，故 B 项错误；若满足 C 或 D 项的条件，有 $AC-B^2=[f''(0)]^2\ln f(0)<0$，则函数在点 $(0,\ 0)$ 处不取极值，故 C、D 项错误．

22. E

【解析】 当 $(x,\ y)\to(0,\ 0)$ 时，分母 $x^2+y^2\to 0$ 且分式的极限存在，故 $\lim\limits_{(x,y)\to(0,0)}f(x,\ y)=0=f(0,\ 0)$，故(1)、(2)正确．

在 $\lim\limits_{(x,y)\to(0,0)}\frac{f(x,\ y)}{x^2+y^2}=0$ 中，令 $y=0$，得 $\lim\limits_{x\to 0}\frac{f(x,\ 0)}{x^2}=0\Rightarrow\lim\limits_{x\to 0}\frac{\frac{f(x,\ 0)-f(0,\ 0)}{x}}{x}=0$. 由于当 $x\to 0$ 时，分母 $x\to 0$ 且分式的极限存在，则有 $\lim\limits_{x\to 0}\frac{f(x,\ 0)-f(0,\ 0)}{x}=0$，即 $f'_x(0,\ 0)=0$.

同理可得 $f'_y(0,\ 0)=0$，故(3)正确．

(4)判断 $f(x,\ y)$ 在点 $(0,\ 0)$ 处的可微性．

方法一：直接用可微定义．

$\lim\limits_{(x,y)\to(0,0)}\frac{f(x,\ y)}{x^2+y^2}=0\Rightarrow f(x,\ y)=o(x^2+y^2)\Rightarrow\Delta z=0x+0y+o(\sqrt{x^2+y^2})$，$(x,\ y)\to(0,\ 0)\Rightarrow$ $f(x,\ y)$ 在点 $(0,\ 0)$ 处可微．

方法二：结合偏导的计算结果，用与可微定义等价的极限式证明可微．

在 $\lim\limits_{(x,y)\to(0,0)}\frac{f(x,\ y)}{x^2+y^2}=0$ 中，令 $x_0=0$，$y_0=0$，则 $\Delta x=x-x_0=x$，$\Delta y=y-y_0=y$，$f(0,\ 0)=0$，$A=f'_x(0,\ 0)=0$，$B=f'_y(0,\ 0)=0$，则

$$\lim_{(\Delta x,\Delta y)\to(0,0)}\frac{\Delta z-A\Delta x-B\Delta y}{(\Delta x)^2+(\Delta y)^2}=0\Rightarrow\lim_{(\Delta x,\Delta y)\to(0,0)}\frac{\frac{\Delta z-A\Delta x-B\Delta y}{\sqrt{(\Delta x)^2+(\Delta y)^2}}}{\sqrt{(\Delta x)^2+(\Delta y)^2}}=0.$$

当 $(\Delta x,\ \Delta y)\to(0,\ 0)$ 时，分母 $\sqrt{(\Delta x)^2+(\Delta y)^2}\to 0$ 且分式的极限存在，故 $\lim\limits_{(\Delta x,\Delta y)\to(0,0)}\frac{\Delta z-A\Delta x-B\Delta y}{\sqrt{(\Delta x)^2+(\Delta y)^2}}=0$，即 $f(x,\ y)$ 在点 $(0,\ 0)$ 处可微，故(4)正确．

综上，正确的结论有 4 个．

第4节　延伸题型

题型8　对单调性定理的考查

【方法点拨】

已知 $z=f(x,y)$ 的偏导函数 $\frac{\partial z}{\partial x}=f'_x(x,y)\left(\text{或}\frac{\partial z}{\partial y}=f'_y(x,y)\right)$ 在区域 D 内的符号，要比较 $z=f(x,y)$ 在该区域内不同点的函数值大小，用单调性定理．

例如：在区域 D 内，$\frac{\partial f(x,y)}{\partial x}>0\Rightarrow f(x,y)$ 关于 x 单调增加 $\Rightarrow$ 当 $x_1<x_2$ 时，有 $f(x_1,y)<f(x_2,y)$．

例19　设 $f(x,y)$ 具有一阶偏导数，且对任意的 (x,y)，都有 $\frac{\partial f(x,y)}{\partial x}>0$，$\frac{\partial f(x,y)}{\partial y}<0$，则(　　)．

A. $f(0,0)>f(1,1)$　　B. $f(0,0)<f(1,1)$　　C. $f(0,1)>f(1,0)$

D. $f(0,1)<f(1,0)$　　E. $f(1,0)<f(1,1)$

【思路】已知偏导的符号，由选项知要比较 $f(x,y)$ 的函数值，故用单调性定理．

【解析】$\frac{\partial f(x,y)}{\partial x}>0$，$\frac{\partial f(x,y)}{\partial y}<0\Rightarrow f(x,y)$ 关于 x 单调增加，关于 y 单调减少 $\Rightarrow$ $f(0,1)<f(0,0)<f(1,0)$，故D项正确、C项错误．

由 $f(0,0)<f(1,0)>f(1,1)$，可知 $f(0,0)$，$f(1,1)$ 的大小关系不确定，故A、B、E项错误．

【答案】D

题型9　多元极值的概念题

【方法点拨】

(1)掌握多元函数无条件极值的知识(定义、必要条件和充分条件)，以及极值点与驻点、极值点与最值点的关系．详见本章第1节．

(2)掌握多元微分的基本概念(连续、偏导数、可微、偏导连续)及相互关系．详见本章第1节．

例 20 设可微函数 $f(x, y)$ 在点 (x_0, y_0) 处取得极小值，则（　　）．

A. $f(x_0, y)$ 在 $y=y_0$ 处的导数大于零

B. $f(x_0, y)$ 在 $y=y_0$ 处的导数等于零

C. $f(x_0, y)$ 在 $y=y_0$ 处的导数小于零

D. $f(x_0, y)$ 在 $y=y_0$ 处的导数不存在

E. $f(x_0, y)$ 在 $y=y_0$ 处的导数与 $f(x, y_0)$ 在 $x=x_0$ 处的导数不相等

【思路】已知函数 $f(x, y)$ 可微，且在点 (x_0, y_0) 处取极小值，由选项知须分析 $f(x_0, y)$ 在 $y=y_0$ 处的导数，故用二元函数各性质的关系、极值的必要条件和偏导的定义解题．

【解析】$f(x, y)$ 可微，由多元函数性质的关系得 $f'_x(x_0, y_0)$，$f'_y(x_0, y_0)$ 均存在，又因为 $f(x, y)$ 在点 (x_0, y_0) 处取极小值，由极值的必要条件得 $f'_x(x_0, y_0)=f'_y(x_0, y_0)=0$，再由偏导数定义得 $f(x_0, y)$ 在 $y=y_0$ 处的导数等于零，故选 B 项．

【答案】B

本节习题自测

1. 设函数 $f(x, y)$ 可微，且对任意 x，y 都有 $\dfrac{\partial f(x, y)}{\partial x}>0$，$\dfrac{\partial f(x, y)}{\partial y}<0$，则使得 $f(x_1, y_1)<f(x_2, y_2)$ 成立的一个充分条件是（　　）．

A. $x_1>x_2$，$y_1<y_2$　　B. $x_1>x_2$，$y_1>y_2$

C. $x_1<x_2$，$y_1<y_2$　　D. $x_1<x_2$，$y_1>y_2$

E. 以上选项均不成立

2. 设 $f(x, y)$ 的定义域为 D，点 $(x_i, y_i)\in D$，$i=1, 2, 3, 4$. $f(x, y)$ 满足如下条件：

(1)在点 (x_1, y_1) 处不连续；

(2) $f'_x(x_2, y_2)$ 和 $f'_y(x_2, y_2)$ 均不存在；

(3) $f'_x(x_3, y_3)=0$，$f'_y(x_3, y_3)=a\neq 0$；

(4) $f'_x(x_4, y_4)=f'_y(x_4, y_4)=0$.

则上述 4 个点中一定不是 $f(x, y)$ 的极值点的有（　　）．

A. 0 个　　B. 1 个　　C. 2 个　　D. 3 个　　E. 4 个

3. 设函数 $u(x, y)$ 在有界闭区域 D 上连续，在 D 的内部具有二阶连续偏导数，且满足 $\dfrac{\partial^2 u}{\partial x\,\partial y}\neq 0$ 及 $\dfrac{\partial^2 u}{\partial x^2}+\dfrac{\partial^2 u}{\partial y^2}=0$，则（　　）．

A. $u(x, y)$ 的最大值和最小值都在 D 的边界上取得

B. $u(x, y)$ 的最大值和最小值都在 D 的内部取得

C. $u(x, y)$ 的最大值在 D 的内部取得，最小值在 D 的边界上取得

D. $u(x, y)$ 的最小值在 D 的内部取得，最大值在 D 的边界上取得

E. $u(x, y)$ 的最大值和最小值至少有一个在 D 上不存在

习题详解

1. D

【解析】$\dfrac{\partial f(x, y)}{\partial x}>0$，$\dfrac{\partial f(x, y)}{\partial y}<0 \Rightarrow f(x, y)$关于$x$单调增加，关于$y$单调减少$\Rightarrow$当$x_1<x_2$，$y_1>y_2$时，有$f(x_1, y_1)<f(x_2, y_2)$.

2. B

【解析】(1) $f(x, y)$的不连续点可能为极值点，如$f(x, y)=\begin{cases}x^2+y^2, & (x, y)\neq(0, 0),\\ -1, & (x, y)=(0, 0),\end{cases}$ $f(x, y)$在点$(0, 0)$处不连续，但当$(x, y)\neq(0, 0)$时，有$f(x, y)=x^2+y^2>-1=f(0, 0)$，则点$(0, 0)$是$f(x, y)$的极小值点.

(2) $f(x, y)$的偏导不存在的点可能为极值点，如$f(x, y)=|x|+|y|$，$f'_x(0, 0)$和$f'_y(0, 0)$均不存在，但当$(x, y)\neq(0, 0)$时，有$f(x, y)=|x|+|y|>0=f(0, 0)$，则点$(0, 0)$是$f(x, y)$的极小值点.

(3) 由极值的必要条件得点(x_3, y_3)一定不是$f(x, y)$的极值点.

(4) $f'_x(x_4, y_4)=f'_y(x_4, y_4)=0$，则点$(x_4, y_4)$为$f(x, y)$的驻点，由驻点与极值点的关系得，$(x_4, y_4)$可能是$f(x, y)$的极值点. 如$f(x, y)=x^2+y^2$，有$f'_x(0, 0)=f'_y(0, 0)=0$，当$(x, y)\neq(0, 0)$时，有$f(x, y)=x^2+y^2>0=f(0, 0)$，则点$(0, 0)$是$f(x, y)$的极小值点.

综上，上述4个点中一定不是$f(x, y)$的极值点的有1个.

3. A

【解析】$u(x, y)$在有界闭区域D上连续，则其在D上必存在最大值和最小值.

假设$u(x, y)$的最大值在D内部的点(x_0, y_0)处取得，则该点为极大值点，又由已知条件可得$u(x, y)$在该点的一阶偏导数存在，故在点(x_0, y_0)处，$\dfrac{\partial u}{\partial x}=\dfrac{\partial u}{\partial y}=0$，$AC-B^2=\dfrac{\partial^2 u}{\partial x^2}\cdot\dfrac{\partial^2 u}{\partial y^2}-\left(\dfrac{\partial^2 u}{\partial x\,\partial y}\right)^2$，再由已知条件$\dfrac{\partial^2 u}{\partial x^2}+\dfrac{\partial^2 u}{\partial y^2}=0$得$\dfrac{\partial^2 u}{\partial y^2}=-\dfrac{\partial^2 u}{\partial x^2}$，代入得$AC-B^2=-\left(\dfrac{\partial^2 u}{\partial x^2}\right)^2-\left(\dfrac{\partial^2 u}{\partial x\,\partial y}\right)^2<0\left(\dfrac{\partial^2 u}{\partial x\,\partial y}\neq0\right)$，由极值的充分条件得$(x_0, y_0)$不是$u(x, y)$的极值点，矛盾，故$u(x, y)$的最大值不在$D$的内部取得，一定在$D$的边界上取得. 同理可得$u(x, y)$的最小值也在$D$的边界上取得.

第2部分 线性代数

命题重点及难易程度

◎ **考试占比**：20%

◎ **考试分值**：14分

◎ **命题重点**：①第5、6章的考查平均分为8和6，显然这两章的重要程度接近，每年考查3~4道题.

②在第5章中，行列式和矩阵的考查平均分为3.5和4.5，并没有明显侧重；在第6章中，考查重点是向量组的线性相关性（2.5），意味着每年至少考查一道题.

◎ **难易程度**：①第6章比第5章难度要高，源于概念抽象且知识点联系紧密、考题综合性强. 第5章中，矩阵难度要高于行列式. 第6章各部分内容均有一定难度.

②难度中低的题型，如具体型行列式的计算、具体型向量组的线性相关与表示问题.

③难度较高的题型，如对矩阵的秩的考查、抽象型线性方程组的通解问题.

◎ **备考建议**：①把握知识点之间的联系：把线性代数理解成以求解线性方程组为主要问题，以行列式、矩阵、向量为求解工具的一部分内容.

②从多个角度思考同一个问题：如方阵的可逆性问题，可以从行列式、矩阵的秩、向量组的相关性、向量组的秩、线性方程组解的判定等角度得出等价条件.

③练熟基本计算：行列式计算和矩阵的初等行变换.

第 5 章　行列式与矩阵

知识框架

- 行列式与矩阵
  - 行列式
    - 定义：排列、逆序与逆序数、行列式
    - 性质
    - 展开定理：余子式与代数余子式、展开定理
    - 克拉默法则
  - 矩阵的定义及运算
    - 定义：$m\times n$矩阵、n阶方阵、同型矩阵、矩阵相等、常见矩阵
    - 运算与运算律：加法、数乘、转置、乘法、方阵的行列式、分块矩阵运算
  - 逆矩阵
    - 逆矩阵：定义、性质
    - 伴随矩阵：定义、性质、方阵可逆的充要条件、简化的逆矩阵定义
  - 初等变换与初等矩阵
    - 定义
    - 运算：左行右列法则、初等矩阵的逆矩阵
    - 定理：矩阵的等价相关定义与定理
  - 矩阵的秩
    - 定义：子式、矩阵的秩
    - 性质
    - 计算：原理、方法（初等行变换）

考情分析

(1)本章的重点是行列式、矩阵和可逆矩阵的运算，难点是方阵的可逆性与矩阵的秩．

(2)本章的命题体现在三个方面：

①考查计算．以求行列式、方阵的 n 次幂、逆矩阵、矩阵的秩以及解矩阵方程的形式，考查行列式计算、矩阵运算和初等行变换．②考查性质．考查行列式的性质、逆矩阵的性质和矩阵的秩的性质．③考查概念．考查行列式、逆矩阵、等价、秩的概念及原理．

备考建议

(1)对于行列式和矩阵的计算，要在弄清各自定义的前提下，对相似计算加以区分，并注意矩阵不成立的运算律．要多练以求熟练．

(2)对于行列式、逆矩阵和秩的性质，要按一定逻辑梳理清楚，避免遗漏和混淆．

(3)对于方阵的可逆性与矩阵的秩，通过多体会定义、原理并结合典型例题加以突破．

考点—题型对照表

考点精讲	对应题型	平均分
一、行列式	基础题型 1～2，真题题型 4，延伸题型 13	3.5
二、矩阵	基础题型 3，真题题型 5～12，延伸题型 14～17	4.5

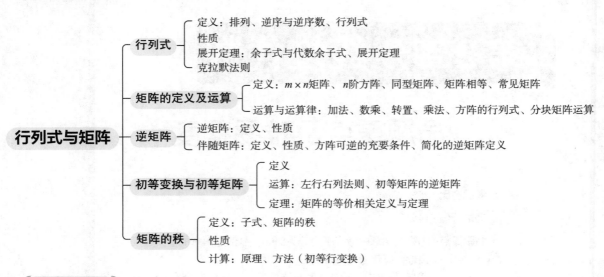

第1节 考点精讲

一、行列式

对应基础题型1~2，真题题型4，延伸题型13

（一）定义

【定义1】**排列**.

由 n 个自然数 1，2，…，n 组成的一个无重复的有序数组称为一个 n 级排列.

【例】 321是一个3级排列，2431是一个4级排列. n 级排列的总数是 $n!$. $12\cdots n$ 也是一个 n 级排列，它把这 n 个自然数按照从小到大的次序排列起来，称这种次序为自然次序(或标准次序).

【定义2】**逆序与逆序数**.

在一个排列中，若一个较大的数排在一个较小的数前面，则称这两个数构成一个逆序. 一个排列 $i_1 i_2 \cdots i_n$ 中逆序的总数，称为这个排列的逆序数，记为 $\tau(i_1 i_2 \cdots i_n)$. 逆序数为奇数的排列称为奇排列；逆序数为偶数的排列称为偶排列.

【例】 321中，32，31，21是逆序，$\tau(321)=3$，则321为奇排列；而 $\tau(2431)=4$，$\tau(12\cdots n)=0$，则2431和 $12\cdots n$ 均为偶排列.

【定义3】**行列式**.

设有 n^2 个数排成 n 行 n 列的数表 $\begin{matrix} a_{11} & a_{12} & \cdots & a_{1n} \\ a_{21} & a_{22} & \cdots & a_{2n} \\ \vdots & \vdots & & \vdots \\ a_{n1} & a_{n2} & \cdots & a_{nn} \end{matrix}$，记

$$D=\begin{vmatrix} a_{11} & a_{12} & \cdots & a_{1n} \\ a_{21} & a_{22} & \cdots & a_{2n} \\ \vdots & \vdots & & \vdots \\ a_{n1} & a_{n2} & \cdots & a_{nn} \end{vmatrix}=\sum_{j_1 j_2 \cdots j_n}(-1)^{\tau(j_1 j_2 \cdots j_n)} a_{1j_1} a_{2j_2} \cdots a_{nj_n},$$

称为 n 阶行列式，其中 $j_1 j_2 \cdots j_n$ 为1，2，…，n 的一个排列，数 a_{ij} 称为行列式 D 的元素. 从左上角到右下角(从左下角到右上角)这条对角线称为该行列式的主(副)对角线.

常见行列式的计算公式：

二阶行列式：$D=\begin{vmatrix} a_{11} & a_{12} \\ a_{21} & a_{22} \end{vmatrix}=a_{11}a_{22}-a_{12}a_{21}$.

三阶行列式：

$$D=\begin{vmatrix} a_{11} & a_{12} & a_{13} \\ a_{21} & a_{22} & a_{23} \\ a_{31} & a_{32} & a_{33} \end{vmatrix}=a_{11}a_{22}a_{33}+a_{12}a_{23}a_{31}+a_{13}a_{21}a_{32}-a_{11}a_{23}a_{32}-a_{12}a_{21}a_{33}-a_{13}a_{22}a_{31}.$$

上三角行列式(主对角线以下元素全为0)：$D=\begin{vmatrix} a_{11} & a_{12} & \cdots & a_{1n} \\ 0 & a_{22} & \cdots & a_{2n} \\ \vdots & \vdots & & \vdots \\ 0 & 0 & \cdots & a_{nn} \end{vmatrix}=a_{11}a_{22}\cdots a_{nn}$.

下三角行列式(主对角线以上元素全为0)：$D=\begin{vmatrix} a_{11} & 0 & \cdots & 0 \\ a_{21} & a_{22} & \cdots & 0 \\ \vdots & \vdots & & \vdots \\ a_{n1} & a_{n2} & \cdots & a_{nn} \end{vmatrix}=a_{11}a_{22}\cdots a_{nn}$.

(二)性质

(1)行列式的行列互换，行列式的值不变.

注意 该性质意味着行列式中行与列的地位是对称的，因此对行成立的性质，对列也成立.

(2)对换行列式的两行(列)，行列式变号.

(3)若行列式的某一行(列)有公因子，可将其提到行列式外.

注意 该性质可逆用：一个数乘行列式，等于该数乘行列式的某一行(列).

(4)将行列式的某一行(列)的各元素乘同一个数再加到另一行(列)对应的元素上去，该行列式的值不变.

(5)若行列式的某一行(列)的所有元素均为两数之和，则该行列式可以按该行(列)分解为两个行列式之和，其余行(列)不变，即(以按照第 i 行分解为例)

$$D=\begin{vmatrix} a_{11} & a_{12} & \cdots & a_{1n} \\ a_{21} & a_{22} & \cdots & a_{2n} \\ \vdots & \vdots & & \vdots \\ a_{i1}+b_{i1} & a_{i2}+b_{i2} & \cdots & a_{in}+b_{in} \\ \vdots & \vdots & & \vdots \\ a_{n1} & a_{n2} & \cdots & a_{nn} \end{vmatrix}=D_1+D_2=\begin{vmatrix} a_{11} & a_{12} & \cdots & a_{1n} \\ a_{21} & a_{22} & \cdots & a_{2n} \\ \vdots & \vdots & & \vdots \\ a_{i1} & a_{i2} & \cdots & a_{in} \\ \vdots & \vdots & & \vdots \\ a_{n1} & a_{n2} & \cdots & a_{nn} \end{vmatrix}+\begin{vmatrix} a_{11} & a_{12} & \cdots & a_{1n} \\ a_{21} & a_{22} & \cdots & a_{2n} \\ \vdots & \vdots & & \vdots \\ b_{i1} & b_{i2} & \cdots & b_{in} \\ \vdots & \vdots & & \vdots \\ a_{n1} & a_{n2} & \cdots & a_{nn} \end{vmatrix}.$$

注意 该性质也可逆用：若两个行列式除了某一行(列)元素不同外，其余元素对应相同，则这两个行列式相加，等于按如下方式运算所得行列式：仅该行(列)元素对应相加，其余元素不变.

【推论】行列式的值为零的情况：

(1)若行列式有两行(列)相同，则该行列式为零.

(2)若行列式的某一行(列)全为零，则该行列式为零.

(3)若行列式的某两行(列)元素对应成比例，则该行列式为零.

(三)展开定理

1. 余子式与代数余子式

在 n 阶行列式中，划掉元素 a_{ij} 所在第 i 行和第 j 列的元素后，剩余的 $n-1$ 阶行列式称为元素 a_{ij} 的余子式，记为 M_{ij}.

$(-1)^{i+j}M_{ij}$ 称为元素 a_{ij} 的代数余子式，记为 A_{ij}，即 $A_{ij}=(-1)^{i+j}M_{ij}$.

2. 展开定理

n 阶行列式 D 的值等于它的任一行(列)的元素与其对应的代数余子式乘积之和，即

$$D=a_{i1}A_{i1}+a_{i2}A_{i2}+\cdots+a_{in}A_{in}(i=1,2,\cdots,n),$$
$$D=a_{1j}A_{1j}+a_{2j}A_{2j}+\cdots+a_{nj}A_{nj}(j=1,2,\cdots,n).$$

【推论】行列式的某一行(列)元素与另一行(列)元素的代数余子式乘积之和为零，即

$$a_{i1}A_{j1}+a_{i2}A_{j2}+\cdots+a_{in}A_{jn}=0,\ i\neq j.$$
$$a_{1i}A_{1j}+a_{2i}A_{2j}+\cdots+a_{ni}A_{nj}=0,\ i\neq j.$$

(四)克拉默法则

设有 n 个方程 n 个未知数的线性方程组 $\begin{cases}a_{11}x_1+a_{12}x_2+\cdots+a_{1n}x_n=b_1,\\ a_{21}x_1+a_{22}x_2+\cdots+a_{2n}x_n=b_2,\\ \cdots\cdots\\ a_{n1}x_1+a_{n2}x_2+\cdots+a_{nn}x_n=b_n,\end{cases}$ 若其系数行列式 $D=\begin{vmatrix}a_{11}&a_{12}&\cdots&a_{1n}\\a_{21}&a_{22}&\cdots&a_{2n}\\\vdots&\vdots&&\vdots\\a_{n1}&a_{n2}&\cdots&a_{nn}\end{vmatrix}\neq0$，则该线性方程组有唯一解，且 $x_i=\dfrac{D_i}{D}(i=1,2,\cdots,n)$，其中 D_i 为用常数项 b_1，b_2，…，b_n 替换系数行列式 D 中第 i 列所得的行列式．

二、矩阵

对应基础题型3，真题题型5～12，延伸题型14～17

(一)矩阵的定义

【定义4】由 $m\times n$ 个数 $a_{ij}(i=1,2,\cdots,m;\ j=1,2,\cdots,n)$ 排成的 m 行 n 列的数表

$$\boldsymbol{A}=\begin{pmatrix}a_{11}&a_{12}&\cdots&a_{1n}\\a_{21}&a_{22}&\cdots&a_{2n}\\\vdots&\vdots&&\vdots\\a_{m1}&a_{m2}&\cdots&a_{mn}\end{pmatrix}$$

称为 $m\times n$ 矩阵，简记为 $\boldsymbol{A}=(a_{ij})_{m\times n}$，其中数 a_{ij} 称为矩阵的元素．元素均为实数的矩阵称为实矩阵，本书中的矩阵均为实矩阵．

当 $m=n$ 时，$\boldsymbol{A}$ 称为 n 阶矩阵或 n 阶方阵，并称 $|\boldsymbol{A}|$ 为方阵 $\boldsymbol{A}$ 的行列式．

【定义5】两个矩阵 $\boldsymbol{A}=(a_{ij})_{m\times n}$，$\boldsymbol{B}=(b_{ij})_{s\times k}$，如果 $m=s$，$n=k$，则称这两矩阵为同型矩阵．

【定义6】如果两个同型矩阵 $\boldsymbol{A}=(a_{ij})_{m\times n}$，$\boldsymbol{B}=(b_{ij})_{m\times n}$ 对应的元素相等，即 $a_{ij}=b_{ij}(i=1,2,\cdots,m;\ j=1,2,\cdots,n)$，则称矩阵 $\boldsymbol{A}$ 与矩阵 $\boldsymbol{B}$ 相等，记作 $\boldsymbol{A}=\boldsymbol{B}$.

常见矩阵

(1)上(下)三角矩阵．

主对角线以下的元素全为0的 n 阶方阵 $\begin{pmatrix}a_{11}&a_{12}&\cdots&a_{1n}\\0&a_{22}&\cdots&a_{2n}\\\vdots&\vdots&&\vdots\\0&0&\cdots&a_{nn}\end{pmatrix}$ 称为上三角矩阵，主对角线以上的元素全为0的 n 阶方阵 $\begin{pmatrix}a_{11}&0&\cdots&0\\a_{21}&a_{22}&\cdots&0\\\vdots&\vdots&&\vdots\\a_{n1}&a_{n2}&\cdots&a_{nn}\end{pmatrix}$ 称为下三角矩阵．

(2)对角矩阵.

主对角线之外的元素全为 0 的 n 阶方阵 $\begin{pmatrix} a_{11} & 0 & \cdots & 0 \\ 0 & a_{22} & \cdots & 0 \\ \vdots & \vdots & & \vdots \\ 0 & 0 & \cdots & a_{nn} \end{pmatrix}$ 称为对角矩阵，记为 $\boldsymbol{\Lambda}$ 或 $\mathrm{diag}\{a_{11}, a_{22}, \cdots, a_{nn}\}$.

(3)单位矩阵.

主对角线上的元素全为1，其余元素全为0的 n 阶方阵 $\begin{pmatrix} 1 & 0 & \cdots & 0 \\ 0 & 1 & \cdots & 0 \\ \vdots & \vdots & & \vdots \\ 0 & 0 & \cdots & 1 \end{pmatrix}$ 称为 n 阶单位矩阵，记为 $\boldsymbol{E}$(需强调其阶数时记为 $\boldsymbol{E}_n$).

(4)数量矩阵.

主对角线上的元素相等，其余元素全为0的 n 阶方阵 $\begin{pmatrix} k & 0 & \cdots & 0 \\ 0 & k & \cdots & 0 \\ \vdots & \vdots & & \vdots \\ 0 & 0 & \cdots & k \end{pmatrix}$ 称为数量矩阵，记为 $k\boldsymbol{E}$.

(5)零矩阵.

所有元素全为0的矩阵称为零矩阵，记为 $\boldsymbol{O}$.

(二)矩阵的运算

1. 加法

(1)设有同型矩阵 $\boldsymbol{A}=(a_{ij})_{m\times n}$ 和 $\boldsymbol{B}=(b_{ij})_{m\times n}$，则称矩阵 $\boldsymbol{C}=\boldsymbol{A}+\boldsymbol{B}=(a_{ij}+b_{ij})_{m\times n}$ 为 $\boldsymbol{A}$ 与 $\boldsymbol{B}$ 的和，该运算称为矩阵的加法.

(2)设矩阵 $\boldsymbol{A}=(a_{ij})_{m\times n}$，则称矩阵 $-\boldsymbol{A}=(-a_{ij})_{m\times n}$ 为 $\boldsymbol{A}$ 的负矩阵，故有 $\boldsymbol{A}+(-\boldsymbol{A})=\boldsymbol{O}$，由此定义矩阵的减法为 $\boldsymbol{A}-\boldsymbol{B}=\boldsymbol{A}+(-\boldsymbol{B})$.

2. 数乘

设矩阵 $\boldsymbol{A}=(a_{ij})_{m\times n}$，$k$ 为实数，则称矩阵 $k\boldsymbol{A}=(ka_{ij})_{m\times n}$ 为数 k 与 $\boldsymbol{A}$ 的乘积，该运算称为矩阵的数乘.

3. 转置

设 $m\times n$ 矩阵 $\boldsymbol{A}=\begin{pmatrix} a_{11} & a_{12} & \cdots & a_{1n} \\ a_{21} & a_{22} & \cdots & a_{2n} \\ \vdots & \vdots & & \vdots \\ a_{m1} & a_{m2} & \cdots & a_{mn} \end{pmatrix}$，将 $\boldsymbol{A}$ 的行列互换后所得 $n\times m$ 矩阵 $\boldsymbol{A}^{\mathrm{T}}=\begin{pmatrix} a_{11} & a_{21} & \cdots & a_{m1} \\ a_{12} & a_{22} & \cdots & a_{m2} \\ \vdots & \vdots & & \vdots \\ a_{1n} & a_{2n} & \cdots & a_{mn} \end{pmatrix}$ 称为 $\boldsymbol{A}$ 的转置矩阵，该运算称为矩阵的转置.

借助矩阵的转置，可以定义对称矩阵和反对称矩阵：

(1)设 $\boldsymbol{A}$ 为 n 阶方阵，若 $\boldsymbol{A}^{\mathrm{T}}=\boldsymbol{A}$，即 $a_{ij}=a_{ji}(i,\ j=1,\ 2,\ \cdots,\ n)$，则称 $\boldsymbol{A}$ 为对称矩阵．对称矩阵的特点是其元素以主对角线为对称轴对应相等，如 $\boldsymbol{A}=\begin{pmatrix}1&4&5\\4&2&6\\5&6&3\end{pmatrix}$ 为对称矩阵．

(2)设 $\boldsymbol{A}$ 为 n 阶方阵，若 $\boldsymbol{A}^{\mathrm{T}}=-\boldsymbol{A}$，即 $a_{ij}=-a_{ji}(i,\ j=1,\ 2,\ \cdots,\ n)$，则称 $\boldsymbol{A}$ 为反对称矩阵．反对称矩阵的特点是其元素以主对角线为对称轴对应互为相反数(主对角线上的元素均为零)，如 $\boldsymbol{A}=\begin{pmatrix}0&4&5\\-4&0&6\\-5&-6&0\end{pmatrix}$ 为反对称矩阵．

4. 乘法

设矩阵 $\boldsymbol{A}=(a_{ij})_{m\times n}$，$\boldsymbol{B}=(b_{ij})_{n\times k}$(注意 $\boldsymbol{A}$ 的列数和 $\boldsymbol{B}$ 的行数相等)，定义矩阵 $\boldsymbol{C}=(c_{ij})_{m\times k}$，其中 $c_{ij}=a_{i1}b_{1j}+a_{i2}b_{2j}+\cdots+a_{in}b_{nj}(i=1,\ 2,\ \cdots,\ m;\ j=1,\ 2,\ \cdots,\ k)$，称 $\boldsymbol{C}$ 为矩阵 $\boldsymbol{A}$ 与 $\boldsymbol{B}$ 的乘积，记为 $\boldsymbol{C}=\boldsymbol{AB}$，该运算称为矩阵的乘法．

若 $\boldsymbol{A}$ 为 n 阶方阵，则称 $\boldsymbol{A}^m=\boldsymbol{AA}\cdots\boldsymbol{A}$($m$ 个 $\boldsymbol{A}$ 连乘)为 $\boldsymbol{A}$ 的 m 次幂．

(三) 矩阵的运算律

1. 加法

设 $\boldsymbol{A}$，$\boldsymbol{B}$，$\boldsymbol{C}$ 均为 $m\times n$ 矩阵，则

交换律：$\boldsymbol{A}+\boldsymbol{B}=\boldsymbol{B}+\boldsymbol{A}$.

结合律：$(\boldsymbol{A}+\boldsymbol{B})+\boldsymbol{C}=\boldsymbol{A}+(\boldsymbol{B}+\boldsymbol{C})$.

2. 数乘

设 $\boldsymbol{A}$，$\boldsymbol{B}$ 均为 $m\times n$ 矩阵，k，l 均为数，则

交换律：$k\boldsymbol{A}=\boldsymbol{A}k$.

结合律：$(kl)\boldsymbol{A}=k(l\boldsymbol{A})$.

分配律：$(k+l)\boldsymbol{A}=k\boldsymbol{A}+l\boldsymbol{A}$，$k(\boldsymbol{A}+\boldsymbol{B})=k\boldsymbol{A}+k\boldsymbol{B}$.

3. 转置

假设运算都是有意义的．

$(\boldsymbol{A}^{\mathrm{T}})^{\mathrm{T}}=\boldsymbol{A}$；$(\boldsymbol{A}+\boldsymbol{B})^{\mathrm{T}}=\boldsymbol{A}^{\mathrm{T}}+\boldsymbol{B}^{\mathrm{T}}$；$(k\boldsymbol{A})^{\mathrm{T}}=k\boldsymbol{A}^{\mathrm{T}}$(其中 k 为数).

4. 乘法

(1)成立的运算律．

假设运算都是有意义的．

结合律：$(\boldsymbol{AB})\boldsymbol{C}=\boldsymbol{A}(\boldsymbol{BC})$，$k(\boldsymbol{AB})=(k\boldsymbol{A})\boldsymbol{B}=\boldsymbol{A}(k\boldsymbol{B})$(其中 k 为数).

分配律：$\boldsymbol{A}(\boldsymbol{B}+\boldsymbol{C})=\boldsymbol{AB}+\boldsymbol{AC}$，$(\boldsymbol{B}+\boldsymbol{C})\boldsymbol{A}=\boldsymbol{BA}+\boldsymbol{CA}$.

转置：$(\boldsymbol{AB})^{\mathrm{T}}=\boldsymbol{B}^{\mathrm{T}}\boldsymbol{A}^{\mathrm{T}}$.

矩阵的幂：$\boldsymbol{A}^p\boldsymbol{A}^q=\boldsymbol{A}^{p+q}$，$(\boldsymbol{A}^p)^q=\boldsymbol{A}^{pq}$，其中 p，$q\in\mathbf{N}_+$.

(2)不成立的运算律．

矩阵的乘法不满足交换律，即在一般情形下，$\boldsymbol{AB}\neq\boldsymbol{BA}$.

对于两个 n 阶方阵 $\boldsymbol{A}$，$\boldsymbol{B}$，若 $\boldsymbol{AB}=\boldsymbol{BA}$，则称 $\boldsymbol{A}$ 与 $\boldsymbol{B}$ 可交换．

矩阵的乘法不满足消去律，即若 $\boldsymbol{AB}=\boldsymbol{AC}$ 且 $\boldsymbol{A}\neq\boldsymbol{O}$，不能得出 $\boldsymbol{B}=\boldsymbol{C}$；若 $\boldsymbol{AB}=\boldsymbol{O}$，不能得出

$\boldsymbol{A}=\boldsymbol{O}$ 或 $\boldsymbol{B}=\boldsymbol{O}$.

5. 方阵的行列式

设 $\boldsymbol{A}$，$\boldsymbol{B}$ 均为 n 阶方阵，k 为数，则

(1) $|k\boldsymbol{A}|=k^n|\boldsymbol{A}|$.

(2) $|\boldsymbol{A}^{\mathrm{T}}|=|\boldsymbol{A}|$.

(3) $|\boldsymbol{AB}|=|\boldsymbol{A}||\boldsymbol{B}|$.

注意 设 $\boldsymbol{A}$，$\boldsymbol{B}$ 均为 n 阶方阵，则 $|\boldsymbol{A}+\boldsymbol{B}|=|\boldsymbol{A}|+|\boldsymbol{B}|$ 未必成立，如令 $\boldsymbol{A}=\boldsymbol{B}=\begin{pmatrix}0&0\\0&0\end{pmatrix}$，则 $|\boldsymbol{A}+\boldsymbol{B}|=0=|\boldsymbol{A}|+|\boldsymbol{B}|$；令 $\boldsymbol{A}=\boldsymbol{B}=\begin{pmatrix}1&0\\0&1\end{pmatrix}$，则 $|\boldsymbol{A}+\boldsymbol{B}|=4\neq 2=|\boldsymbol{A}|+|\boldsymbol{B}|$.

（四）逆矩阵

1. 逆矩阵

【定义7】设 $\boldsymbol{A}$ 为 n 阶方阵，若存在 n 阶方阵 $\boldsymbol{B}$，使得 $\boldsymbol{AB}=\boldsymbol{BA}=\boldsymbol{E}$，则称方阵 $\boldsymbol{A}$ 可逆，并称 $\boldsymbol{B}$ 为 $\boldsymbol{A}$ 的逆矩阵，记为 $\boldsymbol{A}^{-1}$，即 $\boldsymbol{A}^{-1}=\boldsymbol{B}$.

【性质】

(1)若 $\boldsymbol{A}$ 可逆，则 $\boldsymbol{A}^{-1}$唯一.

(2)若 $\boldsymbol{A}$ 可逆，则 $\boldsymbol{A}^{-1}$可逆，且 $(\boldsymbol{A}^{-1})^{-1}=\boldsymbol{A}$.

(3)若 $\boldsymbol{A}$ 可逆，实数 $k\neq 0$，则 $k\boldsymbol{A}$ 可逆，且 $(k\boldsymbol{A})^{-1}=k^{-1}\boldsymbol{A}^{-1}$.

(4)若 $\boldsymbol{A}$ 可逆，则 $\boldsymbol{A}^{\mathrm{T}}$ 可逆，且 $(\boldsymbol{A}^{\mathrm{T}})^{-1}=(\boldsymbol{A}^{-1})^{\mathrm{T}}$.

(5)若方阵 $\boldsymbol{A}$，$\boldsymbol{B}$ 同阶且均可逆，则 $\boldsymbol{AB}$ 可逆，且 $(\boldsymbol{AB})^{-1}=\boldsymbol{B}^{-1}\boldsymbol{A}^{-1}$.

【推广】若方阵 $\boldsymbol{A}_1$，$\boldsymbol{A}_2$，…，$\boldsymbol{A}_n$ 同阶且均可逆，则 $\boldsymbol{A}_1\boldsymbol{A}_2\cdots\boldsymbol{A}_n$ 可逆，且

$$(\boldsymbol{A}_1\boldsymbol{A}_2\cdots\boldsymbol{A}_n)^{-1}=\boldsymbol{A}_n^{-1}\boldsymbol{A}_{n-1}^{-1}\cdots\boldsymbol{A}_2^{-1}\boldsymbol{A}_1^{-1}.$$

特别地，若 $\boldsymbol{A}$ 可逆，则 $\boldsymbol{A}^n$ 可逆，且 $(\boldsymbol{A}^n)^{-1}=(\boldsymbol{A}^{-1})^n$.

【推论】若 $\boldsymbol{A}$ 可逆，则 $|\boldsymbol{A}||\boldsymbol{A}^{-1}|=1$.

注意 $|\boldsymbol{A}||\boldsymbol{A}^{-1}|=1\Rightarrow|\boldsymbol{A}^{-1}|=|\boldsymbol{A}|^{-1}$，该公式可用于计算 $|\boldsymbol{A}^{-1}|$.

2. 伴随矩阵

【定义8】设 n 阶方阵 $\boldsymbol{A}=\begin{pmatrix}a_{11}&a_{12}&\cdots&a_{1n}\\a_{21}&a_{22}&\cdots&a_{2n}\\\vdots&\vdots&&\vdots\\a_{n1}&a_{n2}&\cdots&a_{nn}\end{pmatrix}$，则由行列式 $|\boldsymbol{A}|$ 的各元素的代数余子式 A_{ij} 构成的 n 阶方阵 $\begin{pmatrix}A_{11}&A_{21}&\cdots&A_{n1}\\A_{12}&A_{22}&\cdots&A_{n2}\\\vdots&\vdots&&\vdots\\A_{1n}&A_{2n}&\cdots&A_{nn}\end{pmatrix}$ 称为 $\boldsymbol{A}$ 的伴随矩阵，记为 $\boldsymbol{A}^*$.

注意 $\boldsymbol{A}^*$ 由 $|\boldsymbol{A}|$ 的各行元素的代数余子式按列排构成.

【性质】设 $\boldsymbol{A}$ 为 n 阶方阵，$\boldsymbol{A}^*$ 为 $\boldsymbol{A}$ 的伴随矩阵，则 $\boldsymbol{AA}^*=\boldsymbol{A}^*\boldsymbol{A}=|\boldsymbol{A}|\boldsymbol{E}$.

【定理1】设 $\boldsymbol{A}$ 为 n 阶方阵，则 $\boldsymbol{A}$ 可逆的充要条件是 $|\boldsymbol{A}|\neq 0$.

注意 当 $|\boldsymbol{A}|=0$ 时，$\boldsymbol{A}$ 称为奇异矩阵，否则称为非奇异矩阵．由该定理可知，可逆矩阵就

是非奇异矩阵．

【推论】设 $\boldsymbol{A}$ 为 n 阶方阵，若 $\boldsymbol{AB}=\boldsymbol{E}$ 或 $\boldsymbol{BA}=\boldsymbol{E}$，则 $\boldsymbol{A}$ 可逆，且 $\boldsymbol{A}^{-1}=\boldsymbol{B}$.

注意 该推论可视为简化的逆矩阵定义，可用于判断方阵 $\boldsymbol{A}$ 的可逆性或求 $\boldsymbol{A}^{-1}$.

（五）初等变换与初等矩阵

1. 定义

【定义 9】以下三种变换称为矩阵的初等行变换：

①对换：交换两行；

②倍乘：给某一行的所有元素乘非零的数 k；

③倍加：把某一行所有元素的 k 倍加到另一行对应的元素上．

若将上述定义中的"行"改为"列"，则得到矩阵的初等列变换的定义．矩阵的初等行变换和初等列变换统称为初等变换．

【定义 10】由单位矩阵经过一次初等变换所得的矩阵称为初等矩阵．

对应于上述三种初等变换，初等矩阵有如下三种：

①对换阵：交换单位矩阵的第 i，j 行或第 i，j 列所得的初等矩阵，记为 $E(i,\ j)$；

②倍乘阵：给单位矩阵的第 i 行或第 i 列乘非零的数 k 所得的初等矩阵，记为 $\boldsymbol{E}[i(k)]$；

③倍加阵：将单位矩阵的第 i 行的 k 倍加至第 j 行，或将单位矩阵的第 j 列的 k 倍加至第 i 列所得的初等矩阵，记为 $\boldsymbol{E}[ji(k)]$.

2. 运算

(1)左行右列法则．

设 $\boldsymbol{A}$ 为 $m\times n$ 矩阵，对 $\boldsymbol{A}$ 施行一次初等行变换，相当于给 $\boldsymbol{A}$ 左乘相应的 m 阶初等矩阵；对 $\boldsymbol{A}$ 施行一次初等列变换，相当于给 $\boldsymbol{A}$ 右乘相应的 n 阶初等矩阵．

(2)初等矩阵的逆矩阵．

三种初等矩阵均可逆，且逆矩阵为同类型的初等矩阵，即 $[\boldsymbol{E}(i,\ j)]^{-1}=\boldsymbol{E}(i,\ j)$，$\{\boldsymbol{E}[i(k)]\}^{-1}=\boldsymbol{E}\left[i\left(\frac{1}{k}\right)\right]$，$\{\boldsymbol{E}[ji(k)]\}^{-1}=\boldsymbol{E}[ji(-k)]$.

【定理 2】可逆矩阵可以通过有限次初等行变换化为单位矩阵．

根据该定理，可以得出求逆矩阵的初等行变换法：将 $\boldsymbol{A}$ 与同阶单位矩阵 $\boldsymbol{E}$ 构成分块矩阵 $(\boldsymbol{A},\ \boldsymbol{E})$，对该矩阵施行初等行变换，直至将子矩阵 $\boldsymbol{A}$ 化为 $\boldsymbol{E}$，另一子矩阵 $\boldsymbol{E}$ 化为 $\boldsymbol{A}^{-1}$，即 $(\boldsymbol{A},\ \boldsymbol{E})\sim(\boldsymbol{E},\ \boldsymbol{A}^{-1})$．分块矩阵知识详见本章第 4 节题型 15 的"知识补充".

【定理 3】方阵 $\boldsymbol{A}$ 可逆的充要条件是 $\boldsymbol{A}$ 可以分解为有限个初等矩阵的乘积．

3. 矩阵的等价

【定义 11】若矩阵 $\boldsymbol{A}$ 经过有限次初等行变换化为矩阵 $\boldsymbol{B}$，则称 $\boldsymbol{A}$ 与 $\boldsymbol{B}$ 行等价；若矩阵 $\boldsymbol{A}$ 经过有限次初等列变换化为矩阵 $\boldsymbol{B}$，则称 $\boldsymbol{A}$ 与 $\boldsymbol{B}$ 列等价；若矩阵 $\boldsymbol{A}$ 经过有限次初等变换化为矩阵 $\boldsymbol{B}$，则称 $\boldsymbol{A}$ 与 $\boldsymbol{B}$ 等价，记为 $\boldsymbol{A}\sim\boldsymbol{B}$.

【性质】

反身性：$\boldsymbol{A}\sim\boldsymbol{A}$.

对称性：若 $\boldsymbol{A}\sim\boldsymbol{B}$，则 $\boldsymbol{B}\sim\boldsymbol{A}$.

传递性：若 $\boldsymbol{A}\sim\boldsymbol{B}$，$\boldsymbol{B}\sim\boldsymbol{C}$，则 $\boldsymbol{A}\sim\boldsymbol{C}$.

【定理 4】设 $\boldsymbol{A}$，$\boldsymbol{B}$ 均为 $m\times n$ 矩阵，则 $\boldsymbol{A}$ 与 $\boldsymbol{B}$ 等价的充要条件是存在 m 阶可逆矩阵 $\boldsymbol{P}$ 与 n 阶可逆矩阵 $\boldsymbol{Q}$，使得 $\boldsymbol{PAQ}=\boldsymbol{B}$.

（六）矩阵的秩

1. 定义

【定义 12】**子式**.

在 $m\times n$ 矩阵 $\boldsymbol{A}$ 中，任取 $k(1\leqslant k\leqslant\min\{m,n\})$ 行 k 列交叉位置上的元素，且不改变其在 $\boldsymbol{A}$ 中的位置次序而得的 k 阶行列式，称为 $\boldsymbol{A}$ 的 k 阶子式.

【例】$\boldsymbol{A}=\begin{pmatrix}1&2&3\\4&5&6\end{pmatrix}$，则 $\boldsymbol{A}$ 的 1 阶子式有：1，2，3，4，5，6；$\boldsymbol{A}$ 的 2 阶子式有：$\begin{vmatrix}1&2\\4&5\end{vmatrix}=-3$，$\begin{vmatrix}1&3\\4&6\end{vmatrix}=-6$，$\begin{vmatrix}2&3\\5&6\end{vmatrix}=-3$.

【定义 13】**矩阵的秩**.

$m\times n$ 矩阵 $\boldsymbol{A}$ 的非零子式的最高阶数称为 $\boldsymbol{A}$ 的秩，记为 $R(\boldsymbol{A})$. 规定零矩阵的秩为零，即 $R(\boldsymbol{O})=0$.

【例】$\boldsymbol{A}=\begin{pmatrix}1&2&3\\4&5&6\end{pmatrix}$，则 $\boldsymbol{A}$ 共有 9 个非零子式，其中阶数最高的为 2 阶非零子式，故 $R(\boldsymbol{A})=2$.

注意 设 $\boldsymbol{A}$ 为 $m\times n$ 矩阵，$k\in\mathbf{N}_+$，$1\leqslant k\leqslant\min\{m,n\}$，则

①$R(\boldsymbol{A})\geqslant k\Leftrightarrow\boldsymbol{A}$ 中存在 k 阶非零子式.

②$R(\boldsymbol{A})\leqslant k\Leftrightarrow\boldsymbol{A}$ 中不存在 $k+1$ 阶非零子式.

③$R(\boldsymbol{A})=k\Leftrightarrow\boldsymbol{A}$ 中存在 k 阶非零子式，且 $\boldsymbol{A}$ 中不存在 $k+1$ 阶非零子式.

2. 性质

(1)设 $\boldsymbol{A}$ 为 $m\times n$ 矩阵，则 $0\leqslant R(\boldsymbol{A})\leqslant\min\{m,n\}$；$R(\boldsymbol{A}^{\mathrm{T}})=R(\boldsymbol{A})$；若 k 为非零数，则 $R(k\boldsymbol{A})=R(\boldsymbol{A})$；$R(\boldsymbol{A})=1\Leftrightarrow\boldsymbol{A}\neq\boldsymbol{O}$ 且 $\boldsymbol{A}$ 按行按列均成比例.

(2)设 $\boldsymbol{A}$ 为 n 阶方阵，则 $R(\boldsymbol{A})=n\Leftrightarrow|\boldsymbol{A}|\neq0\Leftrightarrow\boldsymbol{A}$ 可逆.

(3)设 $\boldsymbol{A}$ 为 $m\times n$ 矩阵，$\boldsymbol{B}$ 为 $m\times k$ 矩阵，则

$$\max\{R(\boldsymbol{A}),R(\boldsymbol{B})\}\leqslant R(\boldsymbol{A},\boldsymbol{B})\leqslant R(\boldsymbol{A})+R(\boldsymbol{B}),$$

特别地，当 $\boldsymbol{B}$ 为 $m\times1$ 非零矩阵 $\boldsymbol{b}$ 时，有 $R(\boldsymbol{A})\leqslant R(\boldsymbol{A},\boldsymbol{b})\leqslant R(\boldsymbol{A})+1$.

(4)设 $\boldsymbol{A}$，$\boldsymbol{B}$ 均为 $m\times n$ 矩阵，则

①$R(\boldsymbol{A}+\boldsymbol{B})\leqslant R(\boldsymbol{A})+R(\boldsymbol{B})$.

②若 $\boldsymbol{A}\sim\boldsymbol{B}$，则 $R(\boldsymbol{A})=R(\boldsymbol{B})$.

(5)设 $\boldsymbol{A}$ 为 $m\times n$ 矩阵，$\boldsymbol{B}$ 为 $n\times k$ 矩阵，则 $R(\boldsymbol{AB})\leqslant\min\{R(\boldsymbol{A}),R(\boldsymbol{B})\}$.

(6)设 $\boldsymbol{A}$ 为 $m\times n$ 矩阵，$\boldsymbol{B}$ 为 $n\times k$ 矩阵，且 $\boldsymbol{AB}=\boldsymbol{O}$，则 $R(\boldsymbol{A})+R(\boldsymbol{B})\leqslant n$.

(7)设 $\boldsymbol{A}$ 为 n 阶可逆矩阵，$\boldsymbol{B}$ 为 $n\times k$ 矩阵，$\boldsymbol{C}$ 为 $m\times n$ 矩阵，则 $R(\boldsymbol{AB})=R(\boldsymbol{B})$，$R(\boldsymbol{CA})=R(\boldsymbol{C})$.

【推广】设 $\boldsymbol{A}$ 为 $m\times n$ 矩阵，$\boldsymbol{B}$ 为 $n\times k$ 矩阵，$R(\boldsymbol{A})=n$，则 $R(\boldsymbol{AB})=R(\boldsymbol{B})$. 设 $\boldsymbol{A}$ 为 $n\times k$ 矩阵，$\boldsymbol{C}$ 为 $m\times n$ 矩阵，$R(\boldsymbol{A})=n$，则 $R(\boldsymbol{CA})=R(\boldsymbol{C})$.

(8)设 $\boldsymbol{A}$ 为 $n(n\geqslant2)$ 阶方阵，则 $R(\boldsymbol{A}^*)=\begin{cases}n, & R(\boldsymbol{A})=n,\\1, & R(\boldsymbol{A})=n-1,\\0, & R(\boldsymbol{A})\leqslant n-2.\end{cases}$

3. 计算方法：初等行变换法

【定义 14】满足以下两个条件的非零矩阵称为行阶梯形矩阵：

①非零行在零行的上面；

②非零行的首非零元(即从左数首个非零元素)所在列在上一行(若存在)的首非零元所在列的右面.

【定义 15】满足以下两个条件的行阶梯形矩阵称为行最简形矩阵：

①非零行的首非零元为 1；

②首非零元所在列的其他元素为 0.

【性质】

(1)任意非零 $m\times n$ 矩阵 $\boldsymbol{A}$ 均可通过有限次初等行变换化为行阶梯形矩阵和行最简形矩阵.

(2)行阶梯形矩阵的秩等于其非零行数.

(3)初等行变换不改变矩阵的秩.

求具体非零矩阵 $\boldsymbol{A}$ 的秩，可先通过初等行变换将 $\boldsymbol{A}$ 化为行阶梯形矩阵，则行阶梯形矩阵的非零行数即为 $\boldsymbol{A}$ 的秩.

第2节 基础题型

题型1 对行列式定义的考查

【方法点拨】

(1)根据本章第1节的定义3，掌握行列式的定义．

(2)求n级排列$i_1i_2\cdots i_n$的逆序数$\tau(i_1i_2\cdots i_n)$：从左到右依次选定$i_1i_2\cdots i_n$中的每一个数字，数该数字右侧比其小的数字的个数，所有个数之和即为所求逆序数．

例1　以下两个排列的逆序数分别为（　　）．

(1)$\tau(1, 2, \cdots, n)$；(2)$\tau(n, n-1, \cdots, 2, 1)$．

A. $\frac{n(n+1)}{2}$，0　　B. 0，$\frac{n(n+1)}{2}$　　C. $\frac{n(n-1)}{2}$，0

D. 0，$\frac{n(n-1)}{2}$　　E. $\frac{n(n-1)}{2}$，$\frac{n(n+1)}{2}$

【思路】观察可知，这两个排列中的数字一个递增，一个递减，不难得出数字之间的大小关系，结合“方法点拨”中求逆序数的计数方法即可求解．

【解析】$\tau(1, 2, \cdots, n)=0+0+\cdots+0=0$.

$\tau(n, n-1, \cdots, 2, 1)=n-1+n-2+\cdots+2+1=\frac{n(n-1)}{2}$.

【答案】D

例2　设$-a_{14}a_{32}a_{i1}a_{j3}$为四阶行列式$\begin{vmatrix} a_{11} & a_{12} & a_{13} & a_{14} \\ a_{21} & a_{22} & a_{23} & a_{24} \\ a_{31} & a_{32} & a_{33} & a_{34} \\ a_{41} & a_{42} & a_{43} & a_{44} \end{vmatrix}$中的一项，则$i$，$j$的值分别为（　　）．

A. 1，3　　B. 3，1　　C. 2，4

D. 4，2　　E. 1，2

【思路】已知行列式中的一项，求行指标i，j的值，可根据行列式的定义求解．

【解析】由于$a_{14}a_{32}a_{i1}a_{j3}$取自四阶行列式的不同行，因此i，j的取值只可能为2，4，即有$i=2$，$j=4$和$i=4$，$j=2$两种情况，分类讨论如下：

当$i=2$，$j=4$时，$a_{14}a_{32}a_{i1}a_{j3}=a_{14}a_{32}a_{21}a_{43}=a_{14}a_{21}a_{32}a_{43}$，其行指标已按照从小到大的顺序排列，其列指标构成的排列的逆序数$\tau(4, 1, 2, 3)=3$，故该项为$(-1)^{\tau(4,1,2,3)}a_{14}a_{21}a_{32}a_{43}=-a_{14}a_{21}a_{32}a_{43}$，与题意相符；

当 $i=4$，$j=2$ 时，$a_{14}a_{32}a_{i1}a_{j3}=a_{14}a_{32}a_{41}a_{23}=a_{14}a_{23}a_{32}a_{41}$，其行指标已按照从小到大的顺序排列，其列指标构成的排列的逆序数 $\tau(4,3,2,1)=3+2+1=6$，故该项为 $(-1)^{\tau(4,3,2,1)}a_{14}\cdot a_{23}a_{32}a_{41}=a_{14}a_{23}a_{32}a_{41}$，与题意不符．

【答案】C

题型 2　对克拉默法则的考查

【方法点拨】

对于 n 个方程 n 个未知数(或系数矩阵为方阵)的线性方程组，若系数矩阵的行列式不等于零，可用克拉默法则求解．

对线性方程组解的判定和求解的全面讨论，见第 6 章．

例 3　设 $\boldsymbol{A}=\begin{pmatrix}1&1&1&\cdots&1\\a_1&a_2&a_3&\cdots&a_n\\a_1^2&a_2^2&a_3^2&\cdots&a_n^2\\\vdots&\vdots&\vdots&&\vdots\\a_1^{n-1}&a_2^{n-1}&a_3^{n-1}&\cdots&a_n^{n-1}\end{pmatrix}$，$\boldsymbol{X}=\begin{pmatrix}x_1\\x_2\\x_3\\\vdots\\x_n\end{pmatrix}$，$\boldsymbol{B}=\begin{pmatrix}1\\1\\1\\\vdots\\1\end{pmatrix}$，其中 $a_i\neq a_j$ $(i\neq j$；$i,j=1,2,\cdots,n)$．则线性方程组 $\boldsymbol{A}^{\mathrm{T}}\boldsymbol{X}=\boldsymbol{B}$ 的解是(　　)．

A. $(1,1,\cdots,1)^{\mathrm{T}}$　　B. $(0,1,\cdots,1)^{\mathrm{T}}$　　C. $(1,\cdots,1,0)^{\mathrm{T}}$

D. $(1,0,\cdots,0)^{\mathrm{T}}$　　E. $(0,0,\cdots,1)^{\mathrm{T}}$

【思路】方程组 $\boldsymbol{A}^{\mathrm{T}}\boldsymbol{X}=\boldsymbol{B}$ 的系数矩阵为方阵，先计算其行列式，若非零，则用克拉默法则求解．

【解析】$|\boldsymbol{A}^{\mathrm{T}}|=\begin{vmatrix}1&a_1&a_1^2&\cdots&a_1^{n-1}\\1&a_2&a_2^2&\cdots&a_2^{n-1}\\1&a_3&a_3^2&\cdots&a_3^{n-1}\\\vdots&\vdots&\vdots&&\vdots\\1&a_n&a_n^2&\cdots&a_n^{n-1}\end{vmatrix}$ 是范德蒙德行列式(详见本章第 3 节题型 4“方法点拨”)，故 $|\boldsymbol{A}^{\mathrm{T}}|=\prod\limits_{1\leqslant i<j\leqslant n}(a_j-a_i)$，由题干知 $a_i\neq a_j$，得 $|\boldsymbol{A}^{\mathrm{T}}|=\prod\limits_{1\leqslant i<j\leqslant n}(a_j-a_i)\neq 0$，故由克拉默法则，知 $\boldsymbol{A}^{\mathrm{T}}\boldsymbol{X}=\boldsymbol{B}$ 有唯一解，且

$$x_1=\frac{1}{|\boldsymbol{A}^{\mathrm{T}}|}\begin{vmatrix}1&a_1&a_1^2&\cdots&a_1^{n-1}\\1&a_2&a_2^2&\cdots&a_2^{n-1}\\1&a_3&a_3^2&\cdots&a_3^{n-1}\\\vdots&\vdots&\vdots&&\vdots\\1&a_n&a_n^2&\cdots&a_n^{n-1}\end{vmatrix}=\frac{|\boldsymbol{A}^{\mathrm{T}}|}{|\boldsymbol{A}^{\mathrm{T}}|}=1,\ x_2=\frac{1}{|\boldsymbol{A}^{\mathrm{T}}|}\begin{vmatrix}1&1&a_1^2&\cdots&a_1^{n-1}\\1&1&a_2^2&\cdots&a_2^{n-1}\\1&1&a_3^2&\cdots&a_3^{n-1}\\\vdots&\vdots&\vdots&&\vdots\\1&1&a_n^2&\cdots&a_n^{n-1}\end{vmatrix}=\frac{0}{|\boldsymbol{A}^{\mathrm{T}}|}=0.$$

同理计算得 $x_3=x_4=\cdots=x_n=0$，故 $\boldsymbol{A}^{\mathrm{T}}\boldsymbol{X}=\boldsymbol{B}$ 的解是

$$(x_1,x_2,\cdots,x_n)^{\mathrm{T}}=(1,0,\cdots,0)^{\mathrm{T}}.$$

【答案】D

题型 3 对矩阵运算的考查

【方法点拨】

(1)掌握矩阵的运算及运算律，并与行列式的类似的性质相区分．

比较		矩阵	行列式
区别	行数 列数	未必相等	相等
	写法	$\begin{pmatrix} a_{11} & a_{12} & \cdots & a_{1n} \\ a_{21} & a_{22} & \cdots & a_{2n} \\ \vdots & \vdots & & \vdots \\ a_{m1} & a_{m2} & \cdots & a_{mn} \end{pmatrix}$	$\begin{vmatrix} a_{11} & a_{12} & \cdots & a_{1n} \\ a_{21} & a_{22} & \cdots & a_{2n} \\ \vdots & \vdots & & \vdots \\ a_{n1} & a_{n2} & \cdots & a_{nn} \end{vmatrix}$
	实质	数表	数
	加法	同型的前提下，对应元素相加，如 $\begin{pmatrix} 1 & 2 \\ 3 & 4 \end{pmatrix}+\begin{pmatrix} 5 & 6 \\ 7 & 8 \end{pmatrix}=\begin{pmatrix} 6 & 8 \\ 10 & 12 \end{pmatrix}$.	同阶且除某行(列)外其余元素相同的前提下，该行(列)对应元素相加，如 $\begin{vmatrix} 1 & 2 \\ 3 & 4 \end{vmatrix}+\begin{vmatrix} 1 & 2 \\ 5 & 6 \end{vmatrix}=\begin{vmatrix} 1 & 2 \\ 8 & 10 \end{vmatrix}$.
	数乘	数乘到每个元素上，如 $k\begin{pmatrix} 1 & 2 \\ 3 & 4 \end{pmatrix}=\begin{pmatrix} k & 2k \\ 3k & 4k \end{pmatrix}$.	数乘到某行(列)元素上，如 $k\begin{vmatrix} 1 & 2 \\ 3 & 4 \end{vmatrix}=\begin{vmatrix} 1 & 2 \\ 3k & 4k \end{vmatrix}$.
联系		①方阵 $\boldsymbol{A}$ 可通过取行列式得到 $\lvert\boldsymbol{A}\rvert$．从本质上看，这意味着数表 $\boldsymbol{A}$ 按一定的运算法则确定了数 $\lvert\boldsymbol{A}\rvert$． ②非方阵的矩阵 $\boldsymbol{A}$ 可考虑“子式”，详见本章第 1 节． ③行列式的性质(1)用方阵 $\boldsymbol{A}$ 表示为 $\lvert\boldsymbol{A}\rvert=\lvert\boldsymbol{A}^{\mathrm{T}}\rvert$．	

(2)掌握 $n\times 1$ 矩阵运算的结论．

设 $\boldsymbol{\alpha}$ 和 $\boldsymbol{\beta}$ 均为 $n\times 1(n\geqslant 2)$ 矩阵，则 $\boldsymbol{\alpha}^{\mathrm{T}}\boldsymbol{\beta}=\boldsymbol{\beta}^{\mathrm{T}}\boldsymbol{\alpha}$ 为实数，$\boldsymbol{\alpha}\boldsymbol{\beta}^{\mathrm{T}}=(\boldsymbol{\beta}\boldsymbol{\alpha}^{\mathrm{T}})^{\mathrm{T}}$ 为 n 阶方阵，且 $\mathrm{tr}(\boldsymbol{\alpha}\boldsymbol{\beta}^{\mathrm{T}})=\mathrm{tr}(\boldsymbol{\beta}\boldsymbol{\alpha}^{\mathrm{T}})=\boldsymbol{\alpha}^{\mathrm{T}}\boldsymbol{\beta}=\boldsymbol{\beta}^{\mathrm{T}}\boldsymbol{\alpha}$，其中 $\mathrm{tr}(\boldsymbol{A})$ 表示方阵 $\boldsymbol{A}$ 的主对角线上的元素之和．

例 4　设 $\boldsymbol{A}$，$\boldsymbol{B}$ 均为 $n(n\geqslant 2)$ 阶方阵，k 为非零实数，则下列结论中正确的有(　　)个．

(1) $\lvert\boldsymbol{A}+\boldsymbol{B}\rvert=\lvert\boldsymbol{A}\rvert+\lvert\boldsymbol{B}\rvert$；(2) $\lvert k\boldsymbol{A}\rvert=k\lvert\boldsymbol{A}\rvert$；(3) $\lvert\boldsymbol{A}^{\mathrm{T}}\rvert=\lvert\boldsymbol{A}\rvert$；(4) $\lvert\boldsymbol{A}\boldsymbol{B}\rvert=\lvert\boldsymbol{A}\rvert\lvert\boldsymbol{B}\rvert$.

A. 0　　B. 1　　C. 2　　D. 3　　E. 4

【思路】已知方阵的行列式，可根据方阵行列式的运算公式进行求解．

【解析】$\lvert k\boldsymbol{A}\rvert=k^n\lvert\boldsymbol{A}\rvert$，$\lvert\boldsymbol{A}^{\mathrm{T}}\rvert=\lvert\boldsymbol{A}\rvert$，$\lvert\boldsymbol{A}\boldsymbol{B}\rvert=\lvert\boldsymbol{A}\rvert\lvert\boldsymbol{B}\rvert$，故(2)错误，(3)、(4)正确．

令 $\boldsymbol{A}=\begin{pmatrix} 1 & 0 \\ 0 & 0 \end{pmatrix}$，$\boldsymbol{B}=\begin{pmatrix} 0 & 0 \\ 0 & 1 \end{pmatrix}$，则 $\lvert\boldsymbol{A}+\boldsymbol{B}\rvert=1$，而 $\lvert\boldsymbol{A}\rvert+\lvert\boldsymbol{B}\rvert=0$，故(1)错误．

综上，正确的结论有 2 个．

【答案】C

例 5　设 $\boldsymbol{\alpha}$ 和 $\boldsymbol{\beta}$ 均为 $n\times1$ 矩阵，且 $\boldsymbol{\alpha}\boldsymbol{\beta}^{\mathrm{T}}=\begin{pmatrix}1&2&\cdots&n\\1&2&\cdots&n\\\vdots&\vdots&&\vdots\\1&2&\cdots&n\end{pmatrix}$，则下列结论中正确的有(　　)个.

(1)$\boldsymbol{\alpha}^{\mathrm{T}}\boldsymbol{\beta}=\dfrac{n(n+1)}{2}$；　(2)$\boldsymbol{\beta}^{\mathrm{T}}\boldsymbol{\alpha}=\dfrac{n(n+1)}{2}$；

(3)$\boldsymbol{\beta}\boldsymbol{\alpha}^{\mathrm{T}}=\begin{pmatrix}1&2&\cdots&n\\1&2&\cdots&n\\\vdots&\vdots&&\vdots\\1&2&\cdots&n\end{pmatrix}$；(4)$\boldsymbol{\beta}\boldsymbol{\alpha}^{\mathrm{T}}=\begin{pmatrix}1\\2\\\vdots\\n\end{pmatrix}(1,1,\cdots,1)$.

A. 0　　B. 1　　C. 2

D. 3　　E. 4

【思路】已知 $\boldsymbol{\alpha}$ 和 $\boldsymbol{\beta}$ 均为 $n\times1$ 矩阵，要根据 $\boldsymbol{\alpha}\boldsymbol{\beta}^{\mathrm{T}}$ 求 $\boldsymbol{\alpha}^{\mathrm{T}}\boldsymbol{\beta}$，$\boldsymbol{\beta}^{\mathrm{T}}\boldsymbol{\alpha}$ 和 $\boldsymbol{\beta}\boldsymbol{\alpha}^{\mathrm{T}}$，故根据 $n\times1$ 矩阵的运算结论求解.

【解析】

$$\boldsymbol{\alpha}^{\mathrm{T}}\boldsymbol{\beta}=\boldsymbol{\beta}^{\mathrm{T}}\boldsymbol{\alpha}=\mathrm{tr}(\boldsymbol{\alpha}\boldsymbol{\beta}^{\mathrm{T}})=\frac{n(n+1)}{2},$$

$$\boldsymbol{\beta}\boldsymbol{\alpha}^{\mathrm{T}}=(\boldsymbol{\alpha}\boldsymbol{\beta}^{\mathrm{T}})^{\mathrm{T}}=\begin{pmatrix}1&1&\cdots&1\\2&2&\cdots&2\\\vdots&\vdots&&\vdots\\n&n&\cdots&n\end{pmatrix}=\begin{pmatrix}1\\2\\\vdots\\n\end{pmatrix}(1,1,\cdots,1).$$

故(1)、(2)、(4)正确，(3)错误.

【答案】D

本节习题自测

1. 设 $a_{ij}>0(i, j=1, 2, 3)$，则三阶行列式 $\begin{vmatrix}a_{11}&a_{12}&a_{13}\\a_{21}&a_{22}&a_{23}\\a_{31}&a_{32}&a_{33}\end{vmatrix}$ 的负项个数为(　　).

A. 1　　B. 2　　C. 3

D. 4　　E. 5

2. 线性方程组 $\begin{cases}x_1+x_2-x_3=1,\\2x_1+x_2+2x_3=2,\\x_1-x_2+3x_3=0\end{cases}$ 的解为(　　).

A. $\left(1, \dfrac{1}{4}, \dfrac{1}{4}\right)^{\mathrm{T}}$　　B. $\left(\dfrac{1}{4}, 1, \dfrac{1}{4}\right)^{\mathrm{T}}$　　C. $\left(\dfrac{1}{4}, \dfrac{1}{4}, 1\right)^{\mathrm{T}}$

D. $\left(1, 1, \dfrac{1}{4}\right)^{\mathrm{T}}$　　E. $\left(1, \dfrac{1}{4}, 1\right)^{\mathrm{T}}$

3. 设 $\boldsymbol{\alpha}$ 为 $n\times 1$ 矩阵($n\geqslant 2$)，则下列结论中正确的有(　　)个．

(1)$\boldsymbol{\alpha}^{\mathrm{T}}\boldsymbol{\alpha}$ 为非负实数；(2)$\boldsymbol{\alpha}\boldsymbol{\alpha}^{\mathrm{T}}$ 为非零方阵；(3)$(\boldsymbol{\alpha}\boldsymbol{\alpha}^{\mathrm{T}})^{\mathrm{T}}=\boldsymbol{\alpha}^{\mathrm{T}}\boldsymbol{\alpha}$；(4)$\boldsymbol{\alpha}^{\mathrm{T}}\boldsymbol{\alpha}=\mathrm{tr}(\boldsymbol{\alpha}\boldsymbol{\alpha}^{\mathrm{T}})$.

A. 0　　B. 1　　C. 2　　D. 3　　E. 4

4. 设 $\boldsymbol{A}$，$\boldsymbol{B}$ 均为 n 阶方阵，k 为实数，若 $\boldsymbol{A}^{\mathrm{T}}=-\boldsymbol{A}$，$\boldsymbol{B}^{\mathrm{T}}=-\boldsymbol{B}$，则错误的是(　　).

A. $(\boldsymbol{A}+\boldsymbol{B})^{\mathrm{T}}=-\boldsymbol{A}-\boldsymbol{B}$　　B. $(\boldsymbol{A}-\boldsymbol{B})^{\mathrm{T}}=\boldsymbol{B}-\boldsymbol{A}$

C. $(k\boldsymbol{A})^{\mathrm{T}}=-k\boldsymbol{A}$　　D. $(\boldsymbol{A}^2-\boldsymbol{B}^2)^{\mathrm{T}}=\boldsymbol{A}^2-\boldsymbol{B}^2$

E. $(\boldsymbol{AB})^{\mathrm{T}}=\boldsymbol{AB}$

习题详解

1. C

【解析】$\begin{vmatrix} a_{11} & a_{12} & a_{13} \\ a_{21} & a_{22} & a_{23} \\ a_{31} & a_{32} & a_{33} \end{vmatrix}=a_{11}a_{22}a_{33}+a_{12}a_{23}a_{31}+a_{13}a_{21}a_{32}-a_{11}a_{23}a_{32}-a_{12}a_{21}a_{33}-a_{13}a_{22}a_{31}$，其中有 3 项为负．

2. B

【解析】系数行列式 $D=\begin{vmatrix} 1 & 1 & -1 \\ 2 & 1 & 2 \\ 1 & -1 & 3 \end{vmatrix}=\begin{vmatrix} 1 & 0 & 0 \\ 2 & -1 & 4 \\ 1 & -2 & 4 \end{vmatrix}=4\neq 0$，故该方程组有唯一解，且 $x_1=\dfrac{D_1}{D}=\dfrac{1}{4}\begin{vmatrix} 1 & 1 & -1 \\ 2 & 1 & 2 \\ 0 & -1 & 3 \end{vmatrix}=\dfrac{1}{4}\begin{vmatrix} 1 & 1 & -1 \\ 0 & -1 & 4 \\ 0 & -1 & 3 \end{vmatrix}=\dfrac{1}{4}$，同理计算得 $x_2=1$，$x_3=\dfrac{1}{4}$，故原线性方程组的解为 $(x_1,\ x_2,\ x_3)^{\mathrm{T}}=\left(\dfrac{1}{4},\ 1,\ \dfrac{1}{4}\right)^{\mathrm{T}}$.

3. C

【解析】$\boldsymbol{\alpha}^{\mathrm{T}}\boldsymbol{\alpha}$ 为实数，$\boldsymbol{\alpha}\boldsymbol{\alpha}^{\mathrm{T}}$ 为方阵，$(\boldsymbol{\alpha}\boldsymbol{\alpha}^{\mathrm{T}})^{\mathrm{T}}=\boldsymbol{\alpha}\boldsymbol{\alpha}^{\mathrm{T}}$，$\boldsymbol{\alpha}^{\mathrm{T}}\boldsymbol{\alpha}=\mathrm{tr}(\boldsymbol{\alpha}\boldsymbol{\alpha}^{\mathrm{T}})$，故(3)错误，(4)正确．

令 $\boldsymbol{\alpha}=\begin{pmatrix} a_1 \\ a_2 \\ \vdots \\ a_n \end{pmatrix}$，则 $\boldsymbol{\alpha}^{\mathrm{T}}\boldsymbol{\alpha}=(a_1,\ a_2,\ \cdots,\ a_n)\begin{pmatrix} a_1 \\ a_2 \\ \vdots \\ a_n \end{pmatrix}=a_1^2+a_2^2+\cdots+a_n^2\geqslant 0$，故(1)正确．

令 $\boldsymbol{\alpha}=\begin{pmatrix} 0 \\ 0 \\ \vdots \\ 0 \end{pmatrix}$，则 $\boldsymbol{\alpha}\boldsymbol{\alpha}^{\mathrm{T}}=\boldsymbol{O}$，故(2)错误．

4. E

【解析】A 项：$(\boldsymbol{A}+\boldsymbol{B})^{\mathrm{T}}=\boldsymbol{A}^{\mathrm{T}}+\boldsymbol{B}^{\mathrm{T}}=-\boldsymbol{A}-\boldsymbol{B}$，A 项正确．

B 项：$(\boldsymbol{A}-\boldsymbol{B})^{\mathrm{T}}=\boldsymbol{A}^{\mathrm{T}}-\boldsymbol{B}^{\mathrm{T}}=-\boldsymbol{A}+\boldsymbol{B}=\boldsymbol{B}-\boldsymbol{A}$，B 项正确．

C 项：$(k\boldsymbol{A})^{\mathrm{T}}=k\boldsymbol{A}^{\mathrm{T}}=-k\boldsymbol{A}$，C 项正确．

D 项：$(\boldsymbol{A}^2-\boldsymbol{B}^2)^{\mathrm{T}}=(\boldsymbol{AA})^{\mathrm{T}}-(\boldsymbol{BB})^{\mathrm{T}}=\boldsymbol{A}^{\mathrm{T}}\boldsymbol{A}^{\mathrm{T}}-\boldsymbol{B}^{\mathrm{T}}\boldsymbol{B}^{\mathrm{T}}=\boldsymbol{A}^2-\boldsymbol{B}^2$，D 项正确．

E 项：$(\boldsymbol{AB})^{\mathrm{T}}=\boldsymbol{B}^{\mathrm{T}}\boldsymbol{A}^{\mathrm{T}}=\boldsymbol{BA}$，由于 $\boldsymbol{BA}$ 不一定等于 $\boldsymbol{AB}$，因此 $(\boldsymbol{AB})^{\mathrm{T}}=\boldsymbol{AB}$ 不一定成立，E 项错误．

第3节 真题题型

题型4 具体型行列式的计算

【方法点拨】

(1)掌握行列式的定义、性质和展开定理，熟记如下特殊行列式的公式：

①二阶行列式：$\begin{vmatrix} a_{11} & a_{12} \\ a_{21} & a_{22} \end{vmatrix}=a_{11}a_{22}-a_{12}a_{21}$.

②上(下)三角行列式：

$$\begin{vmatrix} a_{11} & a_{12} & \cdots & a_{1n} \\ 0 & a_{22} & \cdots & a_{2n} \\ \vdots & \vdots & & \vdots \\ 0 & 0 & \cdots & a_{nn} \end{vmatrix}=\begin{vmatrix} a_{11} & 0 & \cdots & 0 \\ a_{21} & a_{22} & \cdots & 0 \\ \vdots & \vdots & & \vdots \\ a_{n1} & a_{n2} & \cdots & a_{nn} \end{vmatrix}=a_{11}a_{22}\cdots a_{nn};$$

副对角线以下(上)元素全为零的行列式：

$$\begin{vmatrix} a_{11} & \cdots & a_{1,n-1} & a_{1n} \\ a_{21} & \cdots & a_{2,n-1} & 0 \\ \vdots & & \vdots & \vdots \\ a_{n1} & \cdots & 0 & 0 \end{vmatrix}=\begin{vmatrix} 0 & \cdots & 0 & a_{1n} \\ 0 & \cdots & a_{2,n-1} & a_{2n} \\ \vdots & & \vdots & \vdots \\ a_{n1} & \cdots & a_{n,n-1} & a_{nn} \end{vmatrix}=(-1)^{\frac{n(n-1)}{2}}a_{1n}a_{2,n-1}\cdots a_{n1}.$$

③范德蒙德行列式：

$$\begin{vmatrix} 1 & 1 & 1 & \cdots & 1 \\ a_1 & a_2 & a_3 & \cdots & a_n \\ a_1^2 & a_2^2 & a_3^2 & \cdots & a_n^2 \\ \vdots & \vdots & \vdots & & \vdots \\ a_1^{n-1} & a_2^{n-1} & a_3^{n-1} & \cdots & a_n^{n-1} \end{vmatrix}=\prod_{1\leqslant i<j\leqslant n}(a_j-a_i)$$，其中记号“$\prod$”表示同类因子的连乘.

(2)若涉及行列式的行(列)相关变形(倍加、倍乘、交换两行或两列、提公因子、分解等)，则用行列式的性质.

(3)若某行(列)仅有1或2个非零元素，则选取该行(列)用展开定理. 若符合该特征的行(列)有多个，则选非零元素对应的代数余子式易算的行(列)，用展开定理.

若已知一个行列式，求其某行(列)的余子式或代数余子式的线性组合，如$-M_{21}-2M_{22}+3M_{23}+4M_{24}$或$-A_{21}-2A_{22}+3A_{23}+4A_{24}$，则逆用展开定理；对余子式或代数余子式的其他讨论，则用其定义.

(4)若参数较多，直接计算比较烦琐，则用特殊值法排除.

(5)若行列式的元素含变量，如x或x，y，则可能与函数、方程等建立联系，求解的关键仍在行列式的计算. 见例10.

例 6 若 $\begin{vmatrix} a_{11} & a_{12} & a_{13} \\ a_{21} & a_{22} & a_{23} \\ a_{31} & a_{32} & a_{33} \end{vmatrix}=1$，则 $\begin{vmatrix} a_{11}-a_{12} & 2a_{12}-3a_{13} & a_{13} \\ a_{21}-a_{22} & 2a_{22}-3a_{23} & a_{23} \\ a_{31}-a_{32} & 2a_{32}-3a_{33} & a_{33} \end{vmatrix}=$(　　).

A. -3　　B. -1　　C. 0　　D. 1　　E. 2

【思路】利用行列式的性质，将所求行列式向已知行列式变形.

【解析】$\begin{vmatrix} a_{11}-a_{12} & 2a_{12}-3a_{13} & a_{13} \\ a_{21}-a_{22} & 2a_{22}-3a_{23} & a_{23} \\ a_{31}-a_{32} & 2a_{32}-3a_{33} & a_{33} \end{vmatrix}=\begin{vmatrix} a_{11}-a_{12} & 2a_{12} & a_{13} \\ a_{21}-a_{22} & 2a_{22} & a_{23} \\ a_{31}-a_{32} & 2a_{32} & a_{33} \end{vmatrix}+\begin{vmatrix} a_{11}-a_{12} & -3a_{13} & a_{13} \\ a_{21}-a_{22} & -3a_{23} & a_{23} \\ a_{31}-a_{32} & -3a_{33} & a_{33} \end{vmatrix}$

$$=2\begin{vmatrix} a_{11}-a_{12} & a_{12} & a_{13} \\ a_{21}-a_{22} & a_{22} & a_{23} \\ a_{31}-a_{32} & a_{32} & a_{33} \end{vmatrix}+0=2\begin{vmatrix} a_{11} & a_{12} & a_{13} \\ a_{21} & a_{22} & a_{23} \\ a_{31} & a_{32} & a_{33} \end{vmatrix}=2.$$

【答案】E

例 7 设 $n(n\geqslant 4)$阶行列式 D 的第 n 行元素为 a_{nj}，$j=1, 2, \cdots, n$，a_{nj} 的余子式和代数余子式分别为 M_{nj} 和 A_{nj}. 先交换 D 的前 2 行，再将第 n 行元素替换为 b_{nj}，$j=1, 2, \cdots, n$，所得行列式记为 D'，b_{nj} 的余子式和代数余子式分别为 M'_{nj} 和 A'_{nj}，则(　　).

A. $M_{n1}=-A'_{n1}$　　B. $M_{n2}=-A'_{n2}$　　C. $M_{nn}=-A'_{nn}$

D. $A_{n1}=A'_{n1}$　　E. $A_{n2}=A'_{n2}$

【思路】本题涉及余子式和代数余子式的讨论，可用其定义求解.

【解析】由于元素的余子式与元素所在的行元素无关，再结合题意可知，交换 M_{nj} 的前 2 行得到 M'_{nj}，故 $M_{nj}=-M'_{nj}$，$j=1, 2, \cdots, n$.

$A'_{n1}=(-1)^{n+1}M'_{n1}=(-1)^{n+2}M_{n1}=\begin{cases} -M_{n1}, & n\text{ 为奇数}, \\ M_{n1}, & n\text{ 为偶数}, \end{cases}$ 故 A 项错误；同理，B 项错误.

$A'_{nn}=(-1)^{2n}M'_{nn}=M'_{nn}=-M_{nn}$，故 C 项正确.

$A'_{n1}=(-1)^{n+1}M'_{n1}=(-1)^{n+1}(-M_{n1})=-A_{n1}$，故 D 项错误；同理，E 项错误.

【答案】C

例 8 若四阶行列式 $D=\begin{vmatrix} 1 & 2 & 3 & 4 \\ -1 & 5 & 6 & 7 \\ 1 & 8 & 9 & 10 \\ -1 & 11 & 12 & 13 \end{vmatrix}$，则第四列各元素的余子式之和，即 $M_{14}+M_{24}+M_{34}+M_{44}=$(　　).

A. 0　　B. 1　　C. 2　　D. 3　　E. 4

【思路】本题求余子式之和，先用代数余子式表示，再逆用展开定理求行列式的值.

【解析】用代数余子式前的系数替换行列式的第四列元素，可得

$$M_{14}+M_{24}+M_{34}+M_{44}=-A_{14}+A_{24}-A_{34}+A_{44}=\begin{vmatrix} 1 & 2 & 3 & -1 \\ -1 & 5 & 6 & 1 \\ 1 & 8 & 9 & -1 \\ -1 & 11 & 12 & 1 \end{vmatrix}=0.$$

【答案】A

例 9 $\begin{vmatrix} a+b & b+c & c+a \\ c+a & a+b & b+c \\ b+c & c+a & a+b \end{vmatrix}=(\quad)$.

A. $3(a+b)(b+c)(c+a)-a^3-b^3-c^3$

B. $3(a+b)(b+c)(c+a)-(a+b)^2-(b+c)^2-(c+a)^2$

C. $3(a+b)(b+c)(c+a)-(a+b)^3-(b+c)^3-(c+a)^3$

D. $(a+b)^2+(b+c)^2+(c+a)^2-3(a+b)(b+c)(c+a)$

E. $(a+b)^3+(b+c)^3+(c+a)^3-3(a+b)(b+c)(c+a)$

【思路】本题参数较多，直接算比较烦琐，建议用特殊值法排除．

【解析】令 $a=b=c=1$，则 $\begin{vmatrix} a+b & b+c & c+a \\ c+a & a+b & b+c \\ b+c & c+a & a+b \end{vmatrix}=0$，而A、B、D项的表达式均非零，故排除这三项．

令 $a=1$，$b=c=0$，则 $\begin{vmatrix} a+b & b+c & c+a \\ c+a & a+b & b+c \\ b+c & c+a & a+b \end{vmatrix}=\begin{vmatrix} 1 & 0 & 1 \\ 1 & 1 & 0 \\ 0 & 1 & 1 \end{vmatrix}=\begin{vmatrix} 1 & 0 & 1 \\ 0 & 1 & -1 \\ 0 & 1 & 1 \end{vmatrix}=2$，而C项的表达式的值为 -2，故排除C项．

【答案】E

例 10 已知 $\begin{vmatrix} x & 1 & -1 & 1 \\ -1 & -x & 1 & 1 \\ 1 & -1 & x & -x \\ 1 & x & -1 & y \end{vmatrix}=g(x, y)$，则以下结论中正确的个数为(　　).

(1)函数 $g(x, 0)$ 的常数项为0；(2)方程 $g(x, 0)=0$ 的实根之和为0；(3)满足 $g(x, y)=0$ 的实数对 (x, y) 有无穷多个；(4)满足 $g(x, y)=0$ 且 $|x-y|\leqslant 1$ 的实数对 (x, y) 只有2个．

A. 0　　B. 1　　C. 2　　D. 3　　E. 4

【思路】先计算行列式得到 $g(x, y)$ 和 $g(x, 0)$，再结合给出的结论判断正误．

【解析】将已知行列式的第2行加到第4行，再按第4行展开，计算可得

$$g(x, y)=\begin{vmatrix} x & 1 & -1 & 1 \\ -1 & -x & 1 & 1 \\ 1 & -1 & x & -x \\ 1 & x & -1 & y \end{vmatrix}=\begin{vmatrix} x & 1 & -1 & 1 \\ -1 & -x & 1 & 1 \\ 1 & -1 & x & -x \\ 0 & 0 & 0 & y+1 \end{vmatrix}=(y+1)\begin{vmatrix} x & 1 & -1 \\ -1 & -x & 1 \\ 1 & -1 & x \end{vmatrix}$$

$$=(y+1)x\begin{vmatrix} 1 & -1 & 1 \\ -1 & -x & 1 \\ 1 & -1 & x \end{vmatrix}=(y+1)x\begin{vmatrix} 1 & -1 & 1 \\ 0 & -x-1 & 2 \\ 0 & 0 & x-1 \end{vmatrix}=-x(x+1)(x-1)(y+1),$$

则 $g(x, 0)=-x(x+1)(x-1)$，故 $g(x, 0)$ 的常数项为0，(1)正确；

令 $g(x, 0)=0$ 解得 $x=0$，± 1，故 $g(x, 0)$ 的实根之和为0，(2)正确；

令 $g(x, y)=0$ 解得 $x=0$，± 1 或 $y=-1$，即满足 $g(x, y)=0$ 的 (x, y) 有 $(0, y)$，$(1, y)$，$(-1, y)$，$(x, -1)$，$(x, y\in\mathbf{R})$，数量为无穷多个，(3)正确；上述实数对中满足 $|x-y|\leqslant 1$ 的有无穷多个(如 $(0, y)$，$y\in[-1, 1]$)，故(4)错误．

综上，结论中正确的个数为3.

【注意】若只求 $g(x,0)$ 的常数项，也可用以下方法：由 $g(x,0)=\begin{vmatrix} x & 1 & -1 & 1 \\ -1 & -x & 1 & 1 \\ 1 & -1 & x & -x \\ 1 & x & -1 & 0 \end{vmatrix}$，可知 $g(x,0)$ 是关于 x 的多项式，其常数项为

$$g(0,0)=\begin{vmatrix} 0 & 1 & -1 & 1 \\ -1 & 0 & 1 & 1 \\ 1 & -1 & 0 & 0 \\ 1 & 0 & -1 & 0 \end{vmatrix}=\begin{vmatrix} 0 & 1 & -1 & 1 \\ -1 & -1 & 2 & 0 \\ 1 & -1 & 0 & 0 \\ 1 & 0 & -1 & 0 \end{vmatrix}$$

$$=1\times(-1)^{1+4}\begin{vmatrix} -1 & -1 & 2 \\ 1 & -1 & 0 \\ 1 & 0 & -1 \end{vmatrix}=-\begin{vmatrix} -1 & -1 & 1 \\ 1 & -1 & 1 \\ 1 & 0 & 0 \end{vmatrix}=0.$$

【答案】D

题型5 抽象型行列式的计算

【方法点拨】

(1)求抽象方阵之积的行列式，如 $|A^{-1}B^*|$：用方阵的行列式的公式计算．常用公式如下：

设 A，B 均为 n 阶方阵，k 为实数，m 为正整数，则 $|kA|=k^n|A|$，$|A^T|=|A|$，$|AB|=|A||B|$，$|A^m|=|A|^m$，$|A^*|=|A|^{n-1}$，$|A^{-1}|=|A|^{-1}$(A 可逆)．

(2)求抽象列向量构成的行列式，如 $|\boldsymbol{\alpha}_1+\boldsymbol{\alpha}_2+\boldsymbol{\alpha}_3,\ \boldsymbol{\alpha}_1+2\boldsymbol{\alpha}_2,\ 3\boldsymbol{\alpha}_3|$(向量相关概念详见第6章)：

方法一：用行列式的性质变形．

方法二：若行列式的每一列为同一向量组的线性组合，则用分块矩阵的运算变形(分块矩阵相关内容见本章第4节题型15)．

【例】设 $\boldsymbol{\alpha}_i$（$i=1,2,3$）为三维列向量，且 $|\boldsymbol{\alpha}_1,\boldsymbol{\alpha}_2,\boldsymbol{\alpha}_3|=a$，求 $|\boldsymbol{\alpha}_1+\boldsymbol{\alpha}_2+\boldsymbol{\alpha}_3,\ \boldsymbol{\alpha}_1+2\boldsymbol{\alpha}_2,\ 3\boldsymbol{\alpha}_3|$．

方法一：用行列式的性质变形．

$$|\boldsymbol{\alpha}_1+\boldsymbol{\alpha}_2+\boldsymbol{\alpha}_3,\ \boldsymbol{\alpha}_1+2\boldsymbol{\alpha}_2,\ 3\boldsymbol{\alpha}_3|=3|\boldsymbol{\alpha}_1+\boldsymbol{\alpha}_2,\ \boldsymbol{\alpha}_1+2\boldsymbol{\alpha}_2,\ \boldsymbol{\alpha}_3|$$
$$=3|\boldsymbol{\alpha}_1+\boldsymbol{\alpha}_2,\ \boldsymbol{\alpha}_2,\ \boldsymbol{\alpha}_3|=3|\boldsymbol{\alpha}_1,\ \boldsymbol{\alpha}_2,\ \boldsymbol{\alpha}_3|=3a.$$

方法二：用分块矩阵运算变形．

$$(\boldsymbol{\alpha}_1+\boldsymbol{\alpha}_2+\boldsymbol{\alpha}_3,\ \boldsymbol{\alpha}_1+2\boldsymbol{\alpha}_2,\ 3\boldsymbol{\alpha}_3)=(\boldsymbol{\alpha}_1,\ \boldsymbol{\alpha}_2,\ \boldsymbol{\alpha}_3)\begin{pmatrix} 1 & 1 & 0 \\ 1 & 2 & 0 \\ 1 & 0 & 3 \end{pmatrix}.$$

则有 $|\boldsymbol{\alpha}_1+\boldsymbol{\alpha}_2+\boldsymbol{\alpha}_3,\ \boldsymbol{\alpha}_1+2\boldsymbol{\alpha}_2,\ 3\boldsymbol{\alpha}_3|=|\boldsymbol{\alpha}_1,\ \boldsymbol{\alpha}_2,\ \boldsymbol{\alpha}_3|\begin{vmatrix} 1 & 1 & 0 \\ 1 & 2 & 0 \\ 1 & 0 & 3 \end{vmatrix}=3a.$

注意：在方法二中，分块矩阵 $(\boldsymbol{\alpha}_1+\boldsymbol{\alpha}_2+\boldsymbol{\alpha}_3,\ \boldsymbol{\alpha}_1+2\boldsymbol{\alpha}_2,\ 3\boldsymbol{\alpha}_3)$ 的每一列都用到了如下变形：

$$k_1\boldsymbol{\alpha}_1+k_2\boldsymbol{\alpha}_2+k_3\boldsymbol{\alpha}_3=(\boldsymbol{\alpha}_1,\ \boldsymbol{\alpha}_2,\ \boldsymbol{\alpha}_3)\begin{pmatrix} k_1 \\ k_2 \\ k_3 \end{pmatrix}.$$

例 11 已知 $\boldsymbol{A}$，$\boldsymbol{B}$ 为三阶方阵，且 $|\boldsymbol{A}|=-1$，$|\boldsymbol{B}|=2$，则 $|2(\boldsymbol{A}^{\mathrm{T}}\boldsymbol{B}^{-1})^2|=$（　　）.

A. -1　　B. 1　　C. -2　　D. 2　　E. 0

【思路】行列式 $|2(\boldsymbol{A}^{\mathrm{T}}\boldsymbol{B}^{-1})^2|$ 为抽象方阵之积的行列式，故用方阵的行列式公式计算.

【解析】应用矩阵与行列式的运算性质，得

$$\begin{aligned}|2(\boldsymbol{A}^{\mathrm{T}}\boldsymbol{B}^{-1})^2|&=2^3|(\boldsymbol{A}^{\mathrm{T}}\boldsymbol{B}^{-1})^2|=8|\boldsymbol{A}^{\mathrm{T}}\boldsymbol{B}^{-1}|^2\\&=8(|\boldsymbol{A}^{\mathrm{T}}|\,|\boldsymbol{B}^{-1}|)^2=8(|\boldsymbol{A}|\,|\boldsymbol{B}|^{-1})^2=8(-2^{-1})^2=2.\end{aligned}$$

【答案】D

例 12 已知 $\boldsymbol{A}=(\boldsymbol{\alpha},\boldsymbol{\gamma}_2,\boldsymbol{\gamma}_3,\boldsymbol{\gamma}_4)$，$\boldsymbol{B}=(\boldsymbol{\beta},\boldsymbol{\gamma}_2,\boldsymbol{\gamma}_3,\boldsymbol{\gamma}_4)$ 为四阶方阵，其中 $\boldsymbol{\alpha}$，$\boldsymbol{\beta}$，$\boldsymbol{\gamma}_2$，$\boldsymbol{\gamma}_3$，$\boldsymbol{\gamma}_4$ 均为四维列向量，且已知行列式 $|\boldsymbol{A}|=4$，$|\boldsymbol{B}|=1$，则 $|\boldsymbol{A}+\boldsymbol{B}|=$（　　）.

A. 5　　B. 10　　C. 20　　D. 40　　E. 80

【思路】矩阵 $\boldsymbol{A}$，$\boldsymbol{B}$ 均为按列分块的矩阵，因此行列式 $|\boldsymbol{A}+\boldsymbol{B}|$ 为抽象列向量构成的行列式，由于 $|\boldsymbol{A}+\boldsymbol{B}|$ 的每一列并非同一向量组的线性组合，故用行列式的性质计算 $|\boldsymbol{A}+\boldsymbol{B}|$.

【解析】

$$\begin{aligned}|\boldsymbol{A}+\boldsymbol{B}|&=|\boldsymbol{\alpha}+\boldsymbol{\beta},2\boldsymbol{\gamma}_2,2\boldsymbol{\gamma}_3,2\boldsymbol{\gamma}_4|=8|\boldsymbol{\alpha}+\boldsymbol{\beta},\boldsymbol{\gamma}_2,\boldsymbol{\gamma}_3,\boldsymbol{\gamma}_4|\\&=8(|\boldsymbol{\alpha},\boldsymbol{\gamma}_2,\boldsymbol{\gamma}_3,\boldsymbol{\gamma}_4|+|\boldsymbol{\beta},\boldsymbol{\gamma}_2,\boldsymbol{\gamma}_3,\boldsymbol{\gamma}_4|)\\&=8(|\boldsymbol{A}|+|\boldsymbol{B}|)=40.\end{aligned}$$

【答案】D

题型 6 对矩阵运算律的考查

【方法点拨】

(1)掌握矩阵的加法、数乘、转置、乘法、乘方和方阵的行列式.

(2)掌握矩阵的运算律，尤其注意不成立的运算律.

①矩阵的乘法不满足交换律，即对于一般的矩阵 $\boldsymbol{A}$，$\boldsymbol{B}$，$\boldsymbol{AB}=\boldsymbol{BA}$ 未必成立.

a. 不成立的情况：

$\boldsymbol{AB}$ 和 $\boldsymbol{BA}$ 未必都存在，如 $\boldsymbol{A}$ 为 2×3 矩阵，$\boldsymbol{B}$ 为 3×3 矩阵，则 $\boldsymbol{AB}$ 存在，但 $\boldsymbol{BA}$ 不存在；

即便 $\boldsymbol{AB}$ 和 $\boldsymbol{BA}$ 都存在，二者未必同型，如 $\boldsymbol{A}$ 为 2×3 矩阵，$\boldsymbol{B}$ 为 3×2 矩阵，则 $\boldsymbol{AB}$ 为 2×2 矩阵，$\boldsymbol{BA}$ 为 3×3 矩阵；

即便 $\boldsymbol{AB}$ 和 $\boldsymbol{BA}$ 都存在且同型，二者未必相等，如 $\boldsymbol{A}=\begin{pmatrix}1&0\\0&0\end{pmatrix}$，$\boldsymbol{B}=\begin{pmatrix}0&1\\0&0\end{pmatrix}$，则 $\boldsymbol{AB}=\begin{pmatrix}0&1\\0&0\end{pmatrix}\neq\begin{pmatrix}0&0\\0&0\end{pmatrix}=\boldsymbol{BA}$.

b. 成立的情况：

对于 n 阶方阵 $\boldsymbol{A}$，$\boldsymbol{B}$，若 $\boldsymbol{AB}=\boldsymbol{BA}$，则称 $\boldsymbol{A}$，$\boldsymbol{B}$ 可交换. 常见的可交换的矩阵：

$\boldsymbol{A}$ 与同阶零矩阵，$\boldsymbol{A}$ 与同阶 $k\boldsymbol{E}$，$\boldsymbol{A}$ 与 $\boldsymbol{A}^*$，$\boldsymbol{A}$ 与 $\boldsymbol{A}^{-1}$（$\boldsymbol{A}$ 可逆时），$\boldsymbol{A}$ 与 $f(\boldsymbol{A})$，两个同阶对角阵.

其中，$\boldsymbol{A}$ 为 n 阶方阵，k 为实数，$f(\boldsymbol{A})$ 为将 $\boldsymbol{A}$ 代入多项式 $f(x)$ 中所得矩阵，称为 $\boldsymbol{A}$ 的多项式，如 $f(x)=x^2+2x+3$，则 $f(\boldsymbol{A})=\boldsymbol{A}^2+2\boldsymbol{A}+3\boldsymbol{E}$.

c. 可交换矩阵的常用性质：

若 $\boldsymbol{A}$ 与 $\boldsymbol{B}$ 可交换，则 $\boldsymbol{A}$ 的多项式 $f(\boldsymbol{A})$ 与 $\boldsymbol{B}$ 的多项式 $g(\boldsymbol{B})$ 可交换；

若 $\boldsymbol{A}$ 与 $\boldsymbol{B}$，$\boldsymbol{A}$ 与 $\boldsymbol{C}$ 均可交换，则 $\boldsymbol{A}$ 与 $\boldsymbol{B}+\boldsymbol{C}$，$\boldsymbol{A}$ 与 $\boldsymbol{BC}$ 均可交换．

若 $\boldsymbol{A}$，$\boldsymbol{B}$ 可交换，则代数学的公式(如平方差公式、完全平方公式等)适用于 $\boldsymbol{A}$，$\boldsymbol{B}$，否则不适用．

②矩阵的乘法不满足消去律．

a. 若 $\boldsymbol{AB}=\boldsymbol{AC}$ 且 $\boldsymbol{A}\neq\boldsymbol{O}$，则 $\boldsymbol{B}=\boldsymbol{C}$ 未必成立；

b. 由 $\boldsymbol{AB}=\boldsymbol{O}$ 推不出 $\boldsymbol{A}=\boldsymbol{O}$ 或 $\boldsymbol{B}=\boldsymbol{O}$.

例 13　设 $\boldsymbol{A}$，$\boldsymbol{B}$ 均为 n 阶矩阵($n>1$)，m 为大于 1 的整数，k 为实数，则必有(　　).

A. $(\boldsymbol{AB})^{\mathrm{T}}=\boldsymbol{A}^{\mathrm{T}}\boldsymbol{B}^{\mathrm{T}}$　　B. $(\boldsymbol{AB})^m=\boldsymbol{A}^m\boldsymbol{B}^m$

C. $|\boldsymbol{AB}^{\mathrm{T}}|=|\boldsymbol{A}^{\mathrm{T}}||\boldsymbol{B}^{\mathrm{T}}|$　　D. $|\boldsymbol{A}+\boldsymbol{B}|=|\boldsymbol{A}|+|\boldsymbol{B}|$

E. $|(k\boldsymbol{A})^m|=k^m|\boldsymbol{A}|^m$

【思路】本题选项涉及矩阵运算和运算律，须逐项分析，注意矩阵乘法不满足交换律．

【解析】A 项：$(\boldsymbol{AB})^{\mathrm{T}}=\boldsymbol{B}^{\mathrm{T}}\boldsymbol{A}^{\mathrm{T}}$，由于矩阵乘法不满足交换律，因此 $\boldsymbol{B}^{\mathrm{T}}\boldsymbol{A}^{\mathrm{T}}$ 与 $\boldsymbol{A}^{\mathrm{T}}\boldsymbol{B}^{\mathrm{T}}$ 不一定相等，$(\boldsymbol{AB})^{\mathrm{T}}=\boldsymbol{A}^{\mathrm{T}}\boldsymbol{B}^{\mathrm{T}}$ 不一定成立，故 A 项错误．

B 项：$(\boldsymbol{AB})^m=(\boldsymbol{AB})(\boldsymbol{AB})\cdots(\boldsymbol{AB})=\boldsymbol{ABAB}\cdots\boldsymbol{AB}$($m$ 个 $\boldsymbol{AB}$ 相乘)，由于矩阵乘法不满足交换律，因此 $\boldsymbol{ABAB}\cdots\boldsymbol{AB}$ 与 $\boldsymbol{AA}\cdots\boldsymbol{ABB}\cdots\boldsymbol{B}=\boldsymbol{A}^m\boldsymbol{B}^m$ 不一定相等，$(\boldsymbol{AB})^m=\boldsymbol{A}^m\boldsymbol{B}^m$ 不一定成立，故 B 项错误．

C 项：$|\boldsymbol{AB}^{\mathrm{T}}|=|\boldsymbol{A}||\boldsymbol{B}^{\mathrm{T}}|=|\boldsymbol{A}^{\mathrm{T}}||\boldsymbol{B}^{\mathrm{T}}|$，故 C 项正确．

D 项：令 $\boldsymbol{A}=\begin{pmatrix}1&0\\0&0\end{pmatrix}$，$\boldsymbol{B}=\begin{pmatrix}0&0\\0&1\end{pmatrix}$，则 $|\boldsymbol{A}+\boldsymbol{B}|=1\neq0=|\boldsymbol{A}|+|\boldsymbol{B}|$，故 D 项错误．

E 项：$|(k\boldsymbol{A})^m|=|k^m\boldsymbol{A}^m|=(k^m)^n|\boldsymbol{A}|^m=k^{mn}|\boldsymbol{A}|^m$，由于 k^{mn} 与 k^m 不一定相等，因此 $k^{mn}|\boldsymbol{A}|^m$ 与 $k^m|\boldsymbol{A}|^m$ 不一定相等，$|(k\boldsymbol{A})^m|=k^m|\boldsymbol{A}|^m$ 不一定成立，故 E 项错误．

【答案】C

例 14　设 $\boldsymbol{A}$，$\boldsymbol{B}$ 均为 n 阶矩阵，$\boldsymbol{A}\neq\boldsymbol{O}$ 且 $\boldsymbol{AB}=\boldsymbol{O}$，则下述结论必成立的是(　　).

A. $\boldsymbol{BA}=\boldsymbol{O}$　　B. $\boldsymbol{B}=\boldsymbol{O}$

C. $(\boldsymbol{A}+\boldsymbol{B})(\boldsymbol{A}-\boldsymbol{B})=\boldsymbol{A}^2-\boldsymbol{B}^2$　　D. $(\boldsymbol{A}-\boldsymbol{B})^2=\boldsymbol{A}^2-\boldsymbol{BA}+\boldsymbol{B}^2$

E. $(\boldsymbol{A}+\boldsymbol{B})^2=\boldsymbol{A}^2+2\boldsymbol{BA}+\boldsymbol{B}^2$

【思路】本题选项涉及矩阵运算和运算律，须逐项分析，注意矩阵乘法不满足交换律和消去律．

【解析】A 项：由于矩阵乘法不满足交换律，即 $\boldsymbol{AB}=\boldsymbol{BA}$ 不一定成立，故由 $\boldsymbol{AB}=\boldsymbol{O}$ 推不出 $\boldsymbol{BA}=\boldsymbol{O}$，则 A 项错误．

B 项：由于矩阵乘法不满足消去律，即 $\boldsymbol{A}\neq\boldsymbol{O}$ 且 $\boldsymbol{AB}=\boldsymbol{O}$ 推不出 $\boldsymbol{B}=\boldsymbol{O}$，故 B 项错误．

C 项：对矩阵 $\boldsymbol{A}$，$\boldsymbol{B}$ 用平方差公式的条件是矩阵可交换，即 $\boldsymbol{AB}=\boldsymbol{BA}$，而由已知条件得不出 $\boldsymbol{A}$，$\boldsymbol{B}$ 可交换，故 C 项错误．

D 项：$(\boldsymbol{A}-\boldsymbol{B})^2=(\boldsymbol{A}-\boldsymbol{B})(\boldsymbol{A}-\boldsymbol{B})=\boldsymbol{A}^2-\boldsymbol{AB}-\boldsymbol{BA}+\boldsymbol{B}^2\xlongequal{\boldsymbol{AB}=\boldsymbol{O}}\boldsymbol{A}^2-\boldsymbol{BA}+\boldsymbol{B}^2$，故 D 项正确．

E 项：对矩阵 $\boldsymbol{A}$，$\boldsymbol{B}$ 用完全平方公式的条件是矩阵可交换，即 $\boldsymbol{AB}=\boldsymbol{BA}$，而由已知条件得不出 $\boldsymbol{A}$，$\boldsymbol{B}$ 可交换，故 E 项错误．

【答案】D

例 15 设 n 阶方阵 $\boldsymbol{A}$，$\boldsymbol{B}$，$\boldsymbol{C}$ 满足关系式 $\boldsymbol{ABC}=\boldsymbol{E}$，其中 $\boldsymbol{E}$ 是 n 阶单位阵，则必有（　　）.

A. $\boldsymbol{ACB}=\boldsymbol{E}$　　B. $\boldsymbol{CBA}=\boldsymbol{E}$　　C. $\boldsymbol{BAC}=\boldsymbol{E}$

D. $\boldsymbol{BCA}=\boldsymbol{E}$　　E. 以上均不成立

【思路】由选项知，需要根据 $\boldsymbol{ABC}=\boldsymbol{E}$ 判断出可交换的矩阵，故用简化的逆矩阵定义分析.

【解析】$\boldsymbol{ABC}=\boldsymbol{E}\Rightarrow\boldsymbol{A}(\boldsymbol{BC})=\boldsymbol{E}$，又 $\boldsymbol{A}$ 为方阵，可得 $\boldsymbol{A}$ 与 $\boldsymbol{BC}$ 互为逆矩阵，由矩阵与其逆矩阵可交换得 $\boldsymbol{A}(\boldsymbol{BC})=(\boldsymbol{BC})\boldsymbol{A}=\boldsymbol{E}\Rightarrow\boldsymbol{BCA}=\boldsymbol{E}$.

【注意】同理可推出 $\boldsymbol{CAB}=\boldsymbol{E}$ 也成立，但本题并无此选项.

【答案】D

例 16 设 $\boldsymbol{A}$ 为 n 阶可逆矩阵，则下列选项错误的是（　　）.

A. $(\boldsymbol{A}+\boldsymbol{E})(\boldsymbol{A}-2\boldsymbol{E})=(\boldsymbol{A}-2\boldsymbol{E})(\boldsymbol{A}+\boldsymbol{E})$

B. $(\boldsymbol{A}+\boldsymbol{E})(\boldsymbol{A}^2-2\boldsymbol{E})=(\boldsymbol{A}^2-2\boldsymbol{E})(\boldsymbol{A}+\boldsymbol{E})$

C. $(\boldsymbol{A}+\boldsymbol{E})(\boldsymbol{A}^{-1}-2\boldsymbol{E})=(\boldsymbol{A}^{-1}-2\boldsymbol{E})(\boldsymbol{A}+\boldsymbol{E})$

D. $(\boldsymbol{A}+\boldsymbol{E})(\boldsymbol{A}^*-2\boldsymbol{E})=(\boldsymbol{A}^*-2\boldsymbol{E})(\boldsymbol{A}+\boldsymbol{E})$

E. $(\boldsymbol{A}+\boldsymbol{E})(\boldsymbol{A}^{\mathrm{T}}-2\boldsymbol{E})=(\boldsymbol{A}^{\mathrm{T}}-2\boldsymbol{E})(\boldsymbol{A}+\boldsymbol{E})$

【思路】本题考查矩阵是否可交换，故利用常见的可交换矩阵及性质求解.

【解析】A 项：由于 $\boldsymbol{A}$ 与 $\boldsymbol{A}$ 可交换，因此 $\boldsymbol{A}$ 的多项式 $\boldsymbol{A}+\boldsymbol{E}$ 与 $\boldsymbol{A}-2\boldsymbol{E}$ 可交换，故 A 项正确；同理得 B 项正确.

C 项：由于 $\boldsymbol{A}$ 与 $\boldsymbol{A}^{-1}$ 可交换，因此 $\boldsymbol{A}$ 的多项式 $\boldsymbol{A}+\boldsymbol{E}$ 与 $\boldsymbol{A}^{-1}$ 的多项式 $\boldsymbol{A}^{-1}-2\boldsymbol{E}$ 可交换，故 C 项正确；同理得 D 项正确.

E 项：令 $\boldsymbol{A}=\begin{pmatrix}0&1\\0&0\end{pmatrix}$，则 $(\boldsymbol{A}+\boldsymbol{E})(\boldsymbol{A}^{\mathrm{T}}-2\boldsymbol{E})=\begin{pmatrix}-1&-2\\1&-2\end{pmatrix}\neq\begin{pmatrix}-2&-2\\1&-1\end{pmatrix}=(\boldsymbol{A}^{\mathrm{T}}-2\boldsymbol{E})(\boldsymbol{A}+\boldsymbol{E})$，故 E 项错误.

【答案】E

题型 7 方阵的 n 次幂的计算

【方法点拨】

方法一：总结规律．计算 $\boldsymbol{A}^2$，$\boldsymbol{A}^3$，…，总结规律得到 $\boldsymbol{A}^n$ 的表达式.

方法二：利用结论.

(1) 设 $\boldsymbol{A}=\begin{bmatrix}0&a&c\\0&0&b\\0&0&0\end{bmatrix}$，则 $\boldsymbol{A}^2=\begin{bmatrix}0&0&ab\\0&0&0\\0&0&0\end{bmatrix}$，$\boldsymbol{A}^n=\boldsymbol{O}(n\geqslant 3)$.

(2) 设 $\boldsymbol{A}=\begin{bmatrix}0&0&0\\a&0&0\\c&b&0\end{bmatrix}$，则 $\boldsymbol{A}^2=\begin{bmatrix}0&0&0\\0&0&0\\ab&0&0\end{bmatrix}$，$\boldsymbol{A}^n=\boldsymbol{O}(n\geqslant 3)$.

例 17 设$\boldsymbol{A}=\begin{pmatrix}0&1&0\\0&0&1\\0&0&0\end{pmatrix}$，$\boldsymbol{B}=\begin{pmatrix}0&0&0\\2&0&0\\0&3&0\end{pmatrix}$，则以下结论成立的个数为(　　).

(1)$\boldsymbol{A}^2=\begin{pmatrix}0&0&1\\0&0&0\\0&0&0\end{pmatrix}$；(2)$\boldsymbol{B}^2=\begin{pmatrix}0&0&0\\0&0&0\\6&0&0\end{pmatrix}$；(3)$\boldsymbol{A}^3=\boldsymbol{B}^3$；(4)$\boldsymbol{A}^n=\boldsymbol{B}^n$($n\geqslant 3$，且为整数).

A. 0　　B. 1　　C. 2　　D. 3　　E. 4

【思路】本题已知矩阵$\boldsymbol{A}$，$\boldsymbol{B}$为形如$\begin{pmatrix}0&a&c\\0&0&b\\0&0&0\end{pmatrix}$或$\begin{pmatrix}0&0&0\\a&0&0\\c&b&0\end{pmatrix}$的矩阵，需计算其二次幂、三次幂和$n$次幂，故通过计算总结规律，或者直接利用结论.

【解析】方法一：总结规律.

$$\boldsymbol{A}^2=\begin{pmatrix}0&1&0\\0&0&1\\0&0&0\end{pmatrix}\begin{pmatrix}0&1&0\\0&0&1\\0&0&0\end{pmatrix}=\begin{pmatrix}0&0&1\\0&0&0\\0&0&0\end{pmatrix};$$

$$\boldsymbol{A}^3=\boldsymbol{A}^2\boldsymbol{A}=\begin{pmatrix}0&0&1\\0&0&0\\0&0&0\end{pmatrix}\begin{pmatrix}0&1&0\\0&0&1\\0&0&0\end{pmatrix}=\boldsymbol{O}；\boldsymbol{A}^4=\boldsymbol{A}^3\boldsymbol{A}=\boldsymbol{O}\boldsymbol{A}=\boldsymbol{O}；\cdots.$$

故$\boldsymbol{A}^n=\boldsymbol{O}(n\geqslant 3)$.

$$\boldsymbol{B}^2=\begin{pmatrix}0&0&0\\2&0&0\\0&3&0\end{pmatrix}\begin{pmatrix}0&0&0\\2&0&0\\0&3&0\end{pmatrix}=\begin{pmatrix}0&0&0\\0&0&0\\6&0&0\end{pmatrix};$$

$$\boldsymbol{B}^3=\boldsymbol{B}^2\boldsymbol{B}=\begin{pmatrix}0&0&0\\0&0&0\\6&0&0\end{pmatrix}\begin{pmatrix}0&0&0\\2&0&0\\0&3&0\end{pmatrix}=\boldsymbol{O}；\boldsymbol{B}^4=\boldsymbol{B}^3\boldsymbol{B}=\boldsymbol{O}\boldsymbol{B}=\boldsymbol{O}；\cdots.$$

故$\boldsymbol{B}^n=\boldsymbol{O}(n\geqslant 3)$.

所以$\boldsymbol{A}^3=\boldsymbol{B}^3$，$\boldsymbol{A}^n=\boldsymbol{B}^n$($n\geqslant 3$，且为整数)，故结论成立的个数为 4.

方法二：利用结论.

根据$\begin{pmatrix}0&a&c\\0&0&b\\0&0&0\end{pmatrix}$和$\begin{pmatrix}0&0&0\\a&0&0\\c&b&0\end{pmatrix}$的$n$次幂的结论可得$\boldsymbol{A}^2=\begin{pmatrix}0&0&1\\0&0&0\\0&0&0\end{pmatrix}$，$\boldsymbol{A}^n=\boldsymbol{O}(n\geqslant 3)$；$\boldsymbol{B}^2=\begin{pmatrix}0&0&0\\0&0&0\\6&0&0\end{pmatrix}$，$\boldsymbol{B}^n=\boldsymbol{O}(n\geqslant 3)$，故有$\boldsymbol{A}^3=\boldsymbol{B}^3$，$\boldsymbol{A}^n=\boldsymbol{B}^n$($n\geqslant 3$，且为整数).

故结论成立的个数为 4.

【答案】E

题型8 逆矩阵的计算

【方法点拨】

(1)求具体型矩阵 $\boldsymbol{A}$ 的逆矩阵，用初等行变换，即$(\boldsymbol{A},\boldsymbol{E})\sim(\boldsymbol{E},\boldsymbol{A}^{-1})$(详见本章第1节).

求二阶具体型矩阵 $\boldsymbol{A}$ 的伴随矩阵和逆矩阵，也可用如下公式：

① $\begin{pmatrix} a & b \\ c & d \end{pmatrix}^* = \begin{pmatrix} d & -b \\ -c & a \end{pmatrix}$.

口诀：主对换，副变号，意为主对角线上的元素对换位置，副对角线上的元素改变正负号.

② $\begin{pmatrix} a & b \\ c & d \end{pmatrix}^{-1} = \dfrac{1}{ad-bc}\begin{pmatrix} d & -b \\ -c & a \end{pmatrix}$，$ad-bc\neq 0$.

(2)形如$(\boldsymbol{A}^{-1})^{-1}$，$(k\boldsymbol{A})^{-1}$，$(\boldsymbol{A}^{\mathrm{T}})^{-1}$，$(\boldsymbol{AB})^{-1}$，$(\boldsymbol{A}^n)^{-1}$的矩阵化简，用逆矩阵的性质(详见本章第1节).

例18 设矩阵 $\boldsymbol{A}=\begin{pmatrix} 1 & 0 & 0 \\ 1 & k & 0 \\ 0 & -1 & -1 \end{pmatrix}$，当 $k\neq 0$ 时，$\boldsymbol{A}^{-1}=$(　　).

A. $\begin{pmatrix} -1 & 0 & 0 \\ -\frac{1}{k} & \frac{1}{k} & 0 \\ \frac{1}{k} & -\frac{1}{k} & 1 \end{pmatrix}$　　B. $\begin{pmatrix} -1 & 0 & 0 \\ -\frac{1}{k} & \frac{1}{k} & 0 \\ \frac{1}{k} & \frac{1}{k} & 1 \end{pmatrix}$　　C. $\begin{pmatrix} 1 & 0 & 0 \\ -\frac{1}{k} & \frac{1}{k} & 0 \\ \frac{1}{k} & \frac{1}{k} & -1 \end{pmatrix}$

D. $\begin{pmatrix} 1 & 0 & 0 \\ -\frac{1}{k} & -\frac{1}{k} & 0 \\ \frac{1}{k} & -\frac{1}{k} & -1 \end{pmatrix}$　　E. $\begin{pmatrix} 1 & 0 & 0 \\ -\frac{1}{k} & \frac{1}{k} & 0 \\ \frac{1}{k} & -\frac{1}{k} & -1 \end{pmatrix}$

【思路】本题 $\boldsymbol{A}$ 为三阶具体型矩阵，求其逆矩阵，故用初等行变换计算.

【解析】当 $k\neq 0$ 时，有

$$(\boldsymbol{A},\boldsymbol{E})=\begin{pmatrix} 1 & 0 & 0 & 1 & 0 & 0 \\ 1 & k & 0 & 0 & 1 & 0 \\ 0 & -1 & -1 & 0 & 0 & 1 \end{pmatrix}\sim\begin{pmatrix} 1 & 0 & 0 & 1 & 0 & 0 \\ 0 & k & 0 & -1 & 1 & 0 \\ 0 & -1 & -1 & 0 & 0 & 1 \end{pmatrix}$$

$$\sim\begin{pmatrix} 1 & 0 & 0 & 1 & 0 & 0 \\ 0 & 1 & 0 & -\frac{1}{k} & \frac{1}{k} & 0 \\ 0 & 0 & -1 & -\frac{1}{k} & \frac{1}{k} & 1 \end{pmatrix}\sim\begin{pmatrix} 1 & 0 & 0 & 1 & 0 & 0 \\ 0 & 1 & 0 & -\frac{1}{k} & \frac{1}{k} & 0 \\ 0 & 0 & 1 & \frac{1}{k} & -\frac{1}{k} & -1 \end{pmatrix},$$

故 $\boldsymbol{A}^{-1}=\begin{pmatrix} 1 & 0 & 0 \\ -\frac{1}{k} & \frac{1}{k} & 0 \\ \frac{1}{k} & -\frac{1}{k} & -1 \end{pmatrix}$.

【答案】E

例 19 设 n 阶矩阵 $\boldsymbol{A}$ 满足 $\boldsymbol{A}^{\mathrm{T}}=-\boldsymbol{A}$，则 $[(\boldsymbol{A}-\boldsymbol{E})(\boldsymbol{A}+\boldsymbol{E})^{-1}]^{\mathrm{T}}=($　　$)$.

A. $[(\boldsymbol{A}-\boldsymbol{E})^{-1}]^2$　　B. $[(\boldsymbol{A}+\boldsymbol{E})^{-1}]^2$　　C. $(\boldsymbol{A}-\boldsymbol{E})(\boldsymbol{A}+\boldsymbol{E})$

D. $(\boldsymbol{A}-\boldsymbol{E})^{-1}(\boldsymbol{A}+\boldsymbol{E})^{-1}$　　E. $(\boldsymbol{A}-\boldsymbol{E})^{-1}(\boldsymbol{A}+\boldsymbol{E})$

【思路】$[(\boldsymbol{A}-\boldsymbol{E})(\boldsymbol{A}+\boldsymbol{E})^{-1}]^{\mathrm{T}}$ 涉及转置和求逆运算，故利用相应运算性质，或用特殊值排除.

【解析】方法一：利用运算性质化简.

$$\begin{aligned}[(\boldsymbol{A}-\boldsymbol{E})(\boldsymbol{A}+\boldsymbol{E})^{-1}]^{\mathrm{T}}&=[(\boldsymbol{A}+\boldsymbol{E})^{-1}]^{\mathrm{T}}(\boldsymbol{A}-\boldsymbol{E})^{\mathrm{T}}\\&=[(\boldsymbol{A}+\boldsymbol{E})^{\mathrm{T}}]^{-1}(\boldsymbol{A}^{\mathrm{T}}-\boldsymbol{E})=(-\boldsymbol{A}+\boldsymbol{E})^{-1}(-\boldsymbol{A}-\boldsymbol{E})\\&=[-(\boldsymbol{A}-\boldsymbol{E})]^{-1}[-(\boldsymbol{A}+\boldsymbol{E})]=(\boldsymbol{A}-\boldsymbol{E})^{-1}(\boldsymbol{A}+\boldsymbol{E}).\end{aligned}$$

方法二：利用特殊值排除.

令 $\boldsymbol{A}=\begin{pmatrix}0&1\\-1&0\end{pmatrix}$，则 $\boldsymbol{A}$ 满足 $\boldsymbol{A}^{\mathrm{T}}=-\boldsymbol{A}$，且 $[(\boldsymbol{A}-\boldsymbol{E})(\boldsymbol{A}+\boldsymbol{E})^{-1}]^{\mathrm{T}}=\begin{pmatrix}0&-1\\1&0\end{pmatrix}$，将 $\boldsymbol{A}=\begin{pmatrix}0&1\\-1&0\end{pmatrix}$ 代入各项计算，可得 A、B、C、D 项均不等于 $\begin{pmatrix}0&-1\\1&0\end{pmatrix}$，故选 E 项.

【答案】E

题型 9 解矩阵方程（能用逆矩阵）

【方法点拨】

(1)通过矩阵运算将矩阵方程化简为如下三种形式之一：$\boldsymbol{AX}=\boldsymbol{B}$，$\boldsymbol{XA}=\boldsymbol{B}$ 或 $\boldsymbol{AXB}=\boldsymbol{C}$.

(2)用逆矩阵求解化简后的方程.

①若 $\boldsymbol{A}$ 可逆，则在 $\boldsymbol{AX}=\boldsymbol{B}$ 两端左乘 $\boldsymbol{A}^{-1}$ 得 $\boldsymbol{X}=\boldsymbol{A}^{-1}\boldsymbol{B}$；

②若 $\boldsymbol{A}$ 可逆，则在 $\boldsymbol{XA}=\boldsymbol{B}$ 两端右乘 $\boldsymbol{A}^{-1}$ 得 $\boldsymbol{X}=\boldsymbol{BA}^{-1}$；

③若 $\boldsymbol{A}$，$\boldsymbol{B}$ 均可逆，则在 $\boldsymbol{AXB}=\boldsymbol{C}$ 两端左乘 $\boldsymbol{A}^{-1}$，右乘 $\boldsymbol{B}^{-1}$ 得 $\boldsymbol{X}=\boldsymbol{A}^{-1}\boldsymbol{CB}^{-1}$.

注意：解矩阵方程，应尽量做符号运算，最后代值，以减少计算量.

例 20 设矩阵 $\boldsymbol{A}=\begin{pmatrix}1&1&-1\\0&1&1\\0&0&-1\end{pmatrix}$，三阶矩阵 $\boldsymbol{B}$ 满足 $\boldsymbol{A}^2-\boldsymbol{AB}=\boldsymbol{E}$，其中 $\boldsymbol{E}$ 为三阶单位矩阵，则矩阵 $\boldsymbol{B}=($　　$)$.

A. $\begin{pmatrix}1&-1&-2\\0&1&1\\0&0&-1\end{pmatrix}$　　B. $\begin{pmatrix}1&1&-1\\0&1&1\\0&0&-1\end{pmatrix}$　　C. $\begin{pmatrix}2&0&-3\\0&2&2\\0&0&-2\end{pmatrix}$

D. $\begin{pmatrix}0&1&2\\0&0&0\\0&0&0\end{pmatrix}$　　E. $\begin{pmatrix}0&2&1\\0&0&0\\0&0&0\end{pmatrix}$

【思路】由题干知要求解矩阵方程，故先化简方程，再用逆矩阵求解.

【解析】由 $\boldsymbol{A}^2-\boldsymbol{AB}=\boldsymbol{E}$ 得 $\boldsymbol{AB}=\boldsymbol{A}^2-\boldsymbol{E}$，又由 $|\boldsymbol{A}|=\begin{vmatrix}1&1&-1\\0&1&1\\0&0&-1\end{vmatrix}=-1\neq0$，得 $\boldsymbol{A}$ 可逆，故在

$\boldsymbol{AB}=\boldsymbol{A}^2-\boldsymbol{E}$ 两端左乘 $\boldsymbol{A}^{-1}$ 得 $\boldsymbol{B}=\boldsymbol{A}-\boldsymbol{A}^{-1}$.

$$(\boldsymbol{A},\boldsymbol{E})=\begin{pmatrix}1&1&-1&1&0&0\\0&1&1&0&1&0\\0&0&-1&0&0&1\end{pmatrix}\sim\begin{pmatrix}1&1&0&1&0&-1\\0&1&0&0&1&1\\0&0&1&0&0&-1\end{pmatrix}\sim\begin{pmatrix}1&0&0&1&-1&-2\\0&1&0&0&1&1\\0&0&1&0&0&-1\end{pmatrix},$$

故 $\boldsymbol{A}^{-1}=\begin{pmatrix}1&-1&-2\\0&1&1\\0&0&-1\end{pmatrix}$，$\boldsymbol{B}=\boldsymbol{A}-\boldsymbol{A}^{-1}=\begin{pmatrix}1&1&-1\\0&1&1\\0&0&-1\end{pmatrix}-\begin{pmatrix}1&-1&-2\\0&1&1\\0&0&-1\end{pmatrix}=\begin{pmatrix}0&2&1\\0&0&0\\0&0&0\end{pmatrix}$.

【答案】E

题型 10 伴随矩阵问题（能用逆矩阵求解）

【方法点拨】

若 $|\boldsymbol{A}|\neq0$，则 $\boldsymbol{A}^*=|\boldsymbol{A}|\boldsymbol{A}^{-1}$. 可通过该公式把伴随矩阵问题转化为逆矩阵问题.

例 21　矩阵 $\boldsymbol{A}=\begin{pmatrix}1&2&0\\3&4&0\\0&0&5\end{pmatrix}$ 的伴随矩阵 $\boldsymbol{A}^*=$（　　）.

A. $\begin{pmatrix}20&-10&0\\-15&5&0\\0&0&2\end{pmatrix}$　　B. $\begin{pmatrix}20&-10&0\\-15&5&0\\0&0&-2\end{pmatrix}$　　C. $\begin{pmatrix}1&2&0\\3&4&0\\0&0&5\end{pmatrix}$

D. $\begin{pmatrix}-2&1&0\\\frac{3}{2}&-\frac{1}{2}&0\\0&0&-\frac{1}{5}\end{pmatrix}$　　E. $\begin{pmatrix}-2&1&0\\\frac{3}{2}&-\frac{1}{2}&0\\0&0&\frac{1}{5}\end{pmatrix}$

【思路】要求矩阵 $\boldsymbol{A}$ 的伴随矩阵 $\boldsymbol{A}^*$，应先检验 $|\boldsymbol{A}|\neq0$，再将 $\boldsymbol{A}^*$ 用 $\boldsymbol{A}^{-1}$ 表示.

【解析】由 $|\boldsymbol{A}|=\begin{vmatrix}1&2&0\\3&4&0\\0&0&5\end{vmatrix}=-10\neq0$，故 $\boldsymbol{A}^*=|\boldsymbol{A}|\boldsymbol{A}^{-1}=-10\boldsymbol{A}^{-1}$.

$$(\boldsymbol{A},\boldsymbol{E})=\begin{pmatrix}1&2&0&1&0&0\\3&4&0&0&1&0\\0&0&5&0&0&1\end{pmatrix}\sim\begin{pmatrix}1&2&0&1&0&0\\0&-2&0&-3&1&0\\0&0&1&0&0&\frac{1}{5}\end{pmatrix}\sim\begin{pmatrix}1&0&0&-2&1&0\\0&1&0&\frac{3}{2}&-\frac{1}{2}&0\\0&0&1&0&0&\frac{1}{5}\end{pmatrix},$$

故 $\boldsymbol{A}^{-1}=\begin{pmatrix}-2&1&0\\\frac{3}{2}&-\frac{1}{2}&0\\0&0&\frac{1}{5}\end{pmatrix}$，可得 $\boldsymbol{A}^*=-10\boldsymbol{A}^{-1}=-10\begin{pmatrix}-2&1&0\\\frac{3}{2}&-\frac{1}{2}&0\\0&0&\frac{1}{5}\end{pmatrix}=\begin{pmatrix}20&-10&0\\-15&5&0\\0&0&-2\end{pmatrix}$.

【答案】B

题型 11 对初等变换与初等矩阵的考查

【方法点拨】

(1)用左行右列法则把初等变换用初等矩阵表示，或者反向表示；

(2)熟记初等矩阵的逆矩阵形式，并用其对矩阵表达式作化简或变形．

例 22 设矩阵 $\boldsymbol{A}=\begin{pmatrix} a_{11} & a_{12} & a_{13} \\ a_{21} & a_{22} & a_{23} \\ a_{31} & a_{32} & a_{33} \end{pmatrix}$，$\boldsymbol{B}=\begin{pmatrix} a_{11} & a_{11}+a_{13} & a_{12} \\ a_{21} & a_{21}+a_{23} & a_{22} \\ a_{31} & a_{31}+a_{33} & a_{32} \end{pmatrix}$，$\boldsymbol{P}_1=\begin{pmatrix} 1 & 0 & 0 \\ 0 & 0 & 1 \\ 0 & 1 & 0 \end{pmatrix}$，$\boldsymbol{P}_2=\begin{pmatrix} 1 & 0 & 1 \\ 0 & 1 & 0 \\ 0 & 0 & 1 \end{pmatrix}$，其中 $\boldsymbol{A}$ 可逆，则 $\boldsymbol{B}^*=$(　　)．

A. $\boldsymbol{A}^*\boldsymbol{P}_2^{-1}\boldsymbol{P}_1$　　B. $\boldsymbol{P}_2^{-1}\boldsymbol{P}_1\boldsymbol{A}^*$　　C. $\boldsymbol{P}_1\boldsymbol{P}_2^{-1}\boldsymbol{A}^*$

D. $-\boldsymbol{P}_2^{-1}\boldsymbol{P}_1\boldsymbol{A}^*$　　E. $-\boldsymbol{P}_1\boldsymbol{P}_2^{-1}\boldsymbol{A}^*$

【思路】本题涉及初等变换与初等矩阵，故用左行右列法则和初等矩阵的逆矩阵求解．

【解析】由已知得 $\boldsymbol{A}$ 的第 1 列加到第 3 列，再交换所得矩阵的第 2，3 列即可得到 $\boldsymbol{B}$．

根据左行右列法则，得 $\boldsymbol{AP}_2\boldsymbol{P}_1=\boldsymbol{B}$．故

$$\begin{aligned}\boldsymbol{B}^* &= |\boldsymbol{B}|\boldsymbol{B}^{-1}=|\boldsymbol{AP}_2\boldsymbol{P}_1|(\boldsymbol{AP}_2\boldsymbol{P}_1)^{-1}=|\boldsymbol{A}||\boldsymbol{P}_2||\boldsymbol{P}_1|\boldsymbol{P}_1^{-1}\boldsymbol{P}_2^{-1}\boldsymbol{A}^{-1}\\ &=-\boldsymbol{P}_1\boldsymbol{P}_2^{-1}(|\boldsymbol{A}|\boldsymbol{A}^{-1})=-\boldsymbol{P}_1\boldsymbol{P}_2^{-1}\boldsymbol{A}^*.\end{aligned}$$

【答案】E

题型 12 对矩阵的秩的考查

【方法点拨】

(1)矩阵的秩的概念题，用定义和性质求解(详见本章第 1 节)．

(2)求具体型矩阵的秩，将该矩阵通过初等行变换化为行阶梯形矩阵，行阶梯形矩阵的非零行数即为所求矩阵的秩．

例 23 已知 $\boldsymbol{A}$ 是 $m\times n$ 的实矩阵，且 $R(\boldsymbol{A})=r(0<r<\min\{m, n\})$，则该矩阵(　　)．

A. 没有等于零的 $r-1$ 阶子式，至少有一个不为零的 r 阶子式

B. 有不等于零的 r 阶子式，所有 $r+1$ 阶子式全为零

C. 有等于零的 r 阶子式，没有不等于零的 $r+1$ 阶子式

D. 所有 r 阶子式不等于零，所有 $r+1$ 阶子式全为零

E. 有不等于零的 r 阶子式，有不等于零的 $r+1$ 阶子式

【思路】本题已知 $R(\boldsymbol{A})$，由选项知需判断 $\boldsymbol{A}$ 的非零子式的阶数，故用矩阵的秩的定义．

【解析】$R(\boldsymbol{A})=r$，即 $\boldsymbol{A}$ 有不等于零的 r 阶子式，所有 $r+1$ 阶子式全为零，故 B 项正确，E

项错误.

令$A=\begin{pmatrix}1&0&0\\0&1&0\\0&0&0\end{pmatrix}$，则$R(A)=r=2(0<2<\min\{3,3\})$，满足已知条件，但$A$有等于零的$r-1=1$阶子式(即有零元素)，故A项错误；又$A$中有$r=2$阶子式等于零，如$\begin{vmatrix}1&0\\0&0\end{vmatrix}=0$，故D项错误.

令$A=\begin{pmatrix}1&1\\1&1\end{pmatrix}$，则$R(A)=r=1(0<1<\min\{2,2\})$，满足已知条件，但$A$没有等于零的$r=1$阶子式(即没有零元素)，故C项错误.

【答案】B

例 24 已知矩阵$A=\begin{pmatrix}1&1&2&k&3\\2&3&5&5&4\\2&2&3&1&4\\1&0&1&1&5\end{pmatrix}$，且$R(A)=3$，则常数$k=($　　$)$.

A. 2　　B. -2　　C. 1　　D. -1　　E. 0

【思路】本题已知具体型矩阵A的秩求参数，故用初等行变换将A化为行阶梯形矩阵，令其非零行数为3，求出参数，或利用A的含参数的4阶子式等于0，求出参数.

【解析】方法一：用初等行变换计算.

$$A=\begin{pmatrix}1&1&2&k&3\\2&3&5&5&4\\2&2&3&1&4\\1&0&1&1&5\end{pmatrix}\sim\begin{pmatrix}1&1&2&k&3\\0&1&1&5-2k&-2\\0&0&-1&1-2k&-2\\0&-1&-1&1-k&2\end{pmatrix}\sim\begin{pmatrix}1&1&2&k&3\\0&1&1&5-2k&-2\\0&0&-1&1-2k&-2\\0&0&0&6-3k&0\end{pmatrix}.$$

由$R(A)=3$，得$6-3k=0$，即$k=2$.

方法二：用含参数的4阶子式为0计算.

由$R(A)=3$，得A的4阶子式$\begin{vmatrix}1&1&2&k\\2&3&5&5\\2&2&3&1\\1&0&1&1\end{vmatrix}=0$，则有

$$\begin{vmatrix}1&1&2&k\\2&3&5&5\\2&2&3&1\\1&0&1&1\end{vmatrix}=\begin{vmatrix}1&1&1&k-1\\2&3&3&3\\2&2&1&-1\\1&0&0&0\end{vmatrix}=1\times(-1)^{4+1}\begin{vmatrix}1&1&k-1\\3&3&3\\2&1&-1\end{vmatrix}=-3\begin{vmatrix}0&0&k-2\\1&1&1\\2&1&-1\end{vmatrix}=3(k-2).$$

故$3(k-2)=0$，$k=2$.

【答案】A

本节习题自测

1. 行列式$\begin{vmatrix} \lambda & -1 & 0 & 0 \\ 0 & \lambda & -1 & 0 \\ 0 & 0 & \lambda & -1 \\ 4 & 3 & 2 & \lambda+1 \end{vmatrix}=(\quad)$.

A. $\lambda^4+2\lambda^3+3\lambda^2+4\lambda+5$　　B. $\lambda^4+\lambda^3+2\lambda^2+3\lambda+4$　　C. $\lambda^4+\lambda^3+\lambda^2+2\lambda+3$

D. $\lambda^4+\lambda^3+\lambda^2+\lambda+2$　　E. $\lambda^4+\lambda^3+\lambda^2+\lambda+1$

2. 设四阶行列式 $D=\begin{vmatrix} 1 & 0 & 4 & 0 \\ 2 & -1 & -1 & 2 \\ 0 & -6 & 0 & 0 \\ 2 & 4 & -1 & 2 \end{vmatrix}$，$M_{ij}$ 表示元素 a_{ij} 的余子式，则 $M_{12}+2M_{22}+3M_{32}=$ (　　).

A. -18　　B. -9　　C. -6　　D. -3　　E. 0

3. 方程$\begin{vmatrix} \lambda-3 & -1 & 2 \\ 2 & \lambda-3 & -1 \\ 2 & -1 & \lambda-3 \end{vmatrix}=0$的实根之和为(　　).

A. 0　　B. 3　　C. 6　　D. 9　　E. 12

4. 设 $\boldsymbol{A}=\begin{pmatrix} 1 & 0 & 1 \\ 0 & 2 & 0 \\ 1 & 0 & 1 \end{pmatrix}$，且 $n\geqslant 2$ 为正整数，则 $\boldsymbol{A}^n-2\boldsymbol{A}^{n-1}=(\quad)$.

A. $\boldsymbol{A}$　　B. $\boldsymbol{A}^{n-1}$　　C. $-\boldsymbol{A}^{n-1}$　　D. $\boldsymbol{A}^n$　　E. $\boldsymbol{O}$

5. 设矩阵 $\boldsymbol{A}=\begin{pmatrix} 3 & 0 & 0 \\ 1 & 4 & 0 \\ 0 & 0 & 3 \end{pmatrix}$，$\boldsymbol{E}=\begin{pmatrix} 1 & 0 & 0 \\ 0 & 1 & 0 \\ 0 & 0 & 1 \end{pmatrix}$，则逆矩阵$(\boldsymbol{A}-2\boldsymbol{E})^{-1}=(\quad)$.

A. $\begin{pmatrix} 1 & 0 & 0 \\ -\frac{1}{2} & \frac{1}{2} & 0 \\ 0 & 0 & -1 \end{pmatrix}$　　B. $\begin{pmatrix} 1 & 0 & 0 \\ \frac{1}{2} & \frac{1}{2} & 0 \\ 0 & 0 & -1 \end{pmatrix}$　　C. $\begin{pmatrix} 1 & 0 & 0 \\ -\frac{1}{2} & \frac{1}{2} & 0 \\ 0 & 0 & 1 \end{pmatrix}$

D. $\begin{pmatrix} 1 & 0 & 0 \\ \frac{1}{2} & \frac{1}{2} & 0 \\ 0 & 0 & 1 \end{pmatrix}$　　E. $\begin{pmatrix} 1 & 0 & 0 \\ \frac{1}{2} & -\frac{1}{2} & 0 \\ 0 & 0 & 1 \end{pmatrix}$

6. 设 $\boldsymbol{A}$ 为三阶矩阵，将 $\boldsymbol{A}$ 的第 2 列加到第 1 列得矩阵 $\boldsymbol{B}$，再交换 $\boldsymbol{B}$ 的第 2 行与第 3 行得单位矩阵，记 $\boldsymbol{P}_1=\begin{pmatrix} 1 & 0 & 0 \\ 1 & 1 & 0 \\ 0 & 0 & 1 \end{pmatrix}$，$\boldsymbol{P}_2=\begin{pmatrix} 1 & 0 & 0 \\ 0 & 0 & 1 \\ 0 & 1 & 0 \end{pmatrix}$，则 $\boldsymbol{A}=(\quad)$.

A. $\boldsymbol{P}_1\boldsymbol{P}_2$　　B. $\boldsymbol{P}_1^{-1}\boldsymbol{P}_2$　　C. $\boldsymbol{P}_2\boldsymbol{P}_1$　　D. $\boldsymbol{P}_2\boldsymbol{P}_1^{-1}$　　E. $\boldsymbol{P}_2^{-1}\boldsymbol{P}_1$

7. 已知 $\boldsymbol{X}=\boldsymbol{AX}+\boldsymbol{B}$，其中 $\boldsymbol{A}=\begin{pmatrix}0&1&0\\-1&1&1\\-1&0&-1\end{pmatrix}$，$\boldsymbol{B}=\begin{pmatrix}1&-1\\2&0\\5&-3\end{pmatrix}$，则矩阵 $\boldsymbol{X}=($　　$)$.

A. $\begin{pmatrix}0&1&0\\-1&1&1\\-1&0&-1\end{pmatrix}$　　B. $\begin{pmatrix}1&-1\\2&0\\5&-3\end{pmatrix}$　　C. $\begin{pmatrix}3&-1\\2&0\\1&-1\end{pmatrix}$

D. $\begin{pmatrix}0&\frac{2}{3}&\frac{1}{3}\\-1&\frac{2}{3}&\frac{1}{3}\\0&-\frac{1}{3}&\frac{1}{3}\end{pmatrix}$　　E. $\begin{pmatrix}0&\frac{2}{3}&\frac{1}{3}\\-1&\frac{2}{3}&\frac{1}{3}\\0&\frac{1}{3}&\frac{1}{3}\end{pmatrix}$

8. 设三阶方阵 $\boldsymbol{A}$，$\boldsymbol{B}$ 满足关系式 $\boldsymbol{A}^{-1}\boldsymbol{BA}=6\boldsymbol{A}+\boldsymbol{BA}$，且 $\boldsymbol{A}=\begin{pmatrix}\frac{1}{3}&0&0\\0&\frac{1}{4}&0\\0&0&\frac{1}{7}\end{pmatrix}$，则 $\boldsymbol{B}=($　　$)$.

A. $\begin{pmatrix}2&0&0\\0&3&0\\0&0&6\end{pmatrix}$　　B. $\begin{pmatrix}1&0&0\\0&2&0\\0&0&3\end{pmatrix}$　　C. $\begin{pmatrix}3&0&0\\0&2&0\\0&0&1\end{pmatrix}$

D. $\begin{pmatrix}\frac{1}{2}&0&0\\0&\frac{1}{3}&0\\0&0&\frac{1}{6}\end{pmatrix}$　　E. $\begin{pmatrix}\frac{1}{3}&0&0\\0&\frac{1}{4}&0\\0&0&\frac{1}{7}\end{pmatrix}$

9. 设 $\boldsymbol{A}$ 是三阶方阵，将 $\boldsymbol{A}$ 的第 1 列与第 2 列交换得 $\boldsymbol{B}$，再把 $\boldsymbol{B}$ 的第 2 列加到第 3 列得 $\boldsymbol{C}$，则满足 $\boldsymbol{AQ}=\boldsymbol{C}$ 的可逆矩阵 $\boldsymbol{Q}$ 为（　　）.

A. $\begin{pmatrix}0&1&0\\1&0&0\\1&0&1\end{pmatrix}$　　B. $\begin{pmatrix}0&1&0\\1&0&1\\0&0&1\end{pmatrix}$　　C. $\begin{pmatrix}0&1&0\\1&0&0\\0&1&1\end{pmatrix}$

D. $\begin{pmatrix}0&1&1\\1&0&0\\0&0&1\end{pmatrix}$　　E. $\begin{pmatrix}0&1&0\\1&0&0\\0&0&1\end{pmatrix}$

10. 设矩阵 $\boldsymbol{A}=\begin{pmatrix}k&1&1&1\\1&k&1&1\\1&1&k&1\\1&1&1&k\end{pmatrix}$ 且 $R(\boldsymbol{A})=3$，则 $k=($　　$)$.

A. 3　　B. 1　　C. 0　　D. -1　　E. -3

11. 设$\boldsymbol{A}$，$\boldsymbol{B}$均为n阶矩阵，$\boldsymbol{AB}=\boldsymbol{BA}=\boldsymbol{O}$，则下列结论错误的是(　　).

A. $(\boldsymbol{A}+\boldsymbol{B})(\boldsymbol{A}-\boldsymbol{B})=\boldsymbol{A}^2-\boldsymbol{B}^2$　　B. $(\boldsymbol{A}+\boldsymbol{B})^2=\boldsymbol{A}^2+2\boldsymbol{AB}+\boldsymbol{B}^2$

C. $(\boldsymbol{A}-\boldsymbol{B})^2=\boldsymbol{A}^2-2\boldsymbol{AB}+\boldsymbol{B}^2$　　D. $(\boldsymbol{A}+\boldsymbol{B})^3=\boldsymbol{A}^3+3\boldsymbol{A}^2\boldsymbol{B}+3\boldsymbol{AB}^2+\boldsymbol{B}^3$

E. $\boldsymbol{A}=\boldsymbol{O}$或$\boldsymbol{B}=\boldsymbol{O}$

12. 设行列式$D=\begin{vmatrix} a_{11} & a_{12} & a_{13} & a_{14} \\ a_{21} & a_{22} & a_{23} & a_{24} \\ a_{31} & a_{32} & a_{33} & a_{34} \\ a_{41} & a_{42} & a_{43} & a_{44} \end{vmatrix}$，$D$中元素$a_{ij}$的余子式和代数余子式分别为$M_{ij}$和$A_{ij}$，则满足$M_{ij}+A_{ij}=0$的数组$(i,j)$至少有(　　).

A. 3组　　B. 5组　　C. 8组　　D. 12组　　E. 16组

13. 已知$\boldsymbol{A}$，$\boldsymbol{B}$，$\boldsymbol{C}$是同阶方阵，则下列说法错误的是(　　).

A. $\boldsymbol{A}+\boldsymbol{B}=\boldsymbol{B}+\boldsymbol{A}$　　B. $(\boldsymbol{AB})\boldsymbol{C}=\boldsymbol{A}(\boldsymbol{BC})$

C. $(\boldsymbol{A}+\boldsymbol{B})\boldsymbol{C}=\boldsymbol{AC}+\boldsymbol{BC}$　　D. $(\boldsymbol{AB})^2=\boldsymbol{A}^2\boldsymbol{B}^2$

E. $|\boldsymbol{ABC}|=|\boldsymbol{A}||\boldsymbol{B}||\boldsymbol{C}|$

14. 设$\boldsymbol{A}$为三阶矩阵，$|\boldsymbol{A}|=3$，$\boldsymbol{A}^*$为$\boldsymbol{A}$的伴随矩阵，若交换$\boldsymbol{A}$的第一行与第二行得到矩阵$\boldsymbol{B}$，则$|\boldsymbol{BA}^*|=$(　　).

A. -3　　B. 3　　C. -9　　D. 9　　E. -27

15. 设$\boldsymbol{A}$，$\boldsymbol{B}$，$\boldsymbol{C}$均为n阶矩阵，$\boldsymbol{A}$与$\boldsymbol{B}$，$\boldsymbol{C}$都可交换，则下列选项中不一定与$\boldsymbol{A}$可交换的矩阵是(　　).

A. $\boldsymbol{B}+\boldsymbol{C}$　　B. $2\boldsymbol{B}$　　C. $\boldsymbol{BC}$　　D. $\boldsymbol{B}^{\mathrm{T}}+\boldsymbol{C}^{\mathrm{T}}$　　E. $\boldsymbol{B}^2+\boldsymbol{C}^2$

16. 设$\boldsymbol{A}$是三阶方阵，$\boldsymbol{A}^*$是$\boldsymbol{A}$的伴随矩阵，$|\boldsymbol{A}|=\frac{1}{2}$，则$|(3\boldsymbol{A})^{-1}-2\boldsymbol{A}^*|=$(　　).

A. $\frac{4}{3}$　　B. $\frac{8}{9}$　　C. $-\frac{8}{9}$　　D. $\frac{16}{27}$　　E. $-\frac{16}{27}$

17. 设三阶方阵$\boldsymbol{A}$，$\boldsymbol{B}$满足$\boldsymbol{A}^2\boldsymbol{B}-\boldsymbol{A}-\boldsymbol{B}=\boldsymbol{E}$，其中$\boldsymbol{E}$为三阶单位矩阵，若$\boldsymbol{A}=\begin{pmatrix} 1 & 0 & 1 \\ 0 & 2 & 0 \\ -2 & 0 & 1 \end{pmatrix}$，则$|\boldsymbol{B}|=$(　　).

A. 1　　B. 2　　C. 3　　D. $\frac{1}{2}$　　E. $\frac{1}{3}$

18. 若n阶矩阵$\boldsymbol{A}$非奇异$(n\geqslant 2)$，$\boldsymbol{A}^*$是矩阵$\boldsymbol{A}$的伴随矩阵，则$(\boldsymbol{A}^*)^*=$(　　).

A. $|\boldsymbol{A}|^{n-1}\boldsymbol{A}$　　B. $|\boldsymbol{A}|^{n+1}\boldsymbol{A}$　　C. $|\boldsymbol{A}|^{n-2}\boldsymbol{A}$

D. $|\boldsymbol{A}|^{n+2}\boldsymbol{A}$　　E. $|\boldsymbol{A}|^{n}\boldsymbol{A}$

19. 设$\boldsymbol{\alpha}_1$，$\boldsymbol{\alpha}_2$，$\boldsymbol{\alpha}_3$均为三维列向量，记矩阵$\boldsymbol{A}=(\boldsymbol{\alpha}_1,\boldsymbol{\alpha}_2,\boldsymbol{\alpha}_3)$，$\boldsymbol{B}=(\boldsymbol{\alpha}_1+\boldsymbol{\alpha}_2+\boldsymbol{\alpha}_3,\boldsymbol{\alpha}_1+2\boldsymbol{\alpha}_2+4\boldsymbol{\alpha}_3,\boldsymbol{\alpha}_1+3\boldsymbol{\alpha}_2+9\boldsymbol{\alpha}_3)$，如果$|\boldsymbol{A}|=1$，那么$|\boldsymbol{B}|=$(　　).

A. 0　　B. 1　　C. 2　　D. 3　　E. 4

习题详解

1. B

【解析】利用展开式定理，可得

$$\begin{vmatrix}\lambda & -1 & 0 & 0\\ 0 & \lambda & -1 & 0\\ 0 & 0 & \lambda & -1\\ 4 & 3 & 2 & \lambda+1\end{vmatrix}=\lambda\begin{vmatrix}\lambda & -1 & 0\\ 0 & \lambda & -1\\ 3 & 2 & \lambda+1\end{vmatrix}+4\times(-1)^{4+1}\begin{vmatrix}-1 & 0 & 0\\ \lambda & -1 & 0\\ 0 & \lambda & -1\end{vmatrix}$$

$$=\lambda\left[\lambda\begin{vmatrix}\lambda & -1\\ 2 & \lambda+1\end{vmatrix}+3\times(-1)^{3+1}\begin{vmatrix}-1 & 0\\ \lambda & -1\end{vmatrix}\right]-4\times(-1)^3$$

$$=\lambda^4+\lambda^3+2\lambda^2+3\lambda+4.$$

2. E

【解析】先表示为代数余子式的线性组合，再逆用展开定理，可得

$$M_{12}+2M_{22}+3M_{32}=-A_{12}+2A_{22}-3A_{32}+0A_{42}=\begin{vmatrix}1 & -1 & 4 & 0\\ 2 & 2 & -1 & 2\\ 0 & -3 & 0 & 0\\ 2 & 0 & -1 & 2\end{vmatrix},$$

注意到该行列式第三行只有一个非零元素，故按照该行用展开定理计算，可得

$$\begin{vmatrix}1 & -1 & 4 & 0\\ 2 & 2 & -1 & 2\\ 0 & -3 & 0 & 0\\ 2 & 0 & -1 & 2\end{vmatrix}=-3\times(-1)^{3+2}\begin{vmatrix}1 & 4 & 0\\ 2 & -1 & 2\\ 2 & -1 & 2\end{vmatrix}=0,$$

故 $M_{12}+2M_{22}+3M_{32}=0$.

3. D

【解析】对于方程左端行列式，先将第 2 行的 -1 倍加到第 3 行，之后将第 3 列加到第 2 列，再按第 3 行用展开定理，可得

$$\begin{vmatrix}\lambda-3 & -1 & 2\\ 2 & \lambda-3 & -1\\ 2 & -1 & \lambda-3\end{vmatrix}=\begin{vmatrix}\lambda-3 & -1 & 2\\ 2 & \lambda-3 & -1\\ 0 & 2-\lambda & \lambda-2\end{vmatrix}=\begin{vmatrix}\lambda-3 & 1 & 2\\ 2 & \lambda-4 & -1\\ 0 & 0 & \lambda-2\end{vmatrix}$$

$$=(\lambda-2)\begin{vmatrix}\lambda-3 & 1\\ 2 & \lambda-4\end{vmatrix}=(\lambda-2)(\lambda^2-7\lambda+10)$$

$$=(\lambda-2)^2(\lambda-5)=0,$$

解得 $\lambda_1=\lambda_2=2$，$\lambda_3=5$，故原方程的实根之和为 $\lambda_1+\lambda_2+\lambda_3=9$.

【总结】本题属于“$|\lambda \boldsymbol{E}_3-\boldsymbol{A}|=0$”型方程求解，若先算出方程左边关于 λ 的三次多项式，再因式分解，往往较为烦琐，一般可利用本题的计算方法：先利用行列式的性质消零，再对含有关于 λ 的一次式的行或列(该行或列其余元素为 0)用展开定理，之后仅需对关于 λ 的二次式进行因式分解.

4. E

【解析】$A^2=\begin{pmatrix}1&0&1\\0&2&0\\1&0&1\end{pmatrix}\begin{pmatrix}1&0&1\\0&2&0\\1&0&1\end{pmatrix}=\begin{pmatrix}2&0&2\\0&4&0\\2&0&2\end{pmatrix}=2A$，$A^3=A^2A=2A^2$，….

故 $A^n=2A^{n-1}$，即 $A^n-2A^{n-1}=O$.

5. C

【解析】

$$(A-2E,\ E)=\begin{pmatrix}1&0&0&1&0&0\\1&2&0&0&1&0\\0&0&1&0&0&1\end{pmatrix}\sim\begin{pmatrix}1&0&0&1&0&0\\0&2&0&-1&1&0\\0&0&1&0&0&1\end{pmatrix}\sim\begin{pmatrix}1&0&0&1&0&0\\0&1&0&-\frac{1}{2}&\frac{1}{2}&0\\0&0&1&0&0&1\end{pmatrix},$$

故$(A-2E)^{-1}=\begin{pmatrix}1&0&0\\-\frac{1}{2}&\frac{1}{2}&0\\0&0&1\end{pmatrix}$.

6. D

【解析】由题意可知 $AP_1=B$，$P_2B=E$，可得 $P_2AP_1=E$. 又 P_1，P_2 可逆，则有

$$A=P_2^{-1}P_1^{-1}=P_2P_1^{-1}.$$

7. C

【解析】由 $X=AX+B$ 得 $X-AX=B$，即$(E-A)X=B$，又 $|E-A|\neq 0$，故 $E-A$ 可逆，在$(E-A)X=B$ 两端左乘$(E-A)^{-1}$得 $X=(E-A)^{-1}B$.

方法一：先用初等行变换求出$(E-A)^{-1}$，再用矩阵乘法求出$(E-A)^{-1}B$.

$$(E-A,\ E)=\begin{pmatrix}1&-1&0&1&0&0\\1&0&-1&0&1&0\\1&0&2&0&0&1\end{pmatrix}\sim\begin{pmatrix}1&-1&0&1&0&0\\0&1&-1&-1&1&0\\0&1&2&-1&0&1\end{pmatrix}$$

$$\sim\begin{pmatrix}1&0&-1&0&1&0\\0&1&-1&-1&1&0\\0&0&3&0&-1&1\end{pmatrix}\sim\begin{pmatrix}1&0&0&0&\frac{2}{3}&\frac{1}{3}\\0&1&0&-1&\frac{2}{3}&\frac{1}{3}\\0&0&1&0&-\frac{1}{3}&\frac{1}{3}\end{pmatrix}.$$

故$(E-A)^{-1}=\begin{pmatrix}0&\frac{2}{3}&\frac{1}{3}\\-1&\frac{2}{3}&\frac{1}{3}\\0&-\frac{1}{3}&\frac{1}{3}\end{pmatrix}$，$X=(E-A)^{-1}B=\begin{pmatrix}0&\frac{2}{3}&\frac{1}{3}\\-1&\frac{2}{3}&\frac{1}{3}\\0&-\frac{1}{3}&\frac{1}{3}\end{pmatrix}\begin{pmatrix}1&-1\\2&0\\5&-3\end{pmatrix}=\begin{pmatrix}3&-1\\2&0\\1&-1\end{pmatrix}$.

方法二：通过初等行变换，将$(E-A,\ B)$中的 $E-A$ 化为 E，此时 B 化为$(E-A)^{-1}B$，即$(E-A,\ B)\sim[E,\ (E-A)^{-1}B]$.

$$(\boldsymbol{E}-\boldsymbol{A},\ \boldsymbol{B})=\begin{pmatrix}1&-1&0&1&-1\\1&0&-1&2&0\\1&0&2&5&-3\end{pmatrix}\sim\begin{pmatrix}1&-1&0&1&-1\\0&1&-1&1&1\\0&1&2&4&-2\end{pmatrix}$$

$$\sim\begin{pmatrix}1&0&-1&2&0\\0&1&-1&1&1\\0&0&3&3&-3\end{pmatrix}\sim\begin{pmatrix}1&0&0&3&-1\\0&1&0&2&0\\0&0&1&1&-1\end{pmatrix}.$$

故$(\boldsymbol{E}-\boldsymbol{A})^{-1}\boldsymbol{B}=\begin{pmatrix}3&-1\\2&0\\1&-1\end{pmatrix}$.

8. C

【解析】由$\boldsymbol{A}^{-1}\boldsymbol{BA}=6\boldsymbol{A}+\boldsymbol{BA}$，得$\boldsymbol{A}^{-1}\boldsymbol{BA}-\boldsymbol{BA}=6\boldsymbol{A}$，即$(\boldsymbol{A}^{-1}-\boldsymbol{E})\boldsymbol{BA}=6\boldsymbol{A}$.

又$|\boldsymbol{A}|\neq0$，且$|\boldsymbol{A}^{-1}-\boldsymbol{E}|\neq0$，故$\boldsymbol{A}$和$\boldsymbol{A}^{-1}-\boldsymbol{E}$均可逆，在$(\boldsymbol{A}^{-1}-\boldsymbol{E})\boldsymbol{BA}=6\boldsymbol{A}$两端左乘$(\boldsymbol{A}^{-1}-\boldsymbol{E})^{-1}$，右乘$\boldsymbol{A}^{-1}$得

$$\boldsymbol{B}=6\,(\boldsymbol{A}^{-1}-\boldsymbol{E})^{-1}=6\begin{pmatrix}2&0&0\\0&3&0\\0&0&6\end{pmatrix}^{-1}=6\begin{pmatrix}\frac{1}{2}&0&0\\0&\frac{1}{3}&0\\0&0&\frac{1}{6}\end{pmatrix}=\begin{pmatrix}3&0&0\\0&2&0\\0&0&1\end{pmatrix}.$$

【注意】设$\boldsymbol{A}=\begin{pmatrix}a_1&&&\\&a_2&&\\&&\ddots&\\&&&a_n\end{pmatrix}$（对角矩阵），且$a_i\neq0$，$i=1,2,\cdots,n$，则

$$\boldsymbol{A}^{-1}=\begin{pmatrix}a_1^{-1}&&&\\&a_2^{-1}&&\\&&\ddots&\\&&&a_n^{-1}\end{pmatrix}.$$

9. D

【解析】$\boldsymbol{A}\begin{pmatrix}0&1&0\\1&0&0\\0&0&1\end{pmatrix}=\boldsymbol{B}$①，$\boldsymbol{B}\begin{pmatrix}1&0&0\\0&1&1\\0&0&1\end{pmatrix}=\boldsymbol{C}$②，将式①代入式②可得

$$\boldsymbol{A}\begin{pmatrix}0&1&0\\1&0&0\\0&0&1\end{pmatrix}\begin{pmatrix}1&0&0\\0&1&1\\0&0&1\end{pmatrix}=\boldsymbol{C}\Rightarrow\boldsymbol{A}\begin{pmatrix}0&1&1\\1&0&0\\0&0&1\end{pmatrix}=\boldsymbol{C},$$

故满足$\boldsymbol{AQ}=\boldsymbol{C}$的可逆矩阵$\boldsymbol{Q}$为$\begin{pmatrix}0&1&1\\1&0&0\\0&0&1\end{pmatrix}$.

10. E

【解析】由$R(\boldsymbol{A})=3$得$|\boldsymbol{A}|=0$，又

$$|\boldsymbol{A}|=\begin{vmatrix}k&1&1&1\\1&k&1&1\\1&1&k&1\\1&1&1&k\end{vmatrix}=(k+3)\begin{vmatrix}1&1&1&1\\1&k&1&1\\1&1&k&1\\1&1&1&k\end{vmatrix}=(k+3)\begin{vmatrix}1&1&1&1\\0&k-1&0&0\\0&0&k-1&0\\0&0&0&k-1\end{vmatrix}$$
$$=(k+3)(k-1)^3,$$

故$(k+3)(k-1)^3=0$，解得$k=-3$或1.

当$k=1$时，$R(\boldsymbol{A})=1$，与已知$R(\boldsymbol{A})=3$矛盾，舍去.

当$k=-3$时，$R(\boldsymbol{A})=3$，符合题意. 故$k=-3$.

11. E

【解析】方法一：排除法.

由于$\boldsymbol{AB}=\boldsymbol{BA}$，因此平方差公式、完全平方公式和完全立方和公式可对矩阵$\boldsymbol{A}$，$\boldsymbol{B}$使用，故A、B、C、D项正确，因此选择E项.

方法二：矩阵乘法不满足消去律，故由$\boldsymbol{AB}=\boldsymbol{BA}=\boldsymbol{O}$推不出$\boldsymbol{A}=\boldsymbol{O}$或$\boldsymbol{B}=\boldsymbol{O}$，如令$\boldsymbol{A}=\begin{pmatrix}1&0\\0&0\end{pmatrix}$，$\boldsymbol{B}=\begin{pmatrix}0&0\\0&1\end{pmatrix}$，则满足$\boldsymbol{AB}=\boldsymbol{BA}=\boldsymbol{O}$，但$\boldsymbol{A}\neq\boldsymbol{O}$且$\boldsymbol{B}\neq\boldsymbol{O}$. 故E项错误.

12. C

【解析】$A_{ij}=(-1)^{i+j}M_{ij}$，代入已知等式$M_{ij}+A_{ij}=0$可得$M_{ij}+(-1)^{i+j}M_{ij}=0$，即$M_{ij}[1+(-1)^{i+j}]=0$，故有$M_{ij}=0$或$(-1)^{i+j}=-1$.

由于$(-1)^{i+j}=-1\Leftrightarrow i+j$为奇数，满足该条件的$(i,j)$有8组：(1，2)，(1，4)，(2，1)，(2，3)，(3，2)，(3，4)，(4，1)，(4，3).

无法判断满足$M_{ij}=0$的(i,j)有多少组，因此满足$M_{ij}+A_{ij}=0$的数组(i,j)至少有8组.

13. D

【解析】A项：矩阵加法满足交换律，即$\boldsymbol{A}+\boldsymbol{B}=\boldsymbol{B}+\boldsymbol{A}$，故A项正确.

B项：矩阵乘法满足结合律，即$(\boldsymbol{AB})\boldsymbol{C}=\boldsymbol{A}(\boldsymbol{BC})$，故B项正确.

C项：矩阵乘法对加法满足分配律，即$(\boldsymbol{A}+\boldsymbol{B})\boldsymbol{C}=\boldsymbol{AC}+\boldsymbol{BC}$，故C项正确.

D项：$(\boldsymbol{AB})^2=(\boldsymbol{AB})(\boldsymbol{AB})=\boldsymbol{ABAB}$，$\boldsymbol{A}^2\boldsymbol{B}^2=\boldsymbol{AABB}$，由于矩阵乘法不满足交换律，故$\boldsymbol{ABAB}$与$\boldsymbol{AABB}$不一定相等，即$(\boldsymbol{AB})^2=\boldsymbol{A}^2\boldsymbol{B}^2$不一定成立，故D项错误.

E项：根据方阵的行列式公式得$|\boldsymbol{ABC}|=|\boldsymbol{AB}||\boldsymbol{C}|=|\boldsymbol{A}||\boldsymbol{B}||\boldsymbol{C}|$，故E项正确.

14. E

【解析】$|\boldsymbol{BA}^*|=|\boldsymbol{B}||\boldsymbol{A}^*|$，交换$\boldsymbol{A}$的第一行与第二行得到矩阵$\boldsymbol{B}$，根据行列式的性质得$|\boldsymbol{B}|=-|\boldsymbol{A}|=-3$，又$|\boldsymbol{A}^*|=|\boldsymbol{A}|^{n-1}=|\boldsymbol{A}|^2=3^2=9$，故

$$|\boldsymbol{BA}^*|=|\boldsymbol{B}||\boldsymbol{A}^*|=-3\times9=-27.$$

15. D

【解析】方法一：$\boldsymbol{A}$与$\boldsymbol{B}$，$\boldsymbol{C}$都可交换，由可交换矩阵的性质得$\boldsymbol{A}$与$\boldsymbol{B}+\boldsymbol{C}$，$\boldsymbol{BC}$，$2\boldsymbol{B}$，$\boldsymbol{B}^2$($\boldsymbol{B}$的多项式)，$\boldsymbol{C}^2$都可交换，则$\boldsymbol{A}$与$\boldsymbol{B}^2+\boldsymbol{C}^2$可交换，排除A、B、C、E项，故选D项.

方法二：令$\boldsymbol{A}=\begin{pmatrix}0&1\\0&0\end{pmatrix}$，$\boldsymbol{B}=\begin{pmatrix}0&-1\\0&0\end{pmatrix}$，$\boldsymbol{C}=\begin{pmatrix}0&0\\0&0\end{pmatrix}$，则$\boldsymbol{A}$与$\boldsymbol{B}$，$\boldsymbol{C}$都可交换，但

$A(B^{T}+C^{T})=\begin{pmatrix}-1&0\\0&0\end{pmatrix}\neq\begin{pmatrix}0&0\\0&-1\end{pmatrix}=(B^{T}+C^{T})A$，即此时 A 与 $B^{T}+C^{T}$ 不可交换．

令 $A=B=C=\begin{pmatrix}0&0\\0&0\end{pmatrix}$，则 A 与 B，C 都可交换，此时 A 与 $B^{T}+C^{T}$ 可交换．

综上，A 与 $B^{T}+C^{T}$ 不一定可交换．

16. E

【解析】由 $|A|=\frac{1}{2}\neq0$，故 $A^{*}=|A|A^{-1}=\frac{1}{2}A^{-1}$，代入 $|(3A)^{-1}-2A^{*}|$ 中得

$$|(3A)^{-1}-2A^{*}|=\left|\frac{1}{3}A^{-1}-2\times\frac{1}{2}A^{-1}\right|=\left|-\frac{2}{3}A^{-1}\right|=\left(-\frac{2}{3}\right)^{3}|A|^{-1}=-\frac{16}{27}.$$

17. D

【解析】由 $A^{2}B-A-B=E$ 得 $A^{2}B-B=A+E$，故

$$(A^{2}-E)B=A+E\Rightarrow(A+E)(A-E)B=A+E,$$

两端取行列式得 $|(A+E)(A-E)B|=|A+E|$，故 $|A+E||A-E||B|=|A+E|$.

$|A+E|=\begin{vmatrix}2&0&1\\0&3&0\\-2&0&2\end{vmatrix}\neq0$，故 $|A-E||B|=1$，又 $|A-E|=\begin{vmatrix}0&0&1\\0&1&0\\-2&0&0\end{vmatrix}=2$，故 $|B|=\frac{1}{2}$.

18. C

【解析】由 A 非奇异(即 A 可逆)，可得 $|A|\neq0$，故 $A^{*}=|A|A^{-1}$，$(A^{*})^{*}=(|A|A^{-1})^{*}$.

$$||A|A^{-1}|=|A|^{n}|A|^{-1}=|A|^{n-1}\neq0,$$

$$(|A|A^{-1})^{*}=||A|A^{-1}|(|A|A^{-1})^{-1}=|A|^{n-1}|A|^{-1}A=|A|^{n-2}A.$$

19. C

【解析】方法一：用行列式的性质．

$|B|=|\alpha_1+\alpha_2+\alpha_3,\ \alpha_1+2\alpha_2+4\alpha_3,\ \alpha_1+3\alpha_2+9\alpha_3|=|\alpha_1+\alpha_2+\alpha_3,\ \alpha_2+3\alpha_3,\ 2\alpha_2+8\alpha_3|$

$=|\alpha_1+\alpha_2+\alpha_3,\ \alpha_2+3\alpha_3,\ 2\alpha_3|=2|\alpha_1+\alpha_2,\ \alpha_2,\ \alpha_3|=2|\alpha_1,\ \alpha_2,\ \alpha_3|=2|A|=2.$

方法二：用分块矩阵运算．

$$B=(\alpha_1+\alpha_2+\alpha_3,\ \alpha_1+2\alpha_2+4\alpha_3,\ \alpha_1+3\alpha_2+9\alpha_3)=(\alpha_1,\ \alpha_2,\ \alpha_3)\begin{pmatrix}1&1&1\\1&2&3\\1&4&9\end{pmatrix}.$$

故 $|B|=\left|(\alpha_1,\ \alpha_2,\ \alpha_3)\begin{pmatrix}1&1&1\\1&2&3\\1&4&9\end{pmatrix}\right|=|\alpha_1,\ \alpha_2,\ \alpha_3|\begin{vmatrix}1&1&1\\1&2&3\\1&4&9\end{vmatrix}=|A|\begin{vmatrix}1&1&1\\0&1&2\\0&3&8\end{vmatrix}=2.$

【注意】计算 $\begin{vmatrix}1&1&1\\1&2&3\\1&4&9\end{vmatrix}$ 也可以利用范德蒙德行列式的公式：

$$\begin{vmatrix}1&1&1\\1&2&3\\1&4&9\end{vmatrix}=(2-1)\times(3-1)\times(3-2)=2.$$

第4节 延伸题型

题型13 其他类型的行列式的计算

【方法点拨】

(1)若行列式与上(下)三角行列式或副对角线以下(上)元素全为零的行列式形式接近，则利用行列式的性质变形为该类特殊行列式，再套公式计算，简称“三角化”. 能用三角化方法计算的典型行列式类型如下：

①爪形行列式：非零元素排成爪形，如

$$\begin{vmatrix} a_{11} & a_{12} & \cdots & a_{1n} \\ a_{21} & a_{22} & \cdots & 0 \\ \vdots & \vdots & & \vdots \\ a_{n1} & 0 & \cdots & a_{nn} \end{vmatrix},\quad \begin{vmatrix} a_{11} & \cdots & a_{1,n-1} & a_{1n} \\ 0 & \cdots & a_{2,n-1} & a_{2n} \\ \vdots & & \vdots & \vdots \\ a_{n1} & \cdots & 0 & a_{nn} \end{vmatrix},\quad \begin{vmatrix} a_{11} & 0 & \cdots & a_{1n} \\ 0 & a_{22} & \cdots & a_{2n} \\ \vdots & \vdots & & \vdots \\ a_{n1} & a_{n2} & \cdots & a_{nn} \end{vmatrix},\quad \begin{vmatrix} a_{11} & 0 & \cdots & a_{1n} \\ a_{21} & \cdots & a_{2,n-1} & 0 \\ \vdots & \vdots & \vdots & \vdots \\ a_{n1} & a_{n2} & \cdots & a_{nn} \end{vmatrix}.$$

处理方法：用主(副)对角线上的非零元素，把旁边一列(或一行)的非零元素消成零，以实现三角化，如将 $\begin{vmatrix} a_{11} & a_{12} & \cdots & a_{1n} \\ a_{21} & a_{22} & \cdots & 0 \\ \vdots & \vdots & & \vdots \\ a_{n1} & 0 & \cdots & a_{nn} \end{vmatrix}$ 化为 $\begin{vmatrix} a'_{11} & a_{12} & \cdots & a_{1n} \\ 0 & a_{22} & \cdots & 0 \\ \vdots & \vdots & & \vdots \\ 0 & 0 & \cdots & a_{nn} \end{vmatrix}$ 或 $\begin{vmatrix} a'_{11} & 0 & \cdots & 0 \\ a_{21} & a_{22} & \cdots & 0 \\ \vdots & \vdots & & \vdots \\ a_{n1} & 0 & \cdots & a_{nn} \end{vmatrix}$.

②对角线形行列式：除了主对角线上的元素外，其余元素按行(或按列)成比例，如

$$\begin{vmatrix} a+b & a & a & \cdots & a \\ 2a & 2a+b & 2a & \cdots & 2a \\ 3a & 3a & 3a+b & \cdots & 3a \\ \vdots & \vdots & \vdots & & \vdots \\ na & na & na & \cdots & na+b \end{vmatrix},\quad \begin{vmatrix} a+b & a & a & \cdots & a \\ 2a & 2a+2b & 2a & \cdots & 2a \\ 3a & 3a & 3a+3b & \cdots & 3a \\ \vdots & \vdots & \vdots & & \vdots \\ na & na & na & \cdots & na+nb \end{vmatrix}.$$

处理方法有两种：

方法一：直接三角化. 将所有行加至第一行(或所有列加至第一列)，若第一行(或列)元素相同，则先提公因子，使得该行(或列)全为1，再通过倍加把其余行(或列)尽可能消零，进而实现三角化. 如

$$\begin{vmatrix} a+b & a & a & \cdots & a \\ 2a & 2a+b & 2a & \cdots & 2a \\ 3a & 3a & 3a+b & \cdots & 3a \\ \vdots & \vdots & \vdots & & \vdots \\ na & na & na & \cdots & na+b \end{vmatrix} = (a+2a+\cdots+na+b)\begin{vmatrix} 1 & 1 & 1 & \cdots & 1 \\ 2a & 2a+b & 2a & \cdots & 2a \\ 3a & 3a & 3a+b & \cdots & 3a \\ \vdots & \vdots & \vdots & & \vdots \\ na & na & na & \cdots & na+b \end{vmatrix}$$

$$=\left[\frac{(1+n)na}{2}+b\right]\begin{vmatrix}1&1&1&\cdots&1\\0&b&0&\cdots&0\\0&0&b&\cdots&0\\\vdots&\vdots&\vdots&&\vdots\\0&0&0&\cdots&b\end{vmatrix}$$

$$=\left[\frac{(1+n)na}{2}+b\right]b^{n-1}.$$

方法二：化为爪形行列式．第一行(或列)的若干倍加至其余行(或列)尽可能消零，进而把该行列式化为爪形行列式，再用三角化方法计算爪形行列式．如

$$\begin{vmatrix}a+b&a&a&\cdots&a\\2a&2a+2b&2a&\cdots&2a\\3a&3a&3a+3b&\cdots&3a\\\vdots&\vdots&\vdots&&\vdots\\na&na&na&\cdots&na+nb\end{vmatrix}=\begin{vmatrix}a+b&a&a&\cdots&a\\-2b&2b&0&\cdots&0\\-3b&0&3b&\cdots&0\\\vdots&\vdots&\vdots&&\vdots\\-nb&0&0&\cdots&nb\end{vmatrix}$$

$$=\begin{vmatrix}na+b&a&a&\cdots&a\\0&2b&0&\cdots&0\\0&0&3b&\cdots&0\\\vdots&\vdots&\vdots&&\vdots\\0&0&0&\cdots&nb\end{vmatrix}$$

$$=(na+b)n!\ b^{n-1}.$$

注意：计算对角线形行列式时，方法一简洁但不通用，因为不一定能提取公因子；方法二可作为通用方法．

③三对角线形行列式：非零元素排成三条对角线，如

$$\begin{vmatrix}a_{11}&a_{12}&&\\a_{21}&a_{22}&\ddots&\\&\ddots&\ddots&a_{n-1,n}\\&&a_{n,n-1}&a_{nn}\end{vmatrix}.$$

处理方法：用主对角线上的元素把旁边一条线的非零元素化为零，进而实现三角化，如将

$$\begin{vmatrix}a_{11}&a_{12}&&\\a_{21}&a_{22}&\ddots&\\&\ddots&\ddots&a_{n-1,n}\\&&a_{n,n-1}&a_{nn}\end{vmatrix}\text{化为}\begin{vmatrix}a_{11}&a_{12}&&\\0&a'_{22}&\ddots&\\&\ddots&\ddots&a_{n-1,n}\\&&0&a'_{nn}\end{vmatrix}\text{或}\begin{vmatrix}a_{11}&0&&\\a_{21}&a'_{22}&\ddots&\\&\ddots&\ddots&0\\&&a_{n,n-1}&a'_{nn}\end{vmatrix}.$$

(2)若用展开定理计算 n 阶行列式 D_n 得到递推式，则用递推法得出结果．详见例28.

(3)若行列式的部分元素成等比数列，则考虑用性质向范德蒙德行列式变形，再套公式计算．

(4)求抽象矩阵之和的行列式，如 $|\boldsymbol{A}+\boldsymbol{B}|$，则用 $\boldsymbol{A}$，$\boldsymbol{B}$ 的关系或单位矩阵 $\boldsymbol{E}$ 变形，化为求抽象矩阵之积的行列式，再套公式计算．

①若 n 阶矩阵 $\boldsymbol{A}$ 的行列式 $|\boldsymbol{A}|=1$，求 $|\boldsymbol{A}^{-1}+\boldsymbol{A}^*|$.

由 $|\boldsymbol{A}|=1\neq 0$ 得 $\boldsymbol{A}^*=|\boldsymbol{A}|\boldsymbol{A}^{-1}=\boldsymbol{A}^{-1}$，故 $|\boldsymbol{A}^{-1}+\boldsymbol{A}^*|=|2\boldsymbol{A}^{-1}|=2^n|\boldsymbol{A}|^{-1}=2^n$.

②若 $\boldsymbol{A}$，$\boldsymbol{B}$ 均可逆，且 $|\boldsymbol{A}\boldsymbol{B}^{-1}|=1$，$|\boldsymbol{A}^{-1}+\boldsymbol{B}|=a$，求 $|\boldsymbol{A}+\boldsymbol{B}^{-1}|$.

由 $\boldsymbol{A}+\boldsymbol{B}^{-1}=\boldsymbol{A}\boldsymbol{E}+\boldsymbol{E}\boldsymbol{B}^{-1}=\boldsymbol{A}\boldsymbol{B}\boldsymbol{B}^{-1}+\boldsymbol{A}\boldsymbol{A}^{-1}\boldsymbol{B}^{-1}=\boldsymbol{A}(\boldsymbol{B}+\boldsymbol{A}^{-1})\boldsymbol{B}^{-1}$，故

$$|\boldsymbol{A}+\boldsymbol{B}^{-1}|=|\boldsymbol{A}(\boldsymbol{B}+\boldsymbol{A}^{-1})\boldsymbol{B}^{-1}|=|\boldsymbol{A}||\boldsymbol{B}+\boldsymbol{A}^{-1}||\boldsymbol{B}^{-1}|=|\boldsymbol{A}\boldsymbol{B}^{-1}||\boldsymbol{A}^{-1}+\boldsymbol{B}|=a.$$

注意：单位矩阵 $\boldsymbol{E}$ 常用的变形有

①若方阵 $\boldsymbol{A}$ 可逆，则 $\boldsymbol{E}=\boldsymbol{A}\boldsymbol{A}^{-1}=\boldsymbol{A}^{-1}\boldsymbol{A}$；

②若方阵 $\boldsymbol{A}$ 满足 $\boldsymbol{A}\boldsymbol{A}^{\mathrm{T}}=\boldsymbol{E}(\boldsymbol{A}^{\mathrm{T}}\boldsymbol{A}=\boldsymbol{E})$，则 $\boldsymbol{E}=\boldsymbol{A}\boldsymbol{A}^{\mathrm{T}}=\boldsymbol{A}^{\mathrm{T}}\boldsymbol{A}$.

例 25 设 $a_i\neq 0$，$i=2，3，4$，则 $\begin{vmatrix} a_1 & 1 & 1 & 1 \\ 1 & a_2 & 0 & 0 \\ 1 & 0 & a_3 & 0 \\ 1 & 0 & 0 & a_4 \end{vmatrix}=(\quad)$.

A. $a_2a_3a_4$

B. $a_1-\frac{1}{a_2}-\frac{1}{a_3}-\frac{1}{a_4}$

C. $a_1+\frac{1}{a_2}+\frac{1}{a_3}+\frac{1}{a_4}$

D. $\left(a_1-\frac{1}{a_2}-\frac{1}{a_3}-\frac{1}{a_4}\right)a_2a_3a_4$

E. $\left(a_1+\frac{1}{a_2}+\frac{1}{a_3}+\frac{1}{a_4}\right)a_2a_3a_4$

【思路】 所求行列式为爪形行列式，故用三角化方法计算.

【解析】 由于 $a_i\neq 0$，$i=2，3，4$，故依次将第 i 列的 $-\frac{1}{a_i}$ 倍加至第 1 列，可得

$$\begin{vmatrix} a_1 & 1 & 1 & 1 \\ 1 & a_2 & 0 & 0 \\ 1 & 0 & a_3 & 0 \\ 1 & 0 & 0 & a_4 \end{vmatrix}=\begin{vmatrix} a_1-\frac{1}{a_2}-\frac{1}{a_3}-\frac{1}{a_4} & 1 & 1 & 1 \\ 0 & a_2 & 0 & 0 \\ 0 & 0 & a_3 & 0 \\ 0 & 0 & 0 & a_4 \end{vmatrix}=\left(a_1-\frac{1}{a_2}-\frac{1}{a_3}-\frac{1}{a_4}\right)a_2a_3a_4.$$

【答案】 D

例 26 n 阶行列式 $\begin{vmatrix} 1+a & 1 & 1 & \cdots & 1 \\ 1 & 1+a & 1 & \cdots & 1 \\ 1 & 1 & 1+a & \cdots & 1 \\ \vdots & \vdots & \vdots & & \vdots \\ 1 & 1 & 1 & \cdots & 1+a \end{vmatrix}=(\quad)$.

A. $(n-a)a^n$

B. $(n+a)a^n$

C. $(n-a)a^{n-1}$

D. $(n+a)a^{n-1}$

E. $(n-a)a^{n+1}$

【思路】 所求行列式为对角线形行列式，故用三角化方法计算.

【解析】 方法一：直接三角化.

$$\begin{vmatrix}1+a & 1 & 1 & \cdots & 1\\ 1 & 1+a & 1 & \cdots & 1\\ 1 & 1 & 1+a & \cdots & 1\\ \vdots & \vdots & \vdots & & \vdots\\ 1 & 1 & 1 & \cdots & 1+a\end{vmatrix}=(n+a)\begin{vmatrix}1 & 1 & 1 & \cdots & 1\\ 1 & 1+a & 1 & \cdots & 1\\ 1 & 1 & 1+a & \cdots & 1\\ \vdots & \vdots & \vdots & & \vdots\\ 1 & 1 & 1 & \cdots & 1+a\end{vmatrix}$$

$$=(n+a)\begin{vmatrix}1 & 1 & 1 & \cdots & 1\\ 0 & a & 0 & \cdots & 0\\ 0 & 0 & a & \cdots & 0\\ \vdots & \vdots & \vdots & & \vdots\\ 0 & 0 & 0 & \cdots & a\end{vmatrix}=(n+a)a^{n-1}.$$

方法二：化为爪形行列式．

$$\begin{vmatrix}1+a & 1 & 1 & \cdots & 1\\ 1 & 1+a & 1 & \cdots & 1\\ 1 & 1 & 1+a & \cdots & 1\\ \vdots & \vdots & \vdots & & \vdots\\ 1 & 1 & 1 & \cdots & 1+a\end{vmatrix}=\begin{vmatrix}1+a & 1 & 1 & \cdots & 1\\ -a & a & 0 & \cdots & 0\\ -a & 0 & a & \cdots & 0\\ \vdots & \vdots & \vdots & & \vdots\\ -a & 0 & 0 & \cdots & a\end{vmatrix}=\begin{vmatrix}n+a & 1 & 1 & \cdots & 1\\ 0 & a & 0 & \cdots & 0\\ 0 & 0 & a & \cdots & 0\\ \vdots & \vdots & \vdots & & \vdots\\ 0 & 0 & 0 & \cdots & a\end{vmatrix}=(n+a)a^{n-1}.$$

【答案】D

例 27　n 阶行列式 $\begin{vmatrix}2 & 1 & & & \\ 1 & 2 & 1 & & \\ & 1 & \ddots & \ddots & \\ & & \ddots & 2 & 1\\ & & & 1 & 2\end{vmatrix}=(\quad)$.

A. 1　　B. 2^n　　C. $n-1$　　D. n　　E. $n+1$

【思路】所求行列式为三对角线形行列式，可用三角化方法计算，用主对角线的元素把主对角线下的非零元素化为零．

【解析】依次将第 1 行的 $-\frac{1}{2}$ 倍加至第 2 行，将第 2 行的 $-\frac{2}{3}$ 倍加至第 3 行，……，将第 $n-1$ 行的 $-\frac{n-1}{n}$ 倍加至第 n 行，可得

$$\begin{vmatrix}2 & 1 & & & \\ 1 & 2 & 1 & & \\ & 1 & \ddots & \ddots & \\ & & \ddots & 2 & 1\\ & & & 1 & 2\end{vmatrix}=\begin{vmatrix}2 & 1 & & & \\ 0 & \frac{3}{2} & 1 & & \\ & 1 & 2 & \ddots & \\ & & \ddots & \ddots & 1\\ & & & 1 & 2\end{vmatrix}=\begin{vmatrix}2 & 1 & & & \\ 0 & \frac{3}{2} & 1 & & \\ & 0 & \frac{4}{3} & \ddots & \\ & & \ddots & \ddots & 1\\ & & & 1 & 2\end{vmatrix}=\cdots$$

$$=\begin{vmatrix} 2 & 1 & & & \\ 0 & \frac{3}{2} & 1 & & \\ & 0 & \frac{4}{3} & \ddots & \\ & & \ddots & \ddots & 1 \\ & & & 0 & \frac{n+1}{n} \end{vmatrix}=2\times\frac{3}{2}\times\frac{4}{3}\times\cdots\times\frac{n+1}{n}=n+1.$$

【答案】E

例 28　n 阶行列式 $D_n=\begin{vmatrix} 2 & 0 & \cdots & 0 & 2 \\ -1 & 2 & \cdots & 0 & 2 \\ 0 & -1 & \cdots & 0 & 2 \\ \vdots & \vdots & & \vdots & \vdots \\ 0 & 0 & \cdots & -1 & 2 \end{vmatrix}=(\quad)$.

A. 2^n-2　　B. 2^n+2　　C. $2^{n+1}-2$　　D. $2^{n+1}+2$　　E. $2^{n+2}-2$

【思路】所求行列式第 1 行或第 1 列只有 2 个非零元素，可用展开定理计算．又第 1 行的非零元素的代数余子式相对易算，故选择第 1 行用展开定理．

【解析】记原行列式为 D_n，则

$$D_n=\begin{vmatrix} 2 & 0 & \cdots & 0 & 2 \\ -1 & 2 & \cdots & 0 & 2 \\ 0 & -1 & \cdots & 0 & 2 \\ \vdots & \vdots & & \vdots & \vdots \\ 0 & 0 & \cdots & -1 & 2 \end{vmatrix}=2D_{n-1}+2\times(-1)^{1+n}\begin{vmatrix} -1 & 2 & 0 & & \\ 0 & -1 & 2 & \ddots & \\ & \ddots & \ddots & \ddots & 0 \\ & & \ddots & -1 & 2 \\ & & & 0 & -1 \end{vmatrix}$$

$$=2D_{n-1}+2\times(-1)^{1+n}\times(-1)^{n-1}=2D_{n-1}+2,$$

可得递推公式为 $D_n=2D_{n-1}+2(n\geqslant2)$①.

方法一：由递推公式递推至首项 D_1.

式①将 n 换为 $n-1$ 得 $D_{n-1}=2D_{n-2}+2(n\geqslant3)$②，将式②代入式①得 $D_n=2(2D_{n-2}+2)+2=2^2D_{n-2}+2^2+2(n\geqslant3)$，同理可得

$$D_n=2^3D_{n-3}+2^3+2^2+2(n\geqslant4),\ \cdots,\ D_n=2^{n-1}D_1+2^{n-1}+\cdots+2^2+2,$$

将 $D_1=2$ 代入上式得 $D_n=2^n+2^{n-1}+\cdots+2^2+2=2^{n+1}-2$.

方法二：由递推公式变形，识别出等比数列，再用等比数列求和公式．

由式①得 $D_n+2=2(D_{n-1}+2)$，可以将 $\{D_n+2\}$ 看作是首项为 D_1+2、公比为 2 的等比数列，则 $D_n+2=(D_1+2)\times2^{n-1}=2^{n+1}$，故 $D_n=2^{n+1}-2$.

【答案】C

例 29　行列式 $\begin{vmatrix} 1 & 2 & 3 & 4 \\ 1 & 2^2 & 3^2 & 4^2 \\ 1 & 2^3 & 3^3 & 4^3 \\ 5 & 4 & 3 & 2 \end{vmatrix}=(\quad)$.

A. -6　　B. 6　　C. -36　　D. 36　　E. -72

【思路】所求行列式每列的前三个元素成等比数列，故考虑利用行列式的性质变形为范德蒙德行列式后，再套公式计算．

【解析】将第1行加到第4行，再提取公因子，可得

$$\begin{vmatrix}1&2&3&4\\1&2^2&3^2&4^2\\1&2^3&3^3&4^3\\5&4&3&2\end{vmatrix}=6\begin{vmatrix}1&2&3&4\\1&2^2&3^2&4^2\\1&2^3&3^3&4^3\\1&1&1&1\end{vmatrix}=6\times(-1)^3\begin{vmatrix}1&1&1&1\\1&2&3&4\\1&2^2&3^2&4^2\\1&2^3&3^3&4^3\end{vmatrix}$$

$$=-6\times(2-1)\times(3-1)\times(4-1)\times(3-2)\times(4-2)\times(4-3)=-72.$$

【答案】E

例30　设$\boldsymbol{A}$，$\boldsymbol{B}$为三阶矩阵，且$|\boldsymbol{A}|=3$，$|\boldsymbol{B}|=2$，$|\boldsymbol{A}^{-1}+\boldsymbol{B}|=2$，则$|\boldsymbol{A}+\boldsymbol{B}^{-1}|=$(　　).

A. 0　　B. $\frac{1}{3}$　　C. $\frac{1}{2}$　　D. 2　　E. 3

【思路】所求行列式$|\boldsymbol{A}+\boldsymbol{B}^{-1}|$为抽象矩阵之和的行列式，故需化为抽象矩阵之积的行列式，利用$\boldsymbol{E}$变形．

【解析】$\boldsymbol{A}+\boldsymbol{B}^{-1}=\boldsymbol{AE}+\boldsymbol{EB}^{-1}=\boldsymbol{ABB}^{-1}+\boldsymbol{AA}^{-1}\boldsymbol{B}^{-1}=\boldsymbol{A}(\boldsymbol{B}+\boldsymbol{A}^{-1})\boldsymbol{B}^{-1}$. 故

$$|\boldsymbol{A}+\boldsymbol{B}^{-1}|=|\boldsymbol{A}(\boldsymbol{B}+\boldsymbol{A}^{-1})\boldsymbol{B}^{-1}|=|\boldsymbol{A}||\boldsymbol{B}+\boldsymbol{A}^{-1}||\boldsymbol{B}^{-1}|=|\boldsymbol{A}||\boldsymbol{B}+\boldsymbol{A}^{-1}||\boldsymbol{B}|^{-1}=3\times2\times2^{-1}=3.$$

【答案】E

题型14　其他类型的方阵的n次幂的计算

【方法点拨】

设$\boldsymbol{A}$，$\boldsymbol{B}$均为n阶方阵，则

(1)$R(\boldsymbol{A})=1\Leftrightarrow\boldsymbol{A}\neq\boldsymbol{O}$且$\boldsymbol{A}$按行按列成比例$\Leftrightarrow\boldsymbol{A}$可分解为$\boldsymbol{A}=\boldsymbol{\alpha\beta}^{\mathrm{T}}$，其中$\alpha$和$\beta$均为$n\times1$矩阵，且$\boldsymbol{\alpha}\neq\boldsymbol{0}$，$\boldsymbol{\beta}\neq\boldsymbol{0}$. 由此可得

$$\boldsymbol{A}^2=(\boldsymbol{\alpha\beta}^{\mathrm{T}})(\boldsymbol{\alpha\beta}^{\mathrm{T}})=\boldsymbol{\alpha}(\boldsymbol{\beta}^{\mathrm{T}}\boldsymbol{\alpha})\boldsymbol{\beta}^{\mathrm{T}}=(\boldsymbol{\beta}^{\mathrm{T}}\boldsymbol{\alpha})\boldsymbol{\alpha\beta}^{\mathrm{T}}=\mathrm{tr}(\boldsymbol{A})\boldsymbol{A};$$

$$\boldsymbol{A}^3=\boldsymbol{A}^2\boldsymbol{A}=\mathrm{tr}(\boldsymbol{A})\boldsymbol{A}^2=[\mathrm{tr}(\boldsymbol{A})]^2\boldsymbol{A};$$

$$\cdots$$

$$\boldsymbol{A}^n=[\mathrm{tr}(\boldsymbol{A})]^{n-1}\boldsymbol{A},\ n\geqslant1.$$

(2)已知$\boldsymbol{A}=\boldsymbol{P}^{-1}\boldsymbol{BP}$，则有

$$\boldsymbol{A}^2=\boldsymbol{P}^{-1}\boldsymbol{BPP}^{-1}\boldsymbol{BP}=\boldsymbol{P}^{-1}\boldsymbol{B}^2\boldsymbol{P};$$

$$\boldsymbol{A}^3=\boldsymbol{A}^2\boldsymbol{A}=\boldsymbol{P}^{-1}\boldsymbol{B}^2\boldsymbol{PP}^{-1}\boldsymbol{BP}=\boldsymbol{P}^{-1}\boldsymbol{B}^3\boldsymbol{P};$$

$$\cdots$$

$$\boldsymbol{A}^n=\boldsymbol{P}^{-1}\boldsymbol{B}^n\boldsymbol{P}.$$

同理可知$\boldsymbol{A}=\boldsymbol{PBP}^{-1}\Rightarrow\boldsymbol{A}^n=\boldsymbol{PB}^n\boldsymbol{P}^{-1}$.

注意：若已知条件为$\boldsymbol{P}$可逆且$\boldsymbol{PA}=\boldsymbol{BP}$(或$\boldsymbol{AP}=\boldsymbol{PB}$)，则先变形再用上述推理或结论：由$\boldsymbol{PA}=\boldsymbol{BP}$左乘$\boldsymbol{P}^{-1}$得$\boldsymbol{A}=\boldsymbol{P}^{-1}\boldsymbol{BP}$，由$\boldsymbol{AP}=\boldsymbol{PB}$右乘$\boldsymbol{P}^{-1}$得$\boldsymbol{A}=\boldsymbol{PBP}^{-1}$.

例 31 设$\boldsymbol{A}=\begin{pmatrix}1&2&3\\2&4&6\\3&6&9\end{pmatrix}$，则$\boldsymbol{A}^n=$(　　).

A. $\boldsymbol{A}$　　B. $14\boldsymbol{A}$　　C. $14^{n-1}\boldsymbol{A}$　　D. $14^n\boldsymbol{A}$　　E. $14^{n+1}\boldsymbol{A}$

【思路】本题矩阵$\boldsymbol{A}$非零且按行成比例，秩为1，求其n次幂可直接用结论．

【解析】$R(\boldsymbol{A})=1\Rightarrow\boldsymbol{A}^n=[\operatorname{tr}(\boldsymbol{A})]^{n-1}\boldsymbol{A}=14^{n-1}\boldsymbol{A}$.

【答案】C

例 32 已知$\boldsymbol{PA}=\boldsymbol{BP}$，$\boldsymbol{P}=\begin{pmatrix}0&-1&0\\2&0&0\\0&0&3\end{pmatrix}$，$\boldsymbol{B}=\begin{pmatrix}1&0&0\\0&-1&0\\0&0&-1\end{pmatrix}$，则$\boldsymbol{A}^{10}=$(　　).

A. $\begin{pmatrix}0&-1&0\\2&0&0\\0&0&3\end{pmatrix}$　　B. $\begin{pmatrix}0&1&0\\2^{10}&0&0\\0&0&3^{10}\end{pmatrix}$　　C. $\begin{pmatrix}0&1&0\\4^{10}&0&0\\0&0&9^{10}\end{pmatrix}$

D. $\begin{pmatrix}1&0&0\\0&-1&0\\0&0&-1\end{pmatrix}$　　E. $\begin{pmatrix}1&0&0\\0&1&0\\0&0&1\end{pmatrix}$

【思路】已知矩阵$\boldsymbol{P}$和$\boldsymbol{B}$求$\boldsymbol{A}^{10}$，可先将$\boldsymbol{A}$用$\boldsymbol{P}$和$\boldsymbol{B}$表示，再将$\boldsymbol{A}^{10}$用$\boldsymbol{P}$和$\boldsymbol{B}$表示．

【解析】由$|\boldsymbol{P}|=\begin{vmatrix}0&-1&0\\2&0&0\\0&0&3\end{vmatrix}=6\neq0$，故$\boldsymbol{P}$可逆．

在$\boldsymbol{PA}=\boldsymbol{BP}$两端左乘$\boldsymbol{P}^{-1}$得$\boldsymbol{A}=\boldsymbol{P}^{-1}\boldsymbol{BP}$，故有$\boldsymbol{A}^{10}=\boldsymbol{P}^{-1}\boldsymbol{B}^{10}\boldsymbol{P}$.

又$\boldsymbol{B}^2=\begin{pmatrix}1&0&0\\0&-1&0\\0&0&-1\end{pmatrix}\begin{pmatrix}1&0&0\\0&-1&0\\0&0&-1\end{pmatrix}=\begin{pmatrix}1&0&0\\0&1&0\\0&0&1\end{pmatrix}=\boldsymbol{E}$，故$\boldsymbol{B}^{10}=(\boldsymbol{B}^2)^5=\boldsymbol{E}^5=\boldsymbol{E}$，代入$\boldsymbol{A}^{10}=\boldsymbol{P}^{-1}\boldsymbol{B}^{10}\boldsymbol{P}$中得$\boldsymbol{A}^{10}=\boldsymbol{P}^{-1}\boldsymbol{EP}=\boldsymbol{E}$.

【答案】E

题型 15 对分块矩阵的考查

【知识补充】

(1)定义．

用若干条横线和纵线把矩阵$\boldsymbol{A}$分成多个小矩阵，每个小矩阵称为$\boldsymbol{A}$的子块或子矩阵，以子块为元素的形式上的矩阵称为分块矩阵．

注意：常用的分块方式：

①分四块，如$\boldsymbol{A}=\left(\begin{array}{cc:cc}1&2&0&0\\3&4&0&0\\ \hdashline 0&0&5&6\\0&0&7&8\end{array}\right)=\begin{pmatrix}\boldsymbol{A}_1&\boldsymbol{O}\\\boldsymbol{O}&\boldsymbol{A}_2\end{pmatrix}$，其中$\boldsymbol{A}_1=\begin{pmatrix}1&2\\3&4\end{pmatrix}$，$\boldsymbol{A}_2=\begin{pmatrix}5&6\\7&8\end{pmatrix}$.

②按列分块，如$\boldsymbol{A}=\left(\begin{array}{c:c:c}1&2&3\\4&5&6\\7&8&9\end{array}\right)=(\boldsymbol{\alpha}_1,\boldsymbol{\alpha}_2,\boldsymbol{\alpha}_3)$，其中$\boldsymbol{\alpha}_1=\begin{pmatrix}1\\4\\7\end{pmatrix}$，$\boldsymbol{\alpha}_2=\begin{pmatrix}2\\5\\8\end{pmatrix}$，$\boldsymbol{\alpha}_3=\begin{pmatrix}3\\6\\9\end{pmatrix}$.

(2)运算．

借助矩阵的加法、数乘、转置和乘法，可以逐一定义分块矩阵的相应运算．定义的方式是先把子矩阵视为实数进行一次矩阵运算，再把子矩阵视为矩阵进行矩阵运算．

口诀：由外到内，两层运算．(分块矩阵运算的本质是分步进行的矩阵运算)

①分四块．

加法：设$\boldsymbol{A}=\begin{pmatrix}\boldsymbol{A}_1&\boldsymbol{A}_2\\\boldsymbol{A}_3&\boldsymbol{A}_4\end{pmatrix}$，$\boldsymbol{B}=\begin{pmatrix}\boldsymbol{B}_1&\boldsymbol{B}_2\\\boldsymbol{B}_3&\boldsymbol{B}_4\end{pmatrix}$，其中$\boldsymbol{A}_i$与$\boldsymbol{B}_i$同型，$i=1,2,3,4$，则

$$\boldsymbol{A}+\boldsymbol{B}=\begin{pmatrix}\boldsymbol{A}_1+\boldsymbol{B}_1&\boldsymbol{A}_2+\boldsymbol{B}_2\\\boldsymbol{A}_3+\boldsymbol{B}_3&\boldsymbol{A}_4+\boldsymbol{B}_4\end{pmatrix}.$$

数乘：设$\boldsymbol{A}=\begin{pmatrix}\boldsymbol{A}_1&\boldsymbol{A}_2\\\boldsymbol{A}_3&\boldsymbol{A}_4\end{pmatrix}$，$k$为实数，则$k\boldsymbol{A}=\begin{pmatrix}k\boldsymbol{A}_1&k\boldsymbol{A}_2\\k\boldsymbol{A}_3&k\boldsymbol{A}_4\end{pmatrix}$.

转置：设$\boldsymbol{A}=\begin{pmatrix}\boldsymbol{A}_1&\boldsymbol{A}_2\\\boldsymbol{A}_3&\boldsymbol{A}_4\end{pmatrix}$，则$\boldsymbol{A}^{\mathrm{T}}=\begin{pmatrix}\boldsymbol{A}_1^{\mathrm{T}}&\boldsymbol{A}_3^{\mathrm{T}}\\\boldsymbol{A}_2^{\mathrm{T}}&\boldsymbol{A}_4^{\mathrm{T}}\end{pmatrix}$.

乘法：设$m\times n$矩阵$\boldsymbol{A}=\begin{pmatrix}\boldsymbol{A}_1&\boldsymbol{A}_2\\\boldsymbol{A}_3&\boldsymbol{A}_4\end{pmatrix}$，$n\times k$矩阵$\boldsymbol{B}=\begin{pmatrix}\boldsymbol{B}_1&\boldsymbol{B}_2\\\boldsymbol{B}_3&\boldsymbol{B}_4\end{pmatrix}$，且下面出现的子矩阵乘法均可行(如$\boldsymbol{A}_1\boldsymbol{B}_1$满足$\boldsymbol{A}_1$的列数等于$\boldsymbol{B}_1$的行数)，则$\boldsymbol{AB}=\begin{pmatrix}\boldsymbol{A}_1\boldsymbol{B}_1+\boldsymbol{A}_2\boldsymbol{B}_3&\boldsymbol{A}_1\boldsymbol{B}_2+\boldsymbol{A}_2\boldsymbol{B}_4\\\boldsymbol{A}_3\boldsymbol{B}_1+\boldsymbol{A}_4\boldsymbol{B}_3&\boldsymbol{A}_3\boldsymbol{B}_2+\boldsymbol{A}_4\boldsymbol{B}_4\end{pmatrix}$.

②按列分块．

加法：设$m\times n$矩阵$\boldsymbol{A}=(\boldsymbol{\alpha}_1,\boldsymbol{\alpha}_2,\cdots,\boldsymbol{\alpha}_n)$，$m\times n$矩阵$\boldsymbol{B}=(\boldsymbol{\beta}_1,\boldsymbol{\beta}_2,\cdots,\boldsymbol{\beta}_n)$，则

$$\boldsymbol{A}+\boldsymbol{B}=(\boldsymbol{\alpha}_1+\boldsymbol{\beta}_1,\boldsymbol{\alpha}_2+\boldsymbol{\beta}_2,\cdots,\boldsymbol{\alpha}_n+\boldsymbol{\beta}_n).$$

数乘：设$m\times n$矩阵$\boldsymbol{A}=(\boldsymbol{\alpha}_1,\boldsymbol{\alpha}_2,\cdots,\boldsymbol{\alpha}_n)$，$k$为实数，则$k\boldsymbol{A}=(k\boldsymbol{\alpha}_1,k\boldsymbol{\alpha}_2,\cdots,k\boldsymbol{\alpha}_n)$.

转置：设$m\times n$矩阵$\boldsymbol{A}=(\boldsymbol{\alpha}_1,\boldsymbol{\alpha}_2,\cdots,\boldsymbol{\alpha}_n)$，则$\boldsymbol{A}^{\mathrm{T}}=(\boldsymbol{\alpha}_1,\boldsymbol{\alpha}_2,\cdots,\boldsymbol{\alpha}_n)^{\mathrm{T}}=\begin{pmatrix}\boldsymbol{\alpha}_1^{\mathrm{T}}\\\boldsymbol{\alpha}_2^{\mathrm{T}}\\\vdots\\\boldsymbol{\alpha}_n^{\mathrm{T}}\end{pmatrix}$.

乘法：设$m\times n$矩阵$\boldsymbol{A}=(\boldsymbol{\alpha}_1,\boldsymbol{\alpha}_2,\cdots,\boldsymbol{\alpha}_n)$，$n\times k$矩阵$\boldsymbol{B}=(b_{ij})$，$\boldsymbol{C}$为$k\times m$矩阵，则

$$\boldsymbol{AB}=(\boldsymbol{\alpha}_1,\boldsymbol{\alpha}_2,\cdots,\boldsymbol{\alpha}_n)\begin{pmatrix}b_{11}&b_{12}&\cdots&b_{1k}\\b_{21}&b_{22}&\cdots&b_{2k}\\\vdots&\vdots&&\vdots\\b_{n1}&b_{n2}&\cdots&b_{nk}\end{pmatrix}$$

$$=(b_{11}\boldsymbol{\alpha}_1+b_{21}\boldsymbol{\alpha}_2+\cdots+b_{n1}\boldsymbol{\alpha}_n,b_{12}\boldsymbol{\alpha}_1+b_{22}\boldsymbol{\alpha}_2+\cdots+b_{n2}\boldsymbol{\alpha}_n,\cdots,b_{1k}\boldsymbol{\alpha}_1+b_{2k}\boldsymbol{\alpha}_2+\cdots+b_{nk}\boldsymbol{\alpha}_n).$$

$$\boldsymbol{CA}=\boldsymbol{C}(\boldsymbol{\alpha}_1,\boldsymbol{\alpha}_2,\cdots,\boldsymbol{\alpha}_n)=(\boldsymbol{C\alpha}_1,\boldsymbol{C\alpha}_2,\cdots,\boldsymbol{C\alpha}_n).$$

(3)常用公式.

①拉普拉斯展开公式:

设 $\boldsymbol{A}$, $\boldsymbol{B}$ 分别为 m 阶和 n 阶方阵,则

$$\begin{vmatrix}\boldsymbol{A} & \boldsymbol{C}\\ \boldsymbol{O} & \boldsymbol{B}\end{vmatrix}=\begin{vmatrix}\boldsymbol{A} & \boldsymbol{O}\\ \boldsymbol{C} & \boldsymbol{B}\end{vmatrix}=|\boldsymbol{A}||\boldsymbol{B}|,\quad \begin{vmatrix}\boldsymbol{O} & \boldsymbol{A}\\ \boldsymbol{B} & \boldsymbol{C}\end{vmatrix}=\begin{vmatrix}\boldsymbol{C} & \boldsymbol{A}\\ \boldsymbol{B} & \boldsymbol{O}\end{vmatrix}=(-1)^{mn}|\boldsymbol{A}||\boldsymbol{B}|.$$

②设 $\boldsymbol{A}$, $\boldsymbol{B}$ 均为方阵,则 $\begin{pmatrix}\boldsymbol{A} & \boldsymbol{O}\\ \boldsymbol{O} & \boldsymbol{B}\end{pmatrix}^n=\begin{pmatrix}\boldsymbol{A}^n & \boldsymbol{O}\\ \boldsymbol{O} & \boldsymbol{B}^n\end{pmatrix}$.

③若 $\boldsymbol{A}$, $\boldsymbol{B}$ 均可逆,则 $\begin{pmatrix}\boldsymbol{A} & \boldsymbol{O}\\ \boldsymbol{O} & \boldsymbol{B}\end{pmatrix}$ 和 $\begin{pmatrix}\boldsymbol{O} & \boldsymbol{A}\\ \boldsymbol{B} & \boldsymbol{O}\end{pmatrix}$ 均可逆,且

$$\begin{pmatrix}\boldsymbol{A} & \boldsymbol{O}\\ \boldsymbol{O} & \boldsymbol{B}\end{pmatrix}^{-1}=\begin{pmatrix}\boldsymbol{A}^{-1} & \boldsymbol{O}\\ \boldsymbol{O} & \boldsymbol{B}^{-1}\end{pmatrix},\quad \begin{pmatrix}\boldsymbol{O} & \boldsymbol{A}\\ \boldsymbol{B} & \boldsymbol{O}\end{pmatrix}^{-1}=\begin{pmatrix}\boldsymbol{O} & \boldsymbol{B}^{-1}\\ \boldsymbol{A}^{-1} & \boldsymbol{O}\end{pmatrix}.$$

例 33 四阶行列式 $\begin{vmatrix}a_1 & 0 & 0 & b_1\\ 0 & a_2 & b_2 & 0\\ 0 & b_3 & a_3 & 0\\ b_4 & 0 & 0 & a_4\end{vmatrix}=(\quad)$.

A. $a_1a_2a_3a_4-b_1b_2b_3b_4$

B. $a_1a_2a_3a_4+b_1b_2b_3b_4$

C. $(a_1a_2-b_1b_2)(a_3a_4-b_3b_4)$

D. $(a_2a_3-b_2b_3)(a_1a_4-b_1b_4)$

E. $a_1a_2a_3a_4$

【思路】行列式中零元素相对集中,可利用性质进行变形,再套用拉普拉斯展开公式.由于所求行列式每行至多有两个非零元素,也可直接用展开定理计算.

【解析】方法一:用拉普拉斯展开公式计算.

先互换第 2,4 列,再互换第 2,4 行,可得

$$\begin{vmatrix}a_1 & 0 & 0 & b_1\\ 0 & a_2 & b_2 & 0\\ 0 & b_3 & a_3 & 0\\ b_4 & 0 & 0 & a_4\end{vmatrix}=-\begin{vmatrix}a_1 & b_1 & 0 & 0\\ 0 & 0 & b_2 & a_2\\ 0 & 0 & a_3 & b_3\\ b_4 & a_4 & 0 & 0\end{vmatrix}=\begin{vmatrix}a_1 & b_1 & 0 & 0\\ b_4 & a_4 & 0 & 0\\ 0 & 0 & a_3 & b_3\\ 0 & 0 & b_2 & a_2\end{vmatrix}=\begin{vmatrix}a_1 & b_1\\ b_4 & a_4\end{vmatrix}\begin{vmatrix}a_3 & b_3\\ b_2 & a_2\end{vmatrix}$$

$$=(a_1a_4-b_1b_4)(a_3a_2-b_3b_2).$$

方法二:用展开定理计算.

所求行列式按照第 1 行用展开定理可得

$$\begin{vmatrix}a_1 & 0 & 0 & b_1\\ 0 & a_2 & b_2 & 0\\ 0 & b_3 & a_3 & 0\\ b_4 & 0 & 0 & a_4\end{vmatrix}=a_1\begin{vmatrix}a_2 & b_2 & 0\\ b_3 & a_3 & 0\\ 0 & 0 & a_4\end{vmatrix}+(-1)^{1+4}\times b_1\begin{vmatrix}0 & a_2 & b_2\\ 0 & b_3 & a_3\\ b_4 & 0 & 0\end{vmatrix}$$

$$=a_1a_4\begin{vmatrix}a_2 & b_2\\ b_3 & a_3\end{vmatrix}-b_1b_4\begin{vmatrix}a_2 & b_2\\ b_3 & a_3\end{vmatrix}=(a_2a_3-b_2b_3)(a_1a_4-b_1b_4).$$

【答案】D

例 34 设 $\boldsymbol{A}=\begin{pmatrix}1&2&0&0\\2&4&0&0\\0&0&1&0\\0&0&0&-1\end{pmatrix}$，则 $\boldsymbol{A}^{10}=$（　　）.

A. $\begin{pmatrix}1&2&0&0\\2&4&0&0\\0&0&1&0\\0&0&0&-1\end{pmatrix}$　　B. $\begin{pmatrix}1&2^{10}&0&0\\2^{10}&4^{10}&0&0\\0&0&1&0\\0&0&0&1\end{pmatrix}$　　C. $\begin{pmatrix}1&0&0&0\\0&1&0&0\\0&0&1&2^{10}\\0&0&2^{10}&4^{10}\end{pmatrix}$

D. $\begin{pmatrix}5^9&2\times5^9&0&0\\2\times5^9&4\times5^9&0&0\\0&0&1&0\\0&0&0&1\end{pmatrix}$　　E. $\begin{pmatrix}1&0&0&0\\0&1&0&0\\0&0&5^9&2\times5^9\\0&0&2\times5^9&4\times5^9\end{pmatrix}$

【思路】本题 $\boldsymbol{A}$ 的零元素相对集中，故将 $\boldsymbol{A}$ 按元素规律分成四块，再用公式计算．

【解析】记 $\boldsymbol{A}=\left(\begin{array}{cc:cc}1&2&0&0\\2&4&0&0\\\hdashline0&0&1&0\\0&0&0&-1\end{array}\right)=\begin{pmatrix}\boldsymbol{A}_1&\boldsymbol{O}\\\boldsymbol{O}&\boldsymbol{A}_2\end{pmatrix}$，其中 $\boldsymbol{A}_1=\begin{pmatrix}1&2\\2&4\end{pmatrix}$，$\boldsymbol{A}_2=\begin{pmatrix}1&0\\0&-1\end{pmatrix}$，则

$$\boldsymbol{A}^{10}=\begin{pmatrix}\boldsymbol{A}_1^{10}&\boldsymbol{O}\\\boldsymbol{O}&\boldsymbol{A}_2^{10}\end{pmatrix}.$$

易得 $R(\boldsymbol{A}_1)=1$，则有

$$\boldsymbol{A}_1^{10}=[\mathrm{tr}(\boldsymbol{A}_1)]^9\boldsymbol{A}_1=5^9\begin{pmatrix}1&2\\2&4\end{pmatrix}=\begin{pmatrix}5^9&2\times5^9\\2\times5^9&4\times5^9\end{pmatrix};$$

$$\boldsymbol{A}_2^2=\begin{pmatrix}1&0\\0&-1\end{pmatrix}\begin{pmatrix}1&0\\0&-1\end{pmatrix}=\boldsymbol{E}.$$

故 $\boldsymbol{A}_2^{10}=(\boldsymbol{A}_2^2)^5=\boldsymbol{E}^5=\boldsymbol{E}$.

因此 $\boldsymbol{A}^{10}=\begin{pmatrix}\boldsymbol{A}_1^{10}&\boldsymbol{O}\\\boldsymbol{O}&\boldsymbol{A}_2^{10}\end{pmatrix}=\begin{pmatrix}5^9&2\times5^9&0&0\\2\times5^9&4\times5^9&0&0\\0&0&1&0\\0&0&0&1\end{pmatrix}$.

【答案】D

例 35 已知四阶方阵 $\boldsymbol{A}=\begin{pmatrix}0&0&5&2\\0&0&2&1\\1&-2&0&0\\1&1&0&0\end{pmatrix}$，则 $\boldsymbol{A}$ 的逆矩阵 $\boldsymbol{A}^{-1}=$（　　）.

A. $\begin{pmatrix}0&0&1&-2\\0&0&-2&5\\1&2&0&0\\-1&1&0&0\end{pmatrix}$　　B. $\begin{pmatrix}0&0&1&2\\0&0&-1&1\\1&-2&0&0\\-2&5&0&0\end{pmatrix}$

C. $\begin{pmatrix} 0 & 0 & 1 & -2 \\ 0 & 0 & -2 & 5 \\ \frac{1}{3} & \frac{2}{3} & 0 & 0 \\ -\frac{1}{3} & \frac{1}{3} & 0 & 0 \end{pmatrix}$ D. $\begin{pmatrix} 0 & 0 & \frac{1}{3} & \frac{2}{3} \\ 0 & 0 & -\frac{1}{3} & \frac{1}{3} \\ 1 & -2 & 0 & 0 \\ -2 & 5 & 0 & 0 \end{pmatrix}$

E. $\begin{pmatrix} \frac{1}{3} & \frac{2}{3} & 0 & 0 \\ -\frac{1}{3} & \frac{1}{3} & 0 & 0 \\ 0 & 0 & 1 & -2 \\ 0 & 0 & -2 & 5 \end{pmatrix}$

【思路】观察可知，$\boldsymbol{A}=\left(\begin{array}{cc:cc} 0 & 0 & 5 & 2 \\ 0 & 0 & 2 & 1 \\ \hdashline 1 & -2 & 0 & 0 \\ 1 & 1 & 0 & 0 \end{array}\right)=\begin{pmatrix} \boldsymbol{O} & \boldsymbol{A}_1 \\ \boldsymbol{A}_2 & \boldsymbol{O} \end{pmatrix}$，利用公式$\begin{pmatrix} \boldsymbol{O} & \boldsymbol{A}_1 \\ \boldsymbol{A}_2 & \boldsymbol{O} \end{pmatrix}^{-1}=\begin{pmatrix} \boldsymbol{O} & \boldsymbol{A}_2^{-1} \\ \boldsymbol{A}_1^{-1} & \boldsymbol{O} \end{pmatrix}$计算.

【解析】记$\boldsymbol{A}_1=\begin{pmatrix} 5 & 2 \\ 2 & 1 \end{pmatrix}$，$\boldsymbol{A}_2=\begin{pmatrix} 1 & -2 \\ 1 & 1 \end{pmatrix}$，则$\boldsymbol{A}=\begin{pmatrix} \boldsymbol{O} & \boldsymbol{A}_1 \\ \boldsymbol{A}_2 & \boldsymbol{O} \end{pmatrix}$.

$\boldsymbol{A}_1^{-1}=\dfrac{\begin{pmatrix} 5 & 2 \\ 2 & 1 \end{pmatrix}^*}{\begin{vmatrix} 5 & 2 \\ 2 & 1 \end{vmatrix}}=\begin{pmatrix} 1 & -2 \\ -2 & 5 \end{pmatrix}$，$\boldsymbol{A}_2^{-1}=\dfrac{\begin{pmatrix} 1 & -2 \\ 1 & 1 \end{pmatrix}^*}{\begin{vmatrix} 1 & -2 \\ 1 & 1 \end{vmatrix}}=\dfrac{1}{3}\begin{pmatrix} 1 & 2 \\ -1 & 1 \end{pmatrix}$，故

$$\boldsymbol{A}^{-1}=\begin{pmatrix} \boldsymbol{O} & \boldsymbol{A}_2^{-1} \\ \boldsymbol{A}_1^{-1} & \boldsymbol{O} \end{pmatrix}=\begin{pmatrix} 0 & 0 & \frac{1}{3} & \frac{2}{3} \\ 0 & 0 & -\frac{1}{3} & \frac{1}{3} \\ 1 & -2 & 0 & 0 \\ -2 & 5 & 0 & 0 \end{pmatrix}.$$

【答案】D

题型 16 抽象型逆矩阵的计算

【方法点拨】

求抽象型矩阵的逆矩阵时，若不能用性质，则用简化的逆矩阵定义.

【例】设 n 阶方阵 $\boldsymbol{A}$ 满足 $f(\boldsymbol{A})=\boldsymbol{O}$，求 $\boldsymbol{A}^{-1}$：由 $f(\boldsymbol{A})=\boldsymbol{O}$ 通过恒等变形得到 $\boldsymbol{AB}=\boldsymbol{E}$ 或 $\boldsymbol{BA}=\boldsymbol{E}$，则 $\boldsymbol{A}^{-1}=\boldsymbol{B}$.

例 36 设 n 阶矩阵 $\boldsymbol{A}$ 满足 $\boldsymbol{A}^2+\boldsymbol{A}-4\boldsymbol{E}=\boldsymbol{O}$，其中 $\boldsymbol{E}$ 为单位矩阵，则 $(\boldsymbol{A}-\boldsymbol{E})^{-1}=($ $)$.

A. $\frac{1}{2}(\boldsymbol{A}+\boldsymbol{E})$ B. $\frac{1}{2}(\boldsymbol{A}-\boldsymbol{E})$ C. $\frac{1}{4}(\boldsymbol{A}+2\boldsymbol{E})$

D. $\frac{1}{4}(\boldsymbol{A}-2\boldsymbol{E})$ E. $\frac{1}{2}(\boldsymbol{A}+2\boldsymbol{E})$

【思路】本题求抽象型矩阵的逆矩阵$(\boldsymbol{A}-\boldsymbol{E})^{-1}$，且不使用性质变形，故可利用恒等变形将已知条件变形成$(\boldsymbol{A}-\boldsymbol{E})\boldsymbol{B}=\boldsymbol{E}$的形式，再用简化的逆矩阵定义求出逆矩阵．

【解析】$\boldsymbol{A}^2+\boldsymbol{A}-4\boldsymbol{E}=\boldsymbol{O}\Rightarrow(\boldsymbol{A}-\boldsymbol{E})(\boldsymbol{A}+2\boldsymbol{E})=2\boldsymbol{E}\Rightarrow(\boldsymbol{A}-\boldsymbol{E})\left[\frac{1}{2}(\boldsymbol{A}+2\boldsymbol{E})\right]=\boldsymbol{E}$，由于$\boldsymbol{A}-\boldsymbol{E}$为$n$阶方阵，故$(\boldsymbol{A}-\boldsymbol{E})^{-1}=\frac{1}{2}(\boldsymbol{A}+2\boldsymbol{E})$．

【注意】将$\boldsymbol{A}^2+\boldsymbol{A}-4\boldsymbol{E}=\boldsymbol{O}$变形成$(\boldsymbol{A}-\boldsymbol{E})(\boldsymbol{A}+2\boldsymbol{E})=2\boldsymbol{E}$的过程，可从$(\boldsymbol{A}-\boldsymbol{E})[()+()]=k\boldsymbol{E}$出发，对照$\boldsymbol{A}^2+\boldsymbol{A}-4\boldsymbol{E}$的平方项$\boldsymbol{A}^2$和一次项$\boldsymbol{A}$逐步凑．

(1)要与$\boldsymbol{A}$相乘后得$\boldsymbol{A}^2$，第一个()可填出$\boldsymbol{A}$，即$(\boldsymbol{A}-\boldsymbol{E})[\boldsymbol{A}+()]=k\boldsymbol{E}$；

(2)要使得$(\boldsymbol{A}-\boldsymbol{E})[\boldsymbol{A}+()]$的一次项为$\boldsymbol{A}$，第二个()可填出$2\boldsymbol{E}$，即$(\boldsymbol{A}-\boldsymbol{E})(\boldsymbol{A}+2\boldsymbol{E})=k\boldsymbol{E}$；

(3) $\boldsymbol{A}^2+\boldsymbol{A}-4\boldsymbol{E}=\boldsymbol{O}\Rightarrow\boldsymbol{A}^2+\boldsymbol{A}=4\boldsymbol{E}$ 代入 $(\boldsymbol{A}-\boldsymbol{E})(\boldsymbol{A}+2\boldsymbol{E})=k\boldsymbol{E}\Rightarrow k=2$，故$(\boldsymbol{A}-\boldsymbol{E})(\boldsymbol{A}+2\boldsymbol{E})=2\boldsymbol{E}$.

【答案】E

题型 17 对矩阵等价的考查

【方法点拨】

掌握矩阵等价的充要条件：

设$\boldsymbol{A}$，$\boldsymbol{B}$为同型矩阵，则$\boldsymbol{A}$，$\boldsymbol{B}$等价$\Leftrightarrow\boldsymbol{A}$经过有限次的初等变换化为$\boldsymbol{B}\Leftrightarrow R(\boldsymbol{A})=R(\boldsymbol{B})\Leftrightarrow$存在可逆矩阵$\boldsymbol{P}$，$\boldsymbol{Q}$，使得$\boldsymbol{PAQ}=\boldsymbol{B}$.

例 37 设n阶矩阵$\boldsymbol{A}$与$\boldsymbol{B}$等价，则必有(　　).

A. 当$|\boldsymbol{A}|=a\,(a\neq0)$时，$|\boldsymbol{B}|=a$

B. 当$|\boldsymbol{A}|=a\,(a\neq0)$时，$|\boldsymbol{B}|=-a$

C. 当$|\boldsymbol{A}|\neq0$时，$|\boldsymbol{B}|=0$

D. 当$|\boldsymbol{A}|=0$时，$|\boldsymbol{B}|=0$

E. 以上选项均不成立

【思路】已知n阶矩阵$\boldsymbol{A}$与$\boldsymbol{B}$等价，可以根据等价的充要条件对方阵的行列式进行判断．

【解析】$\boldsymbol{A}$，$\boldsymbol{B}$等价$\Leftrightarrow$存在可逆矩阵$\boldsymbol{P}$，$\boldsymbol{Q}$，使得$\boldsymbol{PAQ}=\boldsymbol{B}$，则有$|\boldsymbol{P}||\boldsymbol{A}||\boldsymbol{Q}|=|\boldsymbol{PAQ}|=|\boldsymbol{B}|$，当$|\boldsymbol{A}|=0$时，$|\boldsymbol{B}|=0$，故D项正确．

令$n=2$，$\boldsymbol{A}=\boldsymbol{E}$，$\boldsymbol{B}=2\boldsymbol{E}$，则$|\boldsymbol{A}|=1$，$|\boldsymbol{B}|=4$，故A、B、C项错误．

【答案】D

本节习题自测

1. 设$\boldsymbol{A}=\begin{pmatrix}1&2&3&4\\2&4&6&8\\3&6&9&12\\4&8&12&16\end{pmatrix}$，则$\boldsymbol{A}^n=$(　　).

A. $\boldsymbol{A}$　　B. $30\boldsymbol{A}$　　C. $30^{n-1}\boldsymbol{A}$　　D. $30^n\boldsymbol{A}$　　E. $30^{n+1}\boldsymbol{A}$

2. 行列式$\begin{vmatrix} 1 & a & 0 & 0 \\ -1 & 2-a & a & 0 \\ 0 & -2 & 3-a & a \\ 0 & 0 & -3 & 4-a \end{vmatrix}=$( ).

A. 3　　B. 6　　C. 12　　D. 24　　E. 48

3. 行列式$\begin{vmatrix} 9 & 8 & 7 & 6 \\ 1 & 2^2 & 3^2 & 4^2 \\ 1 & 2^3 & 3^3 & 4^3 \\ 1 & 2 & 3 & 4 \end{vmatrix}=$( ).

A. 10　　B. -10　　C. 12　　D. -12　　E. 120

4. 设$mnp\neq 0$，则行列式$\begin{vmatrix} 0 & ma & na & pa \\ b & 0 & nb & pb \\ c & mc & 0 & pc \\ d & md & nd & 0 \end{vmatrix}=$( ).

A. $a^3bcdmnp$　　B. $-a^3bcdmnp$　　C. $3abcdmnp$　　D. $-3abcdmnp$　　E. $abcdmnp$

5. 已知$\boldsymbol{P}^{-1}\boldsymbol{A}\boldsymbol{P}=\boldsymbol{B}$，其中$\boldsymbol{B}=\begin{pmatrix} 0 & 0 & 0 \\ a & 0 & 0 \\ c & b & 0 \end{pmatrix}$，则$\boldsymbol{A}^3=$( ).

A. $\begin{pmatrix} 0 & 0 & 0 \\ a & 0 & 0 \\ c & b & 0 \end{pmatrix}$　　B. $\begin{pmatrix} 0 & 0 & 0 \\ 0 & 0 & 0 \\ ab & 0 & 0 \end{pmatrix}$　　C. $\begin{pmatrix} 0 & 0 & 0 \\ 0 & 0 & 0 \\ 0 & 0 & 0 \end{pmatrix}$　　D. $\begin{pmatrix} 0 & a & c \\ 0 & 0 & b \\ 0 & 0 & 0 \end{pmatrix}$　　E. $\begin{pmatrix} 0 & 0 & ab \\ 0 & 0 & 0 \\ 0 & 0 & 0 \end{pmatrix}$

6. 行列式$\begin{vmatrix} 0 & a & b & 0 \\ a & 0 & 0 & b \\ 0 & c & d & 0 \\ c & 0 & 0 & d \end{vmatrix}=$( ).

A. $(ad-bc)^2$　　B. $-(ad-bc)^2$　　C. $a^2d^2-b^2c^2$　　D. $-a^2d^2+b^2c^2$　　E. a^2d^2

7. 设$\boldsymbol{A}=\begin{pmatrix} 1 & 0 & 0 \\ 0 & 2 & 3 \\ 0 & 4 & 6 \end{pmatrix}$，则$\boldsymbol{A}^6=$( ).

A. $\begin{pmatrix} 2\times 8^5 & 3\times 8^5 & 0 \\ 4\times 8^5 & 6\times 8^5 & 0 \\ 0 & 0 & 1 \end{pmatrix}$　　B. $\begin{pmatrix} 1 & 0 & 0 \\ 0 & 2\times 8^5 & 3\times 8^5 \\ 0 & 4\times 8^5 & 6\times 8^5 \end{pmatrix}$　　C. $\begin{pmatrix} 2^6 & 3^6 & 0 \\ 4^6 & 6^6 & 0 \\ 0 & 0 & 1 \end{pmatrix}$

D. $\begin{pmatrix} 1 & 0 & 0 \\ 0 & 2^6 & 3^6 \\ 0 & 4^6 & 6^6 \end{pmatrix}$　　E. $\begin{pmatrix} 1 & 0 & 0 \\ 0 & 2 & 3 \\ 0 & 4 & 6 \end{pmatrix}$

8. 已知 a 是常数，且矩阵 $\boldsymbol{A}=\begin{pmatrix}1&2&a\\1&3&0\\2&7&-a\end{pmatrix}$ 可经初等列变换化为矩阵 $\boldsymbol{B}=\begin{pmatrix}1&a&2\\0&1&1\\-1&1&1\end{pmatrix}$，则 $a=$ (　　).

A. -2　　B. -1　　C. 0　　D. 1　　E. 2

9. 设 $\boldsymbol{A}$ 是 n 阶矩阵，满足 $\boldsymbol{A}\boldsymbol{A}^{\mathrm{T}}=\boldsymbol{E}$，$|\boldsymbol{A}|<0$，则 $|\boldsymbol{A}+\boldsymbol{E}|=$ (　　).

A. -2　　B. -1　　C. 0　　D. 1　　E. 2

10. 设 $\boldsymbol{A}$，$\boldsymbol{B}$ 均为二阶矩阵，$\boldsymbol{A}^*$，$\boldsymbol{B}^*$ 分别为 $\boldsymbol{A}$，$\boldsymbol{B}$ 的伴随矩阵，若 $|\boldsymbol{A}|=2$，$|\boldsymbol{B}|=3$，则分块矩阵 $\begin{pmatrix}\boldsymbol{O}&\boldsymbol{A}\\\boldsymbol{B}&\boldsymbol{O}\end{pmatrix}$ 的伴随矩阵为(　　).

A. $\begin{pmatrix}\boldsymbol{O}&3\boldsymbol{B}^*\\2\boldsymbol{A}^*&\boldsymbol{O}\end{pmatrix}$　　B. $\begin{pmatrix}\boldsymbol{O}&2\boldsymbol{B}^*\\3\boldsymbol{A}^*&\boldsymbol{O}\end{pmatrix}$　　C. $\begin{pmatrix}\boldsymbol{O}&3\boldsymbol{A}^*\\2\boldsymbol{B}^*&\boldsymbol{O}\end{pmatrix}$

D. $\begin{pmatrix}\boldsymbol{O}&2\boldsymbol{A}^*\\3\boldsymbol{B}^*&\boldsymbol{O}\end{pmatrix}$　　E. $\begin{pmatrix}\boldsymbol{O}&6\boldsymbol{B}^*\\6\boldsymbol{A}^*&\boldsymbol{O}\end{pmatrix}$

11. 已知 n 阶方阵 $\boldsymbol{A}$ 满足矩阵方程 $\boldsymbol{A}^2-3\boldsymbol{A}-2\boldsymbol{E}=\boldsymbol{O}$，其中 $\boldsymbol{A}$ 给定，$\boldsymbol{E}$ 是单位矩阵，则 $(\boldsymbol{A}+\boldsymbol{E})^{-1}=$ (　　).

A. $\frac{1}{2}(2\boldsymbol{E}-\boldsymbol{A})$　　B. $\frac{1}{2}(2\boldsymbol{E}+\boldsymbol{A})$　　C. $\frac{1}{2}(4\boldsymbol{E}-\boldsymbol{A})$

D. $\frac{1}{2}(4\boldsymbol{E}+\boldsymbol{A})$　　E. $\frac{1}{2}(\boldsymbol{E}-\boldsymbol{A})$

12. 设 $\boldsymbol{A}$，$\boldsymbol{B}$，$\boldsymbol{A}+\boldsymbol{B}$，$\boldsymbol{A}^{-1}+\boldsymbol{B}^{-1}$ 均为 n 阶可逆矩阵，则 $(\boldsymbol{A}^{-1}+\boldsymbol{B}^{-1})^{-1}=$ (　　).

A. $\boldsymbol{A}^{-1}+\boldsymbol{B}^{-1}$　　B. $\boldsymbol{A}+\boldsymbol{B}$　　C. $\boldsymbol{A}(\boldsymbol{A}+\boldsymbol{B})^{-1}\boldsymbol{B}$

D. $(\boldsymbol{A}+\boldsymbol{B})^{-1}$　　E. 以上均不成立

13. 设 $\boldsymbol{A}$，$\boldsymbol{B}$ 为任意的同阶可逆矩阵，则以下结论一定成立的是(　　).

A. $\boldsymbol{AB}=\boldsymbol{BA}$

B. $|\boldsymbol{A}|=|\boldsymbol{B}|$

C. 存在可逆矩阵 $\boldsymbol{P}$，使 $\boldsymbol{P}^{-1}\boldsymbol{AP}=\boldsymbol{B}$

D. 存在可逆矩阵 $\boldsymbol{P}$，使 $\boldsymbol{P}^{\mathrm{T}}\boldsymbol{AP}=\boldsymbol{B}$

E. 存在可逆矩阵 $\boldsymbol{P}$ 和 $\boldsymbol{Q}$，使 $\boldsymbol{PAQ}=\boldsymbol{B}$

习题详解

1. C

【解析】$R(\boldsymbol{A})=1\Rightarrow\boldsymbol{A}^n=[\mathrm{tr}(\boldsymbol{A})]^{n-1}\boldsymbol{A}=30^{n-1}\boldsymbol{A}$.

2. D

【解析】依次将第 1 行的 1 倍加至第 2 行，将第 2 行的 1 倍加至第 3 行，将第 3 行的 1 倍加至第 4 行，可得

$$\begin{vmatrix}1&a&0&0\\-1&2-a&a&0\\0&-2&3-a&a\\0&0&-3&4-a\end{vmatrix}=\begin{vmatrix}1&a&0&0\\0&2&a&0\\0&-2&3-a&a\\0&0&-3&4-a\end{vmatrix}=\begin{vmatrix}1&a&0&0\\0&2&a&0\\0&0&3&a\\0&0&-3&4-a\end{vmatrix}$$

$$=\begin{vmatrix}1&a&0&0\\0&2&a&0\\0&0&3&a\\0&0&0&4\end{vmatrix}=1\times2\times3\times4=24.$$

3. E

【解析】将第 4 行的 1 倍加至第 1 行，再提公因子，可得

$$\begin{vmatrix}9&8&7&6\\1&2^2&3^2&4^2\\1&2^3&3^3&4^3\\1&2&3&4\end{vmatrix}=10\begin{vmatrix}1&1&1&1\\1&2^2&3^2&4^2\\1&2^3&3^3&4^3\\1&2&3&4\end{vmatrix}=10\times(-1)^2\begin{vmatrix}1&1&1&1\\1&2&3&4\\1&2^2&3^2&4^2\\1&2^3&3^3&4^3\end{vmatrix}$$

$$=10\times(2-1)\times(3-1)\times(4-1)\times(3-2)\times(4-2)\times(4-3)=120.$$

4. D

【解析】对角线形行列式，故先化为爪形行列式，再用三角化方法计算，可得

$$\begin{vmatrix}0&ma&na&pa\\b&0&nb&pb\\c&mc&0&pc\\d&md&nd&0\end{vmatrix}=\begin{vmatrix}0&ma&na&pa\\b&-mb&0&0\\c&0&-nc&0\\d&0&0&-pd\end{vmatrix}=\begin{vmatrix}3a&ma&na&pa\\0&-mb&0&0\\0&0&-nc&0\\0&0&0&-pd\end{vmatrix}=-3abcdmnp.$$

5. C

【解析】$\boldsymbol{P}^{-1}\boldsymbol{AP}=\boldsymbol{B}$ 两端左乘 $\boldsymbol{P}$，右乘 $\boldsymbol{P}^{-1}$ 可得 $\boldsymbol{A}=\boldsymbol{PBP}^{-1}$，故 $\boldsymbol{A}^3=\boldsymbol{PB}^3\boldsymbol{P}^{-1}$，又

$$\boldsymbol{B}^2=\begin{pmatrix}0&0&0\\a&0&0\\c&b&0\end{pmatrix}\begin{pmatrix}0&0&0\\a&0&0\\c&b&0\end{pmatrix}=\begin{pmatrix}0&0&0\\0&0&0\\ab&0&0\end{pmatrix},\ \boldsymbol{B}^3=\boldsymbol{B}^2\boldsymbol{B}=\begin{pmatrix}0&0&0\\0&0&0\\ab&0&0\end{pmatrix}\begin{pmatrix}0&0&0\\a&0&0\\c&b&0\end{pmatrix}=\boldsymbol{O},$$

故 $\boldsymbol{A}^3=\boldsymbol{PB}^3\boldsymbol{P}^{-1}=\boldsymbol{POP}^{-1}=\boldsymbol{O}$.

6. B

【解析】方法一：用展开定理计算.

所求行列式按照第 1 行用展开定理可得

$$\begin{vmatrix}0&a&b&0\\a&0&0&b\\0&c&d&0\\c&0&0&d\end{vmatrix}=a\times(-1)^{1+2}\begin{vmatrix}a&0&b\\0&d&0\\c&0&d\end{vmatrix}+b\times(-1)^{1+3}\begin{vmatrix}a&0&b\\0&c&0\\c&0&d\end{vmatrix}=-ad\begin{vmatrix}a&b\\c&d\end{vmatrix}+bc\begin{vmatrix}a&b\\c&d\end{vmatrix}$$

$$=-(ad-bc)^2.$$

方法二：用拉普拉斯展开公式计算.

先互换第 1，4 行，再互换第 2，4 列，可得

$$\begin{vmatrix}0&a&b&0\\a&0&0&b\\0&c&d&0\\c&0&0&d\end{vmatrix}=-\begin{vmatrix}c&0&0&d\\a&0&0&b\\0&c&d&0\\0&a&b&0\end{vmatrix}=\begin{vmatrix}c&d&0&0\\a&b&0&0\\0&0&d&c\\0&0&b&a\end{vmatrix}=\begin{vmatrix}c&d\\a&b\end{vmatrix}\begin{vmatrix}d&c\\b&a\end{vmatrix}=-(ad-bc)^2.$$

7. B

【解析】记 $\boldsymbol{A}=\begin{pmatrix}1 & 0 & 0\\ 0 & 2 & 3\\ 0 & 4 & 6\end{pmatrix}=\begin{pmatrix}1 & \boldsymbol{0}\\ \boldsymbol{0} & \boldsymbol{A}_1\end{pmatrix}$，其中 $\boldsymbol{A}_1=\begin{pmatrix}2 & 3\\ 4 & 6\end{pmatrix}$.

由 $R(\boldsymbol{A}_1)=1$，可得 $\boldsymbol{A}_1^6=[\mathrm{tr}(\boldsymbol{A}_1)]^5\boldsymbol{A}_1=8^5\begin{pmatrix}2 & 3\\ 4 & 6\end{pmatrix}=\begin{pmatrix}2\times8^5 & 3\times8^5\\ 4\times8^5 & 6\times8^5\end{pmatrix}$，故

$$\boldsymbol{A}^6=\begin{pmatrix}1 & \boldsymbol{0}\\ \boldsymbol{0} & \boldsymbol{A}_1^6\end{pmatrix}=\begin{pmatrix}1 & 0 & 0\\ 0 & 2\times8^5 & 3\times8^5\\ 0 & 4\times8^5 & 6\times8^5\end{pmatrix}.$$

8. E

【解析】$\boldsymbol{A}$ 经过初等列变换化为 $\boldsymbol{B}\Rightarrow\boldsymbol{A}$ 与 $\boldsymbol{B}$ 等价 $\Rightarrow R(\boldsymbol{A})=R(\boldsymbol{B})$.

又 $\boldsymbol{A}=\begin{pmatrix}1 & 2 & a\\ 1 & 3 & 0\\ 2 & 7 & -a\end{pmatrix}\sim\begin{pmatrix}1 & 2 & a\\ 0 & 1 & -a\\ 0 & 3 & -3a\end{pmatrix}\sim\begin{pmatrix}1 & 2 & a\\ 0 & 1 & -a\\ 0 & 0 & 0\end{pmatrix}$，故 $R(\boldsymbol{A})=2$.

$$\boldsymbol{B}=\begin{pmatrix}1 & a & 2\\ 0 & 1 & 1\\ -1 & 1 & 1\end{pmatrix}\sim\begin{pmatrix}1 & a & 2\\ 0 & 1 & 1\\ 0 & a+1 & 3\end{pmatrix}\sim\begin{pmatrix}1 & a & 2\\ 0 & 1 & 1\\ 0 & 0 & 2-a\end{pmatrix}.$$

因为 $R(\boldsymbol{A})=R(\boldsymbol{B})=2$，所以 $2-a=0$，即 $a=2$.

9. C

【解析】$|\boldsymbol{A}+\boldsymbol{E}|=|\boldsymbol{A}+\boldsymbol{A}\boldsymbol{A}^{\mathrm{T}}|=|\boldsymbol{A}(\boldsymbol{E}+\boldsymbol{A}^{\mathrm{T}})|=|\boldsymbol{A}||(\boldsymbol{E}+\boldsymbol{A})^{\mathrm{T}}|=|\boldsymbol{A}||\boldsymbol{E}+\boldsymbol{A}|$，故有

$$|\boldsymbol{A}+\boldsymbol{E}|=|\boldsymbol{A}||\boldsymbol{A}+\boldsymbol{E}|\Rightarrow|\boldsymbol{A}+\boldsymbol{E}|(1-|\boldsymbol{A}|)=0\Rightarrow|\boldsymbol{A}+\boldsymbol{E}|=0 \text{ 或 } |\boldsymbol{A}|=1.$$

因为 $|\boldsymbol{A}|<0$，故 $|\boldsymbol{A}+\boldsymbol{E}|=0$.

10. B

【解析】$\begin{vmatrix}\boldsymbol{O} & \boldsymbol{A}\\ \boldsymbol{B} & \boldsymbol{O}\end{vmatrix}=(-1)^{2\times2}|\boldsymbol{A}||\boldsymbol{B}|=2\times3=6\neq0$. 故有

$$\begin{pmatrix}\boldsymbol{O} & \boldsymbol{A}\\ \boldsymbol{B} & \boldsymbol{O}\end{pmatrix}^*=\begin{vmatrix}\boldsymbol{O} & \boldsymbol{A}\\ \boldsymbol{B} & \boldsymbol{O}\end{vmatrix}\begin{pmatrix}\boldsymbol{O} & \boldsymbol{A}\\ \boldsymbol{B} & \boldsymbol{O}\end{pmatrix}^{-1}=|\boldsymbol{A}||\boldsymbol{B}|\begin{pmatrix}\boldsymbol{O} & \boldsymbol{B}^{-1}\\ \boldsymbol{A}^{-1} & \boldsymbol{O}\end{pmatrix}=\begin{pmatrix}\boldsymbol{O} & |\boldsymbol{A}||\boldsymbol{B}|\boldsymbol{B}^{-1}\\ |\boldsymbol{A}||\boldsymbol{B}|\boldsymbol{A}^{-1} & \boldsymbol{O}\end{pmatrix}$$

$$=\begin{pmatrix}\boldsymbol{O} & |\boldsymbol{A}|\boldsymbol{B}^*\\ |\boldsymbol{B}|\boldsymbol{A}^* & \boldsymbol{O}\end{pmatrix}=\begin{pmatrix}\boldsymbol{O} & 2\boldsymbol{B}^*\\ 3\boldsymbol{A}^* & \boldsymbol{O}\end{pmatrix}.$$

11. C

【解析】$\boldsymbol{A}^2-3\boldsymbol{A}-2\boldsymbol{E}=\boldsymbol{O}\Rightarrow(\boldsymbol{A}+\boldsymbol{E})(\boldsymbol{A}-4\boldsymbol{E})=-2\boldsymbol{E}\Rightarrow(\boldsymbol{A}+\boldsymbol{E})\left[\frac{1}{2}(4\boldsymbol{E}-\boldsymbol{A})\right]=\boldsymbol{E}$.

又 $\boldsymbol{A}+\boldsymbol{E}$ 为 n 阶方阵，故 $(\boldsymbol{A}+\boldsymbol{E})^{-1}=\frac{1}{2}(4\boldsymbol{E}-\boldsymbol{A})$.

12. C

【解析】由于 $(\boldsymbol{A}+\boldsymbol{B})^{-1}$ 无法直接套公式算出，但 $(\boldsymbol{A}\boldsymbol{B})^{-1}$ 可以，因此先通过 $\boldsymbol{E}$ 的变形实现“加化乘”，再利用公式化简计算.

$$(\boldsymbol{A}^{-1}+\boldsymbol{B}^{-1})^{-1}=(\boldsymbol{E}\boldsymbol{A}^{-1}+\boldsymbol{B}^{-1})^{-1}=(\boldsymbol{B}^{-1}\boldsymbol{B}\boldsymbol{A}^{-1}+\boldsymbol{B}^{-1})^{-1}=[\boldsymbol{B}^{-1}(\boldsymbol{B}\boldsymbol{A}^{-1}+\boldsymbol{E})]^{-1}$$
$$=[\boldsymbol{B}^{-1}(\boldsymbol{B}\boldsymbol{A}^{-1}+\boldsymbol{A}\boldsymbol{A}^{-1})]^{-1}=[\boldsymbol{B}^{-1}(\boldsymbol{B}+\boldsymbol{A})\boldsymbol{A}^{-1}]^{-1}$$
$$=\boldsymbol{A}(\boldsymbol{B}+\boldsymbol{A})^{-1}\boldsymbol{B}=\boldsymbol{A}(\boldsymbol{A}+\boldsymbol{B})^{-1}\boldsymbol{B}.$$

13. E

【解析】A 项：矩阵乘法不满足交换律，即 $\boldsymbol{AB}=\boldsymbol{BA}$ 不一定成立，故 A 项错误．

B 项：令 $\boldsymbol{A}=\boldsymbol{E}$，$\boldsymbol{B}=2\boldsymbol{E}$，其中 $\boldsymbol{E}$ 为二阶单位矩阵，则 $\boldsymbol{A}$，$\boldsymbol{B}$ 为同阶可逆矩阵，但 $|\boldsymbol{A}|=1$，$|\boldsymbol{B}|=4$，故 B 项错误．

由 $\boldsymbol{A}$，$\boldsymbol{B}$ 为同阶可逆矩阵，得 $\boldsymbol{A}$，$\boldsymbol{B}$ 同型且秩相等，由矩阵等价的充要条件得 $\boldsymbol{A}$，$\boldsymbol{B}$ 等价，可知存在可逆矩阵 $\boldsymbol{P}$ 和 $\boldsymbol{Q}$，使 $\boldsymbol{PAQ}=\boldsymbol{B}$，故 E 项正确．

上述 $\boldsymbol{P}$ 和 $\boldsymbol{Q}$ 仅为一般可逆矩阵，不一定互逆，不一定互为转置，故 C、D 项错误．

第 6 章 向量与线性方程组

知识框架

- **向量与线性方程组**
  - **线性方程组解的判定**
    - 基本概念：定义及矩阵表示
    - 解的判定定理：秩形式、行列式形式
  - **向量组的线性相关性**
    - 定义与运算：向量视为$1\times n$或$n\times 1$矩阵、向量运算视为矩阵运算
    - 线性表示：向量由向量组线性表示、向量组由向量组线性表示、向量组等价
    - 线性相关性：线性相关、线性无关
    - 相关定理：线性相关与线性表示的关系、加入向量对相关性的影响、向量组与部分组相关性的关系、向量组与延伸组相关性的关系、个数与维数对相关性的影响、两向量组表示的结论
  - **向量组的秩**
    - 定义：最大无关组、向量组的秩
    - 性质和计算：等价的向量组的秩相等、三秩相等定理、用向量组的秩表示的线性方程组解的判定定理、初等行变换不改变列向量组的线性关系
  - **线性方程组的通解**
    - 齐次线性方程组解的性质及解的结构定理
    - 非齐次线性方程组解的性质及解的结构定理

考情分析

(1)本章的重点是线性方程组解的判定定理与结构定理、向量组的线性相关性与表示，难点是向量组的线性相关性与表示定理、向量组的秩．

(2)本章的命题体现在两个方面：①针对线性方程组，判断其解的情况以及求解；②针对向量组，判断其线性相关性、线性表示关系，求其最大无关组与秩．

备考建议

(1)对于线性方程组，首先理解解的判定定理和结构定理，再通过具体型和抽象型例题体会其应用．

(2)对于向量，视为矩阵，首先理解线性相关、线性表示和秩的定义及定理，把握其与线性方程组的联系，再通过具体型和抽象型例题体会其应用．

(3)对于向量组的相关性定理与秩这两个难点，通过多体会内容并结合典型例题加以突破．

考点—题型对照表

考点精讲	对应题型	平均分
一、线性方程组解的判定	真题题型 4～5	1.5
二、向量组的线性相关性	真题题型 8～10，延伸题型 13	2.5
三、向量组的秩	基础题型 1～2，真题题型 12	0.5
四、线性方程组的通解	基础题型 3，真题题型 6～7，11，延伸题型 14～16	1.5

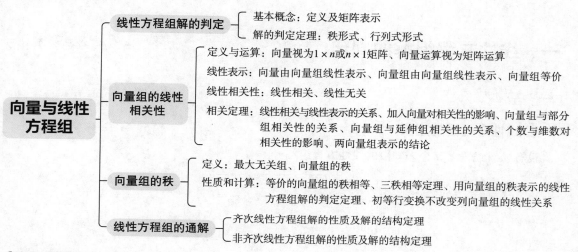

第1节 考点精讲

一、线性方程组解的判定

对应真题题型 4～5

(一)基本概念

1. 线性方程组的定义

设有 m 个方程、n 个未知数的线性方程组

$$\begin{cases} a_{11}x_1+a_{12}x_2+\cdots+a_{1n}x_n=b_1, \\ a_{21}x_1+a_{22}x_2+\cdots+a_{2n}x_n=b_2, \\ \cdots\cdots \\ a_{m1}x_1+a_{m2}x_2+\cdots+a_{mn}x_n=b_m, \end{cases} \tag{1}$$

其中 $x_j(j=1, 2, \cdots, n)$是第 j 个未知数，$a_{ij}(i=1, 2, \cdots, m; j=1, 2, \cdots, n)$是第 i 个方程中第 j 个未知数的系数，$b_i(i=1, 2, \cdots, m)$是第 i 个方程的常数项．

若 $b_i(i=1, 2, \cdots, m)$全为零，则称该线性方程组为 n 元**齐次线性方程组**，否则称为 n 元**非齐次线性方程组**．n 元线性方程组简称为线性方程组或方程组．

在一个非齐次线性方程组中，将常数项全部替换为零，得到的齐次线性方程组，称为该非齐次线性方程组的**导出组**．

2. 线性方程组的矩阵表示

由线性方程组的系数构成的 $m\times n$ 矩阵 $\boldsymbol{A}=\begin{pmatrix} a_{11} & a_{12} & \cdots & a_{1n} \\ a_{21} & a_{22} & \cdots & a_{2n} \\ \vdots & \vdots & & \vdots \\ a_{m1} & a_{m2} & \cdots & a_{mn} \end{pmatrix}$ 称为**系数矩阵**；

由线性方程组的系数和常数项构成的 $m\times(n+1)$矩阵

$$\overline{\boldsymbol{A}}=(\boldsymbol{A}, \boldsymbol{b})=\begin{pmatrix} a_{11} & a_{12} & \cdots & a_{1n} & b_1 \\ a_{21} & a_{22} & \cdots & a_{2n} & b_2 \\ \vdots & \vdots & & \vdots & \vdots \\ a_{m1} & a_{m2} & \cdots & a_{mn} & b_m \end{pmatrix}$$

称为**增广矩阵**．

$\boldsymbol{x}=(x_1, x_2, \cdots, x_n)^{\mathrm{T}}$ 称为**未知数矩阵**，$\boldsymbol{b}=(b_1, b_2, \cdots, b_m)^{\mathrm{T}}$ 称为**常数项矩阵**．

故线性方程组(1)可用矩阵表示为 $\boldsymbol{Ax}=\boldsymbol{b}$，导出组可用矩阵表示为 $\boldsymbol{Ax}=\boldsymbol{0}$.

（二）解的判定

1. 线性方程组的初等行变换与求解

(1)线性方程组的初等行变换．

①互换两个方程的位置；

②用一非零数乘某一方程；

③把一个方程的若干倍加至另一个方程．

以上三种变换称为线性方程组的初等行变换．初等行变换把线性方程组变成同解的方程组．

(2)线性方程组的求解．

行阶梯形方程组是指系数矩阵为行阶梯形矩阵的齐次线性方程组或增广矩阵为行阶梯形矩阵的非齐次线性方程组．

用初等行变换将齐次线性方程组化为行阶梯形方程组，相当于用初等行变换将该方程组的系数矩阵化为行阶梯形矩阵；用初等行变换将非齐次线性方程组化为行阶梯形方程组，相当于用初等行变换将该方程组的增广矩阵化为行阶梯形矩阵．

线性方程组解的情况：无解，有唯一解，有无穷多解．

注意 由于$\boldsymbol{Ax}=\boldsymbol{0}$总有零解($\boldsymbol{A0}=\boldsymbol{0}$总成立)，因此$\boldsymbol{Ax}=\boldsymbol{0}$有唯一解$\Leftrightarrow\boldsymbol{Ax}=\boldsymbol{0}$仅有零解；$\boldsymbol{Ax}=\boldsymbol{0}$有无穷多解$\Leftrightarrow\boldsymbol{Ax}=\boldsymbol{0}$有非零解．

2. 线性方程组解的判定定理

	非齐次线性方程组	齐次线性方程组
秩	设$\boldsymbol{A}$为$m\times n$矩阵，则方程组$\boldsymbol{Ax}=\boldsymbol{b}$ (1)无解$\Leftrightarrow R(\boldsymbol{A})\neq R(\boldsymbol{A},\boldsymbol{b})$； (2)有唯一解$\Leftrightarrow R(\boldsymbol{A})=R(\boldsymbol{A},\boldsymbol{b})=n$； (3)有无穷多解$\Leftrightarrow R(\boldsymbol{A})=R(\boldsymbol{A},\boldsymbol{b})<n$.	设$\boldsymbol{A}$为$m\times n$矩阵，则方程组$\boldsymbol{Ax}=\boldsymbol{0}$ (1)仅有零解$\Leftrightarrow R(\boldsymbol{A})=n$； (2)有非零解$\Leftrightarrow R(\boldsymbol{A})<n$.
行列式	设$\boldsymbol{A}$为n阶方阵，则方程组$\boldsymbol{Ax}=\boldsymbol{b}$ (1)有唯一解$\Leftrightarrow\lvert\boldsymbol{A}\rvert\neq0$； (2)无解$\Leftrightarrow\lvert\boldsymbol{A}\rvert=0$且$R(\boldsymbol{A})\neq R(\boldsymbol{A},\boldsymbol{b})$； (3)有无穷多解$\Leftrightarrow\lvert\boldsymbol{A}\rvert=0$且$R(\boldsymbol{A})=R(\boldsymbol{A},\boldsymbol{b})$.	设$\boldsymbol{A}$为n阶方阵，则方程组$\boldsymbol{Ax}=\boldsymbol{0}$ (1)仅有零解$\Leftrightarrow\lvert\boldsymbol{A}\rvert\neq0$； (2)有非零解$\Leftrightarrow\lvert\boldsymbol{A}\rvert=0$.

二、向量组的线性相关性

对应真题题型 8～10，延伸题型 13

（一）向量的定义与运算

1. 定义

由n个数a_1，a_2，…，a_n组成的有序数组称为一个n维**向量**，用$\boldsymbol{\alpha}$，$\boldsymbol{\beta}$，$\boldsymbol{\gamma}$等表示，第i个数a_i称为向量的第i个分量．分量均为实数的向量称为实向量，本书中的向量均为实向量．

若 n 维向量写成一行 $(a_1, a_2, \cdots, a_n)$，则称为**行向量**；若写成一列 $(a_1, a_2, \cdots, a_n)^{\mathrm{T}}$，则称为**列向量**.

若干个同维数的列向量(或同维数的行向量)组成的集合称为一个**向量组**.

注意 上述向量相关概念可通过矩阵相应概念理解：n 维行向量视为 $1\times n$ 矩阵，n 维列向量视为 $n\times 1$ 矩阵，向量的分量视为矩阵的元素，向量组视为同型的 $1\times n$(或 $n\times 1$)矩阵的集合.

2. 运算

由于向量可视为矩阵，因此向量的运算即为矩阵的运算. 为了叙述简洁，下面仅以列向量为例列出几种运算：设 $\boldsymbol{\alpha}=(a_1, a_2, \cdots, a_n)^{\mathrm{T}}$，$\boldsymbol{\beta}=(b_1, b_2, \cdots, b_n)^{\mathrm{T}}$，$k$ 为数，则

(1)加法：$\boldsymbol{\alpha}+\boldsymbol{\beta}=(a_1+b_1, a_2+b_2, \cdots, a_n+b_n)^{\mathrm{T}}$；

(2)数乘：$k\boldsymbol{\alpha}=(ka_1, ka_2, \cdots, ka_n)^{\mathrm{T}}$；

(3)转置：$\boldsymbol{\alpha}^{\mathrm{T}}=(a_1, a_2, \cdots, a_n)$；

(4)分块：如 $(\boldsymbol{\alpha}, \boldsymbol{\alpha}_1)+(\boldsymbol{\beta}, \boldsymbol{\beta}_1)=(\boldsymbol{\alpha}+\boldsymbol{\beta}, \boldsymbol{\alpha}_1+\boldsymbol{\beta}_1)$(其中 $\boldsymbol{\alpha}_1$，$\boldsymbol{\beta}_1$ 为 n 维列向量).

向量的加法和数乘统称为向量的线性运算，由线性运算可以定义向量组的重要概念：线性表示与线性相关.

(二)向量组的线性表示

1. 线性组合

给定向量组 $\boldsymbol{\alpha}_1, \boldsymbol{\alpha}_2, \cdots, \boldsymbol{\alpha}_m$，对于任何一组实数 $k_1, k_2, \cdots, k_m$，称 $k_1\boldsymbol{\alpha}_1+k_2\boldsymbol{\alpha}_2+\cdots+k_m\boldsymbol{\alpha}_m$ 为向量组 $\boldsymbol{\alpha}_1, \boldsymbol{\alpha}_2, \cdots, \boldsymbol{\alpha}_m$ 的一个线性组合，$k_1, k_2, \cdots, k_m$ 称为这个线性组合的系数.

2. 线性表示

(1)一个向量由向量组线性表示.

【定义 1】给定向量组 $\boldsymbol{\alpha}_1, \boldsymbol{\alpha}_2, \cdots, \boldsymbol{\alpha}_m$ 和向量 $\boldsymbol{\beta}$，若存在一组数 $k_1, k_2, \cdots, k_m$，使得 $\boldsymbol{\beta}=k_1\boldsymbol{\alpha}_1+k_2\boldsymbol{\alpha}_2+\cdots+k_m\boldsymbol{\alpha}_m$，则称向量 $\boldsymbol{\beta}$ 能由向量组 $\boldsymbol{\alpha}_1, \boldsymbol{\alpha}_2, \cdots, \boldsymbol{\alpha}_m$ 线性表示.

注意

①零向量能由任何同型的向量组线性表示($\mathbf{0}=0\boldsymbol{\alpha}_1+0\boldsymbol{\alpha}_2+\cdots+0\boldsymbol{\alpha}_m$).

②向量 $\boldsymbol{\alpha}$ 能由包含 $\boldsymbol{\alpha}$ 的向量组线性表示($\boldsymbol{\alpha}=1\boldsymbol{\alpha}+0\boldsymbol{\alpha}_2+\cdots+0\boldsymbol{\alpha}_m$).

(2)一个向量组由另一个向量组线性表示.

【定义 2】若向量组(Ⅰ)中的任一向量均能由向量组(Ⅱ)线性表示，则称向量组(Ⅰ)能由向量组(Ⅱ)线性表示.

若两个向量组能相互线性表示，则称二者等价. 向量组的等价具有下列性质(设(Ⅰ)，(Ⅱ)，(Ⅲ)均为向量组)：

①反身性：(Ⅰ)与(Ⅰ)等价；

②对称性：若(Ⅰ)与(Ⅱ)等价，则(Ⅱ)与(Ⅰ)等价；

③传递性：若(Ⅰ)与(Ⅱ)等价，(Ⅱ)与(Ⅲ)等价，则(Ⅰ)与(Ⅲ)等价.

注意 等价的向量组所含的向量个数可能不同，线性相关性也可能不同. 如向量组(Ⅰ)：(1，0)，(0，1)与向量组(Ⅱ)：(1，0)，(0，1)，(0，0)等价，但(Ⅰ)含 2 个向量，线性无关，(Ⅱ)含 3 个向量，线性相关，二者所含向量个数与线性相关性均不同.

（三）向量组的线性相关与线性无关

给定向量组 $\boldsymbol{\alpha}_1$，$\boldsymbol{\alpha}_2$，…，$\boldsymbol{\alpha}_m$，若存在不全为零的数 k_1，k_2，…，k_m，使得 $k_1\boldsymbol{\alpha}_1+k_2\boldsymbol{\alpha}_2+\cdots+k_m\boldsymbol{\alpha}_m=\mathbf{0}$，则称向量组 $\boldsymbol{\alpha}_1$，$\boldsymbol{\alpha}_2$，…，$\boldsymbol{\alpha}_m$ **线性相关**，否则称其**线性无关**．

注意

①线性无关的定义还可表述为：给定向量组 $\boldsymbol{\alpha}_1$，$\boldsymbol{\alpha}_2$，…，$\boldsymbol{\alpha}_m$，若由 $k_1\boldsymbol{\alpha}_1+k_2\boldsymbol{\alpha}_2+\cdots+k_m\boldsymbol{\alpha}_m=\mathbf{0}$ 能推出 $k_1=k_2=\cdots=k_m=0$，则称向量组 $\boldsymbol{\alpha}_1$，$\boldsymbol{\alpha}_2$，…，$\boldsymbol{\alpha}_m$ 线性无关．

②含零向量的向量组线性相关(因 $k\mathbf{0}+0\boldsymbol{\alpha}_2+\cdots+0\boldsymbol{\alpha}_m=\mathbf{0}$，$k\neq0$)．

③只含一个向量 $\boldsymbol{\alpha}$ 的向量组线性相关$\Leftrightarrow\boldsymbol{\alpha}=\mathbf{0}$．

④两个向量 $\boldsymbol{\alpha}$，$\boldsymbol{\beta}$ 组成的向量组线性相关$\Leftrightarrow\boldsymbol{\alpha}$，$\boldsymbol{\beta}$ 的分量对应成比例．

（四）常用结论

1. 与线性方程组的联系

设 $\boldsymbol{\alpha}_1$，$\boldsymbol{\alpha}_2$，…，$\boldsymbol{\alpha}_m$，$\boldsymbol{\beta}$ 均为 n 维列向量(若均为 n 维行向量，则取转置后再用以下结论)，则

(1)向量组 $\boldsymbol{\alpha}_1$，$\boldsymbol{\alpha}_2$，…，$\boldsymbol{\alpha}_m$ 线性相关$\Leftrightarrow$线性方程组$(\boldsymbol{\alpha}_1,\boldsymbol{\alpha}_2,\cdots,\boldsymbol{\alpha}_m)\boldsymbol{x}=\mathbf{0}$ 有非零解．

(2)向量组 $\boldsymbol{\alpha}_1$，$\boldsymbol{\alpha}_2$，…，$\boldsymbol{\alpha}_m$ 线性无关$\Leftrightarrow$线性方程组$(\boldsymbol{\alpha}_1,\boldsymbol{\alpha}_2,\cdots,\boldsymbol{\alpha}_m)\boldsymbol{x}=\mathbf{0}$ 仅有零解．

(3)向量 $\boldsymbol{\beta}$ 能由向量组 $\boldsymbol{\alpha}_1$，$\boldsymbol{\alpha}_2$，…，$\boldsymbol{\alpha}_m$ 线性表示，且表示方式唯一(无穷多)$\Leftrightarrow$线性方程组$(\boldsymbol{\alpha}_1,\boldsymbol{\alpha}_2,\cdots,\boldsymbol{\alpha}_m)\boldsymbol{x}=\boldsymbol{\beta}$ 有解，且有唯一解(无穷多解)．

(4)向量 $\boldsymbol{\beta}$ 不能由向量组 $\boldsymbol{\alpha}_1$，$\boldsymbol{\alpha}_2$，…，$\boldsymbol{\alpha}_m$ 线性表示$\Leftrightarrow$线性方程组$(\boldsymbol{\alpha}_1,\boldsymbol{\alpha}_2,\cdots,\boldsymbol{\alpha}_m)\boldsymbol{x}=\boldsymbol{\beta}$ 无解．

2. 线性相关性与线性表示定理

【定理1】向量组 $\boldsymbol{\alpha}_1$，$\boldsymbol{\alpha}_2$，…，$\boldsymbol{\alpha}_m(m\geqslant2)$线性相关$\Leftrightarrow$该向量组中至少存在一个向量能由其余 $m-1$ 个向量线性表示．

【定理2】设向量组 $\boldsymbol{\alpha}_1$，$\boldsymbol{\alpha}_2$，…，$\boldsymbol{\alpha}_m$ 线性无关，而向量组 $\boldsymbol{\alpha}_1$，$\boldsymbol{\alpha}_2$，…，$\boldsymbol{\alpha}_m$，$\boldsymbol{\beta}$ 线性相关，则向量 $\boldsymbol{\beta}$ 能由 $\boldsymbol{\alpha}_1$，$\boldsymbol{\alpha}_2$，…，$\boldsymbol{\alpha}_m$ 线性表示，且表示方式唯一．

【定理3】若向量组线性无关，则该向量组的延伸组线性无关．

口诀：向量组无关，则延伸组无关．

【定理4】若向量组线性无关，则该向量组的部分组线性无关．

口诀：整体无关，则部分无关．

【定理5】阶梯形向量组必线性无关．

【定理6】m 个 n 维向量组成的向量组，当 $n<m$ 时线性相关．特别地，$n+1$ 个 n 维向量组成的向量组必线性相关．

【定理7】若向量组 $\boldsymbol{\alpha}_1$，$\boldsymbol{\alpha}_2$，…，$\boldsymbol{\alpha}_s$ 能由向量组 $\boldsymbol{\beta}_1$，$\boldsymbol{\beta}_2$，…，$\boldsymbol{\beta}_t$ 线性表示，且 $s>t$，则 $\boldsymbol{\alpha}_1$，$\boldsymbol{\alpha}_2$，…，$\boldsymbol{\alpha}_s$ 线性相关．

【推论】若向量组 $\boldsymbol{\alpha}_1$，$\boldsymbol{\alpha}_2$，…，$\boldsymbol{\alpha}_s$ 线性无关，且能由向量组 $\boldsymbol{\beta}_1$，$\boldsymbol{\beta}_2$，…，$\boldsymbol{\beta}_t$ 线性表示，则 $s\leqslant t$．

口诀：多数由少数表示，多数必相关；表示无关的向量组，个数不能少．

注意

(1)在向量组的每个向量的相同位置增加相同个数的分量所得的向量组称为原向量组的延伸组，如以下向量组均为(1，0)，(0，1)的延伸组：①$(a, 1, 0)$，$(b, 0, 1)$；②$(1, 0, a)$，$(0, 1, b)$；③$(1, a, 0)$，$(0, b, 1)$；④$(a, 1, b, 0, c)$，$(d, 0, e, 1, f)$，其中a，b，c，d，e，f为实数.

(2)由向量组的部分向量组成的向量组称为原向量组的部分组.原向量组不是部分组的延伸组，要注意区分!

(3)给定一个行阶梯形矩阵，从左到右依次取出其非零行的首非零元所在的列，这样组成的向量组称为阶梯形向量组.

三、向量组的秩

对应基础题型 1～2，真题题型 12

(一)定义

1. 最大无关组

设向量组A_0：$\boldsymbol{\alpha}_1$，$\boldsymbol{\alpha}_2$，…，$\boldsymbol{\alpha}_r$是向量组A的一个部分组，且满足

①向量组A_0线性无关；

②向量组A的任一向量都能由向量组A_0线性表示.

则称向量组A_0为向量组A的一个最大线性无关向量组(简称最大无关组).

注意

①最大无关组⇔原向量组中向量个数最多的线性无关部分组.

②向量组的最大无关组可能不唯一，但同一向量组的不同最大无关组所含向量个数相同.

③由零向量组成的向量组没有最大无关组.

2. 向量组的秩

向量组$\boldsymbol{\alpha}_1$，$\boldsymbol{\alpha}_2$，…，$\boldsymbol{\alpha}_m$的最大无关组所含向量个数，称为该向量组的**秩**，记为$R(\boldsymbol{\alpha}_1, \boldsymbol{\alpha}_2, \cdots, \boldsymbol{\alpha}_m)$.规定由零向量组成的向量组的秩为零.

注意 设(Ⅰ)：$\boldsymbol{\alpha}_1$，$\boldsymbol{\alpha}_2$，…，$\boldsymbol{\alpha}_m$是由n维向量组成的向量组，$k\in\mathbf{N}_+$，$1\leqslant k\leqslant\min\{m, n\}$，则

①$R(\text{Ⅰ})\geqslant k$⇔(Ⅰ)中存在含k个向量的线性无关部分组.

$R(\text{Ⅰ})\leqslant k$⇔(Ⅰ)中不存在含$k+1$个向量的线性无关部分组.

$R(\text{Ⅰ})=k$⇔(Ⅰ)中存在含k个向量的线性无关部分组，且不存在含$k+1$个向量的线性无关部分组.

②$R(\text{Ⅰ})=k$⇒(Ⅰ)的任意含k个向量的线性无关部分组均为最大无关组.

(二)性质与计算

1. 向量组之间的关系

假设下面的定理8及其推论所讨论的最大无关组均存在.

【定理8】向量组与其最大无关组等价.

【推论】向量组的两个最大无关组等价；等价的向量组的最大无关组等价.

【定理9】等价的向量组有相等的秩.

注意 矩阵等价与向量组等价的对比：

	矩阵 $\boldsymbol{A}$ 与 $\boldsymbol{B}$ 等价	向量组 $\boldsymbol{\alpha}_1$，$\boldsymbol{\alpha}_2$，…，$\boldsymbol{\alpha}_s$ 与 $\boldsymbol{\beta}_1$，$\boldsymbol{\beta}_2$，…，$\boldsymbol{\beta}_t$ 等价
定义	矩阵 $\boldsymbol{A}$ 经过有限次初等变换化为 $\boldsymbol{B}$.	两向量组能相互线性表示.
必要条件	$R(\boldsymbol{A})=R(\boldsymbol{B})$	$R(\boldsymbol{\alpha}_1,\boldsymbol{\alpha}_2,\cdots,\boldsymbol{\alpha}_s)=R(\boldsymbol{\beta}_1,\boldsymbol{\beta}_2,\cdots,\boldsymbol{\beta}_t)$
充要条件	(1)$\boldsymbol{A}$ 与 $\boldsymbol{B}$ 同型，且 $R(\boldsymbol{A})=R(\boldsymbol{B})$. (2)存在可逆矩阵 $\boldsymbol{P}$ 与 $\boldsymbol{Q}$，使得 $\boldsymbol{PAQ}=\boldsymbol{B}$.	$R(\boldsymbol{\alpha}_1,\boldsymbol{\alpha}_2,\cdots,\boldsymbol{\alpha}_s)=R(\boldsymbol{\beta}_1,\boldsymbol{\beta}_2,\cdots,\boldsymbol{\beta}_t)=$ $R(\boldsymbol{\alpha}_1,\boldsymbol{\alpha}_2,\cdots,\boldsymbol{\alpha}_s,\boldsymbol{\beta}_1,\boldsymbol{\beta}_2,\cdots,\boldsymbol{\beta}_t)$
相互关系	(1)矩阵 $\boldsymbol{A}$ 与 $\boldsymbol{B}$ 等价推不出 $\boldsymbol{A}$ 与 $\boldsymbol{B}$ 的列向量组等价. 因为 $\boldsymbol{A}$ 与 $\boldsymbol{B}$ 的列向量组不一定能相互线性表示，如令 $\boldsymbol{A}=\begin{pmatrix}1&0\\0&0\end{pmatrix}$，$\boldsymbol{B}=\begin{pmatrix}0&0\\0&1\end{pmatrix}$，则 $\boldsymbol{A}$ 与 $\boldsymbol{B}$ 等价，但 $\boldsymbol{A}$ 的列向量 $\begin{pmatrix}1\\0\end{pmatrix}$ 不能由 $\boldsymbol{B}$ 的列向量组 $\begin{pmatrix}0\\0\end{pmatrix}$，$\begin{pmatrix}0\\1\end{pmatrix}$ 线性表示，故 $\boldsymbol{A}$ 与 $\boldsymbol{B}$ 的列向量组不等价. (2)若列向量组 $\boldsymbol{\alpha}_1$，$\boldsymbol{\alpha}_2$，…，$\boldsymbol{\alpha}_s$ 与 $\boldsymbol{\beta}_1$，$\boldsymbol{\beta}_2$，…，$\boldsymbol{\beta}_t$ 等价，则当 $s=t$ 时，矩阵$(\boldsymbol{\alpha}_1,\boldsymbol{\alpha}_2,\cdots,\boldsymbol{\alpha}_s)$与$(\boldsymbol{\beta}_1,\boldsymbol{\beta}_2,\cdots,\boldsymbol{\beta}_t)$等价(因为两矩阵满足同型且秩相等)；当 $s\neq t$ 时，两矩阵不等价(因为不同型).	

2. 向量组的秩与矩阵的秩的关系

【定理10】三秩相等定理.

矩阵的秩等于其列向量组的秩，也等于其行向量组的秩.

3. 向量组的秩与线性方程组的关系

根据三秩相等定理，用矩阵的秩描述的线性方程组解的判定定理，也可用向量组的秩描述，如设 $\boldsymbol{A}_{m\times n}=(\boldsymbol{\alpha}_1,\boldsymbol{\alpha}_2,\cdots,\boldsymbol{\alpha}_n)$，则 $\boldsymbol{Ax}=\boldsymbol{b}$ 有唯一解$\Leftrightarrow R(\boldsymbol{A})=R(\boldsymbol{A},\boldsymbol{b})=n\Leftrightarrow R(\boldsymbol{\alpha}_1,\boldsymbol{\alpha}_2,\cdots,\boldsymbol{\alpha}_n)=R(\boldsymbol{\alpha}_1,\boldsymbol{\alpha}_2,\cdots,\boldsymbol{\alpha}_n,\boldsymbol{b})=n$，其余情形类似.

4. 向量组与初等行变换的关系

对矩阵施行初等行变换，该矩阵的列向量组各向量之间的线性关系(包括线性相关性和线性表示)不变.因此要求一个向量组各向量的线性关系，可先将该向量组按列排成矩阵(行向量组需先取转置再按列排)，再对该矩阵施行初等行变换化为行最简形矩阵(定义见第5章第1节)，通过观察等方法不难得出该行最简形矩阵各列向量的线性关系，也即原向量组各向量的线性关系.

四、线性方程组的通解 对应基础题型3，真题题型6～7，11，延伸题型14～16

(一)齐次线性方程组解的性质

【性质1】若 $\boldsymbol{\alpha}_1$，$\boldsymbol{\alpha}_2$ 为齐次线性方程组 $\boldsymbol{Ax}=\boldsymbol{0}$ 的解，k_1，k_2 为任意实数，则 $k_1\boldsymbol{\alpha}_1+k_2\boldsymbol{\alpha}_2$ 也为 $\boldsymbol{Ax}=\boldsymbol{0}$ 的解.

注意 该性质可推广：若$\boldsymbol{\alpha}_1$，$\boldsymbol{\alpha}_2$，…，$\boldsymbol{\alpha}_s(s\in\mathbf{N}_+, s\geqslant 1)$为齐次线性方程组$\boldsymbol{Ax}=\mathbf{0}$的解，$k_1$，$k_2$，…，$k_s$为任意实数，则$k_1\boldsymbol{\alpha}_1+k_2\boldsymbol{\alpha}_2+\cdots+k_s\boldsymbol{\alpha}_s$也为$\boldsymbol{Ax}=\mathbf{0}$的解，即齐次线性方程组的解的线性组合仍为其解．

（二）齐次线性方程组的通解

1. 基础解系

设齐次线性方程组$\boldsymbol{A}_{m\times n}\boldsymbol{x}=\mathbf{0}$有非零解，若向量组$\boldsymbol{\alpha}_1$，$\boldsymbol{\alpha}_2$，…，$\boldsymbol{\alpha}_s$满足如下条件：

①$\boldsymbol{\alpha}_1$，$\boldsymbol{\alpha}_2$，…，$\boldsymbol{\alpha}_s$中每个向量均为$\boldsymbol{Ax}=\mathbf{0}$的解；

②$\boldsymbol{\alpha}_1$，$\boldsymbol{\alpha}_2$，…，$\boldsymbol{\alpha}_s$线性无关；

③$\boldsymbol{Ax}=\mathbf{0}$的任一个解能由$\boldsymbol{\alpha}_1$，$\boldsymbol{\alpha}_2$，…，$\boldsymbol{\alpha}_s$线性表示（可替换为$\boldsymbol{\alpha}_1$，$\boldsymbol{\alpha}_2$，…，$\boldsymbol{\alpha}_s$含$n-R(\boldsymbol{A})$个向量，即$s=n-R(\boldsymbol{A})$）．

则称$\boldsymbol{\alpha}_1$，$\boldsymbol{\alpha}_2$，…，$\boldsymbol{\alpha}_s$为$\boldsymbol{Ax}=\mathbf{0}$的一个基础解系．

注意

①该定义可概括为基础解系⇔“是解”“无关”和“个数$=n-R(\boldsymbol{A})$”．需注意这里的n为系数矩阵$\boldsymbol{A}$的列数（未必等于$\boldsymbol{A}$的行数）．

②线性方程组$\boldsymbol{Ax}=\mathbf{0}$的全体解组成的集合称为该方程组的解集（或解向量组）．当$\boldsymbol{Ax}=\mathbf{0}$有非零解时，有

i. $\boldsymbol{Ax}=\mathbf{0}$的基础解系为解集的最大无关组，$n-R(\boldsymbol{A})$为解集的秩．

ii. 由于一个向量组的任意含r（设$r>0$为该向量组的秩）个向量的线性无关部分组均为最大无关组，因此$\boldsymbol{Ax}=\mathbf{0}$的解集的任意含$n-R(\boldsymbol{A})$个解的线性无关部分组均为基础解系．

2. 齐次线性方程组的通解

【定理 11】齐次线性方程组解的结构定理．

若向量组$\boldsymbol{\alpha}_1$，$\boldsymbol{\alpha}_2$，…，$\boldsymbol{\alpha}_s$为线性方程组$\boldsymbol{Ax}=\mathbf{0}$的一个基础解系，则$\boldsymbol{Ax}=\mathbf{0}$的通解（或全部解）为$k_1\boldsymbol{\alpha}_1+k_2\boldsymbol{\alpha}_2+\cdots+k_s\boldsymbol{\alpha}_s$，其中$k_1$，$k_2$，…，$k_s$为任意实数．

（三）非齐次线性方程组解的性质

【性质 2】若$\boldsymbol{\alpha}_1$，$\boldsymbol{\alpha}_2$为非齐次线性方程组$\boldsymbol{Ax}=\boldsymbol{b}$的解，则$\boldsymbol{\alpha}_1-\boldsymbol{\alpha}_2$为对应的齐次线性方程组$\boldsymbol{Ax}=\mathbf{0}$的解，即非齐次线性方程组的两解之差为其导出组的解．

【性质 3】若$\boldsymbol{\alpha}_1$为齐次线性方程组$\boldsymbol{Ax}=\mathbf{0}$的解，$\boldsymbol{\alpha}_2$为非齐次线性方程组$\boldsymbol{Ax}=\boldsymbol{b}$的解，则$\boldsymbol{\alpha}_1+\boldsymbol{\alpha}_2$为$\boldsymbol{Ax}=\boldsymbol{b}$的解，即非齐次线性方程组的一个解与其导出组的一个解之和，仍为非齐次线性方程组的解．

（四）非齐次线性方程组的通解

【定理 12】非齐次线性方程组解的结构定理．

若$\boldsymbol{\alpha}_0$为非齐次线性方程组$\boldsymbol{Ax}=\boldsymbol{b}$的特解（或某个已知解），$\boldsymbol{\alpha}_1$，$\boldsymbol{\alpha}_2$，…，$\boldsymbol{\alpha}_s$为对应的齐次线性方程组$\boldsymbol{Ax}=\mathbf{0}$的基础解系，则$\boldsymbol{Ax}=\boldsymbol{b}$的通解（或全部解）为$k_1\boldsymbol{\alpha}_1+k_2\boldsymbol{\alpha}_2+\cdots+k_s\boldsymbol{\alpha}_s+\boldsymbol{\alpha}_0$，其中$k_1$，$k_2$，…，$k_s$为任意实数．

注意 上述定理可概括为$\boldsymbol{Ax}=\boldsymbol{b}$的通解为$\boldsymbol{Ax}=\mathbf{0}$的通解$+\boldsymbol{Ax}=\boldsymbol{b}$的特解．

第2节 基础题型

题型1 具体型向量组的秩相关问题

【方法点拨】

(1)求具体型向量组的秩．

将给定的向量组按列排得到具体型矩阵，根据三秩相等定理，通过初等行变换求出该具体型矩阵的秩，即为所求向量组的秩．

(2)已知具体型向量组的秩，求参数．

根据三秩相等定理，已知条件相当于已知对应具体型矩阵的秩，可用初等行变换计算参数；也可根据矩阵的秩的定义，利用子式计算参数．

例1 已知向量组 $\boldsymbol{\alpha}_1=(1,2,3,4)$，$\boldsymbol{\alpha}_2=(2,3,4,5)$，$\boldsymbol{\alpha}_3=(3,4,5,6)$，$\boldsymbol{\alpha}_4=(4,5,6,7)$，则该向量组的秩是(　　)．

A. 0　　B. 1　　C. 2　　D. 3　　E. 4

【思路】本题的向量组是行向量组，需要先转置为列向量组，排成矩阵，再通过初等行变换求矩阵的秩．

【解析】

$$(\boldsymbol{\alpha}_1^{\mathrm{T}},\boldsymbol{\alpha}_2^{\mathrm{T}},\boldsymbol{\alpha}_3^{\mathrm{T}},\boldsymbol{\alpha}_4^{\mathrm{T}})=\begin{pmatrix}1&2&3&4\\2&3&4&5\\3&4&5&6\\4&5&6&7\end{pmatrix}\sim\begin{pmatrix}1&2&3&4\\0&-1&-2&-3\\0&-2&-4&-6\\0&-3&-6&-9\end{pmatrix}\sim\begin{pmatrix}1&2&3&4\\0&-1&-2&-3\\0&0&0&0\\0&0&0&0\end{pmatrix},$$

故 $R(\boldsymbol{\alpha}_1^{\mathrm{T}},\boldsymbol{\alpha}_2^{\mathrm{T}},\boldsymbol{\alpha}_3^{\mathrm{T}},\boldsymbol{\alpha}_4^{\mathrm{T}})=2$，由三秩相等定理可得所求向量组的秩为2.

【答案】C

例2 已知向量组 $\boldsymbol{\alpha}_1=(1,2,-1,0)^{\mathrm{T}}$，$\boldsymbol{\alpha}_2=(1,1,0,2)^{\mathrm{T}}$，$\boldsymbol{\alpha}_3=(2,1,1,a)^{\mathrm{T}}$ 的秩为2，则 $a=$(　　)．

A. 0　　B. 2　　C. 4　　D. 6　　E. 8

【思路】本题的列向量组可直接排成矩阵，再用初等行变换或子式计算参数．

【解析】方法一：用初等行变换计算．

$$(\boldsymbol{\alpha}_1,\boldsymbol{\alpha}_2,\boldsymbol{\alpha}_3)=\begin{pmatrix}1&1&2\\2&1&1\\-1&0&1\\0&2&a\end{pmatrix}\sim\begin{pmatrix}1&1&2\\0&-1&-3\\0&1&3\\0&2&a\end{pmatrix}\sim\begin{pmatrix}1&1&2\\0&1&3\\0&0&a-6\\0&0&0\end{pmatrix},$$

已知 $R(\boldsymbol{\alpha}_1,\boldsymbol{\alpha}_2,\boldsymbol{\alpha}_3)=2$，故 $a-6=0$，即 $a=6$.

方法二：用子式计算．

已知矩阵$(\boldsymbol{\alpha}_1, \boldsymbol{\alpha}_2, \boldsymbol{\alpha}_3)$的秩为 2，故该矩阵的三阶子式$\begin{vmatrix} 2 & 1 & 1 \\ -1 & 0 & 1 \\ 0 & 2 & a \end{vmatrix} = \begin{vmatrix} 2 & 1 & 3 \\ -1 & 0 & 0 \\ 0 & 2 & a \end{vmatrix} = a-6 = 0$，即 $a=6$.

【答案】D

题型 2 求具体型向量组的最大无关组

【方法点拨】

第一步：将该向量组按列排成矩阵，对该矩阵施行初等行变换，化为行阶梯形矩阵；

第二步：找出行阶梯形矩阵非零行的首非零元；

第三步：首非零元所在的列对应的原向量组中的向量组成的向量组为一个最大无关组．

例 3 向量组 $\boldsymbol{\alpha}_1=(1, -1, 2, 4)$，$\boldsymbol{\alpha}_2=(0, 3, 1, 2)$，$\boldsymbol{\alpha}_3=(3, 0, 7, 14)$，$\boldsymbol{\alpha}_4=(1, -2, 2, 0)$的一个最大无关组为(　　).

A. $\boldsymbol{\alpha}_1, \boldsymbol{\alpha}_2$　　B. $\boldsymbol{\alpha}_1, \boldsymbol{\alpha}_4$　　C. $\boldsymbol{\alpha}_1, \boldsymbol{\alpha}_2, \boldsymbol{\alpha}_3$　　D. $\boldsymbol{\alpha}_1, \boldsymbol{\alpha}_2, \boldsymbol{\alpha}_4$　E. $\boldsymbol{\alpha}_1, \boldsymbol{\alpha}_2, \boldsymbol{\alpha}_3, \boldsymbol{\alpha}_4$

【思路】先将行向量组转置为列向量组，再按步骤计算最大无关组．

【解析】$(\boldsymbol{\alpha}_1^{\mathrm{T}}, \boldsymbol{\alpha}_2^{\mathrm{T}}, \boldsymbol{\alpha}_3^{\mathrm{T}}, \boldsymbol{\alpha}_4^{\mathrm{T}}) = \begin{pmatrix} 1 & 0 & 3 & 1 \\ -1 & 3 & 0 & -2 \\ 2 & 1 & 7 & 2 \\ 4 & 2 & 14 & 0 \end{pmatrix} \sim \begin{pmatrix} 1 & 0 & 3 & 1 \\ 0 & 3 & 3 & -1 \\ 0 & 1 & 1 & 0 \\ 0 & 2 & 2 & -4 \end{pmatrix} \sim \begin{pmatrix} 1 & 0 & 3 & 1 \\ 0 & 1 & 1 & 0 \\ 0 & 0 & 0 & -1 \\ 0 & 0 & 0 & 0 \end{pmatrix}$.

该行阶梯形矩阵的非零行的首非零元所在的列分别为第 1，2，4 列，故原向量组中的一个最大无关组为 $\boldsymbol{\alpha}_1, \boldsymbol{\alpha}_2, \boldsymbol{\alpha}_4$.

【答案】D

题型 3 判断向量是否为线性方程组的解

【方法点拨】

判断一个向量是否为线性方程组的解：将该向量代入方程组中，若方程组成立，则是解，否则不是解．

例 4 已知 $\boldsymbol{\alpha}_1, \boldsymbol{\alpha}_2$ 是非齐次线性方程组 $\boldsymbol{A}\boldsymbol{x}=\boldsymbol{b}$ 的两个解，那么 $\boldsymbol{\alpha}_1+\boldsymbol{\alpha}_2$，$3\boldsymbol{\alpha}_1-2\boldsymbol{\alpha}_2$，$\frac{1}{3}(\boldsymbol{\alpha}_1+2\boldsymbol{\alpha}_2)$，$\frac{1}{2}(\boldsymbol{\alpha}_1+\boldsymbol{\alpha}_2)$中，仍是 $\boldsymbol{A}\boldsymbol{x}=\boldsymbol{b}$ 特解的共有(　　)个．

A. 0　　B. 1　　C. 2　　D. 3　　E. 4

【思路】判断向量是否为线性方程组的特解，可将向量代入线性方程组中计算．

【解析】由 $\boldsymbol{\alpha}_1, \boldsymbol{\alpha}_2$ 是线性方程组 $\boldsymbol{A}\boldsymbol{x}=\boldsymbol{b}$ 的两个解，可得 $\boldsymbol{A}\boldsymbol{\alpha}_1=\boldsymbol{b}$，$\boldsymbol{A}\boldsymbol{\alpha}_2=\boldsymbol{b}$，故 $\boldsymbol{A}(\boldsymbol{\alpha}_1+\boldsymbol{\alpha}_2)=\boldsymbol{A}\boldsymbol{\alpha}_1+\boldsymbol{A}\boldsymbol{\alpha}_2=2\boldsymbol{b}$，$\boldsymbol{A}(3\boldsymbol{\alpha}_1-2\boldsymbol{\alpha}_2)=3\boldsymbol{A}\boldsymbol{\alpha}_1-2\boldsymbol{A}\boldsymbol{\alpha}_2=\boldsymbol{b}$，$\boldsymbol{A}\left[\frac{1}{3}(\boldsymbol{\alpha}_1+2\boldsymbol{\alpha}_2)\right]=\frac{1}{3}\boldsymbol{A}\boldsymbol{\alpha}_1+\frac{2}{3}\boldsymbol{A}\boldsymbol{\alpha}_2=\boldsymbol{b}$，

$A\left[\frac{1}{2}(\alpha_1+\alpha_2)\right]=\frac{1}{2}(A\alpha_1+A\alpha_2)=b$，故 $3\alpha_1-2\alpha_2$，$\frac{1}{3}(\alpha_1+2\alpha_2)$，$\frac{1}{2}(\alpha_1+\alpha_2)$是 $Ax=b$ 的特解，共有 3 个 .

【答案】D

本节习题自测

1. 已知向量组 $\alpha_1=(1, 2, -1, 1)$，$\alpha_2=(2, 0, t, 0)$，$\alpha_3=(0, -4, 5, -2)$的秩为 2，则 $t=$(　　).

A. 0　　B. 1　　C. 2　　D. 3　　E. 4

2. 向量组 $\alpha_1=(1, -2, 0, 3)^T$，$\alpha_2=(2, -5, -3, 6)^T$，$\alpha_3=(0, 1, 3, 0)^T$，$\alpha_4=(2, -1, 4, 7)^T$ 的一个最大无关组为(　　).

A. α_1，α_2，α_3，α_4　　B. α_1，α_2，α_3　　C. α_1，α_2，α_4

D. α_1，α_2　　E. α_2，α_3

3. 已知 α_1，α_2，α_3 是非齐次线性方程组 $Ax=b$ 的三个解，那么下列向量 $\alpha_1-\alpha_2$，$\alpha_1+\alpha_2-2\alpha_3$，$\frac{2}{3}(\alpha_2-\alpha_1)$，$\alpha_1-3\alpha_2+2\alpha_3$ 中，是导出组 $Ax=0$ 的解的向量共有(　　)个 .

A. 0　　B. 1　　C. 2　　D. 3　　E. 4

习题详解

1. D

【解析】方法一：用初等行变换计算 .

$$(\alpha_1^T, \alpha_2^T, \alpha_3^T)=\begin{pmatrix}1&2&0\\2&0&-4\\-1&t&5\\1&0&-2\end{pmatrix}\sim\begin{pmatrix}1&2&0\\0&-4&-4\\0&2+t&5\\0&-2&-2\end{pmatrix}\sim\begin{pmatrix}1&2&0\\0&1&1\\0&0&3-t\\0&0&0\end{pmatrix},$$

由 $R(\alpha_1^T, \alpha_2^T, \alpha_3^T)=2$，故 $3-t=0$，即 $t=3$.

方法二：用子式计算 .

由题意得矩阵 $(\alpha_1^T, \alpha_2^T, \alpha_3^T)$ 的秩为 2，故该矩阵的三阶子式 $\begin{vmatrix}1&2&0\\2&0&-4\\-1&t&5\end{vmatrix}=0$，又

$$\begin{vmatrix}1&2&0\\2&0&-4\\-1&t&5\end{vmatrix}=\begin{vmatrix}1&0&0\\2&-4&-4\\-1&t+2&5\end{vmatrix}=4(t-3)$$，故 $4(t-3)=0$，即 $t=3$.

2. C

【解析】$$(\alpha_1, \alpha_2, \alpha_3, \alpha_4)=\begin{pmatrix}1&2&0&2\\-2&-5&1&-1\\0&-3&3&4\\3&6&0&7\end{pmatrix}\sim\begin{pmatrix}1&2&0&2\\0&-1&1&3\\0&-3&3&4\\0&0&0&1\end{pmatrix}\sim\begin{pmatrix}1&2&0&2\\0&-1&1&3\\0&0&0&1\\0&0&0&0\end{pmatrix}$$，该行阶梯形矩阵非零行的首非零元所在的列分别为第 1，2，4 列，故原向量组中的一个最大无关组

为 $\boldsymbol{\alpha}_1$，$\boldsymbol{\alpha}_2$，$\boldsymbol{\alpha}_4$.

3. E

【解析】由 $\boldsymbol{\alpha}_1$，$\boldsymbol{\alpha}_2$，$\boldsymbol{\alpha}_3$ 是非齐次线性方程组 $\boldsymbol{Ax}=\boldsymbol{b}$ 的三个解，可得 $\boldsymbol{A\alpha}_i=\boldsymbol{b}$，$i=1, 2, 3$，则有

$$\boldsymbol{A}(\boldsymbol{\alpha}_1-\boldsymbol{\alpha}_2)=\boldsymbol{A\alpha}_1-\boldsymbol{A\alpha}_2=\boldsymbol{0},\ \boldsymbol{A}(\boldsymbol{\alpha}_1+\boldsymbol{\alpha}_2-2\boldsymbol{\alpha}_3)=\boldsymbol{A\alpha}_1+\boldsymbol{A\alpha}_2-2\boldsymbol{A\alpha}_3=\boldsymbol{0},$$

$$\boldsymbol{A}\left[\frac{2}{3}(\boldsymbol{\alpha}_2-\boldsymbol{\alpha}_1)\right]=\frac{2}{3}(\boldsymbol{A\alpha}_2-\boldsymbol{A\alpha}_1)=\boldsymbol{0},\ \boldsymbol{A}(\boldsymbol{\alpha}_1-3\boldsymbol{\alpha}_2+2\boldsymbol{\alpha}_3)=\boldsymbol{A\alpha}_1-3\boldsymbol{A\alpha}_2+2\boldsymbol{A\alpha}_3=\boldsymbol{0},$$

故已知向量中，是导出组 $\boldsymbol{Ax}=\boldsymbol{0}$ 解的向量共有 4 个.

第3节 真题题型

题型4 具体型线性方程组解的判定

【方法点拨】

此类问题可以根据线性方程组解的判定定理，用矩阵的秩或行列式两种方法判断．一般系数矩阵为方阵，且含参数时，可用行列式方法，否则用秩方法．

注意：矩阵秩方法的优势在于通用(系数矩阵是否为方阵都可以用)，劣势在于系数矩阵含参数时，初等行变换的计算量可能较大；

行列式方法则相反，劣势是不通用(只有系数矩阵为方阵时，才可以用)，优势是系数矩阵含参数时，能在一定程度上避免带参进行初等行变换，从而降低计算量．

例5 已知齐次线性方程组$\begin{cases}3x_1+(a+2)x_2+4x_3=0,\\5x_1+ax_2+(a+5)x_3=0,\\x_1-x_2+2x_3=0\end{cases}$有非零解，则参数$a$的值(　　).

A. 仅为-5　　B. 仅为3　　C. 仅为5　　D. 为-5或3　E. 为5或3

【思路】已知齐次线性方程组有非零解，可根据解的判定定理，用秩或行列式计算．

【解析】方法一：用秩计算．

齐次线性方程组有非零解，故系数矩阵$\boldsymbol{A}$满足$R(\boldsymbol{A})<3$，又

$$\boldsymbol{A}=\begin{pmatrix}3&a+2&4\\5&a&a+5\\1&-1&2\end{pmatrix}\sim\begin{pmatrix}1&-1&2\\3&a+2&4\\5&a&a+5\end{pmatrix}\sim\begin{pmatrix}1&-1&2\\0&a+5&-2\\0&a+5&a-5\end{pmatrix}\sim\begin{pmatrix}1&-1&2\\0&a+5&-2\\0&0&a-3\end{pmatrix}.$$

当$a+5\neq0$且$a-3\neq0$时，$R(\boldsymbol{A})=3$，与$R(\boldsymbol{A})<3$矛盾；

当$a-3=0$，即$a=3$时，$\boldsymbol{A}\sim\begin{pmatrix}1&-1&2\\0&8&-2\\0&0&0\end{pmatrix}$，$R(\boldsymbol{A})=2$，符合题意；

当$a+5=0$，即$a=-5$时，$\boldsymbol{A}\sim\begin{pmatrix}1&-1&2\\0&0&-2\\0&0&-8\end{pmatrix}\sim\begin{pmatrix}1&-1&2\\0&0&-2\\0&0&0\end{pmatrix}$，$R(\boldsymbol{A})=2$，符合题意．

综上，$a=-5$或3.

方法二：用行列式计算．

系数矩阵为方阵，且齐次线性方程组有非零解，故系数行列式为零，即

$$\begin{vmatrix}3 & a+2 & 4\\5 & a & a+5\\1 & -1 & 2\end{vmatrix}=\begin{vmatrix}3 & a+5 & -2\\5 & a+5 & a-5\\1 & 0 & 0\end{vmatrix}=\begin{vmatrix}a+5 & -2\\a+5 & a-5\end{vmatrix}=(a+5)(a-3)=0,$$

解得 $a=-5$ 或 3.

【答案】D

例 6 已知线性方程组 $\begin{cases}x_1+x_2+x_3+x_4=0,\\x_2+2x_3+2x_4=1,\\-x_2+(a-3)x_3-2x_4=b,\\3x_1+2x_2+x_3+ax_4=-1,\end{cases}$ 则以下结论中正确的有(　　)个.

(1)当 $a\neq1$ 时，该方程组有唯一解；

(2)当 $a\neq1$ 时，该方程组的导出组只有零解；

(3)当 $a=1$ 且 $b=-1$ 时，该方程组有无穷多解；

(4)当 $a=1$ 且 $b\neq-1$ 时，该方程组无解.

A. 0　　B. 1　　C. 2　　D. 3　　E. 4

【思路】要判定非齐次线性方程组的解，可根据解的判定定理，用秩或行列式计算.

【解析】方法一：用秩计算.

对增广矩阵 $(\boldsymbol{A},\boldsymbol{b})$ 施行初等行变换化为行阶梯形矩阵，有

$$(\boldsymbol{A},\boldsymbol{b})=\begin{pmatrix}1 & 1 & 1 & 1 & 0\\0 & 1 & 2 & 2 & 1\\0 & -1 & a-3 & -2 & b\\3 & 2 & 1 & a & -1\end{pmatrix}\sim\begin{pmatrix}1 & 1 & 1 & 1 & 0\\0 & 1 & 2 & 2 & 1\\0 & -1 & a-3 & -2 & b\\0 & -1 & -2 & a-3 & -1\end{pmatrix}\sim\begin{pmatrix}1 & 1 & 1 & 1 & 0\\0 & 1 & 2 & 2 & 1\\0 & 0 & a-1 & 0 & b+1\\0 & 0 & 0 & a-1 & 0\end{pmatrix}.$$

当 $a-1\neq0$，即 $a\neq1$ 时，$R(\boldsymbol{A})=R(\boldsymbol{A},\boldsymbol{b})=4$，该方程组有唯一解，此时导出组只有零解，故(1)、(2)正确.

当 $a-1=0$ 且 $b+1=0$，即 $a=1$ 且 $b=-1$ 时，$R(\boldsymbol{A})=R(\boldsymbol{A},\boldsymbol{b})=2<4$，该方程组有无穷多解，故(3)正确.

当 $a-1=0$ 且 $b+1\neq0$，即 $a=1$ 且 $b\neq-1$ 时，$R(\boldsymbol{A})=2\neq3=R(\boldsymbol{A},\boldsymbol{b})$，该方程组无解，故(4)正确.

综上，正确的结论有 4 个.

方法二：用系数矩阵的行列式计算.

$$|\boldsymbol{A}|=\begin{vmatrix}1 & 1 & 1 & 1\\0 & 1 & 2 & 2\\0 & -1 & a-3 & -2\\3 & 2 & 1 & a\end{vmatrix}=\begin{vmatrix}1 & 1 & 1 & 1\\0 & 1 & 2 & 2\\0 & -1 & a-3 & -2\\0 & -1 & -2 & a-3\end{vmatrix}=\begin{vmatrix}1 & 1 & 1 & 1\\0 & 1 & 2 & 2\\0 & 0 & a-1 & 0\\0 & 0 & 0 & a-1\end{vmatrix}=(a-1)^2.$$

当 $a\neq1$ 时，$|\boldsymbol{A}|\neq0$，原方程组有唯一解，此时导出组只有零解，故(1)、(2)正确.

当 $a=1$ 时，$|\boldsymbol{A}|=0$，原方程组无解或有无穷多解，此时

$$(\boldsymbol{A},\boldsymbol{b})=\begin{pmatrix}1 & 1 & 1 & 1 & 0\\0 & 1 & 2 & 2 & 1\\0 & -1 & -2 & -2 & b\\3 & 2 & 1 & 1 & -1\end{pmatrix}\sim\begin{pmatrix}1 & 1 & 1 & 1 & 0\\0 & 1 & 2 & 2 & 1\\0 & -1 & -2 & -2 & b\\0 & -1 & -2 & -2 & -1\end{pmatrix}\sim\begin{pmatrix}1 & 1 & 1 & 1 & 0\\0 & 1 & 2 & 2 & 1\\0 & 0 & 0 & 0 & b+1\\0 & 0 & 0 & 0 & 0\end{pmatrix}.$$

当 $a=1$ 且 $b=-1$ 时，$R(\boldsymbol{A})=R(\boldsymbol{A}, \boldsymbol{b})=2<4$，该方程组有无穷多解，故(3)正确；

当 $a=1$ 且 $b\neq-1$ 时，$R(\boldsymbol{A})=2\neq3=R(\boldsymbol{A}, \boldsymbol{b})$，该方程组无解，故(4)正确．

综上，正确的结论有4个．

【答案】E

题型5 矩阵方程 $\boldsymbol{AX}=\boldsymbol{B}$ 或 $\boldsymbol{AX}=\boldsymbol{O}$ 解的判定

【方法点拨】

可将线性方程组解的判定定理推广，得到矩阵方程解的判定定理(下表中的 $\boldsymbol{X}$ 为 $n\times k$ 矩阵)：

	矩阵方程 $\boldsymbol{AX}=\boldsymbol{B}$	矩阵方程 $\boldsymbol{AX}=\boldsymbol{O}$
秩	设 $\boldsymbol{A}$ 为 $m\times n$ 矩阵，则矩阵方程 $\boldsymbol{AX}=\boldsymbol{B}$ (1)无解 $\Leftrightarrow R(\boldsymbol{A})\neq R(\boldsymbol{A}, \boldsymbol{B})$； (2)有唯一解 $\Leftrightarrow R(\boldsymbol{A})=R(\boldsymbol{A}, \boldsymbol{B})=n$； (3)有无穷多解 $\Leftrightarrow R(\boldsymbol{A})=R(\boldsymbol{A}, \boldsymbol{B})<n$.	设 $\boldsymbol{A}$ 为 $m\times n$ 矩阵，则矩阵方程 $\boldsymbol{AX}=\boldsymbol{O}$ (1)仅有零解 $\Leftrightarrow R(\boldsymbol{A})=n$； (2)有非零解 $\Leftrightarrow R(\boldsymbol{A})<n$.
行列式	设 $\boldsymbol{A}$ 为 n 阶方阵，则矩阵方程 $\boldsymbol{AX}=\boldsymbol{B}$ (1)有唯一解 $\Leftrightarrow \lvert\boldsymbol{A}\rvert\neq0$； (2)无解 $\Leftrightarrow \lvert\boldsymbol{A}\rvert=0$ 且 $R(\boldsymbol{A})\neq R(\boldsymbol{A}, \boldsymbol{B})$； (3)有无穷多解 $\Leftrightarrow \lvert\boldsymbol{A}\rvert=0$ 且 $R(\boldsymbol{A})=R(\boldsymbol{A}, \boldsymbol{B})$.	设 $\boldsymbol{A}$ 为 n 阶方阵，则矩阵方程 $\boldsymbol{AX}=\boldsymbol{O}$ (1)仅有零解 $\Leftrightarrow \lvert\boldsymbol{A}\rvert\neq0$； (2)有非零解 $\Leftrightarrow \lvert\boldsymbol{A}\rvert=0$.

判定方程 $\boldsymbol{AX}=\boldsymbol{B}$(或 $\boldsymbol{AX}=\boldsymbol{O}$)的解时，若系数矩阵 $\boldsymbol{A}$ 为方阵且含参数，建议用行列式，否则用秩．

例7 已知矩阵 $\boldsymbol{A}=\begin{pmatrix}1 & 2\\ a & 4\end{pmatrix}$，$\boldsymbol{X}=\begin{pmatrix}x_{11} & x_{12}\\ x_{21} & x_{22}\end{pmatrix}$，$\boldsymbol{B}=\begin{pmatrix}b & 2b\\ c & 4b\end{pmatrix}$，则下列结论中，正确结论的个数为(　　).

(1)当 $a=2$ 时，方程 $\boldsymbol{AX}=\boldsymbol{B}$ 有解；　(2)当 $a=4$ 时，方程 $\boldsymbol{AX}=\boldsymbol{B}$ 有解；

(3)当 $a=b=c=2$ 时，方程 $\boldsymbol{AX}=\boldsymbol{B}$ 无解；(4)当 $a=2$，$b=c=0$ 时，方程 $\boldsymbol{AX}=\boldsymbol{B}$ 有非零解．

A. 0　　B. 1　　C. 2　　D. 3　　E. 4

【思路】方程 $\boldsymbol{AX}=\boldsymbol{B}$ 解的判定，利用矩阵方程解的判定定理，可以用行列式求解，也可以用秩求解．

【解析】方法一：用行列式求解．

由 $\lvert\boldsymbol{A}\rvert=\begin{vmatrix}1 & 2\\ a & 4\end{vmatrix}=4-2a=0$，得 $a=2$.

①当 $a\neq2$ 时，$\lvert\boldsymbol{A}\rvert\neq0$，$\boldsymbol{AX}=\boldsymbol{B}$ 有唯一解，则(2)正确；

②当 $a=2$ 时，$(\boldsymbol{A}, \boldsymbol{B})=\begin{pmatrix}1 & 2 & b & 2b\\ 2 & 4 & c & 4b\end{pmatrix}\sim\begin{pmatrix}1 & 2 & b & 2b\\ 0 & 0 & c-2b & 0\end{pmatrix}$.

若 $c=2b$，则 $R(\boldsymbol{A})=R(\boldsymbol{A}, \boldsymbol{B})=1<2$，$\boldsymbol{AX}=\boldsymbol{B}$ 有无穷多解，则(4)正确($\boldsymbol{AX}=\boldsymbol{O}$ 有无穷多解 $\Leftrightarrow\boldsymbol{AX}=\boldsymbol{O}$ 有非零解)；

若 $c\neq2b$，则 $R(\boldsymbol{A})=1\neq R(\boldsymbol{A}, \boldsymbol{B})=2$，$\boldsymbol{AX}=\boldsymbol{B}$ 无解，则(1)错误，(3)正确．

综上，正确结论的个数为3.

方法二：用秩求解．

$$(\boldsymbol{A}, \boldsymbol{B})=\begin{pmatrix}1 & 2 & b & 2b\\ a & 4 & c & 4b\end{pmatrix}\sim\begin{pmatrix}1 & 2 & b & 2b\\ 0 & 4-2a & c-ab & 4b-2ab\end{pmatrix}.$$

①当 $a\neq 2$ 时，$R(\boldsymbol{A})=R(\boldsymbol{A},\boldsymbol{B})=2$，$\boldsymbol{AX}=\boldsymbol{B}$ 有唯一解，则(2)正确；

②当 $a=2$ 时，$(\boldsymbol{A},\boldsymbol{B})\sim\begin{pmatrix}1 & 2 & b & 2b\\0 & 0 & c-2b & 0\end{pmatrix}$.

若 $c=2b$，则 $R(\boldsymbol{A})=R(\boldsymbol{A},\boldsymbol{B})=1<2$，$\boldsymbol{AX}=\boldsymbol{B}$ 有无穷多解，则(4)正确；

若 $c\neq 2b$，则 $R(\boldsymbol{A})=1\neq R(\boldsymbol{A},\boldsymbol{B})=2$，$\boldsymbol{AX}=\boldsymbol{B}$ 无解，则(1)错误，(3)正确．

综上，正确结论的个数为3.

【答案】D

题型6 具体型线性方程组的通解问题

【方法点拨】

设 $\boldsymbol{A}$ 为具体型 $m\times n$ 矩阵，$\boldsymbol{b}$ 为具体型 m 维列向量，$R(\boldsymbol{A})=R(\boldsymbol{A},\boldsymbol{b})<n$，则

方法一：按步骤计算出方程组的通解．

(1)求具体型齐次线性方程组 $\boldsymbol{Ax}=\boldsymbol{0}$ 的通解(或基础解系)的步骤：

第一步：对 $\boldsymbol{A}$ 施行初等行变换化为行最简形矩阵；

第二步：写出行最简形矩阵对应的线性方程组；

第三步：找出自由未知数，分别令其中一个为1，其余为0，解出的解向量即为基础解系；

第四步：由解的结构定理写结果．

注意：在方程组的所有未知数中，行阶梯形矩阵各非零行的首非零元对应的未知数称为主元(共有 $R(\boldsymbol{A})$ 个)，剩余的其他未知数称为自由未知数(共有 $n-R(\boldsymbol{A})$ 个).

(2)求具体型非齐次线性方程组 $\boldsymbol{Ax}=\boldsymbol{b}$ 的通解的步骤：

第一步：对$(\boldsymbol{A},\boldsymbol{b})$施行初等行变换化为行最简形矩阵；

第二步：写出行最简形矩阵对应的齐次线性方程组，解出 $\boldsymbol{Ax}=\boldsymbol{0}$ 的基础解系；

第三步：写出行最简形矩阵对应的非齐次线性方程组，令自由未知数均为0，解出的解向量即为 $\boldsymbol{Ax}=\boldsymbol{b}$ 的特解；

第四步：由解的结构定理写结果．

注意：上述步骤的要点可概括如下：

$\boldsymbol{A}$→行最简形矩阵→自由未知数→基础解系→齐次通解；

$(\boldsymbol{A},\boldsymbol{b})$→行最简形矩阵→自由未知数→基础解系和特解→非齐次通解．

方法二：利用线性方程组解的结构定理排除干扰项．

由于方法一在其他题型中也可能用到，因此建议练熟该方法．由于方程组的通解形式可能不唯一，因此用方法一求出的通解可能与选项都不相符，此时可考虑利用解的性质将求出的通解朝着选项的形式变形，或者用方法二求解，见例9.

例8 设 $\boldsymbol{A}=\begin{pmatrix}1 & 2 & 1 & 2\\0 & 1 & 1 & 1\\1 & 1 & 0 & 1\end{pmatrix}$，$k_1$，$k_2\in\mathbf{R}$，则齐次线性方程组 $\boldsymbol{Ax}=\boldsymbol{0}$ 的通解为(　　).

A. $k_1(1,-1,1,0)^{\mathrm{T}}$

B. $k_1(0,-1,0,1)^{\mathrm{T}}$

C. $k_1(1,-1,0,1)^{\mathrm{T}}+k_2(0,-1,1,0)^{\mathrm{T}}$

D. $k_1(1,-1,1,0)^{\mathrm{T}}+k_2(0,-1,1,1)^{\mathrm{T}}$

E. $k_1(1,-1,1,0)^{\mathrm{T}}+k_2(0,-1,0,1)^{\mathrm{T}}$

【思路】求具体型齐次线性方程组的通解，可以按步骤求出通解，也可以结合选项利用解的结构定理排除．

【解析】方法一：按步骤求出通解．

第一步：对系数矩阵 $\boldsymbol{A}$ 作初等行变换化为行最简形矩阵，则

$$\boldsymbol{A}=\begin{pmatrix}1&2&1&2\\0&1&1&1\\1&1&0&1\end{pmatrix}\sim\begin{pmatrix}1&2&1&2\\0&1&1&1\\0&-1&-1&-1\end{pmatrix}\sim\begin{pmatrix}1&0&-1&0\\0&1&1&1\\0&0&0&0\end{pmatrix}.$$

第二步：该行最简形矩阵对应的齐次线性方程组为 $\begin{cases}x_1-x_3=0,\\x_2+x_3+x_4=0.\end{cases}$

第三步：自由未知数为 x_3，x_4．令 $(x_3,\ x_4)^{\mathrm{T}}=(1,\ 0)^{\mathrm{T}}$ 及 $(0,\ 1)^{\mathrm{T}}$，则对应有 $(x_1,\ x_2)^{\mathrm{T}}=(1,\ -1)^{\mathrm{T}}$ 及 $(0,\ -1)^{\mathrm{T}}$，可得基础解系 $\boldsymbol{\alpha}_1=(1,\ -1,\ 1,\ 0)^{\mathrm{T}}$，$\boldsymbol{\alpha}_2=(0,\ -1,\ 0,\ 1)^{\mathrm{T}}$．

第四步：故该齐次线性方程组的通解为 $k_1(1,\ -1,\ 1,\ 0)^{\mathrm{T}}+k_2(0,\ -1,\ 0,\ 1)^{\mathrm{T}}(k_1,\ k_2\in\mathbf{R})$．

方法二：结合选项利用解的结构定理排除．

由 $\boldsymbol{A}=\begin{pmatrix}1&2&1&2\\0&1&1&1\\1&1&0&1\end{pmatrix}\sim\begin{pmatrix}1&2&1&2\\0&1&1&1\\0&0&0&0\end{pmatrix}$，得 $R(\boldsymbol{A})=2$，$n-R(\boldsymbol{A})=4-2=2$，即 $\boldsymbol{Ax}=\mathbf{0}$ 的基础解系中有 2 个向量，故 A、B 项错误；

C 项：将向量 $(1,\ -1,\ 0,\ 1)^{\mathrm{T}}$ 代入 $\boldsymbol{Ax}=\mathbf{0}$ 的第一个方程中得 $1\times1+2\times(-1)+1\times0+2\times1=1\neq0$，这说明 $(1,\ -1,\ 0,\ 1)^{\mathrm{T}}$ 不是 $\boldsymbol{Ax}=\mathbf{0}$ 的解，故 C 项错误；

D 项：将向量 $(0,\ -1,\ 1,\ 1)^{\mathrm{T}}$ 代入 $\boldsymbol{Ax}=\mathbf{0}$ 的第一个方程中得 $1\times0+2\times(-1)+1\times1+2\times1=1\neq0$，这说明 $(0,\ -1,\ 1,\ 1)^{\mathrm{T}}$ 不是 $\boldsymbol{Ax}=\mathbf{0}$ 的解，故 D 项错误．根据排除法，选 E 项．

【答案】E

例 9　非齐次线性方程组 $\begin{cases}x_1-x_2+2x_3=1,\\2x_1-x_2+7x_3=2,\\-x_1+2x_2+x_3=-1\end{cases}$ 的通解为（　　），其中 k_1，$k_2\in\mathbf{R}$．

A. $k_1(5,\ 3,\ -1)^{\mathrm{T}}+k_2(1,\ 0,\ 0)^{\mathrm{T}}$

B. $(-5,\ -3,\ 1)^{\mathrm{T}}+k_1(1,\ 0,\ 0)^{\mathrm{T}}$

C. $k_1(-5,\ -3,\ 1)^{\mathrm{T}}+(6,\ 3,\ 1)^{\mathrm{T}}$

D. $k_1(10,\ 6,\ 2)^{\mathrm{T}}+(6,\ 3,\ -1)^{\mathrm{T}}$

E. $k_1(10,\ 6,\ -2)^{\mathrm{T}}+(6,\ 3,\ -1)^{\mathrm{T}}$

【思路】求具体型非齐次线性方程组的通解，可以按步骤求出通解，也可以结合选项利用解的结构定理排除．

【解析】方法一：按步骤求出通解．

第一步：对增广矩阵 $(\boldsymbol{A},\ \boldsymbol{b})$ 作初等行变换化为行最简形矩阵，有

$$(\boldsymbol{A},\ \boldsymbol{b})=\begin{pmatrix}1&-1&2&1\\2&-1&7&2\\-1&2&1&-1\end{pmatrix}\sim\begin{pmatrix}1&-1&2&1\\0&1&3&0\\0&1&3&0\end{pmatrix}\sim\begin{pmatrix}1&0&5&1\\0&1&3&0\\0&0&0&0\end{pmatrix}.$$

第二步：对应的齐次线性方程组为 $\begin{cases}x_1+5x_3=0,\\x_2+3x_3=0.\end{cases}$ 令 $x_3=1$，则对应有 $(x_1,\ x_2)^{\mathrm{T}}=(-5,\ -3)^{\mathrm{T}}$，可得基础解系为 $\boldsymbol{\alpha}=(-5,\ -3,\ 1)^{\mathrm{T}}$．

第三步：对应的非齐次线性方程组为 $\begin{cases}x_1+5x_3=1,\\x_2+3x_3=0,\end{cases}$ 令 $x_3=0$，则对应有 $(x_1,\ x_2)^{\mathrm{T}}=(1,\ 0)^{\mathrm{T}}$，可得特解为 $\boldsymbol{\alpha}_0=(1,\ 0,\ 0)^{\mathrm{T}}$．

第四步：故原方程组的通解为 $k_1(-5,\ -3,\ 1)^{\mathrm{T}}+(1,\ 0,\ 0)^{\mathrm{T}}$，$k_1\in\mathbf{R}$．

由于选项中并无此通解，故利用线性方程组解的性质变形：由 $(-5,\ -3,\ 1)^{\mathrm{T}}$ 为齐次线性方程组的解得 $-(-5,\ -3,\ 1)^{\mathrm{T}}=(5,\ 3,\ -1)^{\mathrm{T}}$，$-2(-5,\ -3,\ 1)^{\mathrm{T}}=(10,\ 6,\ -2)^{\mathrm{T}}$ 仍为齐次线性方程组的解，再由基础解系的定义可知 $(10,\ 6,\ -2)^{\mathrm{T}}$ 为齐次线性方程组的基础解系，又 $(1,\ 0,\ 0)^{\mathrm{T}}$ 为非齐次线性方程组的特解，可得 $(5,\ 3,\ -1)^{\mathrm{T}}+(1,\ 0,\ 0)^{\mathrm{T}}=(6,\ 3,\ -1)^{\mathrm{T}}$ 为非齐

次线性方程组的特解，再由非齐次线性方程组解的结构定理知$k_1(10, 6, -2)^T+(6, 3, -1)^T$为原方程组的通解．

方法二：结合选项利用解的结构定理排除．

A项：由非齐次线性方程组的通解＝对应齐次线性方程组的通解＋非齐次线性方程组的特解(特解前无任意常数)可知A项错误；

B项：将向量$(-5, -3, 1)^T$代入原方程组的第一个方程中得$1\times(-5)+(-1)\times(-3)+2\times1=0\neq1$，这说明$(-5, -3, 1)^T$不是原方程组的特解，故B项错误；

C项：将向量$(6, 3, 1)^T$代入原方程组的第一个方程中得$1\times6+(-1)\times3+2\times1=5\neq1$，这说明$(6, 3, 1)^T$不是原方程组的特解，故C项错误；

D项：将向量$(10, 6, 2)^T$代入原方程组对应的齐次线性方程组的第一个方程中得$1\times10+(-1)\times6+2\times2=8\neq0$，这说明$(10, 6, 2)^T$不是该齐次线性方程组的解，故D项错误．根据排除法，选E项．

【答案】E

题型7 对公共解与同解的考查

【方法点拨】

(1)公共解．

设$\boldsymbol{A}$为$m\times n$矩阵，$\boldsymbol{C}$为$k\times n$矩阵，则

①定义：若向量$\boldsymbol{\alpha}$既是线性方程组$\boldsymbol{Ax}=\boldsymbol{b}$的解，又是线性方程组$\boldsymbol{Cx}=\boldsymbol{d}$的解，则称$\boldsymbol{Ax}=\boldsymbol{b}$与$\boldsymbol{Cx}=\boldsymbol{d}$有公共解$\boldsymbol{\alpha}$.

②充要条件：$\boldsymbol{Ax}=\boldsymbol{b}$与$\boldsymbol{Cx}=\boldsymbol{d}$有公共解$\Leftrightarrow\begin{cases}\boldsymbol{Ax}=\boldsymbol{b},\\\boldsymbol{Cx}=\boldsymbol{d}\end{cases}$有解$\Leftrightarrow R\begin{pmatrix}\boldsymbol{A}\\\boldsymbol{C}\end{pmatrix}=R\begin{pmatrix}\boldsymbol{A}&\boldsymbol{b}\\\boldsymbol{C}&\boldsymbol{d}\end{pmatrix}$.

③求公共解：

若已知两个线性方程组$\boldsymbol{Ax}=\boldsymbol{b}$和$\boldsymbol{Cx}=\boldsymbol{d}$，求二者的公共解，则$\begin{cases}\boldsymbol{Ax}=\boldsymbol{b},\\\boldsymbol{Cx}=\boldsymbol{d}\end{cases}$的通解即为所求公共解；

若已知两个齐次线性方程组的基础解系，求这两个方程组的公共解，则公共解$\boldsymbol{\alpha}$可由这两个基础解系分别线性表示，由此可求出公共解，见例11.

(2)同解．

设$\boldsymbol{A}$为$m\times n$矩阵，$\boldsymbol{B}$为$k\times n$矩阵，则

①定义：若线性方程组$\boldsymbol{Ax}=\boldsymbol{0}$与$\boldsymbol{Bx}=\boldsymbol{0}$的解完全相同，则称二者同解．

②充要条件：$\boldsymbol{Ax}=\boldsymbol{0}$与$\boldsymbol{Bx}=\boldsymbol{0}$同解$\Leftrightarrow$二者基础解系相同$\Leftrightarrow\boldsymbol{Ax}=\boldsymbol{0}$的解全为$\boldsymbol{Bx}=\boldsymbol{0}$的解，且$\boldsymbol{Bx}=\boldsymbol{0}$的解全为$\boldsymbol{Ax}=\boldsymbol{0}$的解$\Leftrightarrow\boldsymbol{Ax}=\boldsymbol{0}$的解全为$\boldsymbol{Bx}=\boldsymbol{0}$的解(或$\boldsymbol{Bx}=\boldsymbol{0}$的解全为$\boldsymbol{Ax}=\boldsymbol{0}$的解)，且$R(\boldsymbol{A})=R(\boldsymbol{B})\Leftrightarrow R(\boldsymbol{A})=R(\boldsymbol{B})=R\begin{pmatrix}\boldsymbol{A}\\\boldsymbol{B}\end{pmatrix}\Leftrightarrow\boldsymbol{A}$与$\boldsymbol{B}$的行向量组等价．

【总结】矩阵的行(列)向量组等价与矩阵行(列)等价的相关结论总结如下：设$\boldsymbol{A}$与$\boldsymbol{B}$均为$m\times n$矩阵，则

	$\boldsymbol{A}$与$\boldsymbol{B}$行等价	$\boldsymbol{A}$与$\boldsymbol{B}$列等价
定义	$\boldsymbol{A}$经过有限次初等行变换化为$\boldsymbol{B}$	$\boldsymbol{A}$经过有限次初等列变换化为$\boldsymbol{B}$
必要条件	$R(\boldsymbol{A})=R(\boldsymbol{B})$	$R(\boldsymbol{A})=R(\boldsymbol{B})$

续表

	A 与 B 行等价	A 与 B 列等价
充要条件	①A 与 B 的行向量组等价； ②$R(A)=R(B)=R\begin{pmatrix}A\\B\end{pmatrix}$； ③$Ax=0$ 与 $Bx=0$ 同解．	①A 与 B 的列向量组等价； ②$R(A)=R(B)=R(A,\ B)$．
相互关系	①A 与 B 行等价推不出 A 与 B 列等价，如 $A=\begin{pmatrix}1&0\\0&0\end{pmatrix}$，$B=\begin{pmatrix}0&0\\1&0\end{pmatrix}$，则 A 与 B 行等价，但并不列等价． ②A 与 B 列等价推不出 A 与 B 行等价，如 $A=\begin{pmatrix}1&0\\0&0\end{pmatrix}$，$B=\begin{pmatrix}0&1\\0&0\end{pmatrix}$，则 A 与 B 列等价，但并不行等价．	

例 10　已知线性方程组 $\begin{cases}x_1+x_2+(a-1)x_3=1,\\-x_2+(2-2a)x_3=2a-4\end{cases}$ 与方程 $2x_1+x_2=a-1$ 有公共解，k_1，$k_2\in\mathbf{R}$，则所有的公共解为(　　).

A. $(0,\ 0,\ k_1)^{\mathrm{T}}$　　B. $(-k_1,\ 2k_1,\ 0)^{\mathrm{T}}$　　C. $(-1,\ 2,\ k_1)^{\mathrm{T}}$

D. $(-k_1,\ 2k_1,\ k_1)^{\mathrm{T}}$　　E. $(-k_2,\ 2k_2,\ k_1)^{\mathrm{T}}$

【思路】因为线性方程组中含参数 a，所以考虑先将两个方程组联立，由有公共解可得联立后的方程组有解，由此求出参数 a，再求公共解．

【解析】联立两个方程组，可得 $\begin{cases}x_1+x_2+(a-1)x_3=1,\\-x_2+(2-2a)x_3=2a-4,\\2x_1+x_2=a-1,\end{cases}$ 对增广矩阵 $(A,\ b)$ 施行初等行变换化为行阶梯形矩阵，得

$$(A,\ b)=\begin{bmatrix}1&1&a-1&1\\0&-1&2-2a&2a-4\\2&1&0&a-1\end{bmatrix}\sim\begin{bmatrix}1&1&a-1&1\\0&-1&2-2a&2a-4\\0&-1&2-2a&a-3\end{bmatrix}\sim\begin{bmatrix}1&1&a-1&1\\0&-1&2-2a&2a-4\\0&0&0&1-a\end{bmatrix},$$

由联立后的方程组有解，可知 $R(A,\ b)=R(A)$，则 $1-a=0$，即 $a=1$.

当 $a=1$ 时，$(A,\ b)\sim\begin{bmatrix}1&1&0&1\\0&-1&0&-2\\0&0&0&0\end{bmatrix}\sim\begin{bmatrix}1&0&0&-1\\0&1&0&2\\0&0&0&0\end{bmatrix}$.

在对应的齐次线性方程组 $\begin{cases}x_1=0,\\x_2=0\end{cases}$ 中，令 $x_3=1$，得基础解系为 $(x_1,\ x_2,\ x_3)^{\mathrm{T}}=(0,\ 0,\ 1)^{\mathrm{T}}$；

在对应的非齐次线性方程组 $\begin{cases}x_1=-1,\\x_2=2\end{cases}$ 中，令 $x_3=0$，得特解为 $(x_1,\ x_2,\ x_3)^{\mathrm{T}}=(-1,\ 2,\ 0)^{\mathrm{T}}$.

故所求公共解为 $k_1(0,\ 0,\ 1)^{\mathrm{T}}+(-1,\ 2,\ 0)^{\mathrm{T}}=(-1,\ 2,\ k_1)^{\mathrm{T}}$.

【答案】C

例 11　已知 $\boldsymbol{\alpha}_1=(1,\ 0,\ 1,\ 0)^{\mathrm{T}}$，$\boldsymbol{\alpha}_2=(1,\ 1,\ 0,\ 1)^{\mathrm{T}}$ 是齐次线性方程组(Ⅰ)的基础解系，$\boldsymbol{\beta}_1=(1,\ -1,\ 1,\ 0)^{\mathrm{T}}$，$\boldsymbol{\beta}_2=(2,\ -2,\ 0,\ 2)^{\mathrm{T}}$ 是齐次线性方程组(Ⅱ)的基础解系，k_1，$k_2\in\mathbf{R}$，则方程组(Ⅰ)与(Ⅱ)的所有公共解为(　　).

A. $(k_1, 0, k_1, 0)^T$

B. $(2k_1, -k_1, 2k_1, k_1)^T$

C. $(k_1, -k_1, 2k_1, -k_1)^T$

D. $(k_1+2k_2, k_2, 2k_2, k_2)^T$

E. $(-k_1-k_2, k_1+k_2, k_1, -2k_1-k_2)^T$

【思路】将公共解由这两个基础解系分别线性表示，得到关于表示系数 a_1，a_2，b_1，b_2 的线性方程组，求解该方程组得表示系数，再将一组表示系数 a_1，a_2(或 b_1，b_2)代回表示式 $a_1\boldsymbol{\alpha}_1+a_2\boldsymbol{\alpha}_2$(或 $b_1\boldsymbol{\beta}_1+b_2\boldsymbol{\beta}_2$)，即得所求公共解．

【解析】设方程组(Ⅰ)与(Ⅱ)的公共解为 $\boldsymbol{\gamma}$，则 $\boldsymbol{\gamma}=a_1\boldsymbol{\alpha}_1+a_2\boldsymbol{\alpha}_2=b_1\boldsymbol{\beta}_1+b_2\boldsymbol{\beta}_2$，故有 $a_1\boldsymbol{\alpha}_1+a_2\boldsymbol{\alpha}_2-b_1\boldsymbol{\beta}_1-b_2\boldsymbol{\beta}_2=\mathbf{0}$，即 $(\boldsymbol{\alpha}_1, \boldsymbol{\alpha}_2, -\boldsymbol{\beta}_1, -\boldsymbol{\beta}_2)\boldsymbol{x}=\mathbf{0}$，其中 $\boldsymbol{x}=(a_1, a_2, b_1, b_2)^T$.

对该方程组的系数矩阵施行初等行变换化为行最简形矩阵，得

$$(\boldsymbol{\alpha}_1, \boldsymbol{\alpha}_2, -\boldsymbol{\beta}_1, -\boldsymbol{\beta}_2)=\begin{pmatrix}1&1&-1&-2\\0&1&1&2\\1&0&-1&0\\0&1&0&-2\end{pmatrix}\sim\begin{pmatrix}1&1&-1&-2\\0&1&1&2\\0&-1&0&2\\0&1&0&-2\end{pmatrix}\sim\begin{pmatrix}1&0&-2&-4\\0&1&1&2\\0&0&1&4\\0&0&0&0\end{pmatrix}$$

$$\sim\begin{pmatrix}1&0&0&4\\0&1&0&-2\\0&0&1&4\\0&0&0&0\end{pmatrix}.$$

可得通解为 $k(-4, 2, -4, 1)^T$，$k\in\mathbf{R}$，故 $a_1=-4k$，$a_2=2k$，$b_1=-4k$，$b_2=k$，则

$$\begin{aligned}\boldsymbol{\gamma}&=a_1\boldsymbol{\alpha}_1+a_2\boldsymbol{\alpha}_2=-4k(1, 0, 1, 0)^T+2k(1, 1, 0, 1)^T\\&=(-2k, 2k, -4k, 2k)^T=(k_1, -k_1, 2k_1, -k_1)^T,\end{aligned}$$

其中 $k_1=-2k$.

【答案】C

例 12　已知齐次线性方程组(Ⅰ)$\begin{cases}x_1+2x_2+3x_3=0,\\2x_1+3x_2+5x_3=0,\\x_1+x_2+ax_3=0\end{cases}$和(Ⅱ)$\begin{cases}x_1+bx_2+cx_3=0,\\2x_1+b^2x_2+(c+1)x_3=0\end{cases}$同解，则 $a+b+c=$(　　).

A. 1　　B. 2　　C. 3　　D. 4　　E. 5

【思路】由两个同解方程组的系数矩阵的秩相等可求出 a，再解出(Ⅰ)的基础解系，并代入(Ⅱ)中，从而解出 b，c.

【解析】记方程组(Ⅰ)和(Ⅱ)的系数矩阵分别为 $\boldsymbol{A}$ 和 $\boldsymbol{B}$，由已知得 $R(\boldsymbol{A})=R(\boldsymbol{B})$，又 $R(\boldsymbol{B}_{2\times3})\leqslant2$，可得 $R(\boldsymbol{A})\leqslant2$，又 $\boldsymbol{A}=\begin{pmatrix}1&2&3\\2&3&5\\1&1&a\end{pmatrix}\sim\begin{pmatrix}1&2&3\\0&-1&-1\\0&-1&a-3\end{pmatrix}\sim\begin{pmatrix}1&0&1\\0&-1&-1\\0&0&a-2\end{pmatrix}$，故 $a-2=0$，即$a=2$.

将 $a=2$ 代入上述行阶梯形矩阵，可得方程组(Ⅰ)的基础解系为 $(-1, -1, 1)^T$，代入(Ⅱ)得 $\begin{cases}-1-b+c=0,\\-2-b^2+c+1=0,\end{cases}$ 解得 $\begin{cases}b=0,\\c=1\end{cases}$ 或 $\begin{cases}b=1,\\c=2.\end{cases}$

当 $b=0$，$c=1$ 时，$R(\boldsymbol{B})=\begin{pmatrix}1&0&1\\2&0&2\end{pmatrix}=1\neq2=R(\boldsymbol{A})$，故(Ⅰ)和(Ⅱ)不同解；

当 $b=1$，$c=2$ 时，$\boldsymbol{B}=\begin{pmatrix}1&1&2\\2&1&3\end{pmatrix}\sim\begin{pmatrix}1&1&2\\0&-1&-1\end{pmatrix}\sim\begin{pmatrix}1&0&1\\0&1&1\end{pmatrix}$，得(Ⅱ)的基础解系为 $(-1,-1,1)^{\mathrm{T}}$，与(Ⅰ)的基础解系相同，故二者同解．

综上，$a=2$，$b=1$，$c=2$，故 $a+b+c=5$.

【答案】E

例 13　已知 $\boldsymbol{A}$ 与 $\boldsymbol{B}$ 均为 $m\times n$ 矩阵，向量组 $\boldsymbol{\alpha}_1$，$\boldsymbol{\alpha}_2$，…，$\boldsymbol{\alpha}_s$ 既是方程组 $\boldsymbol{Ax}=\boldsymbol{0}$ 的基础解系，又是方程组 $\boldsymbol{Bx}=\boldsymbol{0}$ 的基础解系，则以下结论中错误的是(　　).

A. $\boldsymbol{Ax}=\boldsymbol{0}$ 与 $\boldsymbol{Bx}=\boldsymbol{0}$ 同解　　B. $R(\boldsymbol{A})=R(\boldsymbol{B})$　　C. $\boldsymbol{A}$，$\boldsymbol{B}$ 列等价

D. $\boldsymbol{A}$，$\boldsymbol{B}$ 行等价　　E. $\boldsymbol{A}$，$\boldsymbol{B}$ 等价

【思路】本题涉及方程组 $\boldsymbol{Ax}=\boldsymbol{0}$ 与 $\boldsymbol{Bx}=\boldsymbol{0}$ 同解的判定，故用方程组同解的充要条件推理．此外，应注意矩阵行等价、列等价、等价的区别与联系．

【解析】由已知条件可知 $\boldsymbol{Ax}=\boldsymbol{0}$ 与 $\boldsymbol{Bx}=\boldsymbol{0}$ 有相同的基础解系，再由同解的充要条件可得这两个方程组同解，$\boldsymbol{A}$，$\boldsymbol{B}$ 的行向量组等价，又 $\boldsymbol{A}$，$\boldsymbol{B}$ 为同型矩阵，故 $\boldsymbol{A}$，$\boldsymbol{B}$ 行等价，则 A、D 项正确．

由矩阵行(列)等价相关结论可知 $\boldsymbol{A}$，$\boldsymbol{B}$ 行等价 $\Rightarrow R(\boldsymbol{A})=R(\boldsymbol{B})$，$\boldsymbol{A}$，$\boldsymbol{B}$ 等价(矩阵等价的定义)，但推不出 $\boldsymbol{A}$，$\boldsymbol{B}$ 列等价，故 B、E 项正确，C 项错误．

【答案】C

题型 8　具体型向量组的线性相关与表示问题

【方法点拨】

(1)具体型向量组的线性相关与表示的判定问题．

此类问题常考查是否相关，能否表示：转化为线性方程组解的判定问题，进而用秩或行列式处理；

(2)具体型向量组的线性相关与表示的求解问题．

转化为线性方程组的求通解问题，进而按步骤计算．

注意：由于对矩阵施行初等行变换不改变其列向量组的线性关系，因此对于不便直接转化的情形(如 2013 年真题第 37 题有一句“将其中一个向量用其余向量线性表示”中向量不明确)，可对向量组按列排成的矩阵施行初等行变换，化为行最简形矩阵，观察得出行最简形矩阵的列向量组的相关式或表示式，再将式子中的向量替换为原向量组中相应列的向量即可．

如 $(\boldsymbol{\alpha}_1,\boldsymbol{\alpha}_2,\boldsymbol{\alpha}_3)\sim\begin{bmatrix}1&0&1\\0&1&-1\\0&0&0\end{bmatrix}$，观察得 $\begin{bmatrix}1\\-1\\0\end{bmatrix}=\begin{bmatrix}1\\0\\0\end{bmatrix}-\begin{bmatrix}0\\1\\0\end{bmatrix}$，故 $\boldsymbol{\alpha}_3=\boldsymbol{\alpha}_1-\boldsymbol{\alpha}_2$.

例 14　已知 $\boldsymbol{\alpha}_1=(1+k,1,1,1)^{\mathrm{T}}$，$\boldsymbol{\alpha}_2=(2,2+k,2,2)^{\mathrm{T}}$，$\boldsymbol{\alpha}_3=(3,3,3+k,3)^{\mathrm{T}}$，$\boldsymbol{\alpha}_4=(4,4,4,4+k)^{\mathrm{T}}$，若向量组 $\boldsymbol{\alpha}_1$，$\boldsymbol{\alpha}_2$，$\boldsymbol{\alpha}_3$，$\boldsymbol{\alpha}_4$ 线性相关，则 $k=$(　　).

A. -10　　B. 0　　C. 10　　D. -10 或 0　　E. 0 或 10

【思路】已知具体型向量组线性相关，求参数，故转化为线性方程组解的判定问题，由于方程组的系数矩阵为方阵，故用行列式计算．

【解析】$\boldsymbol{\alpha}_1$，$\boldsymbol{\alpha}_2$，$\boldsymbol{\alpha}_3$，$\boldsymbol{\alpha}_4$ 线性相关 $\Leftrightarrow(\boldsymbol{\alpha}_1,\boldsymbol{\alpha}_2,\boldsymbol{\alpha}_3,\boldsymbol{\alpha}_4)\boldsymbol{x}=\boldsymbol{0}$ 有非零解 $\Leftrightarrow|\boldsymbol{\alpha}_1,\boldsymbol{\alpha}_2,\boldsymbol{\alpha}_3,\boldsymbol{\alpha}_4|=0$. 又

$$|\boldsymbol{\alpha}_1,\boldsymbol{\alpha}_2,\boldsymbol{\alpha}_3,\boldsymbol{\alpha}_4|=\begin{vmatrix}1+k&2&3&4\\1&2+k&3&4\\1&2&3+k&4\\1&2&3&4+k\end{vmatrix}=(10+k)\begin{vmatrix}1&2&3&4\\1&2+k&3&4\\1&2&3+k&4\\1&2&3&4+k\end{vmatrix}$$

$$=(10+k)\begin{vmatrix}1&0&0&0\\1&k&0&0\\1&0&k&0\\1&0&0&k\end{vmatrix}=(10+k)k^3,$$

故$(10+k)k^3=0$，解得$k=-10$或0.

【答案】D

例 15 设向量组$\boldsymbol{\alpha}_1=(t,2,1)^{\mathrm{T}}$，$\boldsymbol{\alpha}_2=(2,t,0)^{\mathrm{T}}$，$\boldsymbol{\alpha}_3=(1,-1,1)^{\mathrm{T}}$，则下列结论中，正确的个数是(　　).

(1)当$t=-2$时，$\boldsymbol{\alpha}_1,\boldsymbol{\alpha}_2,\boldsymbol{\alpha}_3$线性相关；(2)当$t=3$时，$\boldsymbol{\alpha}_1,\boldsymbol{\alpha}_2,\boldsymbol{\alpha}_3$线性相关；

(3)当$t=-2$时，$\boldsymbol{\alpha}_1,\boldsymbol{\alpha}_2,\boldsymbol{\alpha}_3$中任意向量均能由其余向量线性表示；

(4)当$t=3$时，$\boldsymbol{\alpha}_1,\boldsymbol{\alpha}_2,\boldsymbol{\alpha}_3$中任意向量均能由其余向量线性表示.

A. 0　　B. 1　　C. 2　　D. 3　　E. 4

【思路】(1)、(2)涉及具体型向量组的线性相关性，故先转化为线性方程组解的判定问题，再处理；(3)、(4)涉及具体型向量组的线性表示，直接转化较烦琐(涉及三个线性方程组$(\boldsymbol{\alpha}_1,\boldsymbol{\alpha}_2)\boldsymbol{x}=\boldsymbol{\alpha}_3$，$(\boldsymbol{\alpha}_1,\boldsymbol{\alpha}_3)\boldsymbol{x}=\boldsymbol{\alpha}_2$，$(\boldsymbol{\alpha}_2,\boldsymbol{\alpha}_3)\boldsymbol{x}=\boldsymbol{\alpha}_1$)，故先用初等行变换化简，再观察.

【解析】$\boldsymbol{\alpha}_1,\boldsymbol{\alpha}_2,\boldsymbol{\alpha}_3$线性相关$\Leftrightarrow(\boldsymbol{\alpha}_1,\boldsymbol{\alpha}_2,\boldsymbol{\alpha}_3)\boldsymbol{x}=\boldsymbol{0}$有非零解$\Leftrightarrow|\boldsymbol{\alpha}_1,\boldsymbol{\alpha}_2,\boldsymbol{\alpha}_3|=0$.

由$|\boldsymbol{\alpha}_1,\boldsymbol{\alpha}_2,\boldsymbol{\alpha}_3|=\begin{vmatrix}t&2&1\\2&t&-1\\1&0&1\end{vmatrix}=\begin{vmatrix}t-1&2&1\\3&t&-1\\0&0&1\end{vmatrix}=(t+2)(t-3)=0$，解得$t=-2$或3，

故当$t=-2$或3时，$\boldsymbol{\alpha}_1,\boldsymbol{\alpha}_2,\boldsymbol{\alpha}_3$线性相关，故(1)、(2)正确.

当$t=-2$时，$(\boldsymbol{\alpha}_1,\boldsymbol{\alpha}_2,\boldsymbol{\alpha}_3)=\begin{pmatrix}-2&2&1\\2&-2&-1\\1&0&1\end{pmatrix}\sim\begin{pmatrix}1&0&1\\0&2&3\\0&-2&-3\end{pmatrix}\sim\begin{pmatrix}1&0&1\\0&1&\frac{3}{2}\\0&0&0\end{pmatrix}$.

观察该行最简形矩阵得$\left(1,\frac{3}{2},0\right)^{\mathrm{T}}=(1,0,0)^{\mathrm{T}}+\frac{3}{2}(0,1,0)^{\mathrm{T}}$，故$\boldsymbol{\alpha}_3=\boldsymbol{\alpha}_1+\frac{3}{2}\boldsymbol{\alpha}_2$. 由上式可解出$\boldsymbol{\alpha}_1=\boldsymbol{\alpha}_3-\frac{3}{2}\boldsymbol{\alpha}_2$和$\boldsymbol{\alpha}_2=\frac{2}{3}(\boldsymbol{\alpha}_3-\boldsymbol{\alpha}_1)$，故当$t=-2$时，$\boldsymbol{\alpha}_1,\boldsymbol{\alpha}_2,\boldsymbol{\alpha}_3$中任意向量均能由其余向量线性表示，故(3)正确.

当$t=3$时，$(\boldsymbol{\alpha}_1,\boldsymbol{\alpha}_2,\boldsymbol{\alpha}_3)=\begin{pmatrix}3&2&1\\2&3&-1\\1&0&1\end{pmatrix}\sim\begin{pmatrix}1&0&1\\0&2&-2\\0&3&-3\end{pmatrix}\sim\begin{pmatrix}1&0&1\\0&1&-1\\0&0&0\end{pmatrix}$.

观察该行最简形矩阵得$(1,-1,0)^{\mathrm{T}}=(1,0,0)^{\mathrm{T}}-(0,1,0)^{\mathrm{T}}$，故$\boldsymbol{\alpha}_3=\boldsymbol{\alpha}_1-\boldsymbol{\alpha}_2$. 由上式可解出$\boldsymbol{\alpha}_1=\boldsymbol{\alpha}_2+\boldsymbol{\alpha}_3$和$\boldsymbol{\alpha}_2=\boldsymbol{\alpha}_1-\boldsymbol{\alpha}_3$，故当$t=3$时，$\boldsymbol{\alpha}_1,\boldsymbol{\alpha}_2,\boldsymbol{\alpha}_3$中任意向量均能由其余向量线性表

示，故(4)正确．

综上，正确结论的个数是 4.

【答案】E

题型 9 方阵可逆性的判断

【方法点拨】

掌握方阵可逆的充要条件：

设 $\boldsymbol{A}$ 为 n 阶方阵，则 $\boldsymbol{A}$ 可逆 $\Leftrightarrow|\boldsymbol{A}|\neq 0\Leftrightarrow$ 存在矩阵 $\boldsymbol{B}$，使得 $\boldsymbol{AB}=\boldsymbol{E}$ 或 $\boldsymbol{BA}=\boldsymbol{E}\Leftrightarrow R(\boldsymbol{A})=n\Leftrightarrow\boldsymbol{A}$ 的列(行)向量组线性无关 $\Leftrightarrow\boldsymbol{A}=\boldsymbol{P}_1\boldsymbol{P}_2\cdots\boldsymbol{P}_s$，其中 $\boldsymbol{P}_i(i=1,2,\cdots,s)$ 为初等矩阵 $\Leftrightarrow$ 齐次线性方程组 $\boldsymbol{Ax}=\boldsymbol{0}$ 仅有零解 $\Leftrightarrow\forall\boldsymbol{b}$，非齐次线性方程组 $\boldsymbol{Ax}=\boldsymbol{b}$ 有唯一解．

例 16 n 阶矩阵 $\boldsymbol{A}$ 可逆的充要条件是(　　).

A. $\boldsymbol{A}$ 的任意行向量都是非零向量

B. 线性方程组 $\boldsymbol{Ax}=\boldsymbol{\beta}$ 有解

C. $\boldsymbol{A}$ 的任意列向量都是非零向量

D. 线性方程组 $\boldsymbol{Ax}=\boldsymbol{0}$ 仅有零解

E. $\boldsymbol{A}$ 的任意 2 个列向量组成的向量组线性无关

【思路】本题考查 $\boldsymbol{A}$ 可逆的充要条件，故利用结论，或特殊值排除．

【解析】方法一：用结论．

n 阶矩阵 $\boldsymbol{A}$ 可逆的充要条件是线性方程组 $\boldsymbol{Ax}=\boldsymbol{0}$ 仅有零解，故选 D 项．

方法二：用特殊值排除．

令 $n=2$，$\boldsymbol{A}=\begin{pmatrix}1&1\\1&1\end{pmatrix}$，$\boldsymbol{\beta}=\begin{pmatrix}2\\2\end{pmatrix}$，则 $\boldsymbol{A}$ 的任意行向量和列向量都是非零向量，$\boldsymbol{Ax}=\boldsymbol{\beta}$ 有解，但 $\boldsymbol{A}$ 不可逆，故 A、B、C 项错误．

令 $n=3$，$\boldsymbol{A}=\begin{pmatrix}1&0&1\\0&1&1\\0&0&0\end{pmatrix}$，则 $\boldsymbol{A}$ 的任意 2 个列向量组成的向量组线性无关，但 $\boldsymbol{A}$ 不可逆，故 E 项错误．

【答案】D

题型 10 抽象型向量组的线性相关与线性表示问题

【方法点拨】

方法一：用结论．

下面仅叙述列向量组情形的结论，对于行向量组情形，可先对每个向量取转置，再用该结论．

设 n 维列向量组 $\boldsymbol{\alpha}_1,\boldsymbol{\alpha}_2,\cdots,\boldsymbol{\alpha}_m$ 线性无关，且 n 维列向量组 $\boldsymbol{\beta}_1,\boldsymbol{\beta}_2,\cdots,\boldsymbol{\beta}_m$ 能由 $\boldsymbol{\alpha}_1,\boldsymbol{\alpha}_2,\cdots,\boldsymbol{\alpha}_m$ 线性表示，即 $(\boldsymbol{\beta}_1,\boldsymbol{\beta}_2,\cdots,\boldsymbol{\beta}_m)=(\boldsymbol{\alpha}_1,\boldsymbol{\alpha}_2,\cdots,\boldsymbol{\alpha}_m)\boldsymbol{C}$，其中 $\boldsymbol{C}$ 为 m 阶方阵，则 $\boldsymbol{\beta}_1,\boldsymbol{\beta}_2,\cdots,\boldsymbol{\beta}_m$ 线性无关(线性相关)$\Leftrightarrow|\boldsymbol{C}|\neq 0(|\boldsymbol{C}|=0)$.

其余结论见本章第 1 节定理 1～7.

方法二：用特殊值排除．

方法三：用秩．

方法四：用定义.

后两种方法的结论总结如下：

设$\boldsymbol{\alpha}_1$，$\boldsymbol{\alpha}_2$，…，$\boldsymbol{\alpha}_m$为n维向量组，$\boldsymbol{\beta}$为n维向量，$k_i(i=1,2,\cdots,m+1)$为实数，则

(1)$\boldsymbol{\alpha}_1$，$\boldsymbol{\alpha}_2$，…，$\boldsymbol{\alpha}_m$线性相关$\Leftrightarrow$存在不全为零的数k_1，k_2，…，k_m，使得$k_1\boldsymbol{\alpha}_1+k_2\boldsymbol{\alpha}_2+\cdots+k_m\boldsymbol{\alpha}_m=\mathbf{0}\Leftrightarrow R(\boldsymbol{\alpha}_1,\boldsymbol{\alpha}_2,\cdots,\boldsymbol{\alpha}_m)<m$；

(2)$\boldsymbol{\alpha}_1$，$\boldsymbol{\alpha}_2$，…，$\boldsymbol{\alpha}_m$线性无关$\Leftrightarrow$由$k_1\boldsymbol{\alpha}_1+k_2\boldsymbol{\alpha}_2+\cdots+k_m\boldsymbol{\alpha}_m=\mathbf{0}$能推出$k_1=k_2=\cdots=k_m=0\Leftrightarrow R(\boldsymbol{\alpha}_1,\boldsymbol{\alpha}_2,\cdots,\boldsymbol{\alpha}_m)=m$；

(3)$\boldsymbol{\beta}$能由$\boldsymbol{\alpha}_1$，$\boldsymbol{\alpha}_2$，…，$\boldsymbol{\alpha}_m$线性表示$\Leftrightarrow\boldsymbol{\beta}=k_1\boldsymbol{\alpha}_1+k_2\boldsymbol{\alpha}_2+\cdots+k_m\boldsymbol{\alpha}_m\Leftrightarrow R(\boldsymbol{\alpha}_1,\boldsymbol{\alpha}_2,\cdots,\boldsymbol{\alpha}_m)=R(\boldsymbol{\alpha}_1,\boldsymbol{\alpha}_2,\cdots,\boldsymbol{\alpha}_m,\boldsymbol{\beta})$；

(4)$\boldsymbol{\beta}$不能由$\boldsymbol{\alpha}_1$，$\boldsymbol{\alpha}_2$，…，$\boldsymbol{\alpha}_m$线性表示$\Leftrightarrow$若$k_1\boldsymbol{\alpha}_1+k_2\boldsymbol{\alpha}_2+\cdots+k_m\boldsymbol{\alpha}_m+k_{m+1}\boldsymbol{\beta}=\mathbf{0}$，则$k_{m+1}=0\Leftrightarrow R(\boldsymbol{\alpha}_1,\boldsymbol{\alpha}_2,\cdots,\boldsymbol{\alpha}_m)+1=R(\boldsymbol{\alpha}_1,\boldsymbol{\alpha}_2,\cdots,\boldsymbol{\alpha}_m,\boldsymbol{\beta})$.

此类题型优先考虑方法一和方法二，快速解题.

例 17　设n维列向量组$\boldsymbol{\alpha}_1$，$\boldsymbol{\alpha}_2$，$\boldsymbol{\alpha}_3$线性无关，k为实数，则以下向量组中一定线性无关的是(　　).

A. $k\boldsymbol{\alpha}_1$，$k\boldsymbol{\alpha}_1+\boldsymbol{\alpha}_2$，$(k+1)\boldsymbol{\alpha}_2+\boldsymbol{\alpha}_3$

B. $\boldsymbol{\alpha}_1+\boldsymbol{\alpha}_2$，$k\boldsymbol{\alpha}_1+k\boldsymbol{\alpha}_3$，$(k+1)\boldsymbol{\alpha}_2+\boldsymbol{\alpha}_3$

C. $\boldsymbol{\alpha}_2+k\boldsymbol{\alpha}_3$，$\boldsymbol{\alpha}_1+k\boldsymbol{\alpha}_3$，$(k+1)\boldsymbol{\alpha}_1+\boldsymbol{\alpha}_2$

D. $k\boldsymbol{\alpha}_1+k\boldsymbol{\alpha}_2+\boldsymbol{\alpha}_3$，$(k+1)\boldsymbol{\alpha}_2+\boldsymbol{\alpha}_3$，$\boldsymbol{\alpha}_3$

E. $\boldsymbol{\alpha}_1-\boldsymbol{\alpha}_2-\boldsymbol{\alpha}_3$，$\boldsymbol{\alpha}_1+k\boldsymbol{\alpha}_2+\boldsymbol{\alpha}_3$，$k\boldsymbol{\alpha}_2+(k+1)\boldsymbol{\alpha}_3$

【思路】依次使用上述四种方法进行分析，以A项为例，其余选项同理分析.

【解析】方法一：用结论.

若$\boldsymbol{\alpha}_1$，$\boldsymbol{\alpha}_2$，$\boldsymbol{\alpha}_3$线性无关，且$(\boldsymbol{\beta}_1,\boldsymbol{\beta}_2,\boldsymbol{\beta}_3)=(\boldsymbol{\alpha}_1,\boldsymbol{\alpha}_2,\boldsymbol{\alpha}_3)\boldsymbol{C}$，则$\boldsymbol{\beta}_1$，$\boldsymbol{\beta}_2$，$\boldsymbol{\beta}_3$线性无关$\Leftrightarrow|\boldsymbol{C}|\neq0$.

$$(k\boldsymbol{\alpha}_1,k\boldsymbol{\alpha}_1+\boldsymbol{\alpha}_2,(k+1)\boldsymbol{\alpha}_2+\boldsymbol{\alpha}_3)=(\boldsymbol{\alpha}_1,\boldsymbol{\alpha}_2,\boldsymbol{\alpha}_3)\begin{pmatrix}k&k&0\\0&1&k+1\\0&0&1\end{pmatrix}，\text{又}\begin{vmatrix}k&k&0\\0&1&k+1\\0&0&1\end{vmatrix}=k，\text{则}$$

当$k=0$时，$k\boldsymbol{\alpha}_1$，$k\boldsymbol{\alpha}_1+\boldsymbol{\alpha}_2$，$(k+1)\boldsymbol{\alpha}_2+\boldsymbol{\alpha}_3$线性相关；当$k\neq0$时，该向量组线性无关.

方法二：用特殊值排除.

令$\boldsymbol{\alpha}_1=(1,0,0)^{\mathrm{T}}$，$\boldsymbol{\alpha}_2=(0,1,0)^{\mathrm{T}}$，$\boldsymbol{\alpha}_3=(0,0,1)^{\mathrm{T}}$，则$k\boldsymbol{\alpha}_1=(k,0,0)^{\mathrm{T}}$，$k\boldsymbol{\alpha}_1+\boldsymbol{\alpha}_2=(k,1,0)^{\mathrm{T}}$，$(k+1)\boldsymbol{\alpha}_2+\boldsymbol{\alpha}_3=(0,k+1,1)^{\mathrm{T}}$，又$k\boldsymbol{\alpha}_1$，$k\boldsymbol{\alpha}_1+\boldsymbol{\alpha}_2$，$(k+1)\boldsymbol{\alpha}_2+\boldsymbol{\alpha}_3$线性无关$\Leftrightarrow(k\boldsymbol{\alpha}_1,k\boldsymbol{\alpha}_1+\boldsymbol{\alpha}_2,(k+1)\boldsymbol{\alpha}_2+\boldsymbol{\alpha}_3)\boldsymbol{x}=\mathbf{0}$只有零解$\Leftrightarrow|k\boldsymbol{\alpha}_1,k\boldsymbol{\alpha}_1+\boldsymbol{\alpha}_2,(k+1)\boldsymbol{\alpha}_2+\boldsymbol{\alpha}_3|\neq0$，由

$$|k\boldsymbol{\alpha}_1,k\boldsymbol{\alpha}_1+\boldsymbol{\alpha}_2,(k+1)\boldsymbol{\alpha}_2+\boldsymbol{\alpha}_3|=\begin{vmatrix}k&k&0\\0&1&k+1\\0&0&1\end{vmatrix}=k，$$

则当$k=0$时，$k\boldsymbol{\alpha}_1$，$k\boldsymbol{\alpha}_1+\boldsymbol{\alpha}_2$，$(k+1)\boldsymbol{\alpha}_2+\boldsymbol{\alpha}_3$线性相关；当$k\neq0$时，该向量组线性无关.

方法三：用秩.

由$\boldsymbol{\alpha}_1$，$\boldsymbol{\alpha}_2$，$\boldsymbol{\alpha}_3$线性无关，得$R(\boldsymbol{\alpha}_1,\boldsymbol{\alpha}_2,\boldsymbol{\alpha}_3)=3$，故

$$R(k\boldsymbol{\alpha}_1,k\boldsymbol{\alpha}_1+\boldsymbol{\alpha}_2,(k+1)\boldsymbol{\alpha}_2+\boldsymbol{\alpha}_3)=R\left((\boldsymbol{\alpha}_1,\boldsymbol{\alpha}_2,\boldsymbol{\alpha}_3)\begin{pmatrix}k&k&0\\0&1&k+1\\0&0&1\end{pmatrix}\right)=R\begin{pmatrix}k&k&0\\0&1&k+1\\0&0&1\end{pmatrix}，$$

当 $k=0$ 时，$\begin{pmatrix} k & k & 0 \\ 0 & 1 & k+1 \\ 0 & 0 & 1 \end{pmatrix} \sim \begin{pmatrix} 0 & 1 & 1 \\ 0 & 0 & 1 \\ 0 & 0 & 0 \end{pmatrix}$，故 $R\begin{pmatrix} k & k & 0 \\ 0 & 1 & k+1 \\ 0 & 0 & 1 \end{pmatrix}=2$，$k\boldsymbol{\alpha}_1$，$k\boldsymbol{\alpha}_1+\boldsymbol{\alpha}_2$，$(k+1)\boldsymbol{\alpha}_2+\boldsymbol{\alpha}_3$ 线性相关；

当 $k\neq 0$ 时，$R\begin{pmatrix} k & k & 0 \\ 0 & 1 & k+1 \\ 0 & 0 & 1 \end{pmatrix}=3$，该向量组线性无关．

方法四：用定义．

由 $k_1(k\boldsymbol{\alpha}_1)+k_2(k\boldsymbol{\alpha}_1+\boldsymbol{\alpha}_2)+k_3[(k+1)\boldsymbol{\alpha}_2+\boldsymbol{\alpha}_3]=\mathbf{0}$，可得

$$(k_1k+k_2k)\boldsymbol{\alpha}_1+[k_2+k_3(k+1)]\boldsymbol{\alpha}_2+k_3\boldsymbol{\alpha}_3=\mathbf{0}.$$

又 $\boldsymbol{\alpha}_1$，$\boldsymbol{\alpha}_2$，$\boldsymbol{\alpha}_3$ 线性无关，故 $\begin{cases} k_1k+k_2k=0, \\ k_2+k_3(k+1)=0, \\ k_3=0, \end{cases}$ 以 k_1，k_2，k_3 为未知数的线性方程组的系数行列式 $\begin{vmatrix} k & k & 0 \\ 0 & 1 & k+1 \\ 0 & 0 & 1 \end{vmatrix}=k$.

当 $k=0$ 时，该方程组有非零解，即存在不全为零的数 k_1，k_2，k_3，使得 $k_1(k\boldsymbol{\alpha}_1)+k_2(k\boldsymbol{\alpha}_1+\boldsymbol{\alpha}_2)+k_3[(k+1)\boldsymbol{\alpha}_2+\boldsymbol{\alpha}_3]=\mathbf{0}$ 成立，此时该向量组线性相关；

当 $k\neq 0$ 时，该方程组只有零解，即要使 $k_1(k\boldsymbol{\alpha}_1)+k_2(k\boldsymbol{\alpha}_1+\boldsymbol{\alpha}_2)+k_3[(k+1)\boldsymbol{\alpha}_2+\boldsymbol{\alpha}_3]=\mathbf{0}$ 成立，k_1，k_2，k_3 只能全为 0，此时该向量组线性无关．

【答案】E

例 18　设向量组 $\boldsymbol{\alpha}_1$，$\boldsymbol{\alpha}_2$，$\boldsymbol{\alpha}_3$ 线性相关，$\boldsymbol{\alpha}_1$，$\boldsymbol{\alpha}_2$，$\boldsymbol{\alpha}_4$ 线性无关，则有（　　）.

A. $\boldsymbol{\alpha}_1$ 必能由 $\boldsymbol{\alpha}_2$，$\boldsymbol{\alpha}_3$，$\boldsymbol{\alpha}_4$ 线性表示

B. $\boldsymbol{\alpha}_2$ 必能由 $\boldsymbol{\alpha}_1$，$\boldsymbol{\alpha}_3$，$\boldsymbol{\alpha}_4$ 线性表示

C. $\boldsymbol{\alpha}_3$ 必能由 $\boldsymbol{\alpha}_1$，$\boldsymbol{\alpha}_2$，$\boldsymbol{\alpha}_4$ 线性表示

D. $\boldsymbol{\alpha}_4$ 必能由 $\boldsymbol{\alpha}_1$，$\boldsymbol{\alpha}_2$，$\boldsymbol{\alpha}_3$ 线性表示

E. $\boldsymbol{\alpha}_3$ 不能由 $\boldsymbol{\alpha}_1$，$\boldsymbol{\alpha}_2$ 线性表示

【思路】本题已知抽象型向量组的线性相关性，由选项知需判断向量能否由向量组线性表示，故用定理推导，或用特殊值法排除．

【解析】方法一：用定理推导．

由 $\boldsymbol{\alpha}_1$，$\boldsymbol{\alpha}_2$，$\boldsymbol{\alpha}_4$ 线性无关，得 $\boldsymbol{\alpha}_1$，$\boldsymbol{\alpha}_2$ 线性无关，又 $\boldsymbol{\alpha}_1$，$\boldsymbol{\alpha}_2$，$\boldsymbol{\alpha}_3$ 线性相关，故 $\boldsymbol{\alpha}_3$ 必能由 $\boldsymbol{\alpha}_1$，$\boldsymbol{\alpha}_2$ 线性表示，故 $\boldsymbol{\alpha}_3$ 必能由 $\boldsymbol{\alpha}_1$，$\boldsymbol{\alpha}_2$，$\boldsymbol{\alpha}_4$ 线性表示．

注意：$\boldsymbol{\alpha}_3$ 能由 $\boldsymbol{\alpha}_1$，$\boldsymbol{\alpha}_2$ 线性表示，即存在数 k_1，k_2，使得 $\boldsymbol{\alpha}_3=k_1\boldsymbol{\alpha}_1+k_2\boldsymbol{\alpha}_2$，故有 $\boldsymbol{\alpha}_3=k_1\boldsymbol{\alpha}_1+k_2\boldsymbol{\alpha}_2+0\boldsymbol{\alpha}_4$，即 $\boldsymbol{\alpha}_3$ 能由 $\boldsymbol{\alpha}_1$，$\boldsymbol{\alpha}_2$，$\boldsymbol{\alpha}_4$ 线性表示．

方法二：用特殊值法排除．

令 $\boldsymbol{\alpha}_1=(1,\ 0,\ 0)^{\mathrm{T}}$，$\boldsymbol{\alpha}_2=(0,\ 1,\ 0)^{\mathrm{T}}$，$\boldsymbol{\alpha}_3=(0,\ 0,\ 0)^{\mathrm{T}}$，$\boldsymbol{\alpha}_4=(0,\ 0,\ 1)^{\mathrm{T}}$，则 $\boldsymbol{\alpha}_1$，$\boldsymbol{\alpha}_2$，$\boldsymbol{\alpha}_3$ 线性相关，$\boldsymbol{\alpha}_1$，$\boldsymbol{\alpha}_2$，$\boldsymbol{\alpha}_4$ 线性无关，但 $\boldsymbol{\alpha}_1$ 不能由 $\boldsymbol{\alpha}_2$，$\boldsymbol{\alpha}_3$，$\boldsymbol{\alpha}_4$ 线性表示，故 A 项错误；$\boldsymbol{\alpha}_2$ 不能由 $\boldsymbol{\alpha}_1$，$\boldsymbol{\alpha}_3$，$\boldsymbol{\alpha}_4$ 线性表示，故 B 项错误；$\boldsymbol{\alpha}_4$ 不能由 $\boldsymbol{\alpha}_1$，$\boldsymbol{\alpha}_2$，$\boldsymbol{\alpha}_3$ 线性表示，故 D 项错误；$\boldsymbol{\alpha}_3$ 能由 $\boldsymbol{\alpha}_1$，$\boldsymbol{\alpha}_2$ 线性表示，故 E 项错误．根据排除法，选 C 项．

【答案】C

例 19　设线性无关的向量组 $\boldsymbol{\alpha}_1$，$\boldsymbol{\alpha}_2$，$\boldsymbol{\alpha}_3$，$\boldsymbol{\alpha}_4$ 能由向量组 $\boldsymbol{\beta}_1$，$\boldsymbol{\beta}_2$，…，$\boldsymbol{\beta}_s$ 线性表示，则必有(　　).

A. $s<4$　　B. $s=4$　　C. $s\geqslant 4$

D. $\boldsymbol{\beta}_1$，$\boldsymbol{\beta}_2$，…，$\boldsymbol{\beta}_s$ 线性相关　　E. $\boldsymbol{\beta}_1$，$\boldsymbol{\beta}_2$，…，$\boldsymbol{\beta}_s$ 线性无关

【思路】本题已知抽象型向量组的线性表示关系，故用定理分析，或用特殊值法排除.

【解析】方法一：用定理分析.

线性无关的向量组 $\boldsymbol{\alpha}_1$，$\boldsymbol{\alpha}_2$，$\boldsymbol{\alpha}_3$，$\boldsymbol{\alpha}_4$ 能由 $\boldsymbol{\beta}_1$，$\boldsymbol{\beta}_2$，…，$\boldsymbol{\beta}_s$ 线性表示，由"表示无关的向量组，个数不能少"，可得 $s\geqslant 4$.

方法二：用特殊值法排除.

任取一个线性无关的向量组 $\boldsymbol{\alpha}_1$，$\boldsymbol{\alpha}_2$，$\boldsymbol{\alpha}_3$，$\boldsymbol{\alpha}_4$，保持其不变，通过对 $\boldsymbol{\beta}_1$，$\boldsymbol{\beta}_2$，…，$\boldsymbol{\beta}_s$ 取特殊值，来排除选项.

令 $s=4$，$\boldsymbol{\beta}_i=\boldsymbol{\alpha}_i$，$i=1, 2, 3, 4$，则满足已知，但 $\boldsymbol{\beta}_1$，$\boldsymbol{\beta}_2$，…，$\boldsymbol{\beta}_s$ 线性无关，故 D 项错误，其中 $s=4$，故 A 项错误.

令 $s=5$，$\boldsymbol{\beta}_i=\boldsymbol{\alpha}_i$，$i=1, 2, 3, 4$，$\boldsymbol{\beta}_5=\mathbf{0}$(与 $\boldsymbol{\alpha}_1$ 同型)，则满足已知，但 $\boldsymbol{\beta}_1$，$\boldsymbol{\beta}_2$，…，$\boldsymbol{\beta}_s$ 线性相关，故 E 项错误，$s=5\neq 4$，故 B 项错误. 由排除法选 C 项.

【答案】C

题型 11　抽象型线性方程组的通解问题

【方法点拨】

(1)掌握基础解系的定义.

(2)掌握线性方程组解的性质及结构定理.

(3)当 $R(\boldsymbol{A}_{m\times n})<n$ 时，求抽象型线性方程组 $\boldsymbol{Ax}=\mathbf{0}$ 的基础解系(或通解)的步骤：

①求 $R(\boldsymbol{A})$；

②找 $\boldsymbol{Ax}=\mathbf{0}$ 的 $n-R(\boldsymbol{A})$ 个线性无关的解.

其中，$n-R(\boldsymbol{A})$ 的等价表述：$\boldsymbol{Ax}=\mathbf{0}$ 的基础解系所含向量个数；$\boldsymbol{Ax}=\mathbf{0}$ 解向量组的秩；$\boldsymbol{Ax}=\mathbf{0}$ 解向量组的最大无关组所含向量的个数；求解 $\boldsymbol{Ax}=\mathbf{0}$ 的过程中自由未知数的个数.

由于通解的形式不唯一，直接求解可能得出与正确选项形式不同的结果，因此解题时往往需要结合选项排除.

例 20　设 $\boldsymbol{\gamma}_1$，$\boldsymbol{\gamma}_2$ 是非齐次线性方程组 $\boldsymbol{Ax}=\boldsymbol{\beta}$ 的两个不同的解，$\boldsymbol{\eta}_1$，$\boldsymbol{\eta}_2$ 是导出组 $\boldsymbol{Ax}=\mathbf{0}$ 的一个基础解系，C_1，C_2 是两个任意实数，则 $\boldsymbol{Ax}=\boldsymbol{\beta}$ 的通解是(　　).

A. $C_1\boldsymbol{\eta}_1+C_2(\boldsymbol{\eta}_1-\boldsymbol{\eta}_2)+\dfrac{\boldsymbol{\gamma}_1-\boldsymbol{\gamma}_2}{2}$　　B. $C_1\boldsymbol{\eta}_1+C_2(\boldsymbol{\eta}_1-\boldsymbol{\eta}_2)+\dfrac{\boldsymbol{\gamma}_1+\boldsymbol{\gamma}_2}{2}$

C. $C_1\boldsymbol{\eta}_1+C_2(\boldsymbol{\gamma}_1-\boldsymbol{\gamma}_2)+\dfrac{\boldsymbol{\gamma}_1-\boldsymbol{\gamma}_2}{2}$　　D. $C_1\boldsymbol{\eta}_1+C_2(\boldsymbol{\gamma}_1-\boldsymbol{\gamma}_2)+\dfrac{\boldsymbol{\gamma}_1+\boldsymbol{\gamma}_2}{2}$

E. $C_1\boldsymbol{\gamma}_1+C_2(\boldsymbol{\gamma}_1-\boldsymbol{\gamma}_2)+\dfrac{\boldsymbol{\gamma}_1-\boldsymbol{\gamma}_2}{2}$

【思路】本题求抽象型线性方程组 $\boldsymbol{Ax}=\boldsymbol{\beta}$ 的通解，可用基础解系定义、解的性质、结构定理分析. 注意到直接求解可能得出与正确选项形式不同的结果，故结合选项排除.

【解析】由 $\boldsymbol{\gamma}_1$，$\boldsymbol{\gamma}_2$ 是 $\boldsymbol{Ax}=\boldsymbol{\beta}$ 的两个不同的解，故 $\boldsymbol{A\gamma}_1=\boldsymbol{\beta}$，$\boldsymbol{A\gamma}_2=\boldsymbol{\beta}$，$\boldsymbol{\gamma}_1\neq\boldsymbol{\gamma}_2$.

由 $\boldsymbol{\eta}_1$，$\boldsymbol{\eta}_2$ 是 $\boldsymbol{Ax}=\boldsymbol{0}$ 的基础解系，得 $\boldsymbol{\eta}_1$，$\boldsymbol{\eta}_2$ 满足"是解""无关"和"个数$=n-R(\boldsymbol{A})$"，即 $\boldsymbol{A\eta}_1=\boldsymbol{0}$，$\boldsymbol{A\eta}_2=\boldsymbol{0}$，$\boldsymbol{\eta}_1$，$\boldsymbol{\eta}_2$ 线性无关，$2=n-R(\boldsymbol{A})$.

$\boldsymbol{Ax}=\boldsymbol{\beta}$ 的通解为 $\boldsymbol{Ax}=\boldsymbol{0}$ 的通解$+\boldsymbol{Ax}=\boldsymbol{\beta}$ 的特解.

由 $\boldsymbol{A}\left(\dfrac{\boldsymbol{\gamma}_1-\boldsymbol{\gamma}_2}{2}\right)=\dfrac{1}{2}(\boldsymbol{A\gamma}_1-\boldsymbol{A\gamma}_2)=\boldsymbol{0}\neq\boldsymbol{\beta}$，知 $\dfrac{\boldsymbol{\gamma}_1-\boldsymbol{\gamma}_2}{2}$ 不是 $\boldsymbol{Ax}=\boldsymbol{\beta}$ 的特解，故 A、C、E 项错误.

由于 B、D 项的差异在 $\boldsymbol{Ax}=\boldsymbol{0}$ 的通解部分(即含有 C_1，C_2 的项)，而 $\boldsymbol{Ax}=\boldsymbol{0}$ 的通解为基础解系的任意线性组合，故按基础解系的定义检验此两项的向量组，列表检验如下：

选项	是解	无关	个数$=n-R(\boldsymbol{A})=2$
B 项：$\boldsymbol{\eta}_1$，$\boldsymbol{\eta}_1-\boldsymbol{\eta}_2$	是	是	是
D 项：$\boldsymbol{\eta}_1$，$\boldsymbol{\gamma}_1-\boldsymbol{\gamma}_2$	是	不一定	是

其中"无关"的检验过程为：由 $k_1\boldsymbol{\eta}_1+k_2(\boldsymbol{\eta}_1-\boldsymbol{\eta}_2)=\boldsymbol{0}$，可得 $(k_1+k_2)\boldsymbol{\eta}_1-k_2\boldsymbol{\eta}_2=\boldsymbol{0}$，由于 $\boldsymbol{\eta}_1$，$\boldsymbol{\eta}_2$ 线性无关，则 $k_1+k_2=0$ 且 $-k_2=0$，即 $k_1=k_2=0$，故 $\boldsymbol{\eta}_1$，$\boldsymbol{\eta}_1-\boldsymbol{\eta}_2$ 线性无关.

任取 $\boldsymbol{Ax}=\boldsymbol{\beta}$ 的一个特解 $\boldsymbol{\gamma}_0$，令 $\boldsymbol{\gamma}_1=\boldsymbol{\gamma}_0$，$\boldsymbol{\gamma}_2=\boldsymbol{\gamma}_0-\boldsymbol{\eta}_1$，则满足已知，此时 $\boldsymbol{\eta}_1$，$\boldsymbol{\gamma}_1-\boldsymbol{\gamma}_2=\boldsymbol{\eta}_1$ 线性相关；令 $\boldsymbol{\gamma}_1=\boldsymbol{\gamma}_0$，$\boldsymbol{\gamma}_2=\boldsymbol{\gamma}_0-\boldsymbol{\eta}_2$，则满足已知，此时 $\boldsymbol{\eta}_1$，$\boldsymbol{\gamma}_1-\boldsymbol{\gamma}_2=\boldsymbol{\eta}_2$ 线性无关.

综上，选择 B 项.

【答案】B

例 21 设 $\boldsymbol{A}=\begin{bmatrix}a_{11}&a_{12}&a_{13}\\a_{21}&a_{22}&a_{23}\\a_{31}&a_{32}&a_{33}\end{bmatrix}$，$\boldsymbol{B}=\begin{bmatrix}b_{11}&b_{12}\\b_{21}&b_{22}\\b_{31}&b_{32}\end{bmatrix}$，$\boldsymbol{\alpha}=(1,2)^{\mathrm{T}}$，若 $\boldsymbol{B\alpha}=\boldsymbol{0}$，但 $\boldsymbol{AB}\neq\boldsymbol{O}$，则齐次线性方程组 $\boldsymbol{ABx}=\boldsymbol{0}$ 和 $\boldsymbol{By}=\boldsymbol{0}$ 解向量组的最大无关组所含向量的个数分别为(　　).

A. 0 和 0　　B. 1 和 0　　C. 0 和 1　　D. 1 和 1　　E. 1 和 2

【思路】齐次线性方程组解向量组的最大无关组所含向量的个数，就是基础解系所含向量个数，因此本题要求 $2-R(\boldsymbol{AB})$ 和 $2-R(\boldsymbol{B})$，需通过已知条件求出 $R(\boldsymbol{AB})$ 和 $R(\boldsymbol{B})$.

【解析】$\boldsymbol{B\alpha}=\boldsymbol{0}$，即 $\boldsymbol{\alpha}$ 为 $\boldsymbol{By}=\boldsymbol{0}$ 的一个非零解，故 $2-R(\boldsymbol{B})\geqslant 1$，即 $R(\boldsymbol{B})\leqslant 1$，又由 $\boldsymbol{AB}\neq\boldsymbol{O}$ 得 $R(\boldsymbol{AB})\geqslant 1$，则 $1\leqslant R(\boldsymbol{AB})\leqslant R(\boldsymbol{B})\leqslant 1$，故 $R(\boldsymbol{AB})=R(\boldsymbol{B})=1$，则 $2-R(\boldsymbol{AB})=2-R(\boldsymbol{B})=1$，即 $\boldsymbol{ABx}=\boldsymbol{0}$ 和 $\boldsymbol{By}=\boldsymbol{0}$ 解向量组的最大无关组所含向量的个数分别为 1 和 1.

【注意】当 $R(\boldsymbol{A}_{m\times n})<n$ 时，方程组 $\boldsymbol{Ax}=\boldsymbol{0}$ 的基础解系所含向量个数为 $n-R(\boldsymbol{A})$，其中 n 为系数矩阵的列数，$R(\boldsymbol{A})$ 为系数矩阵的秩. 本题的方程组 $\boldsymbol{ABx}=\boldsymbol{0}$，系数矩阵 $\boldsymbol{AB}$ 的列数为 2，故 $\boldsymbol{ABx}=\boldsymbol{0}$ 的基础解系所含向量个数为 $2-R(\boldsymbol{AB})$.

【答案】D

题型 12 对向量组秩的考查

【方法点拨】

(1)掌握矩阵的秩的定义与性质(详见第 5 章第 1 节)；

(2)掌握向量组的秩的定义与性质(详见第 6 章第 1 节).

例 22　设列向量组 $\boldsymbol{\alpha}_1$，$\boldsymbol{\alpha}_2$，$\boldsymbol{\alpha}_3$ 线性无关，k 为实数，则向量组 $\boldsymbol{\alpha}_1+\boldsymbol{\alpha}_2$，$\boldsymbol{\alpha}_2+k\boldsymbol{\alpha}_3$，$\boldsymbol{\alpha}_3+\boldsymbol{\alpha}_1$ 的秩(　　).

A. 可能等于 1　　B. 等于 2　　C. 等于 3

D. 等于 1 或 2　　E. 等于 2 或 3

【思路】本题求抽象型向量组 $\boldsymbol{\alpha}_1+\boldsymbol{\alpha}_2$，$\boldsymbol{\alpha}_2+k\boldsymbol{\alpha}_3$，$\boldsymbol{\alpha}_3+\boldsymbol{\alpha}_1$ 的秩，注意到该向量组中的每一个向量均为 $\boldsymbol{\alpha}_1$，$\boldsymbol{\alpha}_2$，$\boldsymbol{\alpha}_3$ 的线性组合，故先用分块矩阵运算将其表示成矩阵相乘的形式，再利用性质"若 $R(\boldsymbol{A}_{m\times n})=n$，则 $R(\boldsymbol{AB})=R(\boldsymbol{B})$".

【解析】由 $\boldsymbol{\alpha}_1$，$\boldsymbol{\alpha}_2$，$\boldsymbol{\alpha}_3$ 线性无关得 $R(\boldsymbol{\alpha}_1,\boldsymbol{\alpha}_2,\boldsymbol{\alpha}_3)=3$，再由 $(\boldsymbol{\alpha}_1+\boldsymbol{\alpha}_2,\boldsymbol{\alpha}_2+k\boldsymbol{\alpha}_3,\boldsymbol{\alpha}_3+\boldsymbol{\alpha}_1)=(\boldsymbol{\alpha}_1,\boldsymbol{\alpha}_2,\boldsymbol{\alpha}_3)\begin{pmatrix}1&0&1\\1&1&0\\0&k&1\end{pmatrix}$，得 $R(\boldsymbol{\alpha}_1+\boldsymbol{\alpha}_2,\boldsymbol{\alpha}_2+k\boldsymbol{\alpha}_3,\boldsymbol{\alpha}_3+\boldsymbol{\alpha}_1)=R\begin{pmatrix}1&0&1\\1&1&0\\0&k&1\end{pmatrix}$.

由 $\begin{pmatrix}1&0&1\\1&1&0\\0&k&1\end{pmatrix}\sim\begin{pmatrix}1&0&1\\0&1&-1\\0&k&1\end{pmatrix}\sim\begin{pmatrix}1&0&1\\0&1&-1\\0&0&1+k\end{pmatrix}$，当 $k=-1$ 时，$R\begin{pmatrix}1&0&1\\1&1&0\\0&k&1\end{pmatrix}=2$；当 $k\neq-1$ 时，$R\begin{pmatrix}1&0&1\\1&1&0\\0&k&1\end{pmatrix}=3$，故向量组 $\boldsymbol{\alpha}_1+\boldsymbol{\alpha}_2$，$\boldsymbol{\alpha}_2+k\boldsymbol{\alpha}_3$，$\boldsymbol{\alpha}_3+\boldsymbol{\alpha}_1$ 的秩等于 2 或 3.

【答案】E

本节习题自测

1. 已知齐次线性方程组 $\begin{cases}(1+a)x_1+x_2+x_3=0,\\2x_1+(2+a)x_2+2x_3=0,\\3x_1+3x_2+(3+a)x_3=0\end{cases}$ 有非零解，则 $a=$(　　).

A. -6　　B. 0　　C. 6

D. -6 或 0　　E. -6 或 6

2. 已知行向量组 $\boldsymbol{\alpha}_1=(2,1,1,1)$，$\boldsymbol{\alpha}_2=(2,1,a,a)$，$\boldsymbol{\alpha}_3=(3,2,1,a)$，$\boldsymbol{\alpha}_4=(4,3,2,1)$ 线性相关，且 $a\neq1$，则 $a=$(　　).

A. -2　　B. $-\frac{1}{2}$　　C. 0

D. $\frac{1}{2}$　　E. 2

3. 设矩阵 $\boldsymbol{A}=\begin{pmatrix}1&1&1\\1&2&a\\1&4&a^2\end{pmatrix}$，$\boldsymbol{b}=\begin{pmatrix}1\\d\\d^2\end{pmatrix}$，若集合 $\Omega=\{1,2\}$，则线性方程组 $\boldsymbol{Ax}=\boldsymbol{b}$ 有无穷多解的充分必要条件为(　　).

A. $a\notin\Omega$，$d\notin\Omega$　　B. $a\notin\Omega$，$d\in\Omega$　　C. $a\in\Omega$，$d\notin\Omega$

D. $a\in\Omega$，$d\in\Omega$　　E. 仅 $a\in\Omega$

4. 设齐次线性方程组$\begin{cases}x_1+x_2+x_3+x_4=0,\\4x_1+3x_2+5x_3-x_4=0,\\ax_1+x_2+3x_3+bx_4=0\end{cases}$的系数矩阵$\boldsymbol{A}$的秩$R(\boldsymbol{A})=2$，则该方程组的基础解系为(　　).

A. $(-2,1,1,0)^{\mathrm{T}}$

B. $(4,-5,0,1)^{\mathrm{T}}$

C. $(-2,1,1,0)^{\mathrm{T}}$，$(4,-5,1,1)^{\mathrm{T}}$

D. $(-2,1,1,0)^{\mathrm{T}}$，$(4,-5,0,1)^{\mathrm{T}}$

E. $(-2,1,1,1)^{\mathrm{T}}$，$(4,-5,0,1)^{\mathrm{T}}$

5. 设$\boldsymbol{A}=\begin{pmatrix}\lambda & 1 & 1\\0 & \lambda-1 & 0\\1 & 1 & \lambda\end{pmatrix}$，$\boldsymbol{b}=\begin{pmatrix}a\\1\\1\end{pmatrix}$，已知线性方程组$\boldsymbol{Ax}=\boldsymbol{b}$存在两个不同的解，则$\lambda$，$a$的值分别为(　　).

A. -1，-2　　B. -1，2　　C. 1，-2　　D. 1，2　　E. -1，1

6. 设$\boldsymbol{\alpha}_1=(0,0,c_1)^{\mathrm{T}}$，$\boldsymbol{\alpha}_2=(0,1,c_2)^{\mathrm{T}}$，$\boldsymbol{\alpha}_3=(1,-1,c_3)^{\mathrm{T}}$，$\boldsymbol{\alpha}_4=(-1,1,c_4)^{\mathrm{T}}$，其中$c_1$，$c_2$，$c_3$，$c_4$为任意常数，则下列向量组线性相关的为(　　).

A. $\boldsymbol{\alpha}_1,\boldsymbol{\alpha}_2,\boldsymbol{\alpha}_3$　B. $\boldsymbol{\alpha}_1,\boldsymbol{\alpha}_2,\boldsymbol{\alpha}_4$　C. $\boldsymbol{\alpha}_1,\boldsymbol{\alpha}_3,\boldsymbol{\alpha}_4$　D. $\boldsymbol{\alpha}_2,\boldsymbol{\alpha}_3,\boldsymbol{\alpha}_4$　E. $\boldsymbol{\alpha}_2,\boldsymbol{\alpha}_3$

7. 已知线性方程组$\begin{cases}x_1+x_3=\lambda,\\4x_1+x_2+2x_3=\lambda+2,\\6x_1+x_2+4x_3=2\lambda+3\end{cases}$有解，则解的一般形式为(　　)，其中$k\in\mathbf{R}$.

A. $(1,-1,0)^{\mathrm{T}}+k\left(\frac{1}{2},-1,\frac{1}{2}\right)^{\mathrm{T}}$

B. $(1,3,2)^{\mathrm{T}}+k\left(\frac{1}{2},-1,-\frac{1}{2}\right)^{\mathrm{T}}$

C. $(-1,3,2)^{\mathrm{T}}+k\left(\frac{1}{2},-1,-\frac{1}{2}\right)^{\mathrm{T}}$

D. $(1,1,0)^{\mathrm{T}}+k(-1,2,1)^{\mathrm{T}}$

E. $(1,-1,0)^{\mathrm{T}}+(-1,2,1)^{\mathrm{T}}$

8. 若线性方程组$\begin{cases}x_1+x_2+x_3=0,\\x_1+2x_2+ax_3=0,\\x_1+4x_2+a^2x_3=0\end{cases}$与方程$x_1+2x_2+x_3=a-1$有公共解，则$a=$(　　).

A. -1　　B. 1　　C. 2　　D. -1或2　　E. 1或2

9. 设向量组$\boldsymbol{\alpha}_1=(a,2,10)^{\mathrm{T}}$，$\boldsymbol{\alpha}_2=(-2,1,5)^{\mathrm{T}}$，$\boldsymbol{\alpha}_3=(-1,1,4)^{\mathrm{T}}$，$\boldsymbol{\beta}=(1,1,2)^{\mathrm{T}}$，已知$\boldsymbol{\beta}$能由$\boldsymbol{\alpha}_1$，$\boldsymbol{\alpha}_2$，$\boldsymbol{\alpha}_3$线性表示，且表示不唯一，则此一般表达式为(　　)，其中$k\in\mathbf{R}$.

A. $\boldsymbol{\beta}=\left(-\frac{k}{2}+1\right)\boldsymbol{\alpha}_1+k\boldsymbol{\alpha}_2+3\boldsymbol{\alpha}_3$

B. $\boldsymbol{\beta}=\left(-\frac{k}{2}+1\right)\boldsymbol{\alpha}_1+2k\boldsymbol{\alpha}_2+3\boldsymbol{\alpha}_3$

C. $\boldsymbol{\beta}=\left(-\frac{k}{2}-1\right)\boldsymbol{\alpha}_1+k\boldsymbol{\alpha}_2+3\boldsymbol{\alpha}_3$

D. $\boldsymbol{\beta}=\left(-\frac{k}{2}-1\right)\boldsymbol{\alpha}_1+2k\boldsymbol{\alpha}_2+3\boldsymbol{\alpha}_3$

E. $\boldsymbol{\beta}=(-k-1)\boldsymbol{\alpha}_1+k\boldsymbol{\alpha}_2+3\boldsymbol{\alpha}_3$

10. 已知齐次线性方程组(Ⅰ)$\begin{cases}x_1+x_2=0,\\-x_1+ax_3=0,\\x_1+2x_2+x_3=0\end{cases}$和(Ⅱ)$\begin{cases}bx_2+c^2x_3=0,\\(b-2)x_1+x_2+(c+1)x_3=0\end{cases}$同解，则$abc=$(　　).

A. -8　　B. 0　　C. 1　　D. -8或0　　E. -8或1

11. 设 $\boldsymbol{A}$ 为 $m\times n$ 矩阵，则方程 $\boldsymbol{AX}=\boldsymbol{E}_m$ 有解的充分必要条件是（　　）.

A. $R(\boldsymbol{A})=m$　　B. $R(\boldsymbol{A})=n$　　C. $R(\boldsymbol{A},\boldsymbol{E})=m$

D. $R(\boldsymbol{A},\boldsymbol{E})=n$　　E. 方程 $\boldsymbol{AX}=\boldsymbol{O}$ 只有零解

12. 设 $\boldsymbol{A}$ 为 n 阶非零矩阵，$\boldsymbol{E}$ 为 n 阶单位矩阵，若 $\boldsymbol{A}^3=\boldsymbol{O}$，则（　　）.

A. $\boldsymbol{A}$ 可逆　　B. $\boldsymbol{A}^2$ 可逆

C. 方程组 $(\boldsymbol{E}-\boldsymbol{A})\boldsymbol{x}=\boldsymbol{0}$ 有非零解　　D. 方程组 $(\boldsymbol{E}+\boldsymbol{A})\boldsymbol{x}=\boldsymbol{0}$ 有非零解

E. 任意 n 维列向量 $\boldsymbol{b}$ 能由 $\boldsymbol{E}-\boldsymbol{A}^2$ 的列向量组唯一线性表示

13. 已知 $n(n\geqslant 2)$ 阶方阵 $\boldsymbol{A}$ 的秩 $R(\boldsymbol{A})=r(0<r<n)$，那么在 $\boldsymbol{A}$ 的行向量组中（　　）.

A. 必有含 r 个向量的线性无关部分组

B. 任意含 r 个向量的部分组均线性无关

C. 任意含 r 个向量的部分组均为最大无关组

D. 任意 1 个向量都能由其他 r 个向量线性表示

E. 任意含 2 个向量的部分组均线性无关

14. n 维向量组 $\boldsymbol{\alpha}_1,\boldsymbol{\alpha}_2,\cdots,\boldsymbol{\alpha}_s(3\leqslant s\leqslant n)$ 线性无关的充分必要条件是（　　）.

A. 存在一组不全为 0 的数 $k_1,k_2,\cdots,k_s$，使 $k_1\boldsymbol{\alpha}_1+k_2\boldsymbol{\alpha}_2+\cdots+k_s\boldsymbol{\alpha}_s\neq\boldsymbol{0}$

B. $\boldsymbol{\alpha}_1,\boldsymbol{\alpha}_2,\cdots,\boldsymbol{\alpha}_s$ 中任意含两个向量的部分组都线性无关

C. $\boldsymbol{\alpha}_1,\boldsymbol{\alpha}_2,\cdots,\boldsymbol{\alpha}_s$ 中存在一个向量，它不能用其余向量线性表示

D. $\boldsymbol{\alpha}_1,\boldsymbol{\alpha}_2,\cdots,\boldsymbol{\alpha}_s$ 中任意一个向量都不能用其余向量线性表示

E. $\boldsymbol{\alpha}_1,\boldsymbol{\alpha}_2,\cdots,\boldsymbol{\alpha}_s$ 中任意含 $s-1$ 个向量的部分组都线性无关

15. 设向量组Ⅰ：$\boldsymbol{\alpha}_1,\boldsymbol{\alpha}_2,\cdots,\boldsymbol{\alpha}_r$ 能由向量组Ⅱ：$\boldsymbol{\beta}_1,\boldsymbol{\beta}_2,\cdots,\boldsymbol{\beta}_s$ 线性表示，则（　　）.

A. 当 $r<s$ 时，向量组Ⅱ必线性相关　　B. 当 $r>s$ 时，向量组Ⅱ必线性相关

C. 当 $r<s$ 时，向量组Ⅰ必线性相关　　D. 当 $r>s$ 时，向量组Ⅰ必线性相关

E. 以上选项均不成立

16. $n(n\geqslant 2)$ 阶矩阵 $\boldsymbol{A}$ 不可逆的必要条件是（　　）.

A. $\boldsymbol{A}$ 的行向量中有零向量

B. $\boldsymbol{A}$ 的行向量组存在含 2 个向量的线性相关部分组

C. $\boldsymbol{A}$ 的列向量组中任意含 2 个向量的部分组均线性相关

D. $\boldsymbol{A}$ 存在 1 个列向量能由其余列向量线性表示

E. 线性方程组 $\boldsymbol{Ax}=\boldsymbol{\beta}$ 有无穷多解

17. 设矩阵 $\boldsymbol{A}=\begin{pmatrix}1&0&1\\1&1&2\\0&1&1\end{pmatrix}$，$\boldsymbol{\alpha}_1,\boldsymbol{\alpha}_2,\boldsymbol{\alpha}_3$ 为线性无关的三维列向量组，则向量组 $\boldsymbol{A\alpha}_1,\boldsymbol{A\alpha}_2,\boldsymbol{A\alpha}_3$ 的秩（　　）.

A. 等于 0　　B. 等于 1　　C. 等于 2　　D. 等于 3　　E. 无法确定

18. 已知 $\boldsymbol{\alpha}_1,\boldsymbol{\alpha}_2,\cdots,\boldsymbol{\alpha}_s$ 均为 n 维列向量，$\boldsymbol{A}$ 是 $m\times n$ 矩阵，则下列选项正确的是（　　）.

A. 若 $\boldsymbol{\alpha}_1,\boldsymbol{\alpha}_2,\cdots,\boldsymbol{\alpha}_s$ 线性相关，则 $\boldsymbol{A\alpha}_1,\boldsymbol{A\alpha}_2,\cdots,\boldsymbol{A\alpha}_s$ 线性相关

B. 若 $\boldsymbol{\alpha}_1,\boldsymbol{\alpha}_2,\cdots,\boldsymbol{\alpha}_s$ 线性相关，则 $\boldsymbol{A\alpha}_1,\boldsymbol{A\alpha}_2,\cdots,\boldsymbol{A\alpha}_s$ 线性无关

C. 若 $\boldsymbol{\alpha}_1$，$\boldsymbol{\alpha}_2$，…，$\boldsymbol{\alpha}_s$ 线性无关，则 $\boldsymbol{A\alpha}_1$，$\boldsymbol{A\alpha}_2$，…，$\boldsymbol{A\alpha}_s$ 线性相关

D. 若 $\boldsymbol{\alpha}_1$，$\boldsymbol{\alpha}_2$，…，$\boldsymbol{\alpha}_s$ 线性无关，则 $\boldsymbol{A\alpha}_1$，$\boldsymbol{A\alpha}_2$，…，$\boldsymbol{A\alpha}_s$ 线性无关

E. $\boldsymbol{\alpha}_1$，$\boldsymbol{\alpha}_2$，…，$\boldsymbol{\alpha}_s$ 与 $\boldsymbol{A\alpha}_1$，$\boldsymbol{A\alpha}_2$，…，$\boldsymbol{A\alpha}_s$ 的线性相关性相同

19. 设 $\boldsymbol{A}$ 是 $n\times m$ 矩阵，$\boldsymbol{B}$ 是 $m\times n$ 矩阵，其中 $n<m$，$\boldsymbol{E}$ 是 n 阶单位矩阵，若 $\boldsymbol{AB}=\boldsymbol{E}$，则下列结论中正确的是(　　).

(1)$\boldsymbol{A}$ 的列向量组线性无关；(2)$\boldsymbol{A}$ 的列向量组线性相关；

(3)$\boldsymbol{B}$ 的行向量组线性无关；(4)$\boldsymbol{B}$ 的行向量组线性相关.

A. (1)(3)　　B. (1)(4)　　C. (2)(3)　　D. (2)(4)　　E. 仅(2)

20. 设 $\boldsymbol{A}$，$\boldsymbol{B}$，$\boldsymbol{C}$ 均为 n 阶矩阵，若 $\boldsymbol{AB}=\boldsymbol{C}$，且 $\boldsymbol{B}$ 可逆，则(　　).

A. 矩阵 $\boldsymbol{C}$ 的行向量组与矩阵 $\boldsymbol{A}$ 的行向量组等价

B. 矩阵 $\boldsymbol{C}$ 的列向量组与矩阵 $\boldsymbol{A}$ 的列向量组等价

C. 矩阵 $\boldsymbol{C}$ 的行向量组与矩阵 $\boldsymbol{B}$ 的行向量组等价

D. 矩阵 $\boldsymbol{C}$ 的列向量组与矩阵 $\boldsymbol{B}$ 的列向量组等价

E. 以上均不成立

21. 已知 $\boldsymbol{\alpha}_1$，$\boldsymbol{\alpha}_2$，$\boldsymbol{\alpha}_3$ 是齐次线性方程组 $\boldsymbol{Ax}=\boldsymbol{0}$ 的一个基础解系，则 $\boldsymbol{\alpha}_1+\boldsymbol{\alpha}_2$，$k_1\boldsymbol{\alpha}_2+\boldsymbol{\alpha}_3$，$k_2\boldsymbol{\alpha}_3+\boldsymbol{\alpha}_1$ 也是该方程组的一个基础解系的充要条件是(　　).

A. $k_1+k_2=-1$　　B. $k_1+k_2\neq-1$　　C. $k_1k_2=-1$

D. $k_1k_2\neq-1$　　E. $k_1k_2\neq1$

22. 设 $\boldsymbol{A}$ 为 4×3 矩阵，$\boldsymbol{\eta}_1$，$\boldsymbol{\eta}_2$，$\boldsymbol{\eta}_3$ 是非齐次线性方程组 $\boldsymbol{Ax}=\boldsymbol{\beta}$ 的 3 个线性无关的解，k_1，k_2 为任意常数，则 $\boldsymbol{Ax}=\boldsymbol{\beta}$ 的通解为(　　).

A. $\dfrac{\boldsymbol{\eta}_2+\boldsymbol{\eta}_3}{2}+k_1(\boldsymbol{\eta}_2-\boldsymbol{\eta}_1)$　　B. $\dfrac{\boldsymbol{\eta}_2-\boldsymbol{\eta}_3}{2}+k_1(\boldsymbol{\eta}_2-\boldsymbol{\eta}_1)$

C. $\dfrac{\boldsymbol{\eta}_2+\boldsymbol{\eta}_3}{2}+k_1(\boldsymbol{\eta}_3-\boldsymbol{\eta}_1)$　　D. $\dfrac{\boldsymbol{\eta}_2+\boldsymbol{\eta}_3}{2}+k_1(\boldsymbol{\eta}_2-\boldsymbol{\eta}_1)+k_2(\boldsymbol{\eta}_3-\boldsymbol{\eta}_1)$

E. $\dfrac{\boldsymbol{\eta}_2-\boldsymbol{\eta}_3}{2}+k_1(\boldsymbol{\eta}_2-\boldsymbol{\eta}_1)+k_2(\boldsymbol{\eta}_3-\boldsymbol{\eta}_1)$

23. 已知 $\boldsymbol{\alpha}_1$，$\boldsymbol{\alpha}_2$，$\boldsymbol{\alpha}_3$ 是四元非齐次线性方程组 $\boldsymbol{Ax}=\boldsymbol{b}$ 的三个解向量，且 $R(\boldsymbol{A})=3$，$\boldsymbol{\alpha}_1=(1,2,3,4)^{\mathrm{T}}$，$\boldsymbol{\alpha}_2+\boldsymbol{\alpha}_3=(0,1,2,3)^{\mathrm{T}}$，$C$ 为任意实数，则线性方程组 $\boldsymbol{Ax}=\boldsymbol{b}$ 的通解 $\boldsymbol{x}=$(　　).

A. $(1,2,3,4)^{\mathrm{T}}+C(1,1,1,1)^{\mathrm{T}}$

B. $(1,2,3,4)^{\mathrm{T}}+C(0,1,2,3)^{\mathrm{T}}$

C. $(1,2,3,4)^{\mathrm{T}}+C(2,3,4,5)^{\mathrm{T}}$

D. $(1,2,3,4)^{\mathrm{T}}+C(3,4,5,6)^{\mathrm{T}}$

E. $(1,2,3,4)^{\mathrm{T}}+C(0,2,4,6)^{\mathrm{T}}$

习题详解

1. D

【解析】系数矩阵为方阵，且齐次线性方程组有非零解，故系数行列式为零，即

$$\begin{vmatrix}1+a & 1 & 1\\ 2 & 2+a & 2\\ 3 & 3 & 3+a\end{vmatrix}=(6+a)\begin{vmatrix}1 & 1 & 1\\ 0 & a & 0\\ 0 & 0 & a\end{vmatrix}=(6+a)a^2=0,$$

解得 $a=-6$ 或 0.

2. D

【解析】$\boldsymbol{\alpha}_1$，$\boldsymbol{\alpha}_2$，$\boldsymbol{\alpha}_3$，$\boldsymbol{\alpha}_4$ 线性相关$\Leftrightarrow$$(\boldsymbol{\alpha}_1^T, \boldsymbol{\alpha}_2^T, \boldsymbol{\alpha}_3^T, \boldsymbol{\alpha}_4^T)\boldsymbol{x}=\boldsymbol{0}$ 有非零解$\Leftrightarrow$$|\boldsymbol{\alpha}_1^T, \boldsymbol{\alpha}_2^T, \boldsymbol{\alpha}_3^T, \boldsymbol{\alpha}_4^T|=0$. 由

$$|\boldsymbol{\alpha}_1^T, \boldsymbol{\alpha}_2^T, \boldsymbol{\alpha}_3^T, \boldsymbol{\alpha}_4^T|=\begin{vmatrix}2&2&3&4\\1&1&2&3\\1&a&1&2\\1&a&a&1\end{vmatrix}=\begin{vmatrix}0&0&-1&-2\\1&1&2&3\\0&a-1&-1&-1\\0&a-1&a-2&-2\end{vmatrix}$$

$$=-\begin{vmatrix}0&-1&-2\\a-1&-1&-1\\a-1&a-2&-2\end{vmatrix}=-\begin{vmatrix}0&-1&-2\\a-1&-1&-1\\0&a-1&-1\end{vmatrix}=(a-1)(2a-1),$$

可得$(a-1)(2a-1)=0$，解得 $a=1$ 或$\frac{1}{2}$，又 $a\neq1$，故 $a=\frac{1}{2}$.

3. D

【解析】$\boldsymbol{Ax}=\boldsymbol{b}$ 有无穷多解$\Leftrightarrow$$|\boldsymbol{A}|=0$ 且 $R(\boldsymbol{A})=R(\boldsymbol{A}, \boldsymbol{b})$.

又$|\boldsymbol{A}|$为范德蒙德行列式，故$|\boldsymbol{A}|=(2-1)(a-1)(a-2)=0$，解得 $a=1$ 或 2.

①当 $a=1$ 时，有

$$(\boldsymbol{A}, \boldsymbol{b})=\begin{pmatrix}1&1&1&1\\1&2&1&d\\1&4&1&d^2\end{pmatrix}\sim\begin{pmatrix}1&1&1&1\\0&1&0&d-1\\0&3&0&d^2-1\end{pmatrix}\sim\begin{pmatrix}1&1&1&1\\0&1&0&d-1\\0&0&0&(d-1)(d-2)\end{pmatrix},$$

当 $d=1$ 或 2，即 $d\in\Omega$ 时，有 $R(\boldsymbol{A})=R(\boldsymbol{A}, \boldsymbol{b})$，故 $\boldsymbol{Ax}=\boldsymbol{b}$ 有无穷多解；

当 $d\notin\Omega$ 时，有 $R(\boldsymbol{A})\neq R(\boldsymbol{A}, \boldsymbol{b})$，故 $\boldsymbol{Ax}=\boldsymbol{b}$ 无解.

②当 $a=2$ 时，有

$$(\boldsymbol{A}, \boldsymbol{b})=\begin{pmatrix}1&1&1&1\\1&2&2&d\\1&4&4&d^2\end{pmatrix}\sim\begin{pmatrix}1&1&1&1\\0&1&1&d-1\\0&3&3&d^2-1\end{pmatrix}\sim\begin{pmatrix}1&1&1&1\\0&1&1&d-1\\0&0&0&(d-1)(d-2)\end{pmatrix},$$

当 $d=1$ 或 2，即 $d\in\Omega$ 时，有 $R(\boldsymbol{A})=R(\boldsymbol{A}, \boldsymbol{b})$，故 $\boldsymbol{Ax}=\boldsymbol{b}$ 有无穷多解；

当 $d\notin\Omega$ 时，有 $R(\boldsymbol{A})\neq R(\boldsymbol{A}, \boldsymbol{b})$，故 $\boldsymbol{Ax}=\boldsymbol{b}$ 无解.

综上，$\boldsymbol{Ax}=\boldsymbol{b}$ 有无穷多解的充分必要条件为 $a\in\Omega$，$d\in\Omega$.

4. D

【解析】$$\boldsymbol{A}=\begin{pmatrix}1&1&1&1\\4&3&5&-1\\a&1&3&b\end{pmatrix}\sim\begin{pmatrix}1&1&1&1\\0&-1&1&-5\\0&1-a&3-a&b-a\end{pmatrix}\sim\begin{pmatrix}1&1&1&1\\0&-1&1&-5\\0&0&4-2a&4a+b-5\end{pmatrix},$$

由 $R(\boldsymbol{A})=2$，得 $4-2a=0$ 且 $4a+b-5=0$，解得 $a=2$，$b=-3$，代入上述行阶梯形矩阵得

$$\boldsymbol{A}\sim\begin{pmatrix}1&1&1&1\\0&-1&1&-5\\0&0&0&0\end{pmatrix}\sim\begin{pmatrix}1&0&2&-4\\0&1&-1&5\\0&0&0&0\end{pmatrix}.$$

对应的齐次线性方程组为$\begin{cases}x_1+2x_3-4x_4=0,\\x_2-x_3+5x_4=0,\end{cases}$令$(x_3, x_4)^T=(1, 0)^T$ 及$(0, 1)^T$，则对应有

$(x_1, x_2)^T=(-2, 1)^T$ 及$(4, -5)^T$，故该方程组的基础解系为$(-2, 1, 1, 0)^T$，$(4, -5, 0, 1)^T$.

5. A

【解析】方法一：利用初等行变换.

由题可知，$\boldsymbol{Ax}=\boldsymbol{b}$ 存在两个不同的解$\Leftrightarrow\boldsymbol{Ax}=\boldsymbol{b}$ 有无穷多解$\Leftrightarrow R(\boldsymbol{A})=R(\boldsymbol{A},\boldsymbol{b})<3$.

$$(\boldsymbol{A},\boldsymbol{b})=\begin{pmatrix}\lambda&1&1&a\\0&\lambda-1&0&1\\1&1&\lambda&1\end{pmatrix}\sim\begin{pmatrix}1&1&\lambda&1\\0&\lambda-1&0&1\\0&1-\lambda&1-\lambda^2&a-\lambda\end{pmatrix}\sim\begin{pmatrix}1&1&\lambda&1\\0&\lambda-1&0&1\\0&0&1-\lambda^2&a-\lambda+1\end{pmatrix},$$

若 $\lambda=1$，则 $R(\boldsymbol{A})\neq R(\boldsymbol{A},\boldsymbol{b})$，无解，与题意不符，故 $\lambda\neq1$，要使 $R(\boldsymbol{A})=R(\boldsymbol{A},\boldsymbol{b})<3$，有 $1-\lambda^2=0$ 且 $a-\lambda+1=0$，解得 $\lambda=-1$，$a=-2$.

方法二：利用行列式.

$\boldsymbol{Ax}=\boldsymbol{b}$ 存在两个不同的解$\Leftrightarrow\boldsymbol{Ax}=\boldsymbol{b}$ 有无穷多解$\Leftrightarrow|\boldsymbol{A}|=0$ 且 $R(\boldsymbol{A})=R(\boldsymbol{A},\boldsymbol{b})$.

$$|\boldsymbol{A}|=\begin{vmatrix}\lambda&1&1\\0&\lambda-1&0\\1&1&\lambda\end{vmatrix}=(\lambda-1)^2(\lambda+1)=0,$$ 解得 $\lambda=-1$ 或 1.

当 $\lambda=-1$ 时，$$(\boldsymbol{A},\boldsymbol{b})=\begin{pmatrix}-1&1&1&a\\0&-2&0&1\\1&1&-1&1\end{pmatrix}\sim\begin{pmatrix}-1&1&1&a\\0&-2&0&1\\0&2&0&a+1\end{pmatrix}\sim\begin{pmatrix}-1&1&1&a\\0&-2&0&1\\0&0&0&a+2\end{pmatrix},$$

要使 $R(\boldsymbol{A})=R(\boldsymbol{A},\boldsymbol{b})$，则 $a+2=0$，即 $a=-2$.

当 $\lambda=1$ 时，$$(\boldsymbol{A},\boldsymbol{b})=\begin{pmatrix}1&1&1&a\\0&0&0&1\\1&1&1&1\end{pmatrix}\sim\begin{pmatrix}1&1&1&a\\0&0&0&1\\0&0&0&0\end{pmatrix},$$ $R(\boldsymbol{A})\neq R(\boldsymbol{A},\boldsymbol{b})$，故舍去.

综上，λ，a 的值分别为 -1，-2.

6. C

【解析】$\boldsymbol{\alpha}_1$，$\boldsymbol{\alpha}_2$，$\boldsymbol{\alpha}_3$ 线性相关$\Leftrightarrow(\boldsymbol{\alpha}_1,\boldsymbol{\alpha}_2,\boldsymbol{\alpha}_3)\boldsymbol{x}=\boldsymbol{0}$ 有非零解$\Leftrightarrow|\boldsymbol{\alpha}_1,\boldsymbol{\alpha}_2,\boldsymbol{\alpha}_3|=0$.

由 $$|\boldsymbol{\alpha}_1,\boldsymbol{\alpha}_3,\boldsymbol{\alpha}_4|=\begin{vmatrix}0&1&-1\\0&-1&1\\c_1&c_3&c_4\end{vmatrix}=0,$$ 故 $\boldsymbol{\alpha}_1$，$\boldsymbol{\alpha}_3$，$\boldsymbol{\alpha}_4$ 必线性相关，因此 C 项正确.

$$|\boldsymbol{\alpha}_1,\boldsymbol{\alpha}_2,\boldsymbol{\alpha}_3|=\begin{vmatrix}0&0&1\\0&1&-1\\c_1&c_2&c_3\end{vmatrix}=-c_1,\quad|\boldsymbol{\alpha}_1,\boldsymbol{\alpha}_2,\boldsymbol{\alpha}_4|=\begin{vmatrix}0&0&-1\\0&1&1\\c_1&c_2&c_4\end{vmatrix}=c_1,$$

$$|\boldsymbol{\alpha}_2,\boldsymbol{\alpha}_3,\boldsymbol{\alpha}_4|=\begin{vmatrix}0&1&-1\\1&-1&1\\c_2&c_3&c_4\end{vmatrix}=-(c_3+c_4),$$

由于 $-c_1$，c_1 和 $-(c_3+c_4)$ 不一定为 0，因此相应的向量组不一定线性相关，故 A、B、D 项错误. $\boldsymbol{\alpha}_2$，$\boldsymbol{\alpha}_3$ 对应分量不成比例，故线性无关，则 E 项错误.

7. C

【解析】$\boldsymbol{Ax}=\boldsymbol{b}$ 有解$\Leftrightarrow R(\boldsymbol{A})=R(\boldsymbol{A},\boldsymbol{b})$，又

$$(\boldsymbol{A},\boldsymbol{b})=\begin{pmatrix}1&0&1&\lambda\\4&1&2&\lambda+2\\6&1&4&2\lambda+3\end{pmatrix}\sim\begin{pmatrix}1&0&1&\lambda\\0&1&-2&-3\lambda+2\\0&1&-2&-4\lambda+3\end{pmatrix}\sim\begin{pmatrix}1&0&1&\lambda\\0&1&-2&-3\lambda+2\\0&0&0&-\lambda+1\end{pmatrix},$$

可得 $-\lambda+1=0$，即 $\lambda=1$.

方法一：先按步骤求出通解，再结合选项变形.

将$\lambda=1$代入上述行最简形矩阵得$(\boldsymbol{A},\boldsymbol{b})\sim\begin{pmatrix}1&0&1&1\\0&1&-2&-1\\0&0&0&0\end{pmatrix}$，对应的齐次线性方程组为

$\begin{cases}x_1+x_3=0,\\x_2-2x_3=0,\end{cases}$ 令$x_3=1$，得基础解系为$(-1,2,1)^T$.

对应的非齐次线性方程组为$\begin{cases}x_1+x_3=1,\\x_2-2x_3=-1,\end{cases}$ 令$x_3=0$，得特解为$(1,-1,0)^T$.

综上，原方程组解的一般形式为$(1,-1,0)^T+k(-1,2,1)^T$. 由于选项中并无此通解，因此利用线性方程组解的性质变形：由$(1,-1,0)^T$为$\boldsymbol{Ax}=\boldsymbol{b}$的特解，$(-1,2,1)^T$为$\boldsymbol{Ax}=\boldsymbol{0}$的解得$(1,-1,0)^T+2(-1,2,1)^T=(-1,3,2)^T$为$\boldsymbol{Ax}=\boldsymbol{b}$的特解，$-\frac{1}{2}(-1,2,1)^T=\left(\frac{1}{2},-1,-\frac{1}{2}\right)^T$为$\boldsymbol{Ax}=\boldsymbol{0}$的解，也为其基础解系（基础解系的定义），由非齐次线性方程组解的结构定理可知原方程组解的一般形式为$(-1,3,2)^T+k\left(\frac{1}{2},-1,-\frac{1}{2}\right)^T$.

方法二：结合选项利用解的结构定理排除.

A项：将$\left(\frac{1}{2},-1,\frac{1}{2}\right)^T$代入原方程组对应的齐次线性方程组的第一个方程中得$\frac{1}{2}+\frac{1}{2}=1\neq0$，这说明$\left(\frac{1}{2},-1,\frac{1}{2}\right)^T$不是$\boldsymbol{Ax}=\boldsymbol{0}$的解，故A项错误；

B项：将$(1,3,2)^T$代入原方程组的第一个方程中得$1+2=3\neq1$，这说明$(1,3,2)^T$不是$\boldsymbol{Ax}=\boldsymbol{b}$的特解，故B项错误；

D项：将$(1,1,0)^T$代入原方程组的第二个方程中得$4\times1+1\times1+2\times0=5\neq3$，这说明$(1,1,0)^T$不是$\boldsymbol{Ax}=\boldsymbol{b}$的特解，故D项错误；

E项：缺少任意常数，不能作为$\boldsymbol{Ax}=\boldsymbol{b}$的通解，故E项错误，根据排除法，选C项.

8. E

【解析】由题意可知，联立所得方程组$\begin{cases}x_1+x_2+x_3=0,\\x_1+2x_2+ax_3=0,\\x_1+4x_2+a^2x_3=0,\\x_1+2x_2+x_3=a-1\end{cases}$有解，故$R(\boldsymbol{A})=R(\boldsymbol{A},\boldsymbol{b})$，又

$$(\boldsymbol{A},\boldsymbol{b})=\begin{pmatrix}1&1&1&0\\1&2&a&0\\1&4&a^2&0\\1&2&1&a-1\end{pmatrix}\sim\begin{pmatrix}1&1&1&0\\0&1&a-1&0\\0&3&a^2-1&0\\0&1&0&a-1\end{pmatrix}\sim\begin{pmatrix}1&1&1&0\\0&1&a-1&0\\0&0&(a-1)(a-2)&0\\0&0&1-a&a-1\end{pmatrix}$$

$$\sim\begin{pmatrix}1&1&1&0\\0&1&a-1&0\\0&0&1-a&a-1\\0&0&0&(a-1)(a-2)\end{pmatrix},$$

要使$R(\boldsymbol{A})=R(\boldsymbol{A},\boldsymbol{b})$成立，则有$(a-1)(a-2)=0$，故$a=1$或2.

9. C

【解析】$\boldsymbol{\beta}$ 能由 $\boldsymbol{\alpha}_1$，$\boldsymbol{\alpha}_2$，$\boldsymbol{\alpha}_3$ 线性表示，且表示不唯一$\Leftrightarrow(\boldsymbol{\alpha}_1,\boldsymbol{\alpha}_2,\boldsymbol{\alpha}_3)\boldsymbol{x}=\boldsymbol{\beta}$ 有无穷多解$\Leftrightarrow$ $|\boldsymbol{\alpha}_1,\boldsymbol{\alpha}_2,\boldsymbol{\alpha}_3|=0$，且 $R(\boldsymbol{\alpha}_1,\boldsymbol{\alpha}_2,\boldsymbol{\alpha}_3)=R(\boldsymbol{\alpha}_1,\boldsymbol{\alpha}_2,\boldsymbol{\alpha}_3,\boldsymbol{\beta})$.

由 $|\boldsymbol{\alpha}_1,\boldsymbol{\alpha}_2,\boldsymbol{\alpha}_3|=\begin{vmatrix}a&-2&-1\\2&1&1\\10&5&4\end{vmatrix}=\begin{vmatrix}a+2&-1&-1\\0&0&1\\2&1&4\end{vmatrix}=-(a+4)=0$，得 $a=-4$，此时

$$(\boldsymbol{\alpha}_1,\boldsymbol{\alpha}_2,\boldsymbol{\alpha}_3,\boldsymbol{\beta})=\begin{pmatrix}-4&-2&-1&1\\2&1&1&1\\10&5&4&2\end{pmatrix}\sim\begin{pmatrix}2&1&1&1\\0&0&1&3\\0&0&-1&-3\end{pmatrix}\sim\begin{pmatrix}1&\frac{1}{2}&0&-1\\0&0&1&3\\0&0&0&0\end{pmatrix},$$

对应的齐次线性方程组为$\begin{cases}x_1+\dfrac{1}{2}x_2=0,\\x_3=0,\end{cases}$令 $x_2=1$，得基础解系为$\left(-\dfrac{1}{2},1,0\right)^{\mathrm{T}}$；

对应的非齐次线性方程组为$\begin{cases}x_1+\dfrac{1}{2}x_2=-1,\\x_3=3,\end{cases}$令 $x_2=0$，得特解为$(-1,0,3)^{\mathrm{T}}$.

综上，原方程组的通解为 $k\left(-\dfrac{1}{2},1,0\right)^{\mathrm{T}}+(-1,0,3)^{\mathrm{T}}=\left(-\dfrac{k}{2}-1,k,3\right)^{\mathrm{T}}(k\in\mathbf{R})$，故

$\boldsymbol{\beta}=\left(-\dfrac{k}{2}-1\right)\boldsymbol{\alpha}_1+k\boldsymbol{\alpha}_2+3\boldsymbol{\alpha}_3$.

10. E

【解析】记方程组(Ⅰ)和(Ⅱ)的系数矩阵分别为 $\boldsymbol{A}$ 和 $\boldsymbol{B}$，由题意得 $R(\boldsymbol{A})=R(\boldsymbol{B})$，且 $R(\boldsymbol{B}_{2\times3})\leqslant2$，故 $R(\boldsymbol{A})\leqslant2$. 又

$$\boldsymbol{A}=\begin{pmatrix}1&1&0\\-1&0&a\\1&2&1\end{pmatrix}\sim\begin{pmatrix}1&1&0\\0&1&a\\0&1&1\end{pmatrix}\sim\begin{pmatrix}1&1&0\\0&1&1\\0&0&a-1\end{pmatrix},$$

故 $a-1=0$，即 $a=1$. 将 $a=1$ 代入上述行阶梯形矩阵，可得方程组(Ⅰ)的基础解系为 $(1,-1,1)^{\mathrm{T}}$，代入方程组(Ⅱ)得$\begin{cases}-b+c^2=0,\\b-2+c=0,\end{cases}$解得$\begin{cases}b=4,\\c=-2\end{cases}$或$\begin{cases}b=1,\\c=1.\end{cases}$

当 $b=4$，$c=-2$ 时，$\boldsymbol{B}=\begin{pmatrix}0&4&4\\2&1&-1\end{pmatrix}\sim\begin{pmatrix}1&0&-1\\0&1&1\end{pmatrix}$，得方程组(Ⅱ)的基础解系为 $(1,-1,1)^{\mathrm{T}}$，则方程组(Ⅱ)与(Ⅰ)同解；

当 $b=c=1$ 时，$\boldsymbol{B}=\begin{pmatrix}0&1&1\\-1&1&2\end{pmatrix}\sim\begin{pmatrix}1&0&-1\\0&1&1\end{pmatrix}$，得方程组(Ⅱ)的基础解系为 $(1,-1,1)^{\mathrm{T}}$，则方程组(Ⅱ)与(Ⅰ)同解.

综上，$a=1$，$b=4$，$c=-2$，或 $a=b=c=1$，由此可得 $abc=-8$ 或 1.

11. A

【解析】A 项：$\boldsymbol{AX}=\boldsymbol{E}_m$ 有解$\Leftrightarrow R(\boldsymbol{A})=R(\boldsymbol{A},\boldsymbol{E})$，由 $(\boldsymbol{A},\boldsymbol{E})$ 有 m 阶非零子式 $\boldsymbol{E}$ 得 $R(\boldsymbol{A},\boldsymbol{E})\geqslant m$，又由 $(\boldsymbol{A},\boldsymbol{E})$ 为 $m\times(m+n)$ 矩阵得 $R(\boldsymbol{A},\boldsymbol{E})\leqslant\min\{m,m+n\}=m$，故有

$R(\boldsymbol{A},\boldsymbol{E})=m$，则$\boldsymbol{AX}=\boldsymbol{E}_m$ 有解$\Leftrightarrow R(\boldsymbol{A})=m$，故A项正确．

B、D、E项：令$\boldsymbol{A}=\begin{pmatrix}1&0&0\\0&1&0\end{pmatrix}$，$\boldsymbol{E}$为2阶单位矩阵，则$R(\boldsymbol{A})=R(\boldsymbol{A},\boldsymbol{E})=2$，故$\boldsymbol{AX}=\boldsymbol{E}_m$有解，但$R(\boldsymbol{A})\neq 3$，$R(\boldsymbol{A},\boldsymbol{E})\neq 3$，故B、D项错误；由$R(\boldsymbol{A})=2<3$得$\boldsymbol{AX}=\boldsymbol{O}$有非零解，故E项错误．

C项：令$\boldsymbol{A}=\boldsymbol{O}$，则$R(\boldsymbol{A},\boldsymbol{E})=R(\boldsymbol{O},\boldsymbol{E})=m$，但由$R(\boldsymbol{A})=0\neq R(\boldsymbol{A},\boldsymbol{E})=m$得$\boldsymbol{AX}=\boldsymbol{E}_m$无解，故C项错误．

12. E

【解析】A、B项：$\boldsymbol{A}^3=\boldsymbol{O}\Rightarrow|\boldsymbol{A}|^3=|\boldsymbol{A}^3|=|\boldsymbol{O}|=0\Rightarrow|\boldsymbol{A}|=0$，$|\boldsymbol{A}^2|=|\boldsymbol{A}|^2=0\Rightarrow\boldsymbol{A}$，$\boldsymbol{A}^2$均不可逆，故A、B项错误；

C项：$\boldsymbol{A}^3=\boldsymbol{O}\Rightarrow\boldsymbol{E}^3-\boldsymbol{A}^3=\boldsymbol{E}^3-\boldsymbol{O}\Rightarrow(\boldsymbol{E}-\boldsymbol{A})(\boldsymbol{E}+\boldsymbol{A}+\boldsymbol{A}^2)=\boldsymbol{E}\Rightarrow\boldsymbol{E}-\boldsymbol{A}$可逆$\Rightarrow(\boldsymbol{E}-\boldsymbol{A})\boldsymbol{x}=\boldsymbol{0}$仅有零解，故C项错误；

D项：$\boldsymbol{A}^3=\boldsymbol{O}\Rightarrow\boldsymbol{E}^3+\boldsymbol{A}^3=\boldsymbol{E}^3+\boldsymbol{O}\Rightarrow(\boldsymbol{E}+\boldsymbol{A})(\boldsymbol{E}-\boldsymbol{A}+\boldsymbol{A}^2)=\boldsymbol{E}\Rightarrow\boldsymbol{E}+\boldsymbol{A}$可逆$\Rightarrow(\boldsymbol{E}+\boldsymbol{A})\boldsymbol{x}=\boldsymbol{0}$仅有零解，故D项错误；

E项：由上述推理得$\boldsymbol{E}-\boldsymbol{A}$，$\boldsymbol{E}+\boldsymbol{A}$均可逆$\Rightarrow(\boldsymbol{E}-\boldsymbol{A})(\boldsymbol{E}+\boldsymbol{A})=\boldsymbol{E}-\boldsymbol{A}^2$可逆$\Rightarrow(\boldsymbol{E}-\boldsymbol{A}^2)\boldsymbol{x}=\boldsymbol{b}$有唯一解$\Rightarrow\boldsymbol{b}$能由$\boldsymbol{E}-\boldsymbol{A}^2$的列向量组唯一线性表示，故E项正确．

13. A

【解析】方法一：用三秩相等定理和向量组的秩的定义分析．

由$R(\boldsymbol{A})=r(0<r<n)$，得$\boldsymbol{A}$的行向量组的秩为$r$，故$\boldsymbol{A}$的行向量组必有含$r$个向量的线性无关部分组，故选A项．

方法二：用特殊值法排除．

令$\boldsymbol{A}=\begin{pmatrix}1&0\\0&0\end{pmatrix}$，则$R(\boldsymbol{A})=1(0<1<2)$，满足已知条件，但$\boldsymbol{A}$的行向量组中仅含$(0,0)$的部分组线性相关，不是最大无关组，故B、C项错误．

$(1,0)$不能被$(0,0)$线性表示，故D项错误．

2个行向量$(1,0)$和$(0,0)$组成的向量组线性相关，故E项错误，由排除法选择A项．

14. D

【解析】方法一：用定理分析．

$\boldsymbol{\alpha}_1,\boldsymbol{\alpha}_2,\cdots,\boldsymbol{\alpha}_s$线性相关$\Leftrightarrow\boldsymbol{\alpha}_1,\boldsymbol{\alpha}_2,\cdots,\boldsymbol{\alpha}_s$中存在向量能用其余向量线性表示，则$\boldsymbol{\alpha}_1,\boldsymbol{\alpha}_2,\cdots,\boldsymbol{\alpha}_s$线性无关$\Leftrightarrow\boldsymbol{\alpha}_1,\boldsymbol{\alpha}_2,\cdots,\boldsymbol{\alpha}_s$中任意一个向量都不能用其余向量线性表示，故选D项．

方法二：用特殊值法排除．

令$s=n=3$，$\boldsymbol{\alpha}_1=(1,0,0)^{\mathrm{T}}$，$\boldsymbol{\alpha}_2=(0,1,0)^{\mathrm{T}}$，$\boldsymbol{\alpha}_3=(1,1,0)^{\mathrm{T}}$，则存在不全为0的数$k_1=1$，$k_2=k_3=0$，使得$k_1\boldsymbol{\alpha}_1+k_2\boldsymbol{\alpha}_2+k_3\boldsymbol{\alpha}_3\neq\boldsymbol{0}$，但$\boldsymbol{\alpha}_1,\boldsymbol{\alpha}_2,\boldsymbol{\alpha}_3$线性相关，故A项错误．

$\boldsymbol{\alpha}_1,\boldsymbol{\alpha}_2,\boldsymbol{\alpha}_3$中任意含两个(或$s-1=2$个)向量的部分组都线性无关，但$\boldsymbol{\alpha}_1,\boldsymbol{\alpha}_2,\boldsymbol{\alpha}_3$线性相关，故B、E项错误．

令$s=n=3$，$\boldsymbol{\alpha}_1=(1,0,0)^{\mathrm{T}}$，$\boldsymbol{\alpha}_2=(0,1,0)^{\mathrm{T}}$，$\boldsymbol{\alpha}_3=(0,0,0)^{\mathrm{T}}$，则$\boldsymbol{\alpha}_1$不能用其余向量线性表示，但$\boldsymbol{\alpha}_1,\boldsymbol{\alpha}_2,\boldsymbol{\alpha}_3$线性相关，故C项错误．根据排除法，选择D项．

15. D

【解析】A、C项：令向量组Ⅰ：$(1,0)^T$，向量组Ⅱ：$(1,0)^T$，$(0,1)^T$，则向量组Ⅰ能由Ⅱ线性表示，且 $r=1$，$s=2$，$r<s$，但向量组Ⅰ与Ⅱ均线性无关，故A、C项错误.

B项：令向量组Ⅰ：$(1,0)^T$，$(2,0)^T$，向量组Ⅱ：$(1,0)^T$，则向量组Ⅰ能由Ⅱ线性表示，且 $r=2$，$s=1$，$r>s$，但向量组Ⅱ线性无关，故B项错误.

D项：当 $r>s$ 时，向量组Ⅰ由Ⅱ线性表示，根据"多数由少数表示，多数必相关"得向量组Ⅰ必线性相关，故D项正确.

16. D

【解析】方法一：用结论.

$\boldsymbol{A}$ 不可逆$\Leftrightarrow\boldsymbol{A}$ 的列向量组线性相关$\Leftrightarrow\boldsymbol{A}$ 存在1个列向量能由其余列向量线性表示，故选D项.

方法二：用特殊值排除.

令 $\boldsymbol{A}=\begin{pmatrix}1&1\\1&1\end{pmatrix}$，$\boldsymbol{\beta}=\begin{pmatrix}0\\1\end{pmatrix}$，则 $\boldsymbol{A}$ 不可逆，但其行向量中没有零向量，故A项错误；线性方程组 $\boldsymbol{Ax}=\boldsymbol{\beta}$ 无解，故E项错误.

令 $\boldsymbol{A}=\begin{pmatrix}1&0&0\\0&1&0\\1&1&0\end{pmatrix}$，则 $\boldsymbol{A}$ 不可逆，但 $\boldsymbol{A}$ 的任意2个行向量组成的向量组都线性无关，故B项错误；$\boldsymbol{A}$ 的列向量 $(1,0,1)^T$，$(0,1,1)^T$ 组成的向量组线性无关，故C项错误.

综上，由排除法可知，选择D项.

17. C

【解析】由 $\boldsymbol{\alpha}_1$，$\boldsymbol{\alpha}_2$，$\boldsymbol{\alpha}_3$ 为线性无关的三维列向量组，得 $\boldsymbol{\alpha}_1$，$\boldsymbol{\alpha}_2$，$\boldsymbol{\alpha}_3$ 可逆，故 $R(\boldsymbol{A\alpha}_1,\boldsymbol{A\alpha}_2,\boldsymbol{A\alpha}_3)=R(\boldsymbol{A}(\boldsymbol{\alpha}_1,\boldsymbol{\alpha}_2,\boldsymbol{\alpha}_3))=R(\boldsymbol{A})$(用到性质"若 $\boldsymbol{B}$ 可逆，则 $R(\boldsymbol{AB})=R(\boldsymbol{A})$")，又 $\boldsymbol{A}=\begin{pmatrix}1&0&1\\1&1&2\\0&1&1\end{pmatrix}\sim\begin{pmatrix}1&0&1\\0&1&1\\0&0&0\end{pmatrix}$，故 $R(\boldsymbol{A})=2$，可得 $R(\boldsymbol{A\alpha}_1,\boldsymbol{A\alpha}_2,\boldsymbol{A\alpha}_3)=2$.

18. A

【解析】方法一：用定义.

若 $\boldsymbol{\alpha}_1$，$\boldsymbol{\alpha}_2$，…，$\boldsymbol{\alpha}_s$ 线性相关，故存在不全为0的数 k_1，k_2，…，k_s，使得 $k_1\boldsymbol{\alpha}_1+k_2\boldsymbol{\alpha}_2+\cdots+k_s\boldsymbol{\alpha}_s=\boldsymbol{0}$，该式左乘 $\boldsymbol{A}$ 得 $k_1\boldsymbol{A\alpha}_1+k_2\boldsymbol{A\alpha}_2+\cdots+k_s\boldsymbol{A\alpha}_s=\boldsymbol{0}$，即 $\boldsymbol{A\alpha}_1$，$\boldsymbol{A\alpha}_2$，…，$\boldsymbol{A\alpha}_s$ 满足线性相关的定义，因此该向量组线性相关，故A项正确.

方法二：用秩.

$R(\boldsymbol{A\alpha}_1,\boldsymbol{A\alpha}_2,\cdots,\boldsymbol{A\alpha}_s)=R(\boldsymbol{A}(\boldsymbol{\alpha}_1,\boldsymbol{\alpha}_2,\cdots,\boldsymbol{\alpha}_s))\leqslant R(\boldsymbol{\alpha}_1,\boldsymbol{\alpha}_2,\cdots,\boldsymbol{\alpha}_s)$，又由 $\boldsymbol{\alpha}_1$，$\boldsymbol{\alpha}_2$，…，$\boldsymbol{\alpha}_s$ 线性相关，得 $R(\boldsymbol{\alpha}_1,\boldsymbol{\alpha}_2,\cdots,\boldsymbol{\alpha}_s)<s$，即 $R(\boldsymbol{A\alpha}_1,\boldsymbol{A\alpha}_2,\cdots,\boldsymbol{A\alpha}_s)<s$，因此 $\boldsymbol{A\alpha}_1$，$\boldsymbol{A\alpha}_2$，…，$\boldsymbol{A\alpha}_s$ 线性相关，故A项正确.

方法三：用特殊值排除.

令 $\boldsymbol{A}=\boldsymbol{O}$，则 $\boldsymbol{A\alpha}_i=\boldsymbol{0}$，$i=1,2,\cdots,s$，因此 $\boldsymbol{A\alpha}_1$，$\boldsymbol{A\alpha}_2$，…，$\boldsymbol{A\alpha}_s$ 线性相关(无论 $\boldsymbol{\alpha}_1$，$\boldsymbol{\alpha}_2$，…，$\boldsymbol{\alpha}_s$ 线性相关，还是线性无关)，故B、D、E项错误.

令 $\boldsymbol{A}=\boldsymbol{E}$，则 $\boldsymbol{A}\boldsymbol{\alpha}_i=\boldsymbol{\alpha}_i$，$i=1,2,\cdots,s$，当 $\boldsymbol{\alpha}_1,\boldsymbol{\alpha}_2,\cdots,\boldsymbol{\alpha}_s$ 线性无关时，有 $\boldsymbol{A}\boldsymbol{\alpha}_1,\boldsymbol{A}\boldsymbol{\alpha}_2,\cdots,\boldsymbol{A}\boldsymbol{\alpha}_s$ 线性无关，故 C 项错误．根据排除法，选择 A 项．

19. D

【解析】由 $\boldsymbol{A}$ 是 $n\times m$ 矩阵，$\boldsymbol{B}$ 是 $m\times n$ 矩阵，可得 $\boldsymbol{AB}$ 为 n 阶矩阵，则

$$m>n\geqslant R(\boldsymbol{A}_{n\times m})\geqslant R(\boldsymbol{AB})=R(\boldsymbol{E})=n,$$

故 $\boldsymbol{A}$ 的列向量组的秩小于列数，即 $\boldsymbol{A}$ 的列向量组线性相关，故(2)正确．

$$m>n\geqslant R(\boldsymbol{B}_{m\times n})\geqslant R(\boldsymbol{AB})=R(\boldsymbol{E})=n,$$

故 $\boldsymbol{B}$ 的行向量组的秩小于行数，即 $\boldsymbol{B}$ 的行向量组线性相关，故(4)正确．

综上，(2)、(4)正确，选择 D 项．

20. B

【解析】A 项：令 $\boldsymbol{A}=\begin{pmatrix}1&1\\0&0\end{pmatrix}$，$\boldsymbol{B}=\begin{pmatrix}1&0\\1&1\end{pmatrix}$，$\boldsymbol{C}=\begin{pmatrix}2&1\\0&0\end{pmatrix}$，则满足已知，但 $\boldsymbol{C}$ 的行向量组与 $\boldsymbol{A}$ 的行向量组不等价，故 A 项错误．

B 项：记 $\boldsymbol{A}=(\boldsymbol{\alpha}_1,\boldsymbol{\alpha}_2,\cdots,\boldsymbol{\alpha}_n)$，$\boldsymbol{C}=(\boldsymbol{\gamma}_1,\boldsymbol{\gamma}_2,\cdots,\boldsymbol{\gamma}_n)$，$\boldsymbol{B}=\begin{pmatrix}b_{11}&b_{12}&\cdots&b_{1n}\\b_{21}&b_{22}&\cdots&b_{2n}\\\vdots&\vdots&&\vdots\\b_{n1}&b_{n2}&\cdots&b_{nn}\end{pmatrix}$，则

$$\boldsymbol{AB}=(\boldsymbol{\alpha}_1,\boldsymbol{\alpha}_2,\cdots,\boldsymbol{\alpha}_n)\begin{pmatrix}b_{11}&b_{12}&\cdots&b_{1n}\\b_{21}&b_{22}&\cdots&b_{2n}\\\vdots&\vdots&&\vdots\\b_{n1}&b_{n2}&\cdots&b_{nn}\end{pmatrix}$$

$$=(b_{11}\boldsymbol{\alpha}_1+b_{21}\boldsymbol{\alpha}_2+\cdots+b_{n1}\boldsymbol{\alpha}_n,\cdots,b_{1n}\boldsymbol{\alpha}_1+b_{2n}\boldsymbol{\alpha}_2+\cdots+b_{nn}\boldsymbol{\alpha}_n)=\boldsymbol{C}=(\boldsymbol{\gamma}_1,\boldsymbol{\gamma}_2,\cdots,\boldsymbol{\gamma}_n).$$

即 $\boldsymbol{C}$ 的列向量组能由 $\boldsymbol{A}$ 的列向量组线性表示．

$\boldsymbol{AB}=\boldsymbol{C}$ 两边右乘 $\boldsymbol{B}^{-1}$ 得 $\boldsymbol{A}=\boldsymbol{CB}^{-1}$，同理得 $\boldsymbol{A}$ 的列向量组能由 $\boldsymbol{C}$ 的列向量组线性表示．

综上所述，$\boldsymbol{C}$ 的列向量组与 $\boldsymbol{A}$ 的列向量组等价，故 B 项正确．

C、D 项：令 $\boldsymbol{A}=\boldsymbol{C}=\boldsymbol{O}$，则满足已知，但 $R(\boldsymbol{C})=0\neq R(\boldsymbol{B})$，故二者的行(列)向量组不等价，则 C、D 项错误．

21. D

【解析】$\boldsymbol{\alpha}_1,\boldsymbol{\alpha}_2,\boldsymbol{\alpha}_3$ 是 $\boldsymbol{Ax}=\boldsymbol{0}$ 的一个基础解系$\Leftrightarrow\boldsymbol{\alpha}_1,\boldsymbol{\alpha}_2,\boldsymbol{\alpha}_3$ 满足“是解”“无关”和“个数$=n-R(\boldsymbol{A})$”，即 $\boldsymbol{A}\boldsymbol{\alpha}_i=\boldsymbol{0}$，$i=1,2,3$，$\boldsymbol{\alpha}_1,\boldsymbol{\alpha}_2,\boldsymbol{\alpha}_3$ 线性无关，$3=n-R(\boldsymbol{A})$．

$\boldsymbol{\alpha}_1+\boldsymbol{\alpha}_2$，$k_1\boldsymbol{\alpha}_2+\boldsymbol{\alpha}_3$，$k_2\boldsymbol{\alpha}_3+\boldsymbol{\alpha}_1$ 是 $\boldsymbol{Ax}=\boldsymbol{0}$ 的一个基础解系$\Leftrightarrow$该向量组满足“是解”“无关”和“个数$=n-R(\boldsymbol{A})$”．

由 $\boldsymbol{A}(\boldsymbol{\alpha}_1+\boldsymbol{\alpha}_2)=\boldsymbol{A}\boldsymbol{\alpha}_1+\boldsymbol{A}\boldsymbol{\alpha}_2=\boldsymbol{0}$，$\boldsymbol{A}(k_1\boldsymbol{\alpha}_2+\boldsymbol{\alpha}_3)=k_1\boldsymbol{A}\boldsymbol{\alpha}_2+\boldsymbol{A}\boldsymbol{\alpha}_3=\boldsymbol{0}$，$\boldsymbol{A}(k_2\boldsymbol{\alpha}_3+\boldsymbol{\alpha}_1)=k_2\boldsymbol{A}\boldsymbol{\alpha}_3+\boldsymbol{A}\boldsymbol{\alpha}_1=\boldsymbol{0}$，故该向量组满足“是解”；由该向量组含 $3=n-R(\boldsymbol{A})$ 个向量，故满足“个数$=n-R(\boldsymbol{A})$”，则该向量组为 $\boldsymbol{Ax}=\boldsymbol{0}$ 的基础解系$\Leftrightarrow$该向量组线性无关．

利用结论：设 $\boldsymbol{\alpha}_i,\boldsymbol{\beta}_i\,(i=1,2,\cdots,m)$ 均为 n 维列向量，$\boldsymbol{\alpha}_1,\boldsymbol{\alpha}_2,\cdots,\boldsymbol{\alpha}_m$ 线性无关，且 $(\boldsymbol{\beta}_1,\boldsymbol{\beta}_2,\cdots,\boldsymbol{\beta}_m)=(\boldsymbol{\alpha}_1,\boldsymbol{\alpha}_2,\cdots,\boldsymbol{\alpha}_m)\boldsymbol{C}$，则 $\boldsymbol{\beta}_1,\boldsymbol{\beta}_2,\cdots,\boldsymbol{\beta}_m$ 线性无关(线性相关)$\Leftrightarrow|\boldsymbol{C}|\neq$

$0(|\boldsymbol{C}|=0)$．由于 $(\boldsymbol{\alpha}_1+\boldsymbol{\alpha}_2,\ k_1\boldsymbol{\alpha}_2+\boldsymbol{\alpha}_3,\ k_2\boldsymbol{\alpha}_3+\boldsymbol{\alpha}_1)=(\boldsymbol{\alpha}_1,\ \boldsymbol{\alpha}_2,\ \boldsymbol{\alpha}_3)\begin{pmatrix}1&0&1\\1&k_1&0\\0&1&k_2\end{pmatrix}$，又

$\begin{vmatrix}1&0&1\\1&k_1&0\\0&1&k_2\end{vmatrix}=\begin{vmatrix}1&0&1\\0&k_1&-1\\0&1&k_2\end{vmatrix}=k_1k_2+1$，故 $\boldsymbol{\alpha}_1+\boldsymbol{\alpha}_2$，$k_1\boldsymbol{\alpha}_2+\boldsymbol{\alpha}_3$，$k_2\boldsymbol{\alpha}_3+\boldsymbol{\alpha}_1$ 也是该方程组的一个基础解系的充要条件为 $k_1k_2+1\neq0$，即 $k_1k_2\neq-1$.

22. D

【解析】$\boldsymbol{Ax}=\boldsymbol{\beta}$ 的通解为 $\boldsymbol{Ax}=\boldsymbol{0}$ 的通解$+\boldsymbol{Ax}=\boldsymbol{\beta}$ 的特解．

$\boldsymbol{\eta}_1$，$\boldsymbol{\eta}_2$，$\boldsymbol{\eta}_3$ 是 $\boldsymbol{Ax}=\boldsymbol{\beta}$ 的 3 个线性无关的解，即 $\boldsymbol{A\eta}_i=\boldsymbol{\beta}$，$i=1,\ 2,\ 3$，故 $\boldsymbol{A}\left(\frac{\boldsymbol{\eta}_2-\boldsymbol{\eta}_3}{2}\right)=\frac{1}{2}(\boldsymbol{A\eta}_2-\boldsymbol{A\eta}_3)=\boldsymbol{0}$，即 $\frac{\boldsymbol{\eta}_2-\boldsymbol{\eta}_3}{2}$ 不是 $\boldsymbol{Ax}=\boldsymbol{\beta}$ 的特解，故 B、E 项错误．

A、C、D 项的差异仅在 $\boldsymbol{Ax}=\boldsymbol{0}$ 的通解(含 k_1，k_2 的项)，故先求 $n-R(\boldsymbol{A})$.

由 $\boldsymbol{Ax}=\boldsymbol{\beta}$ 至少有 3 个线性无关的解，可得 $\boldsymbol{Ax}=\boldsymbol{0}$ 至少有 2 个线性无关的解，故 $n-R(\boldsymbol{A})\geqslant2$，即 $\boldsymbol{Ax}=\boldsymbol{0}$ 的基础解系中至少包括 2 个向量，故 A、C 项错误．根据排除法选 D 项．

【注意】①"由 $\boldsymbol{Ax}=\boldsymbol{\beta}$ 至少有 3 个线性无关的解，可得 $\boldsymbol{Ax}=\boldsymbol{0}$ 至少有 2 个线性无关的解"的证明过程如下：

设 $\boldsymbol{\eta}_1$，$\boldsymbol{\eta}_2$，$\boldsymbol{\eta}_3$ 是 $\boldsymbol{Ax}=\boldsymbol{\beta}$ 的 3 个线性无关的解，即 $\boldsymbol{A\eta}_i=\boldsymbol{\beta}$，$i=1,\ 2,\ 3$，故 $\boldsymbol{A}(\boldsymbol{\eta}_2-\boldsymbol{\eta}_1)=\boldsymbol{0}$，$\boldsymbol{A}(\boldsymbol{\eta}_3-\boldsymbol{\eta}_1)=\boldsymbol{0}$，即 $\boldsymbol{\eta}_2-\boldsymbol{\eta}_1$ 与 $\boldsymbol{\eta}_3-\boldsymbol{\eta}_1$ 为 $\boldsymbol{Ax}=\boldsymbol{0}$ 的解．

由 $k_1(\boldsymbol{\eta}_2-\boldsymbol{\eta}_1)+k_2(\boldsymbol{\eta}_3-\boldsymbol{\eta}_1)=\boldsymbol{0}$，得 $(-k_1-k_2)\boldsymbol{\eta}_1+k_1\boldsymbol{\eta}_2+k_2\boldsymbol{\eta}_3=\boldsymbol{0}$，由 $\boldsymbol{\eta}_1$，$\boldsymbol{\eta}_2$，$\boldsymbol{\eta}_3$ 线性无关，得 $-k_1-k_2=k_1=k_2=0$，故 $\boldsymbol{\eta}_2-\boldsymbol{\eta}_1$ 与 $\boldsymbol{\eta}_3-\boldsymbol{\eta}_1$ 线性无关．

上述证明过程中没有用到 $\boldsymbol{\eta}_3-\boldsymbol{\eta}_2$，是因为 $\boldsymbol{\eta}_3-\boldsymbol{\eta}_2$ 能由 $\boldsymbol{\eta}_2-\boldsymbol{\eta}_1$，$\boldsymbol{\eta}_3-\boldsymbol{\eta}_1$ 线性表示：$\boldsymbol{\eta}_3-\boldsymbol{\eta}_2=\boldsymbol{\eta}_3-\boldsymbol{\eta}_1-(\boldsymbol{\eta}_2-\boldsymbol{\eta}_1)$，因此 $\boldsymbol{\eta}_2-\boldsymbol{\eta}_1$，$\boldsymbol{\eta}_3-\boldsymbol{\eta}_1$，$\boldsymbol{\eta}_3-\boldsymbol{\eta}_2$ 线性相关．

②本题也可求出 $R(\boldsymbol{A})$：由 $n-R(\boldsymbol{A})=3-R(\boldsymbol{A})\geqslant2$ 得 $R(\boldsymbol{A})\leqslant1$，即 $R(\boldsymbol{A})=0$ 或 1. 若 $R(\boldsymbol{A})=0$，则 $\boldsymbol{A}=\boldsymbol{O}$，代入 $\boldsymbol{Ax}=\boldsymbol{\beta}$ 得 $\boldsymbol{0}=\boldsymbol{\beta}$，与已知条件 $\boldsymbol{Ax}=\boldsymbol{\beta}$ 为非齐次线性方程组矛盾，故 $R(\boldsymbol{A})=1$.

23. C

【解析】$\boldsymbol{Ax}=\boldsymbol{b}$ 的通解为 $\boldsymbol{Ax}=\boldsymbol{0}$ 的通解$+\boldsymbol{Ax}=\boldsymbol{b}$ 的特解．

由 $R(\boldsymbol{A})=3$，故 $\boldsymbol{Ax}=\boldsymbol{0}$ 的 $n-R(\boldsymbol{A})=4-3=1$ 个线性无关的解为基础解系．

由 $\boldsymbol{\alpha}_1$，$\boldsymbol{\alpha}_2$，$\boldsymbol{\alpha}_3$ 是 $\boldsymbol{Ax}=\boldsymbol{b}$ 的解向量得 $\boldsymbol{A\alpha}_i=\boldsymbol{b}$，$i=1,\ 2,\ 3$，故 $\boldsymbol{A}[2\boldsymbol{\alpha}_1-(\boldsymbol{\alpha}_2+\boldsymbol{\alpha}_3)]=\boldsymbol{0}$，因此 $2\boldsymbol{\alpha}_1-(\boldsymbol{\alpha}_2+\boldsymbol{\alpha}_3)=2(1,\ 2,\ 3,\ 4)^{\mathrm{T}}-(0,\ 1,\ 2,\ 3)^{\mathrm{T}}=(2,\ 3,\ 4,\ 5)^{\mathrm{T}}$ 为基础解系，又 $\boldsymbol{\alpha}_1=(1,\ 2,\ 3,\ 4)^{\mathrm{T}}$ 为 $\boldsymbol{Ax}=\boldsymbol{b}$ 的特解，故 $\boldsymbol{Ax}=\boldsymbol{b}$ 的通解为 $(1,\ 2,\ 3,\ 4)^{\mathrm{T}}+C(2,\ 3,\ 4,\ 5)^{\mathrm{T}}$.

第4节 延伸题型

题型13 两向量组的线性表示问题

【方法点拨】

下面按列向量组的情形叙述相关结论，行向量组的情形可对各向量取转置后转化为列向量组．

设 n 维列向量组(Ⅰ)：$\boldsymbol{\alpha}_1$，$\boldsymbol{\alpha}_2$，…，$\boldsymbol{\alpha}_s$ 构成的矩阵为 $\boldsymbol{A}=(\boldsymbol{\alpha}_1, \boldsymbol{\alpha}_2, \cdots, \boldsymbol{\alpha}_s)$，$n$ 维列向量组(Ⅱ)：$\boldsymbol{\beta}_1$，$\boldsymbol{\beta}_2$，…，$\boldsymbol{\beta}_t$ 构成的矩阵为 $\boldsymbol{B}=(\boldsymbol{\beta}_1, \boldsymbol{\beta}_2, \cdots, \boldsymbol{\beta}_t)$，则

①向量组(Ⅱ)能由(Ⅰ)线性表示⇔任意(Ⅱ)中的向量 $\boldsymbol{\beta}_j(j=1, 2, \cdots, t)$ 能由(Ⅰ)线性表示⇔方程组 $\boldsymbol{Ax}=\boldsymbol{\beta}_j(j=1, 2, \cdots, t)$ 均有解⇔矩阵方程 $\boldsymbol{AX}=\boldsymbol{B}$ 有解⇔$R(\boldsymbol{A})=R(\boldsymbol{A}, \boldsymbol{B})$．

②向量组(Ⅱ)不能由(Ⅰ)线性表示⇔存在 $\boldsymbol{\beta}_j$ 不能由(Ⅰ)线性表示⇔存在 $\boldsymbol{\beta}_j$，使方程组 $\boldsymbol{Ax}=\boldsymbol{\beta}_j$ 无解⇔矩阵方程 $\boldsymbol{AX}=\boldsymbol{B}$ 无解⇔$R(\boldsymbol{A})\neq R(\boldsymbol{A}, \boldsymbol{B})$．

③向量组(Ⅰ)与(Ⅱ)等价⇔两向量组能相互线性表示⇔任意 $\boldsymbol{\alpha}_i$ 能由(Ⅱ)线性表示且任意 $\boldsymbol{\beta}_j$ 能由(Ⅰ)线性表示⇔对任意 $\boldsymbol{\alpha}_i$，$\boldsymbol{\beta}_j$，方程组 $\boldsymbol{Ax}=\boldsymbol{\beta}_j$ 和 $\boldsymbol{By}=\boldsymbol{\alpha}_i$ 均有解⇔矩阵方程 $\boldsymbol{AX}=\boldsymbol{B}$ 和 $\boldsymbol{BY}=\boldsymbol{A}$ 均有解⇔$R(\boldsymbol{A})=R(\boldsymbol{B})=R(\boldsymbol{A}, \boldsymbol{B})$，其中 $i=1, 2, \cdots, s$；$j=1, 2, \cdots, t$．

两向量组的线性表示问题分成两种类型：抽象型和具体型．

对于抽象型问题，利用上述结论证明命题为真，或举反例证明命题为假．

对于具体型问题，利用上述结论将两向量组的线性表示问题，转化为若干个线性方程组解的判定问题(或矩阵方程解的判定问题)，从而用秩或行列式求解．线性方程组(或矩阵方程)解的判定定理详见本章第3节相应题型的“方法点拨”．

例23 设向量组 $\boldsymbol{\alpha}_1=(1, 1, 2)^{\mathrm{T}}$，$\boldsymbol{\alpha}_2=(1, 2, 3)^{\mathrm{T}}$，$\boldsymbol{\alpha}_3=(3, 4, a)^{\mathrm{T}}$ 能由向量组 $\boldsymbol{\beta}_1=(1, 0, 1)^{\mathrm{T}}$，$\boldsymbol{\beta}_2=(0, 1, 1)^{\mathrm{T}}$，$\boldsymbol{\beta}_3=(1, 3, 4)^{\mathrm{T}}$ 线性表示，则 a 的值为(　　)．

A. 1　　B. 3　　C. 5　　D. 7　　E. 9

【思路】本题已知两个具体型向量组的线性表示关系，求参数，故用秩或行列式求解．由于对应的矩阵方程 $(\boldsymbol{\beta}_1, \boldsymbol{\beta}_2, \boldsymbol{\beta}_3)\boldsymbol{X}=(\boldsymbol{\alpha}_1, \boldsymbol{\alpha}_2, \boldsymbol{\alpha}_3)$ 的系数矩阵 $(\boldsymbol{\beta}_1, \boldsymbol{\beta}_2, \boldsymbol{\beta}_3)$ 不含参数，故选用秩求解．

【解析】$\boldsymbol{\alpha}_1$，$\boldsymbol{\alpha}_2$，$\boldsymbol{\alpha}_3$ 能由 $\boldsymbol{\beta}_1$，$\boldsymbol{\beta}_2$，$\boldsymbol{\beta}_3$ 线性表示⇔$(\boldsymbol{\beta}_1, \boldsymbol{\beta}_2, \boldsymbol{\beta}_3)\boldsymbol{X}=(\boldsymbol{\alpha}_1, \boldsymbol{\alpha}_2, \boldsymbol{\alpha}_3)$ 有解⇔ $R(\boldsymbol{\beta}_1, \boldsymbol{\beta}_2, \boldsymbol{\beta}_3)=R(\boldsymbol{\beta}_1, \boldsymbol{\beta}_2, \boldsymbol{\beta}_3, \boldsymbol{\alpha}_1, \boldsymbol{\alpha}_2, \boldsymbol{\alpha}_3)$．又 $(\boldsymbol{\beta}_1, \boldsymbol{\beta}_2, \boldsymbol{\beta}_3, \boldsymbol{\alpha}_1, \boldsymbol{\alpha}_2, \boldsymbol{\alpha}_3)=\begin{pmatrix}1&0&1&1&1&3\\0&1&3&1&2&4\\1&1&4&2&3&a\end{pmatrix}\sim$ $\begin{pmatrix}1&0&1&1&1&3\\0&1&3&1&2&4\\0&0&0&0&0&a-7\end{pmatrix}$，故 $a-7=0$，即 $a=7$．

【答案】D

例 24　设 $n\times 3$ 矩阵 $\boldsymbol{A}=(\boldsymbol{\alpha}_1,\boldsymbol{\alpha}_2,\boldsymbol{\alpha}_3)$，其中 $\boldsymbol{\alpha}_i(i=1,2,3)$ 为 $\boldsymbol{A}$ 的列向量，$n\times 4$ 矩阵 $\boldsymbol{B}=(\boldsymbol{\beta}_1,\boldsymbol{\beta}_2,\boldsymbol{\beta}_3,\boldsymbol{\beta}_4)$，其中 $\boldsymbol{\beta}_j(j=1,2,3,4)$ 为 $\boldsymbol{B}$ 的列向量，若 $\boldsymbol{A}$，$\boldsymbol{B}$ 的列向量组不等价，则下列结论中，正确的个数为(　　).

(1)$R(\boldsymbol{A})\neq R(\boldsymbol{B})$；(2)$R(\boldsymbol{A})\neq R(\boldsymbol{A},\boldsymbol{B})$；(3)矩阵方程 $\boldsymbol{AX}=\boldsymbol{B}$ 无解；(4)存在 $\boldsymbol{\beta}_j$，使方程组 $\boldsymbol{Ax}=\boldsymbol{\beta}_j$ 无解；(5)矩阵 $\boldsymbol{A}$，$\boldsymbol{B}$ 不等价.

A. 0　　B. 1　　C. 2　　D. 3　　E. 4

【思路】本题已知两个列向量组不等价，要判断该条件与秩、矩阵方程、线性方程组的关系，故对于每个结论，通过推理证明其正确，或举反例证明其错误.

【解析】由向量组等价的充要条件，可得出向量组不等价的充要条件：

$\boldsymbol{A}$，$\boldsymbol{B}$ 的列向量组不等价$\Leftrightarrow R(\boldsymbol{A})=R(\boldsymbol{B})=R(\boldsymbol{A},\boldsymbol{B})$不成立$\Leftrightarrow \boldsymbol{AX}=\boldsymbol{B}$ 无解或 $\boldsymbol{BY}=\boldsymbol{A}$ 无解$\Leftrightarrow$存在 $\boldsymbol{\beta}_j$，使 $\boldsymbol{Ax}=\boldsymbol{\beta}_j$ 无解或存在 $\boldsymbol{\alpha}_i$，使 $\boldsymbol{By}=\boldsymbol{\alpha}_i$ 无解，其中 $R(\boldsymbol{A})=R(\boldsymbol{B})=R(\boldsymbol{A},\boldsymbol{B})$ 不成立包括三种情况：$R(\boldsymbol{A})=R(\boldsymbol{B})\neq R(\boldsymbol{A},\boldsymbol{B})$，$R(\boldsymbol{A})\neq R(\boldsymbol{B})=R(\boldsymbol{A},\boldsymbol{B})$，$R(\boldsymbol{B})\neq R(\boldsymbol{A})=R(\boldsymbol{A},\boldsymbol{B})$. 据此可对(1)～(4)举反例如下：

令 $\boldsymbol{\alpha}_1=(1,0)^{\mathrm{T}}$，$\boldsymbol{\beta}_1=(0,1)^{\mathrm{T}}$，$\boldsymbol{\alpha}_i=\boldsymbol{\beta}_j=(0,0)^{\mathrm{T}}(i=2,3;j=2,3,4)$，则满足已知条件中的 $\boldsymbol{A}$，$\boldsymbol{B}$ 的列向量组不等价，但 $R(\boldsymbol{A})=R(\boldsymbol{B})=1$，故(1)错误.

令 $\boldsymbol{\alpha}_1=(1,0)^{\mathrm{T}}$，$\boldsymbol{\alpha}_i=\boldsymbol{\beta}_j=(0,0)^{\mathrm{T}}(i=2,3;j=1,2,3,4)$，则满足已知条件中的 $\boldsymbol{A}$，$\boldsymbol{B}$ 的列向量组不等价，但 $R(\boldsymbol{A})=R(\boldsymbol{A},\boldsymbol{B})=1$，$\boldsymbol{AX}=\boldsymbol{B}$ 有解，对任意 $\boldsymbol{\beta}_j$，$\boldsymbol{Ax}=\boldsymbol{\beta}_j$ 有解，故(2)、(3)、(4)错误.

(5)：由于矩阵 $\boldsymbol{A}$，$\boldsymbol{B}$ 不同型，因此 $\boldsymbol{A}$，$\boldsymbol{B}$ 不等价，故(5)正确.

【答案】B

题型 14　其他类型的矩阵方程问题

【方法点拨】

(1)其他类型的矩阵方程解的判定.

方程 $\boldsymbol{AX}_{2\times 2}+\boldsymbol{XA}=\boldsymbol{B}$，由于不易转化为 $\boldsymbol{A}_1\boldsymbol{X}=\boldsymbol{B}_1$ 或 $\boldsymbol{A}_1\boldsymbol{X}=\boldsymbol{O}$，因此用不了这两种矩阵方程解的判定定理. 设 $\boldsymbol{X}=\begin{pmatrix}x_1 & x_2\\ x_3 & x_4\end{pmatrix}$，代入原矩阵方程中，化简后得到以 x_1，x_2，x_3，x_4 为未知数的线性方程组解的判定问题. 见例 25.

(2)其他类型的矩阵方程求解.

对于不能用逆矩阵求解的矩阵方程，可通过设元素或列向量的方式，转化为线性方程组的通解问题. 如

①方程 $\boldsymbol{AX}_{2\times 2}+\boldsymbol{XA}=\boldsymbol{B}$，设 $\boldsymbol{X}=\begin{pmatrix}x_1 & x_2\\ x_3 & x_4\end{pmatrix}$，代入原矩阵方程中，化简后得到以 x_1，x_2，x_3，x_4 为未知数的线性方程组通解问题.

②方程 $\boldsymbol{A}_{2\times 3}\boldsymbol{X}_{3\times 2}=\boldsymbol{B}$，设 $\boldsymbol{X}=(\boldsymbol{x}_1,\boldsymbol{x}_2)$，$\boldsymbol{B}=(\boldsymbol{b}_1,\boldsymbol{b}_2)$，则

$\boldsymbol{A}_{2\times 3}\boldsymbol{X}_{3\times 2}=\boldsymbol{B}\Leftrightarrow \boldsymbol{A}(\boldsymbol{x}_1,\boldsymbol{x}_2)=(\boldsymbol{b}_1,\boldsymbol{b}_2)\Leftrightarrow(\boldsymbol{Ax}_1,\boldsymbol{Ax}_2)=(\boldsymbol{b}_1,\boldsymbol{b}_2)\Leftrightarrow \boldsymbol{Ax}_1=\boldsymbol{b}_1$ 且 $\boldsymbol{Ax}_2=\boldsymbol{b}_2$.

注意：若 $\boldsymbol{X}$ 的元素数不超过 4，则设元素，否则设列向量.

例 25 设$A=\begin{pmatrix}1&a\\1&0\end{pmatrix}$，$B=\begin{pmatrix}0&1\\1&0\end{pmatrix}$，若存在矩阵$C$使得$AC-CA=B$，则$a=$( ).

A. -2　　B. -1　　C. 0　　D. 1　　E. 2

【思路】本题的矩阵方程用不了针对$AX=B$或$AX=O$的解的判定定理，故通过设出矩阵C的元素x_1，x_2，x_3，x_4，转化为关于x_1，x_2，x_3，x_4的线性方程组解的判定问题.

【解析】设$C=\begin{pmatrix}x_1&x_2\\x_3&x_4\end{pmatrix}$，则$\begin{pmatrix}1&a\\1&0\end{pmatrix}\begin{pmatrix}x_1&x_2\\x_3&x_4\end{pmatrix}-\begin{pmatrix}x_1&x_2\\x_3&x_4\end{pmatrix}\begin{pmatrix}1&a\\1&0\end{pmatrix}=\begin{pmatrix}0&1\\1&0\end{pmatrix}$，故

$$\begin{pmatrix}x_1+ax_3&x_2+ax_4\\x_1&x_2\end{pmatrix}-\begin{pmatrix}x_1+x_2&ax_1\\x_3+x_4&ax_3\end{pmatrix}=\begin{pmatrix}-x_2+ax_3&-ax_1+x_2+ax_4\\x_1-x_3-x_4&x_2-ax_3\end{pmatrix}=\begin{pmatrix}0&1\\1&0\end{pmatrix},$$

故$\begin{cases}-x_2+ax_3=0,\\-ax_1+x_2+ax_4=1,\\x_1-x_3-x_4=1,\\x_2-ax_3=0,\end{cases}$记该线性方程组为$A_1x=b$，则存在矩阵$C$使得$AC-CA=B\Leftrightarrow A_1x=b$有解$\Leftrightarrow R(A_1)=R(A_1,b)$，则

$$(A_1,b)=\begin{bmatrix}0&-1&a&0&0\\-a&1&0&a&1\\1&0&-1&-1&1\\0&1&-a&0&0\end{bmatrix}\sim\begin{bmatrix}1&0&-1&-1&1\\0&-1&a&0&0\\0&0&0&0&1+a\\0&0&0&0&0\end{bmatrix},$$

要使$R(A_1)=R(A_1,b)$，则$1+a=0$，故$a=-1$.

【答案】B

例 26 设$A=\begin{pmatrix}1&-2&3\\0&1&-1\end{pmatrix}$，$E$为二阶单位矩阵，$k_1$，$k_2\in\mathbf{R}$，则满足$AB=E$的所有矩阵$B=$( ).

A. $\begin{pmatrix}-k_1+1&-k_2+1\\k_1&k_2\\k_1&k_2\end{pmatrix}$　　B. $\begin{pmatrix}-k_1+1&-k_2+1\\k_1&k_2+1\\k_1&k_2\end{pmatrix}$　　C. $\begin{pmatrix}-k_1+1&-k_2+2\\k_1&k_2\\k_1&k_2\end{pmatrix}$

D. $\begin{pmatrix}-k_1+1&-k_2+2\\k_1&k_2+1\\k_1&k_2\end{pmatrix}$　　E. $\begin{pmatrix}-k_1+1&-k_2+1\\k_1&k_2+2\\k_1&k_2\end{pmatrix}$

【思路】本题的矩阵方程不能用逆矩阵求解，故通过设列向量，转化为线性方程组的通解问题.

【解析】设$B=(x_1,x_2)$，$E=(b_1,b_2)$，则$AB=E\Leftrightarrow A(x_1,x_2)=(b_1,b_2)\Leftrightarrow(Ax_1,Ax_2)=(b_1,b_2)\Leftrightarrow Ax_1=b_1$且$Ax_2=b_2$.

由$(A,b_1,b_2)=\begin{pmatrix}1&-2&3&1&0\\0&1&-1&0&1\end{pmatrix}\sim\begin{pmatrix}1&0&1&1&2\\0&1&-1&0&1\end{pmatrix}$，对应的齐次线性方程组为$\begin{cases}x_1+x_3=0,\\x_2-x_3=0,\end{cases}$令$x_3=1$，得基础解系为$(-1,1,1)^T$.

对应的两个非齐次线性方程组为$\begin{cases}x_1+x_3=1,\\x_2-x_3=0\end{cases}$和$\begin{cases}x_1+x_3=2,\\x_2-x_3=1,\end{cases}$令$x_3=0$，得两个特解为$(1,0,0)^T$和$(2,1,0)^T$，故$Ax_1=b_1$的通解为$x_1=k_1(-1,1,1)^T+(1,0,0)^T=(-k_1+1,k_1,k_1)^T$，

$Ax_2=b_2$ 的通解为 $x_2=k_2(-1,1,1)^T+(2,1,0)^T=(-k_2+2,k_2+1,k_2)^T$.

故满足 $AB=E$ 的所有矩阵 $B=\begin{bmatrix}-k_1+1 & -k_2+2\\ k_1 & k_2+1\\ k_1 & k_2\end{bmatrix}$，$k_1$，$k_2\in\mathbf{R}$.

【答案】D

题型 15 抽象型线性方程组解的判定

【方法点拨】

(1)掌握线性方程组解的判定定理和秩的性质，其中矩阵秩的性质见第 5 章第 1 节，向量组秩的性质见第 6 章第 1 节.

(2)通过推理证明结论正确，或举反例证明结论错误.

例 27 设 A 是 $m\times n$ 矩阵，B 是 $n\times m$ 矩阵，则线性方程组 $(AB)x=0$(　　).

A. 当 $n>m$ 时仅有零解

B. 当 $n>m$ 时必有非零解

C. 当 $m>n$ 时仅有零解

D. 当 $m>n$ 时必有非零解

E. 以上均不成立

【思路】本题判断抽象型线性方程组解的情况，故用判定定理和秩的性质分析.

【解析】由 A 是 $m\times n$ 矩阵，B 是 $n\times m$ 矩阵，可得 AB 为 $m\times m$ 矩阵.

当 $m>n$ 时，$R(AB)\leqslant R(A)\leqslant n<m$，故 $(AB)x=0$ 必有非零解.

【注意】$(AB)x=0$ 是否有非零解取决于 $R(AB)$ 与 m(而不是 n，因为未知数的个数等于系数矩阵 AB 的列数 m，但不一定等于 n)的关系. 当 $n>m$ 时，$R(AB)\leqslant R(A)\leqslant m<n$，此时无法确定是 $R(AB)<m$，还是 $R(AB)=m$，因此无法判断 $(AB)x=0$ 是否有非零解.

【答案】D

例 28 设 A 是 n 阶矩阵，α 是 n 维列向量. 若 $R\begin{pmatrix}A & \alpha\\ \alpha^T & 0\end{pmatrix}=R(A)$，则线性方程组(　　).

A. $AX=\alpha$ 必有无穷多解

B. $AX=\alpha$ 必有唯一解

C. $\begin{pmatrix}A & \alpha\\ \alpha^T & 0\end{pmatrix}\begin{pmatrix}X\\ y\end{pmatrix}=0$ 仅有零解

D. $\begin{pmatrix}A & \alpha\\ \alpha^T & 0\end{pmatrix}\begin{pmatrix}X\\ y\end{pmatrix}=0$ 必有非零解

E. 以上均不成立

【思路】本题为判断抽象型线性方程组解的情况，故运用判定定理和秩的性质分析. 通过举反例排除干扰项，通过推理证明结论正确.

【解析】由 $R(A)\leqslant R(A,\alpha)\leqslant R\begin{pmatrix}A & \alpha\\ \alpha^T & 0\end{pmatrix}=R(A)$ 得 $R(A)=R(A,\alpha)$，故 $AX=\alpha$ 有解，但无法确定是有无穷多解，还是有唯一解. 如令 $A=O$，$\alpha=0$，则满足已知，此时 $AX=\alpha$ 有无穷多解；令 $A=E$，$\alpha=0$，则满足已知，此时 $AX=\alpha$ 有唯一解，故 A、B 项错误.

由 $R\begin{pmatrix}A & \alpha\\ \alpha^T & 0\end{pmatrix}=R(A)\leqslant n<n+1$ 得 $\begin{pmatrix}A & \alpha\\ \alpha^T & 0\end{pmatrix}\begin{pmatrix}X\\ y\end{pmatrix}=0$ 必有非零解，故 C 项错误，D 项正确.

【答案】D

题型 16 秩的综合应用

【方法点拨】

(1)若 $\boldsymbol{A}$，$\boldsymbol{B}$ 均为 $m\times n$ 矩阵，则 $R(\boldsymbol{A}+\boldsymbol{B})\leqslant R(\boldsymbol{A})+R(\boldsymbol{B})$.

(2)若 $\boldsymbol{A}$ 为 $m\times n$ 矩阵，$\boldsymbol{B}$ 为 $n\times k$ 矩阵，且 $\boldsymbol{AB}=\boldsymbol{O}$，则 $R(\boldsymbol{A})+R(\boldsymbol{B})\leqslant n$，且 $\boldsymbol{B}$ 的列向量均为 $\boldsymbol{Ax}=\boldsymbol{0}$ 的解.

(3)若 $\boldsymbol{A}$ 为 $n(n\geqslant 2)$ 阶方阵，则 $R(\boldsymbol{A}^*)=\begin{cases}n, & R(\boldsymbol{A})=n,\\ 1, & R(\boldsymbol{A})=n-1,\\ 0, & R(\boldsymbol{A})\leqslant n-2.\end{cases}$

(4)判断一个具体型向量组的部分组能否作为最大无关组：

①先通过初等行变换求出该向量组的秩 r(设 $r>0$)；

②若该部分组所含向量数不为 r，则不为最大无关组；否则判断部分组的线性相关性，若相关，则不为最大无关组，否则可作为最大无关组.

注意：上述步骤的依据是最大无关组的定义和结论"设向量组的秩为 $r(r>0)$，则其任意含 r 个向量的线性无关部分组均为最大无关组".

例 29 设 $\boldsymbol{\alpha}$，$\boldsymbol{\beta}$ 是三维列向量，则下列结论中正确的有(　　)个.

(1)$R(\boldsymbol{\alpha\alpha}^{\mathrm{T}})=1$；(2)$R(\boldsymbol{\alpha\alpha}^{\mathrm{T}})=3$；(3)$R(\boldsymbol{\alpha\alpha}^{\mathrm{T}}+\boldsymbol{\beta\beta}^{\mathrm{T}})\leqslant 2$；

(4)若 $\boldsymbol{\alpha}$，$\boldsymbol{\beta}$ 线性相关，则 $R(\boldsymbol{\alpha\alpha}^{\mathrm{T}}+\boldsymbol{\beta\beta}^{\mathrm{T}})\leqslant 1$.

A. 0　　B. 1　　C. 2　　D. 3　　E. 4

【思路】本题需判断抽象型矩阵的秩，故用秩的相关公式或举反例分析.

【解析】令 $\boldsymbol{\alpha}=\boldsymbol{0}$ 得 $R(\boldsymbol{\alpha\alpha}^{\mathrm{T}})=R(\boldsymbol{O})=0$，故(1)、(2)错误.

由 $R(\boldsymbol{AB})\leqslant\min\{R(\boldsymbol{A}),R(\boldsymbol{B})\}$和 $R(\boldsymbol{A}_{m\times n})\leqslant\min\{m,n\}$，可得 $R(\boldsymbol{\alpha\alpha}^{\mathrm{T}})\leqslant R(\boldsymbol{\alpha})\leqslant 1$，同理 $R(\boldsymbol{\beta\beta}^{\mathrm{T}})\leqslant 1$；由$R(\boldsymbol{A}+\boldsymbol{B})\leqslant R(\boldsymbol{A})+R(\boldsymbol{B})$，可得 $R(\boldsymbol{\alpha\alpha}^{\mathrm{T}}+\boldsymbol{\beta\beta}^{\mathrm{T}})\leqslant R(\boldsymbol{\alpha\alpha}^{\mathrm{T}})+R(\boldsymbol{\beta\beta}^{\mathrm{T}})\leqslant 1+1=2$，故(3)正确.

当 $\boldsymbol{\alpha}$，$\boldsymbol{\beta}$ 线性相关时，不妨设 $\boldsymbol{\beta}=k\boldsymbol{\alpha}$(其中 k 为常数)，则

$$R(\boldsymbol{\alpha\alpha}^{\mathrm{T}}+\boldsymbol{\beta\beta}^{\mathrm{T}})=R(\boldsymbol{\alpha\alpha}^{\mathrm{T}}+k^2\boldsymbol{\alpha\alpha}^{\mathrm{T}})=R((1+k^2)\boldsymbol{\alpha\alpha}^{\mathrm{T}})\leqslant R(\boldsymbol{\alpha})\leqslant 1,$$

故(4)正确.

综上，正确的结论有 2 个.

【答案】C

例 30 设 $\boldsymbol{A}=\begin{pmatrix}1 & 2 & -2\\ 4 & t & 3\\ 3 & -1 & 1\end{pmatrix}$，$\boldsymbol{B}$ 为三阶非零矩阵，且 $\boldsymbol{AB}=\boldsymbol{O}$，则 $t=$(　　).

A. -6　　B. -3　　C. 0　　D. 3　　E. 6

【思路】本题已知 $\boldsymbol{AB}=\boldsymbol{O}$，可用秩或线性方程组求解.

【解析】方法一：用秩求解.

由 $\boldsymbol{AB}=\boldsymbol{O}$ 得 $R(\boldsymbol{A})+R(\boldsymbol{B})\leqslant 3$，又 $\boldsymbol{B}\neq\boldsymbol{O}$，故 $R(\boldsymbol{B})\geqslant 1$，进而 $R(\boldsymbol{A})\leqslant 2$，故 $|\boldsymbol{A}|=0$，由

$|\boldsymbol{A}|=\begin{vmatrix}1 & 2 & -2\\ 4 & t & 3\\ 3 & -1 & 1\end{vmatrix}=\begin{vmatrix}1 & 0 & -2\\ 4 & t+3 & 3\\ 3 & 0 & 1\end{vmatrix}=7(t+3)$，故 $7(t+3)=0$，即 $t=-3$.

方法二：用线性方程组求解．

由 $\boldsymbol{AB}=\boldsymbol{O}$ 得 $\boldsymbol{B}$ 的列向量均为 $\boldsymbol{Ax}=\boldsymbol{0}$ 的解，又 $\boldsymbol{B}\neq\boldsymbol{O}$，故 $\boldsymbol{B}$ 有非零的列向量，进而 $\boldsymbol{Ax}=\boldsymbol{0}$ 有非零解，故 $|\boldsymbol{A}|=0$，剩余步骤同方法一．

【答案】B

例 31　设三阶矩阵 $\boldsymbol{A}=\begin{pmatrix} a & b & b \\ b & a & b \\ b & b & a \end{pmatrix}$，若 $\boldsymbol{A}$ 的伴随矩阵的秩等于 1，则必有（　　）.

A. $a=b$ 且 $a+2b=0$　　B. $a=b$ 且 $a+2b\neq0$　　C. $a\neq b$ 且 $a+2b=0$
D. $a\neq b$ 且 $a+2b\neq0$　　E. $a=b$ 或 $a+2b\neq0$

【思路】本题已知 $R(\boldsymbol{A}^*)$，可由 $R(\boldsymbol{A})$ 与 $R(\boldsymbol{A}^*)$ 的关系得出 $R(\boldsymbol{A})$，再求 a，b 满足的条件．

【解析】$R(\boldsymbol{A}^*)=\begin{cases} n, & R(\boldsymbol{A})=n, \\ 1, & R(\boldsymbol{A})=n-1, \\ 0, & R(\boldsymbol{A})\leqslant n-2, \end{cases}$ 故 $R(\boldsymbol{A})=n-1=2$，则 $|\boldsymbol{A}|=0$，即

$$|\boldsymbol{A}|=\begin{vmatrix} a & b & b \\ b & a & b \\ b & b & a \end{vmatrix}=(a+2b)\begin{vmatrix} 1 & 1 & 1 \\ 0 & a-b & 0 \\ 0 & 0 & a-b \end{vmatrix}=(a+2b)(a-b)^2=0,$$

解得 $a=b$ 或 $a+2b=0$.

当 $a=b$ 时，$R(\boldsymbol{A})=R\begin{pmatrix} a & a & a \\ a & a & a \\ a & a & a \end{pmatrix}\leqslant1\neq2$，不符合题意．

当 $a\neq b$ 且 $a+2b=0$ 时，$\boldsymbol{A}=\begin{pmatrix} -2b & b & b \\ b & -2b & b \\ b & b & -2b \end{pmatrix}\sim\begin{pmatrix} 1 & -2 & 1 \\ 0 & -3 & 3 \\ 0 & 0 & 0 \end{pmatrix}$，则 $R(\boldsymbol{A})=2$.

【答案】C

例 32　设向量组 $\boldsymbol{\alpha}_1=(1,-1,-2,5)$，$\boldsymbol{\alpha}_2=(0,1,0,0)$，$\boldsymbol{\alpha}_3=(2,-3,-4,10)$，$\boldsymbol{\alpha}_4=(-1,1,3,-5)$，则下列向量组中，能作为 $\boldsymbol{\alpha}_1$，$\boldsymbol{\alpha}_2$，$\boldsymbol{\alpha}_3$，$\boldsymbol{\alpha}_4$ 的最大无关组的向量组共（　　）个．

(1)$\boldsymbol{\alpha}_1$，$\boldsymbol{\alpha}_2$；　(2)$\boldsymbol{\alpha}_1$，$\boldsymbol{\alpha}_4$；　(3)$\boldsymbol{\alpha}_2$，$\boldsymbol{\alpha}_4$；　(4)$\boldsymbol{\alpha}_1$，$\boldsymbol{\alpha}_2$，$\boldsymbol{\alpha}_3$；
(5)$\boldsymbol{\alpha}_1$，$\boldsymbol{\alpha}_2$，$\boldsymbol{\alpha}_4$；(6)$\boldsymbol{\alpha}_1$，$\boldsymbol{\alpha}_3$，$\boldsymbol{\alpha}_4$；(7)$\boldsymbol{\alpha}_2$，$\boldsymbol{\alpha}_3$，$\boldsymbol{\alpha}_4$；(8)$\boldsymbol{\alpha}_1$，$\boldsymbol{\alpha}_2$，$\boldsymbol{\alpha}_3$，$\boldsymbol{\alpha}_4$.

A. 1　　B. 2　　C. 3　　D. 4　　E. 5

【思路】本题需判断一个具体型向量组中的部分组能否作为最大无关组，故先求该向量组的秩．

【解析】

$$(\boldsymbol{\alpha}_1^{\mathrm{T}},\boldsymbol{\alpha}_2^{\mathrm{T}},\boldsymbol{\alpha}_3^{\mathrm{T}},\boldsymbol{\alpha}_4^{\mathrm{T}})=\begin{pmatrix} 1 & 0 & 2 & -1 \\ -1 & 1 & -3 & 1 \\ -2 & 0 & -4 & 3 \\ 5 & 0 & 10 & -5 \end{pmatrix}\sim\begin{pmatrix} 1 & 0 & 2 & -1 \\ 0 & 1 & -1 & 0 \\ 0 & 0 & 0 & 1 \\ 0 & 0 & 0 & 0 \end{pmatrix}=\boldsymbol{A},$$

故 $R(\boldsymbol{\alpha}_1,\boldsymbol{\alpha}_2,\boldsymbol{\alpha}_3,\boldsymbol{\alpha}_4)=3$，因此 $\boldsymbol{\alpha}_1$，$\boldsymbol{\alpha}_2$，$\boldsymbol{\alpha}_3$，$\boldsymbol{\alpha}_4$ 的任意含 3 个向量的线性无关部分组均为最大无关组，个数不为 3 的向量组不为最大无关组，则排除(1)、(2)、(3)、(8).

由$R\begin{pmatrix}1&0&2\\0&1&-1\\0&0&0\\0&0&0\end{pmatrix}=2$，得其列向量组(即$\boldsymbol{A}$的第1，2，3列)线性相关，故$\boldsymbol{\alpha}_1$，$\boldsymbol{\alpha}_2$，$\boldsymbol{\alpha}_3$线性相关，不为最大无关组．

由$R\begin{pmatrix}1&0&-1\\0&1&0\\0&0&1\\0&0&0\end{pmatrix}=3$，得其列向量组(即$\boldsymbol{A}$的第1，2，4列)线性无关，故$\boldsymbol{\alpha}_1$，$\boldsymbol{\alpha}_2$，$\boldsymbol{\alpha}_4$线性无关，为最大无关组．

同理，可得$\boldsymbol{\alpha}_1$，$\boldsymbol{\alpha}_3$，$\boldsymbol{\alpha}_4$和$\boldsymbol{\alpha}_2$，$\boldsymbol{\alpha}_3$，$\boldsymbol{\alpha}_4$均为最大无关组．

综上，能作为$\boldsymbol{\alpha}_1$，$\boldsymbol{\alpha}_2$，$\boldsymbol{\alpha}_3$，$\boldsymbol{\alpha}_4$的最大无关组的向量组共3个．

【答案】C

本节习题自测

1. 设向量组$\boldsymbol{\alpha}_1=(1,\ 1,\ a)^{\mathrm{T}}$，$\boldsymbol{\alpha}_2=(1,\ a,\ 1)^{\mathrm{T}}$，$\boldsymbol{\alpha}_3=(a,\ 1,\ 1)^{\mathrm{T}}$能由向量组$\boldsymbol{\beta}_1=(1,\ 1,\ a)^{\mathrm{T}}$，$\boldsymbol{\beta}_2=(-2,\ a,\ 4)^{\mathrm{T}}$，$\boldsymbol{\beta}_3=(-2,\ a,\ a)^{\mathrm{T}}$线性表示，则$a$满足的条件为(　　).

   A. $a=-2$　　B. $a=4$　　C. $a=-2$或4

   D. $a\neq-2$且$a\neq4$　　E. $a\neq-2$

2. 设矩阵$\boldsymbol{A}=\begin{pmatrix}1&-1&-1\\2&a&1\\-1&1&a\end{pmatrix}$，$\boldsymbol{B}=\begin{pmatrix}2&2\\1&a\\-a-1&-2\end{pmatrix}$，若方程$\boldsymbol{AX}=\boldsymbol{B}$有无穷多解，则$\boldsymbol{X}$的第一行元素之和为(　　).

   A. 0　　B. 1　　C. 2

   D. 3　　E. 4

3. 已知$\boldsymbol{Q}=\begin{pmatrix}1&2&3\\2&4&t\\3&6&9\end{pmatrix}$，$\boldsymbol{P}$为三阶非零矩阵，且满足$\boldsymbol{PQ}=\boldsymbol{O}$，则(　　).

   A. $t=6$时$\boldsymbol{P}$的秩必为1　　B. $t=6$时$\boldsymbol{P}$的秩必为2

   C. $t\neq6$时$\boldsymbol{P}$的秩必为1　　D. $t\neq6$时$\boldsymbol{P}$的秩必为2

   E. 以上选项均不正确

4. 设$\boldsymbol{A}$是$m\times n$矩阵，$\boldsymbol{Ax}=\boldsymbol{0}$是非齐次线性方程组$\boldsymbol{Ax}=\boldsymbol{b}$所对应的齐次线性方程组，则下列结论正确的是(　　).

   A. 若$\boldsymbol{Ax}=\boldsymbol{0}$仅有零解，则$\boldsymbol{Ax}=\boldsymbol{b}$有唯一解

   B. 若$\boldsymbol{Ax}=\boldsymbol{0}$有非零解，则$\boldsymbol{Ax}=\boldsymbol{b}$有无穷多解

   C. 若$\boldsymbol{Ax}=\boldsymbol{b}$有无穷多解，则$\boldsymbol{Ax}=\boldsymbol{0}$仅有零解

   D. 若$\boldsymbol{Ax}=\boldsymbol{b}$有无穷多解，则$\boldsymbol{Ax}=\boldsymbol{0}$有非零解

   E. 若$\boldsymbol{Ax}=\boldsymbol{b}$无解，则$\boldsymbol{Ax}=\boldsymbol{0}$仅有零解

5. 设 $\boldsymbol{A}$，$\boldsymbol{B}$ 为满足 $\boldsymbol{AB}=\boldsymbol{O}$ 的任意两个非零矩阵，则下列结论中正确的是（　　）.
(1)$\boldsymbol{A}$ 的列向量组线性无关；(2)$\boldsymbol{A}$ 的列向量组线性相关；
(3)$\boldsymbol{B}$ 的行向量组线性无关；(4)$\boldsymbol{B}$ 的行向量组线性相关.
A. (1)(3)　　B. (1)(4)　　C. (2)(3)　　D. (2)(4)　　E. 仅(4)

6. 设 n 阶矩阵 $\boldsymbol{A}$ 的伴随矩阵 $\boldsymbol{A}^*\neq\boldsymbol{O}$，若非齐次线性方程组 $\boldsymbol{Ax}=\boldsymbol{b}$ 的解不唯一，则对应的齐次线性方程组 $\boldsymbol{Ax}=\boldsymbol{0}$ 的基础解系（　　）.
A. 不存在
B. 仅含 1 个非零解向量
C. 含有 2 个线性无关的解向量
D. 含有 3 个线性无关的解向量
E. 含有 $n-1$ 个线性无关的解向量

习题详解

1. D

【解析】$\boldsymbol{\alpha}_1$，$\boldsymbol{\alpha}_2$，$\boldsymbol{\alpha}_3$ 能由 $\boldsymbol{\beta}_1$，$\boldsymbol{\beta}_2$，$\boldsymbol{\beta}_3$ 线性表示 $\Leftrightarrow(\boldsymbol{\beta}_1,\boldsymbol{\beta}_2,\boldsymbol{\beta}_3)\boldsymbol{X}=(\boldsymbol{\alpha}_1,\boldsymbol{\alpha}_2,\boldsymbol{\alpha}_3)$ 有解 $\Leftrightarrow$ $|\boldsymbol{\beta}_1,\boldsymbol{\beta}_2,\boldsymbol{\beta}_3|\neq 0$（有唯一解），或 $|\boldsymbol{\beta}_1,\boldsymbol{\beta}_2,\boldsymbol{\beta}_3|=0$ 且 $R(\boldsymbol{\beta}_1,\boldsymbol{\beta}_2,\boldsymbol{\beta}_3)=R(\boldsymbol{\beta}_1,\boldsymbol{\beta}_2,\boldsymbol{\beta}_3,\boldsymbol{\alpha}_1,\boldsymbol{\alpha}_2,\boldsymbol{\alpha}_3)$（有无穷多解）.

由 $|\boldsymbol{\beta}_1,\boldsymbol{\beta}_2,\boldsymbol{\beta}_3|=\begin{vmatrix}1&-2&-2\\1&a&a\\a&4&a\end{vmatrix}=\begin{vmatrix}1&0&0\\1&a+2&a+2\\a&4+2a&3a\end{vmatrix}=(a+2)(a-4)=0$ 得 $a=-2$ 或 4.

当 $a\neq-2$ 且 $a\neq4$ 时，有 $|\boldsymbol{\beta}_1,\boldsymbol{\beta}_2,\boldsymbol{\beta}_3|\neq0$，故 $\boldsymbol{\alpha}_1$，$\boldsymbol{\alpha}_2$，$\boldsymbol{\alpha}_3$ 能由 $\boldsymbol{\beta}_1$，$\boldsymbol{\beta}_2$，$\boldsymbol{\beta}_3$ 唯一线性表示；

当 $a=-2$ 时，有 $|\boldsymbol{\beta}_1,\boldsymbol{\beta}_2,\boldsymbol{\beta}_3|=0$，又由

$$(\boldsymbol{\beta}_1,\boldsymbol{\beta}_2,\boldsymbol{\beta}_3,\boldsymbol{\alpha}_1,\boldsymbol{\alpha}_2,\boldsymbol{\alpha}_3)=\begin{pmatrix}1&-2&-2&1&1&-2\\1&-2&-2&1&-2&1\\-2&4&-2&-2&1&1\end{pmatrix}\sim\begin{pmatrix}1&-2&-2&1&1&-2\\0&0&-6&0&3&-3\\0&0&0&0&-3&3\end{pmatrix},$$

可得 $R(\boldsymbol{\beta}_1,\boldsymbol{\beta}_2,\boldsymbol{\beta}_3)=2\neq3=R(\boldsymbol{\beta}_1,\boldsymbol{\beta}_2,\boldsymbol{\beta}_3,\boldsymbol{\alpha}_1,\boldsymbol{\alpha}_2,\boldsymbol{\alpha}_3)$，故 $\boldsymbol{\alpha}_1$，$\boldsymbol{\alpha}_2$，$\boldsymbol{\alpha}_3$ 不能由 $\boldsymbol{\beta}_1$，$\boldsymbol{\beta}_2$，$\boldsymbol{\beta}_3$ 线性表示.

当 $a=4$ 时，有 $|\boldsymbol{\beta}_1,\boldsymbol{\beta}_2,\boldsymbol{\beta}_3|=0$，又由

$$(\boldsymbol{\beta}_1,\boldsymbol{\beta}_2,\boldsymbol{\beta}_3,\boldsymbol{\alpha}_1,\boldsymbol{\alpha}_2,\boldsymbol{\alpha}_3)=\begin{pmatrix}1&-2&-2&1&1&4\\1&4&4&1&4&1\\4&4&4&4&1&1\end{pmatrix}\sim\begin{pmatrix}1&-2&-2&1&1&4\\0&6&6&0&3&-3\\0&0&0&0&-9&-9\end{pmatrix},$$

可得 $R(\boldsymbol{\beta}_1,\boldsymbol{\beta}_2,\boldsymbol{\beta}_3)=2\neq3=R(\boldsymbol{\beta}_1,\boldsymbol{\beta}_2,\boldsymbol{\beta}_3,\boldsymbol{\alpha}_1,\boldsymbol{\alpha}_2,\boldsymbol{\alpha}_3)$，故 $\boldsymbol{\alpha}_1$，$\boldsymbol{\alpha}_2$，$\boldsymbol{\alpha}_3$ 不能由 $\boldsymbol{\beta}_1$，$\boldsymbol{\beta}_2$，$\boldsymbol{\beta}_3$ 线性表示.

综上，当 $a\neq-2$ 且 $a\neq4$ 时，$\boldsymbol{\alpha}_1$，$\boldsymbol{\alpha}_2$，$\boldsymbol{\alpha}_3$ 能由 $\boldsymbol{\beta}_1$，$\boldsymbol{\beta}_2$，$\boldsymbol{\beta}_3$ 线性表示.

2. C

【解析】由 $(\boldsymbol{A},\boldsymbol{B})=\begin{pmatrix}1&-1&-1&2&2\\2&a&1&1&a\\-1&1&a&-a-1&-2\end{pmatrix}\sim\begin{pmatrix}1&-1&-1&2&2\\0&a+2&3&-3&a-4\\0&0&a-1&-a+1&0\end{pmatrix}$，则

①当 $a+2\neq0$ 且 $a-1\neq0$ 时，$R(\boldsymbol{A})=R(\boldsymbol{A},\boldsymbol{B})=3$，$\boldsymbol{AX}=\boldsymbol{B}$ 有唯一解；

②当 $a+2=0$，即 $a=-2$ 时，$(\boldsymbol{A},\boldsymbol{B})\sim\begin{pmatrix}1&-1&-1&2&2\\0&0&3&-3&-6\\0&0&0&0&-6\end{pmatrix}$，$R(\boldsymbol{A})\neq R(\boldsymbol{A},\boldsymbol{B})$，$\boldsymbol{AX}=\boldsymbol{B}$ 无解；

③当 $a-1=0$，即 $a=1$ 时，$(\boldsymbol{A},\boldsymbol{B})\sim\begin{pmatrix}1&-1&-1&2&2\\0&3&3&-3&-3\\0&0&0&0&0\end{pmatrix}\sim\begin{pmatrix}1&0&0&1&1\\0&1&1&-1&-1\\0&0&0&0&0\end{pmatrix}$，

$R(\boldsymbol{A})=R(\boldsymbol{A},\boldsymbol{B})=2<3$，$\boldsymbol{AX}=\boldsymbol{B}$ 有无穷多解．设 $\boldsymbol{X}=(\boldsymbol{x}_1,\boldsymbol{x}_2)$，$\boldsymbol{B}=(\boldsymbol{b}_1,\boldsymbol{b}_2)$，则由上述行最简型矩阵解得 $\boldsymbol{Ax}_1=\boldsymbol{b}_1$ 和 $\boldsymbol{Ax}_2=\boldsymbol{b}_2$（矩阵方程与线性方程组的对应关系推理详见本章题型 14"方法点拨"）通解分别为 $\boldsymbol{x}_1=k_1(0,-1,1)^{\mathrm{T}}+(1,-1,0)^{\mathrm{T}}=(1,-k_1-1,k_1)^{\mathrm{T}}$，$\boldsymbol{x}_2=k_2(0,-1,1)^{\mathrm{T}}+(1,-1,0)^{\mathrm{T}}=(1,-k_2-1,k_2)^{\mathrm{T}}$，$k_1,k_2\in\mathbf{R}$，故 $\boldsymbol{X}=(\boldsymbol{x}_1,\boldsymbol{x}_2)$ 的第一行元素之和为 $1+1=2$.

3. C

【解析】方法一：用秩求解．

由 $\boldsymbol{PQ}=\boldsymbol{O}$ 得 $R(\boldsymbol{P})+R(\boldsymbol{Q})\leqslant 3$，又 $\boldsymbol{Q}=\begin{pmatrix}1&2&3\\2&4&t\\3&6&9\end{pmatrix}\sim\begin{pmatrix}1&2&3\\0&0&t-6\\0&0&0\end{pmatrix}$，当 $t\neq 6$ 时，$R(\boldsymbol{Q})=2$，故 $R(\boldsymbol{P})\leqslant 1$，再由 $\boldsymbol{P}\neq\boldsymbol{O}$，故 $R(\boldsymbol{P})\geqslant 1$，则 $R(\boldsymbol{P})=1$.

方法二：用线性方程组求解．

由 $\boldsymbol{PQ}=\boldsymbol{O}$ 得 $\boldsymbol{Q}$ 的列向量均为 $\boldsymbol{Px}=\boldsymbol{0}$ 的解，当 $t\neq 6$ 时，$\boldsymbol{Q}$ 有 2 个列向量组成的向量组线性无关，得 $\boldsymbol{Px}=\boldsymbol{0}$ 有 2 个线性无关的解，故 $\boldsymbol{Px}=\boldsymbol{0}$ 的基础解系所含向量个数 $3-R(\boldsymbol{P})\geqslant 2$，即 $R(\boldsymbol{P})\leqslant 1$，再由 $\boldsymbol{P}\neq\boldsymbol{O}$，故 $R(\boldsymbol{P})\geqslant 1$，则 $R(\boldsymbol{P})=1$.

【注意】当 $t=6$ 时，$R(\boldsymbol{P})=1$ 或 2. 如令 $\boldsymbol{P}=\begin{pmatrix}-2&1&0\\0&0&0\\0&0&0\end{pmatrix}$，则满足已知条件且 $R(\boldsymbol{P})=1$；令 $\boldsymbol{P}=\begin{pmatrix}-2&1&0\\-3&0&1\\0&0&0\end{pmatrix}$，则满足已知条件且 $R(\boldsymbol{P})=2$.

4. D

【解析】令 $\boldsymbol{A}=\begin{pmatrix}1&0\\0&1\\0&0\end{pmatrix}$，$\boldsymbol{b}=(0,0,1)^{\mathrm{T}}$，则 $\boldsymbol{Ax}=\boldsymbol{0}$ 仅有零解，但 $\boldsymbol{Ax}=\boldsymbol{b}$ 无解，故 A 项错误．

令 $\boldsymbol{A}=\begin{pmatrix}0&0\\0&0\end{pmatrix}$，$\boldsymbol{b}=(1,0)^{\mathrm{T}}$，则 $\boldsymbol{Ax}=\boldsymbol{0}$ 有非零解，但 $\boldsymbol{Ax}=\boldsymbol{b}$ 无解，故 B、E 项错误．

$\boldsymbol{Ax}=\boldsymbol{b}$ 有无穷多解 $\Leftrightarrow R(\boldsymbol{A})=R(\boldsymbol{A},\boldsymbol{b})<n\Rightarrow R(\boldsymbol{A})<n\Leftrightarrow\boldsymbol{Ax}=\boldsymbol{0}$ 有非零解，故 C 项错误，D 项正确．

5. D

【解析】设 $\boldsymbol{A}$ 是 $m\times n$ 矩阵，$\boldsymbol{B}$ 是 $n\times k$ 矩阵，由 $\boldsymbol{AB}=\boldsymbol{O}$ 得 $R(\boldsymbol{A})+R(\boldsymbol{B})\leqslant n$①，又 $\boldsymbol{A}$，$\boldsymbol{B}$ 为非零矩阵，故 $R(\boldsymbol{A})\geqslant 1$，$R(\boldsymbol{B})\geqslant 1$②. 综合式①、式②得 $R(\boldsymbol{A}_{m\times n})\leqslant n-1$，$R(\boldsymbol{B}_{n\times k})\leqslant n-1$，即 $\boldsymbol{A}$ 的列向量组的秩小于列数，则 $\boldsymbol{A}$ 的列向量组线性相关，故(2)正确；$\boldsymbol{B}$ 的行向量组的秩小于行数，即 $\boldsymbol{B}$ 的行向量组线性相关，故(4)正确．

6. B

【解析】由 $\boldsymbol{Ax}=\boldsymbol{b}$ 的解不唯一，故 $R(\boldsymbol{A})=R(\boldsymbol{A},\boldsymbol{b})<n$.

当 $R(\boldsymbol{A})=n-1$ 时，$R(\boldsymbol{A}^*)=1$，与 $\boldsymbol{A}^*\neq\boldsymbol{O}$ 相符；

当 $R(\boldsymbol{A})\leqslant n-2$ 时，$R(\boldsymbol{A}^*)=0$，即 $\boldsymbol{A}^*=\boldsymbol{O}$ 与 $\boldsymbol{A}^*\neq\boldsymbol{O}$ 矛盾．

综上，$R(\boldsymbol{A})=n-1$，故 $\boldsymbol{Ax}=\boldsymbol{0}$ 的基础解系含有 $n-R(\boldsymbol{A})=1$ 个非零解向量．

第 3 部分 概率论

命题重点及难易程度

◎ **考试占比**：20%

◎ **考试分值**：14分

◎ **命题重点**：概率论主要的三块内容为：概率、分布和数字特征，考查平均分为：3，6.5和4，从中能看出分布是考查重点，每年至少考3道题.

◎ **难易程度**：① 概率论，相对于微积分和线性代数，内容较少，考法较常规，因此难度较低. 概率论的上述三块内容中分布相对抽象，难度较高.
② 难度中低的题型，如对概率相关公式的考查，一维分布中期望方差相关计算.
③ 难度较高的题型，如对连续型随机变量函数分布的考查（延伸题型）.

◎ **备考建议**：① 多花时间在分布相关内容上：从随机变量开始，到分布函数、分布律和概率密度，结合“考点精讲”扎扎实实地把概念、性质理清楚，把如何用这些知识解题想明白.
② 概率论中大量出现定积分和反常积分计算，故需要强化计算能力.
③ 在用排列组合计算概率的问题上，避免过于追求技巧和难度.

第 7 章　随机事件、概率与一维分布

知识框架

- **随机事件、概率与一维分布**
  - **随机事件**
    - 概念：随机试验、样本空间、样本点、随机事件、基本事件、必然事件、不可能事件
    - 关系：包含、相等、互斥、对立、完备事件组
    - 运算：和、积、差
    - 运算律：交换律、结合律、分配律、对偶律
  - **概率**
    - 概率：定义、性质
    - 条件概率：定义、性质、全概率公式、贝叶斯公式
    - 独立：定义、性质
    - 古典概型与几何概型
  - **一维分布**
    - 随机变量
    - 分布函数：定义、基本性质、用分布函数计算概率
    - 离散型随机变量：离散型随机变量及分布律的定义、基本性质；常见离散型分布（0–1、二项、几何、泊松）
    - 连续型随机变量：连续型随机变量及概率密度的定义、概率密度的性质、连续型随机变量的性质；常见连续型分布（均匀、指数、正态）
  - **随机变量函数的分布**
    - X为离散型时$g(X)$的分布
    - X为连续型时$g(X)$的分布

考情分析

(1)本章的重点是一般分布与常见分布，难点是连续型随机变量函数的分布 .

(2)本章的命题体现在三个方面：

①围绕事件与概率，考查事件的关系及运算，考查概率、条件概率和独立性；

②围绕一般分布，考查分布函数、分布律和概率密度的定义与性质；

③围绕常见分布，考查七种常见分布的分布律(概率密度)及性质 .

考生需要理解事件、概率和分布的基本概念，掌握性质，会用古典概型、几何概型、概率公式和分布计算概率 .

备考建议

(1)对于随机事件，要从集合含义和概率含义两个角度把握 .

(2)对于概率，要把条件概率视为特殊的概率，把独立视为用概率定义的事件关系，理清定

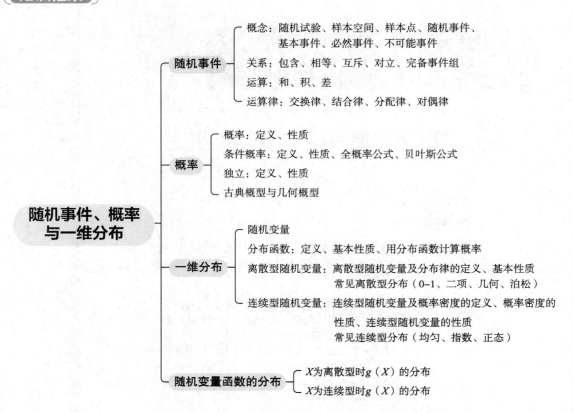

义和性质．

(3)对于一般分布，要通过随机变量这个“桥梁”把事件概率与分布联系起来，要把分布函数、分布律和概率密度视为描述随机变量的三种方式，区分其定义(性质)，避免混淆．

(4)对于常见分布，重点把握分布律(概率密度)和特殊性质．

(5)对于连续型随机变量函数的分布这个难点，需结合典型例题加以突破．

考点—题型对照表

考点精讲	对应题型	平均分
一、随机事件	基础题型 1	0
二、概率	基础题型 2，真题题型 4～5，延伸题型 11～14	3
三、一维分布	基础题型 3，真题题型 6～10，延伸题型 15	5
四、随机变量函数的分布	延伸题型 16	0

第1节 考点精讲

一、随机事件

对应基础题型 1

(一)概念

1. 随机试验

若一个试验满足如下条件：

①可在相同条件下重复进行；

②每次试验的可能结果不唯一，但能事先明确所有可能结果；

③进行一次试验前无法确定哪种结果出现.

则称该试验为随机试验，简称试验，记为 E.

2. 样本空间

试验 E 的所有可能结果组成的集合，称为 E 的样本空间，记为 Ω.

3. 样本点

样本空间中的元素，称为样本点，记为 ω.

4. 随机事件

试验 E 的样本空间 Ω 的子集，称为 E 的随机事件，简称事件，一般用 A，B，C 等大写字母表示.

在每次试验中，若事件 A 中的一个样本点出现，则称 A 发生，否则称 A 不发生.

5. 基本事件

由一个样本点组成的单点集，称为基本事件.

6. 必然事件

样本空间 Ω 称为必然事件，它在每次试验中都会发生.

7. 不可能事件

空集 $\varnothing$ 称为不可能事件，它在每次试验中都不会发生.

(二)关系

设试验 E 的样本空间为 Ω，而 A，B，$A_i(i=1, 2, \cdots, n)$为 Ω 的子集，则有

关系	集合论含义	概率论含义
包含	若$A\subset B$，则称事件B包含A，或者A是B的子事件．	事件B包含A指的是A发生必导致B发生．
相等	若$A\subset B$，且$B\subset A$，即$A=B$，则称事件A与B相等．	事件A与B相等指的是A发生必导致B发生，且B发生必导致A发生．
互斥	若$A\cap B=\varnothing$，则称事件A与B互斥(或互不相容)．	事件A与B互斥指的是A与B不能同时发生．
对立	若$A\cap B=\varnothing$且$A\cup B=\Omega$，则称事件A与B互为对立事件(或逆事件)． A的对立事件记为$\overline{A}$．	事件A与B互为对立事件指的是对每次试验，A与B有且仅有一个发生．
完备事件组	若$A_i\cap A_j=\varnothing$，$i\neq j$，i，$j=1$，2，…，n，且$A_1\cup A_2\cup\cdots\cup A_n=\Omega$，则称事件$A_1$，$A_2$，…，$A_n$为样本空间$\Omega$的一个完备事件组(或一个划分)．	事件A_1，A_2，…，A_n为样本空间Ω的一个完备事件组指的是对每次试验，A_1，A_2，…，A_n中有且仅有一个发生．

(三) 运算

设试验E的样本空间为Ω，而A，B为Ω的子集，则有

运算	集合论含义	概率论含义
和	事件$A\cup B=\{\omega\mid\omega\in A$或$\omega\in B\}$称为事件$A$与$B$的和事件． $A\cup B$也记作$A+B$．	$A\cup B$发生指的是A，B中至少有一个发生．
积	事件$A\cap B=\{\omega\mid\omega\in A$且$\omega\in B\}$称为事件$A$与$B$的积事件． $A\cap B$也记作AB．	$A\cap B$发生指的是A，B同时发生．
差	事件$A-B=\{\omega\mid\omega\in A$且$\omega\notin B\}$称为事件$A$与$B$的差事件． $A-B=A-AB=A\overline{B}$．	$A-B$发生指的是A发生且B不发生．

(四) 运算律

设A，B，C为事件，则

1. 交换律

$A\cup B=B\cup A$，$A\cap B=B\cap A$．

2. 结合律

$(A\cup B)\cup C=A\cup(B\cup C)$，$(A\cap B)\cap C=A\cap(B\cap C)$.

3. 分配律

$A\cap(B\cup C)=(A\cap B)\cup(A\cap C)$，$A\cup(B\cap C)=(A\cup B)\cap(A\cup C)$.

4. 对偶律（德摩根律）

$\overline{A\cup B}=\overline{A}\cap\overline{B}$，$\overline{A\cap B}=\overline{A}\cup\overline{B}$.

二、概率

对应基础题型 2，真题题型 4～5，延伸题型 11～14

（一）概率

1. 定义

设随机试验 E 的样本空间为 Ω，称 $P(A)$ 为事件 A 的概率，若集合函数 $P(\cdot)$ 满足如下条件：

①非负性：对于每一个事件 A，有 $P(A)\geqslant 0$；

②规范性：对于必然事件 Ω，有 $P(\Omega)=1$；

③可列可加性：设 A_1，A_2，…为两两互斥的事件，即对于 $A_i\cap A_j=\varnothing$，$i\neq j$，i，$j=1$，2，…，有 $P(A_1\cup A_2\cup\cdots)=P(A_1)+P(A_2)+\cdots$.

2. 性质

(1)不可能事件的概率：$P(\varnothing)=0$.

(2)逆事件的概率：对于任一事件 A，有 $P(\overline{A})=1-P(A)$.

(3)有限可加性：若 A_1，A_2，…，A_n 为两两互斥的事件，则

$$P(A_1\cup A_2\cup\cdots\cup A_n)=P(A_1)+P(A_2)+\cdots+P(A_n).$$

(4)加法公式：对于任意两个事件 A，B，有 $P(A\cup B)=P(A)+P(B)-P(AB)$；对于任意三个事件 A，B，C，有

$$P(A\cup B\cup C)=P(A)+P(B)+P(C)-P(AB)-P(AC)-P(BC)+P(ABC).$$

特别地，若 $AB=\varnothing$，则 $P(A\cup B)=P(A)+P(B)$.

(5)减法公式：对于任意两个事件 A，B，有 $P(A-B)=P(A)-P(AB)$.

特别地，若 $B\subset A$，则 $P(A-B)=P(A)-P(B)$.

(6)概率的单调性：若 $A\subset B$，则 $P(A)\leqslant P(B)$.

(7)对任一事件 A，有 $0\leqslant P(A)\leqslant 1$.

（二）条件概率

1. 定义

设 A，B 是两个事件，且 $P(A)>0$，则称

$$P(B \mid A)=\frac{P(AB)}{P(A)} \quad ①$$

为在事件 A 发生的条件下，事件 B 发生的**条件概率**．式①两边同乘 $P(A)$ 得到 $P(AB)=P(A)\cdot P(B \mid A)$，称为**乘法公式**．

2. 性质

在 $P(A)>0$ 时，条件概率 $P(\cdot \mid A)$ 符合概率定义中的三个条件，因此上述概率的 7 条性质也适用于条件概率．从形式上看，只需在概率的性质中将概率替换为条件概率即可得到相应条件概率的性质，如设 $P(A)>0$，则

(1)不可能事件的条件概率：$P(\varnothing \mid A)=0$.

(2)逆事件的条件概率：对于任一事件 B，有 $P(\overline{B} \mid A)=1-P(B \mid A)$.

3. 全概率公式

设试验 E 的样本空间为 Ω，A_1，A_2，…，A_n 为一个完备事件组，且 $P(A_i)>0$，$i=1$，2，…,n，B 为任意事件，则有

$$P(B)=P(A_1)P(B \mid A_1)+P(A_2)P(B \mid A_2)+\cdots+P(A_n)P(B \mid A_n).$$

4. 贝叶斯公式

设试验 E 的样本空间为 Ω，A_1，A_2，…，A_n 为一个完备事件组，且 $P(A_i)>0$，$i=1$，2，…,n，B 为事件，$P(B)>0$，则有

$$P(A_i \mid B)=\frac{P(A_i)P(B \mid A_i)}{\sum_{j=1}^{n} P(A_j)P(B \mid A_j)},\ i=1,\ 2,\ \cdots,\ n.$$

（三）独立

1. 定义

(1)两个事件独立．

若事件 A，B 满足 $P(AB)=P(A)P(B)$，则称 A，B 相互独立，简称 A，B 独立．

(2)三个事件独立．

若事件 A，B，C 满足 $\begin{cases}P(AB)=P(A)P(B),\\ P(AC)=P(A)P(C),\\ P(BC)=P(B)P(C),\end{cases}$ 则称 A，B，C 两两独立；若事件 A，B，C 满足 $\begin{cases}P(AB)=P(A)P(B),\\ P(AC)=P(A)P(C),\\ P(BC)=P(B)P(C),\\ P(ABC)=P(A)P(B)P(C),\end{cases}$ 则称 A，B，C 相互独立．

(3)n 个事件独立．

若 $n(n\geqslant 2)$ 个事件 A_1，A_2，…，A_n 中，任意两个、任意三个、……、任意 n 个事件的积事件的概率等于各事件概率之积，则称 A_1，A_2，…，A_n 相互独立．

注意

①两个事件独立的含义：一个事件发生对另一个事件发生的概率没有影响．

②两个事件独立与互斥的关系：独立未必互斥，互斥未必独立．

③若 A，B，C 相互独立，则 A，B，C 两两独立；而 A，B，C 两两独立，却不能得到 A，B，C 相互独立．

2. 性质

(1)设 A，B 是两个事件，则

①若 $P(A)>0$，则 A，B 独立$\Leftrightarrow P(B\mid A)=P(B)$.

②A，B 独立$\Leftrightarrow A$，$\overline{B}$独立$\Leftrightarrow \overline{A}$，$B$ 独立$\Leftrightarrow \overline{A}$，$\overline{B}$独立．

(2)若事件 A_1，A_2，…，$A_n(n\geqslant 2)$相互独立，则

①其中任意 $k(2\leqslant k\leqslant n)$个事件也相互独立．

②其中任意一个事件与其余任意 $k(2\leqslant k\leqslant n)$个事件的运算结果(和、差、积)也独立．如若事件 A_1，A_2，A_3 相互独立，则下列各对事件均独立：A_3 与 $A_1\cup A_2$，A_3 与 A_1-A_2，A_3 与 $A_1\cap A_2$.

③将其中任意多个事件换为它们各自的对立事件后所得的 n 个事件仍相互独立．

(四)古典概型与几何概型

定义与公式	古典概型	几何概型
定义	若试验满足： ①样本空间只包含有限个基本事件； ②每个基本事件发生的可能性相同． 则称该试验为**古典概型(等可能概型)**.	若试验满足： ①样本空间 Ω 为一个可度量的区域； ②每个基本事件发生的可能性相同，即样本点落在 Ω 的可度量子区域 A 的可能性与 A 的度量成正比，而与 A 的位置及形状无关． 则称该试验为**几何概型**.
定义的要点	两个要点："有限"和"等可能". 可据此判断一个试验是否为古典概型．	两个要点："样本空间可用区域表示"和"等可能". 可据此判断一个试验是否为几何概型．
概率公式	在古典概型中，事件 A 的概率为 $P(A)=\dfrac{A\text{包含的基本事件数}}{\text{基本事件的总数}}$.	在几何概型中，若事件 A 为样本空间 Ω 的可度量的子区域，则 $P(A)=\dfrac{A\text{的度量}}{\Omega\text{的度量}}$.
公式的注意点	使用古典概型计算概率的过程中可能用到排列组合，排列组合相关知识和例题见本章第 2 节题型 2.	度量指长度、面积、体积等，算面积、体积时可能用到定积分．

三、一维分布

对应基础题型3，真题题型6～10，延伸题型15

（一）随机变量

设随机试验的样本空间为$\Omega=\{\omega\}$，$X=X(\omega)$为定义在Ω上的实值单值函数，称$X=X(\omega)$为**随机变量**，简记为X. 一般用大写字母X，Y，Z表示随机变量，小写字母x，y，z表示实数.

离散型和连续型是两种常见的随机变量的类型，此外还有其他类型(因此不能认为随机变量除了离散型，就是连续型).

注意

①随机变量把试验结果与实数对应起来，方便数学上处理. 如试验E为掷一枚硬币观察得到正面或反面，则$\Omega=\{$正，反$\}$，令$X=X(\omega)=\begin{cases}1, & \omega=\text{正},\\0, & \omega=\text{反},\end{cases}$则$X$为一个随机变量.

②随机变量可以表示随机事件. 如$\{X=1\}$，$\{X>0\}$，$\{0<X\leqslant 1\}$，$\{X\leqslant x\}$，$x\in\mathbf{R}$均为随机事件.

（二）分布函数

1. 定义

设X为一个随机变量，x是任意实数，函数$F(x)=P\{X\leqslant x\}$，$x\in\mathbf{R}$称为X的**分布函数**.

注意

①分布函数也可写成$F(x)=P\{X\in(-\infty, x]\}$，$x\in\mathbf{R}$，这样$F(x)$在点$x$处的函数值可视为$X$落在区间$(-\infty, x]$上的概率.

②分布函数描述的是随机变量的取值和概率两方面的信息，是随机变量的通用描述方式，故任意随机变量都有分布函数. 我们通过微积分的方法分析分布函数，来研究随机变量.

2. 基本性质

设随机变量X的分布函数为$F(x)$，则

(1)$F(x)$在$\mathbf{R}$上单调不减，即对于x_1，$x_2\in\mathbf{R}$，若$x_1<x_2$，则

$$F(x_2)-F(x_1)=P\{x_1<X\leqslant x_2\}\geqslant 0.$$

(2)$0\leqslant F(x)\leqslant 1$，$x\in\mathbf{R}$，$F(-\infty)=\lim\limits_{x\to-\infty}F(x)=0$，$F(+\infty)=\lim\limits_{x\to+\infty}F(x)=1$.

(3)$F(x)$在$\mathbf{R}$上右连续，即对于$x_0\in\mathbf{R}$，有$F(x_0+0)=\lim\limits_{x\to x_0^+}F(x)=F(x_0)$.

函数同时满足以上三个基本性质是其作为分布函数的充要条件.

口诀：单调不减，0～1之间和右连续.

3. 用分布函数计算概率

设随机变量X的分布函数为$F(x)$，则对于x_0，$x_1\in\mathbf{R}$，$x_0<x_1$，有

$$P\{X\leqslant x_0\}=F(x_0),\ P\{X<x_0\}=F(x_0-0)=\lim_{x\to x_0^-}F(x).$$

其他形式的概率可化为上述两种基本形式，进而用分布函数表示：

(1)$P\{X=x_0\}=P\{X\leqslant x_0\}-P\{X<x_0\}=F(x_0)-F(x_0-0)$；

(2)$P\{X>x_0\}=1-P\{X\leqslant x_0\}=1-F(x_0)$；

(3)$P\{X\geqslant x_0\}=1-P\{X<x_0\}=1-F(x_0-0)$；

(4)$P\{x_0<X<x_1\}=P\{X<x_1\}-P\{X\leqslant x_0\}=F(x_1-0)-F(x_0)$；

(5)$P\{x_0<X\leqslant x_1\}=P\{X\leqslant x_1\}-P\{X\leqslant x_0\}=F(x_1)-F(x_0)$；

(6)$P\{x_0\leqslant X<x_1\}=P\{X<x_1\}-P\{X<x_0\}=F(x_1-0)-F(x_0-0)$；

(7)$P\{x_0\leqslant X\leqslant x_1\}=P\{X\leqslant x_1\}-P\{X<x_0\}=F(x_1)-F(x_0-0)$.

（三）离散型随机变量及其分布律

1. 定义

若随机变量 X 的所有可能取值为有限个或可列无限多个，则称 X 为**离散型随机变量**.

设随机变量 X 的分布函数为 $F(x)$，则 X 为离散型随机变量$\Leftrightarrow F(x)$为阶梯函数.

设离散型随机变量 X 的所有可能取值为 $x_k(k=1,2,\cdots)$，X 取各可能取值的概率为 $P\{X=x_k\}=p_k$，$k=1,2,\cdots$，则称该式为 X 的**分布律**. 分布律也可用表格表示：

X	x_1	x_2	$\cdots$	x_n	$\cdots$
P	p_1	p_2	$\cdots$	p_n	$\cdots$

2. 分布律的性质

设 $P\{X=x_k\}=p_k$，$k=1,2,\cdots$为离散型随机变量 X 的分布律，则

①非负性：$p_k\geqslant 0$，$k=1,2,\cdots$；

②规范性：$\sum_{k=1}^{\infty}p_k=1$.

3. 常见的离散型随机变量

(1)0—1 分布.

【定义 1】若随机变量 X 只可能取 0 与 1 两个值，其分布律为

X	0	1
P	$1-p$	p

其中 $0<p<1$，则称 X 服从参数为 p 的 **0－1 分布或两点分布**.

(2)二项分布.

【定义 2】设试验 E 只有两种可能结果：A 和 $\overline{A}$，则称 E 为**伯努利试验**.

【定义 3】设 $P(A)=p(0<p<1)$，则 $P(\overline{A})=1-p$，将 E 独立重复地进行 n 次，则称这一串重复的独立试验为 **n 重伯努利试验**.

【定义4】在 n 重伯努利试验中，记 $p(0<p<1)$ 为每次试验中事件 A 发生的概率，用 X 表示事件 A 发生的次数，X 的可能取值为 0，1，2，…，n，其分布律为

$$P\{X=k\}=C_n^k p^k(1-p)^{n-k},\ k=0,1,2,\cdots,n,$$

则称 X 服从参数为 n，p 的**二项分布**，记为 $X\sim B(n,p)$.

(3)几何分布.

【定义5】在伯努利试验序列中，记 $p(0<p<1)$ 为每次试验中 A 发生的概率，用 X 表示事件 A 首次出现时的试验次数，X 的可能取值为 1，2，…，其分布律为

$$P\{X=k\}=(1-p)^{k-1}p,\ k=1,2,\cdots,$$

则称 X 服从参数为 p 的**几何分布**，记为 $X\sim G(p)$.

(4)泊松分布.

【定义6】设随机变量 X 的可能取值为 0，1，2，…，其分布律为 $P\{X=k\}=\frac{\lambda^k}{k!}e^{-\lambda}$，$k=0$，1，2，…，其中 $\lambda>0$ 为常数，则称 X 服从参数为 λ 的**泊松分布**，记为 $X\sim P(\lambda)$ 或 $X\sim \pi(\lambda)$.

【泊松定理】若随机变量 X 服从二项分布 $B(n,p)$，则当 p 充分小，n 充分大，且 $np=\lambda$ 适中时，X 近似服从参数为 λ 的泊松分布.

(四)连续型随机变量及其概率密度

1. 定义

设随机变量 X 的分布函数为 $F(x)$，若存在非负可积函数 $f(x)$，使得对于任意实数 x 有 $F(x)=\int_{-\infty}^{x}f(t)\mathrm{d}t$，则称 X 为**连续型随机变量**，并称 $f(x)$ 为 X 的**概率密度函数**，简称概率密度.

约定随机变量 X 的“概率分布”含义如下：当 X 是离散型随机变量时，指的是它的分布律；当 X 是连续型随机变量时，指的是它的概率密度；其他情形，指的是它的分布函数.

2. 概率密度的性质

设 $f(x)$ 为随机变量 X 的概率密度，则

①非负性：$f(x)\geqslant 0$，$x\in\mathbf{R}$；

②规范性：$\int_{-\infty}^{+\infty}f(x)\mathrm{d}x=1$.

函数同时满足以上两个性质是其作为概率密度的充要条件.

3. 连续型随机变量的性质

设 X 为连续型随机变量，其分布函数为 $F(x)$，概率密度为 $f(x)$，则

(1)$F(x)$ 为 $\mathbf{R}$ 上连续但未必可导的函数；

(2)X 取任意实数的概率为 0，即对任意 $x_0\in\mathbf{R}$，有 $P\{X=x_0\}=0$；

(3)对于任意实数 x_0，$x_1(x_0\leqslant x_1)$，有 $P\{x_0<X\leqslant x_1\}=\int_{x_0}^{x_1}f(x)\mathrm{d}x$，口诀：哪求概率哪积分；

(4)若 $f(x)$ 在点 x 处连续，则 $F'(x)=f(x)$.

注意

① 由于 $F(x)=\int_{-\infty}^{x} f(t)\mathrm{d}t$，根据变限积分的性质得，当概率密度 $f(x)$ 可积(根据定义，概率密度满足可积)时，$F(x)$ 连续；当 $f(x)$ 连续时，$F(x)$ 可导，且 $F'(x)=\left[\int_{-\infty}^{x} f(t)\mathrm{d}t\right]'=f(x)$.

②$P\{X=x_0\}=P\{X\leqslant x_0\}-P\{X<x_0\}=F(x_0)-F(x_0-0)=0$(用到 $F(x)$ 连续).

$$\begin{aligned}P\{x_0<X\leqslant x_1\}&=P\{X\leqslant x_1\}-P\{X\leqslant x_0\}=F(x_1)-F(x_0)\\&=\int_{-\infty}^{x_1} f(x)\mathrm{d}x-\int_{-\infty}^{x_0} f(x)\mathrm{d}x\\&=\int_{-\infty}^{x_0} f(x)\mathrm{d}x+\int_{x_0}^{x_1} f(x)\mathrm{d}x-\int_{-\infty}^{x_0} f(x)\mathrm{d}x=\int_{x_0}^{x_1} f(x)\mathrm{d}x.\end{aligned}$$

由于连续型随机变量取一点的概率为 0，因此在计算连续型随机变量落在某一区间的概率时，可以不区分该区间是开区间或闭区间或半闭区间，即当 $x_0<x_1$ 时，有 $P\{x_0<X<x_1\}=P\{x_0\leqslant X<x_1\}=P\{x_0<X\leqslant x_1\}=P\{x_0\leqslant X\leqslant x_1\}$.

4. 常见的连续型随机变量

(1)均匀分布.

【定义 7】若连续型随机变量 X 的概率密度为

$$f(x)=\begin{cases}\dfrac{1}{b-a}, & a<x<b,\\ 0, & \text{其他},\end{cases}$$

则称 X 在区间 (a, b) 上服从**均匀分布**，记为 $X\sim U(a, b)$.

若随机变量 X 取到区间 (a, b) 中每个点的可能性相同，即 X 落在 (a, b) 的子区间内的概率与该子区间的长度成正比，而与子区间的位置无关，则 $X\sim U(a, b)$.

【性质】若 $X\sim U(a, b)$，$c<a<d<b$(其他情况类似)，则 $P\{c<X<d\}=\dfrac{d-a}{b-a}$.

口诀：均匀分布算概率，有效区间长度比.

(2)指数分布.

【定义 8】若连续型随机变量 X 的概率密度为

$$f(x)=\begin{cases}\lambda \mathrm{e}^{-\lambda x}, & x>0,\\ 0, & \text{其他},\end{cases}$$

其中 $\lambda>0$ 为常数，则称 X 服从参数为 λ 的**指数分布**，记为 $X\sim E(\lambda)$.

【性质】无记忆性：若 $X\sim E(\lambda)$，对于任意 s，$t>0$，有 $P\{X>s+t \mid X>s\}=P\{X>t\}$.

注意 若把 X 理解为某电子元件的使用寿命，则上述性质表明：在该元件已使用 s 小时的情况下，其总共使用至少 $s+t$ 小时的条件概率，等于从开始使用时算起至少使用 t 小时的概率. 相当于该元件对使用了 s 小时"无记忆".

(3)正态分布.

【定义 9】若连续型随机变量 X 的概率密度为 $f(x)=\dfrac{1}{\sqrt{2\pi}\sigma}\mathrm{e}^{-\frac{(x-\mu)^2}{2\sigma^2}}$，$x\in\mathbf{R}$，其中 μ，$\sigma(\sigma>0)$ 为常数，则称 X 服从参数为 μ，σ 的**正态分布**，记为 $X\sim N(\mu, \sigma^2)$.

特别地，当 $\mu=0$，$\sigma=1$ 时，$X\sim N(0,1)$，称 X 服从**标准正态分布**．其概率密度和分布函数分别用 $\varphi(x)$，$\Phi(x)$ 表示，即 $\varphi(x)=\frac{1}{\sqrt{2\pi}}\mathrm{e}^{-\frac{x^2}{2}}$，$\Phi(x)=\int_{-\infty}^{x}\frac{1}{\sqrt{2\pi}}\mathrm{e}^{-\frac{t^2}{2}}\mathrm{d}t$.

【性质】

①标准化：若 $X\sim N(\mu,\sigma^2)$，则 $\frac{X-\mu}{\sigma}\sim N(0,1)$，故有

$$F(x)=P\{X\leqslant x\}=P\left\{\frac{X-\mu}{\sigma}\leqslant\frac{x-\mu}{\sigma}\right\}=\Phi\left(\frac{x-\mu}{\sigma}\right).$$

②图形特性：若 $X\sim N(\mu,\sigma^2)$，则 X 的概率密度 $f(x)$的图形关于 $x=\mu$ 对称，当 $x=\mu$ 时 $f(x)$取到最大值．若 $X\sim N(0,1)$，则 X 的概率密度$\varphi(x)$的图形关于 y 轴对称，即 $\varphi(x)$为偶函数，且 X 的分布函数 $\Phi(x)$满足 $\Phi(-x)=1-\Phi(x)$，特别地，$\Phi(0)=\frac{1}{2}$.

参数 μ 和 σ 分别决定 $y=f(x)$图形的位置和形状：若固定 σ，μ 变小，则 $y=f(x)$的图形形状不变，沿 x 轴向左平移；若固定 μ，σ 变小，则 $y=f(x)$的图形左右位置不变，图形变高变尖，如下图．*口诀：μ 定左右，σ 定高矮胖瘦．*

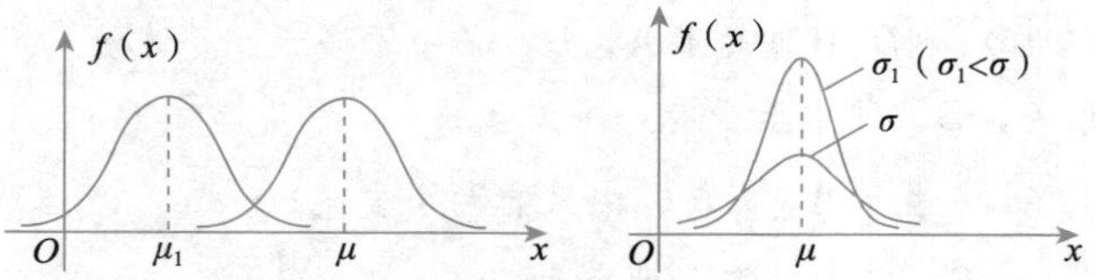

四、随机变量函数的分布

对应延伸题型 16

设 X 为一个随机变量，$y=g(x)$为定义在 $\mathbf{R}$ 上的函数(一般 $g(x)$为已知的连续函数)，则 $Y=g(X)$也为随机变量，当 X 取值为 x 时，Y 取值为 $g(x)$，称 $Y=g(X)$为 X 的函数．已知 X 的概率分布，求 $Y=g(X)$的概率分布，称为求随机变量函数的分布．

(一) 离散型随机变量函数的分布

设 X 为离散型随机变量，则 $Y=g(X)$为离散型随机变量，求出 Y 的所有可能取值及相应概率，即得 Y 的分布律．

(二) 连续型随机变量函数的分布

设 X 为连续型随机变量，若 $Y=g(X)$为离散型随机变量，则求出 Y 的所有可能取值及相应概率，即得 Y 的分布律；若 $Y=g(X)$为连续型随机变量，则利用分布函数的定义求出 Y 的分布函数，使其用 X 的分布函数(或概率密度)表示，再用求导的方法求出 Y 的概率密度．详见本章第 4 节题型 16.

第2节 基础题型

题型1 考查事件关系与运算

【方法点拨】

(1)掌握事件的概念、关系、运算和运算律，详见本章第1节考点精讲．

(2)做好文字语言和符号语言的转化：设A，B，C为三个事件，则

①$\overline{A}\cap\overline{B}\cap\overline{C}$表示$A$，$B$，$C$都不发生；

②$A\cap\overline{B}\cap\overline{C}$表示$A$发生，$B$与$C$都不发生；

③$(A\cap\overline{B}\cap\overline{C})\cup(\overline{A}\cap B\cap\overline{C})\cup(\overline{A}\cap\overline{B}\cap C)$表示$A$，$B$，$C$中只有一个发生；

④$(\overline{A}\cap\overline{B})\cup(\overline{A}\cap\overline{C})\cup(\overline{B}\cap\overline{C})$表示$A$，$B$，$C$中不多于一个发生；

⑤$A\cup B\cup C$表示A，B，C中至少有一个发生；

⑥$AB\overline{C}\cup A\overline{B}C\cup\overline{A}BC$表示$A$，$B$，$C$中只有两个发生；

⑦$\overline{A}\cup\overline{B}\cup\overline{C}$表示$A$，$B$，$C$中不多于两个发生；

⑧$AB\cup AC\cup BC$表示A，B，C中至少有两个发生；

⑨ABC表示A，B，C都发生．

(3)可以利用韦恩图提示思路或举反例．

例1 以A表示事件“甲种产品畅销，乙种产品滞销”，则其对立事件$\overline{A}$为(　　)．

A.“甲种产品滞销”

B.“乙种产品滞销”

C.“甲种产品滞销，乙种产品畅销”

D.“甲种产品滞销或乙种产品畅销”

E.“甲、乙两种产品均畅销”

【思路】已知实际背景，需判断$\overline{A}$的含义，根据事件的关系与运算翻译转化．

【解析】以B表示“甲种产品畅销”，C表示“乙种产品滞销”，则$A=B\cap C$，故$\overline{A}=\overline{B\cap C}=\overline{B}\cup\overline{C}$，则$\overline{A}$表示“甲种产品滞销或乙种产品畅销”．

【答案】D

例2 设A，B，C为三个事件，则下面结论中，正确的个数为(　　)．

(1)$A\cup B\cup C$表示“A，B，C至少有一个发生”；

(2)$(A\cap\overline{B}\cap\overline{C})\cup(\overline{A}\cap B\cap\overline{C})\cup(\overline{A}\cap\overline{B}\cap C)$表示“$A$，$B$，$C$不多于一个发生”；

(3)$\overline{A}\cup\overline{B}\cup\overline{C}$表示“$A$，$B$，$C$不同时发生”；

(4)$AB\cup AC\cup BC$表示“A，B，C恰好两个发生”．

A. 0　　B. 1　　C. 2　　D. 3　　E. 4

【思路】本题需判断 A，B，C 运算后所得事件的含义，故用事件的关系与运算的概率论含义分析.

【解析】$A\cup B\cup C$ 表示"A 发生或 B 发生或 C 发生"$\Leftrightarrow$"A，B，C 至少有一个发生"，故(1)正确.

$(A\cap\overline{B}\cap\overline{C})\cup(\overline{A}\cap B\cap\overline{C})\cup(\overline{A}\cap\overline{B}\cap C)$表示"$A$，$B$，$C$ 只有一个发生"，而$(A\cap\overline{B}\cap\overline{C})\cup(\overline{A}\cap B\cap\overline{C})\cup(\overline{A}\cap\overline{B}\cap C)\cup(\overline{A}\cap\overline{B}\cap\overline{C})$表示"$A$，$B$，$C$ 不多于一个发生"，故(2)错误.

$\overline{A}\cup\overline{B}\cup\overline{C}=\overline{ABC}$表示"$A$，$B$，$C$ 不同时发生"，故(3)正确.

$AB\cup AC\cup BC$ 表示"A，B，C 至少有两个发生(也包括三个发生)"，而 $AB\overline{C}\cup A\overline{B}C\cup\overline{A}BC$ 表示"A，B，C 恰好两个发生"，故(4)错误.

综上所述，正确结论的个数为 2.

【答案】C

例 3　设 A，B 为两个事件，则$(A\cup B)(A\cup\overline{B})(\overline{A}\cup B)(\overline{A}\cup\overline{B})=($　　$)$.

A. A　　B. $\overline{A}$　　C. B　　D. $\overline{B}$　　E. $\varnothing$

【思路】本题须化简复杂事件，可利用事件的运算律(视为集合运算律)，或利用事件的概率论含义.

【解析】方法一：利用事件的运算律.

$(A\cup B)(A\cup\overline{B})=A\cup A\overline{B}\cup BA\cup\varnothing=A$，同理可得$(\overline{A}\cup B)(\overline{A}\cup\overline{B})=\overline{A}$，故有

$$(A\cup B)(A\cup\overline{B})(\overline{A}\cup B)(\overline{A}\cup\overline{B})=A\overline{A}=\varnothing.$$

方法二：利用事件的概率论含义.

所求事件表示四个事件 $A\cup B$，$A\cup\overline{B}$，$\overline{A}\cup B$，$\overline{A}\cup\overline{B}$同时发生，其中 $A\cup B$ 发生表示 A，B 至少有一个发生，讨论如下：

当 A 发生时，$\overline{A}\cup B$ 和 $\overline{A}\cup\overline{B}$ 中的 $\overline{A}$ 不发生，则 B 和 $\overline{B}$ 同时发生，故所求事件为$\varnothing$；

当 B 发生时，$A\cup\overline{B}$ 和 $\overline{A}\cup\overline{B}$ 中的 $\overline{B}$ 不发生，则 A 和 $\overline{A}$ 同时发生，故所求事件为$\varnothing$.

综上所述，所求事件为$\varnothing$.

【注意】由于 $A\overline{B}\subset A$，$BA\subset A$，因此有 $A\cup A\overline{B}\cup BA=A$.

【答案】E

题型 2 计数问题

【知识补充】

(1)排列与排列数.

从 n 个不同元素中任取 $m(m\leqslant n)$ 个元素排成一列(考虑元素的先后次序)，称为一个排列，此种排列的总数，称为**排列数**，记为 A_n^m 或 P_n^m.

$A_n^m=n(n-1)(n-2)\cdots(n-m+1)=\dfrac{n!}{(n-m)!}$. $A_n^n=n!$，规定 $0!=1$.

(2)组合与组合数.

从 n 个不同元素中任取 $m(m\leqslant n)$ 个元素并成一组(不考虑元素间的先后次序)，称为一个组合，此种组合的总数，称为组合数，记为 C_n^m 或 $\dbinom{n}{m}$.

$$C_n^m=\frac{A_n^m}{A_m^m}=\frac{n(n-1)(n-2)\cdots(n-m+1)}{m!}=\frac{n!}{m!\,(n-m)!}.$$

$C_n^n=1$，$C_n^m=C_n^{n-m}$，规定 $C_n^0=1$.

【方法点拨】

(1)若数量较少，可用穷举法计数；否则可用加法原理、乘法原理和排列组合计数．

(2)掌握常见模型的计数方法：放球模型(无条件，有条件)见例 4；取球模型(一次取，多次取无放回，多次取有放回)见例 5；把具有相同数学模型的其他背景问题转化为常见模型计数，见例 6.

例 4 有 3 只不同的黑球、2 只不同的白球和 3 个不同的盒子(容量不限)，按以下三种方式把球放入盒中：(1)5 只球全部放入；(2)5 只球全部放入并且某指定盒中有且只有 1 只黑球；(3)任选 2 只黑球 1 只白球放入，且每盒中仅放入 1 只球．则在上述三种方式下不同的放法分别有(　　)种．

A. 60，16，36　　B. 60，48，36　　C. 243，16，48

D. 243，48，36　　E. 243，60，48

【思路】第一个问题属于无条件的放球模型，直接用乘法原理计数；后两个问题属于有条件的放球模型，分步完成：先满足条件，再放余下的球．

【解析】(1)每只球可放入三个不同的盒子中的任意一个，故有 3 种放法，根据乘法原理，5 只球共有 $3^5=243$(种)放法．

(2)分两步完成：①先从 3 只黑球中选出 1 只放入指定盒中，有 C_3^1 种放法；②再把余下的 4 只球放到余下的两个盒子中，这一步属于无条件的放球模型，有 2^4 种放法．根据乘法原理，完成整件事共有 $C_3^1\times2^4=48$(种)放法．

(3)分三步完成：①为黑球选出 2 个盒子，有 C_3^2 种选法；②选出两只黑球，放到选好的 2 个盒子中，有 A_3^2 种放法；③选出 1 只白球，放到剩余的 1 个盒子中，有 A_2^1 种放法，因此完成整件事共 $C_3^2\times A_3^2\times A_2^1=36$(种)放法．

【答案】D

例 5 一个口袋装有 4 只白球和 2 只黑球，按以下三种方式取球：(1)一次取：从袋中一次随机地取出 3 只球；(2)三次取无放回：第一次随机地取一只球，观察其颜色后不放回袋中，第二次从剩余的球中再取一球，第三次取球同理；(3)三次取有放回：第一次取一球，观察其颜色后放回袋中，搅匀后再取下一只，第二、三次取球同理(第三次取完并放回后不再取)．在上述三种方式下，取到 2 只白球、1 只黑球的方法分别有(　　)种．

A. 12，36，96　　B. 12，72，72　　C. 12，72，96

D. 24，36，72　　E. 24，72，96

【思路】第一种情形直接用乘法原理计数；第二种情形可转化为有条件的放球模型：假设有编号为 1，2，3 的三个盒子，那么第 $i(i=1,2,3)$次取出一只球对应把该只球放入第 i 号盒子中；第三种情形要注意放回的影响．

【解析】(1)4 只白球中选 2 只，共 C_4^2 种选法；2 只黑球中选 1 只，共 C_2^1 种选法．根据乘法原理，取到 2 只白球、1 只黑球的方法有 $C_4^2 \times C_2^1 = 12$(种).

(2)分三步完成：①三次中选出两次取到白球，有 C_3^2 种选法；②从 4 只白球中依次选 2 只，有 A_4^2 种选法；③2 只黑球选出 1 只，有 A_2^1 种选法．因此取到 2 只白球、1 只黑球的方法共 $C_3^2 \times A_4^2 \times A_2^1 = 72$(种).

(3)分三步完成：①三次中选出两次取出白球，有 C_3^2 种选法；②选出 2 只白球，有 4^2 种选法；③选出 1 只黑球，有 2 种选法．因此取到 2 只白球、1 只黑球的方法共 $C_3^2 \times 4^2 \times 2 = 96$(种).

【答案】C

例 6　将 5 个人分到三个不同的房间中，要求某指定的房间只有两个人，则分法共有(　　)种．

A. 30　　B. 40　　C. 60　　D. 80　　E. 100

【思路】虽然背景不同，但在数学模型中属于有条件的放球模型，先满足条件，再分余下的人．

【解析】第一步先从 5 个人中选出 2 个人，分到指定房间，有 C_5^2 种分法；

第二步再把余下的 3 个人分到余下的两个房间，有 2^3 种分法．

根据乘法原理，完成整件事共有 $C_5^2 \times 2^3 = 80$(种)分法．

【答案】D

题型 3　分布函数与分布律（或概率密度）之间的转化

【方法点拨】

(1)设 X 为离散型随机变量，则

①已知 X 的分布函数 $F(x)$，求 X 的分布律：X 的可能取值为 $F(x)$ 的间断点 x_k，相应概率为 $p_k = P\{X = x_k\} = F(x_k) - F(x_k - 0)$，$k = 1, 2, \cdots$. 从图形上看，$X$ 的可能取值为 $F(x)$ 图形上(阶梯曲线)有跳跃的点 x_k，相应概率为该点的跳跃值 $F(x_k) - F(x_k - 0)$.

②已知 X 的分布律 $P\{X = x_k\} = p_k$，$k = 1, 2, \cdots$，求 X 的分布函数 $F(x)$：$F(x) = P\{X \leqslant x\} = \sum\limits_{x_k \leqslant x} P\{X = x_k\} = \sum\limits_{x_k \leqslant x} p_k$(累加 X 落入 $(-\infty, x]$ 的概率).

(2)设 X 为连续型随机变量，则

①已知 X 的分布函数 $F(x)$，求 X 的概率密度 $f(x)$：$F'(x) = f(x)$，x 为 $F(x)$ 的可导点．

由于改变概率密度在个别点的函数值，不影响其积分值，进而不影响分布函数的函数值，这意味着一个连续型随机变量的概率密度不唯一，也意味着可以把概率密度在个别点的函数值指定为任意有限值．这给由分布函数求概率密度带来方便：对于分布函数的分段点，不必用导数定义计算导数，直接将概率密度在该点的函数值令为 0 即可．见例 9.

② 已知 X 的概率密度 $f(x)$，求 X 的分布函数 $F(x)$：$F(x) = \int_{-\infty}^{x} f(t)\,dt$，$x \in \mathbf{R}$.

注意：

若分布函数为分段函数，在分段求其表达式时，一般把自变量的取值范围写成“左闭右开”的形式：$a \leqslant x < b$，$x < a$，或 $b \leqslant x$，以便从形式上判断该函数满足右连续性．

例 7 设随机变量 X 的分布函数为 $F(x)=\begin{cases}0, & x<-1,\\ 0.4, & -1\leqslant x<1,\\ 0.8, & 1\leqslant x<3,\\ 1, & x\geqslant 3,\end{cases}$ 则 X 的概率分布为（ ）.

A. $P\{X=-1\}=0.2$，$P\{X=1\}=0.4$，$P\{X=3\}=0.4$

B. $P\{X=-1\}=0.4$，$P\{X=1\}=0.2$，$P\{X=3\}=0.4$

C. $P\{X=-1\}=0.4$，$P\{X=1\}=0.4$，$P\{X=3\}=0.2$

D. $P\{X=-1\}=0.2$，$P\{X=0\}=0.4$，$P\{X=3\}=0.4$

E. $P\{X=-1\}=0.4$，$P\{X=0\}=0.4$，$P\{X=3\}=0.2$

【思路】题干并未给出 X 的类型，由选项（或 $F(x)$ 为阶梯函数）知 X 为离散型随机变量，要求其分布律，故找出 $F(x)$ 的间断点 x_k，并计算 $F(x_k)-F(x_k-0)$，即为 X 的取值和概率.

【解析】$F(x)$ 的间断点 x_k 为 -1，1，3，相应的 $F(x_k)-F(x_k-0)$ 分别为 $0.4-0=0.4$，$0.8-0.4=0.4$，$1-0.8=0.2$，故 X 的概率分布为

$$P\{X=-1\}=0.4,\ P\{X=1\}=0.4,\ P\{X=3\}=0.2.$$

【答案】C

例 8 已知随机变量 X 的概率分布为 $P\{X=1\}=0.2$，$P\{X=2\}=0.3$，$P\{X=3\}=0.5$，则 X 的分布函数 $F(x)=$（ ）.

A. $\begin{cases}0, & x\leqslant 1,\\ 0.2, & 1<x\leqslant 2,\\ 0.3, & 2<x\leqslant 3,\\ 0.5, & x>3\end{cases}$　　B. $\begin{cases}0, & x\leqslant 1,\\ 0.2, & 1<x\leqslant 2,\\ 0.5, & 2<x\leqslant 3,\\ 1, & x>3\end{cases}$　　C. $\begin{cases}0, & x<1,\\ 0.2, & 1\leqslant x<2,\\ 0.3, & 2\leqslant x<3,\\ 0.5, & x\geqslant 3\end{cases}$

D. $\begin{cases}0, & x<1,\\ 0.2, & 1\leqslant x<2,\\ 0.5, & 2\leqslant x<3,\\ 1, & x\geqslant 3\end{cases}$　　E. $\begin{cases}0.2, & x=1,\\ 0.3, & x=2,\\ 0.5, & x=3,\\ 0, & \text{其他}\end{cases}$

【思路】本题已知分布律，求分布函数，故根据分布函数的定义，累加随机变量落入 $(-\infty, x]$ 的概率.

【解析】当 $x<1$ 时，$F(x)=P\{X\leqslant x\}=0$；

当 $1\leqslant x<2$ 时，$F(x)=P\{X\leqslant x\}=P\{X=1\}=0.2$；

当 $2\leqslant x<3$ 时，$F(x)=P\{X\leqslant x\}=P\{X=1\}+P\{X=2\}=0.2+0.3=0.5$；

当 $x\geqslant 3$ 时，$F(x)=P\{X\leqslant x\}=P\{X=1\}+P\{X=2\}+P\{X=3\}=0.2+0.3+0.5=1$.

综上，$F(x)=\begin{cases}0, & x<1,\\ 0.2, & 1\leqslant x<2,\\ 0.5, & 2\leqslant x<3,\\ 1, & x\geqslant 3.\end{cases}$

【答案】D

例 9 设连续型随机变量 X 的分布函数为 $F(x)=\begin{cases}0, & x<-a,\\ \frac{1}{2}+\frac{1}{\pi}\arcsin\frac{x}{a}, & -a\leqslant x\leqslant a,(a>0),\\ 1, & x>a\end{cases}$，则 X 的概率密度 $f(x)=$(　　).

A. $\begin{cases}\frac{a}{\pi\sqrt{a^2-x^2}}, & -a\leqslant x\leqslant a,\\ 0, & \text{其他}\end{cases}$

B. $\begin{cases}\frac{a}{\pi\sqrt{a^2-x^2}}, & -a<x<a,\\ 0, & \text{其他}\end{cases}$

C. $\begin{cases}\frac{1}{\pi\sqrt{a^2+x^2}}, & -a\leqslant x\leqslant a,\\ 0, & \text{其他}\end{cases}$

D. $\begin{cases}\frac{1}{\pi\sqrt{a^2-x^2}}, & -a\leqslant x\leqslant a,\\ 0, & \text{其他}\end{cases}$

E. $\begin{cases}\frac{1}{\pi\sqrt{a^2-x^2}}, & -a<x<a,\\ 0, & \text{其他}\end{cases}$

【思路】本题已知分布函数，求概率密度，故求导计算，并注意对分段点的处理.

【解析】当 $x<-a$ 或 $x>a$ 时，$f(x)=F'(x)=0$；

当 $-a<x<a$ 时，$f(x)=F'(x)=\left(\frac{1}{2}+\frac{1}{\pi}\arcsin\frac{x}{a}\right)'=\frac{1}{\pi}\cdot\frac{1}{\sqrt{1-\left(\frac{x}{a}\right)^2}}\cdot\frac{1}{a}=\frac{1}{\pi\sqrt{a^2-x^2}}$；

当 $x=\pm a$ 时，令 $f(x)=0$.

综上，$f(x)=\begin{cases}\frac{1}{\pi\sqrt{a^2-x^2}}, & -a<x<a,\\ 0, & \text{其他}\end{cases}$

【答案】E

例 10 已知随机变量 X 的概率密度 $f(x)=\frac{1}{2}e^{-|x|}$，$x\in\mathbf{R}$，则 X 的分布函数$F(x)=$(　　).

A. $\begin{cases}\frac{1}{2}e^x, & x<0,\\ \frac{1}{2}(1-e^{-x}), & x\geqslant 0\end{cases}$

B. $\begin{cases}\frac{1}{2}e^x, & x<0,\\ \frac{1}{2}(1+e^{-x}), & x\geqslant 0\end{cases}$

C. $\begin{cases}\frac{1}{2}e^x, & x<0,\\ 1-\frac{1}{2}e^{-x}, & x\geqslant 0\end{cases}$

D. $\begin{cases}\frac{1}{2}e^x, & x<0,\\ 1+\frac{1}{2}e^{-x}, & x\geqslant 0\end{cases}$

E. $\begin{cases}\frac{1}{2}e^{-x}, & x<0,\\ 1-\frac{1}{2}e^{-x}, & x\geqslant 0\end{cases}$

【思路】本题已知概率密度，求分布函数，故用公式 $F(x)=\int_{-\infty}^{x}f(t)\mathrm{d}t$，$x\in\mathbf{R}$.

【解析】当 $x<0$ 时，$F(x)=\int_{-\infty}^{x}f(t)\mathrm{d}t=\int_{-\infty}^{x}\frac{1}{2}e^{-|t|}\mathrm{d}t=\frac{1}{2}\int_{-\infty}^{x}e^t\mathrm{d}t=\frac{1}{2}e^t\Big|_{-\infty}^{x}=\frac{1}{2}e^x$；

当 $x\geqslant 0$ 时，$F(x)=\int_{-\infty}^{x}f(t)\mathrm{d}t=\int_{-\infty}^{0}\frac{1}{2}e^t\mathrm{d}t+\int_{0}^{x}\frac{1}{2}e^{-t}\mathrm{d}t=\frac{1}{2}e^t\Big|_{-\infty}^{0}-\frac{1}{2}e^{-t}\Big|_{0}^{x}=1-\frac{1}{2}e^{-x}$.

综上，$F(x)=\begin{cases}\dfrac{1}{2}e^{x}, & x<0,\\ 1-\dfrac{1}{2}e^{-x}, & x\geqslant 0.\end{cases}$

【注意】本题的常见错误为：当 $x\geqslant 0$ 时，$F(x)=\int_{-\infty}^{x}f(t)\mathrm{d}t=\int_{-\infty}^{x}\dfrac{1}{2}e^{-t}\mathrm{d}t$. 原因在于错把 x 的范围当成 t 的范围．事实上，当 $x\geqslant 0$ 时，$t\in(-\infty, x]$，此时，$|t|$ 仍须分为 $(-\infty, 0]$ 和 $(0, x]$ 两个区间进行讨论．

【答案】C

本节习题自测

1. 公交车上有 10 名乘客，沿途共有 5 个车站，则乘客下车的方式有(　　)种．

A. 15　　B. 50　　C. 100　　D. 5^{10}　　E. 10^{5}

2. 设 A，B，C 为三个事件，则事件"A，B，C 至多有一个发生"的逆事件是(　　).

A. "A，B，C 不多于一个发生"　　B. "A，B，C 至少有两个发生"

C. "A，B，C 都发生"　　D. "A，B，C 都不发生"

E. "A，B，C 不都发生"

3. 现有 0，1，2，3，4，5，6 七个数字，可组成(　　)个无重复数字的五位数．

A. 2 160　　B. 1 680　　C. 1 080　　D. 720　　E. 450

4. 设 A，B，C 为三个事件，则下面结论中正确的个数为(　　).

(1)若 $A\cup C=B\cup C$，则 $A=B$；　　(2)若 A，B 互不相容，则 $\overline{A}$，$\overline{B}$ 互不相容；

(3)若 $A\cup B=B$，则 $\overline{A}B=\varnothing$；　　(4) $AB\cup A\overline{B}\cup\overline{A}B\cup(\overline{A}\cap\overline{B})=\Omega$.

A. 0　　B. 1　　C. 2　　D. 3　　E. 4

5. 设离散型随机变量 X 的分布函数为 $F(x)=P\{X\leqslant x\}=\begin{cases}p_1, & x<a,\\ p_2, & a\leqslant x<b,\\ p_3, & b\leqslant x<c,\\ p_4, & x\geqslant c,\end{cases}$ 其中 $p_i(i=1, 2, 3, 4)$，a，b，c 为互不相等的常数，则 X 的概率分布为(　　).

A. $P\{X=a\}=p_1$，$P\{X=b\}=p_2$，$P\{X=c\}=p_3$

B. $P\{X=a\}=p_2-p_1$，$P\{X=b\}=p_3-p_2$，$P\{X=c\}=p_4-p_3$

C. $P\{X=a\}=p_2-p_1$，$P\{X=b\}=p_3-p_2-p_1$，$P\{X=c\}=p_4-p_3-p_2-p_1$

D. $P\{X=a\}=p_1+p_2$，$P\{X=b\}=p_2+p_3$，$P\{X=c\}=p_3+p_4$

E. $P\{X=a\}=p_1+p_2$，$P\{X=b\}=p_1+p_2+p_3$，$P\{X=c\}=p_1+p_2+p_3+p_4$

6. 设随机变量 X 服从标准正态分布，其分布函数和概率密度分别为 $\Phi(x)$ 和 $\varphi(x)$，随机变量 Y 的分布函数为 $F(x)=\begin{cases}2\Phi\left(\dfrac{x}{\sigma}\right)-1, & x\geqslant 0,\\ 0, & x<0\end{cases}$ $(\sigma>0)$，概率密度为 $f(x)$，则 $f(\sigma)+f(-\sigma)=$(　　).

A. $\dfrac{2}{\sigma}$　　B. $\dfrac{4}{\sigma}$　　C. $2\varphi(1)$　　D. $\dfrac{2}{\sigma}\varphi(1)$　　E. $\dfrac{4}{\sigma}\varphi(1)$

7. 设随机变量 X 的概率密度是 $f(x)=\begin{cases}2^{-x}\ln 2, & x>0,\\ 0, & x\leqslant 0,\end{cases}$ 则 X 的分布函数 $F(x)=($　　$)$.

A. $\begin{cases}2^{-x}, & x\leqslant 0,\\ 0, & x>0\end{cases}$　　B. $\begin{cases}0, & x\leqslant 0,\\ 2^{-x}, & x>0\end{cases}$　　C. $\begin{cases}1-2^{-x}, & x<0,\\ 0, & x\geqslant 0\end{cases}$

D. $\begin{cases}0, & x<0,\\ 1-2^{-x}, & x\geqslant 0\end{cases}$　　E. $\begin{cases}0, & x<0,\\ 1+2^{-x}, & x\geqslant 0\end{cases}$

习题详解

1. D

【解析】沿途共有 5 个车站，故每名乘客下车的方式有 5 种，根据乘法原理，10 名乘客下车的方式共有 5^{10} 种.

2. B

【解析】A，B，C 三个事件，按发生的事件数分类，所有可能情况为①全不发生；②只有一个发生；③只有两个发生；④三个都发生.

“A，B，C 至多有一个发生”为①和②，其对立面为③和④，即“A，B，C 至少有两个发生”.

3. A

【解析】分两步完成整件事：第一步先从 1，2，3，4，5，6 中选出 1 个放入万位，有 C_6^1 种放法；第二步再从余下的 6 个数中选 4 个按顺序放到余下的 4 个数位，有 A_6^4 种放法.

根据乘法原理，完成整件事的方法共有 $C_6^1\times A_6^4=6\times 6\times 5\times 4\times 3=2\ 160$(种).

4. B

【解析】令 $C=\Omega$，则 $A\cup C=B\cup C=C$，但 $A=B$ 不一定成立，故(1)错误.

令 A，B，C 为完备事件组，$C\neq\varnothing$，则满足 A，B 互不相容，但 $\overline{A}\cap\overline{B}=(B\cup C)\cap(A\cup C)=C\neq\varnothing$，故(2)错误.

令 $A=\varnothing$，则 $A\cup B=B$，但 $\overline{A}B=\Omega B=B$ 不一定为 $\varnothing$，故(3)错误.

$AB\cup A\,\overline{B}\cup\overline{A}B\cup(\overline{A}\cap\overline{B})=A(B\cup\overline{B})\cup\overline{A}(B\cup\overline{B})=A\Omega\cup\overline{A}\Omega=\Omega$，故(4)正确.

综上所述，正确结论的个数为 1.

5. B

【解析】$F(x)$的间断点 x_k 为 a，b，c，相应的 $F(x_k)-F(x_k-0)$ 分别为 p_2-p_1，p_3-p_2，p_4-p_3，故 X 的概率分布为 $P\{X=a\}=p_2-p_1$，$P\{X=b\}=p_3-p_2$，$P\{X=c\}=p_4-p_3$.

6. E

【解析】当 $x>0$ 时，$f(x)=F'(x)=\left[2\Phi\left(\frac{x}{\sigma}\right)-1\right]'=\frac{2}{\sigma}\varphi\left(\frac{x}{\sigma}\right)$，故

$$f(\sigma)+f(-\sigma)=\frac{2}{\sigma}[\varphi(1)+\varphi(-1)]=\frac{4}{\sigma}\varphi(1)(\varphi(x)\text{为偶函数}).$$

7. D

【解析】当 $x<0$ 时，$F(x)=\int_{-\infty}^{x}0\mathrm{d}t=0$；

当 $x\geqslant 0$ 时，$F(x)=\int_{-\infty}^{0}0\mathrm{d}t+\int_{0}^{x}2^{-t}\ln 2\mathrm{d}t=-2^{-t}\Big|_{0}^{x}=1-2^{-x}$.

综上，$F(x)=\begin{cases}0, & x<0,\\ 1-2^{-x}, & x\geqslant 0.\end{cases}$

第3节 真题题型

题型4 对概率相关公式的考查

【方法点拨】

(1)理解概率、条件概率、独立性的定义与性质(详见本章第1节).

(2)掌握概率表达式的化简方向及所用公式:

①化去逆事件符号:

$$P(\overline{A})=1-P(A),\ P(A\overline{B})=P(A)-P(AB).$$

$$P(\overline{A}\cap\overline{B})=P(\overline{A\cup B})=1-P(A\cup B).$$

②化去条件概率符号:

定义法:以 Ω 为样本空间,计算 $P(A)$ 和 $P(AB)$,再用条件概率定义计算 $P(B\mid A)=\dfrac{P(AB)}{P(A)}(P(A)>0)$.

缩减样本空间法:已知事件 A 发生,则样本空间 Ω 中不在 A 中的样本点均被排除,此时样本空间由 Ω 缩减为 A,在缩减后的样本空间 A 中计算事件 B 发生的概率即为 $P(B\mid A)$.

可用以上两种方法计算 $P(B\mid A)$ 或对其变形.一般只有以 A 为样本空间计算 B 的概率容易时,才用缩减样本空间法,其他情况,如不便用缩减样本空间法,或抽象推理中对 $P(B\mid A)$ 作变形等均用定义法.

③化去最值的符号:

$\{\max(X,\ Y)\leqslant a\}=\{X\leqslant a,\ Y\leqslant a\}=\{X\leqslant a\}\cap\{Y\leqslant a\}$;

$\{\max(X,\ Y)>a\}=\{X>a$ 或 $Y>a\}=\{X>a\}\cup\{Y>a\}$;

$\{\min(X,\ Y)\leqslant a\}=\{X\leqslant a$ 或 $Y\leqslant a\}=\{X\leqslant a\}\cup\{Y\leqslant a\}$;

$\{\min(X,\ Y)>a\}=\{X>a,\ Y>a\}=\{X>a\}\cap\{Y>a\}$.

在计算概率时,若对上述用 X,Y 这类随机变量记号表示的事件不熟悉,也可以用事件 A,B 这类记号来表示,进而联系到相应的概率公式.如记 $A=\{X\leqslant a\}$,$B=\{Y\leqslant a\}$,则 $P\{X\leqslant a,\ Y\leqslant a\}=P(AB)$,$P\{X\leqslant a$ 或 $Y\leqslant a\}=P(A\cup B)$.

注意:

①$P(AB)$ 不一定等于 $P(A)P(B)$,因为事件 A 和 B 不一定独立,应用乘法公式计算:$P(AB)=P(A)P(B\mid A)(P(A)>0)$.

②$P(A\cup B)$ 不一定等于 $P(A)+P(B)$,因为事件 A 和 B 不一定互斥,应用加法公式计算:$P(A\cup B)=P(A)+P(B)-P(AB)$.

例 11 已知$P(A)=\frac{1}{4}$，$P(B\mid A)=\frac{1}{3}$，$P(A\mid B)=\frac{1}{2}$，则$P(\overline{A}\cap\overline{B})=$（ ）.

A. $\frac{1}{2}$ B. $\frac{1}{3}$ C. $\frac{2}{3}$ D. $\frac{1}{4}$ E. $\frac{3}{4}$

【思路】用定义化简条件概率$P(B\mid A)$和$P(A\mid B)$，并用事件对偶律和逆事件概率公式化简$P(\overline{A}\cap\overline{B})$.

【解析】$P(B\mid A)=\frac{P(BA)}{P(A)}=\frac{1}{3}$，将$P(A)=\frac{1}{4}$代入上式，得$P(BA)=\frac{1}{12}$.

再由$P(A\mid B)=\frac{P(AB)}{P(B)}=\frac{1}{2}$，将$P(AB)=P(BA)=\frac{1}{12}$代入上式，得$P(B)=\frac{1}{6}$. 故

$P(\overline{A}\cap\overline{B})=P(\overline{A\cup B})=1-P(A\cup B)=1-P(A)-P(B)+P(AB)=1-\frac{1}{4}-\frac{1}{6}+\frac{1}{12}=\frac{2}{3}$.

【答案】C

例 12 已知X，Y为随机变量，且$P\{X\geqslant 0,\ Y\geqslant 0\}=\frac{2}{5}$，$P\{X\geqslant 0\}=P\{Y\geqslant 0\}=\frac{3}{5}$，则（ ）.

A. $P\{\max(X,\ Y)\geqslant 0\}=\frac{2}{5}$ B. $P\{\min(X,\ Y)\geqslant 0\}=\frac{2}{5}$ C. $P\{\max(X,\ Y)<0\}=\frac{2}{5}$

D. $P\{\min(X,\ Y)<0\}=\frac{2}{5}$ E. $P\{X\geqslant 0,\ Y<0\}=\frac{2}{5}$

【思路】前四个选项，利用事件的恒等变形化去最值符号，并利用概率的性质将所求概率用已知概率表示；E项利用减法公式将$P\{X\geqslant 0,\ Y<0\}$变形.

【解析】$P\{\max(X,\ Y)\geqslant 0\}=P\{(X\geqslant 0)\cup(Y\geqslant 0)\}=P\{X\geqslant 0\}+P\{Y\geqslant 0\}-P\{X\geqslant 0,\ Y\geqslant 0\}=\frac{3}{5}+\frac{3}{5}-\frac{2}{5}=\frac{4}{5}$，$P\{\max(X,\ Y)<0\}=1-P\{\max(X,\ Y)\geqslant 0\}=1-\frac{4}{5}=\frac{1}{5}$，故A、C项错误.

$P\{\min(X,\ Y)\geqslant 0\}=P\{X\geqslant 0,\ Y\geqslant 0\}=\frac{2}{5}$，$P\{\min(X,\ Y)<0\}=1-P\{\min(X,\ Y)\geqslant 0\}=1-\frac{2}{5}=\frac{3}{5}$，故B项正确，D项错误.

E项：$P\{X\geqslant 0,\ Y<0\}=P\{X\geqslant 0\}-P\{X\geqslant 0,\ Y\geqslant 0\}=\frac{3}{5}-\frac{2}{5}=\frac{1}{5}$，故E项错误.

【答案】B

题型5 对古典概型和几何概型的考查

【方法点拨】

(1)根据定义(两要点：“有限”和“等可能”)判断是否为古典概型，若是，则用“个数比”$\left(P(A)=\frac{A\text{包含的基本事件数}}{\text{基本事件的总数}}\right)$来算概率.

(2)取球模型中的概率计算.

设袋中共有N只球，其中M只白球，$N-M$只黑球，N，M，n均为正整数，且$M\leqslant N$，$n\leqslant N$，$r=\min\{M,\ n\}$，则

取球模型	取球方式	概率计算
一次取模型	一次随机取出 n 只球	事件 A_m 表示取出的 n 只球中只有 m 只白球，则 $P(A_m)=\frac{C_M^m C_{N-M}^{n-m}}{C_N^n}$, $m=0, 1, \cdots, r$.
逐个取无放回模型	取球 n 次，每次随机地取一只：第一次取一只球不放回袋中，第二次从剩余的球中再取一球，….	事件 B_m 表示取出的 n 只球中只有 m 只白球，则 $P(B_m)=\frac{C_M^m C_{N-M}^{n-m}}{C_N^n}$, $m=0, 1, \cdots, r$.
逐个取有放回模型	取球 n 次，每次随机地取一只：第一次取一只球，观察其颜色后放回袋中，搅匀后再取一球，….	事件 C_m 表示取出的 n 只球中只有 m 只白球，则 $P(C_m)=\frac{C_n^m M^m (N-M)^{n-m}}{N^n}$, $m=0, 1, \cdots, n$.

(3)根据定义(两要点："样本空间能用区域表示"和"等可能")判断是否为几何概型，若是，则用"度量比"$\left(P(A)=\frac{A\text{ 的度量}}{\Omega\text{ 的度量}}\right)$来算概率.

例 13　一袋中有四只球，编号为1，2，3，4，从袋中一次取出两只球，用 X 表示取出的两只球的最大号码数，则 $P\{X=4\}=$(　　).

A. 0.4　　B. 0.5　　C. 0.6　　D. 0.7　　E. 0.8

【思路】该试验满足"有限"和"等可能"，故为古典概型.

【解析】$\{X=4\}$表示"从袋中一次取出两只球，两只球的最大号码数为4"，即"从袋中一次取出两只球，一只为4号球，另一只为1，2，3号球中的一只"，故$\{X=4\}$包含的基本事件个数为 $C_3^1=3$. 又因为样本空间中基本事件总数为 $C_4^2=6$，则 $P\{X=4\}=\frac{3}{6}=0.5$.

【答案】B

例 14　一个袋子中有3只白球、2只黑球，不放回地取2次，每次取1只，则以下结论中正确的个数为(　　).

(1)第1次取到白球，第2次也取到白球的概率为$\frac{3}{10}$；

(2)取到2只白球的概率为$\frac{3}{10}$；

(3)第1次取到白球，第2次取到黑球的概率为$\frac{3}{10}$；

(4)取到1只白球，1只黑球的概率为$\frac{3}{10}$.

A. 0　　B. 1　　C. 2　　D. 3　　E. 4

【思路】本题为逐个取无放回模型，满足"有限"和"等可能"，故为古典概型.

【解析】用 A 表示"第1次取到白球"，B 表示"第2次取到白球"，则(1)、(2)的事件均为 AB，(3)的事件为 $A\overline{B}$，(4)的事件为 $A\overline{B}\cup\overline{A}B$.

样本空间含 $5\times4=20$(个)基本事件，AB 含 $3\times2=6$(个)基本事件，$A\overline{B}$含 $3\times2=6$(个)基本事件，$A\overline{B}\cup\overline{A}B$ 含 $2\times3\times2=12$(个)基本事件，故(1)、(2)、(3)所求概率均为$\frac{6}{20}=\frac{3}{10}$，(4)所求概率为$\frac{12}{20}=\frac{3}{5}$，则正确结论的个数为 3.

【答案】D

例 15　在区间(0，1)中随机地取两个数，则这两数之差的绝对值小于$\frac{1}{2}$的概率为(　　).

A. $\frac{1}{2}$　　B. $\frac{1}{3}$　　C. $\frac{2}{3}$　　D. $\frac{1}{4}$　　E. $\frac{3}{4}$

【思路】在区间(0，1)中随机地取两个数，样本空间 Ω 可表示为平面区域$\{(x, y)\mid 0<x<1, 0<y<1\}$，其面积为 1. 由于随机地取数，满足"等可能"，故该试验为几何概型.

【解析】记事件 A 为"两数之差的绝对值小于$\frac{1}{2}$"，对应的平面区域为$\left\{(x, y)\mid 0<x<1, 0<y<1, |x-y|<\frac{1}{2}\right\}$，即图中阴影区域 A，其面积为边长为 1 的正方形面积减去两个直角边长为$\frac{1}{2}$的等腰直角三角形面积，即 $1-2\times\frac{1}{2}\times\left(\frac{1}{2}\right)^2=\frac{3}{4}$.

故所求概率为$\frac{A\text{ 的面积}}{\Omega\text{ 的面积}}=\frac{\frac{3}{4}}{1}=\frac{3}{4}$.

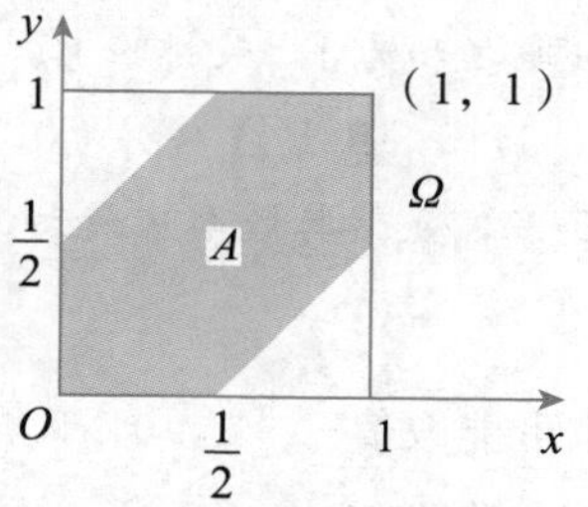

【答案】E

题型 6　对分布律的考查

【方法点拨】

(1)求随机变量 X 的分布律：求出 X 的所有可能取值及对应的概率.

(2)求随机变量 X 的函数 $Y=g(X)$的分布律：求出 Y 的所有可能取值及对应的概率.

例 16　从 0，1，2，3 四个数中随机抽取两个，这两个数的乘积记为 Y，则 Y 的概率分布为(　　).

A.

Y	0	2	6
P	$\frac{1}{2}$	$\frac{1}{4}$	$\frac{1}{4}$

B.

Y	0	2	3	6
P	$\frac{1}{2}$	$\frac{1}{6}$	$\frac{1}{3}$	$\frac{1}{3}$

C.

Y	0	2	3	6
P	$\frac{1}{2}$	$\frac{1}{6}$	$\frac{1}{6}$	$\frac{1}{6}$

D.

Y	0	2	3	6
P	$\frac{1}{6}$	$\frac{1}{6}$	$\frac{1}{6}$	$\frac{1}{2}$

E.

Y	0	2	3	6
P	$\frac{1}{6}$	$\frac{1}{3}$	$\frac{1}{3}$	$\frac{1}{2}$

【思路】本题求Y的分布律，可求出Y的所有可能取值及对应的概率，得到分布律；也可利用分布律的性质，结合对Y的取值和概率的分析，进行排除．

【解析】方法一：直接计算，可得Y的所有可能取值为0，2，3，6，相应的概率为

$$P\{Y=0\}=\frac{3}{C_4^2}=\frac{1}{2}；P\{Y=2\}=\frac{1}{C_4^2}=\frac{1}{6}；P\{Y=3\}=\frac{1}{C_4^2}=\frac{1}{6}；P\{Y=6\}=\frac{1}{C_4^2}=\frac{1}{6}.$$

故Y的分布律为

Y	0	2	3	6
P	$\frac{1}{2}$	$\frac{1}{6}$	$\frac{1}{6}$	$\frac{1}{6}$

.

方法二：排除法．

由分布律的规范性得，所有的概率之和为1，故排除B、E项；

因为Y的所有可能取值为0，2，3，6，且$P\{Y=3\}\neq 0$，故排除A项；

因为$\{Y=0\}$包含的基本事件数最多，显然其概率应最大，故排除D项．

【答案】C

例 17　设随机变量X只有三个可能取值：-1，0，1，取这三个值的概率分别为a^2，$-a$，a^2，X的分布函数为$F(x)$，则下列结论中正确的个数为（　　）．

(1)$a=1$；　　(2)$|X|$与X^2同分布；

(3)X^2+X服从参数为$\frac{1}{4}$的0—1分布；　　(4)$F\left(\frac{1}{2}\right)-\lim\limits_{x\to -1^-}F(x)=\frac{3}{4}$.

A. 0　　B. 1　　C. 2　　D. 3　　E. 4

【思路】由题干可得X为离散型随机变量，结合需判断的结论可知，应先利用分布律的规范性求参数a，再分别求X的函数$|X|$，X^2和X^2+X的分布律，之后把$F\left(\frac{1}{2}\right)-\lim\limits_{x\to -1^-}F(x)$表示成概率再计算．

【解析】由$a^2+(-a)+a^2=2a^2-a=1$解得$a=-\frac{1}{2}$或$a=1$.

当$a=1$时，X的分布律中的概率$-a=-1$不满足非负性，故舍去，则$a=-\frac{1}{2}$，(1)错误；

当 $a=-\frac{1}{2}$ 时，X 的分布律为 $P\{X=0\}=\frac{1}{2}$，$P\{X=-1\}=P\{X=1\}=\frac{1}{4}$，$|X|$ 的可能取值为 $|-1|$，$|0|$，$|1|$，即 0，1，相应的概率为 $P\{|X|=0\}=P\{X=0\}=\frac{1}{2}$，$P\{|X|=1\}=1-P\{|X|=0\}=\frac{1}{2}$.

同理计算得 X^2 的分布律为 $P\{X^2=0\}=P\{X^2=1\}=\frac{1}{2}$.

X^2+X 的分布律为 $P\{X^2+X=0\}=\frac{3}{4}$，$P\{X^2+X=2\}=\frac{1}{4}$.

故 $|X|$ 与 X^2 同分布，(2)正确，X^2+X 不是服从参数为 $\frac{1}{4}$ 的 0－1 分布，(3)错误．

$F\left(\frac{1}{2}\right)-\lim\limits_{x\to-1^-}F(x)=P\left\{X\leqslant\frac{1}{2}\right\}-P\{X<-1\}=P\{X=-1\}+P\{X=0\}=\frac{3}{4}$，故(4)正确．

综上，正确结论的个数为 2.

【答案】C

题型 7　对分布函数的考查

【方法点拨】

(1)掌握分布函数的定义、基本性质，会用分布函数表示概率(详见本章第 1 节).

(2)判断函数能否作为分布函数：用充要条件("单调不减""0～1 之间"和"右连续").

(3)求分布函数 $F(x)$ 中的未知参数：用基本性质中的等式($F(-\infty)=0$，$F(+\infty)=1$ 或 $F(x_0+0)=F(x_0)$，其中点 x_0 一般选取 $F(x)$ 的分段点).

(4)已知分布函数 $F(x)$，求概率：用 $P\{X\leqslant x_0\}=F(x_0)$，$P\{X<x_0\}=F(x_0-0)$，$x_0\in\mathbf{R}$.

(5)对分布函数的连续性(可导性)的考查：一般分布函数为右连续函数，离散型随机变量的分布函数为右连续的阶梯函数，连续型随机变量的分布函数是连续但未必可导的函数．

例 18　下列函数中，(　　)不能作为随机变量 X 的分布函数．

A. $F_1(x)=\begin{cases}0, & x<0,\\ \dfrac{x^2}{4}, & 0\leqslant x<2,\\ 1, & x\geqslant 2\end{cases}$　　B. $F_2(x)=\begin{cases}0, & x<0,\\ \dfrac{1}{3}, & 0\leqslant x<4,\\ 1, & x\geqslant 4\end{cases}$

C. $F_3(x)=\begin{cases}1-\mathrm{e}^{-x}, & x\geqslant 0,\\ 0, & x<0\end{cases}$　　D. $F_4(x)=\begin{cases}0, & x<0,\\ \dfrac{\ln(1+x)}{1+x}, & x\geqslant 0\end{cases}$

E. $F_5(x)=\begin{cases}0, & x<0,\\ 1, & x\geqslant 0\end{cases}$

【思路】判断函数能否作为分布函数，用充要条件.

【解析】A项：计算可得

$$\lim_{x\to 0^-}F_1(x)=\lim_{x\to 0^+}F_1(x)=F_1(0)=0,\ \lim_{x\to 2^-}F_1(x)=\lim_{x\to 2^+}F_1(x)=F_1(2)=1,$$

则 $F_1(x)$ 在 $\mathbf{R}$ 上连续，故右连续；当 $0<x<2$ 时，$[F_1(x)]'=\dfrac{x}{2}>0$，故 $F_1(x)$ 在 $[0,2)$ 单调增加；又当 $x<0$ 和 $x\geqslant 2$ 时，$F_1(x)$ 为常函数，故在 $(-\infty,0)$ 和 $[2,+\infty)$ 均单调不减；又 $F_1(x)$ 在 $\mathbf{R}$ 上连续，可知 $F_1(x)$ 在 $\mathbf{R}$ 上单调不减；由 $F_1(-\infty)=0$，$F_1(+\infty)=1$，且 $F_1(x)$ 在 $\mathbf{R}$ 上单调不减，得当 $-\infty<x<+\infty$ 时，有 $0\leqslant F_1(x)\leqslant 1$.

综上，$F_1(x)$ 满足分布函数的充要条件，故能作为分布函数.

同理可得B、C、E项的函数均满足该充要条件，能作为分布函数.

D项：当 $x>0$ 时，$[F_4(x)]'=\left[\dfrac{\ln(1+x)}{1+x}\right]'=\dfrac{\frac{1}{1+x}(1+x)-\ln(1+x)}{(1+x)^2}=\dfrac{1-\ln(1+x)}{(1+x)^2}$，令 $[F_4(x)]'=0$，得 $x=\mathrm{e}-1$，故当 $0<x<\mathrm{e}-1$ 时，$[F_4(x)]'>0$，$F_4(x)$ 单调增加；当 $x>\mathrm{e}-1$ 时，$[F_4(x)]'<0$，$F_4(x)$ 单调减少，则 $F_4(x)$ 不是在 $\mathbf{R}$ 上单调不减；

$F_4(+\infty)=\lim\limits_{x\to+\infty}\dfrac{\ln(1+x)}{1+x}=0\neq 1$，故 $F_4(x)$ 不满足"0～1之间"；由 $\lim\limits_{x\to 0^+}F_4(x)=F_4(0)=0$ 得 $F_4(x)$ 在 $\mathbf{R}$ 上右连续.

综上，$F_4(x)$ 不满足分布函数的充要条件，故不能作为分布函数.

【注意】实际解题时，一般不用对每个选项完整检验充要条件，为了快速解题，可先用 $F(-\infty)=0$，$F(+\infty)=1$ 和 $F(x)$ 在分段点处右连续，这几个方便计算的等式缩小选项的范围，再用充要条件中的其他内容判断出正确选项. 如本题，可先计算各选项中的函数在 $x\to-\infty$ 和 $x\to+\infty$ 时的极限值，当发现 $F_4(+\infty)=0\neq 1$ 时，即可选出D项.

【答案】D

例19 设 $F(x)$ 为分布函数，则下列函数仍可作为分布函数的是(　　).

A. $2F(x)$　　B. $F(2x)$　　C. $F(x^2)$　　D. $F(|x|)$　E. $1-F(-x)$

【思路】判断函数能否作为分布函数，用充要条件.

【解析】由 $F(x)$ 为分布函数，知 $F(x)$ 满足"单调不减""0～1之间"和"右连续".

(1)"单调不减"：对于任意 x_1，$x_2\in\mathbf{R}$，若 $x_1<x_2$，则 $2x_1<2x_2$，故 $F(2x_1)\leqslant F(2x_2)$，即 $F(2x)$ 满足"单调不减"；

(2)"0～1之间"：由 $0\leqslant F(x)\leqslant 1$，$x\in\mathbf{R}$ 得 $0\leqslant F(2x)\leqslant 1$，且 $F[2(-\infty)]=F(-\infty)=0$，$F[2(+\infty)]=F(+\infty)=1$，即 $F(2x)$ 满足"0～1之间"；

(3)"右连续"：对于任意 $x_0\in\mathbf{R}$，$\lim\limits_{x\to x_0^+}F(2x)\xlongequal{2x=t}\lim\limits_{t\to(2x_0)^+}F(t)=F(2x_0)$，即 $F(2x)$ 满足"右连续".

综上，$F(2x)$ 可作为分布函数，故B项正确.

同理验证，$2F(+\infty)=2$，$F[(-\infty)^2]=F(+\infty)=1$，$F(|-\infty|)=F(+\infty)=1$，故A、C、D项不能作为分布函数.

令 $F(x)=\begin{cases}1, & x\geqslant 0,\\ 0, & x<0,\end{cases}$ 则 $F(x)$ 为分布函数，此时有 $1-F(-x)=\begin{cases}1, & x>0,\\ 0, & x\leqslant 0,\end{cases}$ 在点 $x=0$ 非右连续，故E项不能作为分布函数．

【答案】B

例 20　设随机变量 X 的分布函数为 $F(x)=\begin{cases}a+\dfrac{b}{1+x^2}, & x>0,\\ c, & x\leqslant 0,\end{cases}$ 则参数 a，b，c 的值分别为(　　).

A. $a=1$，$b=1$，$c=0$　　B. $a=1$，$b=-1$，$c=-1$　　C. $a=1$，$b=-1$，$c=0$

D. $a=-1$，$b=-1$，$c=0$　　E. $a=-1$，$b=1$，$c=0$

【思路】求分布函数中的未知参数，可以利用分布函数的基本性质进行求解．

【解析】由分布函数的"0～1之间"性质，可得

$$\lim_{x\to-\infty}F(x)=\lim_{x\to-\infty}c=c=0,\quad \lim_{x\to+\infty}F(x)=\lim_{x\to+\infty}\left(a+\frac{b}{1+x^2}\right)=a=1.$$

再由分布函数的右连续性，可得 $\lim\limits_{x\to 0^+}\left(a+\dfrac{b}{1+x^2}\right)=c$，$a+b=c$，故 $b=-1$.

【答案】C

例 21　设随机变量 X 的分布函数 $F(x)=\begin{cases}0, & x<0,\\ \dfrac{1}{2}, & 0\leqslant x<1,\\ 1-e^{-x}, & x\geqslant 1,\end{cases}$ 则 $P\{X=1\}=$(　　).

A. 0　　B. $\dfrac{1}{2}$　　C. $\dfrac{1}{2}-e^{-1}$　　D. $\dfrac{1}{2}+e^{-1}$　　E. $1-e^{-1}$

【思路】先把所求概率 $P\{X=1\}$ 用分布函数 $F(x)$ 表示，再计算：$P\{X=x_0\}=P\{X\leqslant x_0\}-P\{X<x_0\}=F(x_0)-F(x_0-0)$.

【解析】$P\{X=1\}=F(1)-F(1-0)=1-e^{-1}-\dfrac{1}{2}=\dfrac{1}{2}-e^{-1}$.

【答案】C

例 22　设 $F(x)=\begin{cases}0, & x\leqslant 0,\\ \dfrac{ax}{2}, & 0<x\leqslant 1,\\ 1, & x>1,\end{cases}$ 则(　　).

A. 当 $a=1$ 时，$F(x)$是离散型随机变量的分布函数

B. 当 $a=1$ 时，$F(x)$是连续型随机变量的分布函数

C. 当 $a=1$ 时，$F(x)$不是分布函数

D. 当 $a=2$ 时，$F(x)$是离散型随机变量的分布函数

E. 当 $a=2$ 时，$F(x)$不是分布函数

【思路】判断给定函数是否为分布函数，用分布函数的充要条件；进一步，判断一个分布函数

是否为离散型(连续型)随机变量的分布函数，用相应类型分布函数的特点判断或排除.

【解析】当 $a=1$ 时，由于 $\lim\limits_{x\to1^+}F(x)=\lim\limits_{x\to1^+}1=1\neq F(1)=\dfrac{1}{2}$，因此 $F(x)$ 在点 $x=1$ 处非右连续，不是分布函数，故 A、B 项错误，C 项正确.

当 $a=2$ 时，$F(x)$ 满足"单调不减""0～1 之间"和"右连续"，因此是分布函数，故 E 项错误.由于 $F(x)$ 不是阶梯函数，故不是离散型随机变量的分布函数，故 D 项错误.

【答案】C

题型 8 对概率密度的考查

【方法点拨】

(1)掌握概率密度的定义、概率密度的性质和连续型随机变量的性质(详见本章第 1 节).

(2)判断函数能否作为概率密度：用充要条件("非负性"和"规范性").

(3)求概率密度 $f(x)$ 中的未知参数：用规范性$\left(\int_{-\infty}^{+\infty}f(x)\mathrm{d}x=1\right)$.

(4)已知随机变量 X 的概率密度 $f(x)$，求 X 落在区间 (a,b)（或 $[a,b)$，$(a,b]$，$[a,b]$）的概率：用"哪求概率哪积分"$\left(P\{a<X<b\}=P\{a\leqslant X<b\}=P\{a<X\leqslant b\}=P\{a\leqslant X\leqslant b\}=\int_a^b f(x)\mathrm{d}x\right)$.

例 23 设连续型随机变量 X_i 的分布函数和概率密度分别为 $F_i(x)$ 和 $f_i(x)$，$i=1,2$，其中 $f_i(x)$，$i=1,2$ 连续，则下列函数中可作为概率密度的个数为(   ).

(1)$f_1(2x)$；(2)$f_1(-x)$；(3)$2xf_1(x^2)$；

(4)$f_1(x)F_1(x)$；(5)$\dfrac{f_1(x)+f_1(x+1)}{2}$；(6)$f_2(x)F_1(x)+f_1(x)F_2(x)$.

A. 1　B. 2　C. 3　D. 4　E. 5

【思路】判断函数能否作为概率密度，用充要条件进行判断.

【解析】由已知条件，可得 $F_i(x)$ 满足"单调不减""0～1 之间"和"右连续"，$f_i(x)$ 满足非负性和规范性.

判断非负性：

当 $x<0$ 时，$2xf_1(x^2)\leqslant0$(若令 $f_1(x)$ 为标准正态概率密度，则 $2xf_1(x^2)<0$)，故 $2xf_1(x^2)$ 不满足非负性，(3)不能作为概率密度.同理可得其余几个满足非负性.

判断规范性：

$$\int_{-\infty}^{+\infty}f_1(2x)\mathrm{d}x=\frac{1}{2}\int_{-\infty}^{+\infty}f_1(2x)\mathrm{d}(2x)=\frac{1}{2}F_1(2x)\Big|_{-\infty}^{+\infty}=\frac{1}{2}.$$

$$\int_{-\infty}^{+\infty}f_1(-x)\mathrm{d}x=-\int_{-\infty}^{+\infty}f_1(-x)\mathrm{d}(-x)=-F_1(-x)\Big|_{-\infty}^{+\infty}=1.$$

$$\int_{-\infty}^{+\infty}f_1(x)F_1(x)\mathrm{d}x=\int_{-\infty}^{+\infty}F_1(x)\mathrm{d}[F_1(x)]=\frac{F_1^2(x)}{2}\Big|_{-\infty}^{+\infty}=\frac{1}{2}.$$

$$\int_{-\infty}^{+\infty}\frac{f_1(x)+f_1(x+1)}{2}\mathrm{d}x=\frac{1}{2}\int_{-\infty}^{+\infty}f_1(x)\mathrm{d}x+\frac{1}{2}\int_{-\infty}^{+\infty}f_1(x+1)\mathrm{d}(x+1)=1.$$

$$\int_{-\infty}^{+\infty}[f_2(x)F_1(x)+f_1(x)F_2(x)]\mathrm{d}x=F_1(x)F_2(x)\Big|_{-\infty}^{+\infty}=1.$$

综上，同时满足非负性和规范性的函数有(2)、(5)、(6)，共3个.

【答案】C

例 24 已知随机变量 X 的概率密度为 $f(x)=\begin{cases}\dfrac{a}{\sqrt{1-x^2}}, & |x|<1,\\ 0, & |x|\geqslant 1,\end{cases}$ 则常数 a 和概率 $P\left\{-\dfrac{1}{2}<X<\dfrac{1}{2}\right\}$ 的值分别为(　　).

A. $\dfrac{2}{\pi}$，$\dfrac{1}{6}$　　B. $\dfrac{2}{\pi}$，$\dfrac{1}{3}$　　C. $\dfrac{1}{\pi}$，$\dfrac{1}{6}$　　D. $\dfrac{1}{\pi}$，$\dfrac{1}{3}$　　E. $\dfrac{1}{\pi}$，$\dfrac{2}{3}$

【思路】已知概率密度求未知参数和概率，故用规范性和"哪求概率哪积分"进行计算.

【解析】$\int_{-\infty}^{+\infty}f(x)\mathrm{d}x=\int_{-1}^{1}\dfrac{a}{\sqrt{1-x^2}}\mathrm{d}x=2a\int_0^1\dfrac{1}{\sqrt{1-x^2}}\mathrm{d}x=2a\arcsin x\Big|_0^1=a\pi=1$，故 $a=\dfrac{1}{\pi}$.

$$P\left\{-\frac{1}{2}<X<\frac{1}{2}\right\}=\int_{-\frac{1}{2}}^{\frac{1}{2}}f(x)\mathrm{d}x=\frac{1}{\pi}\int_{-\frac{1}{2}}^{\frac{1}{2}}\frac{1}{\sqrt{1-x^2}}\mathrm{d}x$$

$$=\frac{2}{\pi}\int_0^{\frac{1}{2}}\frac{1}{\sqrt{1-x^2}}\mathrm{d}x=\frac{2}{\pi}\arcsin x\Big|_0^{\frac{1}{2}}=\frac{1}{3}.$$

【答案】D

题型9 对离散型常见分布的考查

【方法点拨】

掌握0—1分布、二项分布、几何分布、泊松分布的符号表示、分布律和性质(二项分布和几何分布的背景). 详见本章第1节.

例 25 设离散型随机变量 X 的分布律为 $P\{X=i\}=p^{i+1}$，$i=0$，1，其分布函数为 $F(x)$，则(　　).

A. 当 $x\geqslant 1$ 时，$F(x)=\dfrac{\sqrt{5}-1}{2}$

B. $\lim\limits_{x\to 0^+}F(x)+\lim\limits_{x\to 1^-}F(x)=1$

C. $P\{F(X)=0\}=0$

D. $P\{F(X)=1\}=1$

E. 若 Y 的分布律为 $P\{Y=0\}=1-p$，$P\{Y=1\}=p$，则 X 与 Y 同分布

【思路】先利用规范性求出 p，并根据 X 的分布律求出分布函数 $F(x)$，再结合选项判断.

【解析】由 $p+p^2=1$，解得 $p=\dfrac{\sqrt{5}-1}{2}$(舍去负值). 当 $x<0$ 时，$F(x)=0$；当 $0\leqslant x<1$ 时，$F(x)=\dfrac{\sqrt{5}-1}{2}$；当 $x\geqslant 1$ 时，$F(x)=1$. 故 $F(x)=\begin{cases}0, & x<0,\\ \dfrac{\sqrt{5}-1}{2}, & 0\leqslant x<1,\\ 1, & x\geqslant 1.\end{cases}$

A 项：当 $x \geqslant 1$ 时，$F(x)=1 \neq \dfrac{\sqrt{5}-1}{2}$，故 A 项错误．

B 项：$\lim\limits_{x \to 0^+} F(x)+\lim\limits_{x \to 1^-} F(x)=\lim\limits_{x \to 0^+} \dfrac{\sqrt{5}-1}{2}+\lim\limits_{x \to 1^-} \dfrac{\sqrt{5}-1}{2}=\sqrt{5}-1 \neq 1$，故 B 项错误．

C、D 项：由 $F(x)$ 的计算结果得 $F(X)=\begin{cases}0, & X<0, \\ \dfrac{\sqrt{5}-1}{2}, & 0 \leqslant X<1, \\ 1, & X \geqslant 1 .\end{cases}$

$P\{F(X)=0\}=P\{X<0\}=0$，故 C 项正确．

$P\{F(X)=1\}=P\{X \geqslant 1\}=P\{X=1\}=1-\dfrac{\sqrt{5}-1}{2}=\dfrac{3-\sqrt{5}}{2} \neq 1$，故 D 项错误．

E 项：由于 $P\{X=0\}=p \neq 1-p=P\{Y=0\}$，因此 X 与 Y 不同分布，故 E 项错误．

【答案】C

例 26　设 $X \sim B(2, p)$，$Y \sim B(4, 2p)$，若 $P\{X \geqslant 1\}=\dfrac{5}{9}$，则 $P\{Y \geqslant 1\}=(\quad)$．

A. $\dfrac{4}{9}$　　B. $\dfrac{5}{9}$　　C. $\dfrac{16}{81}$　　D. $\dfrac{65}{81}$　　E. $\dfrac{80}{81}$

【思路】先由 X 的分布和 $P\{X \geqslant 1\}=\dfrac{5}{9}$ 求出参数 p，再计算概率 $P\{Y \geqslant 1\}$．

【解析】由 $X \sim B(2, p)$ 得 $P\{X \geqslant 1\}=1-P\{X=0\}=1-(1-p)^2=\dfrac{5}{9}$，解得 $p=\dfrac{1}{3}$（舍去不在$[0, 1]$的值），故 $Y \sim B\left(4, \dfrac{2}{3}\right)$，则 $P\{Y \geqslant 1\}=1-P\{Y=0\}=1-\left(\dfrac{1}{3}\right)^4=\dfrac{80}{81}$.

【答案】E

例 27　设随机变量 X 服从参数为 $p(0<p<1)$ 的几何分布，m，n 均为正整数，则(　　)．

A. $P\{X<n\}=(1-p)^{n-1}$

B. $P\{X>n\}=p^n$

C. $P\{X=m+n, X>m\}=P\{X=n\}$

D. $P\{X=m+n \mid X>m\}=P\{X>n\}$

E. $P\{X>m+n \mid X>m\}=P\{X>n\}$

【思路】先写出几何分布的分布律，再根据分布律计算各选项的概率和条件概率．

【解析】由 $X \sim G(p)$ 得 $P\{X=k\}=(1-p)^{k-1} p$，$k=1, 2, \cdots$.

A 项：

$$\begin{aligned} P\{X<n\} & =P\{X=1\}+P\{X=2\}+\cdots+P\{X=n-1\} \\ & =p+(1-p) p+(1-p)^2 p+\cdots+(1-p)^{n-2} p \\ & =p \frac{1-(1-p)^{n-1}}{1-(1-p)}=1-(1-p)^{n-1}, \end{aligned}$$

故 A 项错误．

B 项：利用 A 项的计算结果，可得

$$\begin{aligned} P\{X>n\} & =1-P\{X<n\}-P\{X=n\} \\ & =1-\left[1-(1-p)^{n-1}\right]-(1-p)^{n-1} p=(1-p)^n, \end{aligned}$$

故B项错误.

C项：$P\{X=m+n, X>m\}=P\{X=m+n\}\neq P\{X=n\}$，故C项错误.

D项：利用条件概率定义和B项计算结果得

$$P\{X=m+n \mid X>m\}=\frac{P\{X=m+n, X>m\}}{P\{X>m\}}=\frac{P\{X=m+n\}}{P\{X>m\}}$$
$$=\frac{(1-p)^{m+n-1}p}{(1-p)^m}=(1-p)^{n-1}p=P\{X=n\},$$

故D项错误.

E项：利用条件概率定义和B项计算结果得

$$P\{X>m+n \mid X>m\}=\frac{P\{X>m+n, X>m\}}{P\{X>m\}}=\frac{P\{X>m+n\}}{P\{X>m\}}$$
$$=\frac{(1-p)^{m+n}}{(1-p)^m}=(1-p)^n=P\{X>n\},$$

故E项正确.

【答案】E

例 28 随机变量 X 服从参数为 $\lambda(\lambda>0)$ 的泊松分布，且 $P\{X\neq 0\}+P\{X=1\}=1$. 以 Y 表示对 X 的三次独立重复观察中事件 $\{X<2\}$ 出现的次数，则 $P\{Y=2\}=$(　　).

A. $\frac{2}{e}$　　B. $1-\frac{2}{e}$　　C. $\frac{6(e-2)}{e^3}$　　D. $1-\frac{6(e-2)}{e^3}$　　E. $\frac{12(e-2)}{e^3}$

【思路】先由 $P\{X\neq 0\}+P\{X=1\}=1$，利用泊松分布的分布律求出参数 λ；再根据背景判断出 Y 的分布：三重伯努利试验中，$\{X<2\}$ 出现的次数 Y 服从二项分布 $B(3, p)$，其中 $p=P\{X<2\}$；最后利用二项分布的分布律计算 $P\{Y=2\}$.

【解析】由 $X\sim P(\lambda)$ 得

$$P\{X\neq 0\}+P\{X=1\}=1-P\{X=0\}+P\{X=1\}=1-\frac{\lambda^0}{0!}e^{-\lambda}+\frac{\lambda}{1!}e^{-\lambda}=1+(\lambda-1)e^{-\lambda}=1,$$

解得 $\lambda=1$，则 $X\sim P(1)$，故 $p=P\{X<2\}=P\{X=0\}+P\{X=1\}=\frac{2}{e}$，$Y\sim B\left(3, \frac{2}{e}\right)$，可得

$$P\{Y=2\}=C_3^2\left(\frac{2}{e}\right)^2\left(1-\frac{2}{e}\right)^1=\frac{12(e-2)}{e^3}.$$

【答案】E

题型 10 对连续型常见分布的考查

【方法点拨】

掌握均匀分布、指数分布和正态分布的符号表示、概率密度和性质(均匀分布算概率的长度比、指数分布的无记忆性、正态分布的标准化和对称性). 详见本章第1节.

例 29 设 $f_1(x)$ 为标准正态分布的概率密度，$f_2(x)$ 为 $(-1, 3)$ 上均匀分布的概率密度，若 $f(x)=\begin{cases} af_1(x), & x\leqslant 0, \\ bf_2(x), & x>0 \end{cases}$ $(a>0, b>0)$ 为概率密度，则 a, b 应满足(　　).

A. $2a+3b=4$　　B. $3a+2b=4$　　C. $3a+2b=1$

D. $a+b=1$　　E. $a+b=2$

【思路】根据概率密度的规范性，结合标准正态分布的性质和均匀分布的概率密度表达式计算．

【解析】$\int_{-\infty}^{+\infty}f(x)\mathrm{d}x=\int_{-\infty}^{0}af_1(x)\mathrm{d}x+\int_{0}^{+\infty}bf_2(x)\mathrm{d}x=a\int_{-\infty}^{0}f_1(x)\mathrm{d}x+b\int_{0}^{+\infty}f_2(x)\mathrm{d}x=1$①.

由 $f_1(x)$ 为标准正态分布的概率密度，可知 $f_1(x)$ 为偶函数，则

$$\int_{-\infty}^{0}f_1(x)\mathrm{d}x=\frac{1}{2}\int_{-\infty}^{+\infty}f_1(x)\mathrm{d}x=\frac{1}{2}\text{②}.$$

由 $f_2(x)$ 为 $(-1,3)$ 上均匀分布的概率密度，可知 $f_2(x)=\begin{cases}\frac{1}{4}, & -1<x<3,\\ 0, & \text{其他},\end{cases}$ 则

$$\int_{0}^{+\infty}f_2(x)\mathrm{d}x=\int_{0}^{3}\frac{1}{4}\mathrm{d}x=\frac{3}{4}\text{③}.$$

将式②和式③代入式①中，得 $\frac{a}{2}+\frac{3}{4}b=1$，即 $2a+3b=4$.

【答案】A

例 30　设某设备在任何时长为 t 的时间内发生故障的次数 $N(t)$ 服从参数为 λt 的泊松分布，T 表示相继两次故障之间的时间间隔，则(　　).

A. T 服从泊松分布

B. T 为离散型随机变量但不服从泊松分布

C. $P\{T\geqslant 16, T\geqslant 8\}=\mathrm{e}^{-8\lambda}$

D. $P\{T\geqslant 16 \mid T\geqslant 8\}=\mathrm{e}^{-8\lambda}$

E. $P\{T<16 \mid T\geqslant 8\}=\mathrm{e}^{-8\lambda}$

【思路】先求出 T 的分布函数 $F_T(t)$ 和概率密度 $f_T(t)$，由此判断出 T 服从的常见分布，再计算选项中的概率和条件概率．

【解析】由题意知 T 为非负随机变量，故当 $t<0$ 时，$F_T(t)=P\{T\leqslant t\}=0$；

当 $t\geqslant 0$ 时，$F_T(t)=P\{T\leqslant t\}=1-P\{T>t\}$，其中 $\{T>t\}$ 表示该设备在长为 t 的时间内没有发生故障，故 $\{T>t\}=\{N(t)=0\}$，又 $N(t)\sim P(\lambda t)$，则

$$F_T(t)=1-P\{T>t\}=1-\mathrm{e}^{-\lambda t}.$$

故 $F_T(t)=\begin{cases}0, & t<0,\\ 1-\mathrm{e}^{-\lambda t}, & t\geqslant 0,\end{cases}$ 则 $f_T(t)=\begin{cases}0, & t<0,\\ \lambda\mathrm{e}^{-\lambda t}, & t\geqslant 0,\end{cases}$ 说明 $T\sim E(\lambda)$. 故 A、B 项错误．

$P\{T\geqslant 16, T\geqslant 8\}=P\{T\geqslant 16\}=1-P\{T<16\}=1-F(16)=\mathrm{e}^{-16\lambda}$，故 C 项错误．

方法一：用无记忆性．

$P\{T\geqslant 16 \mid T\geqslant 8\}=P\{T\geqslant 8\}=1-F(8)=\mathrm{e}^{-8\lambda}$，故 D 项正确．

$P\{T<16 \mid T\geqslant 8\}=1-P\{T\geqslant 16 \mid T\geqslant 8\}=1-\mathrm{e}^{-8\lambda}$，故 E 项错误．

方法二：用条件概率定义．

$$P\{T\geqslant 16 \mid T\geqslant 8\}=\frac{P\{T\geqslant 16, T\geqslant 8\}}{P\{T\geqslant 8\}}=\frac{P\{T\geqslant 16\}}{P\{T\geqslant 8\}}=\frac{1-F(16)}{1-F(8)}=\mathrm{e}^{-8\lambda}.$$

$$P\{T<16 \mid T\geqslant 8\}=\frac{P\{T<16,\ T\geqslant 8\}}{P\{T\geqslant 8\}}=\frac{P\{8\leqslant T<16\}}{P\{T\geqslant 8\}}=\frac{F(16)-F(8)}{1-F(8)}=1-e^{-8\lambda}.$$

【答案】D

例 31　随机变量 X 服从正态分布 $N(3,\ 6^2)$，$P\{3<X<4\}=0.2$，则 $P\{X\geqslant 2\}=$(　　).

A. 0.2　　B. 0.3　　C. 0.7　　D. 0.8　　E. 0.9

【思路】本题已知 X 服从正态分布，求概率，故用对称性或标准化计算.

【解析】方法一：对称性.

由 $X\sim N(3,\ 6^2)$，结合对称性，可知 $P\{X\geqslant 3\}=0.5$，$P\{2\leqslant X<3\}=P\{3<X<4\}=0.2$，故

$$P\{X\geqslant 2\}=P\{2\leqslant X<3\}+P\{X\geqslant 3\}=0.2+0.5=0.7.$$

方法二：标准化.

由 $X\sim N(\mu,\ \sigma^2)\Rightarrow\frac{X-\mu}{\sigma}\sim N(0,\ 1)$，得 $X\sim N(3,\ 6^2)\Rightarrow\frac{X-3}{6}\sim N(0,\ 1)$，因此

$$P\left\{\frac{3-3}{6}<\frac{X-3}{6}<\frac{4-3}{6}\right\}=P\left\{0<\frac{X-3}{6}<\frac{1}{6}\right\}=\Phi\left(\frac{1}{6}\right)-\Phi(0)=\Phi\left(\frac{1}{6}\right)-0.5=0.2.$$

故 $\Phi\left(\frac{1}{6}\right)=0.7$，由此可得

$$P\{X\geqslant 2\}=P\left\{\frac{X-3}{6}\geqslant\frac{2-3}{6}\right\}=1-P\left\{\frac{X-3}{6}<-\frac{1}{6}\right\}=1-\Phi\left(-\frac{1}{6}\right)=1-\left[1-\Phi\left(\frac{1}{6}\right)\right]=0.7.$$

【答案】C

例 32　设 X_1，X_2，X_3 是随机变量，且 $X_1\sim N(0,\ 1)$，$X_2\sim N(0,\ 2^2)$，$X_3\sim N(5,\ 3^2)$，$p_i=P\{-2\leqslant X_i\leqslant 2\}(i=1,\ 2,\ 3)$，则(　　).

A. $p_1>p_2>p_3$　　B. $p_1>p_3>p_2$　　C. $p_2>p_1>p_3$

D. $p_2>p_3>p_1$　　E. $p_3>p_1>p_2$

【思路】已知三个随机变量服从不同参数的正态分布，比较概率，故用标准化将概率用 $\Phi(x)$ 的函数值表示，再比较.

【解析】$X_2\sim N(0,\ 2^2)\Rightarrow\frac{X_2-0}{2}\sim N(0,\ 1)$，$X_3\sim N(5,\ 3^2)\Rightarrow\frac{X_3-5}{3}\sim N(0,\ 1)$，故

$$p_1=P\{-2\leqslant X_1\leqslant 2\}=\Phi(2)-\Phi(-2)=2\Phi(2)-1;$$

$$p_2=P\{-2\leqslant X_2\leqslant 2\}=P\left\{\frac{-2-0}{2}\leqslant\frac{X_2-0}{2}\leqslant\frac{2-0}{2}\right\}=\Phi(1)-\Phi(-1)=2\Phi(1)-1;$$

$$p_3=P\{-2\leqslant X_3\leqslant 2\}=P\left\{\frac{-2-5}{3}\leqslant\frac{X_3-5}{3}\leqslant\frac{2-5}{3}\right\}=\Phi(-1)-\Phi\left(-\frac{7}{3}\right).$$

由 $\Phi'(x)=\varphi(x)>0$ 得 $\Phi(x)$ 是单调增加函数，故 $\Phi(2)>\Phi(1)$，则 $2\Phi(2)-1>2\Phi(1)-1$，故 $p_1>p_2$.

由于 $2\Phi(1)-1$ 与 $\Phi(-1)-\Phi\left(-\frac{7}{3}\right)$ 的大小不便直接比较，故将 p_2 和 p_3 写成定积分的形式，并考虑其几何意义：

$p_2=\int_{-1}^{1}\varphi(x)\mathrm{d}x$ 表示 $y=\varphi(x)$，$x=-1$，$x=1$ 和 x 轴围成的曲边梯形 A 的面积；

$p_3=\int_{-\frac{7}{3}}^{-1}\varphi(x)\mathrm{d}x$ 表示 $y=\varphi(x)$，$x=-\frac{7}{3}$，$x=-1$ 和 x 轴围成的曲边梯形 B 的面积．

由 $y=\varphi(x)$ 的形态(中间高，两边低)得曲边梯形 A 比 B 的底边长且高度高，故 A 的面积大，则 $p_2>p_3$．

综上，$p_1>p_2>p_3$．

【答案】A

本节习题自测

1. 一批电视共 100 台，次品率为 10%，接连两次从中任取一个(不放回)，则第二次才取得正品的概率为(　　)．

A. $\frac{1}{9}$　B. $\frac{1}{10}$　C. $\frac{9}{10}$　D. $\frac{1}{11}$　E. $\frac{10}{11}$

2. 已知 X 和 Y 为两个随机变量，且 $P\{X<0, Y<0\}=\frac{3}{7}$，$P\{X<0\}=\frac{4}{7}$，则 $P\{X<0, \max(X, Y)\geqslant 0\}=$(　　)．

A. $\frac{1}{7}$　B. $\frac{2}{7}$　C. $\frac{3}{7}$　D. $\frac{4}{7}$　E. $\frac{5}{7}$

3. 已知 $P(A)=P(B)=P(C)=\frac{1}{4}$，$P(AB)=0$，$P(AC)=P(BC)=\frac{1}{10}$，则事件 A，B，C 全不发生的概率为(　　)．

A. $\frac{1}{2}$　B. $\frac{1}{4}$　C. $\frac{1}{5}$　D. $\frac{1}{20}$　E. $\frac{9}{20}$

4. 设 A，B，C 是随机事件，A 与 C 互不相容，$P(AB)=\frac{1}{2}$，$P(C)=\frac{1}{3}$，则 $P(AB\mid\overline{C})=$(　　)．

A. $\frac{1}{4}$　B. $\frac{1}{3}$　C. $\frac{1}{2}$　D. $\frac{2}{3}$　E. $\frac{3}{4}$

5. 设 A 与 B 为任意两个事件，$P(A)>0$，$P(B)>0$，则以下结论正确的个数是(　　)．

(1)若 A 与 B 互斥，则 A 与 B 不独立；
(2)若 A 与 B 独立，则 A 与 B 不互斥；
(3)若 A 与 B 对立，则 A 与 B 不独立；
(4)若 A 与 B 独立，则 A 与 B 不对立．

A. 0　B. 1　C. 2　D. 3　E. 4

6. 若 A，B 为任意两个随机事件，则(　　)．

A. $P(AB)\leqslant P(A)P(B)$

B. $P(AB)\geqslant P(A)P(B)$

C. $P(AB)\leqslant\frac{P(A)+P(B)}{2}$

D. $P(AB)\geqslant\frac{P(A)+P(B)}{2}$

E. $P(A)P(B)\geqslant\frac{P(A)+P(B)}{2}$

7. 考虑一元二次方程 $x^2+Bx+C=0$，其中 B，C 分别是将一枚骰子接连掷两次先后出现的点数，则该方程有重根的概率为(　　).

A. $\frac{1}{6}$　　B. $\frac{1}{9}$　　C. $\frac{1}{12}$　　D. $\frac{1}{18}$　　E. $\frac{1}{36}$

8. 设盒子中有10张彩票，其中只有两个大奖，甲、乙两人先后随机地从中抽取一张(甲先取，不放回)，则以下结论中正确的个数为(　　).

(1)两人同时抽到大奖的概率为$\frac{1}{45}$；(2)只有甲抽到大奖的概率为$\frac{8}{45}$；

(3)只有乙抽到大奖的概率为$\frac{8}{45}$；　(4)只有一人抽到大奖的概率为$\frac{16}{45}$.

A. 0　　B. 1　　C. 2　　D. 3　　E. 4

9. 随机地向半圆$0<y<\sqrt{2ax-x^2}$(a为正常数)内掷一点，点落在半圆内任何区域的概率与该区域的面积成正比．则原点和该点的连线与x轴的夹角小于$\frac{\pi}{4}$的概率为(　　).

A. $\frac{1}{2}$　　B. $\frac{1}{\pi}$　　C. $\frac{1}{2}+\frac{1}{\pi}$　　D. $\frac{1}{2}-\frac{1}{\pi}$　　E. $1-\frac{1}{\pi}$

10. 从0，1，2，…，9这十个数字中任意选出三个不同的数字，$A_1=\{$三个数字中不含0和5$\}$，$A_2=\{$三个数字中不含0或5$\}$，$A_3=\{$三个数字中含0但不含5$\}$，则下列结论中正确的是(　　).

(1)$P(A_1)=\frac{7}{15}$；(2)$P(A_2)=\frac{14}{15}$；(3)$P(A_3)=\frac{7}{30}$.

A. 仅(1)　　B. 仅(2)　　C. 仅(3)　　D. 仅(1)(2)　　E. (1)(2)(3)

11. 在区间(0，1)上任取一点记为X，则$P\left\{X^2-\frac{3}{4}X+\frac{1}{8}\geqslant 0\right\}=$(　　).

A. 0　　B. $\frac{1}{4}$　　C. $\frac{1}{2}$　　D. $\frac{3}{4}$　　E. 1

12. 设袋中装有3只白球和3只黑球，甲、乙两人轮流从袋中不放回地取球，每人每次取一只，甲先取，有人取到黑球就停止，则甲取球次数X的分布律为(　　).

A. $P\{X=1\}=\frac{1}{2}$，$P\{X=2\}=\frac{1}{2}$　　B. $P\{X=1\}=\frac{2}{3}$，$P\{X=2\}=\frac{1}{3}$

C. $P\{X=1\}=\frac{3}{4}$，$P\{X=2\}=\frac{1}{4}$　　D. $P\{X=1\}=\frac{4}{5}$，$P\{X=2\}=\frac{1}{5}$

E. $P\{X=1\}=\frac{5}{6}$，$P\{X=2\}=\frac{1}{6}$

13. 设随机变量X的分布函数为$F(x)=\begin{cases}0, & x<0,\\ A\sin x, & 0\leqslant x\leqslant\frac{\pi}{2},\\ 1, & x>\frac{\pi}{2},\end{cases}$则$A$和$P\left\{|X|<\frac{\pi}{6}\right\}$的值分别为(　　).

A. $\frac{1}{2}$，$\frac{1}{2}$　　B. $\frac{1}{2}$，1　　C. 1，$\frac{1}{2}$　　D. 1，1　　E. 1，$\frac{\sqrt{3}}{2}$

14\. 设连续型随机变量 X 的概率密度为 $f(x)=\begin{cases}x, & 0\leqslant x<1,\\ 2-x, & 1\leqslant x\leqslant 2,\\ 0, & \text{其他},\end{cases}$ 则 $P\left\{\frac{1}{2}\leqslant X<\frac{3}{2}\right\}=($　　$)$.

A. $\frac{1}{2}$　　B. $\frac{1}{3}$　　C. $\frac{2}{3}$　　D. $\frac{1}{4}$　　E. $\frac{3}{4}$

15\. 一台设备由两大部件构成，在设备运转中两大部件需要调整的概率分别为 0.1 和 0.2. 假设两大部件的状态相互独立，以 X 表示同时需要调整的部件数，则 X 的分布律为(　　).

A. $P\{X=0\}=0.72$，$P\{X=1\}=0.26$，$P\{X=2\}=0.02$

B. $P\{X=0\}=0.72$，$P\{X=1\}=0.02$，$P\{X=2\}=0.26$

C. $P\{X=0\}=0.26$，$P\{X=1\}=0.72$，$P\{X=2\}=0.02$

D. $P\{X=0\}=0.26$，$P\{X=1\}=0.02$，$P\{X=2\}=0.72$

E. $P\{X=0\}=0.02$，$P\{X=1\}=0.72$，$P\{X=2\}=0.26$

16\. 下列函数中，可以作为随机变量的分布函数的是(　　).

A. $F_1(x)=\frac{1}{1+x^2}$　　B. $F_2(x)=\frac{x^2}{1+x^2}$

C. $F_3(x)=\frac{3}{4}+\frac{1}{2\pi}\arctan x$　　D. $F_4(x)=\begin{cases}0, & x\leqslant 0,\\ \frac{x}{1+x}, & x>0\end{cases}$

E. $F_5(x)=\frac{2}{\pi}\arctan x+1$

17\. 设随机变量 X 和 Y 同分布，X 的概率密度为 $f(x)=\begin{cases}\frac{3}{8}x^2, & 0<x<2,\\ 0, & \text{其他}.\end{cases}$ 已知事件 $A=\{X>a\}$ 和 $B=\{Y>a\}$ 独立，且 $P(A\cup B)=\frac{3}{4}$，则常数 $a=($　　$)$.

A. $\sqrt[3]{2}$　　B. $\sqrt[3]{4}$　　C. 2　　D. 4　　E. 8

18\. 从学校乘汽车到火车站的途中有 3 个交通岗，假设在各个交通岗遇到红灯的事件是相互独立的，并且概率都是 $\frac{2}{5}$，则途中最多遇到 1 次红灯的概率为(　　).

A. $\frac{27}{125}$　　B. $\frac{36}{125}$　　C. $\frac{54}{125}$　　D. $\frac{63}{125}$　　E. $\frac{81}{125}$

19\. 已知随机变量 X 的概率分布为 $P\{X=k\}=\frac{a}{k!}$，$k=0, 1, 2, \cdots$，其中 $a>0$ 为常数，则 $P\{X\neq 0\}=($　　$)$.

A. e^{-1}　　B. $2e^{-1}$　　C. $1-e^{-1}$

D. $1-2e^{-1}$　　E. $1-e^{-2}$

20\. 设随机变量 $X\sim N(160, \sigma^2)(\sigma>0)$，$\Phi(1.65)=0.95$，则要使 $P\{120<X\leqslant 200\}\geqslant 0.9$ 成立，σ 可取的最大的正整数为(　　).

A. 21　　B. 22　　C. 23　　D. 24　　E. 25

21. 设 $X \sim B(1\,000, 0.001)$，则根据泊松定理得到 $P\{X \geqslant 2\}$ 的近似值为(　　).

A. e^{-1}　　B. $2e^{-1}$　　C. $1-e^{-1}$　　D. $1-2e^{-1}$　　E. $2-2e^{-1}$

22. 设 $X \sim N(\mu, 4^2)$，$Y \sim N(\mu, 5^2)$，$Z \sim N(2\mu, 6^2)$，记 $p_1 = P\{X \leqslant \mu - 4\}$，$p_2 = P\{Y \geqslant \mu + 5\}$，$p_3 = P\{Z \leqslant 2\mu + 6\}$，则(　　).

A. $p_1 = p_2 = p_3$　　B. $p_1 = p_2 > p_3$　　C. $p_1 = p_2 < p_3$

D. $p_1 > p_2 = p_3$　　E. $p_1 < p_2 = p_3$

23. 设随机变量 Y 服从参数为 1 的指数分布，a 为常数且大于零，则 $P\{Y \leqslant a+1 \mid Y > a\} =$(　　).

A. e^{-1}　　B. $2e^{-1}$　　C. $1-e^{-1}$　　D. $1-2e^{-1}$　　E. $1-e^{-2}$

24. 设随机变量 $X \sim N(0, 1)$，其概率密度为 $\varphi(x)$，则以下结论错误的是(　　).

A. $\varphi(x)$有唯一驻点　　B. $\varphi(x)$有唯一极大值点　　C. $\varphi(x)$有最大值点

D. $\varphi(x)$的图形有唯一拐点　　E. $\varphi(x)$的图形有唯一渐近线

25. 设随机变量 X 的概率密度为 $f(x)$，且 $f(-x) = f(x)$，$F(x)$为 X 的分布函数，则对任意实数 a，有(　　).

A. $F(-a) = 1 - \int_0^a f(x)\mathrm{d}x$　　B. $F(-a) = \frac{1}{2} - \int_0^a f(x)\mathrm{d}x$

C. $F(-a) = F(a)$　　D. $F(-a) = 2F(a) - 1$

E. $F(-a) + F(a) = \frac{1}{2}$

26. 已知 $f_1(x)$，$f_2(x)$均为随机变量的概率密度，则下列函数可作为概率密度的是(　　).

A. $f_1(x) + f_2(x)$　　B. $0.4f_1(x) + 0.6f_2(x)$　　C. $2f_1(x) - f_2(x)$

D. $f_1(x)f_2(x)$　　E. $\max\{f_1(x), f_2(x)\}$

27. 设 $F_1(x)$，$F_2(x)$均为连续型随机变量的分布函数，则下列函数不能作为分布函数的是(　　).

A. $\frac{F_1(x) + F_2(x+2)}{2}$　　B. $\frac{2}{3}F_1(x) + \frac{1}{3}F_2(x)$　　C. $2F_1(x) - F_2(x)$

D. $F_1(x)F_2(x)$　　E. $\max\{F_1(x), F_2(x)\}$

习题详解

1. D

【解析】用 A 表示"第一次取得次品"，B 表示"第二次取得正品"，则 AB 表示"第一次取得次品且第二次取得正品"，即"第二次才取得正品".

方法一：直接用古典概型计算.

由已知得，该试验满足"有限"和"等可能"，故为古典概型. 样本空间含 100×99 个基本事件，AB 含 10×90 个基本事件，故所求概率为 $\frac{10 \times 90}{100 \times 99} = \frac{1}{11}$.

方法二：用乘法公式计算.

$$P(AB) = P(A)P(B \mid A) = \frac{10}{100} \times \frac{90}{99} = \frac{1}{11}.$$

2. A

【解析】

$$P\{X<0, \max(X, Y)\geqslant 0\}=P\{X<0\}-P\{X<0, \max(X, Y)<0\}$$
$$=\frac{4}{7}-P\{X<0, Y<0\}=\frac{4}{7}-\frac{3}{7}=\frac{1}{7}.$$

3. E

【解析】

$$P(\overline{A}\overline{B}\overline{C})=P(\overline{A\cup B\cup C})=1-P(A\cup B\cup C)$$
$$=1-P(A)-P(B)-P(C)+P(AB)+P(AC)+P(BC)-P(ABC)$$
$$=1-\frac{1}{4}\times 3+0+\frac{1}{10}\times 2-0=\frac{9}{20}.$$

【注意】本题 $P(ABC)=0$ 可由以下推理得到：$ABC\subset AB$，由概率单调性得 $P(ABC)\leqslant P(AB)$，又 $P(AB)=0$，$P(ABC)\geqslant 0$，得 $P(ABC)=0$. 一般结论为：零概率事件的子事件仍为零概率事件.

4. E

【解析】A 与 C 互不相容$\Leftrightarrow AC=\varnothing\Rightarrow ABC=\varnothing\Rightarrow P(ABC)=0$，则

$$P(AB\mid\overline{C})=\frac{P(AB\overline{C})}{P(\overline{C})}=\frac{P(AB)-P(ABC)}{1-P(C)}=\frac{\frac{1}{2}-0}{1-\frac{1}{3}}=\frac{3}{4}.$$

5. E

【解析】(1)、(3)：若 A 与 B 互斥，即 $AB=\varnothing$，则 $P(AB)=0<P(A)P(B)$，故 A 与 B 不独立，则(1)正确；再结合对立必互斥得(3)正确.

(2)、(4)：若 A 与 B 独立，则 $P(AB)=P(A)P(B)>0$，故 $AB\neq\varnothing$，即 A 与 B 不互斥，(2)正确；再结合不互斥必不对立得(4)正确.

故正确结论的个数是 4.

6. C

【解析】方法一：用特殊情况排除.

令 $A\cap B=\varnothing$，$P(A)=\frac{1}{2}$，$P(B)=\frac{1}{3}$，则

$$P(AB)=0, P(A)P(B)=\frac{1}{6}, \frac{P(A)+P(B)}{2}=\frac{5}{12},$$

则 $P(AB)<P(A)P(B)$，$P(AB)<\frac{P(A)+P(B)}{2}$，$P(A)P(B)<\frac{P(A)+P(B)}{2}$，故排除 B、D、E 项.

令 $A=B$，$P(A)=\frac{1}{2}$，则 $P(AB)=P(A)=\frac{1}{2}$，$P(A)P(B)=\frac{1}{4}$，$P(AB)>P(A)P(B)$，故排除 A 项.

综上，根据排除法选择 C 项.

方法二：用公式推导．

由加法公式，可得

$$P(A\cup B)=P(A)+P(B)-P(AB)$$
$$\Rightarrow P(A)+P(B)=P(A\cup B)+P(AB)\geqslant 2P(AB)$$
$$\Rightarrow P(AB)\leqslant\frac{P(A)+P(B)}{2}.$$

【注意】$AB\subset A\cup B$，根据概率的单调性得 $P(AB)\leqslant P(A\cup B)$.

7. D

【解析】由已知得，该试验满足“有限”和“等可能”，故为古典概型．样本空间中基本事件总数为36(每次掷可能出现的点数有6种，根据乘法原理得基本事件总数为 $6\times 6=36$).

方程 $x^2+Bx+C=0$ 有重根$\Leftrightarrow$方程的判别式 $\Delta=B^2-4C=0$，其中 B，C 可能取1，2，3，4，5，6. 当 $B=2$，$C=1$ 或 $B=4$，$C=4$ 时，$\Delta=B^2-4C=0$，则事件“方程有重根”有2个基本事件，故所求概率为$\frac{2}{36}=\frac{1}{18}$.

8. E

【解析】用 A 表示“甲抽到大奖”，B 表示“乙抽到大奖”，则(1)表示事件 AB；(2)表示事件 $A\overline{B}$；(3)表示事件$\overline{A}B$；(4)表示事件 $A\overline{B}\cup\overline{A}B$.

样本空间含 $10\times 9=90$(个)基本事件，AB 含 $2\times 1=2$(个)基本事件，$A\overline{B}$含 $2\times 8=16$(个)基本事件，$\overline{A}B$ 含 $8\times 2=16$(个)基本事件，$A\overline{B}\cup\overline{A}B$ 含 $16+16=32$(个)基本事件，故(1)、(2)、(3)、(4)所表示事件的概率分别为

$$\frac{2}{90}=\frac{1}{45},\ \frac{16}{90}=\frac{8}{45},\ \frac{16}{90}=\frac{8}{45},\ \frac{32}{90}=\frac{16}{45}.$$

正确结论的个数为4.

9. C

【解析】随机地向半圆 $0<y<\sqrt{2ax-x^2}$ (a 为正常数)内掷一点，样本空间 Ω 为该半圆区域，其面积为$\frac{\pi a^2}{2}$.

事件 A 表示“原点和该点的连线与 x 轴的夹角小于$\frac{\pi}{4}$”，对应的平面区域为$\{(x,\ y)\mid 0<y<\sqrt{2ax-x^2},\ y<x\}$，即图中的阴影区域 D，其面积为$\frac{a^2}{2}+\frac{\pi a^2}{4}$.

则所求概率为$\frac{D\text{ 的面积}}{\Omega\text{ 的面积}}=\frac{\frac{a^2}{2}+\frac{\pi a^2}{4}}{\frac{\pi a^2}{2}}=\frac{1}{2}+\frac{1}{\pi}$.

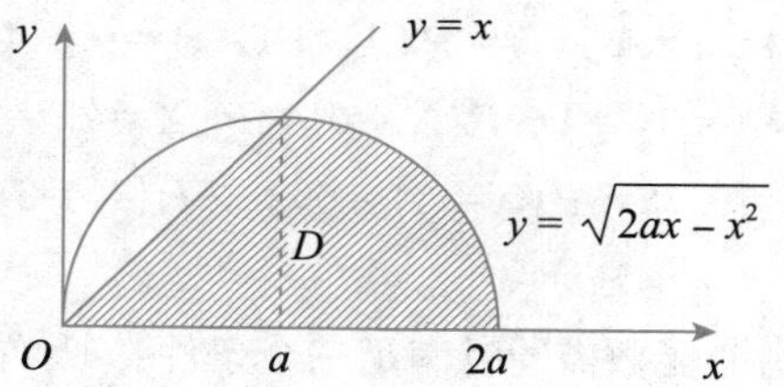

10. E

【解析】样本空间中基本事件总数为 C_{10}^3，A_1 包含的基本事件个数为 C_8^3，A_2 包含的基本事件个数为 $C_{10}^3-C_8^1$，A_3 包含的基本事件个数为 C_8^2，则

$$P(A_1)=\frac{C_8^3}{C_{10}^3}=\frac{7}{15},\ P(A_2)=\frac{C_{10}^3-C_8^1}{C_{10}^3}=\frac{14}{15},\ P(A_3)=\frac{C_8^2}{C_{10}^3}=\frac{7}{30}.$$

故(1)、(2)、(3)均正确.

11. D

【解析】由题意知 $X\sim U(0,1)$，且由 $X^2-\frac{3}{4}X+\frac{1}{8}\geqslant 0$ 解得 $X\geqslant\frac{1}{2}$ 或 $X\leqslant\frac{1}{4}$，则

$$P\left\{X^2-\frac{3}{4}X+\frac{1}{8}\geqslant 0\right\}=P\left\{X\leqslant\frac{1}{4}\right\}+P\left\{X\geqslant\frac{1}{2}\right\}=\frac{\frac{1}{4}-0}{1-0}+\frac{1-\frac{1}{2}}{1-0}=\frac{3}{4}.$$

12. D

【解析】先对试验进行模拟，可知在甲取第 3 次之前，一定有人取到了黑球，使试验结束，故 X 的所有可能取值为 1，2. $\{X=1\}$表示“有人取到黑球，且甲取了 1 次”，即“甲第一次就取到黑球，或者甲第一次取到白球且乙随后取到黑球”，故

$$P\{X=1\}=\frac{3}{6}+\frac{3}{6}\times\frac{3}{5}=\frac{4}{5},\ P\{X=2\}=1-P\{X=1\}=\frac{1}{5}.$$

13. C

【解析】因为分布函数具有右连续性，所以 $F(x)$在点 $x=\frac{\pi}{2}$处右连续，得

$$\lim_{x\to\frac{\pi}{2}^+}F(x)=F\left(\frac{\pi}{2}\right)\Rightarrow 1=A\sin\frac{\pi}{2}\Rightarrow A=1.$$

$$P\left\{|X|<\frac{\pi}{6}\right\}=P\left\{-\frac{\pi}{6}<X<\frac{\pi}{6}\right\}=P\left\{X<\frac{\pi}{6}\right\}-P\left\{X\leqslant-\frac{\pi}{6}\right\}$$
$$=F\left(\frac{\pi}{6}-0\right)-F\left(-\frac{\pi}{6}\right)=\sin\frac{\pi}{6}-0=\frac{1}{2}.$$

14. E

【解析】$P\left\{\frac{1}{2}\leqslant X<\frac{3}{2}\right\}=\int_{\frac{1}{2}}^{\frac{3}{2}}f(x)\mathrm{d}x=\int_{\frac{1}{2}}^{1}x\,\mathrm{d}x+\int_{1}^{\frac{3}{2}}(2-x)\mathrm{d}x=\frac{x^2}{2}\bigg|_{\frac{1}{2}}^{1}+\left(2x-\frac{x^2}{2}\right)\bigg|_{1}^{\frac{3}{2}}=\frac{3}{4}.$

15. A

【解析】X 的所有可能取值为 0，1，2，记 A_i 为“设备运转中第 i 个部件需要调整”，$i=1$，2. 由已知得 A_1，A_2 独立，且 $P(A_1)=0.1$，$P(A_2)=0.2$，故

$$P\{X=0\}=P(\overline{A_1}\,\overline{A_2})=P(\overline{A_1})P(\overline{A_2})=0.9\times0.8=0.72,$$
$$P\{X=2\}=P(A_1A_2)=P(A_1)P(A_2)=0.1\times0.2=0.02,$$
$$P\{X=1\}=1-P\{X=0\}-P\{X=2\}=0.26.$$

则 X 的分布律为 $P\{X=0\}=0.72$，$P\{X=1\}=0.26$，$P\{X=2\}=0.02$.

16. D

【解析】可作为随机变量的分布函数需同时满足三个条件：(1)单调不减；(2)“0～1 之间”(即

$0\leqslant F(x)\leqslant 1$，$F(-\infty)=0$，$F(+\infty)=1$)；(3)右连续．

A项：因为 $F_1(+\infty)=0\neq 1$，不满足条件(2)，不能作为分布函数；

B项：因为 $F_2(-\infty)=1\neq 0$，不满足条件(2)，不能作为分布函数；

C项：因为 $F_3(-\infty)=\frac{1}{2}\neq 0$，不满足条件(2)，不能作为分布函数；

E项：因为 $F_5(+\infty)=2\neq 1$，不满足条件(2)，不能作为分布函数．

由排除法，可知选D项．

【注意】实际解题过程中，对于待判断的函数，若能判断出其不符合分布函数的某一条性质，其他性质就不必再讨论，直接判断为非分布函数．为了提高解题速度，可以从容易计算的性质入手，例如 $F(-\infty)=0$，$F(+\infty)=1$．

17. B

【解析】X 和 Y 同分布 $\Rightarrow P\{X>a\}=P\{Y>a\}$，即 $P(A)=P(B)$．

A 和 B 独立 $\Leftrightarrow P(AB)=P(A)P(B)$，故

$$\begin{aligned}P(A\cup B)&=P(A)+P(B)-P(AB)=P(A)+P(B)-P(A)P(B)\\&=2P(A)-[P(A)]^2=\frac{3}{4},\end{aligned}$$

解得 $P(A)=\frac{1}{2}$ 或 $\frac{3}{2}$ $\left(因为 0\leqslant P(A)\leqslant 1，故舍去\frac{3}{2}\right)$．由此可得

$$P(A)=P\{X>a\}=\int_a^{+\infty}f(x)\mathrm{d}x=\int_a^2\frac{3}{8}x^2\mathrm{d}x=\frac{1}{8}x^3\bigg|_a^2=\frac{1}{8}(8-a^3)=\frac{1}{2},$$

解得 $a=\sqrt[3]{4}$．

18. E

【解析】用 X 表示途中遇到红灯次数，则 $X\sim B\left(3,\ \frac{2}{5}\right)$，故

$$P\{X=0\}+P\{X=1\}=\mathrm{C}_3^0\times\left(\frac{2}{5}\right)^0\times\left(1-\frac{2}{5}\right)^3+\mathrm{C}_3^1\times\left(\frac{2}{5}\right)^1\times\left(1-\frac{2}{5}\right)^2=\frac{81}{125}.$$

19. C

【解析】$Y\sim P(\lambda)\Leftrightarrow P\{Y=k\}=\frac{\lambda^k}{k!}\mathrm{e}^{-\lambda}$，$k=0，1，2，\cdots$，特别地，若 $\lambda=1$，则

$$Y\sim P(1)\Leftrightarrow P\{Y=k\}=\frac{\mathrm{e}^{-1}}{k!},\ k=0,\ 1,\ 2,\ \cdots,$$

记 $\mathrm{e}^{-1}=a$，则 Y 与 X 的分布律相同，故 $X\sim P(1)$，因此

$$P\{X\neq 0\}=1-P\{X=0\}=1-\frac{\mathrm{e}^{-1}}{0!}=1-\mathrm{e}^{-1}.$$

20. D

【解析】对正态分布进行标准化，则 $\frac{X-160}{\sigma}\sim N(0,\ 1)$．

$$\begin{aligned}P\{120<X\leqslant 200\}&=P\left\{\frac{120-160}{\sigma}<\frac{X-160}{\sigma}\leqslant\frac{200-160}{\sigma}\right\}\\&=\Phi\left(\frac{40}{\sigma}\right)-\Phi\left(-\frac{40}{\sigma}\right)=2\Phi\left(\frac{40}{\sigma}\right)-1\geqslant 0.9,\end{aligned}$$

故 $\Phi\left(\frac{40}{\sigma}\right)\geqslant 0.95=\Phi(1.65)$，由 $\Phi(x)$ 为单调增加函数得 $\frac{40}{\sigma}\geqslant 1.65$，则 $\sigma\leqslant\frac{800}{33}\approx 24.2$，故 σ 可取的最大的正整数为 24.

21. D

【解析】由泊松定理得 X 近似服从参数为 $\lambda=np=1\ 000\times 0.001=1$ 的泊松分布，其分布律为 $P\{X=k\}=\frac{1}{k!}e^{-1}$，$k=0, 1, 2, \cdots$，故所求概率的近似值为

$$P\{X\geqslant 2\}=1-P\{X=0\}-P\{X=1\}=1-e^{-1}-e^{-1}=1-2e^{-1}.$$

22. C

【解析】$X\sim N(\mu, 4^2)\Rightarrow\frac{X-\mu}{4}\sim N(0, 1)$；$Y\sim N(\mu, 5^2)\Rightarrow\frac{Y-\mu}{5}\sim N(0, 1)$；$Z\sim N(2\mu, 6^2)\Rightarrow\frac{Z-2\mu}{6}\sim N(0, 1)$，故

$$p_1=P\{X\leqslant\mu-4\}=P\left\{\frac{X-\mu}{4}\leqslant\frac{\mu-4-\mu}{4}\right\}=\Phi(-1);$$

$$p_2=P\{Y\geqslant\mu+5\}=1-P\{Y<\mu+5\}=1-P\left\{\frac{Y-\mu}{5}<\frac{\mu+5-\mu}{5}\right\}=1-\Phi(1)=\Phi(-1);$$

$$p_3=P\{Z\leqslant 2\mu+6\}=P\left\{\frac{Z-2\mu}{6}\leqslant\frac{2\mu+6-2\mu}{6}\right\}=\Phi(1);$$

又 $\Phi(x)$ 是单调增加函数，得 $p_1=p_2=\Phi(-1)<\Phi(1)=p_3$.

23. C

【解析】方法一：用无记忆性.

$$\begin{aligned}P\{Y\leqslant a+1\mid Y>a\}&=1-P\{Y>a+1\mid Y>a\}=1-P\{Y>1\}\\&=1-\int_1^{+\infty}e^{-x}dx=1+e^{-x}\Big|_1^{+\infty}=1-e^{-1}.\end{aligned}$$

方法二：用条件概率定义.

$$P\{Y\leqslant a+1\mid Y>a\}=\frac{P\{Y\leqslant a+1, Y>a\}}{P\{Y>a\}}=\frac{\int_a^{a+1}e^{-x}dx}{\int_a^{+\infty}e^{-x}dx}=\frac{-e^{-x}\Big|_a^{a+1}}{-e^{-x}\Big|_a^{+\infty}}=1-e^{-1}.$$

24. D

【解析】$\varphi(x)=\frac{1}{\sqrt{2\pi}}e^{-\frac{x^2}{2}}\Rightarrow\varphi'(x)=\frac{1}{\sqrt{2\pi}}e^{-\frac{x^2}{2}}(-x)$，$\varphi''(x)=\frac{1}{\sqrt{2\pi}}e^{-\frac{x^2}{2}}(x^2-1)$，$\varphi'''(x)=\frac{1}{\sqrt{2\pi}}e^{-\frac{x^2}{2}}(-x^3+3x)$.

令 $\varphi'(x)=0$，解得 $x=0$，为 $\varphi(x)$ 的唯一驻点，又因 $\varphi''(0)=-\frac{1}{\sqrt{2\pi}}<0$，故 $x=0$ 为 $\varphi(x)$ 在 $\mathbf{R}$ 上的唯一极大值点，结合 $\varphi(x)$ 的图形可得，$x=0$ 也为最大值点，A、B、C 项正确.

令 $\varphi''(x)=0$ 解得 $x=\pm 1$，又 $\varphi'''(\pm 1)\neq 0$，故在 $x=\pm 1$ 处 $\varphi(x)$ 的图形有拐点，D 项错误.

$\lim\limits_{x\to\infty}\varphi(x)=\lim\limits_{x\to\infty}\frac{1}{\sqrt{2\pi}}e^{-\frac{x^2}{2}}=0$，故 $y=0$ 为 $\varphi(x)$ 的图形的水平渐近线，又因该曲线无铅直渐近线和斜渐近线，故 $y=\varphi(x)$ 有唯一渐近线，E 项正确.

【总结】 设随机变量 $X\sim N(\mu,\sigma^2)$，$\sigma>0$，其概率密度为 $f(x)$，则 $x=\mu$ 为 $f(x)$ 的唯一驻点，同时也为极大值点和最大值点，有唯一渐近线 $y=0$，在 $x=\mu\pm\sigma$ 处曲线 $y=f(x)$ 有拐点．

25. B

【解析】 方法一：用定义性质推导．

令 $x=-t$，且 $f(-x)=f(x)$，则 $F(-a)=\int_{-\infty}^{-a}f(x)\mathrm{d}x=\int_{+\infty}^{a}f(-t)\mathrm{d}(-t)=\int_{a}^{+\infty}f(t)\mathrm{d}t$.

因为 $f(x)$ 的图形关于 y 轴对称，则 $\int_{0}^{+\infty}f(x)\mathrm{d}x=\frac{1}{2}$，故有

$$\frac{1}{2}-\int_{0}^{a}f(x)\mathrm{d}x=\int_{0}^{+\infty}f(x)\mathrm{d}x-\int_{0}^{a}f(x)\mathrm{d}x=\int_{a}^{+\infty}f(x)\mathrm{d}x,$$

则 $F(-a)=\frac{1}{2}-\int_{0}^{a}f(x)\mathrm{d}x$.

方法二：用特殊值排除．

(1)令 $a=0$，则 $F(-a)=F(0)=\frac{1}{2}\neq 1=1-\int_{0}^{a}f(x)\mathrm{d}x$，故排除 A 项．

$F(-a)=F(0)=\frac{1}{2}\neq 0=2F(0)-1=2F(a)-1$，故排除 D 项．

$F(-a)+F(a)=2F(0)=1\neq\frac{1}{2}$，故排除 E 项．

(2)令 $a>0$，因为 $f(x)>0$（$F(x)$ 单调增加），则 $F(-a)<F(a)$，故排除 C 项．

根据排除法，选 B 项．

【注意】 ①本题可直接举特殊例子，假设随机变量服从标准正态分布，结合特殊值排除选项．②若概率密度 $f(x)$ 为偶函数，相应的分布函数为 $F(x)$，则由概率密度的规范性和对称区间积分的结论得 $1=\int_{-\infty}^{+\infty}f(x)\mathrm{d}x=2\int_{-\infty}^{0}f(x)\mathrm{d}x=2\int_{0}^{+\infty}f(x)\mathrm{d}x=2F(0)$，故

$$F(0)=\int_{-\infty}^{0}f(x)\mathrm{d}x=\int_{0}^{+\infty}f(x)\mathrm{d}x=\frac{1}{2}.$$

26. B

【解析】 方法一：直接法．

由概率密度满足非负性和规范性得 $f_i(x)\geqslant 0$，$\int_{-\infty}^{+\infty}f_i(x)\mathrm{d}x=1$，$i=1,2$，则 $0.4f_1(x)+0.6f_2(x)\geqslant 0$，$\int_{-\infty}^{+\infty}[0.4f_1(x)+0.6f_2(x)]\mathrm{d}x=0.4\int_{-\infty}^{+\infty}f_1(x)\mathrm{d}x+0.6\int_{-\infty}^{+\infty}f_2(x)\mathrm{d}x=1$，故 $0.4f_1(x)+0.6f_2(x)$ 可作为概率密度，选 B 项．

方法二：排除法．

A 项：由 $\int_{-\infty}^{+\infty}[f_1(x)+f_2(x)]\mathrm{d}x=\int_{-\infty}^{+\infty}f_1(x)\mathrm{d}x+\int_{-\infty}^{+\infty}f_2(x)\mathrm{d}x=2$，不满足规范性，故排除．

令 $f_1(x)=\begin{cases}1, & 0<x<1,\\ 0, & 其他,\end{cases}$ $f_2(x)=\begin{cases}1, & 1<x<2,\\ 0, & 其他.\end{cases}$

C 项：当 $1<x<2$ 时，$2f_1(x)-f_2(x)<0$，不满足非负性，故排除．

D 项：$\int_{-\infty}^{+\infty}f_1(x)f_2(x)\mathrm{d}x=\int_{-\infty}^{+\infty}0\mathrm{d}x=0$，不满足规范性，故排除．

E 项：$\max\{f_1(x), f_2(x)\}=\begin{cases}1, & 0<x<1,\\ 1, & 1<x<2,\\ 0, & 其他,\end{cases}$ $\int_{-\infty}^{+\infty}\max\{f_1(x), f_2(x)\}\mathrm{d}x=2$，不满足规范性，故排除．

综上，由排除法知选 B 项．

27. C

【解析】设 $X_1\sim U(1, 2)$，$X_2\sim U(0, 1)$，其分布函数分别为 $F_1(x)$，$F_2(x)$．

C 项：当 $0<x<1$ 时，$2F_1(x)-F_2(x)=2P\{X_1\leqslant x\}-P\{X_2\leqslant x\}=0-\frac{x-0}{1-0}<0$(用“长度比”算概率)，故 $2F_1(x)-F_2(x)$ 不满足“0～1 之间”，则不能作为分布函数．

不难验证 A、B、D 项满足分布函数的充要条件．

E 项：(1)“单调不减”：对于任意 $x_1, x_2\in\mathbf{R}$，若 $x_1<x_2$，则 $F_i(x_1)\leqslant F_i(x_2)$，$i=1, 2$，故 $\max\{F_1(x_1), F_2(x_1)\}\leqslant\max\{F_1(x_2), F_2(x_2)\}$，即 $\max\{F_1(x), F_2(x)\}$ 满足“单调不减”．

(2)“0～1 之间”：由 $0\leqslant F_i(x)\leqslant 1$，$x\in\mathbf{R}$，$F_i(-\infty)=0$，$F_i(+\infty)=1$，$i=1, 2$，得 $0\leqslant\max\{F_1(x), F_2(x)\}\leqslant 1$，$\max\{F_1(-\infty), F_2(-\infty)\}=0$，$\max\{F_1(+\infty), F_2(+\infty)\}=1$，即 $\max\{F_1(x), F_2(x)\}$ 满足“0～1 之间”．

(3)“右连续”：由于 $F_1(x)$，$F_2(x)$ 均为连续型随机变量的分布函数，得 $F_1(x)$，$F_2(x)$ 均连续，又 $\max\{F_1(x), F_2(x)\}=\frac{F_1(x)+F_2(x)+|F_1(x)-F_2(x)|}{2}$，由连续的性质得 $\max\{F_1(x), F_2(x)\}$ 在 $\mathbf{R}$ 上连续，故满足“右连续”．

综合(1)、(2)、(3)，得 E 项满足分布函数的充要条件．

【注意】$\min\{F_1(x), F_2(x)\}=\frac{F_1(x)+F_2(x)-|F_1(x)-F_2(x)|}{2}$．

第4节 延伸题型

题型11 对抽签原理的考查

【方法点拨】

抽签原理：若 n 个签中有 $m(1\leqslant m\leqslant n)$ 个“有”签，$n-m$ 个“无”签，n 个人排队依次抽签(或某人抽 n 次，每次抽1个)，则第 i 个人(或此人第 i 次)抽到“有”签的概率为 $\frac{m}{n}$，$i=1$，2，…，n，即此概率与抽签次序无关，与抽签方式(有放回还是无放回)无关，始终等于抽签开始前“有”签所占比例．

例33 一批产品共有10个正品和2个次品，任意抽取两次，每次抽一个，抽出后不再放回，则第二次抽出的是次品的概率为(　　).

A. $\frac{1}{2}$　　B. $\frac{1}{3}$　　C. $\frac{1}{4}$　　D. $\frac{1}{5}$　　E. $\frac{1}{6}$

【思路】 若将10个正品和2个次品视为10个“无”签和2个“有”签，将抽取两次产品对应成抽签两次，则可利用抽签原理计算概率．

【解析】 第二次抽出的是次品的概率等于抽签开始前次品数占产品总数的比例，即 $\frac{2}{12}=\frac{1}{6}$.

【答案】 E

题型12 对概率与事件关系的考查

【方法点拨】

由概率表达式推不出事件用集合定义的关系(包含、相等、互斥、对立和完备事件组). 常见的假命题如下：

假命题一：概率为0的事件是不可能事件．

假命题二：概率为1的事件是必然事件．

证明：

方法一：利用几何概型举反例．设在区间(0，1)内任取一点，事件 A 表示取到 $\frac{1}{2}$，则该试验为几何概型，且 $P(A)=\frac{0}{1-0}=0$(长度比)，$P(\overline{A})=1-P(A)=1$，但 $A\neq\varnothing$，$\overline{A}\neq\Omega$.

方法二：利用连续型随机变量举反例(相关知识见本章第1节). 设 X 为连续型随机变量，在 X 的概率密度为正的区间内任取一点 x_0，令事件 $A=\{X=x_0\}$，则由连续型随机变量取任意实数的概率为零，可得 $P(A)=0$，$P(\overline{A})=1-P(A)=1$，但 $A\neq\varnothing$，$\overline{A}\neq\Omega$.

例 34 若两个事件 A 和 B 同时出现的概率 $P(AB)=0$，则（ ）.

A. A 和 B 不相容（互斥） B. A 或 B 是不可能事件 C. AB 是不可能事件

D. AB 可能不是不可能事件 E. $P(A)=0$ 或 $P(B)=0$

【思路】已知概率表达式，判断事件用集合定义的关系，并计算概率，故用相应结论或特殊值法分析.

【解析】由概率表达式推不出事件用集合定义的关系，故 A、B、C 项错误.

令 $AB=\varnothing$，且 $P(A)>0$，$P(B)>0$，则 $P(AB)=0$，但 $P(A)\neq 0$ 且 $P(B)\neq 0$，故 E 项错误. 根据排除法，选择 D 项.

令 $AB=\varnothing$，则 $P(AB)=0$，此时 AB 是不可能事件；令 $AB=\left\{X=\frac{1}{2}\right\}$，其中 $X\sim U(0,1)$，则 $P(AB)=0$，但此时 AB 不是不可能事件，故 D 项正确.

【答案】D

题型 13 对事件独立性的考查

【方法点拨】

(1)掌握事件独立的定义和性质. 详见本章第 1 节.

(2)判断事件独立性：基本方法是定义法，有时也根据事件的实际意义判断：若由实际情况得出两个事件之间没有关联，则认为它们是相互独立的，如将一枚硬币掷两次，观察得到正面或反面，则第一次掷出某结果与第二次掷出某结果独立.

(3)已知事件独立：用独立的性质计算.

例 35 将一枚硬币独立地掷两次，记事件为 $A_1=\{$掷第一次出现正面$\}$，$A_2=\{$掷第二次出现正面$\}$，$A_3=\{$正、反面各出现一次$\}$，$A_4=\{$正面出现两次$\}$，则事件（ ）.

A. A_1，A_2，A_3 相互独立 B. A_2，A_3，A_4 相互独立

C. A_1，A_2，A_3 两两独立 D. A_2，A_3，A_4 两两独立

E. A_1，A_2，A_3，A_4 两两独立

【思路】判断各事件的独立性，可用排除法，或用独立的定义计算.

【解析】方法一：排除法.

由相互独立必两两独立得，若 A 项成立，则 C 项成立；若 B 项成立，则 D 项成立，根据两两独立的定义得若 E 项成立，则 C、D 项成立. 由于本题为单选，故排除 A、B、E 项.

由 $P(A_3A_4)=P(\varnothing)=0$，$P(A_3)P(A_4)=\frac{1}{2}\times\frac{1}{4}=\frac{1}{8}$，得 $P(A_3A_4)\neq P(A_3)P(A_4)$，故排除 D 项，则选 C 项.

方法二：直接计算，可得

$$P(A_1)=P(A_2)=P(A_3)=\frac{1}{2},\ P(A_1A_2)=P(A_1A_3)=P(A_2A_3)=\frac{1}{4},$$

则 $P(A_1A_2)=P(A_1)P(A_2)$，$P(A_1A_3)=P(A_1)P(A_3)$，$P(A_2A_3)=P(A_2)P(A_3)$，故 A_1，A_2，A_3 两两独立，即 C 项正确.

其他选项可同理计算.

【答案】C

例 36 设两个相互独立的事件 A 和 B 都不发生的概率为 $\frac{1}{9}$，A 发生 B 不发生的概率与 B 发生 A 不发生的概率相等，则 $P(A)=($　　$)$.

A. $\frac{1}{2}$　　B. $\frac{1}{3}$　　C. $\frac{2}{3}$　　D. $\frac{1}{4}$　　E. $\frac{3}{4}$

【思路】已知 A 和 B 相互独立，可利用独立的性质及概率公式计算.

【解析】由 A 和 B 独立，可得 $\overline{A}$ 和 $\overline{B}$ 独立，即 $P(\overline{A}\cap\overline{B})=P(\overline{A})P(\overline{B})$，又已知 $P(\overline{A}\cap\overline{B})=\frac{1}{9}$，故 $P(\overline{A})P(\overline{B})=\frac{1}{9}$①. 已知 $P(A\overline{B})=P(\overline{A}B)$，由减法公式得 $P(A)-P(AB)=P(B)-P(AB)$，故 $P(A)=P(B)$，则 $P(\overline{A})=P(\overline{B})$②. 联立式①、式②，解得 $P(\overline{A})=\frac{1}{3}$(舍去负值)，则 $P(A)=\frac{2}{3}$.

【答案】C

题型 14 对全概率公式和贝叶斯公式的考查

【方法点拨】

(1)全概率公式：若事件 A_1，A_2，…，A_n 为完备事件组，且 $P(A_i)>0$，$i=1$，2，…，n，B 为任意事件，则 $P(B)=P(A_1)P(B\mid A_1)+P(A_2)P(B\mid A_2)+\cdots+P(A_n)P(B\mid A_n)$.

(2)贝叶斯公式：若事件 A_1，A_2，…，A_n 为完备事件组，且 $P(A_i)>0$，$i=1$，2，…，n，B 为事件且$P(B)>0$，则 $P(A_i\mid B)=\dfrac{P(A_iB)}{P(B)}=\dfrac{P(A_i)P(B\mid A_i)}{\sum\limits_{j=1}^{n}P(A_j)P(B\mid A_j)}$，$i=1$，2，…，$n$.

(3)两公式的区分及使用要点.

①设一个事件可能在多种情况下发生，若求该事件发生的概率，则考虑用全概率公式；若在该事件已经发生的条件下，求某种情况的概率，则考虑用贝叶斯公式.

②解此类问题首先要将文字化的事件转化为符号化事件，理清现有的事件和概率. 此外，还要找准完备事件组，一般①中的“多种情况”构成完备事件组. 用公式前须检验公式的条件.

例 37 三个箱子，第一个箱子中有 4 个黑球、1 个白球，第二个箱子中有 3 个黑球、3 个白球，第三个箱子中有 3 个黑球、5 个白球. 现随机地取一个箱子，再从这个箱子中取出 1 个球，这个球为白球的概率等于 p_1. 已知取出的球是白球，此球属于第二个箱子的概率为 p_2，则 p_1 和 p_2 的值分别为(　　).

A. $\frac{1}{6}$，$\frac{20}{53}$　　B. $\frac{1}{6}$，$\frac{53}{120}$　　C. $\frac{20}{53}$，$\frac{1}{6}$　　D. $\frac{20}{53}$，$\frac{53}{120}$　　E. $\frac{53}{120}$，$\frac{20}{53}$

【思路】把取出第 $i(i=1,2,3)$个箱子看作第 i 种情况，则事件“取出的球是白球”在这三种情况下均可能发生，故计算概率 p_1 用全概率公式；而已知该事件发生后，求此球属于第二个箱子，则计算概率 p_2 用贝叶斯公式.

【解析】用 $A_i(i=1,2,3)$ 表示随机地取一个箱子，取出的是第 i 个箱子，用 B 表示从这个箱子中取出 1 个球，这个球为白球，则由已知得 $P(A_i)=\frac{1}{3}(i=1,2,3)$，$P(B\mid A_1)=\frac{1}{5}$，$P(B\mid A_2)=\frac{1}{2}$，$P(B\mid A_3)=\frac{5}{8}$，由全概率公式得

$$P(B)=P(A_1)P(B\mid A_1)+P(A_2)P(B\mid A_2)+P(A_3)P(B\mid A_3)$$
$$=\frac{1}{3}\times\frac{1}{5}+\frac{1}{3}\times\frac{1}{2}+\frac{1}{3}\times\frac{5}{8}=\frac{53}{120}.$$

由贝叶斯公式得 $P(A_2\mid B)=\frac{P(A_2B)}{P(B)}=\frac{P(A_2)P(B\mid A_2)}{P(B)}=\frac{\frac{1}{3}\times\frac{1}{2}}{\frac{53}{120}}=\frac{20}{53}$.

因此 $p_1=\frac{53}{120}$，$p_2=\frac{20}{53}$.

【答案】E

题型 15 对分位点的考查

【方法点拨】

(1)掌握以下分位点的定义：

设 $X\sim N(0,1)$，若 z_α 满足 $P\{X>z_\alpha\}=\alpha$，$0<\alpha<1$，则称点 z_α 为标准正态分布的上 α 分位点．

(2)把实数用分位点表示：

先理解题目给定的分位点的定义(可能与(1)中定义有差异)，再把实数用分位点表示．解题过程中一般用到标准正态分布的对称性，“哪求概率哪积分”、定积分及广义积分的几何意义．

例 38　设随机变量 X 服从正态分布 $N(0,1)$，对给定的 $\alpha(0<\alpha<1)$，数 u_α 满足 $P\{X>u_\alpha\}=\alpha$. 若 $P\{|X|<x\}=\beta(0<\beta<1)$，则 $x=$(　　).

A. $u_{\frac{\beta}{2}}$　　B. $u_{1-\frac{\beta}{2}}$　　C. $u_{\frac{1-\beta}{2}}$　　D. $u_{\frac{1+\beta}{2}}$　　E. $u_{1-\beta}$

【思路】本题 u_α 为标准正态分布的上 α 分位点，故利用分位点的定义表示 x.

【解析】由 $P\{|X|<x\}=\beta$ 得 $P\{|X|\geqslant x\}=1-P\{|X|<x\}=1-\beta$，又由标准正态分布的对称性及连续型随机变量取一点的概率为 0，可得

$$P\{|X|\geqslant x\}=P\{X\leqslant -x\}+P\{X\geqslant x\}=2P\{X\geqslant x\}=2P\{X>x\}=1-\beta,$$

则 $P\{X>x\}=\frac{1-\beta}{2}$，再由本题给定的 u_α 的定义，得 $x=u_{\frac{1-\beta}{2}}$.

【注意】由 $P\{|X|<x\}=\beta$ 及 $0<\beta<1$ 得 $x>0$，否则 $\beta=P\{|X|<x\}=0$，与 $0<\beta<1$ 矛盾．

【答案】C

题型 16 对连续型随机变量函数分布的考查

【方法点拨】

设 X 为连续型随机变量，概率密度为 $f_X(x)$，随机变量 $Y=g(X)$ 为 X 的函数，则

(1)若 $Y=g(X)$ 为离散型随机变量，求 Y 的分布律：求出 Y 的取值及相应概率．

(2)若 $Y=g(X)$ 为连续型随机变量，求 Y 的分布函数 $F_Y(y)$ 或概率密度 $f_Y(y)$：按分布函数定义求出 Y 的分布函数，求导即得概率密度．一般步骤如下，详见例 40：

$F_Y(y)=P\{Y\leqslant y\}=P\{g(X)\leqslant y\}$，先由 $f_X(x)>0$ 的自变量区间(称为正密度区间)得到 X 的取值范围，进而确定出 $g(X)$ 的取值范围，不妨设为 $a<g(X)<b$，则

当 $y<a$ 时，$P\{g(X)\leqslant y\}=0$；

当 $a\leqslant y<b$ 时，$P\{g(X)\leqslant y\}=P\{c(y)\leqslant X\leqslant d(y)\}=\int_{c(y)}^{d(y)}f_X(x)\mathrm{d}x$，其中 $c(y)\leqslant X\leqslant d(y)$ 是把 y 视为常数解不等式 $g(X)\leqslant y$ 所得结果；

当 $y\geqslant b$ 时，$P\{g(X)\leqslant y\}=1$.

综上，$F_Y(y)=\begin{cases}0, & y<a,\\ \int_{c(y)}^{d(y)}f_X(x)\mathrm{d}x, & a\leqslant y<b,\\ 1, & y\geqslant b.\end{cases}$

注意：给定一个随机变量，求其分布函数，利用分布函数的定义求是普遍适用的方法，无论该随机变量是 X，还是 $Y=g(X)$，也不管其类型是离散型、连续型，还是其他类型．读者应掌握好这种方法．

例 39　假设随机变量 X 在区间$(-2,\ 2)$上服从均匀分布，随机变量 $Y=\begin{cases}-1, & X\leqslant -1,\\ 0, & -1<X\leqslant 0,\\ 2, & X>0,\end{cases}$ 则 Y 的分布律为(　　).

A. $P\{Y=-1\}=\frac{1}{2}$，$P\{Y=0\}=\frac{1}{4}$，$P\{Y=2\}=\frac{1}{4}$

B. $P\{Y=-1\}=\frac{1}{4}$，$P\{Y=0\}=\frac{1}{2}$，$P\{Y=2\}=\frac{1}{4}$

C. $P\{Y=-1\}=\frac{1}{4}$，$P\{Y=0\}=\frac{1}{4}$，$P\{Y=2\}=\frac{1}{2}$

D. $P\{Y=-1\}=\frac{1}{2}$，$P\{Y=0\}=\frac{1}{4}$，$P\{Y=1\}=\frac{1}{4}$

E. $P\{Y=-1\}=\frac{1}{4}$，$P\{Y=0\}=\frac{1}{2}$，$P\{Y=1\}=\frac{1}{4}$

【思路】求 Y 的分布律，故求出 Y 的取值及相应概率，又 X 服从均匀分布，故用“长度比”算概率．

【解析】Y 的所有可能取值为 -1，0，2，相应概率为

$$P\{Y=-1\}=P\{X\leqslant -1\}=\frac{-1-(-2)}{2-(-2)}=\frac{1}{4};$$

$$P\{Y=0\}=P\{-1<X\leqslant 0\}=\frac{0-(-1)}{2-(-2)}=\frac{1}{4};$$

$$P\{Y=2\}=P\{X>0\}=\frac{2-0}{2-(-2)}=\frac{1}{2}.$$

故 Y 的分布律为 $P\{Y=-1\}=\frac{1}{4}$，$P\{Y=0\}=\frac{1}{4}$，$P\{Y=2\}=\frac{1}{2}$.

【答案】C

例 40 设随机变量 X 的概率密度为 $f_X(x)=\begin{cases}e^{-x}, & x\geqslant 0,\\ 0, & x<0,\end{cases}$ 则随机变量 $Y=e^X$ 的概率密度 $f_Y(y)=(\quad)$.

A. $\begin{cases}1-\dfrac{1}{y}, & y>0,\\ 0, & y<0\end{cases}$　B. $\begin{cases}\dfrac{1}{y^2}, & y>0,\\ 0, & y\leqslant 0\end{cases}$　C. $\begin{cases}1-\dfrac{1}{y}, & y>1,\\ 0, & y<1\end{cases}$

D. $\begin{cases}\dfrac{1}{y^2}, & y>1,\\ 0, & y\leqslant 1\end{cases}$　E. $\begin{cases}\dfrac{1}{y^2}, & y\leqslant 1,\\ 0, & y>1\end{cases}$

【思路】随机变量 Y 是 X 的函数，求 Y 的概率密度，故用分布函数定义求 Y 的分布，再求导.

【解析】$F_Y(y)=P\{Y\leqslant y\}=P\{e^X\leqslant y\}$，由 X 的正密度区间得 $X\geqslant 0$，故 $e^X\geqslant 1$，则

当 $y<1$ 时，$P\{e^X\leqslant y\}=0$；

当 $y\geqslant 1$ 时，$P\{e^X\leqslant y\}=P\{X\leqslant \ln y\}=\int_{-\infty}^{\ln y}f_X(x)\mathrm{d}x=\int_0^{\ln y}e^{-x}\mathrm{d}x=-e^{-x}\Big|_0^{\ln y}=1-\dfrac{1}{y}$.

综上，$F_Y(y)=\begin{cases}1-\dfrac{1}{y}, & y\geqslant 1,\\ 0, & y<1,\end{cases}$ 则 $f_Y(y)=\begin{cases}\dfrac{1}{y^2}, & y>1,\\ 0, & y\leqslant 1.\end{cases}$

【答案】D

本节习题自测

1. 袋中有 50 个乒乓球，其中 20 个是黄球、30 个是白球．今有两人依次随机地从袋中各取一球，取后不放回，则第二个人取得黄球的概率是(　　).

A. $\dfrac{1}{3}$　B. $\dfrac{2}{3}$　C. $\dfrac{1}{5}$　D. $\dfrac{2}{5}$　E. $\dfrac{3}{5}$

2. 某人向同一目标独立重复射击，每次射击命中目标的概率为 $p(0<p<1)$，则此人第 4 次射击恰好第 2 次命中目标的概率为(　　).

A. $3p(1-p)^2$　B. $6p(1-p)^2$　C. $3p^2(1-p)^2$

D. $6p^2(1-p)^2$　E. $p^2(1-p)^2$

3. 假设两个事件 A 和 B 满足 $P(B\mid A)=1$，则(　　).

A. A 是必然事件　B. $A=B$　C. $A\supset B$

D. $A\subset B$　E. $P(\overline{B}\mid A)=0$

4. 从 1，2，3，4 中任取一个数，记为 X，再从 1，2，…，X 中任取一个数，记为 Y，则 $P\{Y=2\}=(\quad)$.

A. $\dfrac{11}{48}$　B. $\dfrac{13}{48}$　C. $\dfrac{17}{48}$　D. $\dfrac{19}{48}$　E. $\dfrac{23}{48}$

5. 设工厂 A 和工厂 B 的产品的次品率分别为 1% 和 2%，现有一批产品，其中 A 厂产品占 60%，B 厂产品占 40%，从该批产品中随机抽取一件，发现是次品，则该次品是 A 厂生产的概率是(　　).

A. $\dfrac{1}{7}$　B. $\dfrac{2}{7}$　C. $\dfrac{3}{7}$　D. $\dfrac{4}{7}$　E. $\dfrac{5}{7}$

6. 设随机变量 X 服从(0，2)上的均匀分布，则随机变量 $Y=X^2$ 在(0，4)内的概率密度 $f_Y(y)=$ (　　).

A. $\frac{\sqrt{y}}{2}$　　B. $\sqrt{y}$　　C. $\frac{1}{2\sqrt{y}}$

D. $\frac{1}{4\sqrt{y}}$　　E. $\frac{1}{8\sqrt{y}}$

7. 设随机变量 X 服从正态分布 $N(0,1)$，对给定的 $\alpha(0<\alpha<1)$，数 u_α 满足 $P\{X>u_\alpha\}=\alpha$. 若 $P\{|X|\geqslant x\}=\beta(0<\beta<1)$，$P\{X\leqslant y\}=\gamma(0<\gamma<1)$，则 x，y 分别等于(　　).

A. $u_{1-\frac{\beta}{2}}$，$u_{1-\gamma}$　　B. $u_{1-\frac{\beta}{2}}$，$u_{\frac{\gamma}{2}}$　　C. $u_{\frac{\beta}{2}}$，$u_{1-\gamma}$

D. $u_{\frac{\beta}{2}}$，$u_{\frac{\gamma}{2}}$　　E. $u_{1-\beta}$，$u_{\frac{\gamma}{2}}$

8. 设随机变量 X 的概率密度 $f(x)$ 在 $\mathbf{R}$ 上连续，则以下结论正确的是(　　).

A. $2X$ 的概率密度为 $f(2x)$　　B. $2X$ 的概率密度为 $f\left(\frac{x}{2}\right)$

C. $-X$ 的概率密度为 $-f(x)$　　D. $-X$ 的概率密度为 $f(-x)$

E. $|X|$ 的概率密度为 $f(x)+f(-x)$

习题详解

1. D

【解析】若将取得黄球视为抽出“有”签，则可由抽签原理计算概率.

第二个人取得黄球的概率等于取球开始前黄球数占总球数的比例，即 $\frac{20}{50}=\frac{2}{5}$.

2. C

【解析】本题是伯努利试验，此人第 4 次射击恰好第 2 次命中目标，即前 3 次射击中只有 1 次命中且第 4 次射击命中，其概率为 $P=C_3^1p^1(1-p)^2p=3p^2(1-p)^2$.

3. E

【解析】由 $P(B\mid A)=\frac{P(BA)}{P(A)}=1$，得 $P(A)=P(AB)$，故 $P(\overline{B}\mid A)=\frac{P(\overline{B}A)}{P(A)}=\frac{P(A)-P(AB)}{P(A)}=0$，则 E 项正确.

由概率表达式推不出事件用集合定义的关系，故 A、B、C、D 项错误.

4. B

【解析】由已知得 $P\{X=i\}=\frac{1}{4}$，$i=1,2,3,4$，$P\{Y=2\mid X=1\}=0$，$P\{Y=2\mid X=2\}=\frac{1}{2}$，$P\{Y=2\mid X=3\}=\frac{1}{3}$，$P\{Y=2\mid X=4\}=\frac{1}{4}$，故

$$P\{Y=2\}=\sum_{i=1}^{4}P\{X=i\}P\{Y=2\mid X=i\}=\frac{1}{4}\left(0+\frac{1}{2}+\frac{1}{3}+\frac{1}{4}\right)=\frac{13}{48}.$$

5. C

【解析】记事件 C 为“随机抽取一件产品，该产品是 A 厂生产的”，则 $\overline{C}$ 表示“随机抽取一件产品，该产品是 B 厂生产的”；记事件 D 为“随机抽取一件产品，该产品是次品”，则由贝叶斯公式得

$$P(C \mid D)=\frac{P(CD)}{P(D)}=\frac{P(C)P(D \mid C)}{P(C)P(D \mid C)+P(\overline{C})P(D \mid \overline{C})}$$
$$=\frac{0.6\times 0.01}{0.6\times 0.01+0.4\times 0.02}=\frac{3}{7}.$$

6. D

【解析】$F_Y(y)=P\{Y\leqslant y\}=P\{X^2\leqslant y\}$，由 X 服从$(0,2)$上的均匀分布得 $0<X<2$，故 $0<X^2<4$，则当 $0<y<4$ 时，$F_Y(y)=P\{X^2\leqslant y\}=P\{-\sqrt{y}\leqslant X\leqslant\sqrt{y}\}=\frac{\sqrt{y}-0}{2-0}=\frac{\sqrt{y}}{2}$，则 $f_Y(y)=F'_Y(y)=\frac{1}{4\sqrt{y}}$.

7. C

【解析】由标准正态分布的对称性及连续型随机变量在一点的概率为 0，可得

$$P\{\mid X\mid\geqslant x\}=P\{X\leqslant -x\}+P\{X\geqslant x\}=2P\{X\geqslant x\}=2P\{X>x\}=\beta,$$

则 $P\{X>x\}=\frac{\beta}{2}$. 由 $P\{X\leqslant y\}=\gamma$，得 $P\{X>y\}=1-P\{X\leqslant y\}=1-\gamma$，再由本题给定的 u_α 的定义得 $x=u_{\frac{\beta}{2}}$，$y=u_{1-\gamma}$.

8. D

【解析】记 $Y_1=2X$，$Y_2=-X$，$Y_3=\mid X\mid$，则 Y_1 的分布函数为

$$F_{Y_1}(y)=P\{Y_1\leqslant y\}=P\{2X\leqslant y\}=P\left\{X\leqslant\frac{y}{2}\right\}=\int_{-\infty}^{\frac{y}{2}}f(x)\mathrm{d}x,$$

故 Y_1 的概率密度为 $f_{Y_1}(y)=\left[\int_{-\infty}^{\frac{y}{2}}f(x)\mathrm{d}x\right]'=\frac{1}{2}f\left(\frac{y}{2}\right)$，即 $f_{Y_1}(x)=\frac{1}{2}f\left(\frac{x}{2}\right)$，故 A、B 项错误.

Y_2 的分布函数为 $F_{Y_2}(y)=P\{Y_2\leqslant y\}=P\{-X\leqslant y\}=P\{X\geqslant -y\}=\int_{-y}^{+\infty}f(x)\mathrm{d}x$，故 Y_2 的概率密度为 $f_{Y_2}(y)=\left[\int_{-y}^{+\infty}f(x)\mathrm{d}x\right]'=f(-y)$，即 $f_{Y_2}(x)=f(-x)$，故 C 项错误，D 项正确.

Y_3 的分布函数为 $F_{Y_3}(y)=P\{Y_3\leqslant y\}=P\{\mid X\mid\leqslant y\}$，当 $y<0$ 时，$F_{Y_3}(y)=0$；当 $y\geqslant 0$ 时，$F_{Y_3}(y)=P\{-y\leqslant X\leqslant y\}=\int_{-y}^{y}f(x)\mathrm{d}x$，故 Y_3 的概率密度为

$$f_{Y_3}(y)=\begin{cases}0, & y<0,\\ f(y)+f(-y), & y\geqslant 0,\end{cases}$$

即 $f_{Y_3}(x)=\begin{cases}0, & x<0,\\ f(x)+f(-x), & x\geqslant 0,\end{cases}$ 故 E 项错误.

第 8 章 多维分布与数字特征

知识框架

- 多维分布与数字特征
  - 多维分布
    - 定义：n维随机变量、二维离散型随机变量
    - 联合分布律：定义、性质
    - 边缘分布律：定义、性质、计算
    - 随机变量的独立性：定义
  - 期望
    - 定义：随机变量的期望、随机变量函数的期望
    - 性质：无条件性质、独立时的性质
    - 七种常见分布的期望
  - 方差
    - 定义：计算公式
    - 性质：无条件性质、独立时的性质
    - 七种常见分布的方差

考情分析

(1)本章的重点是联合分布律相关计算和期望、方差相关计算．

(2)本章的命题体现在两个方面：①多维分布相关计算，围绕联合分布律，结合独立性，考查求联合分布律和利用联合分布律求概率、边缘分布律、随机变量函数的分布律；②数字特征相关计算，主要考查利用定义、性质和常见分布的结论求期望和方差．考生需要理清联合分布律与相关知识的联系，掌握求期望、方差的方法．

备考建议

(1)对于多维分布，要将联合分布律看作分布律的推广，把握其两要素：取值和概率；要弄清楚用联合分布律能求出哪些量，怎么求；要在把握随机变量独立与事件独立联系的基础上，掌握定义及性质．

(2)对于期望与方差，可将期望理解为随机变量取值的“加权平均值”(权为概率)，并按“取值乘概率再求和”记忆期望公式；熟记期望与方差的运算性质和常见分布的数字特征的结论；要理清求方差的思路：除利用常见分布的结论外，还要学会通过方差定义转化为求期望．

考点—题型对照表

考点精讲	对应题型	平均分
一、多维分布	真题题型 2～3	1.5
二、数字特征	基础题型 1，延伸题型 4～7	4

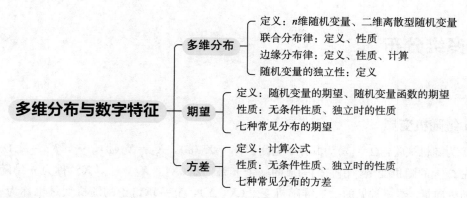

第1节 考点精讲

一、多维分布

对应真题题型 2～3

(一) 定义

1. n 维随机变量

设 E 为随机试验，$\Omega=\{\omega\}$ 为其样本空间，$X_1=X_1(\omega)$，$X_2=X_2(\omega)$，…，$X_n=X_n(\omega)(n\geqslant 2)$ 为定义在 Ω 上的随机变量，由它们构成的一个 n 维向量$(X_1, X_2, \cdots, X_n)$称为 n 维随机变量，或 n 维随机向量．本章常见的是二维随机变量(X, Y)，上一章讨论的随机变量也称为一维随机变量．

2. 二维离散型随机变量

若二维随机变量(X, Y)的所有可能取值为有限对或可列无限多对，则称(X, Y)为二维离散型随机变量．

(二) 联合分布律

1. 定义

设(X, Y)为二维离散型随机变量，若(X, Y)的所有可能取值为(x_i, y_j)，$i, j=1, 2, \cdots$，相应的概率为 $P\{X=x_i, Y=y_j\}=p_{ij}$，$i, j=1, 2, \cdots$，则称该式为(X, Y)的分布律，或 X 和 Y 的联合分布律．

联合分布律也可以用表格表示：

$X \backslash Y$	y_1	y_2	…	y_j	…
x_1	p_{11}	p_{12}	…	p_{1j}	…
x_2	p_{21}	p_{22}	…	p_{2j}	…
⋮	⋮	⋮	⋮	⋮	⋮
x_i	p_{i1}	p_{i2}	…	p_{ij}	…
⋮	⋮	⋮	…	⋮	⋮

2. 性质

设二维离散型随机变量(X, Y)的分布律为 $P\{X=x_i, Y=y_j\}=p_{ij}$，$i, j=1, 2, \cdots$，则

①非负性：$p_{ij}\geqslant 0$，i，$j=1$，2，…；

②规范性：$\sum_{i=1}^{\infty}\sum_{j=1}^{\infty}p_{ij}=1$.

（三）边缘分布律

1. 定义

设二维离散型随机变量(X, Y)的分布律为$P\{X=x_i, Y=y_j\}=p_{ij}$，i，$j=1$，2，…，则离散型随机变量X和Y的分布律分别为$P\{X=x_i\}=\sum_{j=1}^{\infty}p_{ij}=p_{i\cdot}$，$i=1$，2，…和$P\{Y=y_j\}=\sum_{i=1}^{\infty}p_{ij}=p_{\cdot j}$，$j=1$，2，…，分别称为$(X, Y)$关于$X$和关于$Y$的边缘分布律(注意，记号$p_{i\cdot}$中的·表示由$p_{ij}$关于$j$求和得到的；同理，$p_{\cdot j}$是由$p_{ij}$关于$i$求和得到的).

2. 性质

设二维离散型随机变量(X, Y)关于$X(Y)$的边缘分布律为$P\{X=x_i\}=p_{i\cdot}$，$i=1$，2，…($P\{Y=y_j\}=p_{\cdot j}$，$j=1$，2，…)，则

①非负性：$p_{i\cdot}\geqslant 0$，$i=1$，2，…($p_{\cdot j}\geqslant 0$，$j=1$，2，…)；

②规范性：$\sum_{i=1}^{\infty}p_{i\cdot}=1\left(\sum_{j=1}^{\infty}p_{\cdot j}=1\right)$.

（四）随机变量的独立性

设(X, Y)为二维离散型随机变量，若对于(X, Y)的所有可能取值(x_i, y_j)有$P\{X=x_i, Y=y_j\}=P\{X=x_i\}P\{Y=y_j\}$，即对于任意$i$，$j$有$p_{ij}=p_{i\cdot}\times p_{\cdot j}$，则称$X$和$Y$是相互独立的，简称$X$，$Y$独立.

两个随机变量独立意味着二者取值的概率互不影响，即若随机变量X，Y独立，集合L_1，$L_2\subset\mathbf{R}$，则事件$\{X\in L_1\}$与$\{Y\in L_2\}$独立.

二、数字特征

对应基础题型1，延伸题型4~7

（一）定义

1. 随机变量的数学期望

设离散型随机变量X的分布律为$P\{X=x_k\}=p_k$，$k=1$，2，…，若$\sum_{k=1}^{+\infty}|x_k|p_k<+\infty$，则称$E(X)=\sum_{k=1}^{+\infty}x_kp_k$为随机变量$X$的数学期望，简称期望或均值.

设连续型随机变量X的概率密度为$f(x)$，$x\in\mathbf{R}$，若$\int_{-\infty}^{+\infty}|x|f(x)\mathrm{d}x<+\infty$，则称$E(X)=\int_{-\infty}^{+\infty}xf(x)\mathrm{d}x$为随机变量$X$的数学期望，简称期望或均值.

$E(X)$可理解为随机变量X取值的“加权平均值”(权为概率).

2. 随机变量函数的数学期望

设 Y 是随机变量 X 的函数：$Y=g(X)$（$g(x)$为连续函数）.

(1)对于离散型随机变量 X，其分布律为 $P\{X=x_k\}=p_k$，$k=1,2,\cdots$，若 $\sum_{k=1}^{+\infty}|g(x_k)|\cdot p_k<+\infty$，则 $E(Y)=E[g(X)]=\sum_{k=1}^{+\infty}g(x_k)p_k$.

(2)对于连续型随机变量 X，其概率密度为 $f(x)$，$x\in\mathbf{R}$，若 $\int_{-\infty}^{+\infty}|g(x)|f(x)\mathrm{d}x<+\infty$，则 $E(Y)=E[g(X)]=\int_{-\infty}^{+\infty}g(x)f(x)\mathrm{d}x$.

注意 求 $E(Y)=E[g(X)]$，除了用上述公式外，也可先求出 $Y=g(X)$ 的分布，再求 $E(Y)$. 一般用前一种方法较为简洁.

3. 方差

设 X 为一个随机变量，若 $E\{[X-E(X)]^2\}$存在，则称 $E\{[X-E(X)]^2\}$为 X 的方差，记为 $D(X)$或 $\mathrm{Var}(X)$. 并称 $\sqrt{D(X)}$ 为 X 的标准差或均方差，记为 $\sigma(X)$.

$D(X)$度量的是随机变量 X 与其期望 $E(X)$的偏离程度，或 X 取值的分散程度.

根据上述方差的定义，结合期望的性质，可得方差的计算公式：$D(X)=E(X^2)-[E(X)]^2$.

（二）性质

设 C 为常数，Y，X，X_1，X_2，$\cdots$，$X_n(n\geqslant 2)$为随机变量，且下表中的期望、方差均存在，则有

期望	方差
$E(C)=C$	$D(C)=0$
$E(CX)=CE(X)$ $E(X+C)=E(X)+C$	$D(CX)=C^2D(X)$ $D(X+C)=D(X)$
$E(X\pm Y)=E(X)\pm E(Y)$. 推广：$E(X_1\pm X_2\pm\cdots\pm X_n)=E(X_1)\pm E(X_2)\pm\cdots\pm E(X_n)$.	若 X 和 Y 相互独立，则 $D(X\pm Y)=D(X)+D(Y)$. 推广：若 X_1，X_2，$\cdots$，X_n 相互独立，则 $D(X_1\pm X_2\pm\cdots\pm X_n)=D(X_1)+D(X_2)+\cdots+D(X_n)$.
若 X 和 Y 相互独立，则 $E(XY)=E(X)\cdot E(Y)$.	$D(X)=0$ 的充要条件为 X 以概率 1 取常数 $E(X)$，即 $P\{X=E(X)\}=1$.

(三)常见分布的期望和方差

X 的分布	期望 $E(X)$	方差 $D(X)$
0—1分布	p	$p(1-p)$
$B(n, p)$	np	$np(1-p)$
$G(p)$	$\frac{1}{p}$	$\frac{1-p}{p^2}$
$P(\lambda)$	λ	λ
$U(a, b)$	$\frac{a+b}{2}$	$\frac{(b-a)^2}{12}$
$E(\lambda)$	$\frac{1}{\lambda}$	$\frac{1}{\lambda^2}$
$N(\mu, \sigma^2)$	μ	σ^2

第2节 基础题型

题型1 一维分布中期望方差相关计算

【方法点拨】

求期望(方差)的步骤：

(1)若能用期望(方差)的性质，则用性质化简；

(2)若能用常见分布的期望(方差)的结论，则向结论变形，用结论得结果；

(3)若经过前两步仍未得出结果，则套期望(方差)的计算公式.

上述步骤中的"性质""结论"和"计算公式"详见本章第1节.

例如：求 $E(X^2)$，可按上述步骤计算如下：

(1)期望的性质不能用来化简 $E(X^2)$，故进入下一步；

(2)若 X 的期望和方差易得(如 X 服从某种常见分布)，则将 $E(X^2)$ 用期望和方差表示：$E(X^2)=D(X)+[E(X)]^2$，进而得出结果，否则，进入下一步；

(3)用随机变量函数期望的公式，如当 X 概率密度为 $f(x)$ 时，有 $E(X^2)=\int_{-\infty}^{+\infty}x^2f(x)\mathrm{d}x$.

例1 设随机变量 X 服从参数为 λ 的泊松分布，若 $E[(X-1)(X-2)]=1$，则参数 $\lambda=$ (　　).

A. -1　　B. 0　　C. 1　　D. 2　　E. 3

【思路】 先用期望的性质化简，再用泊松分布的期望方差结论.

【解析】 将原式化简，可得

$$E[(X-1)(X-2)]=E(X^2-3X+2)=E(X^2)-3E(X)+2$$
$$=D(X)+[E(X)]^2-3E(X)+2=1.$$

由 $X\sim P(\lambda)$，得 $E(X)=D(X)=\lambda$，故 $\lambda+\lambda^2-3\lambda+2=1$，解得 $\lambda=1$.

【答案】 C

例2 设随机变量 $X\sim N(1,4)$，$Y\sim U(0,4)$，且 X，Y 相互独立，则 $D(2X-3Y)=$ (　　).

A. 4　　B. 8　　C. 18　　D. 24　　E. 28

【思路】 先用方差的性质化简，再用正态分布和均匀分布的方差结论.

【解析】 由 $X\sim N(1,4)$，$Y\sim U(0,4)$，得 $D(X)=4$，$D(Y)=\frac{(4-0)^2}{12}=\frac{4}{3}$. 再结合已知条件 X，Y 相互独立，得

$$D(2X-3Y)=D(2X)+D(-3Y)=2^2D(X)+(-3)^2D(Y)=4\times4+9\times\frac{4}{3}=28.$$

【答案】 E

例3 设随机变量 X 的分布律为(k 为常数):

X	-1	0	1	2
P	$\frac{1}{2k}$	$\frac{3}{4k}$	$\frac{5}{8k}$	$\frac{7}{16k}$

则 X 的数学期望 $E(X)=($ $)$.

A. $\frac{7}{16}$　B. $\frac{16}{7}$　C. $\frac{37}{16}$　D. $\frac{16}{37}$　E. $\frac{32}{37}$

【思路】先用分布律的规范性求出参数 k,再套公式计算 $E(X)$.

【解析】由分布律的规范性得 $\frac{1}{2k}+\frac{3}{4k}+\frac{5}{8k}+\frac{7}{16k}=1$,解得 $k=\frac{37}{16}$.

故 $E(X)=-1\times\frac{1}{2k}+0\times\frac{3}{4k}+1\times\frac{5}{8k}+2\times\frac{7}{16k}=\frac{1}{k}=\frac{16}{37}$.

【答案】D

例4 设随机变量 X 服从参数为1的指数分布,则数学期望 $E(X+\mathrm{e}^{-2X})=($ $)$.

A. $\frac{1}{3}$　B. $\frac{2}{3}$　C. 1　D. $\frac{4}{3}$　E. $\frac{5}{3}$

【思路】先用期望的性质化简 $E(X+\mathrm{e}^{-2X})=E(X)+E(\mathrm{e}^{-2X})$,计算 $E(X)$ 用指数分布的期望结论;计算 $E(\mathrm{e}^{-2X})$ 套公式 $E(Y)=E[g(X)]=\int_{-\infty}^{+\infty}g(x)f(x)\mathrm{d}x$.

【解析】由 $X\sim E(1)$,知概率密度 $f(x)=\begin{cases}\mathrm{e}^{-x}, & x>0,\\ 0, & x\leqslant 0,\end{cases}$ $E(X)=\frac{1}{\lambda}=1$,故

$$
\begin{aligned}
E(X+\mathrm{e}^{-2X})&=E(X)+E(\mathrm{e}^{-2X})=1+\int_{-\infty}^{+\infty}\mathrm{e}^{-2x}f(x)\mathrm{d}x\\
&=1+\int_{0}^{+\infty}\mathrm{e}^{-2x}\mathrm{e}^{-x}\mathrm{d}x=1-\frac{1}{3}\mathrm{e}^{-3x}\Big|_{0}^{+\infty}=\frac{4}{3}.
\end{aligned}
$$

【答案】D

本节习题自测

1. 已知随机变量 X 服从二项分布,且 $E(X)=2.4$,$D(X)=1.44$,则此二项分布的参数 n,p 的值为( ).

A. $n=4$,$p=0.6$　B. $n=6$,$p=0.4$　C. $n=8$,$p=0.3$
D. $n=3$,$p=0.8$　E. $n=24$,$p=0.1$

2. 设随机变量 X 服从参数为1的泊松分布,则 $P\{X=E(X^2)\}=($ $)$.

A. $\frac{1}{2}$　B. $\frac{1}{\mathrm{e}}$　C. $\frac{1}{2\mathrm{e}}$　D. $\frac{1}{3\mathrm{e}}$　E. $\frac{2}{\mathrm{e}}$

3. 设随机变量 X 的概率分布为 $P\{X=-2\}=\frac{1}{2}$，$P\{X=1\}=a$，$P\{X=3\}=b$. 若 $E(X)=0$，则 $D(X)=($　　$)$.

A. 1　　B. $\frac{5}{4}$　　C. $\frac{5}{2}$　　D. $\frac{9}{4}$　　E. $\frac{9}{2}$

4. 假设有十只同种电器元件，其中有两只废品．装配仪器时，从这批元件中任取一只，如是废品，则扔掉重新任取一只．用 X 表示取到正品之前，已取出的废品只数，则 $E(X^2)=($　　$)$.

A. $\frac{4}{5}$　　B. $\frac{8}{45}$　　C. $\frac{1}{45}$　　D. $\frac{2}{9}$　　E. $\frac{4}{15}$

5. 设 X 服从区间$(-\pi,\ \pi)$上的均匀分布，$Y=\frac{X}{1+X^2}$，则 $E(Y+XY)=($　　$)$.

A. 0　　B. $\frac{1}{\pi}$　　C. $\frac{1-\arctan\pi}{\pi}$

D. $\frac{1+\arctan\pi}{\pi}$　　E. $\frac{\pi-\arctan\pi}{\pi}$

6. 设 X 是一个随机变量，其概率密度为 $f(x)=\begin{cases}1+x, & -1\leqslant x\leqslant 0,\\ 1-x, & 0<x\leqslant 1,\\ 0, & \text{其他},\end{cases}$ 则方差 $D(X)=($　　$)$.

A. $\frac{1}{2}$　　B. $\frac{1}{4}$　　C. $\frac{1}{6}$　　D. $\frac{1}{8}$　　E. $\frac{1}{10}$

7. 设随机变量 X 在区间$(-1,\ 2)$上服从均匀分布，随机变量 $Y=\begin{cases}1, & X>0,\\ 0, & X=0,\\ -1, & X<0,\end{cases}$ 则方差 $D(Y)=$ (　　).

A. $\frac{1}{3}$　　B. $\frac{2}{3}$　　C. $\frac{4}{9}$　　D. $\frac{8}{9}$　　E. 1

8. 设随机变量 X 的概率密度为 $f(x)=\begin{cases}\frac{1}{2}\cos\frac{x}{2}, & 0\leqslant x\leqslant\pi,\\ 0, & \text{其他},\end{cases}$ 对 X 独立重复地观察 4 次，用 Y 表示观察值大于$\frac{\pi}{3}$的次数，则 Y^2 的数学期望 $E(Y^2)=($　　$)$.

A. 1　　B. $\frac{1}{2}$　　C. 2　　D. $\frac{1}{5}$　　E. 5

9. 设随机变量 X 与 Y 相互独立，且 $X\sim N(1,\ 2)$，$Y\sim N(1,\ 4)$，则 $D(XY)=($　　$)$.

A. 2　　B. 4　　C. 8　　D. 14　　E. 15

10. 已知连续型随机变量 X 的概率密度为 $f(x)=\frac{1}{\sqrt{\pi}}e^{-x^2+2x-1}$，则 $E(X)$和 $D(X)$的值分别为 (　　).

A. $\frac{1}{2}$，$\frac{1}{2}$　　B. $\frac{1}{2}$，1　　C. 1，$\frac{1}{2}$　　D. 1，1　　E. 0，$\frac{1}{2}$

11. 设随机变量 $X\sim E(1)$，$Y=\min(X,1)$，则 $E(Y^2)=($　　$)$.

A. $1-2e^{-1}$　　B. $1+2e^{-1}$　　C. $2-4e^{-1}$　　D. $2+4e^{-1}$　　E. $2+2e^{-1}$

12. 设随机变量 X 服从标准正态分布 $N(0,1)$，则 $E(Xe^{2X})=($　　$)$.

A. 0　　B. e　　C. 2e　　D. e^2　　E. $2e^2$

13. 设连续型随机变量 X 的分布函数为 $F(x)=0.3\Phi(x)+0.7\Phi\left(\frac{x-1}{2}\right)$，其中 $\Phi(x)$ 为标准正态分布的分布函数，则 $E(X)=($　　$)$.

A. 0　　B. 0.3　　C. 0.35　　D. 0.7　　E. 1

习题详解

1. B

【解析】由 $X\sim B(n,p)$，得 $E(X)=np$，$D(X)=np(1-p)$. 由题已知 $E(X)=2.4$，$D(X)=1.44$，故 $\begin{cases}np=2.4①,\\np(1-p)=1.44②,\end{cases}$ 式①代入式②，解得 $p=0.4$，代入式①得 $n=6$.

2. C

【解析】由 $X\sim P(1)$，故其分布律为 $P\{X=k\}=\frac{\lambda^k}{k!}e^{-\lambda}$，$k=0,1,\cdots$，且 $E(X)=D(X)=1$，则

$$E(X^2)=D(X)+[E(X)]^2=1+1^2=2.$$

故 $P\{X=E(X^2)\}=P\{X=2\}=\frac{1^2}{2!}e^{-1}=\frac{1}{2e}$.

3. E

【解析】由规范性得 $\frac{1}{2}+a+b=1①$，再由 $E(X)=0$ 得 $-2\times\frac{1}{2}+1\times a+3\times b=0②$，式①和式②联立，解得 $a=b=\frac{1}{4}$，则

$$D(X)=E(X^2)-[E(X)]^2=(-2)^2\times\frac{1}{2}+1^2\times\frac{1}{4}+3^2\times\frac{1}{4}-0=\frac{9}{2}.$$

4. E

【解析】由题意知，X 的所有可能取值为 0，1，2，相应概率为

$$P\{X=0\}=\frac{8}{10}=\frac{4}{5},\ P\{X=1\}=\frac{2}{10}\times\frac{8}{9}=\frac{8}{45},\ P\{X=2\}=\frac{2}{10}\times\frac{1}{9}\times\frac{8}{8}=\frac{1}{45}.$$

故 $E(X^2)=0^2\times\frac{4}{5}+1^2\times\frac{8}{45}+2^2\times\frac{1}{45}=\frac{4}{15}$.

5. E

【解析】$E(Y+XY)=E(Y)+E(XY)$，其中 $E(Y)=\int_{-\pi}^{\pi}\frac{x}{1+x^2}\frac{1}{2\pi}dx=0$；

$$E(XY)=\int_{-\pi}^{\pi}\frac{x^2}{1+x^2}\frac{1}{2\pi}dx=\frac{1}{\pi}\int_0^{\pi}\frac{x^2+1-1}{1+x^2}dx=\frac{1}{\pi}\int_0^{\pi}\left(1-\frac{1}{1+x^2}\right)dx$$
$$=\frac{1}{\pi}\left(\pi-\arctan x\Big|_0^{\pi}\right)=\frac{\pi-\arctan\pi}{\pi}.$$

故 $E(Y+XY)=E(Y)+E(XY)=\frac{\pi-\arctan\pi}{\pi}$.

6. C

【解析】由连续型随机变量期望的计算公式，可得

$$E(X)=\int_{-\infty}^{+\infty}xf(x)\mathrm{d}x=\int_{-1}^{0}x(1+x)\mathrm{d}x+\int_{0}^{1}x(1-x)\mathrm{d}x$$

$$=\left(\frac{x^2}{2}+\frac{x^3}{3}\right)\Big|_{-1}^{0}+\left(\frac{x^2}{2}-\frac{x^3}{3}\right)\Big|_{0}^{1}=0,$$

$$E(X^2)=\int_{-\infty}^{+\infty}x^2f(x)\mathrm{d}x=\int_{-1}^{0}x^2(1+x)\mathrm{d}x+\int_{0}^{1}x^2(1-x)\mathrm{d}x$$

$$=\left(\frac{x^3}{3}+\frac{x^4}{4}\right)\Big|_{-1}^{0}+\left(\frac{x^3}{3}-\frac{x^4}{4}\right)\Big|_{0}^{1}=\frac{1}{6}.$$

故 $D(X)=E(X^2)-[E(X)]^2=\frac{1}{6}$.

7. D

【解析】由 Y 的表达式得 Y 的所有可能取值为 -1，0，1，相应概率为

$$P\{Y=-1\}=P\{X<0\}=\frac{0-(-1)}{2-(-1)}=\frac{1}{3},$$

$$P\{Y=0\}=P\{X=0\}=0,$$

$$P\{Y=1\}=P\{X>0\}=\frac{2-0}{2-(-1)}=\frac{2}{3},$$

则 $E(Y)=-1\times\frac{1}{3}+1\times\frac{2}{3}=\frac{1}{3}$，$E(Y^2)=(-1)^2\times\frac{1}{3}+1^2\times\frac{2}{3}=1$，故

$$D(Y)=E(Y^2)-[E(Y)]^2=1-\frac{1}{9}=\frac{8}{9}.$$

8. E

【解析】由已知得 $Y\sim B(4,\ p)$，其中

$$p=P\left\{X>\frac{\pi}{3}\right\}=\int_{\frac{\pi}{3}}^{+\infty}f(x)\mathrm{d}x=\int_{\frac{\pi}{3}}^{\pi}\frac{1}{2}\cos\frac{x}{2}\mathrm{d}x=\sin\frac{x}{2}\Big|_{\frac{\pi}{3}}^{\pi}=\frac{1}{2},$$

故 $Y\sim B\left(4,\ \frac{1}{2}\right)$，则 $E(Y)=np=4\times\frac{1}{2}=2$，$D(Y)=np(1-p)=4\times\frac{1}{2}\times\frac{1}{2}=1$，则

$$E(Y^2)=D(Y)+[E(Y)]^2=1+2^2=5.$$

9. D

【解析】由题可知 $E(X)=1$，$D(X)=2$，$E(Y)=1$，$D(Y)=4$.

$$D(XY)=E(X^2Y^2)-[E(XY)]^2=E(X^2)E(Y^2)-[E(X)\cdot E(Y)]^2$$

$$=\{D(X)+[E(X)]^2\}\{D(Y)+[E(Y)]^2\}-1=(2+1)(4+1)-1=14.$$

10. C

【解析】$f(x)=\frac{1}{\sqrt{2\pi}\cdot\frac{1}{\sqrt{2}}}\mathrm{e}^{-\frac{(x-1)^2}{2\times\left(\frac{1}{\sqrt{2}}\right)^2}}$，与 $X\sim N(\mu,\ \sigma^2)\Leftrightarrow f(x)=\frac{1}{\sqrt{2\pi}\sigma}\mathrm{e}^{-\frac{(x-\mu)^2}{2\sigma^2}}$ 对比可得

$X\sim N\left(1,\ \frac{1}{2}\right)$，故 $E(X)=1$，$D(X)=\frac{1}{2}$.

11. C

【解析】$Y^2=[\min(X,1)]^2=\begin{cases}X^2, & X<1,\\ 1, & X\geqslant 1\end{cases}$ 为 X 的函数，故用随机变量函数期望的计算公式 $E[g(X)]=\int_{-\infty}^{+\infty}g(x)f(x)\mathrm{d}x$ 求 $E(Y^2)$.

因为 $X\sim E(1)$，则其概率密度为 $f(x)=\begin{cases}\mathrm{e}^{-x}, & x>0,\\ 0, & x\leqslant 0.\end{cases}$

$$E(Y^2)=\int_{-\infty}^{+\infty}[\min(x,1)]^2f(x)\mathrm{d}x=\int_0^{+\infty}[\min(x,1)]^2\mathrm{e}^{-x}\mathrm{d}x=\int_0^1x^2\mathrm{e}^{-x}\mathrm{d}x+\int_1^{+\infty}\mathrm{e}^{-x}\mathrm{d}x$$
$$=-x^2\mathrm{e}^{-x}\Big|_0^1+2\int_0^1x\mathrm{e}^{-x}\mathrm{d}x-\mathrm{e}^{-x}\Big|_1^{+\infty}=-2\int_0^1x\mathrm{d}(\mathrm{e}^{-x})$$
$$=-2x\mathrm{e}^{-x}\Big|_0^1+2\int_0^1\mathrm{e}^{-x}\mathrm{d}x=2-4\mathrm{e}^{-1}.$$

12. E

【解析】直接套用连续型随机变量函数的期望的计算公式，可得

$$E(X\mathrm{e}^{2X})=\int_{-\infty}^{+\infty}x\mathrm{e}^{2x}\frac{1}{\sqrt{2\pi}}\mathrm{e}^{-\frac{x^2}{2}}\mathrm{d}x=\int_{-\infty}^{+\infty}x\frac{1}{\sqrt{2\pi}}\mathrm{e}^{2x-\frac{x^2}{2}}\mathrm{d}x=\mathrm{e}^2\int_{-\infty}^{+\infty}x\frac{1}{\sqrt{2\pi}}\mathrm{e}^{-\frac{(x-2)^2}{2}}\mathrm{d}x,$$

注意到积分 $\int_{-\infty}^{+\infty}x\frac{1}{\sqrt{2\pi}}\mathrm{e}^{-\frac{(x-2)^2}{2}}\mathrm{d}x$ 为正态分布 $N(2,1)$ 的数学期望，故 $\int_{-\infty}^{+\infty}x\frac{1}{\sqrt{2\pi}}\mathrm{e}^{-\frac{(x-2)^2}{2}}\mathrm{d}x=2$，则 $E(X\mathrm{e}^{2X})=2\mathrm{e}^2$.

13. D

【解析】$f(x)=F'(x)=0.3\varphi(x)+\frac{0.7}{2}\varphi\left(\frac{x-1}{2}\right)$，故

$$E(X)=\int_{-\infty}^{+\infty}xf(x)\mathrm{d}x=\int_{-\infty}^{+\infty}x\left[0.3\varphi(x)+\frac{0.7}{2}\varphi\left(\frac{x-1}{2}\right)\right]\mathrm{d}x$$
$$=0.3\int_{-\infty}^{+\infty}x\varphi(x)\mathrm{d}x+\frac{0.7}{2}\int_{-\infty}^{+\infty}x\varphi\left(\frac{x-1}{2}\right)\mathrm{d}x,$$

其中令 $\frac{x-1}{2}=t$，则 $x=2t+1$，故

$$\int_{-\infty}^{+\infty}x\varphi\left(\frac{x-1}{2}\right)\mathrm{d}x=\int_{-\infty}^{+\infty}(2t+1)\varphi(t)\mathrm{d}(2t+1)=4\int_{-\infty}^{+\infty}t\varphi(t)\mathrm{d}t+2\int_{-\infty}^{+\infty}\varphi(t)\mathrm{d}t,$$

注意到积分 $\int_{-\infty}^{+\infty}x\varphi(x)\mathrm{d}x=\int_{-\infty}^{+\infty}t\varphi(t)\mathrm{d}t$ 为标准正态分布的数学期望，故

$$\int_{-\infty}^{+\infty}x\varphi(x)\mathrm{d}x=\int_{-\infty}^{+\infty}t\varphi(t)\mathrm{d}t=0,$$

又由 $\varphi(t)$ 的规范性得 $\int_{-\infty}^{+\infty}\varphi(t)\mathrm{d}t=1$. 故 $E(X)=0.3\times0+\frac{0.7}{2}\times(4\times0+2)=0.7$.

第3节 真题题型

题型2 对联合分布律与边缘分布律的考查

【方法点拨】

(1)求 X 和 Y 的联合分布律：求出 (X, Y) 的所有可能取值及相应概率.

(2)已知 X 和 Y 的联合分布律为 $P\{X=x_i, Y=y_j\}=p_{ij}$，$i, j=1, 2, \cdots$.

①求参数：用规范性 $\sum\limits_{i=1}^{\infty}\sum\limits_{j=1}^{\infty} p_{ij}=1$；

②求概率：累加联合分布律中满足条件的概率 p_{ij}，如

$$P\{X+Y>1\}=\sum_{x_i+y_j>1} P\{X=x_i, Y=y_j\}=\sum_{x_i+y_j>1} p_{ij};$$

③ 求边缘分布律：由 (X, Y) 的取值 (x_i, y_j) 得到 X 的所有可能取值 x_i，再由 p_{ij} 关于 j 求和得到相应的概率 $P\{X=x_i\}=\sum\limits_{j=1}^{\infty} p_{ij}$，$i=1, 2, \cdots$，即可得到 (X, Y) 关于 X 的边缘分布律；同理求得关于 Y 的边缘分布律；

(3)已知 (X, Y) 为二维离散型随机变量，且 X 和 Y 独立，则用定义：X 和 Y 独立 $\Leftrightarrow$ 对于任意 i, j 有 $p_{ij}=p_{i\cdot}\times p_{\cdot j}$.

例5 设随机变量 X 的概率分布为 $P\{X=0\}=\frac{1}{3}$，$P\{X=1\}=\frac{2}{3}$，Y 的概率分布为 $P\{Y=i\}=\frac{1}{3}$，$i=-1, 0, 1$，且 $P\{X^2=Y^2\}=1$，则二维随机变量 (X, Y) 的概率分布为(　　).

A.

X \ Y	-1	0	1
0	$\frac{1}{6}$	0	$\frac{1}{6}$
1	$\frac{1}{6}$	$\frac{1}{3}$	$\frac{1}{6}$

B.

X \ Y	-1	0	1
0	0	$\frac{1}{6}$	$\frac{1}{6}$
1	$\frac{1}{3}$	$\frac{1}{6}$	$\frac{1}{6}$

C.

X \ Y	-1	0	1
0	0	$\frac{1}{3}$	0
1	$\frac{1}{3}$	0	$\frac{1}{3}$

D.

X \ Y	-1	0	1
0	$\frac{1}{3}$	0	$\frac{1}{3}$
1	0	$\frac{1}{3}$	0

E.

X \ Y	-1	0	1
0	0	0	$\frac{1}{3}$
1	$\frac{1}{3}$	$\frac{1}{3}$	0

【思路】求(X, Y)的分布律，故求出(X, Y)的所有可能取值及相应概率．

【解析】由$P\{X^2=Y^2\}=1$，得$P\{X^2\neq Y^2\}=0$，故事件$\{X^2\neq Y^2\}$的子事件为零概率事件，即$P\{X=0, Y=-1\}=P\{X=0, Y=1\}=P\{X=1, Y=0\}=0$. 由联合分布律与边缘分布律的关系得

$$P\{X=1, Y=-1\}=P\{Y=-1\}-P\{X=0, Y=-1\}=\frac{1}{3}-0=\frac{1}{3},$$

$$P\{X=0, Y=0\}=P\{Y=0\}-P\{X=1, Y=0\}=\frac{1}{3}-0=\frac{1}{3},$$

$$P\{X=1, Y=1\}=P\{Y=1\}-P\{X=0, Y=1\}=\frac{1}{3}-0=\frac{1}{3}.$$

故(X, Y)的概率分布为

X \ Y	-1	0	1
0	0	$\frac{1}{3}$	0
1	$\frac{1}{3}$	0	$\frac{1}{3}$

【答案】C

例6　设随机变量$X_i \sim \begin{pmatrix} -1 & 0 & 1 \\ \frac{1}{4} & \frac{1}{2} & \frac{1}{4} \end{pmatrix}$$(i=1, 2)$，且满足$P\{X_1X_2=0\}=1$，则$P\{X_1=X_2\}$等于(　　).

A. 0　　B. $\frac{1}{4}$　　C. $\frac{1}{2}$

D. $\frac{3}{4}$　　E. 1

【思路】用X_1，X_2的分布律求$P\{X_1=X_2\}$较为烦琐，故先求出X_1与X_2的联合分布律，再求概率．

【解析】由$P\{X_1X_2=0\}=1$得$P\{X_1X_2\neq 0\}=1-P\{X_1X_2=0\}=0$，由"零概率事件的子事件为零概率事件"得

$P\{X_1=-1, X_2=-1\}=P\{X_1=-1, X_2=1\}=P\{X_1=1, X_2=-1\}=P\{X_1=1, X_2=1\}=0.$

列出联合分布律与边缘分布律的部分数值，可得

Y \ X	-1	0	1	$P\{X=x_i\}=p_{i\cdot}$
-1	0	a	0	$\frac{1}{4}$
0	b	c	d	$\frac{1}{2}$
1	0	e	0	$\frac{1}{4}$
$P\{Y=y_j\}=p_{\cdot j}$	$\frac{1}{4}$	$\frac{1}{2}$	$\frac{1}{4}$	1

由联合分布律与边缘分布律的关系可得

$$0+a+0=\frac{1}{4},\ 0+b+0=\frac{1}{4},\ 0+d+0=\frac{1}{4},\ 0+e+0=\frac{1}{4},\ b+c+d=\frac{1}{2},$$

解得 $a=b=d=e=\frac{1}{4}$，$c=0$，则

$$P\{X_1=X_2\}=P\{X_1=-1,X_2=-1\}+P\{X_1=0,X_2=0\}+P\{X_1=1,X_2=1\}=0.$$

【答案】A

例 7　设二维随机变量 (X,Y) 的分布律为

Y \ X	1	2
1	a	0.4
2	b	0.2

且随机变量 X，Y 相互独立，则 a，b 的取值分别为(　　).

A. $\frac{1}{15}$，$\frac{1}{3}$　　B. $\frac{1}{3}$，$\frac{1}{15}$　　C. $\frac{1}{5}$，$\frac{1}{5}$　　D. $\frac{2}{15}$，$\frac{4}{15}$　　E. $\frac{4}{15}$，$\frac{2}{15}$

【思路】已知联合分布律及 X，Y 相互独立，求参数，可由规范性和独立的定义计算.

【解析】$a+0.4+b+0.2=1$，即 $a+b=0.4$①；

$P\{X=1,Y=1\}=P\{X=1\}P\{Y=1\}$，即 $a=(a+0.4)(a+b)$②.

将式①代入式②，解得 $a=\frac{4}{15}$，代入式①，得 $b=\frac{2}{15}$.

【答案】E

例 8　设二维离散型随机变量 (X,Y) 的概率分布为

Y \ X	-1	0	1
-1	$\frac{1}{3}$	$\frac{1}{6}$	0
0	$\frac{1}{6}$	0	$\frac{1}{6}$
1	0	$\frac{1}{6}$	0

则(　　).

A. $P\{X=Y\}=\frac{1}{2}$　　B. $P\{X=-Y\}=\frac{1}{3}$

C. 事件$\{X+Y<0\}$与$\{X<0\}$独立　　D. $P\{X=-1\}=P\{X=1\}=\frac{1}{2}$

E. X与Y同分布

【思路】本题已知(X, Y)的概率分布，由选项知需求概率，判断事件独立性，求边缘分布律．故用累加法计算概率，用事件独立的定义判断独立性，用公式$p_{i\cdot}=\sum_j p_{ij}$，$p_{\cdot j}=\sum_i p_{ij}$求边缘分布律．

【解析】A项：$P\{X=Y\}=P\{X=-1, Y=-1\}+P\{X=0, Y=0\}+P\{X=1, Y=1\}=\frac{1}{3}+0+0=\frac{1}{3}$，故A项错误．

B项：$P\{X=-Y\}=P\{X=-1, Y=1\}+P\{X=0, Y=0\}+P\{X=1, Y=-1\}=0+0+0=0$，故B项错误．

C项：$P\{X+Y<0\}=\frac{1}{3}+\frac{1}{6}+\frac{1}{6}=\frac{2}{3}$，$P\{X<0\}=\frac{1}{3}+\frac{1}{6}=\frac{1}{2}$，$P\{X+Y<0, X<0\}=\frac{1}{3}+\frac{1}{6}=\frac{1}{2}$，故$P\{X+Y<0\}P\{X<0\}=\frac{1}{3}\neq\frac{1}{2}=P\{X+Y<0, X<0\}$，则事件$\{X+Y<0\}$与$\{X<0\}$不独立，故C项错误．

D、E项：X和Y的分布律，分别为

$$P\{X=-1\}=\frac{1}{3}+\frac{1}{6}+0=\frac{1}{2}，P\{X=0\}=\frac{1}{6}+0+\frac{1}{6}=\frac{1}{3}，P\{X=1\}=0+\frac{1}{6}+0=\frac{1}{6}，$$

$$P\{Y=-1\}=\frac{1}{3}+\frac{1}{6}+0=\frac{1}{2}，P\{Y=0\}=\frac{1}{6}+0+\frac{1}{6}=\frac{1}{3}，P\{Y=1\}=0+\frac{1}{6}+0=\frac{1}{6}.$$

故D项错误，E项正确．

【答案】E

题型3 求二维随机变量函数的分布

【方法点拨】

设(X, Y)为二维随机变量，则

(1)求$Z=g(X, Y)$的分布律：求出Z的所有可能取值及相应概率．

(2)求$M=\max\{X, Y\}$与$N=\min\{X, Y\}$的分布函数$F_{\max}(z)$和$F_{\min}(z)$，用以下结论：

①设X，Y为相互独立的随机变量，其分布函数分别为$F_X(x)$和$F_Y(y)$，则$F_{\max}(z)=F_X(z)F_Y(z)$，$F_{\min}(z)=1-[1-F_X(z)][1-F_Y(z)]$.

②特别地，当X，Y相互独立且有相同的分布函数$F(x)$时，有$F_{\max}(z)=[F(z)]^2$，$F_{\min}(z)=1-[1-F(z)]^2$.

其中，①证明如下：

$$F_{\max}(z)=P\{M\leqslant z\}=P\{X\leqslant z, Y\leqslant z\}=P\{X\leqslant z\}P\{Y\leqslant z\}=F_X(z)F_Y(z),$$

$$F_{\min}(z)=P\{N\leqslant z\}=1-P\{N>z\}=1-P\{X>z, Y>z\}=1-P\{X>z\}P\{Y>z\}$$
$$=1-(1-P\{X\leqslant z\})(1-P\{Y\leqslant z\})=1-[1-F_X(z)][1-F_Y(z)].$$

例 9　设二维离散型随机变量(X, Y)的概率分布为

X \ Y	0	1	2
0	$\frac{1}{4}$	0	$\frac{1}{4}$
1	0	$\frac{1}{3}$	0
2	$\frac{1}{12}$	0	$\frac{1}{12}$

则(　　).

A. XY的分布律为$P\{XY=0\}=\frac{7}{12}$，$P\{XY=1\}=\frac{1}{3}$，$P\{XY=2\}=\frac{1}{12}$

B. XY的分布律为$P\{XY=0\}=\frac{7}{12}$，$P\{XY=1\}=\frac{1}{3}$，$P\{XY=4\}=\frac{1}{4}$

C. $X-Y$的分布律为$P\{X-Y=-2\}=\frac{1}{4}$，$P\{X-Y=0\}=\frac{1}{12}$，$P\{X-Y=2\}=\frac{2}{3}$

D. $X-Y$的分布律为$P\{X-Y=-2\}=\frac{1}{4}$，$P\{X-Y=0\}=\frac{2}{3}$，$P\{X-Y=2\}=\frac{1}{12}$

E. $(X-Y)Y$的分布律为$P\{(X-Y)Y=-4\}=\frac{1}{3}$，$P\{(X-Y)Y=0\}=\frac{2}{3}$

【思路】已知(X, Y)的概率分布，由选项知求XY，$X-Y$和$(X-Y)Y$的分布律，故求出相应取值和概率．

【解析】XY的所有可能取值为0，1，2，4，相应概率为$P\{XY=0\}=\frac{1}{4}+\frac{1}{4}+\frac{1}{12}=\frac{7}{12}$，$P\{XY=1\}=\frac{1}{3}$，$P\{XY=2\}=0$，$P\{XY=4\}=\frac{1}{12}$，故$XY$的分布律为$P\{XY=0\}=\frac{7}{12}$，$P\{XY=1\}=\frac{1}{3}$，$P\{XY=4\}=\frac{1}{12}$，则A、B项错误．

$X-Y$的所有可能取值为-2，-1，0，1，2，相应概率为$P\{X-Y=-2\}=\frac{1}{4}$，$P\{X-Y=-1\}=0$，$P\{X-Y=0\}=\frac{1}{4}+\frac{1}{3}+\frac{1}{12}=\frac{2}{3}$，$P\{X-Y=1\}=0$，$P\{X-Y=2\}=\frac{1}{12}$，故$X-Y$的分布律为$P\{X-Y=-2\}=\frac{1}{4}$，$P\{X-Y=0\}=\frac{2}{3}$，$P\{X-Y=2\}=\frac{1}{12}$，则C项错误，D项正确．

E 项：$P\{(X-Y)Y=-4\}=P\{X=0, Y=2\}=\frac{1}{4}$，故 E 项错误．

【答案】D

例 10 设相互独立的两个随机变量 X 与 Y 具有同一分布律，且 X 的分布律为 $P\{X=0\}=P\{X=1\}=\frac{1}{2}$，则随机变量 $Z=\max\{X, Y\}$ 的分布律为(　　).

A. $P\{Z=0\}=\frac{1}{2}$，$P\{Z=1\}=\frac{1}{2}$

B. $P\{Z=0\}=\frac{2}{3}$，$P\{Z=1\}=\frac{1}{3}$

C. $P\{Z=0\}=\frac{1}{3}$，$P\{Z=1\}=\frac{2}{3}$

D. $P\{Z=0\}=\frac{3}{4}$，$P\{Z=1\}=\frac{1}{4}$

E. $P\{Z=0\}=\frac{1}{4}$，$P\{Z=1\}=\frac{3}{4}$

【思路】求 $Z=\max\{X, Y\}$ 的分布律，故求出 Z 的所有取值及对应的概率．

【解析】$Z=\max\{X, Y\}$ 的所有可能取值为 0，1，且

$P\{Z=0\}=P\{\max\{X, Y\}=0\}=P\{X=0, Y=0\}=P\{X=0\}P\{Y=0\}=\frac{1}{2}\times\frac{1}{2}=\frac{1}{4}$；

$$P\{Z=1\}=1-P\{Z=0\}=1-\frac{1}{4}=\frac{3}{4}.$$

故 Z 的分布律为 $P\{Z=0\}=\frac{1}{4}$，$P\{Z=1\}=\frac{3}{4}$.

【答案】E

例 11 设随机变量 X，Y 独立同分布，且 X 的分布函数为 $F(x)$，则 $Z=\min\{X, Y\}$ 的分布函数为(　　).

A. $F^2(x)$

B. $F(x)F(y)$

C. $1-[1-F(x)]^2$

D. $[1-F(x)][1-F(y)]$

E. $1-[1-F(x)][1-F(y)]$

【思路】求 $Z=\min\{X, Y\}$ 的分布函数，可先通过概念排除干扰项，再用结论得出结果．

【解析】由于 $Z=\min\{X, Y\}$ 是一维随机变量，因此其分布函数是一元函数，故 B、D、E 项错误．

由结论(见本章第 3 节题型 3“方法点拨”)可知 $Z=\max\{X, Y\}$ 和 $Z=\min\{X, Y\}$ 的分布函数分别为 $F^2(x)$ 和 $1-[1-F(x)]^2$，故 A 项错误，C 项正确．

【注意】避免概念混淆：虽然 (X, Y) 是二维随机变量，但其函数 $Z=g(X, Y)$ 却是一维随机变量，不是二维随机变量．

【答案】C

本节习题自测

1. 设二维离散型随机变量(X, Y)的概率分布为

X \ Y	-1	0	1
-1	$\frac{1}{8}$	0	$\frac{1}{8}$
0	0	$\frac{1}{4}$	0
1	$\frac{1}{4}$	0	$\frac{1}{4}$

则$P\{X+Y=0\}=($　　$)$.

A. $\frac{1}{8}$　　B. $\frac{1}{4}$　　C. $\frac{3}{8}$　　D. $\frac{1}{2}$　　E. $\frac{5}{8}$

2. 设随机变量X和Y相互独立，且X和Y的概率分布分别为

X	0	1	2	3
P	$\frac{1}{2}$	$\frac{1}{4}$	$\frac{1}{8}$	$\frac{1}{8}$

Y	-1	0	1
P	$\frac{1}{3}$	$\frac{1}{3}$	$\frac{1}{3}$

则$P\{X+Y=2\}=($　　$)$.

A. $\frac{1}{12}$　　B. $\frac{1}{8}$　　C. $\frac{1}{6}$　　D. $\frac{1}{3}$　　E. $\frac{1}{2}$

3. 设二维随机变量(X, Y)的概率分布为

X \ Y	0	1
0	0.4	a
1	b	0.1

已知随机事件$\{X=0\}$与$\{X+Y=1\}$相互独立，则(　　).

A. $a=0.2$，$b=0.3$　　B. $a=0.4$，$b=0.1$

C. $a=0.3$，$b=0.2$　　D. $a=0.1$，$b=0.4$

E. $a=0$，$b=0.5$

4. 设两个随机变量X与Y相互独立且同分布：$P\{X=-1\}=P\{Y=-1\}=\frac{1}{2}$，$P\{X=1\}=P\{Y=1\}=\frac{1}{2}$，则下列各式中成立的是(　　).

A. $P\{X+Y=0\}=\frac{1}{4}$　　B. $P\{XY=1\}=\frac{1}{4}$

C. $P\{X=Y\}=\frac{1}{4}$　　D. $P\{X-Y=2\}=\frac{1}{4}$

E. $P\{|X-Y|=2\}=\frac{1}{4}$

5. 甲、乙两人独立地各进行一次射击，假设甲的命中率为0.2，乙的命中率为0.5，以 X 和 Y 分别表示甲和乙的命中次数，则 X 和 Y 的联合分布律为(　　).

A.

X \ Y	0	1
0	0.3	0.5
1	0.2	0

B.

X \ Y	0	1
0	0.5	0.3
1	0	0.2

C.

X \ Y	0	1
0	0.4	0.4
1	0.1	0.2

D.

X \ Y	0	1
0	0.4	0.4
1	0.1	0.1

E.

X \ Y	0	1
0	0.4	0.1
1	0.4	0.1

6. 已知随机变量 X 和 Y 的联合分布律为

X \ Y	-1	1
-1	$\frac{1}{4}$	0
1	$\frac{1}{2}$	$\frac{1}{4}$

则以下结论正确的个数为(　　).

(1) X 与 $-X$ 同分布；　(2) Y 与 Y^3 同分布；

(3) $-X$ 与 Y^3 同分布；　(4) Y^3 与 XY 同分布.

A. 0　B. 1　C. 2　D. 3　E. 4

7. 设随机变量 X 与 Y 相互独立，下表列出了二维随机变量(X, Y)的分布律及关于 X 和关于 Y 的边缘分布律中的部分数值.

X \ Y	y_1	y_2	y_3	$P\{X=x_i\}=p_{i\cdot}$
x_1	a	$\frac{1}{8}$	b	c
x_2	$\frac{1}{8}$	d	e	f
$P\{Y=y_j\}=p_{\cdot j}$	$\frac{1}{6}$	g	h	1

则 $a+b+c+d$ 和 $e+f+g+h$ 的值分别为（　　）.

A. $\frac{7}{8}$，$\frac{11}{6}$　　B. $\frac{7}{8}$，2　　C. $\frac{3}{4}$，$\frac{11}{6}$　　D. $\frac{3}{4}$，2　　E. $\frac{3}{4}$，$\frac{17}{6}$

8. 设相互独立的随机变量 X，Y 具有同一分布律，且 X 的分布律为 $P\{X=-1\}=P\{X=0\}=P\{X=1\}=\frac{1}{3}$，则随机变量 $Z=\max\{X, Y\}$ 的分布律为（　　）.

A. $P\{Z=0\}=P\{Z=1\}=\frac{1}{2}$

B. $P\{Z=-1\}=P\{Z=0\}=P\{Z=1\}=\frac{1}{3}$

C. $P\{Z=-1\}=\frac{1}{9}$，$P\{Z=0\}=\frac{1}{3}$，$P\{Z=1\}=\frac{5}{9}$

D. $P\{Z=-1\}=\frac{1}{9}$，$P\{Z=0\}=\frac{5}{9}$，$P\{Z=1\}=\frac{1}{3}$

E. $P\{Z=-1\}=\frac{5}{9}$，$P\{Z=0\}=\frac{1}{3}$，$P\{Z=1\}=\frac{1}{9}$

习题详解

1. E

【解析】$P\{X+Y=0\}=P\{X=-1, Y=1\}+P\{X=0, Y=0\}+P\{X=1, Y=-1\}$

$$=\frac{1}{8}+\frac{1}{4}+\frac{1}{4}=\frac{5}{8}.$$

2. C

【解析】

$$\begin{aligned}P\{X+Y=2\}&=P\{X=1, Y=1\}+P\{X=2, Y=0\}+P\{X=3, Y=-1\}\\&=P\{X=1\}P\{Y=1\}+P\{X=2\}P\{Y=0\}+P\{X=3\}P\{Y=-1\}\\&=\frac{1}{4}\times\frac{1}{3}+\frac{1}{8}\times\frac{1}{3}+\frac{1}{8}\times\frac{1}{3}=\frac{1}{6}.\end{aligned}$$

3. B

【解析】$0.4+a+b+0.1=1$，即 $a+b=0.5$①；

由 $\{X=0\}$ 与 $\{X+Y=1\}$ 相互独立，得 $P\{X=0, X+Y=1\}=P\{X=0\}P\{X+Y=1\}$，即

$$P\{X=0, Y=1\}=P\{X=0\}P\{X+Y=1\},$$

将联合分布律中的概率代入可得 $a=(0.4+a)(a+b)$②.

将式①代入式②，解得 $a=0.4$，代入式①，得 $b=0.1$.

4. D

【解析】由 X 与 Y 的分布律及独立性得

$$P\{X=-1, Y=-1\}=P\{X=-1\}P\{Y=-1\}=\frac{1}{2}\times\frac{1}{2}=\frac{1}{4},$$

同理计算得 $P\{X=-1, Y=1\}=P\{X=1, Y=-1\}=P\{X=1, Y=1\}=\frac{1}{4}$，故 X 与 Y 的联

合分布律为

X \ Y	-1	1
-1	$\frac{1}{4}$	$\frac{1}{4}$
1	$\frac{1}{4}$	$\frac{1}{4}$

则 $P\{X+Y=0\}=P\{X=-1,\ Y=1\}+P\{X=1,\ Y=-1\}=\frac{1}{4}+\frac{1}{4}=\frac{1}{2}$；

$P\{XY=1\}=P\{X=-1,\ Y=-1\}+P\{X=1,\ Y=1\}=\frac{1}{4}+\frac{1}{4}=\frac{1}{2}$；

$P\{X=Y\}=P\{X=-1,\ Y=-1\}+P\{X=1,\ Y=1\}=\frac{1}{4}+\frac{1}{4}=\frac{1}{2}$；

$P\{X-Y=2\}=P\{X=1,\ Y=-1\}=\frac{1}{4}$；

$P\{|X-Y|=2\}=P\{X=-1,\ Y=1\}+P\{X=1,\ Y=-1\}=\frac{1}{4}+\frac{1}{4}=\frac{1}{2}$.

故D项正确，其他选项错误.

5. D

【解析】由已知得 X 的分布律为 $P\{X=0\}=0.8$，$P\{X=1\}=0.2$；Y 的分布律为 $P\{Y=0\}=0.5$，$P\{Y=1\}=0.5$，又 X 和 Y 相互独立，则

$$P\{X=0,\ Y=0\}=P\{X=0\}P\{Y=0\}=0.8\times0.5=0.4,$$
$$P\{X=0,\ Y=1\}=P\{X=0\}P\{Y=1\}=0.8\times0.5=0.4,$$
$$P\{X=1,\ Y=0\}=P\{X=1\}P\{Y=0\}=0.2\times0.5=0.1,$$
$$P\{X=1,\ Y=1\}=P\{X=1\}P\{Y=1\}=0.2\times0.5=0.1.$$

故 X 和 Y 的联合分布律为

X \ Y	0	1
0	0.4	0.4
1	0.1	0.1

6. C

【解析】X 所有可能取值为 -1，1，相应概率为 $P\{X=-1\}=\frac{1}{4}$，$P\{X=1\}=\frac{1}{2}+\frac{1}{4}=\frac{3}{4}$；

$-X$ 所有可能取值为 -1，1，相应概率为

$$P\{-X=-1\}=P\{X=1\}=\frac{3}{4},\ P\{-X=1\}=P\{X=-1\}=\frac{1}{4}.$$

Y 所有可能取值为 -1，1，相应概率为 $P\{Y=-1\}=\frac{1}{4}+\frac{1}{2}=\frac{3}{4}$，$P\{Y=1\}=\frac{1}{4}$；

Y^3 所有可能取值为 -1，1，相应概率为

$$P\{Y^3=-1\}=P\{Y=-1\}=\frac{3}{4},\ P\{Y^3=1\}=P\{Y=1\}=\frac{1}{4}.$$

XY 的所有可能取值为 -1，1，相应概率为 $P\{XY=-1\}=0+\frac{1}{2}=\frac{1}{2}$，$P\{XY=1\}=\frac{1}{4}+\frac{1}{4}=\frac{1}{2}$.

对比上述分布律得 $-X$，Y 和 Y^3 同分布，X 与 $-X$ 不同分布，Y^3 与 XY 不同分布.

故结论正确的个数为 2.

7. C

【解析】由 $p_{11}+p_{21}=p_{\cdot 1}$，即 $a+\frac{1}{8}=\frac{1}{6}$，故 $a=\frac{1}{24}$；

由 X 与 Y 相互独立，得 $p_{11}=p_{1\cdot}\times p_{\cdot 1}$，即 $\frac{1}{24}=\frac{1}{6}c$，故 $c=\frac{1}{4}$；

由 $p_{11}+p_{12}+p_{13}=p_{1\cdot}$，即 $\frac{1}{24}+\frac{1}{8}+b=\frac{1}{4}$，故 $b=\frac{1}{12}$；

由 $p_{1\cdot}+p_{2\cdot}=1$，即 $\frac{1}{4}+f=1$，故 $f=\frac{3}{4}$；

由 X 与 Y 相互独立，得 $p_{12}=p_{1\cdot}\times p_{\cdot 2}$，即 $\frac{1}{8}=\frac{1}{4}g$，故 $g=\frac{1}{2}$；

由 $p_{\cdot 1}+p_{\cdot 2}+p_{\cdot 3}=1$，即 $\frac{1}{6}+\frac{1}{2}+h=1$，故 $h=\frac{1}{3}$；

由 $p_{12}+p_{22}=p_{\cdot 2}$，即 $\frac{1}{8}+d=\frac{1}{2}$，故 $d=\frac{3}{8}$；

由 $p_{13}+p_{23}=p_{\cdot 3}$，即 $\frac{1}{12}+e=\frac{1}{3}$，故 $e=\frac{1}{4}$.

因此 $a+b+c+d=\frac{1}{24}+\frac{1}{12}+\frac{1}{4}+\frac{3}{8}=\frac{3}{4}$，$e+f+g+h=\frac{1}{4}+\frac{3}{4}+\frac{1}{2}+\frac{1}{3}=\frac{11}{6}$.

8. C

【解析】$Z=\max\{X,Y\}$ 的所有可能取值为 -1，0，1，且

$$\begin{aligned}P\{Z=-1\}&=P\{\max\{X,Y\}=-1\}=P\{X=-1,Y=-1\}\\&=P\{X=-1\}P\{Y=-1\}=\frac{1}{3}\times\frac{1}{3}=\frac{1}{9},\end{aligned}$$

$$\begin{aligned}P\{Z=1\}&=P\{\max\{X,Y\}=1\}=P\{X=1\cup Y=1\}\\&=P\{X=1\}+P\{Y=1\}-P\{X=1,Y=1\}\text{（事件的加法公式）}\\&=\frac{1}{3}+\frac{1}{3}-P\{X=1\}P\{Y=1\}=\frac{5}{9},\end{aligned}$$

$$P\{Z=0\}=1-P\{Z=-1\}-P\{Z=1\}=1-\frac{1}{9}-\frac{5}{9}=\frac{1}{3},$$

故 Z 的分布律为 $P\{Z=-1\}=\frac{1}{9}$，$P\{Z=0\}=\frac{1}{3}$，$P\{Z=1\}=\frac{5}{9}$.

【注意】也可以通过如下方式计算 $P\{Z=0\}$：

$P\{Z=0\}=P\{\max\{X,Y\}=0\}=P\{X=-1,Y=0\}+P\{X=0,Y=-1\}+P\{X=0,Y=0\}$

$$=\frac{1}{3}\times\frac{1}{3}+\frac{1}{3}\times\frac{1}{3}+\frac{1}{3}\times\frac{1}{3}=\frac{1}{3}.$$

第4节 延伸题型

题型4 对正态随机变量函数的考查

【方法点拨】

如问题涉及一个正态随机变量的线性函数(或多个正态随机变量的线性组合)，可先用以下结论判断出该函数(或该线性组合)视为整体服从正态分布，再利用正态分布的相应方法解题．

(1)设随机变量 $X\sim N(\mu,\sigma^2)$，则 X 的线性函数 $Y=aX+b\sim N(a\mu+b,a^2\sigma^2)(a\neq 0)$．

(2)有限个相互独立的正态随机变量的线性组合仍然服从正态分布．

特别地，设随机变量 X，Y 相互独立，且 $X\sim N(\mu_1,{\sigma_1}^2)$，$Y\sim N(\mu_2,{\sigma_2}^2)$，则 $Z=aX+bY\sim N(a\mu_1+b\mu_2,a^2{\sigma_1}^2+b^2{\sigma_2}^2)$($a$，$b$ 不全为零)．

注意：上述结论中 Y(或 Z)服从正态分布，其中的参数可通过计算 Y(或 Z)的期望和方差得到，不必记忆．

例 12　设两个相互独立的随机变量 X 和 Y 分别服从正态分布 $N(1,2)$和 $N(3,4)$，则以下结论错误的是(　　)．

A. $P\{X+Y-4\leqslant 0\}=\dfrac{1}{2}$

B. $P\{X-Y+2>0\}=\dfrac{1}{2}$

C. $P\{3X+Y-6\leqslant 0\}=\dfrac{1}{2}$

D. $P\{3X-Y+6>0\}=\dfrac{1}{2}$

E. $P\{2X-2Y+4\leqslant 0\}=\dfrac{1}{2}$

【思路】各选项的随机变量均为 $aX+bY+c$ 型，令 $Z=aX+bY$，$Z_1=Z+c$，由于 $Z=aX+bY$ 是相互独立的正态随机变量的线性组合，因此服从正态分布；由于 $Z_1=Z+c$ 为正态随机变量的线性函数，因此服从正态分布．则问题转化为判断 $P\{Z_1\leqslant 0\}=\dfrac{1}{2}\left(\text{或 } P\{Z_1>0\}=\dfrac{1}{2}\right)$是否成立，根据一维正态分布的对称性，仅需判断 $E(Z_1)=0$ 是否成立．

【解析】A 项：$E(X+Y-4)=E(X)+E(Y)-4=1+3-4=0$，其他选项同理计算得 $E(X-Y+2)=0$，$E(3X+Y-6)=0$，$E(3X-Y+6)=6$，$E(2X-2Y+4)=0$，故 D 项错误，其他选项正确．

【答案】D

例 13 设 ξ 和 η 是两个相互独立且均服从正态分布 $N\left(0, \frac{1}{2}\right)$ 的随机变量，则 $E(|\xi-\eta|)=$ (　　).

A. $\frac{1}{\sqrt{\pi}}$　　B. $\frac{2}{\sqrt{\pi}}$　　C. $\sqrt{\frac{2}{\pi}}$　　D. $\frac{\sqrt{2}}{\pi}$　　E. $\frac{2}{\pi}$

【思路】令 $X=\xi-\eta$，则 X 是相互独立的正态随机变量的线性组合，且

$$E(X)=E(\xi)-E(\eta)=0,\ D(X)=D(\xi)+D(\eta)=1,$$

故 $X\sim N(0, 1)$，再套用随机变量函数的期望公式计算($E(|X|)$ 对应 $E[g(X)]$).

【解析】$E(|\xi-\eta|)=E(|X|)=\int_{-\infty}^{+\infty}|x|\frac{1}{\sqrt{2\pi}}e^{-\frac{x^2}{2}}dx=\frac{1}{\sqrt{2\pi}}\int_0^{+\infty}2xe^{-\frac{x^2}{2}}dx$

$$=-\frac{2}{\sqrt{2\pi}}\int_0^{+\infty}e^{-\frac{x^2}{2}}d\left(-\frac{x^2}{2}\right)=-\sqrt{\frac{2}{\pi}}e^{-\frac{x^2}{2}}\Big|_0^{+\infty}=\sqrt{\frac{2}{\pi}}.$$

【答案】C

题型 5 判断随机变量的独立性

【方法点拨】

(1)当 (X, Y) 为二维离散型随机变量时，用定义判断 X 和 Y 的独立性：

X 和 Y 独立 $\Leftrightarrow p_{ij}=p_{i\cdot}\times p_{\cdot j}$，对于任意 i，j.

(2)利用 $n(n\geqslant 2)$ 个随机变量相互独立的性质判断其中的随机变量(或其函数)的独立性：

若随机变量 $X_1, X_2, \cdots, X_n$ 相互独立，则

①其中任意 $k(2\leqslant k\leqslant n)$ 个随机变量也相互独立.

②其函数 $Y_1=g_1(X_1)$，$Y_2=g_2(X_2)$，…，$Y_n=g_n(X_n)$ 也相互独立.

③其函数 $Y_1=g_1(X_1, X_2, \cdots, X_m)$ 与 $Y_2=g_2(X_{m+1}, X_{m+2}, \cdots, X_n)$ 独立.

例 14 设 X 的分布律为 $P\{X=-1\}=\frac{1}{4}$，$P\{X=1\}=\frac{3}{4}$，Y 的分布律为 $P\{Y=-1\}=P\{Y=1\}=\frac{1}{2}$，$P\{X+Y<0\}=\frac{1}{8}$，则以下结论错误的是(　　).

A. $P\{X+Y=0\}=\frac{1}{2}$

B. $P\{X+Y>0\}=\frac{3}{8}$

C. $2P\{X=-1 \mid Y=-1\}=P\{Y=-1\}$

D. $\{X+Y=0\}$ 与 $\{Y=1\}$ 不独立

E. X 和 Y 不独立

【思路】先求出 X 和 Y 的联合分布律，再计算选项中的概率和条件概率，并根据独立的定义判断独立性.

【解析】$P\{X+Y<0\}=P\{X=-1, Y=-1\}=\frac{1}{8}$，列表计算得

Y \ X	-1	1	$p_{i\cdot}$
-1	$\frac{1}{8}$	p_{12}	$\frac{1}{4}$
1	p_{21}	p_{22}	$\frac{3}{4}$
$p_{\cdot j}$	$\frac{1}{2}$	$\frac{1}{2}$	1

由$\frac{1}{8}+p_{12}=\frac{1}{4}$，$\frac{1}{8}+p_{21}=\frac{1}{2}$，$p_{12}+p_{22}=\frac{1}{2}$，解得$p_{12}=\frac{1}{8}$，$p_{21}=p_{22}=\frac{3}{8}$，故

Y \ X	-1	1	$p_{i\cdot}$
-1	$\frac{1}{8}$	$\frac{1}{8}$	$\frac{1}{4}$
1	$\frac{3}{8}$	$\frac{3}{8}$	$\frac{3}{4}$
$p_{\cdot j}$	$\frac{1}{2}$	$\frac{1}{2}$	1

A项：所以$P\{X+Y=0\}=P\{X=-1, Y=1\}+P\{X=1, Y=-1\}=\frac{1}{2}$，A项正确；

B项：$P\{X+Y>0\}=P\{X=1, Y=1\}=\frac{3}{8}$，B项正确；

C项：$2P\{X=-1 \mid Y=-1\}=2\times\frac{P\{X=-1, Y=-1\}}{P\{Y=-1\}}=2\times\frac{\frac{1}{8}}{\frac{1}{2}}=\frac{1}{2}=P\{Y=-1\}$，C项正确；

D项：$P\{X+Y=0, Y=1\}=P\{X=-1, Y=1\}=\frac{1}{8}$；分别计算$\{X+Y=0\}$与$\{Y=1\}$的概率，得$P\{X+Y=0\}=P\{X=-1, Y=1\}+P\{X=1, Y=-1\}=\frac{1}{8}+\frac{3}{8}=\frac{1}{2}$，$P\{Y=1\}=\frac{1}{2}$.

故$P\{X+Y=0, Y=1\}\neq P\{X+Y=0\}P\{Y=1\}$，则$\{X+Y=0\}$与$\{Y=1\}$不独立，D项正确；

E项：$p_{11}=\frac{1}{8}=\frac{1}{4}\times\frac{1}{2}=p_{1\cdot}\times p_{\cdot 1}$，同理计算得$p_{12}=p_{1\cdot}\times p_{\cdot 2}$，$p_{21}=p_{2\cdot}\times p_{\cdot 1}$，$p_{22}=p_{2\cdot}\times p_{\cdot 2}$，故$X$和$Y$相互独立，E项错误.

【答案】E

例 15　设X_1，X_2，X_3，X_4相互独立且同分布，$X_1\sim N(0, 1)$，$Y_1=X_1+X_2$，$Y_2=X_3-X_4$，则以下结论错误的是(　　).

A. Y_1与Y_2独立　　B. Y_1与Y_2同分布　　C. $D(Y_1+Y_2)=4$

D. $2Y_1+3\sim N(3, 4)$　　E. $\frac{1}{2}(Y_1+Y_2)\sim N(0, 1)$

【思路】利用 X_1，X_2，X_3，X_4 相互独立的性质判断 Y_1 与 Y_2 的独立性；由于 Y_1，Y_2 是正态随机变量 X_1，X_2，X_3，X_4 的函数，而 $2Y_1+3$，$\frac{1}{2}(Y_1+Y_2)$ 又是 Y_1，Y_2 的函数，故利用正态随机变量函数的性质判断其分布；利用方差的性质结合 Y_1，Y_2 的分布计算 $D(Y_1+Y_2)$.

【解析】A、B 项：由 X_1，X_2，X_3，X_4 相互独立且服从相同的分布 $N(0,1)$，故 $Y_1=X_1+X_2$ 与 $Y_2=X_3-X_4$ 独立且都服从正态分布，又 $E(Y_1)=0$，$D(Y_1)=2$，$E(Y_2)=0$，$D(Y_2)=2$，故 $Y_1\sim N(0,2)$，$Y_2\sim N(0,2)$，即 Y_1 与 Y_2 同分布，故 A、B 项正确；

C 项：$D(Y_1+Y_2)=D(Y_1)+D(Y_2)=4$，故 C 项正确；

D、E 项：由正态随机变量函数的性质，得 $2Y_1+3$，$\frac{1}{2}(Y_1+Y_2)$均服从正态分布，且

$$E(2Y_1+3)=3,\ D(2Y_1+3)=4D(Y_1)=8,$$

$$E\left[\frac{1}{2}(Y_1+Y_2)\right]=0,\ D\left[\frac{1}{2}(Y_1+Y_2)\right]=\frac{1}{4}[D(Y_1)+D(Y_2)]=1,$$

故 $2Y_1+3\sim N(3,8)$，$\frac{1}{2}(Y_1+Y_2)\sim N(0,1)$，则 D 项错误，E 项正确.

【答案】D

题型 6 多维分布条件下的期望方差相关计算

【知识补充】

若二维离散型随机变量(X,Y)的分布律为 $P\{X=x_i,Y=y_j\}=p_{ij}$，i，$j=1,2,\cdots$，$Z=g(X,Y)$为 X，Y 的函数($z=g(x,y)$为连续函数)，且 $\sum\limits_{i=1}^{+\infty}\sum\limits_{j=1}^{+\infty}|g(x_i,y_j)|p_{ij}<+\infty$，则 $E(Z)=E[g(X,Y)]=\sum\limits_{i=1}^{+\infty}\sum\limits_{j=1}^{+\infty}g(x_i,y_j)p_{ij}$.

【方法点拨】

已知二维离散型随机变量(X,Y)的分布律，求 $Z=g(X,Y)$的期望 $E(Z)$(或方差 $D(Z)$).

先用性质化简，再用上述“知识补充”的公式计算(方差先用 $D(Z)=E(Z^2)-[E(Z)]^2$ 化为期望计算，再套公式).

也可以先求出 Z 的分布律，再求 $E(Z)$(或 $D(Z)$).

例 16 设二维随机变量(X,Y)的概率分布为

X \ Y	0	1
0	0.1	0.2
1	0.3	0.2
2	0.1	0.1

$Z=\sin\left[\frac{\pi}{2}(X+Y)\right]$，则 $D(Z)=($　　$)$.

A. 0.16　　B. 0.4　　C. 0.44　　D. 0.6　　E. 0.64

【思路】先用公式 $D(Z)=E(Z^2)-[E(Z)]^2$ 把求方差转化为求期望. 求 $E(Z^2)$ 和 $E(Z)$，若直接用公式 $E[g(X,Y)]=\sum_i\sum_j g(x_i,y_j)p_{ij}$ 计算，涉及数值较多易错，可先求出 Z 的分布律，再用公式 $E[g(Z)]=\sum_i g(z_i)p_i$ 计算.

【解析】Z 的可能取值为 -1，0，1，相应概率为

$$P\{Z=-1\}=P\{X=2,Y=1\}=0.1,$$
$$P\{Z=1\}=P\{X=0,Y=1\}+P\{X=1,Y=0\}=0.2+0.3=0.5,$$
$$P\{Z=0\}=1-P\{Z=-1\}-P\{Z=1\}=1-0.1-0.5=0.4.$$

则

$$E(Z)=(-1)\times0.1+1\times0.5+0\times0.4=0.4,$$
$$E(Z^2)=(-1)^2\times0.1+1^2\times0.5+0^2\times0.4=0.6.$$

故 $D(Z)=E(Z^2)-[E(Z)]^2=0.6-(0.4)^2=0.44$.

【答案】C

题型7 $\int_0^{+\infty}x^n e^{-ax}dx$ 和 $\int_0^{+\infty}e^{-ax^2}dx\,(a>0)$ 型积分的计算

【方法点拨】

(1)公式：① $\int_0^{+\infty}x^n e^{-x}dx=n!\ (n=0,1,2,\cdots)$；② $\int_{-\infty}^{+\infty}e^{-x^2}dx=2\int_0^{+\infty}e^{-x^2}dx=\sqrt{\pi}$.

证明：① 记 $I_n=\int_0^{+\infty}x^n e^{-x}dx$.

当 $n\geqslant1$ 时，$I_n=-\int_0^{+\infty}x^n d(e^{-x})=-x^n e^{-x}\Big|_0^{+\infty}+n\int_0^{+\infty}e^{-x}x^{n-1}dx=nI_{n-1}$，得递推公式 $I_n=nI_{n-1}(n\geqslant1)$，反复用递推公式得 $I_n=nI_{n-1}=n(n-1)I_{n-2}=n(n-1)\cdot\cdots\cdot2\cdot1\cdot I_0$，将 $I_0=\int_0^{+\infty}e^{-x}dx=-e^{-x}\Big|_0^{+\infty}=1$ 代入上式得 $I_n=n!\ (n=0,1,2,\cdots)$.

② 由标准正态分布的概率密度的规范性得 $\int_{-\infty}^{+\infty}\frac{1}{\sqrt{2\pi}}e^{-\frac{x^2}{2}}dx=1$，令 $\frac{x}{\sqrt{2}}=t$，则 $\int_{-\infty}^{+\infty}\frac{1}{\sqrt{2\pi}}e^{-\frac{x^2}{2}}dx=\frac{1}{\sqrt{\pi}}\int_{-\infty}^{+\infty}e^{-t^2}dt=1$，故 $\int_{-\infty}^{+\infty}e^{-t^2}dt=\sqrt{\pi}$，再由偶函数在对称区间的积分性质得 $\int_{-\infty}^{+\infty}e^{-x^2}dx=2\int_0^{+\infty}e^{-x^2}dx=\sqrt{\pi}$，则 $\int_0^{+\infty}e^{-x^2}dx=\frac{\sqrt{\pi}}{2}$.

(2) 计算 $\int_0^{+\infty}x^n e^{-ax}dx$ 和 $\int_0^{+\infty}e^{-ax^2}dx\,(a>0)$ 型积分，先换元，再套公式.

【例】计算$\int_0^{+\infty} x^n e^{-ax} dx$. 令$ax=t$，则原式$=\frac{1}{a^{n+1}}\int_0^{+\infty} t^n e^{-t} dt=\frac{n!}{a^{n+1}}$.

【例】计算$\int_0^{+\infty} e^{-ax^2} dx$. 令$\sqrt{a}x=t$，则原式$=\frac{1}{\sqrt{a}}\int_0^{+\infty} e^{-t^2} dt=\frac{\sqrt{\pi a}}{2a}$.

例 17　设随机变量X服从参数为λ（$\lambda>0$）的指数分布，则X^3的数学期望为（　　）.

A. $\frac{4}{\lambda^2}$　　B. $\frac{6}{\lambda^2}$　　C. $\frac{2}{\lambda^3}$　　D. $\frac{4}{\lambda^3}$　　E. $\frac{6}{\lambda^3}$

【思路】先用期望公式$E[g(X)]=\int_{-\infty}^{+\infty} g(x)f(x)dx$计算，过程中出现$\int_0^{+\infty} x^n e^{-ax} dx$型积分，故先换元，再用公式$\int_0^{+\infty} x^n e^{-x} dx=n!$（$n=0, 1, 2, \cdots$）计算.

【解析】由已知得X的概率密度为$f(x)=\begin{cases}\lambda e^{-\lambda x}, & x>0,\\ 0, & x\leqslant 0,\end{cases}$则

$$E(X^3)=\int_{-\infty}^{+\infty} x^3 f(x)dx=\int_0^{+\infty} x^3 \lambda e^{-\lambda x} dx$$

$$\xlongequal{\lambda x=t}\frac{1}{\lambda^3}\int_0^{+\infty} t^3 e^{-t} dt=\frac{1}{\lambda^3}3!=\frac{6}{\lambda^3}.$$

【答案】E

例 18　设随机变量X的概率密度为$f(x)=\begin{cases}x e^{-\frac{x^2}{2}}, & x>0,\\ 0, & x\leqslant 0,\end{cases}$则$D(X)=$（　　）.

A. $2+\frac{\sqrt{2\pi}}{2}$　　B. $2-\frac{\sqrt{2\pi}}{2}$　　C. $2+\frac{\pi}{2}$　　D. $2-\frac{\pi}{2}$　　E. $4-\frac{\pi}{2}$

【思路】先用公式$D(X)=E(X^2)-[E(X)]^2$将求方差转化为求期望，求$E(X^2)$和$E(X)$的过程中遇到与$\int_0^{+\infty} x^n e^{-x} dx$或$\int_0^{+\infty} e^{-x^2} dx$形式接近的积分，先通过适当的换元变形，再用上述积分的公式计算.

【解析】$D(X)=E(X^2)-[E(X)]^2$，其中

$$E(X)=\int_{-\infty}^{+\infty} xf(x)dx=\int_0^{+\infty} x^2 e^{-\frac{x^2}{2}} dx=-\int_0^{+\infty} x d\left(e^{-\frac{x^2}{2}}\right)=-xe^{-\frac{x^2}{2}}\Big|_0^{+\infty}+\int_0^{+\infty} e^{-\frac{x^2}{2}} dx$$

$$=\int_0^{+\infty} e^{-\frac{x^2}{2}} dx \xlongequal{\frac{x}{\sqrt{2}}=t}\sqrt{2}\int_0^{+\infty} e^{-t^2} dt=\sqrt{2}\times\frac{\sqrt{\pi}}{2}=\frac{\sqrt{2\pi}}{2}.$$

$$E(X^2)=\int_{-\infty}^{+\infty} x^2 f(x)dx=\int_0^{+\infty} x^3 e^{-\frac{x^2}{2}} dx=\int_0^{+\infty} x^2 e^{-\frac{x^2}{2}} d\left(\frac{x^2}{2}\right)\xlongequal{\frac{x^2}{2}=t}2\int_0^{+\infty} te^{-t} dt=2\times 1!=2.$$

故$D(X)=E(X^2)-[E(X)]^2=2-\left(\frac{\sqrt{2\pi}}{2}\right)^2=2-\frac{\pi}{2}$.

【答案】D

本节习题自测

1. 设随机变量 X，Y 均服从 0－1 分布，且 $E(XY)=a$，则 $D(XY)=($　　$)$.

A. a　　B. a^2　　C. $a-a^2$　　D. $a+a^2$　　E. a^2-a

2. 已知随机变量 X 和 Y 的联合分布律为(其中 a 为常数)

X \ Y	0	1
0	0.1	a
1	0.25	0.2
2	a	a

则以下结论中错误的是(　　).

A. $P\{X\neq Y\}=0.7$

B. Y 服从参数为 0.5 的 0－1 分布

C. $E(XY)\neq E(X)E(Y)$

D. X 与 Y 不独立

E. $P\{X=i, Y=j\}\neq P\{X=i\}P\{Y=j\}$，$i=0, 1, 2$；$j=0, 1$

3. 设随机变量 X 与 Y 相互独立且同分布，且 $P\{X=0\}=P\{X=1\}=\frac{1}{2}$，$Z=\max\{X, Y\}$，则以下结论中错误的是(　　).

A. $P\{Z<1\}=\frac{1}{4}$　　B. $P\{X=1, Z=1\}=\frac{1}{2}$　　C. $P\{X+Z=1\}=\frac{1}{4}$

D. X，Z 独立　　E. $E(XZ)=\frac{1}{2}$

4. 设事件 A 发生的概率为$\frac{1}{2}$，用 X 表示两次独立重复试验中 A 发生的次数，$Y=\begin{cases}-1, & X\leqslant 0,\\ 1, & X>0,\end{cases}$ $Z=\begin{cases}-1, & X\leqslant 1,\\ 1, & X>1,\end{cases}$ 则 $D(Y-Z)=($　　$)$.

A. $\frac{1}{2}$　　B. 1　　C. $\frac{3}{2}$　　D. 2　　E. $\frac{5}{2}$

5. 设 X_1，X_2，…，$X_n(n\geqslant 2)$相互独立且同分布，$X_1\sim N(\mu, \sigma^2)(\sigma>0)$，记$\overline{X}=\frac{1}{n}\sum_{i=1}^{n}X_i$，则以下结论中，正确的个数为(　　).

(1)$E(\overline{X})=\mu$；(2)$D(\overline{X})=\sigma^2$；(3)$\overline{X}$服从正态分布；(4)$\frac{\overline{X}-\mu}{\sigma}\sim N(0, 1)$.

A. 0　　B. 1　　C. 2　　D. 3　　E. 4

6. 某公司提供一种保险，保险费 X 为随机变量，其概率密度为 $f(x)=\begin{cases}\dfrac{x}{25}e^{-\frac{x}{5}}, & x>0,\\ 0, & x\leqslant 0,\end{cases}$ 则该保险费的期望和方差分别为（　　）.

A. 10，30　B. 10，50　C. 10，150　D. 30，50　E. 30，150

7. 设 $X\sim N\left(1,\dfrac{2}{3}\right)$ 和 $Y\sim N\left(1,\dfrac{1}{3}\right)$，且 X，Y 相互独立，则以下结论正确的个数为（　　）.

(1) $D(X-Y)=1$；　(2) $D(X+Y-2)=1$；

(3) $D(|X-Y|)=1-\dfrac{2}{\pi}$；(4) $D(|X+Y-2|)=1-\dfrac{2}{\pi}$.

A. 0　B. 1　C. 2　D. 3　E. 4

习题详解

1. C

【解析】$E(XY)=0\times0\times P\{X=0,Y=0\}+0\times1\times P\{X=0,Y=1\}+1\times0\times P\{X=1,Y=0\}+1\times1\times P\{X=1,Y=1\}=P\{X=1,Y=1\}=a$.

则 $E(X^2Y^2)=0^2\times0^2\times P\{X=0,Y=0\}+0^2\times1^2\times P\{X=0,Y=1\}+1^2\times0^2\times P\{X=1,Y=0\}+1^2\times1^2\times P\{X=1,Y=1\}=P\{X=1,Y=1\}=a$.

故 $D(XY)=E(X^2Y^2)-[E(XY)]^2=a-a^2$.

2. E

【解析】由于联合分布律满足规范性，因此 $0.1+0.25+0.2+3a=1$，解得 $a=0.15$. 进一步计算得 X 和 Y 的分布律为 $P\{X=0\}=0.1+0.15=0.25$，$P\{X=1\}=0.25+0.2=0.45$，$P\{X=2\}=0.15+0.15=0.3$. $P\{Y=0\}=0.1+0.25+0.15=0.5$，$P\{Y=1\}=1-P\{Y=0\}=0.5$. 故 B 项正确.

A 项：$P\{X\neq Y\}=1-P\{X=Y\}=1-0.1-0.2=0.7$，故 A 项正确.

C 项：因为 $E(XY)=1\times1\times0.2+2\times1\times0.15=0.5$，而 $E(X)=1\times0.45+2\times0.3=1.05$，$E(Y)=1\times0.5=0.5$，$E(XY)\neq E(X)E(Y)$，故 C 项正确.

D 项：由于 $P\{X=0,Y=0\}=0.1\neq0.25\times0.5=P\{X=0\}P\{Y=0\}$，因此 X 与 Y 不独立，D 项正确.

E 项：由于 $P\{X=2,Y=0\}=0.15=0.3\times0.5=P\{X=2\}P\{Y=0\}$，因此 E 项错误.

3. D

【解析】由 X 与 Z 可能取值均为 0，1，得 (X,Z) 的所有可能取值为 $(0,0)$，$(0,1)$，$(1,0)$，$(1,1)$，相应概率为

$$P\{X=0,Z=0\}=P\{X=0,Y=0\}=\frac{1}{4},\ P\{X=0,Z=1\}=P\{X=0,Y=1\}=\frac{1}{4},$$

$$P\{X=1,Z=0\}=0,\ P\{X=1,Z=1\}=P\{X=1,Y=0\}+P\{X=1,Y=1\}=\frac{1}{2}.$$

故 (X,Z) 的分布律为

X \ Z	0	1
0	$\frac{1}{4}$	$\frac{1}{4}$
1	0	$\frac{1}{2}$

则 $P\{Z<1\}=\frac{1}{4}$，$P\{X=1, Z=1\}=\frac{1}{2}$，$P\{X+Z=1\}=P\{X=0, Z=1\}+P\{X=1, Z=0\}=\frac{1}{4}$，故 A、B、C 项正确；由于 $P\{X=0, Z=0\}=\frac{1}{4}\neq\frac{1}{8}=P\{X=0\}P\{Z=0\}$，故 X，Z 不独立，D 项错误；$E(XZ)=0\times0\times\frac{1}{4}+0\times1\times\frac{1}{4}+1\times0\times0+1\times1\times\frac{1}{2}=\frac{1}{2}$，故 E 项正确．

4. B

【解析】由于 Y 与 Z 不一定独立，因此不能直接套用公式 $D(Y-Z)=D(Y)+D(-Z)$，故用定义计算方差，为此先求 Y 与 Z 的联合分布律．

由已知得 $X\sim B\left(2, \frac{1}{2}\right)$，故 X 的分布律为 $P\{X=0\}=P\{X=2\}=\frac{1}{4}$，$P\{X=1\}=\frac{1}{2}$.

(Y, Z) 的所有可能取值为 $(-1, -1)$，$(-1, 1)$，$(1, -1)$，$(1, 1)$，相应概率为

$$P\{Y=-1, Z=-1\}=P\{X=0\}=\frac{1}{4}，P\{Y=-1, Z=1\}=0，$$

$$P\{Y=1, Z=-1\}=P\{X=1\}=\frac{1}{2}，P\{Y=1, Z=1\}=P\{X=2\}=\frac{1}{4}.$$

故 Y 与 Z 的联合分布律为

Y \ Z	-1	1
-1	$\frac{1}{4}$	0
1	$\frac{1}{2}$	$\frac{1}{4}$

则 $E[(Y-Z)^2]=0\times\frac{1}{4}+4\times0+4\times\frac{1}{2}+0\times\frac{1}{4}=2$，$E(Y-Z)=0\times\frac{1}{4}+(-2)\times0+2\times\frac{1}{2}+0\times\frac{1}{4}=1$.

故 $D(Y-Z)=E[(Y-Z)^2]-[E(Y-Z)]^2=2-1=1$.

5. C

【解析】(1)：$E(\overline{X})=E\left(\frac{1}{n}\sum_{i=1}^{n}X_i\right)=\frac{1}{n}\sum_{i=1}^{n}E(X_i)=\frac{1}{n}n\mu=\mu$，故(1) 正确；

(2)：$D(\overline{X})=D\left(\frac{1}{n}\sum_{i=1}^{n}X_i\right)=\frac{1}{n^2}D\left(\sum_{i=1}^{n}X_i\right)=\frac{1}{n^2}\sum_{i=1}^{n}D(X_i)=\frac{1}{n^2}n\sigma^2=\frac{\sigma^2}{n}$，故(2) 错误；

(3)：$\overline{X}=\frac{1}{n}\sum_{i=1}^{n}X_i=\frac{1}{n}X_1+\frac{1}{n}X_2+\cdots+\frac{1}{n}X_n$，即$\overline{X}$是相互独立的正态随机变量的线性组合，故服从正态分布，则(3)正确；

(4)：由上述推导结果得$\overline{X}\sim N\left(\mu,\ \frac{\sigma^2}{n}\right)$，又$\frac{\overline{X}-\mu}{\sigma}$为$\overline{X}$的线性函数且$E\left(\frac{\overline{X}-\mu}{\sigma}\right)=\frac{E(\overline{X})-\mu}{\sigma}=0$，$D\left(\frac{\overline{X}-\mu}{\sigma}\right)=\frac{D(\overline{X})}{\sigma^2}=\frac{1}{n}$，故$\frac{\overline{X}-\mu}{\sigma}\sim N\left(0,\ \frac{1}{n}\right)$，(4)错误.

综上，正确结论的个数为2.

6. B

【解析】$E(X)=\int_{-\infty}^{+\infty}xf(x)\mathrm{d}x=\int_0^{+\infty}\frac{x^2}{25}\mathrm{e}^{-\frac{x}{5}}\mathrm{d}x\xlongequal{\frac{x}{5}=t}5\int_0^{+\infty}t^2\mathrm{e}^{-t}\mathrm{d}t=5\times 2!\ =10.$

$$E(X^2)=\int_{-\infty}^{+\infty}x^2f(x)\mathrm{d}x=\int_0^{+\infty}\frac{x^3}{25}\mathrm{e}^{-\frac{x}{5}}\mathrm{d}x\xlongequal{\frac{x}{5}=t}25\int_0^{+\infty}t^3\mathrm{e}^{-t}\mathrm{d}t=25\times 3!\ =150.$$

故$D(X)=E(X^2)-[E(X)]^2=150-10^2=50.$

7. E

【解析】(1)、(2)：由方差的运算性质得$D(X-Y)=D(X)+D(Y)=\frac{2}{3}+\frac{1}{3}=1$，$D(X+Y-2)=D(X+Y)=D(X)+D(Y)=1$，故(1)、(2)均正确.

(3)、(4)：由于$X-Y$和$X+Y$均为独立的正态随机变量的线性组合，因此均服从正态分布，又$X+Y-2$是正态随机变量的线性函数，故也服从正态分布.

再由$E(X-Y)=E(X)-E(Y)=0$，$E(X+Y-2)=E(X)+E(Y)-2=0$，以及上述方差计算结果得$X-Y$与$X+Y-2$同分布，且分布为$N(0,1)$，故$D(|X-Y|)=D(|X+Y-2|)$.

下面计算$D(|X-Y|)$.

令$Z=X-Y$，则由已知得$Z\sim N(0,1)$，故

$$D(|X-Y|)=D(|Z|)=E(|Z|^2)-[E(|Z|)]^2,$$

其中$E(|Z|^2)=E(Z^2)=D(Z)+[E(Z)]^2=1+0^2=1.$

$$E(|Z|)=\int_{-\infty}^{+\infty}|z|\frac{1}{\sqrt{2\pi}}\mathrm{e}^{-\frac{z^2}{2}}\mathrm{d}z=\frac{1}{\sqrt{2\pi}}\int_0^{+\infty}2z\mathrm{e}^{-\frac{z^2}{2}}\mathrm{d}z$$

$$=-\frac{2}{\sqrt{2\pi}}\int_0^{+\infty}\mathrm{e}^{-\frac{z^2}{2}}\mathrm{d}\left(-\frac{z^2}{2}\right)=-\sqrt{\frac{2}{\pi}}\mathrm{e}^{-\frac{z^2}{2}}\Big|_0^{+\infty}=\sqrt{\frac{2}{\pi}}.$$

故$D(|X-Y|)=1-\left(\sqrt{\frac{2}{\pi}}\right)^2=1-\frac{2}{\pi}.$

因此正确结论的个数为4.